教育部　财政部职业院校教师素质提高计划职教师资培养资源开发项目
动物科学专业职教师资培养资源开发（VTNE059）

动物疾病防治

黄国清　邬向东　张学栋　主编

中国农业大学出版社
·北京·

内容简介

本教材在内容编排上，紧紧抓住“动物疾病防控、临床诊断、治疗”这条主线，以工作过程为导向，以动物疾病治疗为依据，按照“模块—项目—任务”的结构，构建动物疫病防控技术、动物疾病诊断技术、动物疾病治疗技术、动物常见传染病防治、动物常见寄生虫病防治和动物常见普通病防治 6 个模块，23 个项目，89 个学习任务和 57 个实训操作，充分体现“以职业为先，岗位为重，素质为本”的现代教育理念。

图书在版编目(CIP)数据

动物疾病防治/黄国清，邬向东，张学栋主编. —北京：中国农业大学出版社，2017.1 (2024.5 重印)

ISBN 978-7-5655-1666-5

Ⅰ.①动… Ⅱ.①黄… ②邬… ③张… Ⅲ.①动物疾病-防治-教材 Ⅳ.①S85

中国版本图书馆 CIP 数据核字(2016)第 176894 号

书　名 动物疾病防治

作　者 黄国清　邬向东　张学栋　主编

策划编辑 赵　艳　赵　中
封面设计 郑　川　李尘工作室
出版发行 中国农业大学出版社
社　址 北京市海淀区圆明园西路 2 号
电　话 发行部 010-62818525，8625
编辑部 010-62732617，2618
网　址 http://www.cau.edu.cn/caup
经　销 新华书店
印　刷 北京时代华都印刷有限公司
版　次 2017 年 1 月第 1 版　2024 年 5 月第 2 次印刷
规　格 787×1 092　16 开本　26 印张　630 千字
定　价 54.00 元

责任编辑 王艳欣
责任校对 王晓凤

邮政编码 100193
读者服务部 010-62732336
出 版 部 010-62733440
E-mail cbsszs@cau.edu.cn

教育部　财政部职业院校教师素质提高计划成果系列丛书

项目牵头单位　江西农业大学

项 目 负 责 人　黄国清

编写人员

主　编　黄国清（江西农业大学）

邬向东（江西农业大学）

张学栋（黑龙江农业经济职业学院）

副主编　甘辉群（江苏农牧科技职业学院）

郭建强（山东畜牧兽医职业学院）

王宏刚（黑龙江农业经济职业学院）

参　编　邓舜洲（江西农业大学）

刘庆言（江西农业大学）

李　麟（江西农业大学）

刘正平（黑龙江农业经济职业学院）

牛静华（黑龙江农业经济职业学院）

刘明生（江苏农牧科技职业学院）

管远红（江苏农牧科技职业学院）

许振华（江西农业工程职业学院）

杨孟鸿（赣州农业学校）

陆杏华（江西生物科技职业学院）

张科来（安徽流芳农业股份有限公司）

出版说明

《国家中长期教育改革和发展规划纲要(2010—2020年)》颁布实施以来,我国职业教育进入加快构建现代职业教育体系、全面提高技能型人才培养质量的新阶段。加快发展现代职业教育,实现职业教育改革发展新跨越,对职业学校"双师型"教师队伍建设提出了更高的要求。为此,教育部明确提出,要以推动教师专业化为引领,以加强"双师型"教师队伍建设为重点,以创新制度和机制为动力,以完善培养培训体系为保障,以实施素质提高计划为抓手,统筹规划,突出重点,改革创新,狠抓落实,切实提升职业院校教师队伍整体素质和建设水平,加快建成一支师德高尚、素质优良、技艺精湛、结构合理、专兼结合的高素质专业化的"双师型"教师队伍,为建设具有中国特色、世界水平的现代职业教育体系提供强有力的师资保障。

目前,我国共有60余所高校正在开展职教师资培养,但由于教师培养标准的缺失和培养课程资源的匮乏,制约了"双师型"教师培养质量的提高。为完善教师培养标准和课程体系,教育部、财政部在"职业院校教师素质提高计划"框架内专门设置了职教师资培养资源开发项目,中央财政划拨1.5亿元,系统开发用于本科专业职教师资的培养标准、培养方案、核心课程和特色教材等系列资源。其中,包括88个专业项目,12个资格考试制度开发等公共项目。该项目由42家开设职业技术师范专业的高等学校牵头,组织近千家科研院所、职业学校、行业企业共同研发,一大批专家学者、优秀校长、一线教师、企业工程技术人员参与其中。

经过3年的努力,培养资源开发项目取得了丰硕成果。一是开发了中等职业学校88个专业(类)职教师资本科培养资源项目,内容包括专业教师标准,专业教师培养标准、评价方案以及一系列专业课程大纲、主干课程教材及数字化资源;二是取得了6项公共基础研究成果,内容包括职教师资培养模式、国际职教师资培养、教育理论课程、质量保障体系、教学资源中心建设和学习平台开发等;三是完成了18个专业大类职教师资资格标准及认证考试标准开发。上述成果,共计800多本正式出版物。总体来说,培养资源开发项目实现了高效益:形成了一大批资源,填补了相关标准和资源的空白;凝聚了一支研发队伍,强化了教师培养的"校—企—校"协同;引领了一批高校的教学改革,带动了"双师型"教师的专业化培养。职教师资培养资源开发项目是支撑专业化培养的一项系统化、基础性工程，是加强职教教师培养培训一体化建设的关键环节，也是对职教师资培养培训基地教师专业化培养实践、教师教育研究能力的系统检阅。

自2013年项目立项开题以来，各项目承担单位、项目负责人及全体开发人员做了大量深入细致的工作，结合职教教师培养实践，研发出很多填补空白、体现科学性和前瞻性的成果，有力推进了“双师型”教师专门化培养向更深层次发展。同时，专家指导委员会的各位专家以及项目管理办公室的各位同志，克服了许多困难，按照两部对项目开发工作的总体要求，为实施项目管理、研发、检查等投入了大量时间和心血，也为各个项目提供了专业的咨询和指导，有力地保障了项目实施和成果质量。在此，我们一并表示衷心的感谢。

指导委员会

2016年3月

前　言

教育是国之大计，党之大计。教育大计，教材为基。党的二十大报告提出，加强教材建设和管理，体现了对教材建设的高度重视。《动物疾病防治》是根据教育部、财政部职业院校教师素质提高计划“职教师资本科专业的培养标准、培养方案、核心课程和特色教材开发项目”要求，结合动物科学专业职教师资本科人才培养的实际而开发的特色教材。

本教材从职业能力分析入手，以应用能力培养为重点，打破学科体系，本着“以学习动物医疗临床诊断技术为基础，以掌握动物基本疾病防控和治疗技术为目的”的思路，将动物医学专业的专业基础课和专业课程进行整合和优化，将动物疫病防控技术、动物疾病诊断技术与动物疾病治疗技术有机融合，突出理论知识的应用和实践能力的培养，充分体现专业性、应用性、科学性和先进性的原则。通过学习，学生能够掌握动物疾病防控、临床诊断、治疗的基本知识和基本技能。

本教材在内容编排上，紧紧抓住“动物疾病防控、临床诊断、治疗”这条主线，以工作过程为导向，以动物疾病治疗为依据，按照“模块—项目—任务”的结构，构建动物疫病防控技术、动物疾病诊断技术、动物疾病治疗技术、动物常见传染病防治、动物常见寄生虫病防治和动物常见普通病防治 6 个模块，23 个项目，89 个学习任务和 57 个实训操作，充分体现“以职业为先，岗位为重，素质为本”的现代教育理念。

本教材按照“以岗位能力培养为核心、以项目任务为载体”的要求，“教、学、做”一体化的体例进行编排，有利于“理实一体化”教学的全面实施。每个项目设有若干个学习任务，每个学习任务理论学习与实训操作相结合，让学生边学习，边操作，边理解，边记忆。

我国幅员辽阔，各地区动物饲养种类及动物疫病流行情况差异较大，本教材面向全国发行使用，为此本教材涉及内容较广，使用者可根据本地区实际情况，有针对性地选择教学内容进行教学。本教材具有体例新颖、内容结合生产实际、图文并茂、直观易懂和实用性强的特点，既可作为“动物科学”职教师资本科专业和“动物科学”应用型本科专业教材，也可供养殖企业技术人员和个体养殖户学习使用。

本教材在开发过程中，得到了项目组专家的细心指导，在编写体例、结构和内容选取等方面做了大胆的改革尝试，但由于本教材是动物医学专业大部分专业基础课和专业课程内容的整合，涉及的内容很广，限于编者的能力和水平，教材中难免有不妥甚至错误之处，敬请同行专家和使用者批评指正，以便再版时修正。

编　者

2024 年 5 月

目　　录

模块一　动物疫病防控技术

项目 1　动物疫病发生与流行 …… 3
任务 1-1　动物疫病及其发展阶段 …… 3
任务 1-2　动物疫病的流行规律 …… 6
实训操作 1-1　动物疫情调查及报告撰写 …… 11
项目 2　动物疫病预防与扑灭 …… 14
任务 2-1　动物疫病的预防 …… 14
任务 2-2　动物疫病的扑灭 …… 16
实训操作 2-1　消毒技术 …… 20
项目 3　动物疫病检验 …… 22
任务 3-1　细菌学检验技术 …… 22
实训操作 3-1　油镜的使用与细菌结构观察 …… 30
实训操作 3-2　培养基制备与细菌分离培养 …… 33
任务 3-2　病毒学检验技术 …… 38
实训操作 3-3　新城疫病毒的鸡胚培养 …… 46
任务 3-3　寄生虫检验技术 …… 47
实训操作 3-4　蠕虫幼虫的检查 …… 49
任务 3-4　血清学检验技术 …… 51
实训操作 3-5　凝集试验检测布鲁氏菌病抗体技术 …… 58

模块二　动物疾病诊断技术

项目 4　动物疾病临床诊断 …… 63
任务 4-1　临床检查的基本方法与程序 …… 63
实训操作 4-1　动物的接近和保定 …… 67
任务 4-2　一般检查 …… 70
实训操作 4-2　临床基本检查法和一般检查技术 …… 77
任务 4-3　各系统检查 …… 77
实训操作 4-3　动物各系统检查技术 …… 94
项目 5　动物病理剖检 …… 96
任务 5-1　动物尸体剖检意义及尸体变化规律 …… 96
任务 5-2　动物尸体剖检的步骤和程序 …… 98
实训操作 5-1　猪的剖检 …… 106

任务 5-3　病料采集与送检 …… 107
实训操作 5-2　猪瘟病料的采取、包装和送检 …… 108
项目 6　动物疾病实验室诊断 …… 110
任务 6-1　血液检验 …… 110
实训操作 6-1　血液检验技术 …… 117
任务 6-2　尿液检查 …… 122
实训操作 6-2　尿液常规检验技术 …… 126
任务 6-3　粪便检查 …… 128
实训操作 6-3　粪便中蠕虫检查技术 …… 130
项目 7　动物疾病影像诊断 …… 135
任务 7-1　X 线检查 …… 135
实训操作 7-1　猪胸部的透视检查 …… 146
任务 7-2　超声波检查 …… 147
实训操作 7-2　犬猫妊娠的 B 超诊断 …… 150
任务 7-3　心电图检查 …… 151

模块三　动物疾病治疗技术

项目 8　内服给药技术 …… 159
任务 8-1　直接灌服法 …… 159
任务 8-2　胃管灌服法 …… 160
任务 8-3　拌料、饮水投药法 …… 160
实训操作 8-1　犬的内服给药技术 …… 161
项目 9　注射技术 …… 164
任务 9-1　常规注射技术 …… 164
任务 9-2　特殊注射技术 …… 169
实训操作 9-1　动物免疫接种技术 …… 174
项目 10　穿刺术等治疗技术 …… 177
任务 10-1　常见穿刺技术 …… 177
任务 10-2　其他治疗技术 …… 180
实训操作 10-1　导胃、导尿及子宫冲洗技术 …… 181
项目 11　手术治疗技术 …… 183
任务 11-1　无菌技术 …… 183
任务 11-2　麻醉技术 …… 185
实训操作 11-1　动物麻醉操作 …… 187
任务 11-3　组织分离、止血与缝合 …… 190
任务 11-4　包扎技术 …… 207
任务 11-5　手术计划的制订与手术工作的组织 …… 211
实训操作 11-2　犬的胃切开 …… 213

模块四　动物常见传染病防治

项目 12　多种动物共患传染病 …… 219
任务 12-1　布鲁氏菌病 …… 219
实训操作 12-1　布鲁氏菌病的微生物学检查技术 …… 220
任务 12-2　巴氏杆菌病 …… 221
实训操作 12-2　巴氏杆菌病的微生物学检查技术 …… 223
任务 12-3　大肠杆菌病 …… 224
任务 12-4　沙门氏菌病 …… 227
实训操作 12-3　大肠杆菌和沙门氏菌的微生物学检查技术 …… 229
任务 12-5　流行性感冒 …… 231
实训操作 12-4　流感病毒的培养和鉴定技术 …… 233
任务 12-6　口蹄疫 …… 235
实训操作 12-5　口蹄疫病毒疫苗抗体及野毒抗体检测技术 …… 237
任务 12-7　痘病 …… 239
实训操作 12-6　痘病的诊断技术 …… 241
项目 13　猪的主要传染病 …… 243
任务 13-1　猪瘟 …… 243
实训操作 13-1　猪瘟的诊断技术 …… 245
任务 13-2　猪繁殖与呼吸障碍综合征 …… 247
实训操作 13-2　猪繁殖与呼吸障碍综合征病毒的 RT-PCR 检查技术 …… 249
任务 13-3　伪狂犬病 …… 251
实训操作 13-3　猪伪狂犬病的诊断技术 …… 253
任务 13-4　猪圆环病毒感染 …… 254
实训操作 13-4　猪圆环病毒 IgG/IgM 检测及病毒感染分析 …… 256
任务 13-5　仔猪病毒性腹泻 …… 258
任务 13-6　猪丹毒 …… 260
实训操作 13-5　猪丹毒的微生物学检查技术 …… 262
任务 13-7　猪链球菌病 …… 263
实训操作 13-6　猪链球菌病的诊断技术 …… 265
项目 14　禽的主要传染病 …… 268
任务 14-1　新城疫 …… 268
实训操作 14-1　新城疫的诊断及抗体监测技术 …… 270
任务 14-2　鸡马立克氏病 …… 271
实训操作 14-2　鸡马立克氏病的诊断技术 …… 273
任务 14-3　鸡毒支原体病 …… 274
实训操作 14-3　鸡毒支原体病的诊断技术 …… 276
任务 14-4　鸡传染性支气管炎 …… 277
实训操作 14-4　鸡传染性支气管炎的诊断技术 …… 280

任务 14-5 鸡传染性法氏囊炎 …… 281
实训操作 14-5 鸡传染性法氏囊炎的诊断及抗体监测技术 …… 283
任务 14-6 鸭瘟 …… 284
实训操作 14-6 鸭瘟的诊断技术 …… 286
任务 14-7 鸭病毒性肝炎 …… 287
实训操作 14-7 鸭病毒性肝炎的诊断技术 …… 289
任务 14-8 鸭传染性浆膜炎 …… 289
实训操作 14-8 鸭传染性浆膜炎的诊断技术 …… 292
任务 14-9 小鹅瘟 …… 292
实训操作 14-9 小鹅瘟的诊断技术 …… 294
项目 15 牛羊马的主要传染病 …… 297
任务 15-1 牛病毒性腹泻-黏膜病 …… 297
实训操作 15-1 牛病毒性腹泻-黏膜病 RT-PCR 检测技术 …… 298
任务 15-2 牛流行热 …… 300
实训操作 15-2 牛流行热病毒一步法 RT-PCR 检测技术 …… 302
任务 15-3 羊梭菌性疾病 …… 302
任务 15-4 马传染性贫血 …… 305
实训操作 15-3 马传染性贫血的实验室诊断 …… 306
项目 16 小动物主要传染病 …… 309
任务 16-1 犬瘟热 …… 309
任务 16-2 犬细小病毒病 …… 311
实训操作 16-1 犬瘟热病毒和犬细小病毒抗原快速诊断 …… 312
任务 16-3 兔病毒性出血热 …… 316
实训操作 16-2 兔病毒性出血热的诊断技术 …… 317

模块五 动物常见寄生虫病防治

项目 17 人兽共患寄生虫病 …… 321
任务 17-1 弓形虫病 …… 321
实训操作 17-1 猪弓形虫速殖子检查技术 …… 323
任务 17-2 日本血吸虫病 …… 324
实训操作 17-2 日本血吸虫毛蚴孵化检查技术 …… 326
任务 17-3 肝片吸虫病 …… 327
任务 17-4 囊尾蚴病 …… 330
实训操作 17-3 吸虫及其中间宿主形态的观察 …… 332
项目 18 猪的主要寄生虫病 …… 334
任务 18-1 细颈囊尾蚴病 …… 334
任务 18-2 猪蛔虫病 …… 335
任务 18-3 猪疥螨病 …… 337
实训操作 18-1 猪疥螨的实验室检查 …… 338

项目 19　禽的主要寄生虫病 …… 340
任务 19-1　鸡球虫病 …… 340
实训操作 19-1　鸡球虫的实验室检查 …… 342
任务 19-2　鸡住白细胞虫病 …… 342
任务 19-3　鸡盲肠肝炎 …… 344
项目 20　牛羊的主要寄生虫病 …… 346
任务 20-1　牛巴贝斯虫病 …… 346
任务 20-2　牛泰勒虫病 …… 348
任务 20-3　羊狂蝇蛆病 …… 349
实训操作 20-1　牛血液原虫的实验室检查 …… 351

模块六　动物常见普通病防治

项目 21　常见消化系统疾病 …… 357
任务 21-1　口炎 …… 357
任务 21-2　咽炎 …… 358
任务 21-3　食管阻塞 …… 359
任务 21-4　前胃弛缓 …… 361
任务 21-5　瘤胃臌胀 …… 363
任务 21-6　瘤胃积食 …… 364
任务 21-7　创伤性网胃炎 …… 365
实训操作 21-1　常见消化系统内科疾病处理技术 …… 366
项目 22　常见呼吸系统疾病 …… 369
任务 22-1　感冒 …… 369
任务 22-2　支气管炎 …… 370
任务 22-3　支气管肺炎 …… 371
任务 22-4　大叶性肺炎 …… 372
任务 22-5　间质性肺气肿 …… 373
实训操作 22-1　常见呼吸系统内科疾病处理技术 …… 374
项目 23　常见营养代谢病 …… 377
任务 23-1　禽脂肪肝综合征 …… 377
任务 23-2　新生仔猪低血糖症 …… 379
任务 23-3　佝偻病 …… 380
任务 23-4　微量元素缺乏症 …… 381
任务 23-5　维生素缺乏症 …… 386
实训操作 23-1　鸡维生素缺乏检查技术 …… 390

参考文献 …… 391
附　录 …… 392

模块一　动物疫病防控技术

项目 1　动物疫病发生与流行

项目 2　动物疫病预防与扑灭

项目 3　动物疫病检验

项目 1　动物疫病发生与流行

【知识目标】

- 掌握动物疫病发生发展三个基本环节的相互关系；
- 掌握动物疫病发生、发展、流行的规律及原理；
- 掌握动物疫病预防的基本原则及相关理论知识。

【能力目标】

- 知晓动物疫病流行病学调查技术；
- 能独立完成动物疫病调查报告的撰写。

任务 1-1　动物疫病及其发展阶段

动物疫病主要是指动物传染病和动物寄生虫病，其中以动物传染病显得尤其重要。

一、传染和传染病

传染是指在一定外界条件下，病原微生物侵入动物机体与之相互斗争，并在一定部位生长、繁殖而引起一系列病理反应的过程。

由病原微生物引起，具有一定的潜伏期和临诊表现，并具有传染性的疾病，称为传染病。

传染病的特征如下：

(1)传染病是在一定环境条件下由病原微生物与机体相互作用所引起的；

(2)传染病具有传染性和流行性；

(3)被感染的机体发生特异性免疫反应；

(4)耐过动物能获得特异性免疫；

(5)具有特征性的临诊表现。

二、动物传染病的发展阶段

(一) 潜伏期

由病原体侵入机体并进行繁殖时起，直到疾病的临诊症状开始出现为止，这段时间称为潜伏期。

不同疾病潜伏期长短不一。一般来说，急性传染病的潜伏期差异范围较小；慢性传染病以及症状不显著的传染病其潜伏期差异较大，常不规则。同一种传染病的潜伏期的长短也有很大的变化。潜伏期短促时，疾病经过常较严重；反之，潜伏期延长时，病程亦常较轻缓。

(二)前驱期

是疾病的征兆阶段，其特点是临诊症状开始表现出来，但该病的特征性症状仍不明显。从多数传染病来说，这个时期仅可察觉出一般的症状，如体温升高、食欲减退、精神异常等。各种传染病和各个病例的前驱期长短不一，通常只有数小时至一两天。同一传染病在不同的个体中其前驱期也有所差异。

（三）症状明显期

前驱期之后，疾病的特征性症状逐步明显地表现出来，是疾病发展到高峰的阶段。这个阶段因为很多有代表性的特征性症状相继出现，在诊断上比较容易识别。同时，由于患病动物体内排出的病原体数量多、毒力强，故应加强发病动物的饲养管理，防止病原微生物的散播和蔓延。

（四）转归期

为传染病发展的最后结局时期。如果病原体的致病性增强，或动物体的抵抗力减弱，则传染过程以动物死亡为转归。如果动物体的抵抗力得到改进和增强，机体便逐步恢复健康，表现为临诊症状逐渐消退，体内的病理变化逐渐减弱，正常的生理机能逐步恢复。

三、寄生虫、宿主及其相互关系

在动物疫病中，除传染病外，还有另一类重要疫病是寄生虫引起的，叫寄生虫病。首先我们要了解寄生虫及宿主等相关概念。

（一）寄生虫、宿主及寄生虫病

在两种生物之间，一种生物以另一种生物体为居住条件，夺取其营养，并对其造成不同程度的危害的现象，称为寄生生活，过着这种寄生生活的动物，称为寄生虫。被寄生虫寄生的人和动物，称为寄生虫的宿主。由寄生虫所引起的疾病，称为寄生虫病。

（二）寄生虫的类型

1. 单宿主寄生虫与多宿主寄生虫　有一些寄生虫只寄生于一个特定的宿主，不寄生于其他宿主，即对宿主有严格的特异性，称为单宿主寄生虫，如虱等；有一些寄生虫的宿主范围广泛，可以寄生于多种宿主，称为多宿主寄生虫，如肝片吸虫等。

2. 固需寄生虫与兼性寄生虫　有一些寄生虫已完全适应寄生生活，并依赖于寄生生活，不能离开宿主，称为固需寄生虫，如旋毛虫等；有一些寄生虫还没有完全适应寄生生活，它可以营寄生生活，也可以营自由生活，称为兼性寄生虫，如类圆线虫等。

3. 暂时性寄生虫与永久性寄生虫　凡是只在需求营养物质时，才与其宿主相接触，营短暂的寄生生活，待吸取营养物质后就离去，称为暂时性寄生虫，如吸血昆虫；长期地并往往是终身居留于宿主体上营寄生生活的寄生虫，则称为永久性寄生虫，如旋毛虫等。

4. 内寄生虫与外寄生虫　寄生在宿主体内某些器官、组织的寄生虫，称为内寄生虫，如蛔虫等；寄生在宿主的皮肤表面或皮内的寄生虫，称为外寄生虫，如虱、疥螨等。

（三）宿主的类型

1. 终末宿主　被寄生虫的成虫期或有性繁殖阶段所寄生的宿主，称为终末宿主，如牛、羊为肝片吸虫的终末宿主。

2. 中间宿主　被寄生虫的幼虫期或无性繁殖阶段所寄生的宿主，称为中间宿主，如椎实螺为肝片吸虫的中间宿主。

3.补充宿主　有的寄生虫幼虫期有几个发育阶段，不同的发育阶段寄生于不同的宿主体内，所以中间宿主有一个以上，则早期幼虫寄生的宿主称第一中间宿主，而后期幼虫寄生的宿主称补充宿主，又称第二中间宿主。

4.保虫宿主　有的寄生虫因宿主范围广泛，可以寄生于多种宿主体内，但其中必有一部分是惯常寄生的宿主，还有一部分宿主虽也能寄生，但不惯常、不普通，则这部分宿主就称为该寄生虫的保虫宿主。

5.延续宿主　有的寄生虫的感染性幼虫进入不适合发育的动物体内后，不发育、形态不改变，但仍能保持对宿主的感染力，这种动物就称为该寄生虫的延续宿主或转换宿主。如含有裂头蚴的蛙，被蛇食下后不能发育为成虫，而是穿出肠壁，移居至腹腔、肌肉或皮下等处继续生存，则蛇是裂头蚴的延续宿主或转换宿主。

（四）寄生虫与宿主的相互关系

1.寄生虫对宿主的危害

(1)机械性损害　寄生虫侵入宿主机体之后，在移行过程中和到达特定寄生部位后的机械性刺激，可使宿主的组织、脏器受到不同程度的损害，如创伤、发炎、出血、堵塞、挤压、萎缩、穿孔和破裂等。

(2)掠夺营养物质　寄生虫在宿主体内寄生时，常常以经口吞食或由体表吸收的方式，将宿主体内的各种营养物质变为虫体自身的营养，有的则直接吸取宿主的血液、淋巴液作为营养，从而造成宿主营养不良、消瘦、贫血和抵抗力降低等。

(3)毒素的作用　寄生虫在生长发育过程中产生有毒的分泌物和代谢产物，易被宿主吸收，特别是对神经系统和血液循环系统的毒害作用较为严重。

(4)引入其他病原　寄生虫侵害宿主的同时，可能将某些病原性细菌、病毒等带入宿主体内，使宿主遭受感染而发病。

2.宿主的防御适应能力　当宿主机体遭受寄生虫侵害时，局部组织表现出一系列应答性反应，即发炎、充血、白细胞游出，并对虫体进行吞噬、溶解，或形成包囊以至钙化。若宿主的防御适应能力较强，而寄生虫的发育慢、繁殖的数量不多，毒素作用也较弱，虫体虽能生存，但宿主不呈现明显的临床症状，这种情况常称为“带虫现象”。

(1)营养因素　宿主的营养状况，直接影响着对寄生虫的抵抗能力。宿主良好的营养状况有助于对抗寄生虫的侵袭及其毒害作用。

(2)年龄因素　宿主的年龄与寄生虫的侵害程度也有关系。许多种寄生虫在幼龄畜禽体内发育较快，而在成年畜禽体内则发育迟缓或不能发育，这是因为畜禽的防御适应能力随着年龄的增长而有所提高的缘故。因此，许多种寄生虫主要使幼龄畜禽受害较重。

（五）外界环境因素与寄生虫的关系

寄生虫都在一定的外界环境中生存，各种环境因素必然对它们产生影响。有些环境条件可能适宜于某种寄生虫的生存，而另一些环境条件则可能抑制其生命活动，甚至能将其杀灭。

外界环境条件及饲养管理情况，对畜禽的生理机能和抗病能力也有很大影响。加强饲养管理，改善环境卫生条件，对控制和消灭畜禽寄生虫病是十分必要的。

任务 1-2　动物疫病的流行规律

一、动物传染病的流行过程

传染病的一个基本特征是能在家畜之间直接或间接相互传染，构成流行。动物传染病的流行过程是指从个体感染发病发展到群体发病的过程，也就是传染病在动物群体中发生、发展以及终止的过程。

动物传染病在动物群体中流行必须具备一定的条件，即传染源、传播途径和易感动物三个基本环节的相互联系和配合，当这三个条件同时存在并相互联系协同作用时才会出现传染病的发生和流行。因此要针对这三个基本环节采取措施来控制传染病。

（一）传染源

传染源是指有某种传染病的病原体在其体内寄居、生长、繁殖，并能排出体外的动物机体。

动物受感染后，可以表现为患病和携带病原两种状态，因此传染源一般可分为：

1. 患病动物　病畜是重要的传染源。不同病期的病畜，其作为传染源的意义也不相同。前驱期和症状明显期的病畜因能排出病原体且具有症状，尤其是在急性过程或者病程转剧阶段可排出大量毒力强大的病原体，因此作为传染源的作用也最大。潜伏期和恢复期的病畜是否具有传染源的作用则随病种不同而异。

病畜能排出病原体的整个时期称为传染期。不同传染病传染期长短不同。隔离期就是根据传染期的长短来制订的。为了控制传染源，对病畜原则上应隔离至传染期终了为止。

2. 病原携带者　病原携带者是指外观无症状但携带并排出病原体的动物。病原携带者是一个统称，包括带菌者、带毒者、带虫者等。

病原携带者一般分为潜伏期病原携带者、恢复期病原携带者和健康病原携带者三类。

潜伏期病原携带者：是指感染后至症状出现前能排出病原体的动物。在潜伏期，大多数传染病的病原体数量还很少，此时一般不具备排出条件，因此不能起传染源的作用。但有少数传染病如狂犬病、口蹄疫和猪瘟等在潜伏期后期能够排出病原体，此时就有传染性了。

恢复期病原携带者：是指在临诊症状消失后仍能排出病原体的动物。一般来说，恢复期的传染性已逐渐减小或已无传染性了，但还有不少传染病如猪气喘病、布鲁氏菌病等在临诊痊愈的恢复期仍能排出病原体。

健康病原携带者：是指过去没有患过某种传染病但却能排出该种传染病病原体的动物。一般认为这是隐性感染的结果，通常只能靠实验室方法检出。如巴氏杆菌病、沙门氏菌病、猪丹毒和马腺疫等病的健康病原携带者为数众多，有时可成为重要的传染源。

此外，患人畜共患病的病人也是不可忽视的传染源。

（二）传播途径

病原体由传染源排出后，经一定的方式再侵入其他易感动物所经的途径称为传播途径。研究传染病传播途径的目的在于切断病原体继续传播的途径，防止易感动物受传染，这是防治家畜传染病的重要措施之一。传播途径一般可分为水平传播和垂直传播两种。

1. 水平传播　即传染病在群体之间或个体之间以水平形式横向平行传播；水平传播在传

播方式上可分为直接接触传播和间接接触传播两种。

(1)直接接触传播　病原体通过被感染的动物(传染源)与易感动物直接接触(交配、舐咬等)而引起传染的传播方式。以直接接触为主要传播方式的传染病为数不多,在家畜中狂犬病最具有代表性。直接接触传播的传染病,其流行特点是一个接一个地发生,呈明显的链锁状。这种方式使疾病的传播受到限制,一般不易造成广泛的流行。

(2)间接接触传播　病原体通过传播媒介使易感动物发生传染的方式,称为间接接触传播。将病原体从传染源传播给易感动物的各种外界环境因素称为传播媒介。传播媒介可能是生物,也可能是无生命的物体。

大多数传染病如口蹄疫、牛瘟、猪瘟、鸡新城疫等以间接接触为主要传播方式,同时也可以通过直接接触传播。两种方式都能传播的传染病也可称为接触性传染病。

常见的传播媒介如下:

①空气　空气可作为传染的媒介物,它可作为病原体在一定时间内暂时存留的环境。经空气而散播的传染主要是通过飞沫、飞沫核或尘埃为媒介而传播的。

通过飞散于空气中带有病原体的微细泡沫而散播的传染称为飞沫传染。所有的呼吸道传染病主要是通过飞沫而传播的,如结核病、牛肺疫、猪气喘病、猪流行性感冒、鸡传染性喉气管炎等。

经空气飞沫传播的传染病的流行特征是:因传播途径易于实现,病例常连续发生,患者多为传染源周围的易感动物。在潜伏期短的传染病如流行性感冒等,易感动物集中时可形成暴发。

从传染源排出的分泌物、排泄物和处理不当的尸体散布在外界环境的病原体附着物,经干燥后,由于空气流动冲击,带有病原体的尘埃在空气中飘扬,被易感动物吸入而感染,称为尘埃传染。

②污染的饲料、饮水和物体　以消化道为主要侵入门户的传染病如口蹄疫、牛瘟、猪瘟、鸡新城疫、沙门氏菌病、结核病、炭疽、鼻疽等,其传播媒介主要是污染的饲料、饮水及用具。传染源的分泌物、排出物和病畜尸体及其流出物污染了饲料、牧草、饲槽、水池、水井、水桶,或由某些污染的管理用具、车船、畜舍等辗转污染了饲料、饮水而传给易感动物。

③污染的土壤　随病畜排泄物、分泌物或其尸体一起落入土壤而能在其中生存很久的病原微生物可称为土壤性病原微生物。它所引起的传染病有炭疽、气肿疽、破伤风、恶性水肿、猪丹毒等。

④活的媒介物　非本种动物和人类也可能作为传播媒介传播家畜传染病。主要有:

节肢动物:节肢动物中作为家畜传染病的媒介者主要是虻类、螫蝇、蚊、蠓、家蝇和蜱等。传播主要是机械性的,它们通过在病、健畜间的刺、螫、吸血而散播病原体。亦有少数是生物性传播。

野生动物:野生动物的传播可以分为两大类:一类是本身对病原体具有易感性,在受感染后再传染给禽畜,在此野生动物实际上起了传染源的作用;另一类是本身对该病原体无易感性,但可机械地传播疾病,如鼠类可能机械地传播猪瘟和口蹄疫等。

人类:饲养人员和兽医在工作中如不注意遵守防疫卫生制度,消毒不严时,容易传播病原体。如在进出病畜和健畜的畜舍时可将手上、衣服、鞋底沾染的病原体传播给健畜。

2.垂直传播　即从母体到其后代两代之间的传播。垂直传播从广义上讲属于间接接触传播，它包括下列几种方式：

(1)经胎盘传播　受感染的孕畜经胎盘血流传播病原体感染胎儿，称为胎盘传播。可经胎盘传播的疾病有猪瘟、猪细小病毒感染、牛黏膜病、蓝舌病、伪狂犬病、布鲁氏菌病、弯曲菌性流产、钩端螺旋体病等。

(2)经卵传播　由携带有病原体的卵细胞发育而使胚胎受感染，称为经卵传播。主要见于禽类。可经卵传播的病原体有禽白血病病毒、禽腺病毒、鸡传染性贫血病病毒、禽脑脊髓炎病毒、鸡白痢沙门氏菌等。

(3)经产道传播　病原体经孕畜阴道通过子宫颈口到达绒毛膜或胎盘引起胎儿感染，或胎儿从无菌的羊膜腔穿出而暴露于严重污染的产道时，胎儿经皮肤、呼吸道、消化道感染母体的病原体。可经产道传播的病原体有大肠杆菌、葡萄球菌、链球菌、沙门氏菌和疱疹病毒等。

(三)易感动物

易感性是抵抗力的反面，指家畜对于某种传染病病原体的感受性。一个地区畜群中易感个体所占的百分率，直接影响到传染病是否能造成流行以及发展的严重程度。动物易感性的影响因素有：

①病原体的种类和毒力强弱　病原体毒力越强，导致疫病的可能性就越大，动物易感性就越大；反之，动物易感性就越小。

②畜群年龄结构　宿主对感染的抵抗力，随年龄的增长而增强，而到老龄抵抗力又下降，这是一般的趋势。

③畜群特异性免疫状态　当易感畜群发生的传染病逐渐蔓延到后期时，常保存一定数量的幸免死亡者而停息。对畜群实施免疫接种时，其免疫密度达到一定程度后，这种传染病就难以流行。群体免疫水平的大体目标是，免疫率达到70%～80%。

④外界环境条件　如气候、饲料、饲养管理、卫生条件等因素都可能直接影响到畜群的易感性和病原体的传播。

⑤传染环　在广域的动物群体内，存在包括野生动物的异种易感动物时，这些动物之间有时形成传染链，称为传染环。传染环因各种动物的易感性和分布密度等生态学特性不同而变化，因此具有地域特征。

二、动物传染病的流行特征

(一)流行过程的表现形式

在动物传染病的流行过程中，根据一定时间内发病率高低和传染范围大小可将动物群体中疾病的流行表现分为下列四种形式。

1.散发性　疾病发生无规律性，随机发生，局部地区病例零星地散在发生，各病例在发病时间与发病地点上没有明显的关系时，称为散发。

2.地方流行性　在一定的地区和动物群体中，疾病带有局限性传播特征，并且呈比较小规模流行，可称为地方流行性，或谓病的发生有一定的地区性。

3.流行性　所谓流行性是指在一定时间内一定动物群体出现比寻常为多的病例。流行性疾病的传播范围广、发病率高，如不加防治常可传播到几个乡、县甚至省。这类疾病往往是病原的毒力较强，能以多种方式传播，动物的易感性较高，如口蹄疫、牛瘟、猪瘟、鸡新城疫等重要疫病可能表现为流行性。

“暴发”是一个不太确切的名词，大致可作为流行性的同义词。一般认为，某种传染病在一个动物群体单位或一定地区范围内，在短期突然出现很多病例时，可称为暴发。

4.大流行　是一种规模非常大的流行，流行范围可扩大至全国，甚至可涉及几个国家或整个大陆。在历史上如口蹄疫、牛瘟和流感等都曾出现过大流行。

（二）流行过程的季节性和周期性

1.季节性　某些动物传染病经常发生于一定的季节，或在一定的季节出现发病率显著上升的现象，称为流行过程的季节性。出现季节性的原因，主要有以下几个方面：

①季节对病原体在外界环境中存在和散播的影响　如流行性乙型脑炎的传播与吸血昆虫（蚊）有关，而季节对吸血昆虫影响很大，导致吸血昆虫多时，该病发病率就高，呈现一定季节性。

②季节对活的传播媒介的影响　夏秋炎热季节，蝇、蚊、虻类等吸血昆虫大量滋生、活动频繁，凡是能由它们传播的疾病，都较易发生，如猪丹毒、流行性乙型脑炎、马传染性贫血、炭疽等。

③季节对动物活动和抵抗力的影响　冬季舍饲期间，家畜聚集拥挤，接触机会增多，如舍内温度降低，湿度增高，通风不良，常易促使经由空气传播的呼吸道传染病暴发流行。季节变化，主要是气温和饲料的变化，对家畜抵抗力有一定影响，这种影响对于由条件性病原微生物引起的传染病尤其明显。如在寒冬或初春，容易发生某些呼吸道传染病和羔羊痢疾等。

2.周期性　某些动物传染病如口蹄疫等，经过一定的间隔时期，可能表现再度流行，这种现象称为动物传染病的周期性。

三、影响动物传染病流行的因素

传染病的流行过程必须具备传染源、传播途径及易感动物三个基本环节。各种自然因素和社会因素对流行过程的影响是通过对传染源、传播途径和易感动物的作用而发生的。

（一）自然因素

1.作用于传染源　例如一定的地理条件对传染源的转移产生一定的限制，成为天然的隔离条件。季节变换，气候变化引起机体抵抗力的变动，如气喘病的隐性病猪，在寒冷、潮湿的季节里病情恶化，排出病原体增多，散播传染的机会增加；反之，在干燥、温暖的季节里，病情容易好转，咳嗽减少，散播传染的机会也小。当某些野生动物是传染源时，自然因素的影响特别显著。它们所传播的疫病常局限于这些野生动物活动的自然环境中，往往能形成自然疫源地。

2.作用于传播媒介　自然因素对传播媒介的影响非常明显。例如，夏季吸血昆虫滋生的地区，乙型脑炎病例增多。当温度降低、湿度增大时，有利于气源性感染，呼吸道传染病发病率常增高。洪水泛滥季节，造成水源污染，易引起钩端螺旋体病、炭疽等病的流行。

3.作用于易感动物　自然因素对易感动物这一环节的影响首先是增强或减弱机体的抵抗力。例如，低温高湿的条件，不但可以使飞沫传播媒介的作用时间延长，同时也可使易感动物易于受凉、降低呼吸道黏膜的屏障作用，有利于呼吸道传染病的流行。在高气温的影响下，肠道的杀菌作用降低，使肠道传染病增加。

（二）社会因素

影响家畜疫病流行过程的社会因素主要包括社会制度、生产力和人民的经济、文化、科学技术水平以及贯彻执行法规的情况等。因为动物和它所处的环境，在很大程度上是受人们的社会生产活动影响的，而后者又取决于社会制度等因素。

总之，流行过程是多因素综合作用的结果。传染源、宿主和环境因素不是孤立地起作用，而是相互作用引起传染病的流行。

四、动物传染病的流行区域

（一）疫源地

传染源及传染源排出的病原体存在的地区称为疫源地。

1.疫源地的划分　根据疫源地范围大小，可分别将其称为疫点或疫区。

（1）疫点　通常将范围小的疫源地或单个传染源所构成的疫源地称为疫点。

（2）疫区　若干个疫源地连成片且范围较大时称为疫区。

2.疫源地的解除条件　具备以下条件时，才能认为疫源地被解除：①最后一个传染源死亡或痊愈后不再携带病原体；②对所污染的外界环境进行彻底消毒处理；③经过此病的最长潜伏期，不再有新病例出现；④通过血清学检查畜群均为阴性反应。

（二）自然疫源地

有些疾病的病原体在自然条件下，即使没有人类或家养动物的参与，也可以通过传播媒介感染宿主造成流行，并且长期在自然界循环延续其后代，这种现象称为自然疫源性。具有自然疫源性的疾病，称为自然疫源性疾病。存在自然疫源性疾病的地方，称为自然疫源地。

自然疫源性疾病的特点：①没有人与家养动物的参与；②具有明显的地区性和季节性等特点；③有一定的生物群落性；④自然疫源性疾病可以传染人和动物。

常见自然疫源性传染病有：流行性出血热、狂犬病、伪狂犬病、犬瘟热、流行性乙型脑炎、黄热病、非洲猪瘟、蓝舌病、口蹄疫等。

（三）国家无规定疫病区

在规定期限内，没有发生过某种或某几种疫病，同时在该区域及其边界和外围一定范围内，对动物和动物产品、动物源性饲料、动物遗传材料、动物病料、兽药的流通实施官方有效控制并获得国家认可的特定地域。

无规定疫病区包括非免疫无规定疫病区和免疫无规定疫病区两种。

1.非免疫无规定疫病区　在规定期限内，某一划定的区域没有发生过某种或某几种动物疫病，且该区域及其周围一定范围内停止免疫的期限达到规定标准，并对动物和动物产品及其流通实施官方有效控制。

2.免疫无规定疫病区　在规定期限内，某一划定的区域没有发生过某种或某几种动物疫病，对该区域及其周围一定范围内允许采取免疫措施，对动物和动物产品及其流通实施官方有效控制。

五、寄生虫病的流行规律

动物寄生虫病的传播和流行，同传染病一样，也必须具备传染源、传播途径和易感动物三个方面的条件，但还要受到自然因素和社会因素的影响和制约。

（一）寄生虫的生活史

寄生虫生长、发育和繁殖的全部过程称为生活史。在动物体内寄生的各种寄生虫，常常是通过动物的血液、粪、尿及其他分泌物、排泄物，将寄生虫生活史的某一个阶段带到外界环境中，再经过一定的途径侵入到另一个宿主体内寄生，并不断地循环下去。

（二）寄生虫病发生和流行条件

1. 易感动物的存在　各种寄生虫均有其各自的易感动物，如鸡球虫只感染鸡，犊牛新蛔虫仅感染牛。

2. 传染源的存在　包括患病动物、带虫者、保虫宿主、延续宿主等，在其体内有成虫、幼虫或虫卵，并要有一定的毒力和数量。

3. 有相应的外界环境条件　包括温度、湿度、光线、土壤、植被、饲料、饮水、卫生条件、饲养管理，宿主的体质、年龄，中间宿主、保虫宿主存在等，与寄生虫病发生和流行的关系都非常密切。

以上三个条件构成寄生虫病流行的锁链，三者缺一不可，预防中若能打破其中的一环，就能控制某种寄生虫病的发生和流行。

（三）动物寄生虫病的感染途径

1. 经口感染　这是一条主要途径，大多数蠕虫都是通过这条途径感染的，如猪蛔虫病是猪吃了感染性蛔虫卵而感染的。

2. 经皮肤感染

（1）感染性幼虫主动钻入宿主健康皮肤而感染，如日本血吸虫的尾蚴，能主动钻入人、动物健康皮肤而感染。

（2）感染性幼虫借助吸血昆虫的吸血将病原体传播出去，如蜱吸血传播牛双芽巴贝斯虫，虻吸血传播牛锥虫病。

3. 接触感染

（1）通过皮肤接触感染，如外寄生虫总是通过病畜和健畜的直接接触或通过与病畜的用具、厩舍、垫草等接触而感染。

（2）通过黏膜接触感染，主要是生殖道的寄生虫，如媾疫锥虫、牛胎儿三毛滴虫。

4. 经胎盘感染　不多见，主要是母畜感染了寄生虫以后，其幼虫在宿主体内移行时，可以通过胎盘进入胎儿体内，使胎儿先天性感染，如犊牛新蛔虫病、日本血吸虫病、先天性弓形虫病等。

实训操作 1-1　动物疫情调查及报告撰写

一、实训目的和要求

掌握动物疫情调查的基本原理；通过实训掌握动物疫情调查的方法、内容和调查报告撰写技艺。

二、实训材料和器械

笔和报告册等。

三、实训内容

(一)调查疫情,填写流行病学调查表(表1-1)

表1-1　流行病学调查表

病名	地点	当月存栏数	当月出栏数	发病数			死亡数			死亡率/%			扑杀数		
				总数	规模场	散养户	总数	规模场	散养户	总数	规模场	散养户	总数	规模场	散养户

调查内容包括:

1.调查农牧场及居民点的名称及地址

2.调查疫场或疫点的一般特征　包括地理情况;地形特点;气象资料(季节、天气、雨量等);农牧场的兽医干部和畜牧干部人数、文化程度、技术水平和对职责的态度;该居民点与邻近居民点在经济和业务上的联系;动物的数目(按种类)、品种、用途。

3.调查疫场的兽医卫生特征　主要有:动物的饲养、护理和使役情况;畜、禽舍及其邻近地区的状况;饲料的品质和来源地,其保藏、调配和饲喂的方法;水源(水井、水池、小河等)的状况和饮水处的情况;放牧场地的情况和性质;有无昆虫和蜱——传染病的传递者,它们大量出现的时间;畜、禽舍内有无啮齿动物;厩肥的清理及保存,厩肥贮存场所的位置和状况;预防消毒和一般预防措施的执行情况;尸体的处理、利用和毁灭方法,有无运尸体的专用车;兽墓、尸体发酵坑和废物利用场的位置,其设备和卫生状况,兽医监督等;检疫室、隔离室、屠宰场、产房及其兽医卫生状况;污水处理及排出情况。

4.调查一般流行病学资料　农牧场补充动物的条件、预防检疫规则的执行情况;何时由该场运出动物和原料以及运往何处;该农牧场的动物何时患过何种传染病,患病动物数和死亡数;邻近地区的疫情。

5.调查该次传染病流行过程的特征　诊断结果;所采用的诊断方法;鉴别诊断;最早一例出现的时间;在发现最早的一些病例之前有无不明显的病例;推测传染源、传染病暴发的原因或传染病由外面传入和传播的途径及有利于传染病的传播条件;按照月、日登记发病率,患病的和死亡的动物总数,死亡动物的数目和患病动物的比例(病死率);传染病的散播情况;临床资料:明显型的、顿挫型的、典型的、非典型的和并发的病例数目;隐性病畜(带菌者、带毒者)的数目(按细菌学、血清学、变态反应等检查的资料);病理变化的资料(指出主要的和最有特征的变化);已采取的措施及其效果(如紧急预防接种、隔离、消毒等)。

6.调查补充资料　执行和解除封锁的日期,封锁规则有无破坏,最终的措施是如何进行的等。

7. 结论

8. 建议

最后应有调查者签名、调查的日期。

上述格式所包括的内容，只适用于疫区的一般调查，如果调查特定传染病的流行病学特征及其发生、发展以及终止的规律时，还须另订适于该特定传染病的调查项目。

（二）整理疫情调查材料

利用统计学方法将调查所获得的原始材料整理成系统的资料，再进一步研究和处理，以便资料的内容一目了然，易于比较（表1-2）。

表1-2　某猪场各阶段猪传染性胃肠炎发病率和死亡率统计表

类别	总头数	发病		死亡	
		头数	%	头数	%
种公猪	12	11	92	0	0
经产母猪	79	68	86	0	0
后备母猪	32	27	84	0	0

设计表格时要注意以下几点：

内容要简明，内容众多的表格分为若干个小表。标题要明确，要包括何事、何时、何地。统计指标的单位一律附于栏目之后，表身方格内不再写单位，只写阿拉伯数字，较复杂的单位可在表注中加以说明。表内尽量少用线条，最基本的是三条线。表中尽量少用文字说明，必要时可在欲说明处理的右上角加星号，然后在表格底下加表注（用同样星号）说明。

（三）报告疫情

及时发现、诊断和上报疫情，并通知邻近单位做好预防工作。上级部门接到报告后，除及时派人到现场协助诊断和应急处理外，还应根据具体情况逐级上报。当动物突然死亡或怀疑发生传染病时，应立即通知兽医人员。

四、实训作业

写一份动物疫情调查报告。

【自测训练】

一、名词解释

感染，潜伏期，传染源，传播途径，易感动物，垂直传播，水平传播，传播方式，传播媒介，发病率，病死率，疫源地，自然疫源地，疫区，疫点，流行性，暴发。

二、问答题

1. 动物传染病有哪些特征？
2. 传染病的发展过程分哪几个阶段？
3. 传染源分哪几类？其特点和意义有哪些？
4. 流行病学调查包括哪些内容？

项目 2　动物疫病预防与扑灭

【知识目标】

- 掌握控制动物疫病传染源的相关理论知识；
- 掌握切断动物疫病传播途径的相关理论知识；
- 掌握提高易感动物抵抗力的相关的理论知识。

【能力目标】

- 掌握动物疫病隔离的基本技术；
- 掌握动物疫病封锁的基本技术；
- 掌握动物疫病病死尸体处理的基本技术。

任务 2-1　动物疫病的预防

一、动物传染病的预防措施

动物传染病的发生和流行是由传染源、传播途径和易感动物相互联系形成的一个复杂的过程，三者之间必须有效地发生联系，传染病才能发生和流行，因此，在平时的预防过程中调动人力、物力和财力来切断三者之间的联系，方可控制传染病的发生和流行，理论上讲，只要切断其中任何一个环节，传染病就会逐渐平息，停止流行。而事实上，在生产管理过程中，完全切断任何一个环节难度比较大，或者说是不现实的。所以必须采取综合性的防疫措施，才能控制传染病的发生和传播。具体可从以下几个方面采取措施：

1. 贯彻自繁自养的原则，实行全进全出的生产制度，必须从外界引种时，应采取严格的检疫、隔离措施，减少疫病传播　“自繁自养”是防止从异地带进疫病的一项重要措施。养殖业发展的经验已经反复证明，凡是坚持自繁自养的养殖场很少发生或不发生传染病。实行“全进全出”的饲养制度是集约化饲养的先进方法之一。

如果进行品种调配或必须从异地引进种畜时，必须从非疫区的健康场选购。在选购前应对该种动物做必要的检疫，购进后一般要隔离饲养 1 个月，经过观察并再次检疫证实无病后，才能合群并圈，并需根据具体情况给引进动物进行预防注射。

2. 加强饲养管理，搞好卫生消毒，增强动物机体的抗病能力　加强动物的饲养管理，注意环境卫生，执行严格的兽医卫生制度，增强机体健康和对外界致病因素的抵抗力，也是积极预防传染病的重要措施。

3. 拟订和执行定期预防接种和补种计划　要对当地传染病发生的种类和流行状况有明确的了解，针对当地发生的疫病种类，确定接种哪些疫苗。

要做好疫病的检疫和监测工作，进行有计划的免疫接种，减少免疫接种的盲目性，避免浪费疫苗。

要按照不同传染病的特点、疫苗性质、动物种类及状况、环境等具体情况，建立科学的免疫程序，采用可靠的免疫方法，使用有效的疫苗，做到适时免疫，保证高的免疫密度，使动物保持高的免疫水平。

要避免发生免疫失败，一旦发生，应及时找出造成免疫失败的原因，并采取相应的措施加以克服。

4. 药物预防　群体化学药物预防是动物传染病防治的一个途径。应使用安全而廉价的化学药物(保健添加剂)，加入饲料或饮水中进行群体化学药物预防。常用的药物有磺胺类药物、抗生素、喹诺酮类药物等。在饲料中添加上述药物对预防仔猪腹泻、雏鸡白痢、猪气喘病等有较好的效果。但反刍动物及马口服土霉素等抗生素时常能引起肠炎等中毒反应，必须注意。

使用化学药物预防，需要经常进行药物敏感性试验，选择有高度敏感性的药物用于防治。

5. 定期杀虫、灭鼠，消灭传播媒介(主要是指消灭蚊、蝇、虻、蜱等节肢动物和鼠类)

(1) 杀虫

物理杀虫法：机械拍打捕捉、喷灯火焰烧杀、沸水或蒸汽热杀灭。

药物杀虫法：主要应用化学杀虫剂来杀灭。常用的杀虫剂有：有机磷杀虫剂，如辛硫磷、马拉硫磷、敌百虫、敌杀死等；驱避剂，如避蚊胺等；昆虫生长调节剂，如保幼激素等。

生物杀虫法：是用昆虫的天敌或病菌及雄虫绝育技术等杀灭昆虫。如养柳条鱼灭蚊，用辐射使雄性昆虫绝育，使用过量激素，抑制昆虫的变态和蜕皮，或利用病原微生物感染昆虫使其死亡，消灭昆虫滋生繁殖的环境等，都是有效杀灭昆虫的方法。

(2)灭鼠　鼠类是许多人畜共患病的传播媒介和传染源，它们可以传播的动物传染病有布鲁氏菌病、结核病、炭疽、猪丹毒、钩端螺旋体病等。因此，灭鼠具有保护人畜健康和促进国民经济建设的重大意义。

灭鼠工作应从两方面进行：一方面应从动物栏舍建筑和卫生措施方面着手，防止鼠类的滋生和活动；另一方面采取各种方法直接杀灭鼠类。灭鼠的方法大致可分为以下两类：

器械灭鼠：利用各种工具以不同的方式杀灭鼠类，如关、夹、粘、压、扣、套、翻、堵、挖、灌等，此类方法可就地取材，简便易行。

药物灭鼠：主要药物有磷化锌、安托、杀鼠灵、敌鼠钠盐和氟乙酸钠等。

6. 调研疫情，合理防控　各地兽医机构应调查研究当地疫情分布，组织相邻地区对动物传染病的联防协作，有计划地进行消灭和控制，并防止外来疫病的侵入。

二、动物寄生虫病的防治措施

动物寄生虫病必须采取综合性防治措施，贯彻“预防为主”、“防重于治”的方针，同时还必须根据当地寄生虫病的流行情况以及在当地进行寄生虫区系调查的基础上，制订出切实可行的防治措施，其内容包括以下几方面。

1. 动物体内的驱虫　驱虫既可杀灭动物机体内的虫体，又是积极的预防措施。根据不同的要求，可分为治疗性驱虫和预防性驱虫。前者指动物已经发生寄生虫病并在确诊的基础上进行，这种驱虫随时都能进行，目的是杀灭虫体，治愈患病动物；后者又称计划性驱虫，目的是保护动物不受或少受寄生虫的侵害，这项措施必须根据当地寄生虫病的流行情况确定。对大多数蠕虫而言，特别是放牧的牲畜，每年应进行 1～2 次预防性驱虫，即春、秋季各一次，春季在放牧之前，秋季在舍饲以后，尤其是秋季驱虫，在生产实践中把它作为一项硬性措施。驱虫后的动物应加强饲养，使其早日恢复健康，方能取得良好的预防效果。

2.外界环境杀虫　为了使防治工作做得彻底，在畜禽体内驱虫的同时，必须杀灭散布在外界环境中的病原体。由于大多数寄生虫的虫卵、幼虫、节片、卵囊随粪便排出体外，一旦散布出去，污染场地、环境、水源、饲料等，就成为危险的传染源。所以，做好粪便管理就能消灭外界环境中的大量病原体。驱虫的畜禽应集中管理，驱虫使用的场地、房舍、饲具等应彻底消毒。驱虫后的粪便集中进行无害化处理，现在采用的粪便堆积发酵、坑沤发酵，就是利用生物热杀死病原体的方法，目前推广的沼气发酵也是杀灭病原体的有效方法之一。

3.阻断传播途径

(1)牧场管理　利用寄生虫的某些生物学特性，合理地进行牧场管理，是畜禽寄生虫病综合防治的重要措施，轮牧就是利用寄生虫的习性而设计的生物防治办法之一。如某些绵羊线虫的幼虫在夏季牧场上需要 7 d 发育到感染阶段，那么便可以让羊群在第 6 天时离开，转移到新的牧场；原来的牧场可以放牧马，因为绵羊的线虫不感染马。如果还知道那些绵羊线虫的感染性幼虫，在夏季牧场上保持感染力的时间是 1.5 个月，那么 1.5 个月后，羊群便可返回牧场。

(2)杀灭某些中间宿主　许多软体动物如螺蛳等是许多寄生虫的中间宿主，在流行病学上有重要意义。只要能杀灭这种中间宿主，就能避免某些寄生虫病的传播与流行。

4.提高动物自身抵抗力　提高动物的自身抵抗力，这是必不可少的措施，如给予全价饲料，使动物获得必需的氨基酸、维生素和矿物质；改善管理，减少应激因素，使动物能获得利于健康的环境。对于幼龄动物还应给以特殊照顾。

5.免疫预防　寄生虫病的免疫预防不普遍。蠕虫病中，牛肺线虫的致弱苗使用历史较长；牛血吸虫病的致弱虫苗尚在试用阶段。原虫病中，鸡球虫病有强毒和致弱苗；牛泰勒虫病和巴贝斯虫病也都有致弱虫苗。应用免疫预防还可以减少化学药物对乳、肉、蛋和环境的污染。

任务 2-2　动物疫病的扑灭

传染病的发生和流行需要传染源、传播途径和易感动物这三个基本环节的相互联系才能够实现。所以，只要切断它们之间的联系，就能够控制传染病的继续流行。因此，当传染病发生时应采取如下措施：及时发现、诊断和上报疫情并通知邻近单位做好预防工作；迅速隔离病畜，污染的地方进行紧急消毒。若发生危害性大的疫病如口蹄疫、炭疽等应采取封锁等综合性措施；实行疫苗紧急接种，对病畜进行及时和合理的治疗，对死畜和淘汰病畜进行合理处理。

一、传染源的控制

(一)疫情报告

饲养、生产、经营、屠宰、加工、运输畜禽及其产品的单位和个人，发现畜禽传染病或疑似传染病时，必须立即报告当地畜禽防疫检疫机构或乡镇畜牧兽医站。特别是可疑为口蹄疫、炭疽、狂犬病、牛瘟、猪瘟、鸡新城疫、牛流行热等重要传染病时，一定要迅速向上级有关领导机关报告，并通知邻近单位及有关部门注意预防工作。若为紧急疫情，应以最迅速的方式上报有关领导部门。

在动物出现突然死亡或怀疑发生传染病时，应立即通知兽医人员。在兽医人员尚未到达现场或尚未诊断之前，应采取下列措施：将疑似传染病动物进行隔离，派专人管理，对其停留过的地方和污染的环境、用具进行消毒；病死尸体保存完整，未经兽医检查同意不得随意急宰，病死动物的皮、肉、内脏未经兽医检验，不许食用。

（二）诊断

上级有关领导机关接到疫情报告之后，应及时派人到现场协助诊断，必要时将病料送往相关实验室进行实验室诊断。

（三）隔离

隔离病畜和可疑感染的病畜是防治传染病的重要措施之一。隔离病畜是为了控制传染源，防止其他易感家畜继续受到传染，以便将疫情控制在最小范围内加以就地扑灭。因此，在传染病发生时，应首先查明畜群中蔓延程度，逐头检查临诊症状，必要时进行血清学和变态反应检查。根据诊断检疫的结果，可将全部受检家畜分为病畜、疑似感染家畜和假定健康家畜等三类，以便分别对待。

1. 病畜　指有典型症状或类似症状，或其他特殊检查阳性的动物，是危险性最大的传染源，应选择不易散播病原体、消毒处理方便的场所或房舍进行隔离。

2. 疑似感染家畜　未发现任何症状，但与病畜及其污染的环境有过明显的接触，如同圈，同群，同牧，同槽，使用共同的水源、用具等。这类家畜有可能处在潜伏期，并有排菌的危险，应在消毒后另选地方将其隔离观察，出现症状的则按病畜处理。有条件时应立即进行紧急免疫接种或预防性治疗。

3. 假定健康家畜　除上述两类外，疫区内其他易感家畜都属于此类。应与上述两类严格隔离饲养，加强防疫消毒和相应的保护措施，立即进行紧急免疫接种。

（四）封锁

当暴发某些重要传染病时，除严格隔离病畜之外，还应采取划区封锁的措施，以防止疫病向安全区散播和健畜误入疫区而被传染。

当确诊为牛瘟、口蹄疫、炭疽、猪水疱病、猪瘟、非洲猪瘟、牛肺疫、禽流感等一类传染病时，根据《中华人民共和国动物防疫法》，当地县级以上畜牧兽医行政管理部门应当立即派人到现场，划定疫区范围，及时报请同级人民政府发布封锁令进行封锁，并将疫情等情况逐级上报有关畜牧兽医行政管理部门。

执行封锁时应掌握“早、快、严、小”的原则，亦即执行封锁应在流行早期，行动果断迅速，封锁严密，范围不宜过大。封锁区的划分，必须根据流行规律，当时疫情流行情况和当地的具体条件充分研究，确定疫点、疫区和受威胁区。根据我国《家畜家禽防疫条例》规定的实施细则，具体措施如下：

1. 封锁的疫点应采取的措施

(1)严禁人、畜禽、车辆出入和畜禽产品及可能污染的物品运出。在特殊情况下人员必须出入时，需经有关兽医人员许可，经严格消毒后出入。

(2)对病死畜禽及其同群畜禽，县级农牧部门有权采取扑杀、销毁或无害化处理等措施，畜主不得拒绝。

(3)疫点出入口必须有消毒设施，疫点内用具、圈舍、场地必须进行严格消毒。疫点内的垫草、粪便、受污染的草料必须在兽医人员的监督指导下进行无害化处理，并做好杀虫灭鼠工作。

2.封锁的疫区应采取的主要措施

(1)交通要道必须建立临时性检疫消毒卡，备有专人和消毒设备，监视畜禽及其产品移动，对出入人员、车辆进行消毒。

(2)停止集市贸易和疫区内畜禽及其产品的采购。

(3)未污染的畜禽产品必须运出疫区时，需经县级以上农牧部门批准，在兽医防疫人员监督指导下，经外包装消毒后运出。

(4)非疫点的易感畜禽，必须进行检疫或预防注射。

3.受威胁区应采取的主要措施

(1)受威胁区内的易感动物应及时进行预防接种，以建立免疫带。

(2)管好本区易感动物，禁止出入疫区，并避免饮用疫区流过来的水。禁止从封锁区购买牲畜、草料和畜产品。

(3)对设于本区的屠宰场、加工厂、畜产品仓库进行兽医卫生监督，拒绝接受来自疫区的活畜及其产品。

4.解除封锁的条件

(1)疫区内最后一头病畜禽扑杀或痊愈后，经过该病一个潜伏期以上的检测、观察，未再出现病畜禽时，经彻底清扫消毒，由县级以上农牧部门检查合格后，由原发布封锁令的人民政府发布解除封锁，并通报毗邻地区和有关部门。

(2)疫区解除封锁后，病愈畜禽需根据其带毒时间，控制在原疫区范围内活动，不能将它们调运到安全区去。

二、切断传播途径

对于消化道传染病、虫媒传染病以及许多寄生虫病来说，切断传播途径通常是起主要作用的预防措施。

消毒是生物安全体系中重要的环节，也是控制动物传染病的一个重要措施。消毒从控制和消灭传染源、切断传播途径两个环节入手，使环境中的病原微生物大大减少，从而减少了动物被病原体感染的机会，是动物防疫工作中最常用的措施。

三、保护易感动物

(一)预防接种

在经常发生传染病或传染病潜在的地区，或经常受某些传染病威胁的地区，在平时有计划地给健康畜群进行的免疫接种，称为预防接种。采用皮下、皮内、肌肉注射或皮肤刺种、点眼、滴鼻、喷雾、口服等不同的接种方法，接种后经一定时间可获得数月至一年以上的免疫力。

1.预防接种的注意事项　应有周密的计划。应对当地各种传染病的发生和流行情况进行调查了解，拟订预防接种计划。有时也进行计划外的预防接种。例如输入或运出家畜时，为了避免在运输途中或到达目的地后暴发某些传染病而进行的预防接种。

接种前，应注意家畜健康情况、年龄大小、是否怀孕或泌乳，以及饲养条件的好坏等情况。成年的、体质健壮或饲养管理条件较好的家畜，接种后会产生较坚强的免疫力。反之，幼年的、体质弱的、有慢性病或饲养管理条件不好的家畜，接种后产生的抵抗力就差些，也可能引起较明显的接种反应。

怀孕母畜预防接种，有时会发生流产或早产，或者可能影响胎儿的发育，泌乳期的母畜或产蛋期的家禽预防接种后，有时会暂时减少产奶量或产蛋量。

免疫过的怀孕母畜所产仔畜体内在一定时间内有母源抗体存在，对建立主动免疫有一定影响，幼龄畜禽免疫接种往往不能获得满意结果。

2. 预防接种的反应

(1)正常反应　是指由于制品本身的特性而引起的反应，其性质与反应强度随制品而异。如疫苗接种后出现短时间精神不振、食欲稍减等症状，一般可自行消退。

(2)严重反应　某一批生物制品质量较差或是使用方法不当，如接种剂量过大、接种途径错误等，或是个别动物对某种生物制品过敏。这类反应表现为震颤、流涎、流产、瘙痒、皮肤丘疹，注射部位出现肿块、糜烂等，最严重的可引起免疫动物的急性死亡。

(3)合并症　指与正常反应性质不同的反应。主要包括：超敏感、全身感染和诱发潜伏感染。

3. 疫苗的联合使用　同一地区，同一种家畜，在同一季节内往往可能有两种以上疫病流行，可使用多联多价苗免疫。国内外试制成功猪瘟、猪丹毒、猪肺疫三联冻干疫苗，羊厌气菌五联菌苗，鸡新城疫、传染性支气管炎联合疫苗；这些制剂一针可防多病，大大提高防疫工作效率，这是预防接种工作的发展方向。

4. 合理的免疫程序　一个地区可能发生的传染病不止一种，往往需用多种疫苗来预防不同的病，需要根据各种疫苗的免疫特性来合理地制订预防接种的次数和间隔时间，这就是所谓的免疫程序。

我国国土面积广，南北差异大，各地各场的养殖水平参差不齐，管理水平不同，所以很难有统一使用的免疫程序，各种免疫程序均只能作为参考。制订出合乎本地区、本牧场具体情况的免疫程序，才是最好的。

(二)紧急接种

在发生传染病时，为了迅速控制和扑灭疫病的流行，而对疫区和受威胁区尚未发病的畜禽进行的应急性免疫接种，称为紧急接种。

使用免疫血清进行紧急免疫接种是最佳的选择，而且较为安全有效。但血清用量大，价格高，免疫期短。长期免疫力的获得，仍需使用疫苗进行紧急接种。如无免疫血清，可采用疫苗进行紧急免疫接种。

由于在外表正常无病的畜禽中可能混有一部分潜伏期患畜，这部分患畜在接种疫苗后不能获得保护，反而促使其更快发病，因此在紧急接种后一段时间内畜群中发病反有增多的可能，但由于这些急性传染病的潜伏期较短，而疫苗接种后很快就能产生抵抗力，因此发病率不久即可下降，最终能使流行很快停息。

紧急接种在疫区及周围的受威胁区进行，其目的是建立“免疫带”以包围疫区，就地扑灭疫情，但这一措施必须与疫区的封锁、隔离、消毒等综合措施相配合才能取得较好的效果。

(三)加强饲养管理，增强动物抵抗力

可从吃、喝、住、行四个方面采取措施。给予动物充足全价的营养、清洁卫生的饮水，保证舍内的温度、湿度、密度、通风、光照等基本生活条件的适宜，并加强动物的运动，以非特异性地增强动物机体免疫力和抗病能力。

(四)药物预防

是为了预防某些疫病，在畜群的饲料、饮水中加入某种安全的药物进行集体的药物预防，在一定时间内可以使受威胁的易感动物不受疫病的危害。

长期使用化学药物预防，容易产生耐药性菌株，影响防治效果。因此，在应用药物预防时应遵循以下原则和方法：

(1)选择合适的药物；

(2)严格掌握药物的种类、剂量和用法；

(3)掌握好用药时间和时机，做到定期、间断和灵活用药；

(4)穿梭用药，定期更换。

注意经料给药应将药物搅拌均匀，特别是小型饲养场手工拌料更要注意，采取由少到多、逐级混合的搅拌方法比较可靠。经水给药则应注意让药物充分溶解。

实训操作 2-1　消毒技术

一、实训目的和要求

掌握畜舍、土壤、污水和粪便消毒的基本原理和技术。

二、实训材料和器械

5%来苏儿，福尔马林溶液，漂白粉或生石灰，高锰酸钾，NaOH，机械喷雾器，手动喷雾器，量筒，天平或台秤，缸，清扫洗刷工具，长筒胶靴，工作服，工作帽，口罩，橡皮手套，毛巾等。

三、实训内容

1. 消毒畜舍　用清水或消毒液喷洒畜舍地面、饲槽等，以免灰尘及病原体飞扬，随后对棚顶、墙壁、饲养用具、地面等清扫，彻底扫除粪便等污物。

用5%的来苏儿溶液对面积约为500 m^2 的鸡舍进行药物喷洒消毒。消毒时按“先里后外，先上后下”的顺序进行喷洒为宜，启用前，打开门窗通风，消除药味。

常用福尔马林进行蒸气消毒。测算畜舍空间，每立方米用福尔马林25 mL、水12.5 mL、生石灰25 g。舍内用具、物品适当摆开，密闭门窗，药物置于陶瓷容器内，用木棒搅拌，人员立即离开，将门关闭。密闭熏蒸12～24 h后，打开门窗通风。若急用畜舍，可用氨气中和甲醛气体。

2. 消毒地面土壤　患病动物停留过的圈舍、运动场等，先清除粪便、垃圾和表土。小面积的地面土壤可用10%的氢氧化钠、4%福尔马林等喷洒。大面积的土壤可翻地，深度约30 cm，在翻地的同时撒上干漂白粉，一般传染病按0.5 kg/m^2，炭疽等芽胞杆菌性传染病按5 kg/m^2，然后用水湿润，压平。

3. 消毒污水　污水的处理方法有沉淀法、过滤法、化学药品处理法等。比较实用的是化学药品处理法。方法是先将污水处理池的出水管用一闸门关闭，将污水引入污水池后，加入化学药品进行消毒，消毒药的用量视污水量而定，一般1 000 mL污水用2～3 g的漂白粉。

4.消毒粪便　先将非传染性的粪便等堆至25 cm厚，其上堆放欲消毒的粪便、垫草等，高达1～1.5 m，如此堆放3周至3个月，即可用以肥田。当粪便较稀时，应加些杂草，太干时倒入稀粪或加水，使其不稀不干，以促使其迅速发酵。

四、实训作业

1.写出来苏儿的配制方法。

2.如对禽舍进行蒸气消毒，一长30 m、宽6 m的禽舍，用多少甲醛和高锰酸钾比较合适？应如何配制？

【自测训练】

1. 如何拟订和执行定期预防接种和补种计划？

2. 什么是药物预防？

3. 消毒的目的是什么？常用的消毒方法和消毒剂有哪些？

4. 杀虫和灭鼠的目的、意义、方法及常用杀虫剂有哪些？

5. 免疫接种的类型有哪些？其在防治动物传染病发生和流行中有什么重要意义？

项目 3　动物疫病检验

【知识目标】

- 掌握病原微生物的基本概念；
- 掌握病原微生物形态结构相关知识；
- 掌握病原微生物生长繁殖相关知识；
- 掌握寄生虫诊断方法；
- 掌握血清学反应的基本原理；
- 了解细胞免疫检测技术的原理。

【能力目标】

- 会使用油镜对细菌形态结构进行观察；
- 能独立进行动物病原细菌的分离、生化鉴定；
- 能对新分离鉴定的细菌进行药物敏感试验，并应用于临床治疗；
- 能针对不同病毒，选择相应途径进行病毒分离培养和鉴定；
- 能独立进行凝集试验、琼扩等试验操作，并能对结果进行判断和诊断；
- 会常见寄生虫虫卵的检测方法和操作。

任务 3-1　细菌学检验技术

一、微生物与病原微生物

微生物是一类形体微小，结构简单，肉眼直接看不到的微小生物的总称。必须借助光学显微镜或电子显微镜放大几百倍，乃至几万倍才能观察到。微生物的种类繁多，广泛分布于自然界中的水、土、空气及动植物的体表和与外界相通的腔道里。

微生物具有如下特点：①个体微小，结构简单；②吸收多，转化快；③生长旺，繁殖快；④适应强，易变异；⑤分布广，种类多。

微生物中仅有少部分引起动物、植物的疾病，称为病原微生物；有些微生物在正常条件下不致病，只是在特定条件下引起疾病，称为条件性病原微生物。

兽医微生物中，引起动物疫病最常见的两类病原微生物是细菌和病毒。

二、细菌的形态与构造

(一)细菌的形态

细菌必须经显微镜放大才能看见。测量单位是微米(μm)，一般动物病原菌大小多在几个μm之间。细菌按形态可分为三种基本类型。

1. 球菌　外形呈球形或近似球形，直径在 0.8～1.2 μm 之间，据细菌分裂的平面和菌体的排列方式可分为：双球菌、链球菌、葡萄球菌等。

2. 杆菌　外形呈杆状，一般呈正圆柱形，也有近似卵圆的，多数平直，也有稍弯曲的。两端多为钝圆，少数是平截或尖锐的。杆菌大小、形态差异较大，有球杆菌，有分枝杆菌，有一端膨大的棒状杆菌，有的甚至为长丝状。

3. 螺形菌　菌体弯曲成螺旋状。菌体仅有一个弯曲，呈弧形或逗点的称为弧菌；菌体有几个弯曲，较僵硬的称为螺菌。

（二）细菌的构造

细菌结构可分为基本结构和特殊结构，前者包括细胞壁、细胞膜、细胞质、核质、核蛋白体等各种细菌都具有的结构，后者包括荚膜、鞭毛、菌毛、芽孢等某些细菌才有的结构。

1. 细胞壁　为细菌的最外层结构，一般光学显微镜下不容易看到，可以通过膜壁分离法、特殊染色法及电子显微镜等进行观察。细胞壁是一层坚韧而具有弹性的膜状结构，平均厚 12～30 nm，占菌体干重的 10%～40%。

根据细胞壁结构不同，可分为革兰氏阳性（G^+）细菌和革兰氏阴性（G^-）细菌。G^+ 菌细胞壁主要成分是黏肽，还有磷壁酸、多糖、蛋白质等（图 3-1）。G^- 菌细胞壁化学组成极为复杂，包括肽聚糖、脂蛋白、外膜、类脂 A、多糖等（图 3-2）。

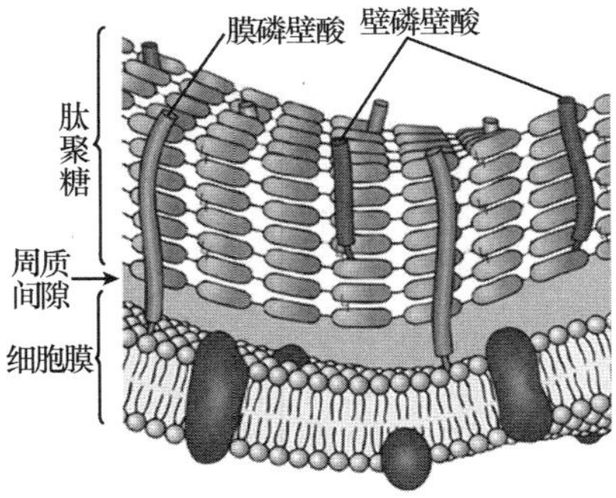

图 3-1　G^+ 菌细胞壁结构示意图

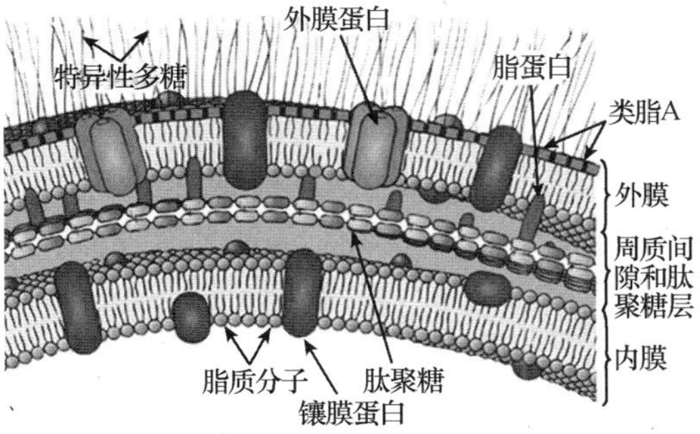

图 3-2　G^- 菌细胞壁结构示意图

2. 细胞膜　位于细胞壁内侧，包被于细胞质，是质地柔韧、富有弹性的膜状结构，又称为胞质膜。由平行排列的脂质双层组成，其内镶嵌以多种蛋白质和少量多糖，厚约 7.5 nm，占细菌细胞干重的 10%～30%（图 3-3）。是细菌赖以存活的重要结构之一。

3. 细胞质　又称细胞浆，为细胞膜内侧的胶状物质，基本成分为：水、无机盐、核酸、蛋白质和脂类。其含量因菌种、菌龄及环境条件而不同。

4. 核质　为细菌的遗传物质，是由裸露的双股 DNA（脱氧核糖核酸）回旋盘绕卷曲而成的松散网状结构，无组蛋白包绕、无核膜、无核仁，故称核质或拟核。

5. 荚膜　某些细菌在其生长过程中，能合成并分泌一层较厚的黏液性物质，包围着整个菌体，厚约 200 nm，称为荚膜（图 3-4）。

6. 鞭毛　是从细胞质的基础颗粒长出，伸到细胞壁外面的细长丝状附属物，为细菌的运动器官（图 3-5）。有鞭毛的细菌又可分为单毛菌、丛毛菌和周毛菌。

7. 菌毛　许多 G^- 和少数 G^+ 菌的菌体周围生有比鞭毛更细、更短、更直、更多、更硬的丝状物，是一空心的蛋白质管，具有抗原性，称为菌毛。只有在电镜下才可见。可分为两种：普通菌毛和性菌毛。

8.芽胞　某些细菌在一定环境条件下，胞浆脱水浓缩，在菌体内形成具有多层膜结构的圆形小体，称为芽胞(图 3-6)。

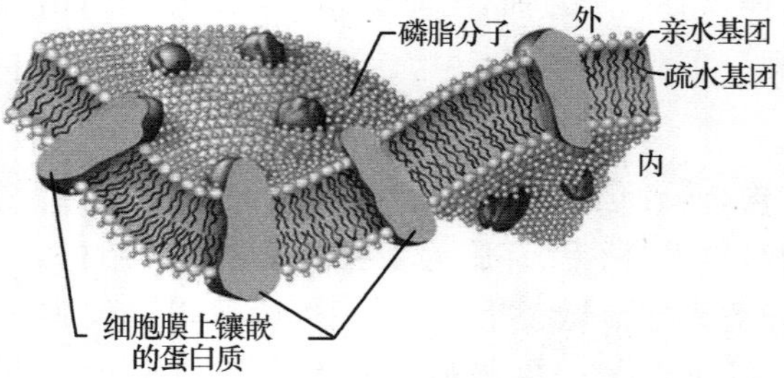

图 3-3　细菌细胞膜结构示意图

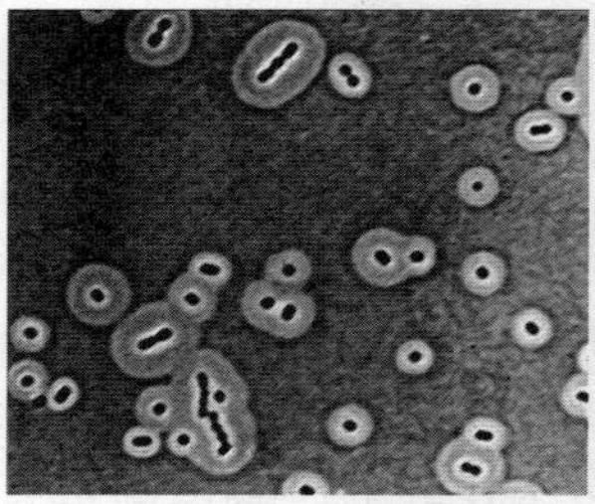

图 3-4　细菌荚膜

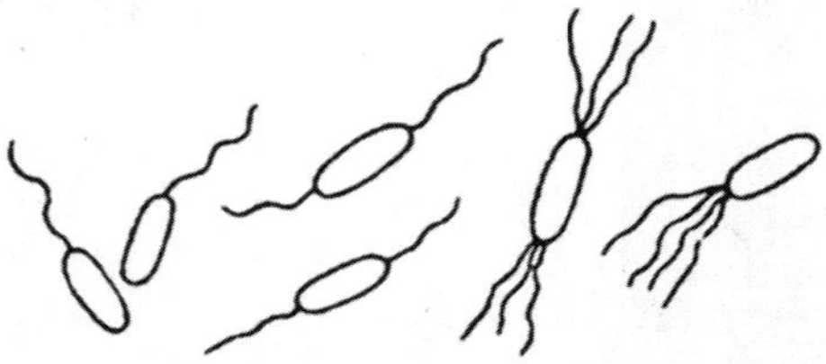

图 3-5　细菌的各种鞭毛形态

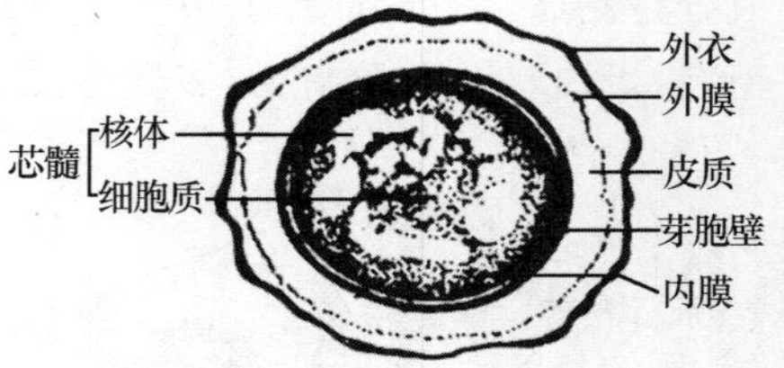

图 3-6　细菌的芽胞

三、细菌的生长繁殖与人工培养

(一)细菌的生长繁殖

1.细菌生长繁殖的条件

(1)营养物质　水分、无机盐类、蛋白胨(或氨基酸)和糖等，以及生长因子。

(2)酸碱度(pH)　营养物质的吸收、分解及能量的产生，都需要酶来参与反应，而酶活性必须在一定 pH 和温度下才能发挥作用。绝大多数细菌和放线菌生长最适宜的 pH 为中性或偏碱(pH＝7.0～7.6)。当然也有个别例外的，如霍乱弧菌在 pH 8.0～9.2 中生长良好。

(3)温度　细菌生长的最适温度随菌种不同而异。嗜冷菌在 10～20℃生长最好，嗜温菌在 30～37℃生长最好，嗜热菌在 50～60℃生长最好。一般病原菌生长的温度与动物体温相同，均为嗜温菌。人工培养病原菌亦多用 37℃。

(4)气体环境　与细菌生长有关的气体是氧气和二氧化碳。大部分细菌需要氧气来氧化营养物质，产生能量，供生长繁殖之用。但厌氧菌则必须在无氧环境中才能生长。

(5)渗透压　细菌细胞在适宜渗透压下才能生长繁殖。这也是盐腌渍能防腐的作用原因——高渗可抑制细菌的生长。

2.细菌生长繁殖的方式和速度

(1)细菌个体的生长繁殖　细菌以简单的二分裂法繁殖。细菌分裂时，其体积先增大，当达到一定大小后，在菌体内出现横隔，继而分裂成两个子代细菌。细菌每分裂一次叫作一代。在营养物质充足、其他生长繁殖条件适宜的情况下，繁殖速度是相当快的。大多数细菌每分裂一次仅需 20～30 min，少数较慢，如结核杆菌 24～48 h 分裂一次。

(2)细菌群体的生长繁殖　将一定量的细菌接种于合适的液体培养基中，在适宜的温度下培养时，细菌的生长过程具有一定的规律性。如以菌数的对数为纵坐标，生长时间为横坐标画得的曲线叫作生长曲线，可人为地分为四个期：迟缓期、对数期、稳定期和衰退期。

(二)细菌的人工培养

根据细菌营养、代谢和生长繁殖的一般规律，可用人工方法为细菌提供必要的一些条件，使其在体外生长繁殖。绝大多数细菌可以人工培养。

1.细菌的培养基　是将细菌所需要的各种营养物质合理地配制成为细菌生长繁殖的基质。

液体培养基：不加凝固剂的基础培养基，用于扩增纯培养的菌体、确定细菌生长曲线等。

固体培养基：为液体培养基补加 1%～3%的琼脂，可用于细菌分离、纯化、活性检测等。

半固体培养基：可作穿刺试验，观察细菌的动力及短期保藏菌种等。

基础培养基：含多数细菌生长繁殖所需的基本营养成分，常用新鲜牛肉浸膏，加入适量的蛋白胨、NaCl、磷酸盐等，调节 pH 至 7.2～7.6 即成。

营养培养基：在基础培养基中加上葡萄糖、血液、血清、酵母浸膏等即成。

选择培养基：在培养基中加入某些化学物质，以使一些细菌生长受到抑制，而对另一些细菌的生长有利。

2.细菌的生长现象

(1)肉汤中　均匀混浊、絮状沉淀、菌膜、菌环。

(2)固体平板上　把细菌划线接种于固体培养基表面，则细菌可因划线而分散，经一定时间孵育后，可在培养基表面出现肉眼可见的孤立的细菌集团，称为菌落。若菌落连成一片，即为菌苔。

(3)半固体培养基中　通过穿刺接种培养，可判断其运动性。

细菌菌落的形态、大小、色泽，表面光滑或粗糙、湿润或干燥，边缘是否整齐，透明度，黏稠度等方面特点，可用于细菌的识别及鉴定。

3.细菌生化试验　各种细菌对营养物质分解能力不一样，代谢产物亦不同，据此可以设计特定的生化反应，作为鉴定细菌之用。常用的生化反应有氧化酶试验、触酶试验、氧化发酵试验、维培二氏试验(简称 V-P 试验)及甲基红试验(简称 M-R 试验)等。

四、重要动物病原细菌

(一)金黄色葡萄球菌

金黄色葡萄球菌属于微球菌科葡萄球菌属。

1.形态及染色　菌体呈圆形、卵圆形，革兰氏阳性，直径 0.7～1.0 μm。致病菌的菌体常较小，排列、大小较整齐，有的有荚膜。在固体培养基上培养物常呈葡萄串样排列(图 3-7)；脓汁、乳汁或液体培养时常呈双球状或短链状。

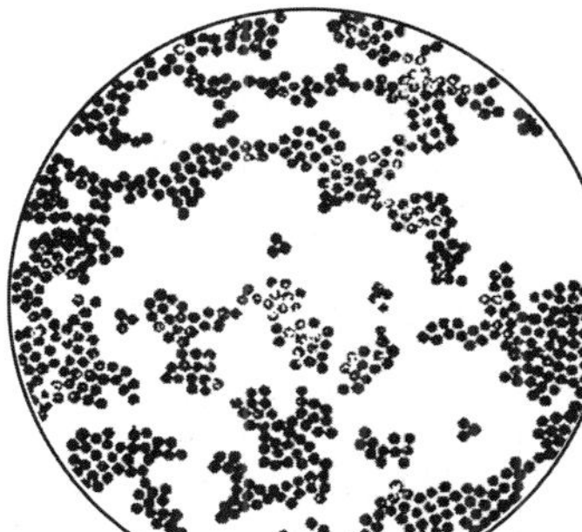

图 3-7　葡萄球菌

2.培养特性　为需氧或兼性厌氧菌，营养要求不高，于普通培养基中生长良好。培养基中含有血液、血清或葡萄糖时生长更佳。需氧环境中生长迅速。增加20%～30% CO_2 时，可产生大量的毒素。普通琼脂经37℃，pH 7.2～7.6，24～48 h培养，可产生直径1～2 mm，圆形、光滑型的菌落，可产生脂溶性色素。血液琼脂上可形成β溶血环。肉汤中开始混浊，随后出现少量沉淀，培养2～3 d后，有薄的菌环。

3.抵抗力　在不形成芽胞的细菌中该菌的抵抗力最强。该菌对干燥抵抗力较强，对湿热敏感；耐高盐，但对染料敏感；对抗生素敏感，但易产生耐药性。

4.致病性

(1)化脓性感染　如马的创伤感染、脓肿、蜂窝织炎等，牛及羊的急性与慢性乳房炎，鸡关节炎，羔羊败血症等。

(2)毒素性疾病　主要引起食物中毒。

(二)链球菌

链球菌属于链球菌科，分布广泛。其中某些型是正常菌群成员，而另外一些则可引起人类和动物重要疾病，如人畜各种化脓性炎症，马腺疫，牛乳房炎等。

1.形态及染色　菌体直径在0.5～1.0 μm之间，球形或卵圆形，呈链状排列(图3-8)。液体中易呈长链状排列，固体培养时链较短。革兰氏阳性，衰退型菌常呈革兰氏阴性。无芽胞、无运动性，有菌毛，有的幼龄菌有荚膜，除D群外无鞭毛。

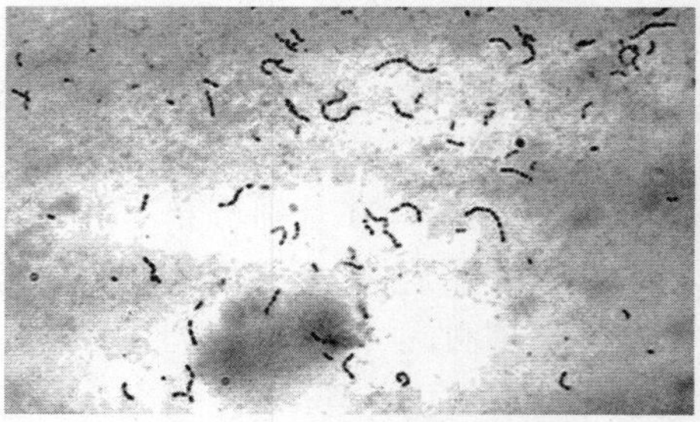

图3-8　链球菌

2.培养特性　需氧或兼性厌氧，部分为厌氧菌。最适生长温度为37℃，pH 7.4～7.6。营养要求高，普通琼脂上不生长，而在加有血清、血液等成分的培养基上生长良好。肉汤中呈沉淀生长，固体平板上呈细小、灰白、表面光滑、有乳光的菌落。

3.抵抗力　本菌抵抗力不强，60℃ 30 min即可杀死。对一般消毒剂、抗生素如红霉素、青霉素、氯霉素、磺胺等均敏感。

4.致病性

A群：化脓性链球菌，主要使人致病，少数可致牛乳房炎而传播给人。

B群：无乳链球菌，和金黄色葡萄球菌一样是牛乳腺炎的主要常见病原。亦可致新生幼畜败血症，脑炎及死亡。

C群：兽疫链球菌，可致家畜的众多感染，兽医临床上如羊链球菌性败血症及猪急性败血型感染，以及链球菌性关节炎，间或可致人疾病。

D群：猪链球菌1型，可引起小猪脑膜脑炎、关节炎、支气管肺炎及败血症。

5.免疫性　猪链球菌(D群1、2型)现已有疫苗成品出售，对预防仔猪的菌血症、脑膜脑炎有一定疗效。

(三)布鲁氏菌

布鲁氏菌又名布氏杆菌，为革兰氏阴性短小杆菌，为牛、羊、猪等动物的病原菌，可引起母畜流产，公畜附睾炎。

1.形态及染色　初次分离呈小球杆状，大小为(0.2～0.5) μm×(0.5～1) μm。多次传代后，牛、猪布鲁氏菌可变成杆状，大小为(0.5～0.7) μm×(0.6～1.5) μm，多单在，少呈链状。本菌不形成芽胞，无鞭毛，不能运动。革兰氏阴性，具有抗酸染色性，对布鲁氏菌有特殊鉴别意义(图 3-9)。

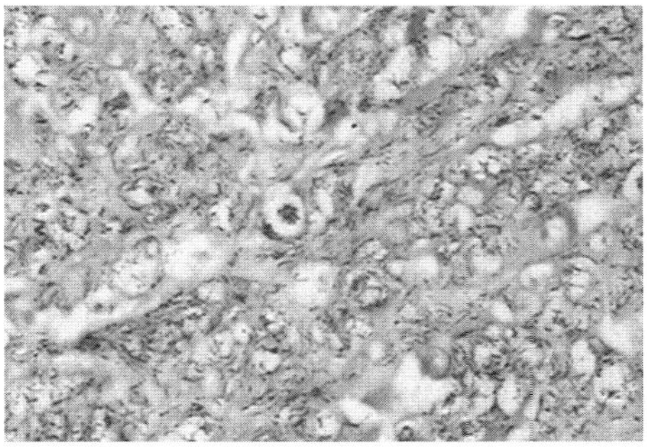

图 3-9 布鲁氏菌(抗酸染色)

2. 培养特性　为专性需氧菌。初次分离时要在 5%～10% CO_2 环境下始能生长。人工培养数代后，即适应普通大气。普通培养基上生长迟缓。加血清或肝浸液等可促进生长。初代培养常需 5～10 d，甚至 20～30 d；经传代后的菌种，24～72 h 即可生长良好。在液体培养基上，培养 48 h 呈轻度混浊，1 周后混浊明显，有沉淀。

3. 抵抗力　本菌抵抗力较强。在土壤、皮毛、肉、乳制品及水中可生存数周至数月。但在湿热 60℃ 10 min 死亡；直射阳光下 10～20 min 死亡；对消毒剂抵抗力不强。

4. 致病性　布鲁氏菌所致疾病，母畜主要症状为流产，公畜主要发生附睾炎，另外还可致关节炎等。除牛、羊外，许多感染动物呈隐性感染，但可长期排毒。

5. 免疫性　一般认为布鲁氏菌感染后形成的免疫是有菌免疫，疫苗接种对降低本病的发病率，防止家畜流产等有明显效果。有羊型 5 号(M5)弱毒活菌苗和猪型 2 号(S2)弱毒活菌苗。

6. 微生物学诊断

(1)细菌学检查　首先采集流产胎儿胃内容物等标本，直接涂片抗酸染色镜检，阳性为红色菌体；如有必要可进行分离培养，对可疑菌落，做玻板凝集试验来确定。

(2)血清学诊断　凝集反应、补体结合反应和抗球蛋白试验。

(3)皮内试验　可用于绵羊、山羊及猪的诊断。布鲁氏菌水解素 0.2 mL，注射于羊尾皱襞部、猪耳根部皮内。24～48 h 后观察注射部位，如出现红肿为阳性反应。

(四)大肠杆菌

肠杆菌科是一群生物学性状相似的 G^- 杆菌，多寄居于人和动物的肠道中故名。临床以大肠埃希氏菌(俗称为大肠杆菌)最为常见，是所有哺乳动物大肠中的正常寄生菌，随粪便排出，广泛分布于自然界。大肠杆菌的存在说明直接或间接有粪便污染的可能，故食物、食品、饮水、饮料等以含大肠杆菌的多少为其卫生检验指标之一。

1. 形态及染色　G^- 短杆菌(图 3-10)，具有周身鞭毛，能运动，无荚膜。

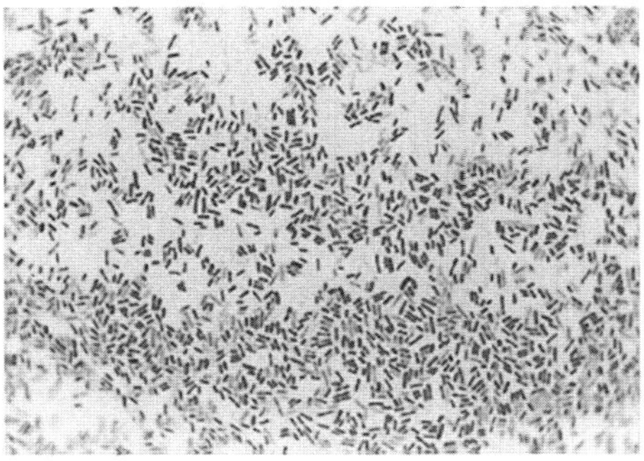

图 3-10 大肠杆菌(革兰氏染色)

2. 抗原构造　主要有菌体抗原(O 抗原)、鞭毛抗原(H 抗原)、表面抗原(K 抗原)。O 抗原有 173 种；H 抗原有 56 种；K 抗原有 105 种。

3. 培养特性　普通培养基上形成中等大小光滑型菌落；在麦康凯培养基上形成红色菌落；在伊红美蓝培养基上形成黑色带金属光泽闪光的菌落；在沙门志贺菌属琼脂培养基(简称 SS 培养基)上形成孤立红

色菌落；血平板上呈β溶血。

4.抵抗力　在土、水中可生存数月；在含余氯的水中不能生存；胆盐、煌绿等对大肠杆菌有明显的抑菌作用；氯霉素、庆大霉素对其敏感，但易产生耐药性。

5.致病性　不同血清型的大肠杆菌常使不同种类动物发病，主要引起幼畜幼禽的腹泻、败血症。

（五）沙门氏菌

沙门氏菌的种类繁多，主要寄生于人类及各种温血动物肠道，可引起各种性质的疾病。这些由沙门氏菌引起的疾病统称为沙门氏菌病。

1.形态及染色　G^-杆菌，形态与大肠杆菌非常相似（图3-11）。除鸡伤寒与鸡白痢沙门氏菌外，其余都有周鞭毛和菌毛。

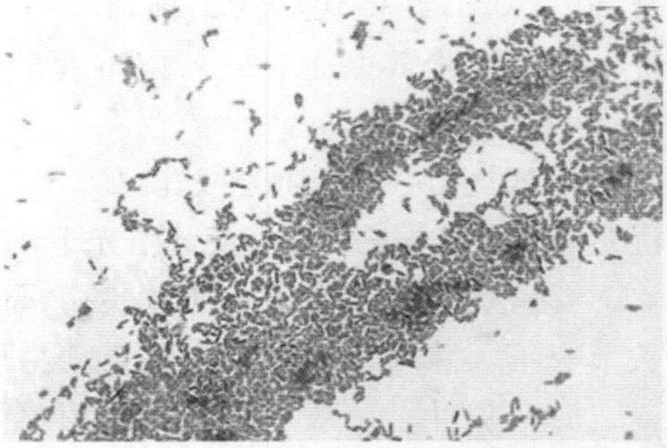

图3-11　沙门氏菌（革兰氏染色）

2.抗原构造及分类　分类比较复杂，有O抗原、H抗原、荚膜抗原（Vi抗原）及菌毛等重要抗原。O、H是用于分型的基本抗原。

3.培养特性　营养要求不高，在普通培养基上形成中等大小、半透明菌落，不分解乳糖，在肠道杆菌鉴别培养基上形成不着色菌落。

4.抵抗力　在水中能存活2～3周，粪便中可存活1～2个月，在冰冻土壤中可过冬。对热耐力差，湿热65℃ 15～20 min即被杀死。5%石炭酸或1∶500升汞中5 min杀死。胆盐、煌绿及其他染料对沙门氏菌的抑制作用较其他肠道菌小。

5.致病性　本属杆菌均有致病性，它们通常侵害幼年动物，导致急性败血症、胃肠炎以及其他局部炎症。

6.微生物学诊断　对未污染的被检组织可直接在普通琼脂、血琼脂或鉴别培养基平板上划线分离，但已污染的被检材料如饮水、粪便、饲料、肠内容物和已败坏组织等，因含杂菌数远超过沙门氏菌，故常需用增菌培养基增菌后再行分离。

（六）多杀性巴氏杆菌

多杀性巴氏杆菌是巴氏杆菌科的成员，本菌为引起多种畜禽巴氏杆菌病的病原。主要可致动物的出血性败血症和传染性肺炎。

1.形态及染色　G^-两端钝圆球杆状（图3-12），大小为（0.25～0.4）μm×（0.5～2.5）μm，单在或成双排列。病料涂片，瑞氏染色或美蓝染色，两极着色明显，新分离的强毒株有荚膜。

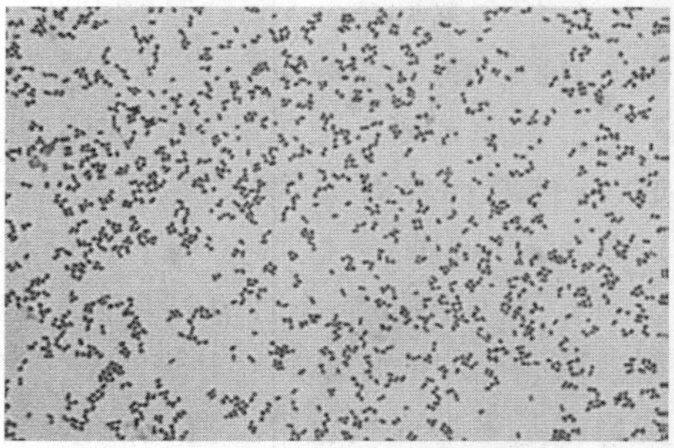

图3-12　巴氏杆菌（革兰氏染色）

2.培养特性　需氧或兼性厌氧。营养要求严格。在普通琼脂上几乎不生长，在加血液、血清或微量血红素的平板上生长良好。

3.血清型　根据K、O两种抗原，共组成22种血清型。我国分离的禽多杀性巴氏杆菌以5∶A为多，其次为8∶A；猪的以5∶A和6∶B为主，8∶A和2∶D其次。

4. 抵抗力　抵抗力不强，干燥空气中，2～3 d死亡；60℃ 20 min，75℃ 5～10 min可被杀死。在血液内保持毒力6～10 d，冷水中能保持活力达2周，厩肥中可生存1个月。对消毒剂敏感。易自溶，在无菌蒸馏水中或生理盐水中迅速死亡。

5. 致病性　可致鸡、鸭、鹅的禽霍乱；猪的猪肺疫；牛、兔、羊、马等的出血性败血症。实验动物中，以鸽对禽源巴氏杆菌最易感，小鼠、家兔也易感。

(七)猪胸膜肺炎放线杆菌

猪胸膜肺炎放线杆菌主要引起猪传染性胸膜肺炎，是集约化猪场常见猪病之一。

1. 形态及染色　本菌为球杆状菌或纤细的小杆菌，偶尔也可见纤维状形态，具有两极浓染的特性。革兰氏染色阴性，无芽胞，无鞭毛，有荚膜。

2. 抗原与血清型　根据荚膜多糖及脂多糖(LPS)的抗原性差异，目前将本菌分为15个血清型，其中5型又分为5A及5B两亚型，由于LPS侧链及结构的相似性，某些型之间存在抗原交叉。

3. 培养特性　本菌兼性厌氧，置10% CO_2 中可长出黏液性菌落。最适生长温度37℃。生物Ⅰ型菌株在普通营养基上不生长，需添加Ⅴ因子，常用巧克力琼脂培养基进行培养。在绵羊血平板上，可产生稳定的β溶血，金黄色葡萄球菌可增强其溶血圈。生物Ⅱ型菌株生长时不需要Ⅴ因子，能在麦康凯培养基中生长，在不加Ⅴ因子的牛心肌浸汁琼脂中生长良好，菌落较大，为非黏液性菌落。

4. 抵抗力　本菌抵抗力不强，对常用消毒剂敏感，60℃ 20 min即可杀死。对结晶紫和杆菌肽有一定抵抗力，从污染病料分离本菌时，可在培养基中添加上述物质。

5. 致病性　猪是猪胸膜肺炎放线杆菌高度专性宿主，主要寄生于猪肺坏死灶内或扁桃体，较少在鼻腔。慢性感染猪或康复猪为带菌者。各种日龄的猪都易感，经空气或猪与猪直接接触传染。

6. 微生物学诊断　取病死猪肺坏死组织、胸水、鼻及气管渗出物涂片镜检：G^- 两极染色深的球杆菌。确诊取病料接种巧克力琼脂或绵羊血琼脂，置5% CO_2、37℃培养。如有溶血小菌落生长，应做金黄色葡萄球菌增强溶菌圈试验(CAMP试验)，检测其脲酶活性及甘露醇发酵能力。

(八)炭疽芽胞杆菌

为芽胞杆菌属的成员，是各种家畜、野生动物和人类炭疽的病原。

1. 形态及染色　G^+ 大杆菌，大小(1.0～1.2) μm×(3～8) μm；无鞭毛，不运动，有芽胞，呈椭圆形，位于或接近于菌体中央。在动物组织内单在或2～5个菌体的短链状排列，有荚膜，不形成芽胞；在人工培养基上则呈长链状，菌体呈方砖样，18～24 h开始形成芽胞。

2. 培养特性　需氧或兼性厌氧；生长温度为15～40℃，最适生长温度为30～37℃，pH为7.2～7.6；营养要求不高，普通培养基上即能生长良好；7%NaCl高渗环境下可生长，在真菌培养基(如沙堡弱培养基)中亦可生长。

在固体培养基上，强毒株形成粗糙型菌落，边缘呈卷发状；弱毒株形成光滑型菌落，菌落稍小、隆起、光滑而湿润整齐。在血平板上，一般不溶血，个别有轻微溶血。

3. 抵抗力

繁殖体：抵抗力不强，对常用消毒剂敏感；未剖检的尸体中，可随腐败而迅速死亡。

芽胞：抵抗力特别强，干燥状态下可长期存活，干燥皮毛上可存活10年以上，污染土壤，可保持20～30年。高压121℃ 5～10 min，干烤160℃ 1 h才能杀死；消毒剂中对碘较敏感：0.04%碘液10 min可灭活；本菌繁殖体对多种抗生素（首选青霉素）及磺胺药敏感。

4.病原性　为人畜共患病炭疽的病原。

（九）猪丹毒杆菌

猪丹毒杆菌是猪丹毒丝菌的通称，该菌为丹毒丝菌属成员，是猪丹毒的病原体。

1.形态及染色　平直或微弯杆菌，大小（0.2～0.4）μm×（0.5～2.5）μm。在病料中，多散在，成对或成丛排列；在白细胞（WBC）中常成丛；在陈旧肉汤或心内膜瘤状物中，呈长丝状，成丛。无鞭毛，不运动，无荚膜，不形成芽胞，革兰氏阳性。

2.培养特性　微需氧或兼性厌氧，在血琼脂或血清琼脂上生长较好，经24～48 h培养后，形成针尖大露珠样小菌落：圆形、灰白、透明，有的可形成狭窄的α溶血环，普通琼脂上生长不良。肉汤中：呈轻度混浊，有少量灰白色黏稠沉淀，无菌环和菌膜。

3.抵抗力　该菌的抵抗力比较强，在干燥环境中可生存3周，在尸体中可生存几个月，病死猪熏制的火腿3个月后仍可在其深部分离出活菌。对热敏感：55℃ 15 min，70℃ 5 min死亡；大块肉中煮沸2.5 h可将其灭活；对化学消毒剂敏感，对抗生素敏感，尤其是青霉素。

4.致病性　猪（3～12月龄猪）：猪丹毒；羔羊（3～4周龄）：慢性多发性关节炎；鸡、火鸡：衰弱、下痢等；鸭：败血症、输卵管炎；小鼠、鸽等实验动物：败血症；人：类丹毒。

5.免疫和治疗

疫苗：猪丹毒弱毒活苗和铝胶死苗。

治疗：首选青霉素。

实训操作3-1　油镜的使用与细菌结构观察

一、实训目的和要求

掌握油镜的结构与使用技术；通过油镜观察细菌的形态与结构；掌握细菌的基本结构和特殊构造。

二、实训材料和器械

香柏油，二甲苯，蒸馏水，工作服，工作帽，口罩，显微镜，擦镜纸，酒精灯，接种环，试管架，打火机，常见细菌标本：葡萄球菌、链球菌、双球菌、单杆菌、链杆菌、弧菌等，常见细菌结构标本：芽胞、荚膜、鞭毛等。

三、实训内容

（一）光学显微镜结构及油镜的识别

普通光学显微镜由一组机械支持及调节系统和光学系统组成（图3-13），这两部分很好地配合，才能发挥显微镜的作用。

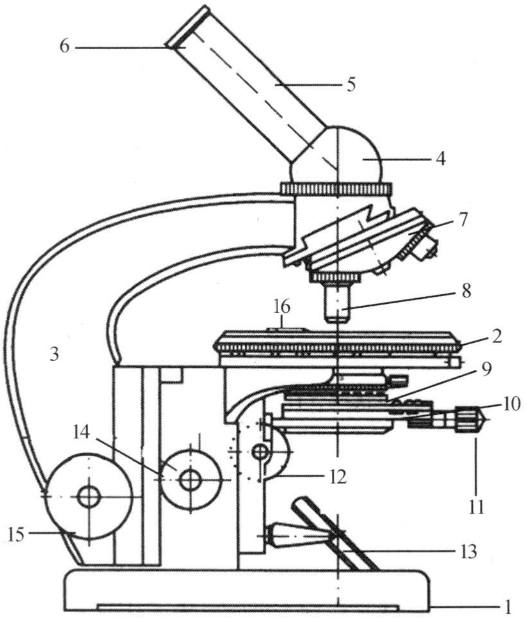

图 3-13　普通光学显微镜的模式图

1. 镜座　2. 载物台　3. 镜臂　4. 棱镜套　5. 镜筒　6. 目镜　7. 物镜转换器
8. 物镜　9. 聚光器　10. 虹彩光圈　11. 光圈固定器　12. 聚光器升降螺旋
13. 反光镜　14. 细调节器　15. 粗调节器　16. 标本夹

1. 机械支持及调节系统　机械支持及调节系统是整个显微镜的骨架，对光学系统起支撑和调节作用，部件包括镜座、镜臂、镜台、镜筒、物镜转换器和调焦旋钮等。

（1）镜座　镜座是显微镜的基座，可使显微镜平稳地放置在桌面上。

（2）镜臂　镜臂用于支撑镜筒、镜台和调节系统。

（3）镜台　镜台又叫载物台，是放置标本的地方，多为方形。镜台上有标本固定和位置移动系统，用于固定和在平面上移动标本。标本固定和位置移动系统上附带有游标卡尺，可用于标本定位。

（4）镜筒　镜筒是连接物镜和目镜的金属筒，其上端插入目镜，下端和物镜转换器相连接。

（5）物镜转换器　物镜转换器安装在镜筒下端，用于装配物镜，装配有4～6个不同放大倍数的物镜，转动物镜转换器可以选择到合适的物镜。

（6）调焦旋钮　粗、细调节器位于镜臂基部，可使镜臂上下移动，用于调节焦距。

2. 光学系统　光学系统架构于机械系统上，包括光源、聚光器、物镜和目镜。光学系统使标本物像放大，形成倒立的放大物像。

（1）光源　光源有自然光源和电光源两种。老式显微镜一般采用自然光源，其取光设备是反光镜。反光镜有两个面，一面是平面镜，另一面是凹面镜。

（2）聚光器　聚光器在载物台下面，一般由聚光透镜、虹彩光圈和升降螺旋组成。

（3）物镜　物镜安装在物镜转换器上，作用是对标本进行第一次成像，其质量的好坏直接关系到成像的质量。物镜的性能取决于物镜的数值孔径（NA），每个物镜的数值孔径都标在物镜的外壳上，数值孔径越大，物镜的性能越好（图 3-14）。

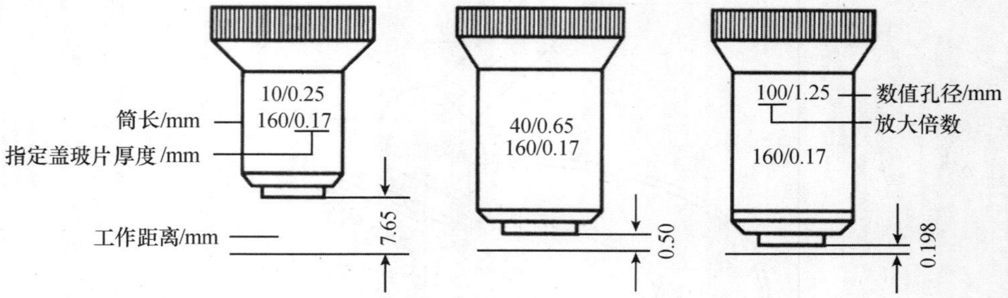

图 3-14　显微镜物镜参数示意图

使用油浸物镜（油镜）观察细菌的形态时，在物镜与标本之间滴加香柏油是为了增加分辨率，并减少因折射而造成光线散失（图 3-15）。

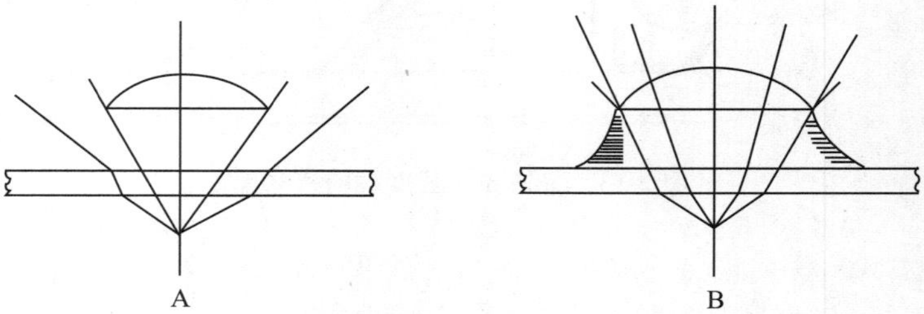

图 3-15　物镜干燥系(A)和油浸系(B)的光线图

物镜下表面与标本之间或与盖玻片之间的距离称为物镜的工作距离，物镜的放大倍数越大，则其工作距离越短，油镜的工作距离最短，只有约 0.2 mm。

根据物镜前透镜与被检物体之间的介质不同，可分为干燥系物镜和油浸系物镜。干燥系物镜以空气为介质；油浸系物镜常以香柏油为介质，又叫油镜头。检查细菌标本，多用油镜。

油镜是一种放大倍数较高的物镜，一般都刻有放大倍数（如 100×等）和特别的标记，以便于认识。国产镜多用油字表示，国外产品则常用“Oil”或“HI”做记号。油镜上也常漆有黑环或红环，而且油镜较高倍镜和低倍镜更长，镜片最小，这也是识别油镜的标志。

根据物镜放大率的高低，可分为：①低倍物镜：常见有 4×；②中倍物镜：常见有 20×；③高倍物镜：常见有 40×；④油镜：100×最常见，也有 90×的。

显微镜的总放大倍数等于物镜放大倍数乘以目镜的放大倍数。如在观察某标本时，物镜的放大倍数为 100 倍，目镜的放大倍数为 10 倍，则总的放大倍数为 100×10＝1 000 倍。

（4）目镜　目镜的作用是把物镜放大了的实像进行二次放大。

（二）油镜的使用方法

（1）先用粗调节旋钮将载物台下降约 2 cm，并将高倍镜转出。

（2）在玻片标本的镜检部位滴上一滴香柏油。

（3）从侧面注视，将载物台缓缓地上升，让油镜浸入香柏油中，使镜头几乎与标本接触。

（4）从目镜内观察，放大光圈，上调聚光器至顶位，使光线充分照明。将载物台徐徐下降，至能模糊看到物像时改用细调节器至最清晰为止。

(5)观察完毕，下降载物台，将油镜头转出，先用擦镜纸擦去镜头上的油，再用擦镜纸蘸少许二甲苯，擦去镜头上残留油迹，最后用擦镜纸擦拭2～3下即可。

(6)将各部分还原，最后用柔软纱布清洁载物台等机械部分，然后将显微镜放进柜内。

(三)细菌形态结构观察

根据显微镜的使用方法，依次观察球菌(包括：葡萄球菌、链球菌、双球菌等)、杆菌(包括：单杆菌、链杆菌)、螺形菌(螺菌和弧菌)的形态和排列方式；再观察细菌特殊结构：芽胞、鞭毛、荚膜。

(四)注意事项

(1)取送显微镜一定要一手握住镜臂，一手托住镜座，在任何情况下都不允许用一只手提着显微镜。另外，也不允许取下反光镜和目镜到处乱照。

(2)使用时，应调整凳子高度，以便能舒适地观察，勿将显微镜倾斜。

(3)镜头脏了，只能用专用的擦镜纸擦拭，擦拭时要顺着一个方向。保持载物台清洁、无油，除油镜外，其他物镜不得接触香柏油。

(4)使用粗、细调节器使镜筒下降时，一定要用眼睛直接看着镜筒缓缓下降，否则，有可能砸坏物镜和玻片标本。

(5)转动转换器时，不要用手指扳物镜。

(6)镜检时，应首先用低倍镜进行调焦，再换高倍镜，最后用油镜进行观察。

(7)观察时，左眼注视目镜内，而右眼睁开，便于同时描绘画图。

(8)实验完毕，把显微镜的外表擦拭干净，镜头要用擦镜纸擦拭，最后把显微镜放进镜箱里，送回原处。

(9)显微镜发生故障，应立即向指导教师汇报，未经同意，不得随便更换显微镜。

四、实训作业

1.绘制两幅光镜下细菌的形态图，要求绘出细菌的颜色、菌体特征；绘制细菌特殊结构图。每幅图需标出细菌名称、染色方法、放大倍数。

2.简述普通光学显微镜油镜的使用原理。

3.简述普通光学显微镜使用的注意事项。

实训操作3-2　培养基制备与细菌分离培养

一、实训目的和要求

了解一般培养基制备的原则和要求；了解一般培养基常规配制程序；掌握培养基及器皿的灭菌方法；掌握培养基酸碱度的矫正方法。

二、实训材料和器械

1.试剂　牛肉膏、蛋白胨、NaCl、蒸馏水、琼脂粉、0.1 mol/L NaOH 溶液。

2.器械　天平或台秤、高压蒸汽灭菌器、移液管、试管、烧杯、量筒、锥形瓶、培养皿、玻璃漏斗、药匙、称量纸、pH 试纸、记号笔、棉花、纱布、线绳、塑料试管盖、牛皮纸、报纸、接种环、吸管、无菌涂棒、酒精灯、试管架及废物缸等。

3. 细菌培养物　葡萄球菌和大肠杆菌的混合培养液。

三、实训内容

(一)细菌培养基的制备

1. 玻璃器皿的洗涤和包装

(1)玻璃器皿的洗涤　将锥形瓶、试管、培养皿、量筒等浸入含有洗涤剂的水中刷洗,然后用自来水及蒸馏水冲净。移液管先用含有洗涤剂的水浸泡,再用自来水及蒸馏水冲洗。洗刷干净的玻璃器皿置于烘箱中烘干后备用。

(2)灭菌前玻璃器皿的包装

①培养皿的包装　培养皿由一盖一底组成一套。可用报纸将几套培养皿包成一包,或者将培养皿直接置于特制的铁皮圆筒内,加盖灭菌。包装后的培养皿须经灭菌之后才能使用。

②移液管的包装　在移液管的上端塞入一小段棉花,以避免外界杂菌吹入管内。棉花要塞得松紧适宜,吹时以能通气而又不使棉花滑下为准。

先将报纸裁成宽约 5 cm 的长纸条,然后将已塞好棉花的移液管尖端放在长纸条的一端,约呈 45°角,折叠纸条包住尖端,用左手握住移液管身,右手将移液管压紧,在桌面上向前搓转,以螺旋式包扎起来。上端剩余纸条,折叠打结,准备灭菌。

2. 培养基的制作方法

(1)称量　按照培养基的配方,准确称取各成分于烧杯中。

(2)溶解　向上述烧杯中加入所需要的水量,搅动,加热溶解。

(3)调节 pH　初制备好的培养基往往偏酸,而一般病原菌 pH 是中性偏碱,故需用 0.1 mol/L NaOH 调节。调节 pH 时,应逐滴加入 NaOH,边加边搅拌,并不时用 pH 试纸测试,直至达到所需 pH 为止。

(4)过滤　用滤纸或双层纱布(中间夹一层脱脂棉花)趁热过滤。

(5)分装　根据不同的需要,可将制好的培养基分装入试管或三角烧瓶内,管(瓶)口塞上棉塞,用牛皮纸包扎管口。

①液体　分装高度以试管高度的 1/4 左右为宜。

②固体　分装试管,每管装液量约为管高的 1/5,灭菌后制成斜面。分装三角烧瓶的量以不超过 1/2 为宜;倒平板的培养基每三角烧瓶装 150～200 mL。

③半固体　分装试管一般以管高的 1/3 为宜。

(6)灭菌　高压蒸汽灭菌,一般培养基需要 121℃高压灭菌 20～30 min,含糖培养基为 115℃灭菌 30 min。

3. 培养基制作的注意事项

(1)加热溶解过程中,要不断搅拌,以免琼脂粉粘在烧杯底上烧焦,导致烧杯破裂。加热过程中所蒸发的水分应补足。

(2)pH 必须按各种不同培养基的要求准确矫正。

(3)所用器皿要洁净,勿用铜质和铁质器皿。

(4)培养基的灭菌时间和温度,需按照各种培养基的规定进行,以保证杀菌效果和不损失培养基的必要成分。

4. 试管、锥形瓶的包扎　试管分装培养基后，塞好塞子或盖好管帽，根据试管大小，可将20～30支试管捆成一捆，外面包上一层牛皮纸。用铅笔注明培养基名称及配制日期，灭菌备用。锥形瓶分装后，也是先塞好塞子，包上一层牛皮纸并用线绳捆好，灭菌备用。有时为了进行液体振荡培养加大通气量，则可用8层纱布代替棉塞包在瓶口上，再包上牛皮纸并用线绳捆好，灭菌备用。传统的塞子是自制棉塞，现在多直接购买专用的可透气硅胶塞。

5. 培养基的灭菌

(1)高压蒸汽灭菌

①需灭菌的物品，棉塞、硅胶泡沫塞等用防潮纸包好，放入灭菌锅内的套筒中。

②将灭菌锅盖的排气管插入套筒侧壁的凹槽内，关闭灭菌锅盖旋紧螺栓，切勿漏气。

③打开放气阀，加热，为排除锅内冷空气，先排气5～10 min，再关闭放气阀。

④关闭放气阀后，升至121℃后维持20～30 min，即达到灭菌目的。

⑤灭菌完毕，待冷却后，打开放气阀，注意高压过程中不能自动放气，避免培养基冲出。

⑥打开灭菌锅盖，取出已灭菌的器皿及培养基，于干燥箱中烘干备用。

(2)干热灭菌法　常用于空玻璃器皿的灭菌，不耐高温的橡胶等不能用本法。灭菌时，先将需灭菌器皿包好，放入电热烘箱内，调节温度160～170℃，维持2 h，灭菌后温度降至30～40℃时，打开箱门，取出灭菌器皿。

6. 斜面和平板的制作

(1)斜面的制作　将已灭菌装有琼脂培养基的试管，趁热置于木棒上，使呈适当斜度，凝固后即成斜面(图3-16)。斜面长度以不超过试管长度1/2为宜。

(2)平板的制作　将装在锥形瓶或试管中已灭菌的琼脂培养基熔化后，待冷至50℃左右倾入无菌培养皿中。

平板的制作应在酒精灯旁进行，左手拿培养皿，右手拿锥形瓶的底部，左手同时用小指和手掌将棉塞打开，灼烧瓶口，用左手大拇指将培养皿盖打开一缝，至瓶口正好伸入，倾入15～20 mL的培养基(直径9 cm培养皿)，迅速盖好皿盖，置于桌上，轻轻旋转平皿，使培养基均匀分布于整个平皿中，冷凝后即成平板(图3-17)。

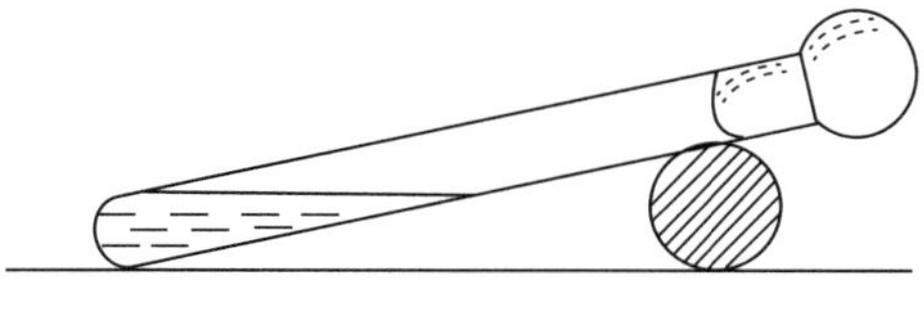

图3-16　斜面的放置

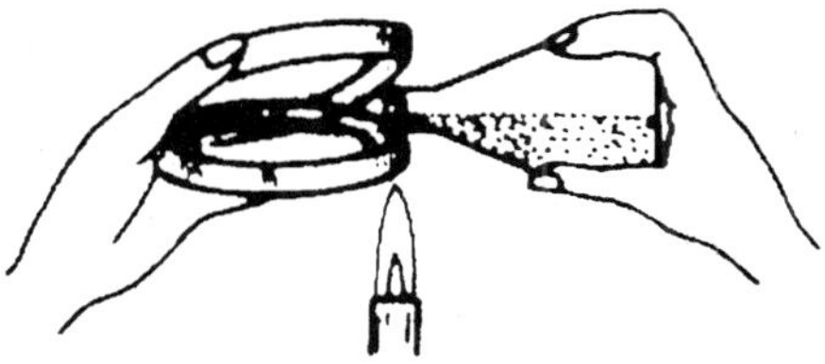

图3-17　将培养基倒入培养皿内

7. 培养基的无菌检查　灭菌后的培养基，从中取出1～2管(瓶)，置于37℃温箱中培养24～48 h，无菌生长后方可使用。

(二)细菌的分离培养

1. 平板分段划线法

(1)操作前在平皿底面上用记号笔做好标记。

(2)右手持接种环在火焰上充分烧灼灭菌。

(3)待烧灼的接种环冷却后,取一接种环葡萄球菌和大肠杆菌的混合菌液。

(4)左手斜持琼脂平板,略开盖。右手持已取标本的接种环在琼脂平板表面一侧边缘划一条线,作为原划线,见图 3-18A。

(5)接种环再次烧灼去除多余接种物,冷却后自原划线末端蘸取少许标本,使接种环与平板表面呈 30°~40°角,运用腕力将接种环在平板上来回划线,见图 3-18B。划线要密,不能划破琼脂表面,并注意无菌技术,避免空气中细菌的污染。

也可用分区划线法(图 3-18C、D、E),即从原划线末端蘸取标本后只划平板的 1/5~1/4,划毕烧灼灭菌接种环,待冷却后,于第二段处再作划线,且在划线时与第一段的划线相交数点。待第二段划线完成时,再烧灼灭菌,冷却后同样划线,依次划至最后一段。接种环烧灼灭菌后方可放下。

(6)将培养皿倒置于 37℃温箱中,培养 18~24 h 后取出观察结果。

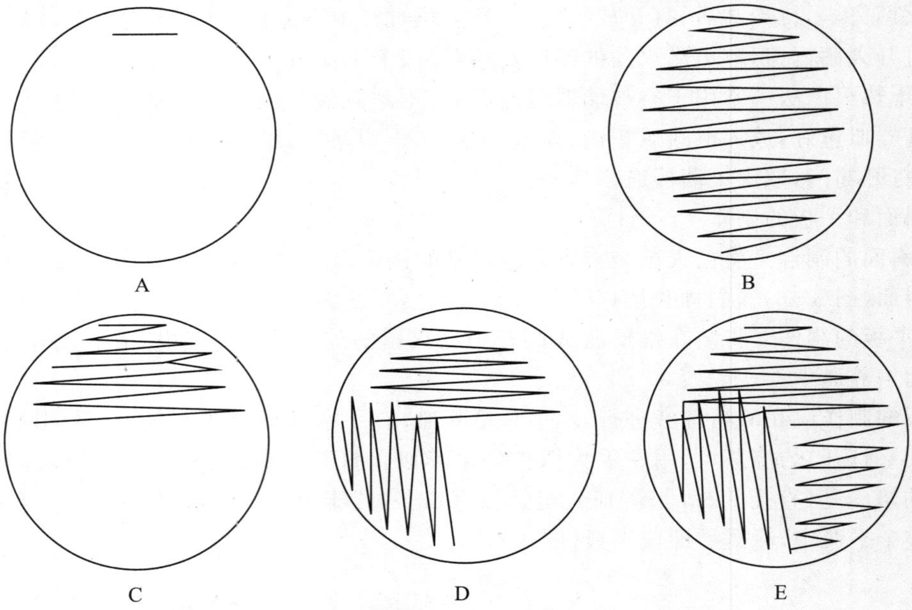

图 3-18　平板接种与划线法示意图

2. 平板涂布培养法

(1)在平板底面用记号笔标明待接种的菌种名称、稀释度、日期和接种者。

(2)用无菌吸管吸取 0.1 mL 葡萄球菌和大肠杆菌混合菌液,小心滴在平板培养基表面中央位置。右手拿无菌涂棒,平放在平板培养基表面上,将菌悬液先沿一条直线轻轻地来回推动,使之分布均匀(图 3-19),然后改变方向沿另一垂直线来回推动,平板内边缘处可改变方向用涂棒再涂布几次。

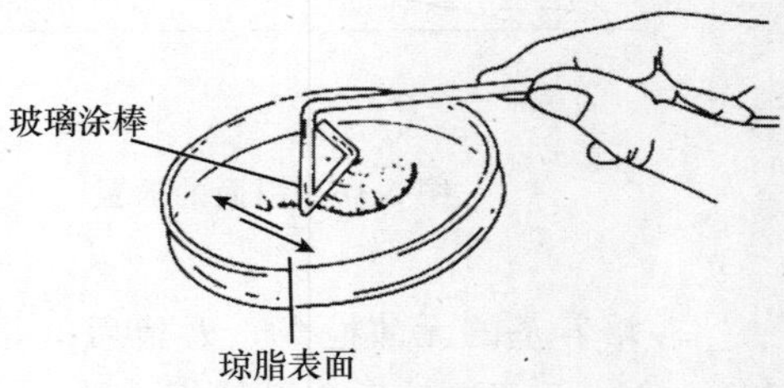

图 3-19　平板涂布操作示意图

(3)室温下静置 5～10 min,再将培养基平板倒置于 37℃温箱中,培养 18～24 h 观察结果。

3.斜面培养基接种法

(1)在斜面培养基试管上用记号笔标明待接种的菌种名称、日期和接种者。

(2)左手将菌种试管和待接种的斜面试管夹住,使斜面向上呈水平状态(图 3-20A)。

(3)右手拿接种环通过火焰烧灼灭菌,在火焰边用右手的手掌边缘和小指,小指和无名指分别夹持试管塞将其取出,并迅速烧灼管口。

(4)右手用接种环伸入菌种试管内,先将环接触试管内壁冷却,然后钩取少许菌苔,转接待接种的斜面试管,用环在斜面上自试管底部向上端轻轻地划一直线,再从斜面底部向上轻轻曲折连续划线(图 3-20B)。

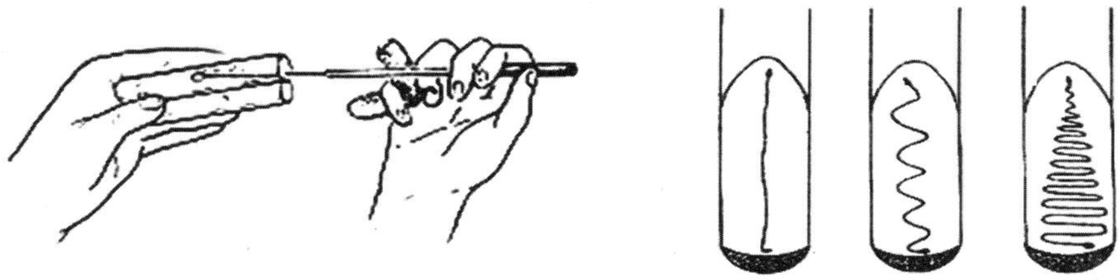

A　　B

图 3-20　斜面培养基接种法

(5)接种环退出斜面试管,再用火焰烧灼管口灭菌并迅速塞上试管塞。接种环烧灼灭菌后方可放下。

(6)将接种物于 37℃温箱中培养 18～24 h 观察结果。

4.液体培养基接种法

(1)～(3)同斜面培养基接种法。

(4)接种环灭菌冷却后,伸入菌种管内挑取少许菌苔退出菌种管,再伸入肉汤管,在液体表面处的管内壁上轻轻摩擦,使菌体从环上脱下,进入液体培养基中。

(5)接种完毕,重新灭菌接种环,塞好试管塞,放培养箱中培养。

(6)接种物若为液体培养物,则可用无菌吸管定量吸出后加入液体培养基。

(7)若向液体培养基中接种量大或要求定量接种时,可先将无菌水或液体培养基加入菌种试管,用接种环将菌苔刮下制成菌悬液。然后用无菌吸管转移至或直接倒入液体培养基。

(8)将接种物于 37℃温箱中培养 18～24 h 观察结果。

5.半固体穿刺接种法　操作方法与斜面培养基接种法基本相同,只是接种时用穿刺针钩菌后,接种时,改划线为垂直穿入半固体培养基中心接近试管底部,然后迅速小心沿原路退出。

6.注意事项

(1)选择适合于所分离细菌生长的培养基、温度及气体等培养条件;初代分离时发现有多种细菌,应选择可疑菌落进行纯培养;划线时先将接种环稍稍弯曲,这样易和平皿内琼脂面平行,不致划破培养基;划线中不宜过多重复旧线,以免形成菌苔。

(2)试管斜面接种时,取试管棉塞或管帽时要缓慢拔出,不宜用力过猛;所划直线尽可能地直,切莫划几条直线或蛇行,不要将培养基划破,也不要使接种环接触管壁或管口。

(3)肉汤接种时，塞好试管塞，完成接种后摇动试管，使菌体在培养液中分布均匀；整个接种过程都要无菌操作。

(4)半固体接种时，接种针垂直穿入半固体培养基中心接近试管底部，但注意不可穿至管底，沿原路退出。

四、实训作业

1. 你所做的划线法是否较好地得到了单菌落？如果不是，请分析原因。

2. 在你的实验中，各种细菌在不同培养基中的培养特征如何？对你的实验结果进行描述，并将自己的实验结果记录于表3-1中。

表3-1　细菌分离培养实验结果记录表

实验菌种	培养方法	培养特征描述
大肠杆菌	平板分段划线法	
	平板涂布培养法	
	斜面培养基接种法	
	液体培养基接种法	
	半固体穿刺接种法	
葡萄球菌	平板分段划线法	
	平板涂布培养法	
	斜面培养基接种法	
	液体培养基接种法	
	半固体穿刺接种法	

任务3-2　病毒学检验技术

病毒是一类非细胞形态的微生物。病毒只含一种核酸即只含DNA(脱氧核糖核酸)或只含RNA(核糖核酸)；病毒是严格的胞内寄生的，必须寄生在活的细胞内而生存；病毒不会长大，不经分裂繁殖，而由其核酸通过复杂的生物合成，获得大量组分进行装配而增殖；病毒对一般抗生素和作用于微生物代谢途径的药物均不敏感，但不同程度上对干扰素敏感。

一、病毒的大小与形态

(一)病毒的大小

病毒个体微小，测量病毒大小的单位是纳米(nm)。大型病毒200～300 nm；中型病毒约100 nm；小型病毒仅20～30 nm。所以必须用电子显微镜，经放大几万倍至几十万倍下才能看到。

(二)病毒的形态

一个成熟有感染性的病毒颗粒称病毒体。绝大多数动物病毒呈球形或近似球形；植物病毒多呈杆状或丝状；噬菌体则多呈蝌蚪形。在电镜下观察，大致可分球形或近似球形、杆形或丝状、弹形、蝌蚪形、砖形五种形态。

二、病毒的结构与功能

病毒的结构有两种：一是基本结构，为所有病毒所必备；二是辅助结构，为某些病毒所特有。它们各有特殊的生物学功能。

（一）病毒的基本结构

基本结构为不同病毒体所共有的一般结构，包括核心的核酸和外被的蛋白质衣壳，二者共同构成核衣壳。裸露病毒的核衣壳就是病毒体（图3-21）。

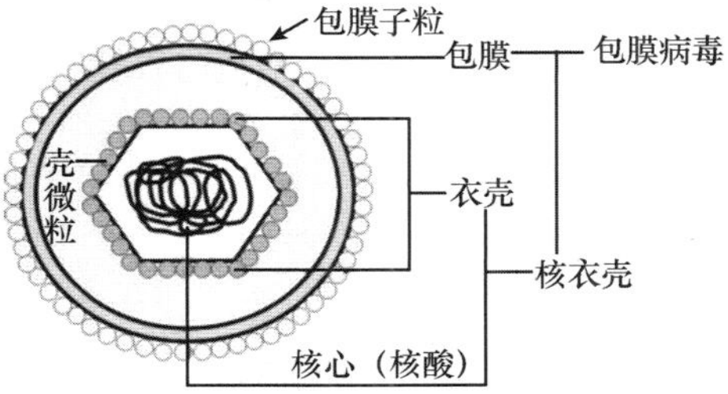

图3-21　病毒结构模式图

1.病毒的核酸　位于病毒体的中心，由一种类型的核酸构成，含DNA的称为DNA病毒，含RNA的称为RNA病毒。DNA病毒核酸多为双股，RNA病毒核酸多为单股。

病毒核酸的主要功能有：①控制病毒复制；②决定病毒的特性；③具有感染性。

2.病毒的衣壳　在核酸的外面紧密包绕着一层蛋白质外衣，即病毒的"衣壳"。衣壳由许多"壳微粒"按一定几何构型集结而成，壳微粒在电镜下可见，是病毒衣壳的形态学亚单位，它由一至数条结构多肽组成。根据壳微粒的排列方式将病毒构型区分为：

（1）立体对称　形成20个等边三角形的面、12个顶和30条棱，具有五、三、二重轴旋转对称性，如腺病毒、脊髓灰质炎病毒等（图3-22A）。

（2）螺旋对称　壳微粒沿螺旋形核酸规则地重复排列，通过中心轴旋转对称，如正黏病毒、副黏病毒及弹状病毒等（图3-22B）。

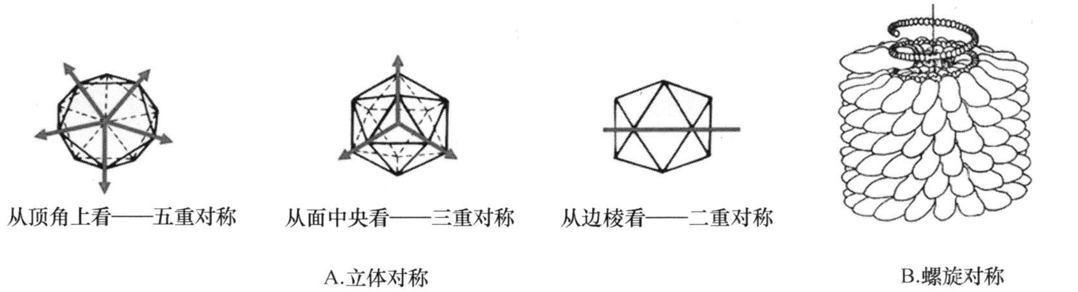

图3-22　病毒衣壳的对称形式

（3）复合对称　同时具有或不具有两种对称性的病毒，如痘病毒与噬菌体。

衣壳的功能是：①保护病毒；②具有抗原性；③参与感染过程。

病毒的核酸与衣壳组成核衣壳，裸露病毒就是核衣壳，如腺病毒。

（二）病毒的辅助结构

1.囊膜　某些病毒，如新城疫病毒、禽流感病毒等，在核衣壳外包绕着一层含脂蛋白的外膜,称为"囊膜"(图 3-23)。囊膜中含有双层脂质、多糖和蛋白质,其中蛋白质具有病毒特异性,常与多糖构成糖蛋白亚单位,嵌合在脂质层,表面呈棘状突起,称刺突、囊微粒或纤突。它们位于病毒体的表面,有高度的抗原性,并能选择性地与宿主细胞受体结合,促使病毒囊膜与宿主细胞膜融合,感染性核衣壳进入胞内而导致感染。有囊膜病毒对脂溶剂和其他有机溶剂敏感,失去囊膜后便丧失了感染性。

2. 触须样纤维　腺病毒是唯一具有触须样纤维的病毒(图 3-24)。腺病毒的触须样纤维由线状聚合多肽和一球形末端蛋白所组成,位于衣壳的各个顶角。该纤维吸附到敏感细胞上,抑制宿主细胞蛋白质代谢,与致病作用有关。此外,还可凝集某些动物红细胞。

3. 病毒携带的酶　某些病毒核心中带有催化病毒核酸合成的酶,如流感病毒带有 RNA 的 RNA 聚合酶,这些病毒在宿主细胞内要靠它们携带的酶合成感染性核酸。

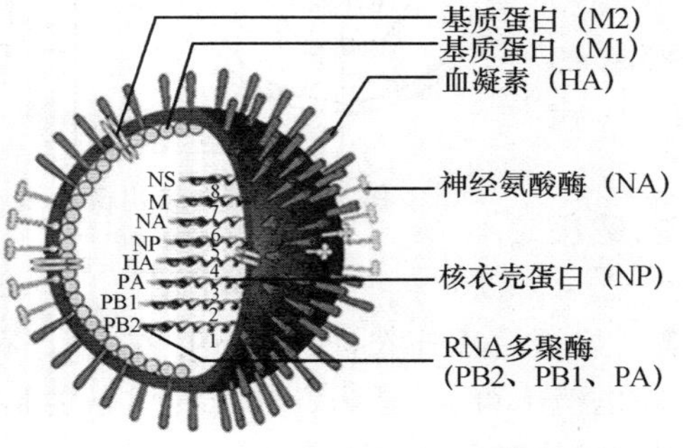

图 3-23　流感病毒囊膜

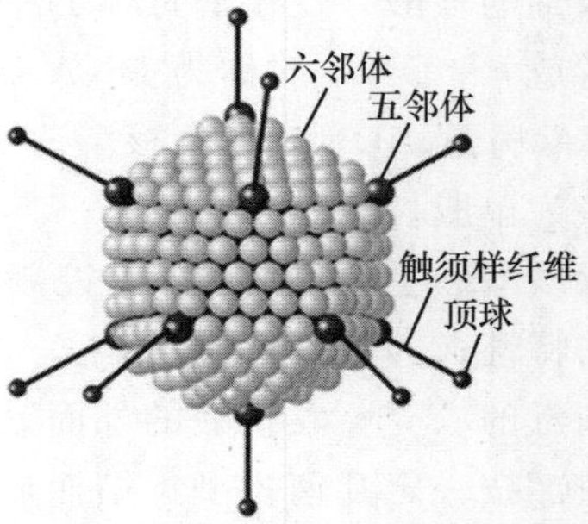

图 3-24　腺病毒结构示意图

三、病毒的增殖与人工培养

病毒不具有能独立进行代谢的酶系统,因此在细胞外处于无活性或静止状态。只有进入活的易感宿主细胞,由宿主细胞供给合成病毒核酸与蛋白质的原料,才能进行增殖。

(一)病毒的复制周期

病毒的增殖方式不是分裂,而是自我复制。复制一般可分为吸附、穿入、脱壳、生物合成及装配与释放五个阶段,称为复制周期。

1. 吸附　病毒感染细胞时首先要吸附在细胞上。这一过程第一步是静电吸引,这种结合是非特异的和可逆的。真正的结合是第二步:宿主细胞表面受体与病毒衣壳蛋白的特异性结合。

2. 穿入　病毒吸附在细胞表面上,可以通过不同方式进入细胞内,这一过程称为穿入。总的来说,病毒穿入细胞膜的方式有三种:吞饮、融合、转位。

3. 脱壳　病毒进入细胞后,必须脱去蛋白质衣壳后,核心才能发挥指令作用。多数病毒穿入后,随即由细胞溶酶体酶的作用,使衣壳蛋白水解,露出病毒核酸。

4. 生物合成　病毒基因组一旦从核衣壳中释放,即利用宿主细胞提供的低分子化合物合成大量病毒核酸与结构蛋白。

先经不同时间的隐蔽期,开始从病毒核酸转录特异的 mRNA(信使 RNA)和复制核酸。病毒蛋白质均在胞浆中合成,而核酸复制则因病毒核酸类型不同而异。DNA 病毒除痘病毒外均在胞浆中复制，RNA病毒除正黏病毒和逆转录病毒在核内复制外，均在胞浆中复制。

5.装配与释放　病毒核酸与蛋白质合成之后，在胞浆内或核内装配为成熟的病毒颗粒。DNA病毒除痘病毒外，均在核内装配；RNA病毒与痘病毒则在胞浆内装配。

当已装配好的核衣壳通过细胞膜芽生时，细胞膜及病毒膜粒便包到衣壳上，装配成有包膜的病毒。成熟的病毒体从细胞向外释放有下列两种方式：

(1)破胞释放　裸露的DNA病毒、RNA病毒都以这种方式释放。即病毒的装配完成后，宿主细胞破裂而把病毒全部释放到周围环境中。

(2)芽生　有囊膜DNA、RNA病毒，在装配完成后，以出芽方式释放到细胞外，通常细胞不死亡，仍能分裂增殖。

此外，有些病毒如巨细胞病毒，很少释放到细胞外，而通过细胞间桥或细胞融合，在细胞间传播。另有些致癌病毒，其基因以整合方式随细胞的分裂而出现在子代细胞中。

(二)病毒的人工培养

病毒缺乏完整的酶系统，又无核糖体等细胞器，所以不能在无生命的培养基上生长，必须在活细胞内增殖。因此，实验动物、禽胚以及体外培养的组织和细胞就成为人工培养病毒的场所。而病毒的人工培养，是病毒实验研究以及制备疫苗和特异性诊断制剂的基本条件。

1.动物接种　病毒经注射、口服等途径进入易感动物体后可大量增殖，并使动物产生特定反应。动物接种分本动物接种和实验动物接种两种方法。实验用动物，应该是健康的，血清中无相应病毒的抗体，并符合其他要求。当然，理想的动物是无菌动物或无特定病原体动物。常用的实验动物有小鼠、家兔、豚鼠、鸡等。

2.禽胚培养　禽胚是正在孵育的禽胚胎。禽胚胎组织分化程度低，病毒易于在其中增殖，来自禽类的病毒大多可在相应的禽胚中增殖，其他动物病毒有的也可在禽胚内增殖(表3-2)；感染的胚胎组织中病毒含量高，培养后易于采集和处理；禽胚来源充足；操作简单。由于具有上述优点，禽胚培养是目前较常用的病毒培养方法。但禽胚中可能带有垂直传播的病毒，也有卵黄抗体干扰的问题，因此最好选择无特定病原体胚(SPF胚)。

表3-2　适于鸡胚接种的病毒

病毒名称	增殖于鸡胚的	病毒名称	增殖于鸡胚的
禽痘及其他动物痘病毒	绒毛尿囊膜	禽脑脊髓炎病毒	卵黄囊内
马立克氏病病毒	卵黄囊内、绒毛尿囊膜	鸭肝炎病毒	尿囊腔
鸡传染性喉气管炎病毒	绒毛尿囊膜	鸡传染性支气管炎病毒	尿囊腔
鸭瘟病毒	绒毛尿囊膜	小鹅瘟病毒	鹅坯尿囊腔
人、畜、禽流感病毒	尿囊腔	马鼻肺炎病毒	卵黄囊内
鸡新城疫病毒	尿囊腔	绵羊蓝舌病病毒	卵黄囊内

病毒导致的禽胚病变常见的有：一是禽胚死亡，胚胎不活动，照蛋时血管变细或消失；二是禽胚充血、出血或出现坏死灶，常见胚体的头、颈、躯干、腿等处或通体出血；三是禽胚畸形；四是禽胚绒毛尿囊膜上出现痘斑。

许多病毒缺乏特异性的感染指征，必须应用相应的血清学或病毒学检测方法来确定病毒的存在和增殖情况。接种时，不同的病毒可采用不同的接种途径，并选择日龄合适的禽胚。常用的鸡胚接种途径及相应日龄为：

绒毛尿囊膜接种，主要用于痘病毒和疱疹病毒的分离和增殖，用10～13日龄鸡胚；尿囊腔接种，主要用于正黏病毒和副黏病毒的分离和增殖，用9～12日龄鸡胚；卵黄囊接种，主要用于虫媒披膜病毒及鹦鹉热衣原体和立克次氏体等的增殖，用6～8日龄鸡胚；羊膜腔接种，主要用于正黏病毒和副黏病毒的分离和增殖，选用10～11日龄鸡胚。

3.组织细胞培养　组织细胞培养是用体外培养的组织块或单层细胞分离增殖病毒。

组织培养即将器官或组织小块于体外细胞培养液中培养存活后，接种病毒，观察组织功能的变化，如气管黏膜纤毛上皮的摆动等。

细胞培养是用细胞分散剂将动物组织细胞消化成单个细胞的悬液，适当洗涤后加入营养液，使细胞贴壁生长成单层细胞。病毒感染细胞后，大多数能引起细胞病变（CPE），借助倒置显微镜即可观察到。兽医上常用的细胞有CEF（鸡胚成纤维细胞）、PK15株（猪肾上皮细胞）、K-L株（中国仓鼠肺细胞）、D-K株（中国仓鼠肾细胞）等。细胞培养多用于病毒的分离、培养和检测中和抗体。

细胞培养技术有静置培养、转瓶培养、悬浮培养和微载体培养。

病毒在细胞内增殖的指征如下：

（1）致细胞病变作用　病毒在细胞内增殖引起细胞退行性病变，表现为细胞皱缩、变圆、出现空泡、死亡和脱落。某些病毒产生特征性CPE，普通光学倒置显微镜下可观察上述细胞病变，结合临床表现可做出预测性诊断。免疫荧光（IF）法用于鉴定病毒具有快速、特异的优点，细胞内的病毒或抗原可被荧光素标记的特异性抗体着色，在荧光显微镜下可见斑点状黄绿色荧光，根据所用抗体的特异性判断为何种病毒感染。

（2）红细胞吸附现象　流感病毒和某些副黏病毒感染细胞后24～48 h，细胞膜上出现病毒的血凝素，能吸附豚鼠、鸡等动物及人的红细胞，发生红细胞吸附现象。若加入相应的抗血清，可中和病毒血凝素、抑制红细胞吸附现象的发生，称为红细胞吸附抑制试验。这一现象不仅可作为这类病毒增殖的指征，还可用于初步鉴定。

四、重要动物病毒

（一）伪狂犬病病毒（PRV）

1.分类地位　属疱疹病毒科疱疹病毒甲亚科，又称猪疱疹病毒1型、奥叶兹基氏病毒、狂痒病毒、传染性延髓麻痹病毒。

2.病毒特征　呈圆形或椭圆形，核酸为不分节段线状双股DNA；衣壳二十面体对称，直径100～110 nm；外包囊膜，使病毒粒子大小变化很大，直径120～200 nm，囊膜表面有纤突。本病毒对乙醚和氯仿等有机溶剂敏感；对酸和碱的抵抗力较强，对热有抵抗力。

3.致病性　多种家畜、家禽及野生动物易感，引起发热、剧痒和急性脑脊髓炎症状。

猪感染伪狂犬病病毒引发猪伪狂犬病，成年猪多为隐性感染，怀孕母猪50%可发生流产、死胎或木乃伊胎，仔猪表现为发热及神经症状，无母源抗体的新生仔猪死亡率可达100%，育肥猪一般死亡率不超过2%。其他动物感染有很高致病率，最特征的症状为体躯某部位的奇痒。

(二)鸭瘟病毒(DPV)

1. 分类地位　属疱疹病毒科疱疹病毒甲亚科，又称鸭疱疹病毒1型、鸭病毒性肠炎病毒。

2. 病毒特征　在结构和理化特性上与其他疱疹病毒相似，只有一个血清型，各毒株间毒力有差异。对外界环境具有较强的抵抗力，在pH 7～9经6 h滴度下降明显，在pH 3和pH 11时迅速灭活。对常用消毒剂敏感。

3. 致病性　鸭瘟的病原，该病1923年首次发现于荷兰，20世纪60年代起在许多国家暴发。自然条件下，主要侵害家鸭，以番鸭和产蛋鸭最易感。

自然感染以消化道为主，黏膜接触或交配也可传染。病鸭各脏器、口腔分泌物和粪中均含毒，以肝、脾、脑、食道和泄殖腔等组织含毒量最高。

(三)马立克氏病病毒(MDV)

1. 分类地位　属疱疹病毒科疱疹病毒甲亚科，又称禽疱疹病毒2型、多发性神经炎病毒、神经淋巴瘤病毒和鸡麻痹病毒。

2. 病毒特征　MDV粒子大小130～160 nm，在毛囊上皮中的MDV粒子直径273～400 nm。MDV毒株可分三个血清型，1型为强毒株、超强毒株和它们的致弱株；2型天然无毒；3型为火鸡疱疹病毒(HVT)，对鸡无致病性。

根据病毒与细胞的相互作用可将MDV分为两种类型：生产性感染能形成大量带有囊膜并具有高度感染性的病毒粒子，存在于羽毛上皮中，称为游离病毒；在细胞培养中的病毒多不带囊膜、无感染性，常称为细胞结合性病毒，该形式的MDV也有部分带有囊膜可脱离细胞，具有感染性。

细胞结合性病毒必须于－196℃液氮中保存；无细胞游离病毒在－70℃贮存稳定，－20℃保存易失去感染性。

3. 致病性　鸡马立克氏病的病原。

(四)减蛋综合征病毒(EDSV)

1. 分类地位　属腺病毒科富胸病毒属，学名为鸭腺病毒甲型。

2. 病毒特征　无囊膜，衣壳呈二十面体对称，直径80～100 nm，衣壳每个顶伸出1～2根纤丝，纤丝分叉状。基因组为线状双股DNA。该病毒能凝集鸡及其他禽类红细胞，在鸭胚及鸭源或鹅源细胞均可高滴度增殖，在鸡胚肾细胞或肝细胞也可生长。

3. 致病性　EDS(减蛋综合征)最早报道于1976年，发生于鸡，此外，家鸭、野鸭和鹅也发病。病原有三种基因型，第一种引起经典的EDS，第二种仅发生于英国的鸭，第三种发生于澳大利亚的鸡。

(五)番鸭细小病毒

1. 分类地位　属细小病毒科细小病毒亚科细小病毒属。

2. 病毒特征　病毒颗粒无囊膜，直径25 nm，二十面体对称。基因组为单分子线状单股DNA。有三种结构蛋白。对脂溶性溶剂不敏感，对紫外线很敏感。本病毒无血凝性。可在番鸭胚成纤维细胞中繁殖，可引起细胞病变。

3. 致病性　法国在1989年报道了本病毒，我国在1985年已有发病的记载，主要危害1～3周龄的雏鸭，故又名“三周病”。

（六）猪圆环病毒(PCV)

1. 分类地位　属圆环病毒科圆环病毒属。

2. 病毒特征　病毒颗粒无囊膜，球形，二十面体对称，直径 17 nm，病毒常可见于感染细胞，以珍珠串样排列。基因组为单分子单股 DNA，环状。本病毒在环境中较稳定，能抵抗 60℃ 30 min 以及 pH 3～9。

3. 致病性　1974 年德国科学家在猪肾细胞系 PK15 中发现第一个与动物有关的圆环病毒，命名为 PCV-1。1997 年在法国首次分离到 PCV-2，与 PCV-1 型抗原性有差异，存在于僵猪综合征的仔猪，所致疾病称为断奶猪多系统衰竭综合征(PWMS)。目前，在加拿大、美国、西班牙和我国均有发现。

各国 PCV-2 分离株序列的基因组 96%相似，但与 PCV-1 相似性小于 80%。

（七）传染性法氏囊病病毒(IBDV)

1. 分类地位　属双 RNA 病毒科禽双 RNA 病毒属。

2. 病毒特征　病毒颗粒无囊膜，衣壳二十面体对称，线状双股、双节段 RNA，胞浆内复制。病毒颗粒直径 58～60 nm，具有 5 种病毒多肽，即 VP_1、VP_2、VP_3、VP_4 和 VP_X。有两个血清型，即鸡型(1 型)和火鸡型(2 型)，其中 1 型至少有 6 个亚型。

抵抗力：高度抗酸(pH 2)，56℃ 5 h 或 65℃ 90 min 滴度不减，1%福尔马林、0.5%氯胺可使之灭活。

培养：鸡胚任何接种途径均可，经培养 3～7 d，部分鸡胚死亡，皮下、肾出血，肝坏死灶等出现；在鸡法氏囊或鸡胚成纤维细胞中生长，24 h 出现 CPE。

3. 致病性　1 型对鸡有致病性，火鸡和鸭为亚临床感染，2 型未发现有致病性。毒株有变强的趋势。3～6 周龄雏鸡最易感，1～14 日龄的雏鸡易感性较小，通常可得到母源抗体的保护，6 周龄以上鸡很少表现疾病症状。

（八）新城疫病毒(NDV)

1. 分类地位　属副黏病毒科副黏病毒亚科腮腺炎病毒属。

2. 病毒特征　形态多样，大体上为圆形，直径在 150 nm 以上，核衣壳呈螺旋对称，有囊膜，外有两种纤突：一种为血凝素-神经氨酸酶(HN)，另一种为融合蛋白(F)。核酸为单股负链 RNA，不分节段。

NDV 能不同程度地凝集人、小鼠、豚鼠红细胞(RBC)。当 NDV 浓度很高时，能溶解鸡 RBC，即溶血。

在 9～11 日龄鸡胚绒毛尿囊膜、尿囊膜培养 24～36 h，病毒滴度可达 10^{10} EID_{50}(鸡胚半数感染量)/mL 以上；在鸡胚成纤维细胞和鸡胚肾细胞上，可形成合胞体、嗜酸性胞浆内包涵体。也可形成直径 0.5～4.0 mm 的空斑。

3. 致病性　为鸡新城疫的病原。按毒力大小可分为强毒型、中毒型、弱毒型三型。感染鸡有明显的呼吸道症状、循环系统障碍、胃肠道紊乱及神经症状。主要感染鸡和火鸡，鸭及鹅大多为隐性感染，近来在我国常对鹅严重致病，对鸽、鹦鹉等也能致病。

（九）狂犬病病毒(RV)

1. 分类地位　属弹状病毒科狂犬病病毒属。

2. 病毒特征　呈子弹形，大小为(130～380) nm×(50～90) nm。核衣壳中空，螺旋对称，直径 50 nm。基因组为单股负链 RNA。有囊膜，囊膜上有密布的棘状纤突，长 6～7 nm，具有免疫原性和血凝性。本病毒可在细胞、鸡胚、鸭胚上增殖，在胞浆中形成嗜酸性包涵体——内基氏小体，具有特征性。

3. 致病性　几乎所有的哺乳动物以及禽类都能感染。

（十）禽流感病毒（AIV）

1. 分类地位　属正黏病毒科甲型流感病毒属。

2. 病毒特征　多呈球形，直径 80～120 nm，核衣壳呈螺旋对称，外有囊膜，囊膜上有两种纤突，即血凝素（HA）和神经氨酸酶（NA）。基因组为线状单股负链 RNA，分 8 个长度不同的节段。在囊膜内层有一种基质蛋白（M），核酸外面有一层核蛋白（NP）。M 和 NP 决定病毒种特异性，可区分为甲、乙、丙型流感病毒。

根据病毒的 HA、NA 可将禽流感病毒分为 13 个 H 亚型和 9 个 N 亚型的多种组合。但除 H_5 和 H_7 株外，从野禽中分离的病毒常无致病性，而从家禽中分离得到的通常都有致病性。

3. 致病性　致病性差异很大。禽流感病毒中毒力最强的一株是“真性鸡瘟病毒”，现名高致病性禽流感（HPAI）。HPAI 可使鸡群的发病率和死亡率都高达 100%，对火鸡的感染力也很强，但对鸭、鹅、鸽等很少引起发病。

（十一）猪传染性胃肠炎病毒（TGEV）

1. 分类地位　属冠状病毒科冠状病毒属第一群。

2. 病毒特征　本病毒呈球状，直径 80～120 nm。有囊膜，衣壳螺旋对称，核酸为单股正链 RNA。有 3 种结构多肽。在 pH 3 时的稳定性因毒株而异，但在 pH 4～8 之间所有毒株均稳定。本病毒仅有一个血清型，与犬冠状病毒及猫传染性腹膜炎病毒有亲缘关系。

3. 致病性　各种年龄的猪均易感，以 2 周龄以内的新生仔猪最甚，致死率可达 100%。犬、猫、狐狸也可感染，但无临床症状。

（十二）猪呼吸与繁殖综合征病毒（PRRSV）

1. 分类地位　属动脉炎病毒科动脉炎病毒属。动脉炎病毒科仅动脉炎病毒属一属。过去归属于披膜病毒科，世界病毒命名委员会于 1999 年将其单独立科，并归入套式病毒目。

2. 病毒特征　病毒颗粒直径为 50～70 nm。核衣壳为二十面体对称，衣壳直径约 35 nm，有囊膜，囊膜有蜂窝样的表面结构。基因组为线状单股正链 RNA。

3. 致病性　目前病毒发现于许多国家的家猪及野猪，感染猪表现为厌食、发热、耳发绀、流涕等。母猪在怀孕 110 d 左右流产，死产、木乃伊胎，不死的猪崽十分衰弱，呼吸困难，在出生 1 周内半数死亡。成年猪也可有某些类似的症状。

（十三）口蹄疫病毒（FMDV）

1. 分类地位　微 RNA 病毒科有 230 多种成员，分 6 个属，口蹄疫病毒属是其中之一，而口蹄疫病毒是口蹄疫病毒属的唯一成员。

2. 病毒特征　球形，直径约 27 nm，无囊膜，衣壳二十面体对称，外表光滑呈球形。本病毒有 7 个血清型：O、A、C、SAT1（南非 1 型）、SAT2、SAT3 和 Asia 1（亚洲 1 型）。每个血清型又可进一步分为不同的亚型，目前已经有 70 个以上的亚型。

3. 致病性　除猪易感外，牛、羊等多种偶蹄动物也易感。此病的致病率很低，但感染率很高。烈性口蹄疫患畜死亡率稍高。人亦可感染，呈亚临床感染，可引起发热、食欲差及口、手、脚发生水疱。

(十四)猪瘟病毒(CSFV)

1. 分类地位　属黄病毒科瘟病毒属。

2. 病毒特征　病毒颗粒有囊膜。衣壳二十面体对称，单股 RNA，基本呈球形，直径 50～60 nm。本病毒只有一个血清型，但多年来发现有变异株。与牛病毒性腹泻病毒有共同抗原成分，在免疫扩散试验中本病毒产生 5 条沉淀带，其中有 3 条与牛病毒性腹泻病毒发生交叉。本病毒抵抗力较强，比较耐热，与甘油混合低温下可长期存活。对消毒剂敏感。对腐败亦敏感。

3. 致病性　不同品种、各年龄猪都易感，尤其是成年猪易感。

实训操作 3-3　新城疫病毒的鸡胚培养

一、实训目的和要求

掌握新城疫病毒的鸡胚接种方法；掌握新城疫病毒接种鸡胚后病毒收获方法。

二、实训材料和器械

9～11 日龄 SPF 或非免疫白壳鸡胚，新城疫弱毒疫苗，NDV 阳性血清，新鲜制备的 1%鸡红细胞悬液 50 mL，注射用青、链霉素，灭菌生理盐水，孵化箱，检蛋器，蛋架，研钵，钻孔钢锥，酒精灯，眼科镊子，注射器，洗耳球，适用的针头，试管，平皿，三角瓶，烧杯，消毒胶布，96 孔"V"形微量反应板，5～50 μL 微量可调移液器及吸头，市售石蜡或胶布等。

三、实训内容

1. 鸡胚的选择和孵育　将 1 日龄实验鸡胚置于温度为 37.5℃的孵化箱或恒温箱中培养，相对湿度为 45%～60%。孵育 3 d 后每天应翻蛋 2～3 次，以保证气体交换均匀，鸡胚发育正常。孵后第 4 天起用照蛋灯对鸡胚进行检视，发育良好的鸡胚血管明显可见，胚体可以活动。未受精鸡胚无血管，死亡鸡胚血管消散呈暗色且胚体固定一处不动。应及时弃去未受精和死亡的鸡胚。实验室接种用的鸡胚最小是 6 日龄，最大不超过 12 日龄，一般多用 9～11 日龄鸡胚(图 3-25)。

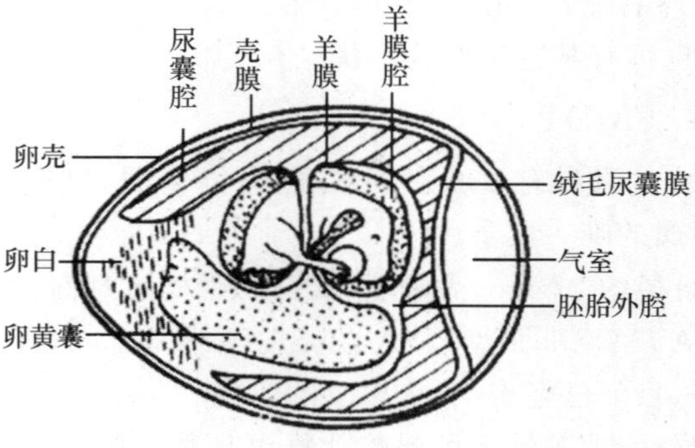

图 3-25　9～11 日龄鸡胚结构示意图

2. 接种前的准备

(1)病料的处理　取1.0～2.0 g疑似含NDV的鸡内脏组织病料，匀浆研磨后用生理盐水制成1∶10悬液，每毫升加入青霉素和链霉素各1 000～2 000 U，置4℃冰箱中处理4～8 h，以抑制可能污染的细菌，然后经2 000 r/min离心10 min，取上清液作为接种材料。

(2)照蛋　用铅笔标出气室位置，并在气室底边胚胎附近无大血管处标出接种部位。若要做卵黄囊接种或血管注射，还要画出相应部位。

(3)消毒　先后用碘酊和75%酒精棉球消毒准备接种部位的蛋壳表面。

3. 鸡胚接种　常用的鸡胚接种途径有尿囊腔、绒毛尿囊膜、羊膜腔、卵黄囊和静脉等。新城疫病毒多采用尿囊腔接种法。

选用9～11日龄发育良好的鸡胚，气室向上置于蛋架上，在所标记接种部位用经火焰消毒的钢锥钻一个小孔，注意要恰好使蛋壳打通而又不伤及壳膜。用1 mL注射器抽取接种物，与蛋壳呈30°角斜刺入小孔3～5 mm达尿囊腔内(图3-26第一种接种途径)，注入接种物。一般接种量为0.1～0.2 mL。注射后用熔化的石蜡或消毒胶布封闭注射小孔。气室朝上置于37℃温箱中孵育。另有一种接种方法是仅在距气室底边0.5 cm处打一小孔，由此孔进针注射接种物(图3-26第二种接种途径)。

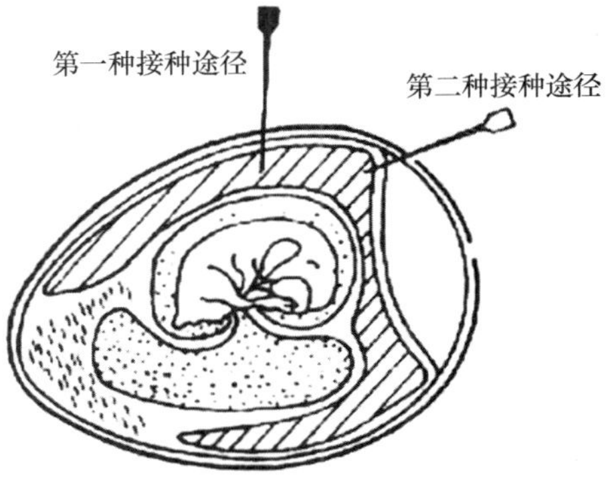

图3-26　尿囊腔接种的两种途径示意图

4. 接种后的检查　接种后每天检查3～4次。接种后24 h内死亡的鸡胚多数是由于鸡胚受损或污染细菌引起，一般弃去。

5. 鸡胚材料的收获　收获前应将鸡胚于4℃放置6 h或过夜，使血液凝固以免收获时流出的红细胞与尿囊液或羊水中的病毒发生凝集，影响实验结果。然后用碘酊、酒精消毒气室部蛋壳，去除蛋壳和壳膜，撕破绒毛尿囊膜而不破羊膜。用灭菌镊子轻轻按住胚胎，以灭菌吸管或注射器吸取尿囊液装入灭菌容器内，多时可收获5～8 mL。收集的液体应清亮，混浊往往表示有细菌污染，需做菌检。如有少量血液混入，可以1 500 r/min的速度离心10 min，重新收获上清液。

6. 病毒鉴定　对分离的可疑病毒材料可用血凝试验(HA)和血凝抑制试验(HI)加以鉴定。

7. 注意事项　病料处理、鸡胚接种、收获等，都应进行严格的无菌操作。

四、实训作业

简述鸡胚接种含有新城疫病毒的病料后，胚体的病变特征。

任务3-3　寄生虫检验技术

一、动物寄生虫病诊断技术

(一)观察临床症状

动物患寄生虫病，一般表现消瘦、贫血、黄疸、水肿、营养不良、发育受阻和消化障碍等慢性消耗性疾病的症状，虽不具有特异性，但可作为发现寄生虫病的参考。

（二）调查流行因素

调查寄生虫病的流行因素，了解发病情况，摸清寄生虫病的传播和流行动态，为确诊提供依据。

（三）尸体剖检

对患病畜禽进行死后剖检，观察其病理变化，寻找病原体，分析致病和死亡的原因，有助于正确诊断。

二、寄生虫实验室检验

（一）粪便虫卵和幼虫的检查

畜禽的许多寄生虫，特别是多数蠕虫，多寄生于宿主的消化系统或呼吸系统。虫卵或某一个发育阶段的虫体，常随宿主的粪便排出。因此，通过对粪便的检查，可发现某些寄生虫病的病原体。

1. 直接涂片法　吸取清洁常水或 50%甘油水溶液，滴于载玻片上，用小棍挑取少许被检新鲜粪便，与水滴混匀，除去粪渣后，加盖玻片，镜检吸虫、绦虫、线虫的虫卵或球虫的卵囊等。

2. 饱和溶液浮集法　适用于绦虫和线虫的虫卵及球虫卵囊的检查。在一杯水内放少许粪便，加入 1～20 倍的饱和食盐溶液，边搅拌边用两层纱布或细网筛将粪水过滤到另一圆柱状玻璃杯内，静置 20～30 min 后，用有柄的金属圈蘸取粪水液膜并抖落在载玻片上，加盖玻片镜检。

3. 反复洗涤沉淀法　适用于吸虫卵及棘头虫卵等的检查。取少许粪便，放在玻璃杯内，加 10 倍左右的清水，用玻棒充分搅匀，再用细网筛或纱布过滤到另一玻璃杯内，静置 10～20 min，将杯内的上层液吸去，再加清水，摇匀后，静置或离心，如此反复数次，待上层液透明时，弃去上层清液，吸取沉渣，涂片镜检。

4. 幼虫检查法　适用于随粪便排出的幼虫（如肺线虫）或各组织器官中幼虫的检查。将固定在漏斗架上的漏斗下端接一根橡皮管，把橡皮管下端接在一离心管上。将粪便等被检物放在漏斗的筛网内，再把 40℃的温水徐徐加至浸没粪便等物为止。静置 1～3 h 后，幼虫从粪便中游出，沉到管底。经离心沉淀后，镜检沉淀物寻找幼虫。

（二）螨虫检查

从患部刮取皮屑，将皮屑铺在黑纸上，微微加温，可见到螨虫在皮屑中爬动。为了判断螨虫是否存活，可将螨虫在油镜下观察，活虫体可见到其体内有淋巴液在流动。

（三）蛲虫卵检查

蛲虫卵产在肛门周围及其附近的皮肤上。检查时用一牛角药匙或边缘钝圆的小木铲蘸取 50%甘油水溶液，然后轻轻地在肛门周围皱褶、尾底部、会阴部皮肤上刮取污垢，直接涂片法镜检。

（四）免疫学诊断

免疫学诊断是利用寄生虫和机体之间产生抗原抗体的特异性反应而进行的，是寄生虫病生前诊断的重要辅助方法。目前常用的免疫学诊断方法主要有以下几种。

1. 皮内反应　用寄生虫的浸渍、提取物或囊液制成抗原，注射于动物皮内，过一定时间后，在注射部位出现边缘不整齐的丘疹，周围有红晕，表示阳性反应，这种反应在一定程度上有特异性，具有诊断意义。

2.沉淀反应　是寄生虫抗原与机体血清中相应的抗体结合产生沉淀的反应。

（1）环卵沉淀反应　本法用于日本血吸虫病的诊断。以干虫卵内毛蚴分泌物为抗原物质，与被检血清中相应抗体结合，在虫卵周围产生圆块状或飘带状沉淀物，根据沉淀物的大小、长度判断其强度，如牛血吸虫病其圆块状沉淀物＞虫卵面积的1/8判为阳性卵，飘带状沉淀物长度＞虫卵长径的1/3判为阳性卵，然后根据100个虫卵中有多少个阳性卵计算其环沉率。牛环沉率在2%以上，就判为阳性病牛。

（2）环状沉淀反应　用寄生虫成虫、虫卵、幼虫、囊液制成抗原，在毛细管内与被检血清中抗体结合形成白色环状沉淀。用于诊断日本血吸虫病、猪囊尾蚴病、旋毛虫病等。

（3）琼脂扩散沉淀反应　在琼脂中将抗原与被检血清隔离，二者在琼脂中扩散相遇而形成一条白色沉淀带。此法可用于诊断马媾疫、牛皮蝇蛆病。

3.凝集反应　是寄生虫抗原与宿主机体内的相应抗体发生凝集的反应。

（1）试管凝集反应　在试管内先加入被检血清，再加入抗原发生凝集反应。此法用于诊断锥虫病、边虫病。

（2）毛细管凝集反应　用毛细管现象先吸入抗原，再吸入被检血清，直立于胶泥板上观察凝集反应。此法以边虫颗粒为抗原，用于诊断边虫病。

（3）间接红细胞凝集反应　先用抗原致敏绵羊红细胞，再将该红细胞与被检血清相混而发生凝集反应。此法可用于诊断弓形虫病、锥虫病、猪囊尾蚴病、猪蛔虫病、牛皮蝇蛆病等。

（4）乳胶凝集反应　先用抗原敏化乳胶，再将该乳胶与被检血清相混而发生凝集反应。用于诊断锥虫病、囊尾蚴病、棘球蚴病。

4.补体结合反应　此法用原虫及其培养物、蠕虫浸出物为抗原，诊断锥虫病、弓形虫病、血孢子虫病、旋毛虫病、猪肺线虫病等。

5.免疫荧光抗体反应　抗原用荧光素标记后与抗体反应，在荧光显微镜下观察抗原抗体荧光反应。可用于诊断日本血吸虫病、旋毛虫病、棘球蚴病、牛双芽巴贝斯虫病、环形泰勒虫病等。

实训操作3-4　蠕虫幼虫的检查

一、实训目的和要求

掌握蠕虫幼虫的检查方法及步骤。

二、实训材料和器械

1.器械　普通光学显微镜、电热恒温培养箱、载玻片、盖玻片、培养皿、大烧杯（搪瓷杯）、三角烧瓶、吸管、试管、玻璃管、贝尔曼氏装置、镊子、酒精灯、天平等。

2.动物　受检样品。

3.试剂　生理盐水、卢戈氏碘液等。

三、实训内容

1. 幼虫培养法

(1)取新鲜粪便适量，弄碎置培养皿中央堆成半球状，顶部略高出平皿边缘。

(2)在培养皿内边缘加水少许，加盖，使粪与培养皿盖顶部接触。

(3)放入 25～30℃的恒温箱内培养或在此室温下培养。

(4)每日观察粪便是否干燥，要保持适宜的湿度。

(5)经 7～15 d，多数虫卵即可发育为第 3 期幼虫，爬到培养皿的盖上或四周。

(6)翻转培养皿盖，用吸管吸取少量生理盐水将幼虫冲洗下。

(7)将幼虫吸出置于载玻片上，加盖玻片镜检，或用贝尔曼氏装置收集幼虫镜检。

(8) 在载玻片上滴加卢戈氏碘液进行镜检观察。

(9)注意事项：该法主要用于研究蠕虫卵或幼虫的生物学特性，根据幼虫形态加以鉴别。另外，人工感染试验时，也常用幼虫培养技术，培养皿内须预先放好培养基。对于吸虫卵、绦虫卵和大多数线虫卵，可用水或生理盐水做培养基。最好的培养基是灭菌的粪便或粪汁，尤以后者为佳。

2. 贝尔曼氏幼虫分离法　用贝尔曼氏装置(图 3-27)。

(1)取受检材料 15～20 g 放在漏斗内的粪筛上。

(2)通过漏斗加入 40℃温水至淹没粪便为止。

(3)静置 1～3 h，取下小试管。

(4)吸弃上清液，吸取管底沉淀物，滴于载玻片上，加盖玻片镜检。

(5)注意事项：主要用于从粪便培养物中分离第 3 期幼虫或从被检畜禽的某些组织分离幼虫；如果检查组织器官材料，应尽量撕碎，但检查粪便时，则将完整粪球放入漏斗内的金属筛上，不必弄碎，以免渣子落入小试管底部，镜检时不易观察；加入的温水必须充满整个小试管和乳胶管，并使其浸泡住被检材料(使水不致流出为止)，中间不得有气泡或空隙。

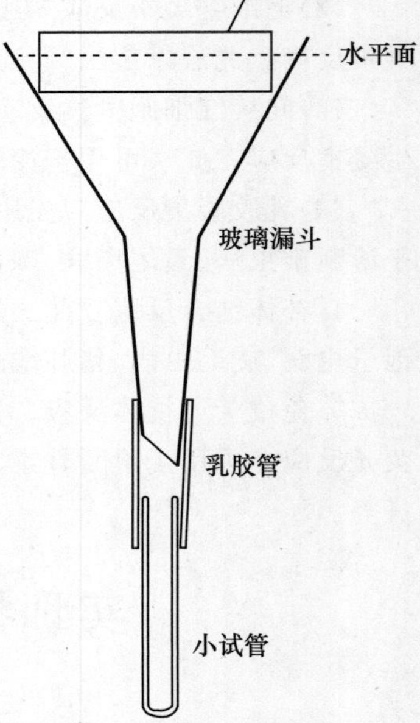

图 3-27　贝尔曼氏装置

3. 平皿幼虫分离法

(1)取粪球 3～10 个。

(2)置于表面皿或平皿内。

(3)加入少量 40℃温水。

(4)经 10～15 min 后移去粪球。

(5)吸取皿内液体滴于载玻片上，加盖玻片镜检。

(6)注意事项：平皿法特别适用于球状粪便的检查；为了静态观察幼虫形态构造，可用酒精灯加热或滴入少量卢戈氏碘液，使幼虫很快死亡，并染成棕黄色。

4. 毛蚴孵化法

(1)取新鲜粪便 100g，置 1 000 mL 烧杯中捣碎。

(2)加水约 500 mL，搅拌均匀，用 40～60 目粪筛过滤至另一个烧杯内。

(3)加水至九成满，静置沉淀 30 min。倾去上层液，再加清水搅匀，沉淀 20 min。如此反复操作 3～4 次。

(4)倾去上清液，粪便沉渣加 30℃的温水置于三角烧瓶中，瓶口用中央插有玻璃管的胶塞塞上或用搪瓷杯加硬纸片盖上倒插试管的办法，瓶内的水量以至瓶口(杯)2 cm 处为宜，且玻璃管或试管中必须有一段露出的水柱(图 3-28)。

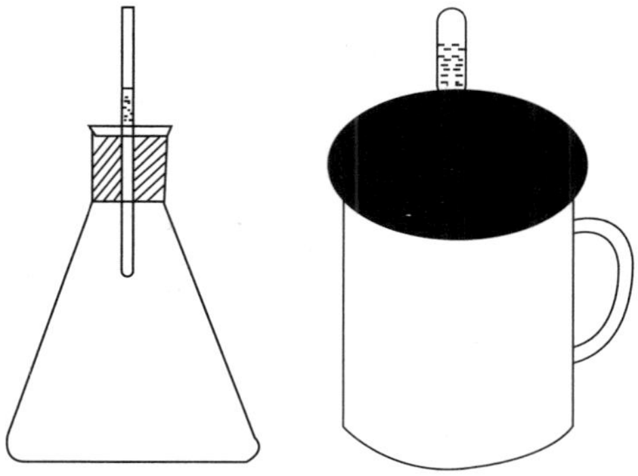

图 3-28　毛蚴孵化法装置示意图

(5)放入 25～35℃温箱中孵化。

(6)30 min 后开始观察水柱内是否有毛蚴。如没有，以后每隔 1 h 观察 1 次，共观察数次。任何一次发现毛蚴，即可停止观察。

(7)注意事项：毛蚴孵化法为诊断血吸虫病的专用方法。将含有血吸虫卵的粪便在适宜的温度条件下进行孵化，等毛蚴从虫卵内孵出来后，借着向上、向光、向清的特性，进行观察，做出诊断；应在光线明亮处，衬以黑色背景用肉眼观察，必要时可借助于放大镜；受检样品务必新鲜，不可触地污染；气温高时毛蚴孵出迅速，因此，在淘洗粪便时应严格掌握换水时间，以免倾去毛蚴而出现假阴性结果；孵化用水一定要清洁，自来水需放置过夜脱氯后使用；所有与粪便接触过的用具，需清洗消毒后再用。

四、实训作业

撰写实习报告，画出不同方法检查观察到的蠕虫幼虫的形态和特点。

任务 3-4　血清学检验技术

抗原抗体反应是指抗原与相应抗体之间所发生的特异性结合反应。可发生于体内，也可发生于体外。体外反应则根据抗原的物理性状、抗体的类型及参与反应的介质不同，可出现凝集反应、沉淀反应、补体参与的反应及中和反应等各种不同的反应类型。因抗体主要存在于血清中，在抗原或抗体的检测中多采用血清做试验，所以体外抗原抗体反应亦称为血清学反应。

一、影响血清学反应的因素

1. 电解质　抗原与抗体发生特异性结合后，虽由亲水胶体变为疏水胶体，若溶液中无电解质参加，仍不出现可见反应。为了促使沉淀物或凝集物形成，常用 0.85%氯化钠或各种缓冲液作为抗原及抗体的稀释液，有时也可使用其他缓冲系统。

2. 酸碱度　抗原抗体反应必须在合适的 pH 环境中进行。

3. 温度　在一定范围内，温度升高可加速分子运动，反应加速；但若温度高于 56℃，可导致已结合的抗原抗体再解离，甚至变性或破坏；常用的抗原抗体反应温度为 37℃。

4. 振荡　适当振荡也可促进抗原抗体分子的接触，加速反应，但剧烈的振荡也会导致抗原抗体复合物解离。

二、血清学反应的应用

（一）抗原或抗体的定性检测

1. 检测抗体　可用作评价人和动物免疫功能的指标，也可用于疾病的诊断。

2. 检测抗原

（1）用于临床传染病诊断，微生物的分类及鉴定，菌苗、疫苗的研究等。

（2）生物体内各种大分子物质检测。

（3）人和动物细胞表面分子检测。

（4）各种半抗原物质检测。

（二）抗原的定位检测

免疫组化。

（三）抗原或抗体的定量检测

（1）根据免疫复合物的量来推算样品中抗原（或抗体）的量。

（2）抗原或抗体效价滴定。

（3）免疫组化技术对抗原的定量检测。

三、凝集反应

细菌和红细胞等颗粒性抗原与相应抗体结合后，在有适当的电解质存在的情况下，抗原颗粒相互凝集成肉眼可见的凝集块，称为凝集现象或凝集反应。可分为直接凝集反应和间接凝集反应两大类。

（一）直接凝集反应

将颗粒性抗原直接与相应抗体反应出现肉眼可见的凝集块现象，称为直接凝集反应。常用的凝集试验有玻片凝集试验和试管凝集试验。

玻片凝集试验：玻片凝集试验为定性试验方法，一般用已知抗体作为诊断血清，与受检颗粒抗原如菌液或红细胞悬液各加一滴在玻片上，混匀，数分钟后即可用肉眼观察凝集结果，出现颗粒凝集的为阳性反应（图 3-29）。此法简便、快速，适用于从患病动物标本中分离得到的菌种诊断或分型。

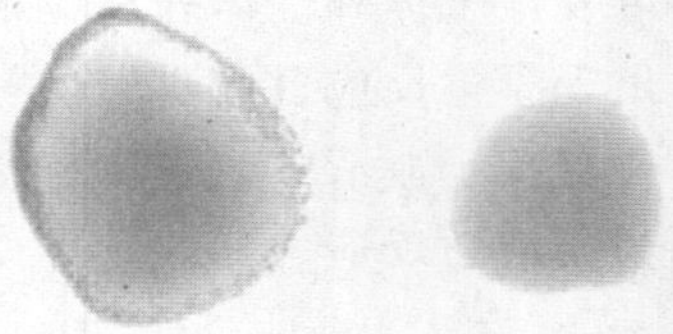

图 3-29　布鲁氏菌病虎红玻板凝集图

试管凝集试验：试管凝集试验为半定量试验方法，在微生物学检验中常用已知细菌作为抗原液与一系列稀释的受检血清混合，保温后观察每管内抗原凝集程度，通常以产生明显凝集现象的最高稀释度作为血清中抗体的效价，亦称为滴度。

（二）间接凝集反应

将可溶性抗原（或抗体）先吸附于适当大小的颗粒性载体的表面，然后与相应抗体（或抗原）作用，在适宜的电解质存在的条件下，出现特异性凝集现象，称间接凝集反应或被动凝集反应，其特点是微量、快速、操作简便、无需特殊设备，因此被广泛应用于临床检验。

1. 正向间接凝集反应　用抗原致敏载体以检测标本中的相应抗体（图 3-30）。

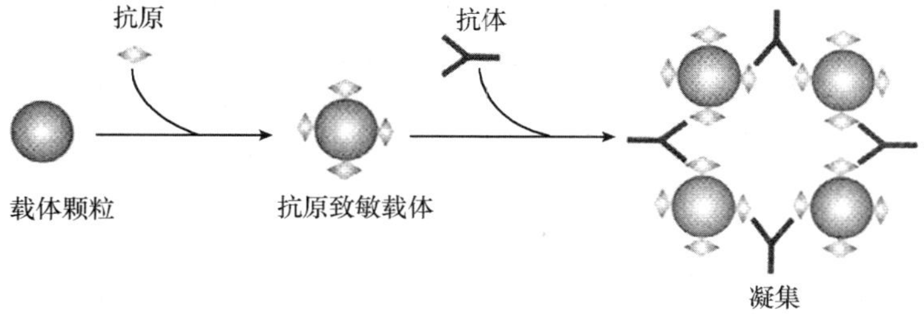

图 3-30　正向间接凝集反应原理示意图

2.反向间接凝集反应　用特异性抗体致敏载体以检测标本中的相应抗原(图 3-31)。

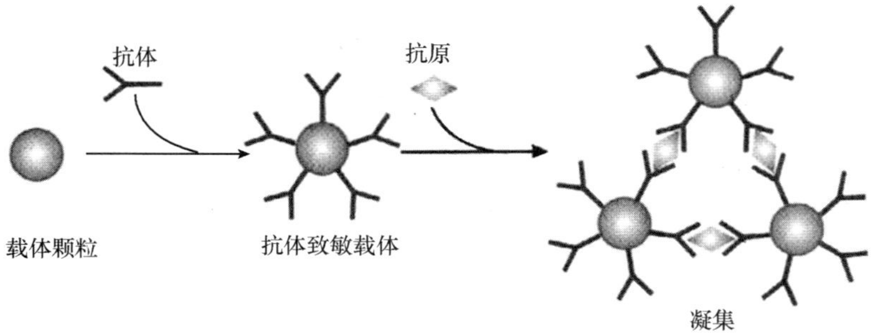

图 3-31　反向间接凝集反应原理示意图

3.间接凝集抑制反应　将标本先与抗体试剂作用,然后加入用抗原致敏的载体,若出现凝集现象,说明标本中不存在相同抗原,抗体试剂未被结合,因此仍与载体上的抗原起作用。如标本中存在相同抗原,则凝集反应被抑制(图 3-32)。

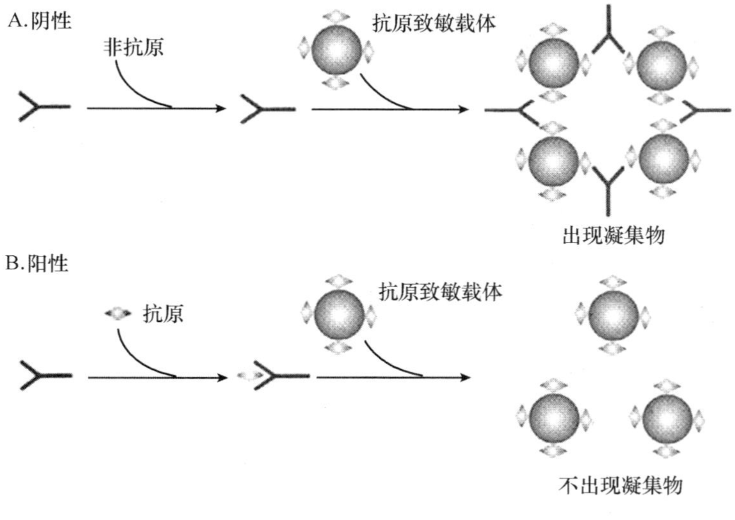

图 3-32　间接凝集抑制反应原理示意图

如用抗体致敏的载体及相应的抗原作为诊断试剂，以检测标本中的抗体，此时称反向间接凝集抑制反应。

4. 协同凝集反应　协同凝集反应所用载体是一种金黄色葡萄球菌。通过葡萄球菌 A 蛋白(SPA)与 IgG 的 Fc 段结合的特性，将其与 IgG 抗体(Ab)连接，成为抗体致敏的颗粒载体，用其检测相应的可溶性抗原，称为协同凝集反应(图 3-33)。

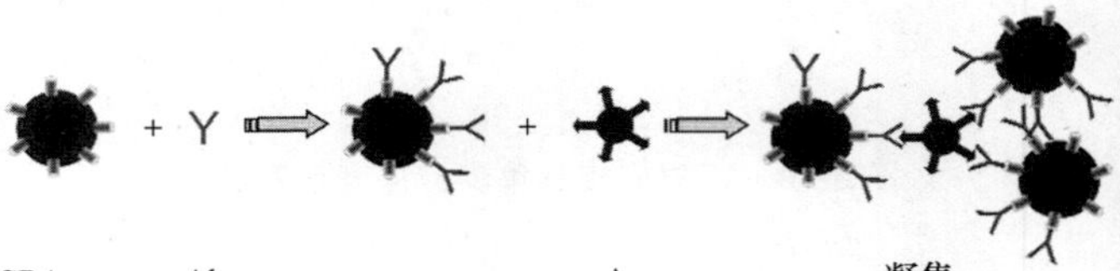

图 3-33　协同凝集反应原理示意图

5. 胶乳凝集试验　胶乳凝集试验是用聚苯乙烯胶乳为载体，制备成具有化学活性基团的颗粒，抗原或抗体以共价键交联在胶乳表面，可用于检测相应的抗体或抗原。这种用交联致敏的胶乳试剂性能稳定，保存期长。

四、沉淀反应

沉淀反应是可溶性抗原与相应抗体特异性结合，在适量的电解质存在下，形成肉眼可见的沉淀物，称为沉淀反应。

(一)液体内沉淀试验

1. 絮状沉淀试验　将抗原与抗体溶液混合在一起，在电解质存在下，抗原与抗体结合，形成絮状沉淀物。

2. 环状沉淀试验　环状沉淀试验是 Ascoli 于 1902 年建立的：先将抗血清加入内径 1.5～2 mm 小玻管中，约装 1/3 高度，再沿管壁叠加抗原溶液，交界处形成界面。在室温放置 10 min 至数小时反应，在两液交界处呈现白色环状沉淀则为阳性反应。

(二)凝胶内沉淀试验

最常用的凝胶为琼脂糖。该试验利用可溶性抗原和相应抗体在凝胶中扩散，形成浓度梯度，在抗原与抗体浓度比例恰当的位置形成肉眼可见的沉淀线或沉淀环。

1. 单向扩散试验　在琼脂糖凝胶中混入一定量抗体，使待测的抗原溶液从局部向琼脂内自由扩散，在一定区域内形成可见的沉淀环。可分为试管法和平板法两种。

2. 双向扩散试验　在琼脂板上相距 3～5 mm 打一对孔，或者梅花孔、三角孔等。在相对的孔中加入抗原或抗体，置 37℃ 反应 18～24 h，凝胶中各自扩散的抗原和抗体可在浓度比例适当处形成可见的沉淀线。

用于抗原性质的分析：三种情况在双向扩散中表现的基本图形见图 3-34。

图 3-34 上图中两种受检抗原具有完全相同的抗原决定簇(Ag-1)，与相应抗体 Ab-1 形成一个完全融合的沉淀线；中图中抗体为多价(Ab-1、2、4)，两种抗原完全不同(Ag-1 和 Ag-2、4)，则与各自抗体形成的沉淀线相互交叉；下图的抗体为双价(Ab-1、2)，两种抗原(Ag-1 和 Ag-1、2)皆有相同的 1 表位，又有不同的 2 表位，所以沉淀线呈部分融合的形状。

用于抗体效价的滴定：双向扩散技术是抗血清抗体效价滴定的常规方法。

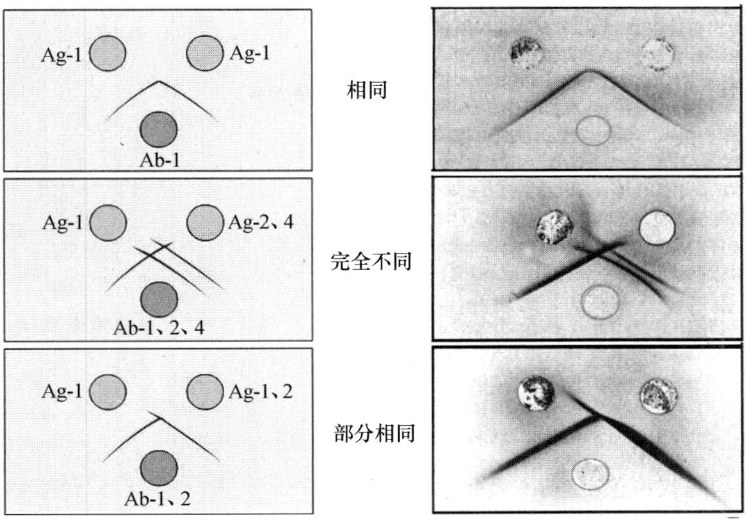

图 3-34　双向扩散试验的三种结果

（三）免疫电泳技术

1. 免疫电泳　免疫电泳为区带电泳与免疫双向扩散的结合，方法是先利用区带电泳技术将不同电荷和分子量的蛋白抗原在琼脂内分离开，然后与电泳方向平行在两侧开槽，加入抗血清。置室温或 37℃ 使两者扩散，各区带蛋白在相应位置与抗体反应形成弧形沉淀线（图 3-35）。

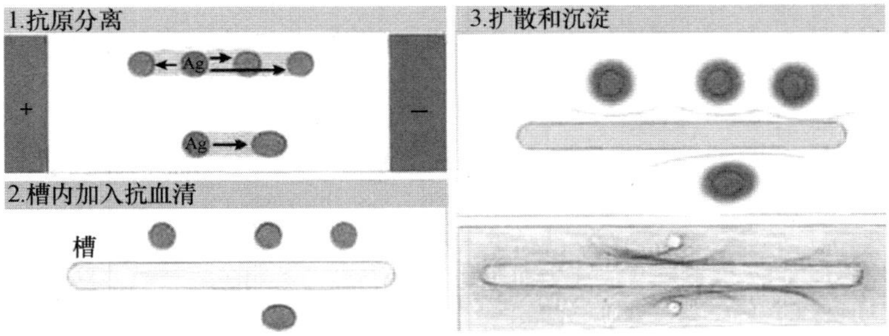

图 3-35　免疫电泳技术示意图

2. 对流免疫电泳　对流免疫电泳实质上是定向加速度的免疫双向扩散技术，其基本原理是：在琼脂板上打两排孔，左侧各孔加入待测抗原，右侧孔内放入相应抗体，抗原在阴极侧，抗体在阳极侧。通电后，带负电荷的抗原泳向阳极抗体侧，而抗体借电渗作用流向阴极抗原侧，在两者之间或抗体的另一侧形成沉淀线（图 3-36）。

3. 火箭免疫电泳　在含抗体的琼脂板一端打一排抗原孔；加入待测标本后，将抗原置阴极端，用横距 2～3 mA/cm 的电流进行电泳。抗原泳向阳极，在抗原抗体比例恰当处发生结合沉淀。随着泳动抗原的减少，沉淀逐渐减少，形成峰状的沉淀区，状似火箭。抗体浓度保持不变，峰的高度与抗原含量成正比，可用于检测标本中的抗原含量（图 3-37）。

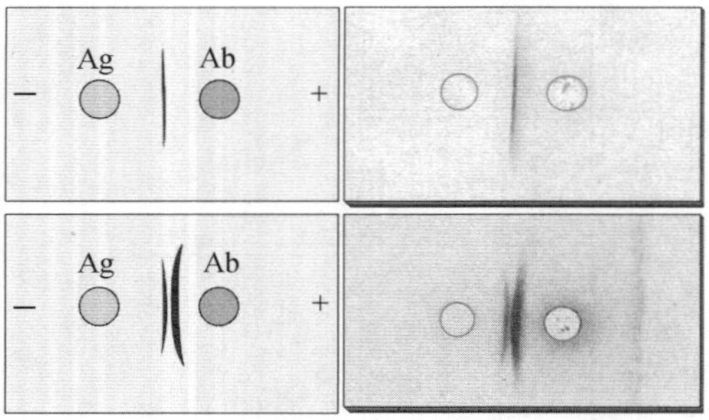

图 3-36　对流免疫电泳技术示意图

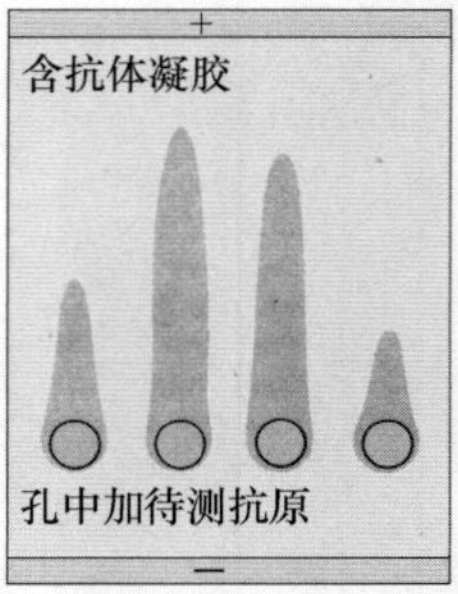

图 3-37　火箭免疫电泳技术示意图

五、免疫标记技术

免疫标记技术是指用荧光素、酶、放射性同位素、SPA、胶体金等作示踪物，对抗体或抗原标记后进行的抗原抗体反应，并借助于荧光显微镜、射线测定仪、酶标检测仪等精密仪器，对试验结果直接镜检观察或进行自动化测定。

（一）酶免疫技术

酶免疫技术以酶标记的抗体或抗原为主要试剂，是免疫标记技术的一种。这里介绍一下最常用的酶联免疫吸附试验（ELISA）的原理和类型。

1. 基本原理　使抗原或抗体结合到固相载体表面；使抗体或抗原与某种酶连接成酶标抗体或抗原；测定时使受检标本和酶标抗原或抗体按不同的步骤与固相载体表面的抗原或抗体起反应。用洗涤的方法使固相载体上抗原抗体复合物与其他物质分开，最后结合在固相载体上的酶量与标本中受检物质的量成一定的比例。加入酶底物后显色，根据颜色反应的深浅来定性或定量分析（图 3-38）。

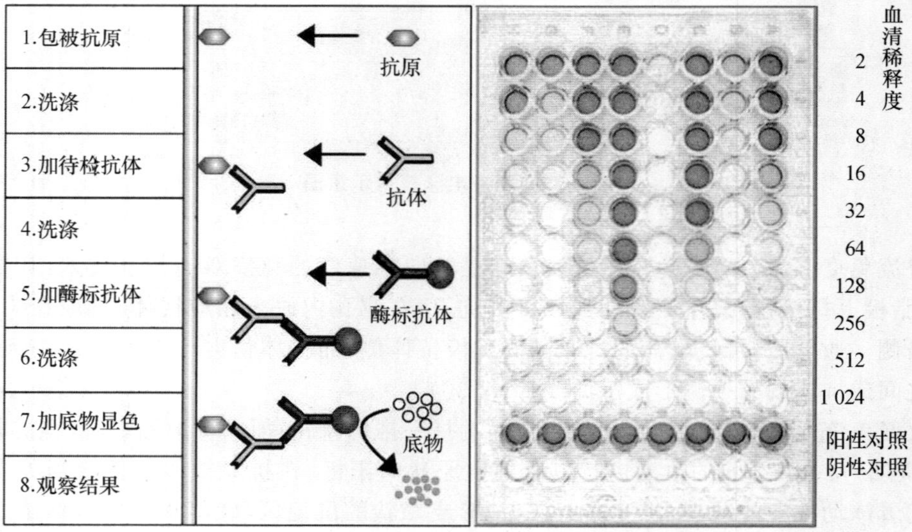

图 3-38　ELISA 试验反应原理示意图

2.方法类型和操作步骤　ELISA可用于测定抗原,也可用于测定抗体。在这种测定方法中有3种必要的试剂:①固相的抗原或抗体;②酶标记的抗原或抗体;③酶作用的底物。

根据试剂的来源和标本的性状,可设计出各种不同类型的检测方法。

双抗体夹心法:是检测抗原最常用的方法(图3-39)。

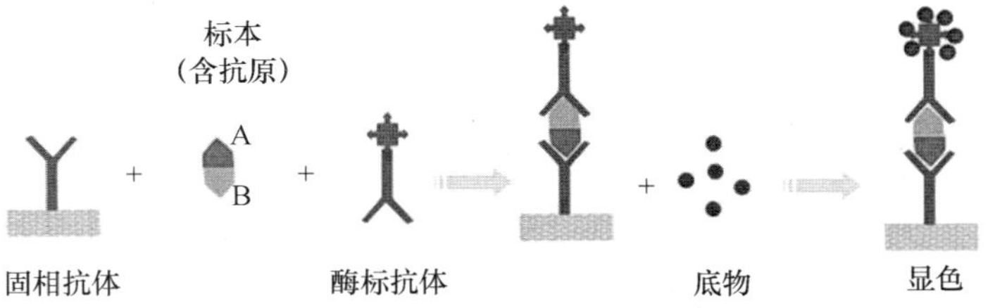

图3-39　双抗体夹心法测抗原示意图

间接法:是检测抗体最常用的方法,其原理为利用酶标二抗以检测已与固相结合的受检抗体,故称为间接法(图3-40)。

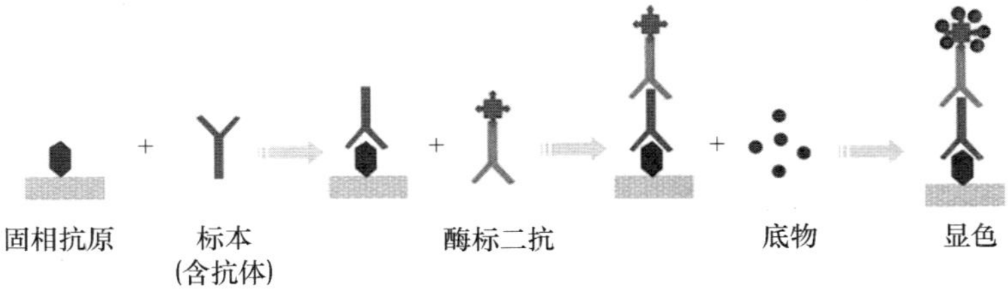

图3-40　间接法测抗体示意图

竞争法:可用于测定抗原,也可用于测定抗体。以测定抗原为例,受检抗原和酶标抗原竞争与固相抗体结合,结合于固相抗体的酶标抗原量与受检抗原的量成反比(图3-41)。

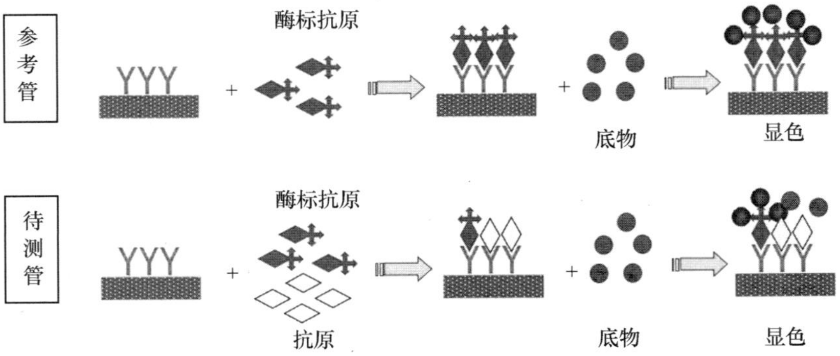

图3-41　竞争法测抗原示意图

(二)放射免疫分析

放射免疫分析(RIA)是以放射性核素为标记物的标记免疫分析法,用于定量测定受检标本中的抗原。

(三)荧光免疫技术

以荧光物质标记抗体而进行抗原定位的技术称为荧光抗体技术。

(四)发光免疫技术

发光免疫技术是将发光系统与免疫反应相结合,以检测抗原或抗体的方法。

(五)胶体金免疫技术

胶体金免疫技术的特点是以胶体金作为标记物。

实训操作 3-5　凝集试验检测布鲁氏菌病抗体技术

一、实训目的和要求

掌握布鲁氏菌抗体凝集试验虎红玻板法、试管法的操作方法;掌握布鲁氏菌抗体凝集试验结果判定及记录方法。

二、实训材料和器械

1.药品　布鲁氏菌玻板凝集抗原、布鲁氏菌试管凝集抗原、布鲁氏菌标准阳性和阴性血清、待检动物血清等。

2.器械　玻板,1 mL、5 mL 和 10 mL 吸管,一次性注射器,灭菌小试管(凝集管),洗耳球,恒温培养箱,试管架等。

三、实训内容

1.虎红平板凝集试验　取被检血清和虎红平板抗原各 0.03 mL,滴加于玻板上,混匀,在 4～10 min 内出现任何程度凝集者即为阳性反应。同时设立阳性、阴性血清和抗原对照。

2.试管凝集反应

(1)待检血清一般取 1∶25、1∶50、1∶100、1∶200 四个稀释度。

(2)每份血清用 4 支试管,另取 3 支对照管,共 7 支试管,置试管架上。如待检血清多时,对照只需做一份。

(3)按照表 3-3 加入 0.5%石炭酸生理盐水,然后用 1 mL 吸管吸取被检血清 0.2 mL,加入 1 号管中,并反复吹吸 3 次将血清与管中生理盐水充分混匀,吸出 1.5 mL 弃去,再吸出 0.5 mL 加入 2 号管,如前面用吹吸法将管中液体混匀后,吸出 0.5 mL 加入 3 号管,依此类推至 4 号管,混匀后弃去 0.5 mL。5 号管不加待检血清,6 号管加 1∶25 稀释的布鲁氏菌阳性血清 0.5 mL,7 号管加 1∶25 稀释的阴性血清 0.5 mL。

(4)每管各加入 0.5%石炭酸生理盐水稀释 20 倍的布鲁氏菌抗原 0.5 mL。

(5)在各管加毕抗原后,将 7 支试管同时充分混匀,置 37℃温箱中反应 24 h。

(6)结果判定:根据管中液体的清亮程度和管底沉淀物的形成予以判定。

#:液体完全透明,底部形成伞状沉淀,振荡时沉淀物呈片状,即 100%菌体被凝集。

+++:液体略呈混浊,菌体大部分凝集于管底,振荡时呈絮状,即 75%菌体被凝集。

++:液体不甚透明,管底有明显的凝集沉淀,即 50%菌体被凝集。

＋：液体透明度不显，有不甚显著的沉淀或仅有沉淀的痕迹，即 25％菌体被凝集。

－：液体不透明，管底无凝集，即菌体不被凝集。

判定标准：引起抗原完全凝集的血清最大稀释倍数为该血清样品的凝集价。牛、马和骆驼凝集价＞1∶100 判定为阳性，＝1∶50 为可疑，猪、山羊、绵羊和犬凝集价＞1∶50 为阳性，＝1∶25 为可疑。

表 3-3　布鲁氏菌试管凝集反应加样程序

项目	1 号管	2 号管	3 号管	4 号管	5 号管	6 号管	7 号管
	1∶25	1∶50	1∶100	1∶200	抗原对照	阳性血清	阴性血清
0.5％石炭酸生理盐水	2.3	0.5	0.5	0.5	0.5	—	—
待检血清	0.2	0.5	0.5	0.5	—	0.5	0.5
		弃去 1.5			弃去 0.5		
抗原	0.5	0.5	0.5	0.5	0.5	0.5	0.5

3. 注意事项

(1)布鲁氏菌病是人畜共患病，因此在进行活菌试验时，应严格遵守个人防护规则。

(2)用作本试验的待检血清必须是新鲜的。

(3)不能凭某一试验结果判定畜群的布鲁氏菌病阳性，而要进行必要的其他血清学和细菌学检查，再与畜群情况及临床检查相结合进行综合判断。

四、实训作业

1. 记录玻板凝集试验和试管凝集试验的结果，并判定其凝集价。
2. 分析玻板凝集试验和试管凝集试验用于检测布鲁氏菌病的理论依据。
3. 分析有些实验小组试管凝集试验结果出现跳孔现象的原因。

【自测训练】

一、选择题

1. 细菌性血液病料采集中下列操作错误的是(　　)。

A. 采集后立即加入抗生素　　B. 应在动物发病未用抗生素前采集

C. 血液脱纤或加抗凝剂　　D. 采集后应立即冷藏送检或冷冻保存

2. 病毒性血液病料采集中下列操作错误的是(　　)。

A. 采集后立即加入抗生素　　B. 应在动物发病初期发烧时采集

C. 可加入枸橼酸钠作为抗凝剂　　D. 采集后应立即冷藏送检或冷冻保存

3. 血清学检验病料采集中下列操作错误的是(　　)。

A. 一般需采集两份　　B. 一般空腹采血较好

C. 可加入枸橼酸钠作为抗凝剂　　D. 采集后不可反复冻融

4. 组织病料采集做法错误的是(　　)。

A. 无菌采集　　B. 尸体腐烂后仍采集肝脏等病料

C. 尸体腐烂后采集骨髓分离细菌　　D. 病毒性病料采集后需加入抗生素

5. 下列不能作为病料采集的是(　　)。

A. 病变的皮肤　　B. 流产的胎儿

C. 死亡动物的肠内容物　　D. 病禽鲜艳的羽毛

二、问答题

1. 什么叫培养基？有哪些类型？制备培养基的基本要求是什么？

2. 制备培养基的一般程序有哪些？应注意什么问题？

3. 病毒的人工培养方法有哪些？

模块二　动物疾病诊断技术

项目 4　动物疾病临床诊断
项目 5　动物病理剖检
项目 6　动物疾病实验室诊断
项目 7　动物疾病影像诊断

项目 4　动物疾病临床诊断

【知识目标】

- 掌握动物疾病问诊、视诊、触诊、叩诊、听诊、嗅诊的基本原理；
- 掌握动物正常的生理指标；
- 掌握动物各系统检查的方法及病理意义。

【能力目标】

- 会对常见动物进行保定；
- 会对动物全身状况、被毛、皮肤、可视黏膜、体温等进行检测；
- 熟悉动物各系统检查的基本技术。

任务 4-1　临床检查的基本方法与程序

一、临床诊断的基本知识

临床诊断是对患病动物的疾病本质所做出的判断，就是根据医学理论和临床经验，问诊、体格检查、实验室检验、特殊检验及病理剖检的结果，通过分析、综合、推理对疾病的本质做出判断。

临床诊断的基本过程可大致分为三个阶段：①调查病史、检查病畜、收集症状资料；②将获得的症状资料进行综合、分析；③初步诊断结果正确与否，需通过防治实践检验。

二、临床基本检查方法与程序

（一）问诊

问诊是向畜主或饲养管理人员调查了解动物或动物群体发病情况和经过的方法，是临床基本检查方法中最为常用的一种检查方法。

问诊内容：主要包括现病史、既往病史、饲养管理及使役情况等几个方面。

现病史，主要询问以下五个方面的内容：①发病时间；②病后表现；③诊治情况；④畜主所能估计到的致病原因；⑤畜（禽）群发病情况。

既往病史，一是询问是否发生过类似疾病，其经过和结局如何；二是询问预防接种的内容和实施时间、方法、效果。

（二）视诊

视诊是用肉眼或借助于简单器械观察病畜（禽）异常表现的方法。

1. 视诊方法　分为个体视诊和群体视诊两种方法。

（1）个体视诊　检查者应与动物保持适当的距离，先观察全貌，而后由前向后，从左到右，观察头、颈、胸、腹、脊柱、四肢。当至正后方时，应注意尾、肛门及会阴部，并对照观察动物的两侧胸、腹部及臀部的状态和对称性，再从右侧到前方（图 4-1）。

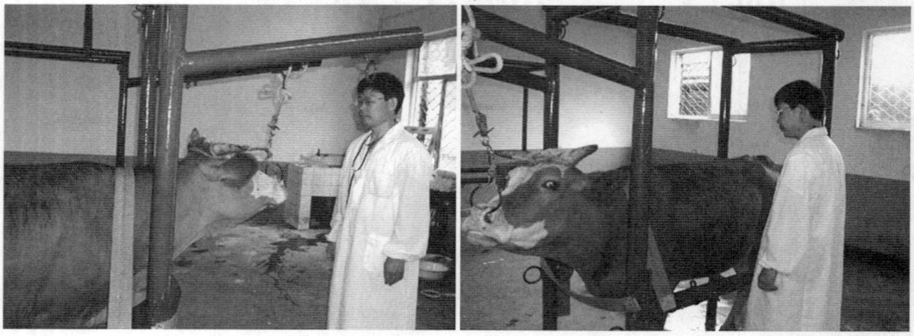

图 4-1 视诊

（2）群体视诊 深入动物群中进行巡视，注意发现有无精神沉郁、卧地不动、饮食异常、腹泻、咳嗽、气喘、被毛粗乱无光、消瘦衰弱的动物，从群中挑出做进一步的检查。

2. 视诊内容 包括：①整体状态、被毛皮肤状态、可视黏膜状态；②某些生理活动状态；③动物分泌物和排泄物的物理性状。视诊最好在自然光照的宽敞场所进行；对动物一般不需要保定，使其保持自然状态。

（三）触诊

触诊是用手或借助于检查器具对被检部位的组织、器官进行触压和感觉，以判断其有无病理变化的方法。

1. 触诊方法 分为外部触诊法和内部触诊法。

（1）外部触诊法 又分为浅表触诊法和深部触诊法。

浅表触诊法：可用来检查躯体浅表组织器官（图 4-2A）。

深部触诊法：从外部检查内脏器官的位置、形状、大小、活动性、内容物及压痛等的方法（图 4-2B）。

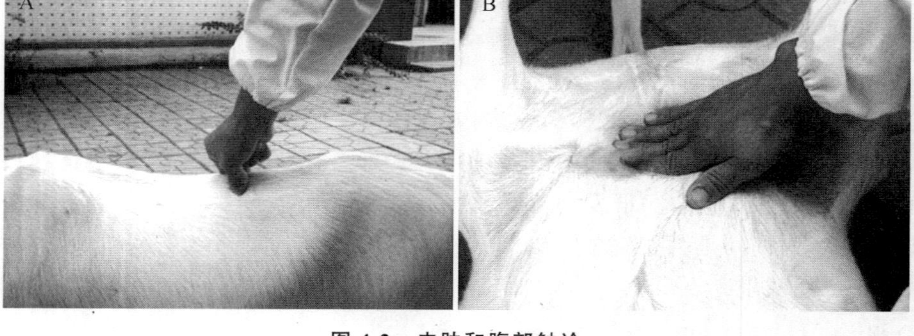

图 4-2 皮肤和腹部触诊

（2）内部触诊法 包括大家畜的直肠检查以及对食道、尿道等器官的探诊检查等。

2. 应用范围 包括：①检查动物体表状态；②检查动物某一部位的感受能力及敏感性；

③感知某些器官的活动情况；④检查腹腔内器官的位置、大小、形状及内容物状态等。

3. 触感　由于触诊部位组织、器官的状态及病理变化不同，可产生下列几种触感：①捏粉样感；②波动感；③坚实感；④硬固感；⑤气肿感。

（四）叩诊

叩诊是叩击动物体表某一部位，使之发生振动，产生声音，根据所产生音响的特性来推断被检组织、器官的状态及病理变化的检查方法。

1. 叩诊方法　分为直接叩诊法和间接叩诊法。

（1）直接叩诊法　是用手指或叩诊槌直接叩击被检部位，判断病理变化的方法。

（2）间接叩诊法　是在被检部位先放一振动能力较强的附加物，而后向附加物叩击的检查方法。又可分为指指叩诊法和槌板叩诊法。

指指叩诊法：将左手食指、中指平放于被检部位，右手中指或食指的第二指关节处呈 90°屈曲，以腕力垂直叩击平放于体表手指第二指节处的方法（图 4-3）。适用于中、小动物叩诊检查。

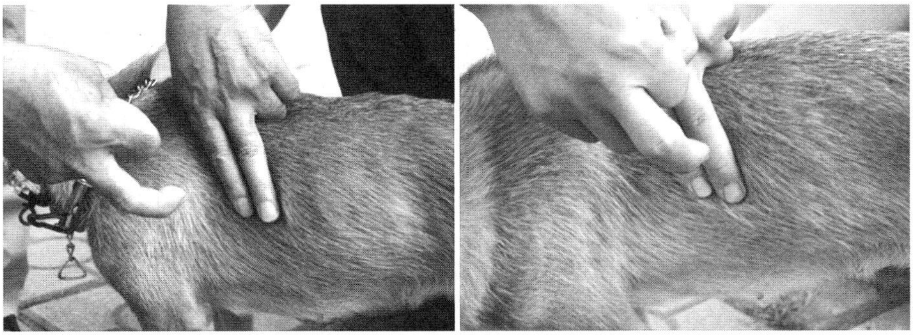

图 4-3　指指叩诊法

槌板叩诊法：以左手持叩诊板，平放于被检部位，用右手持叩诊槌，以腕力垂直叩击叩诊板的方法（图 4-4）。适用于大家畜叩诊检查。

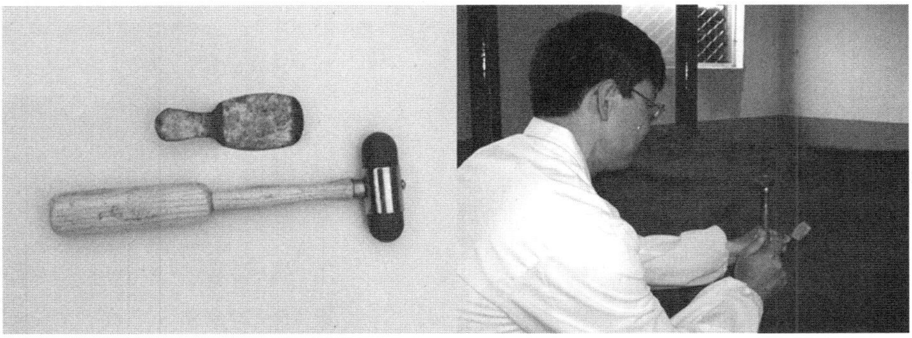

图 4-4　槌板叩诊法

2. 应用范围　用于胸、肺部及心脏、副鼻窦、腹腔器官的检查。

3. 叩诊音　①浊音；②半浊音；③清音；④鼓音。

(五)听诊

听诊是听取体内某些器官机能活动所产生的声音,借以判断其病理变化的方法。

1. 听诊方法　分为直接听诊和间接听诊。直接听诊是在听诊部位放一块听诊布,然后将耳直接贴于动物被检部位进行听诊的方法。间接听诊是借助于听诊器听诊的方法(图 4-5)。

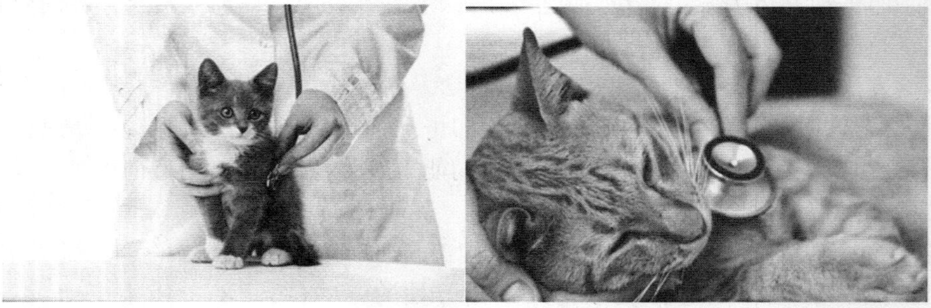

图 4-5　听诊

2. 应用范围　用于心、肺、胃、肠的听诊检查;用于咳嗽、磨牙、呻吟、气喘的检查等。

(六)嗅诊

通过嗅觉嗅闻、辨别动物的呼出气、口腔及排泄物、分泌物等有无异常气味的一种检查方法。

三、临床特殊检查法

(一)导管探诊

食道梗塞或胃内大量积气、积液时,可用胃管进行探诊(图 4-6)。

(二)穿刺法

当怀疑胸腔、腹腔等体腔有积液时,可用穿刺进行验证性诊断,怀疑真胃左方变位时,也可用此方法鉴别(图 4-7)。此外对肝穿刺可作组织切片检查。

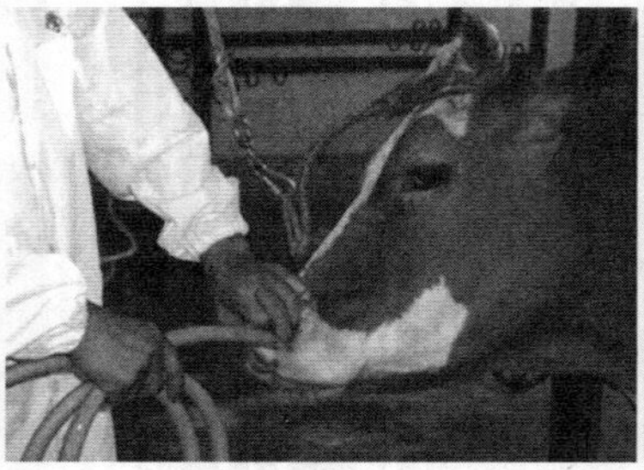

图 4-6　胃管探诊

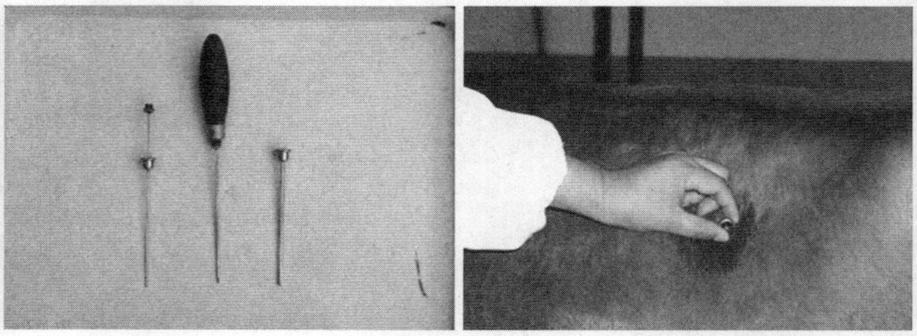

图 4-7　穿刺法

(三)实验室诊断

实验室诊断广泛应用于临床诊断的补充。

(四)特殊仪器检查

如 X 线、心电图、超声波检查等(图 4-8),这一部分一般是针对具体患病动物而言的,且多是针对价值比较昂贵或生命周期长的伴侣动物(如犬、猫)等进行的。

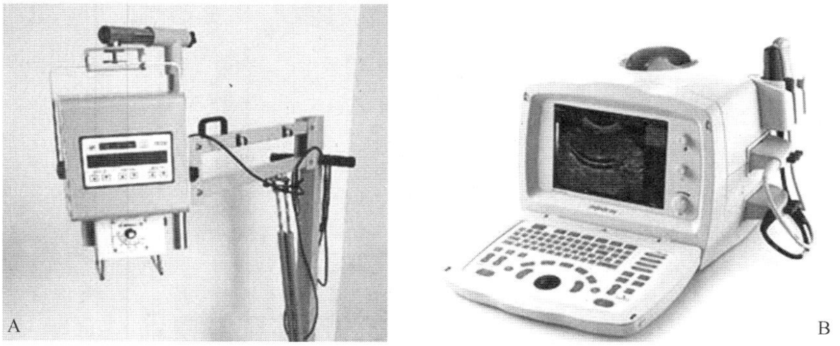

图 4-8　X 线(A)和 B 超(B)检测设备

实训操作 4-1　动物的接近和保定

一、实训目的和要求

了解马、牛、羊、猪以及犬、猫等不同动物的接近方法;掌握马、牛、羊、猪以及犬、猫等不同动物的保定方法和操作步骤。

二、实训材料和器械

1. 器械　单柱栏、二柱栏、四柱栏、六柱栏、保定绳、鼻捻子、耳夹子、牛鼻钳、猪保定器等。
2. 动物　猪、牛、羊、马、犬和猫等。

三、实训方法和步骤

(一)接近动物

接近动物前,了解动物的习性,观察动物是否有惊恐和攻击人的神态,以防意外。如动物在发情期、哺乳期性情较为顽劣,接近时可用动物喜食的食物加以诱惑。

接近动物时,请畜主协助,检查者用温和的呼声,向动物发出要接近的信号,然后从其前侧方慢慢接近,避免动物因惊恐而造成攻击。对犬、猫等动物应保定后再行检查。

(二)动物保定

1. 简易保定

(1)马的简易保定

①鼻捻子保定　将鼻捻子的绳套套于一手上并夹于指间;另一手抓住笼头,持有绳套的手自鼻梁向下轻轻抚摸至上唇时,迅速有力地抓住马的上唇,此时另一手离开笼头,将绳套套于唇上,迅速向一方捻转把柄,拧紧为止(图 4-9)。

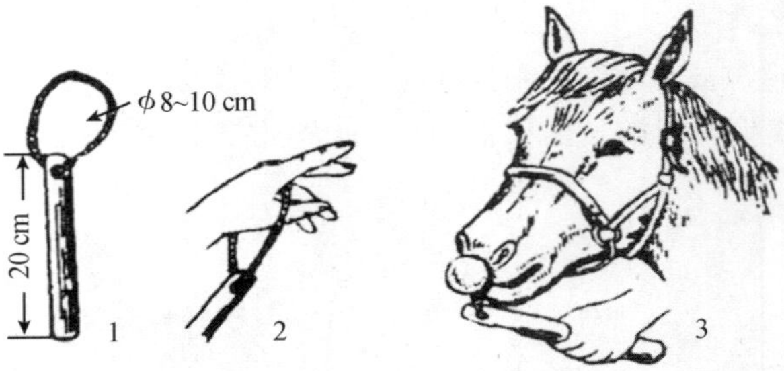

图 4-9　马的鼻捻子保定法

1. 鼻捻子　2. 绳套夹于指间的姿势　3. 拧紧上唇

②耳夹子保定　先将一手放于马耳后的颈侧，然后迅速抓住马耳，以持夹子的另一手迅速将夹子放于马耳根并用力夹紧，此后应一直握紧耳夹子。

③徒手保定　左手抓住笼头，右手紧拧马耳保定。

(2)牛的简易保定

①徒手保定　用一手抓住牛角，然后拉提鼻绳、鼻环或用一手的拇指与食指、中指捏住牛的鼻中隔加以固定(图 4-10A)。

②后肢保定法　用绳索在牛两后肢跗关节上方作 8 字形交叉捆绑，系好、拉紧，使牛运动受限，可防止牛后肢踢人(图 4-10B)。

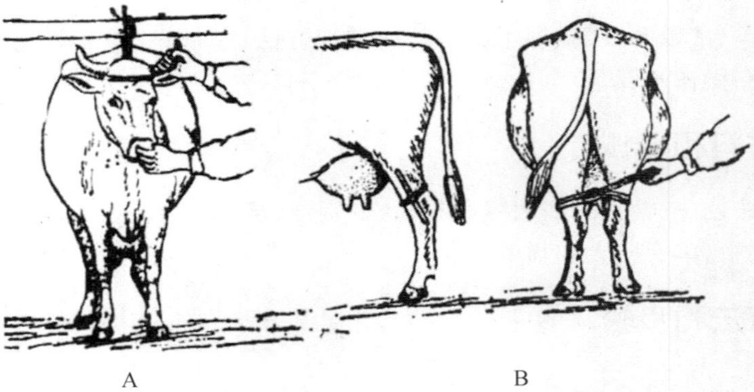

图 4-10　牛的简易保定法

A. 徒手保定　B. 后肢保定法

③牛鼻钳保定　将牛鼻钳的两钳嘴插入两鼻孔，并迅速夹紧鼻中隔，用一手或双手握持，也可用绳系紧钳柄固定。

(3)猪的简易保定

①站立保定　常用绳套保定，在绳的一端做一活套，使绳套自猪的鼻端滑下，当猪张口时迅速将其套入上颌，立即勒紧；然后由一人拉紧保定绳的一端或将绳拴于木桩上；此时猪多呈用力后退姿势，从而可保持固定的站立状态(图 4-11)。

②提举保定　抓住猪的两耳，迅速提举，使猪腹面朝前，并以膝部夹住其颈胸部；也可抓住后肢飞节，并将后躯提起，夹住背部而固定(图 4-12)。

图 4-11　猪的站立保定法

1.猪保定后的姿势　2.绳套的结法

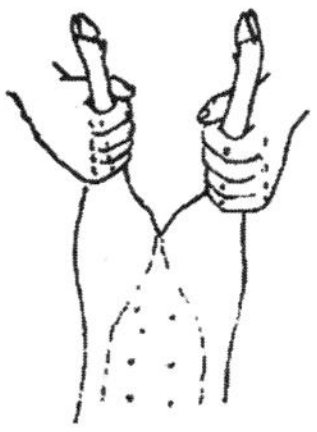

图 4-12　猪的提举后肢保定法

(4)羊的简易保定　一般检查时,可用两臂在羊的胸前或股后围抱即可固定。必要时,用手握住两角或两耳,固定头部;也可用两膝夹住羊颈部或背部进行固定。

(5)犬的简易保定　畜主蹲于犬右侧,右手将犬头抱于胸前,左手臂抱紧犬的后躯;如属未经驯服的犬,先用捕犬钳夹紧其颈部,另一人则用粗扁带绕上下颌一周,在上颌上打一结,然后转向下颌,再做一结,最后将带牵引至头后颈背上打第三个结来固定。

(6)猫的简易保定

①徒手保定　将猫头与前胸部夹于左侧或右侧腋下,一手抓住猫的两后肢,一手固定住猫的后半部即可。

②圆桶固定　将猫头与前肢固定在直径 10～20 cm 的圆桶内,后肢外露,即可保定。

2.柱栏内保定

(1)单柱栏保定　将缰绳系于立柱上,用颈绳,对马、骡和驴,可绕颈部后系结固定,对牛则绕两角系结固定。

(2)二柱栏保定　先将家畜引至柱栏的左侧,并令其靠近柱栏,之后将缰绳系于柱栏横梁前端的铁环上,再将脖绳系于前柱上,最后缠绕围绳及吊挂胸绳和腹绳(图 4-13)。

(3)四柱栏及六柱栏(图 4-14)保定　先挂好胸革;将家畜从柱栏后方引进,并把缰绳系于某一前柱上;挂上臀革。

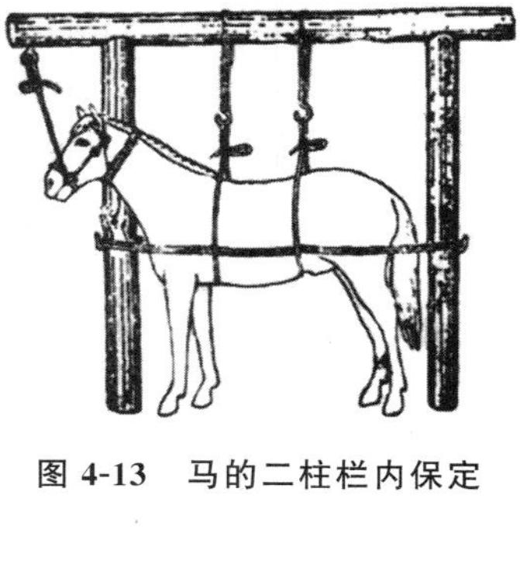

图 4-13　马的二柱栏内保定

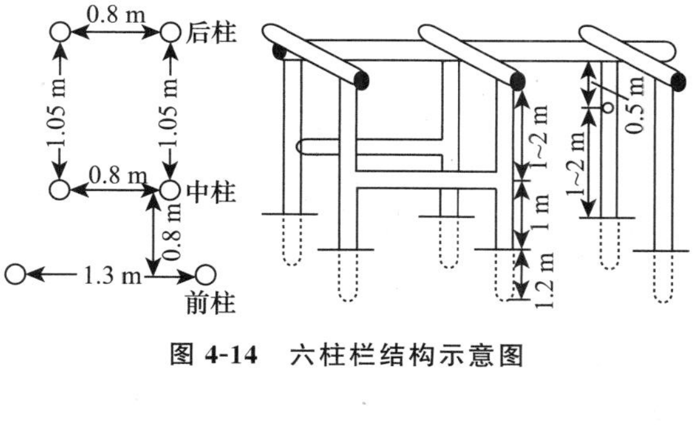

图 4-14　六柱栏结构示意图

四、实训作业

1.什么叫保定法?

2.牛的简易保定法包括________、________、________;猪的简易保定法包括________、

________；马的简易保定法包括________、________、________。

3. 猪的提举保定，可抓住猪的________，迅速提举，也可以抓住________并将其后躯提起，夹住背部而固定。

4. 在接近与保定家畜时应注意哪些事项？

任务 4-2 一般检查

一般检查是对患病动物进行临床检查的初步阶段。通过检查可以了解患病动物全身基本状况，并可发现疾病的某些重要症状，为系统检查提供依据。一般检查以视诊、触诊、听诊等方法检查。检查内容包括：全身状况的检查、被毛和皮肤检查、可视黏膜检查、体温等测定。

一、动物整体状态观察

（一）精神状态观察

是根据动物对外界刺激的反应能力及其行为表现而判定的。主要观察动物的行为、面部表现和眼耳动作。健康的动物双眼有神、反应敏捷、动作灵活、行为正常。如有过度兴奋或抑制的表现，表示动物的中枢神经系统机能紊乱。

1. 兴奋状态　轻则惊恐不安，重则狂躁不驯。

惊恐不安表现为动物对外界的轻微刺激有强烈的反应，左顾右盼、竖耳、刨地，甚至惊恐、不安，挣扎脱缰。

狂躁不驯表现为不顾障碍地一直前冲或后退不止，反复挣扎脱缰，啃咬物体，甚至攻击人、畜。提示为中枢神经系统的重度疾病，见于马流行性脑脊髓炎的狂躁型。典型的狂躁行为是狂犬病的特征（图 4-15）。

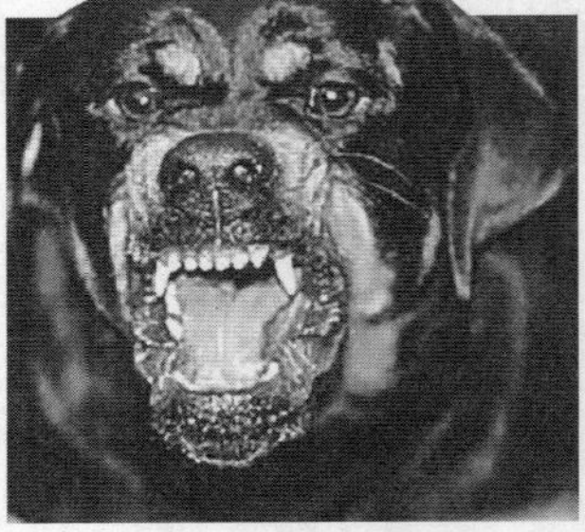

图 4-15　狂犬病病犬狂躁行为

2. 抑制状态　轻则表现沉郁，重则嗜睡，甚至表现昏迷。

沉郁表现为动物离群呆立、萎靡不振、耳耷头低，对周围冷淡，对刺激反应迟钝，常见于各种发热性疾病及消耗性、衰竭性疾病等。

嗜睡表现为重度萎靡、闭眼似睡，或站立不动或卧地不起，给以强烈的刺激才引起其轻微的反应。见于重度的脑病或中毒，以及犬、猫脑组织缺氧、血糖降低、严重脱水或衰竭。

昏迷表现为重度意识障碍，动物意识不清，卧地不起，呼唤不应，对刺激几乎无反应。见于脑及脑膜疾病、中毒病或某些代谢性疾病的后期。

（二）体格发育与营养状况观察

1. 体格发育　根据骨骼与肌肉的发育程度来确定。确切判定时，应用测量器械测定体高、体长、体重、胸围及管围等的数值。根据观察结果，区分为体格的大、中、小或发育良好与发育不良。

2. 营养程度　根据肌肉的丰满度、皮下脂肪的蓄积量、被毛的状态进行判定。可分为：营养良好、营养中等、营养不良（消瘦）、高度营养不良（恶病质）。

（三）动物的姿势与步态观察

健康状态下动物的姿势自然、动作灵活而协调。病理状态下的异常姿势是由中枢神经系统疾病及其调节机能失常，骨骼、肌肉或内脏器官的病痛及外周神经的麻痹等原因而引起的。

1.异常站立姿势

（1）动物表现为头颈平伸，鼻孔开张，瞬膜露出，牙关紧闭，肢体僵硬，四肢关节不能屈曲，尾根挺起等，形似“木马样”姿势。是全身骨骼肌强直的结果，见于破伤风。

（2）动物两前肢后踏或两后肢前伸，单肢悬空或不敢负重，见于肢体疾病。

（3）当躯体失去平衡而站立不稳时，呈躯体歪斜、四肢叉开或依墙靠壁而立的特有姿态，见于中枢神经系统疾病。

（4）当中枢有偏位的局灶性或占位性病变时，可呈头颈歪斜的姿态，如仔猪伪狂犬病。鸡呈两腿前后叉开的姿态，常是马立克氏病的标志。

2.异常躺卧姿势　伴有昏迷的强迫性躺卧，常见于脑病后期、某些代谢病、牛生产瘫痪、中毒等；意识清楚的强迫性躺卧，见于颈部脊髓损伤、蹄叶炎、重度骨软症、风湿症、机体高度衰竭；后躯瘫痪呈犬坐姿势，见于腰荐部脊髓损伤及马麻痹性肌红蛋白尿病。

3.骚动不安　如马骡前肢刨地，后肢蹴腹，伸腰、摇摆，回视腹部，碎步急行、时时欲卧，起卧转滚，仰足朝天，或时呈犬坐姿势、屡呈排便动作等，是马骡腹痛症的独特现象。

4.异常步态　如共济失调、盲目运动、痛性跛行。

二、动物被毛及皮肤检查

（一）被毛检查

健康动物的被毛整洁、有光泽，禽类的羽毛平顺而光滑，除换毛季节外，动物的被毛生长牢固而不易脱落。

动物被毛蓬乱、缺乏光泽、容易脱落、换毛迟缓，常为营养不良的标志。见于营养物质供给不足、慢性胃肠病、慢性消耗性疾病、皮肤病、外寄生虫病，也见于微量元素缺乏或中毒症时。

毛色变化，青毛马变灰变白，是老龄性生理现象。局部被毛变白，多为局部皮肤机械性损伤的结果，如深的鞍伤痊愈之后，受害局部生长白毛，称为鞍刺。

（二）皮肤检查

内容包括皮肤的气味、颜色、温度、湿度、弹性及有无肿胀和疹泡等。

1.气味　各种动物的皮肤都有其固有的气味。在患某些疾病时，呈现病理性特殊气味。如类似烂苹果的气味，多为酮血病；腐败性臭味，可见于皮肤坏疽；尿臭味，见于膀胱破裂及尿毒症。

2.颜色　皮肤颜色的病理表现主要有苍白、黄染、发绀、潮红与出血斑点。皮肤有色素的动物，则应参照可视黏膜的颜色变化。鸡应注意鸡冠的颜色；猪则应注意鼻盘颜色的变化。

3.温度　用手背或手掌触感。适用于判定皮温的部位分别是：马为耳、鼻端、胸侧及四肢；牛为角根、耳及四肢；猪为耳及鼻端。健康的动物皮肤各部的温度不完全一样，一般股内侧皮温较高，头、颈、躯干部次之，尾及四肢部最低，但耳、鼻、唇部则为常温。病理状态下，皮温的变化有增高、降低和分布不均。全身性皮温增高，见于所有热性病时；局限性皮温增高见于局部发炎时;皮温降低,见于大失血、重度贫血、心力衰竭、严重的脑病、中毒及休克;皮温不均,见于发热病的初期。

4.湿度　皮肤湿度主要取决于排汗的多少。生理状态下,多汗见于外界温度过高、使役运动、惊恐紧张之时。病理状态下,全身性多汗,见于剧痛性疾病、高热性传染病、中暑、某些中毒及高度呼吸困难时;马属动物如果出现全身冷汗淋漓,汗液黏腻,并伴有结膜苍白、四肢末梢发凉等症状,多为胃肠破裂的表现;局限性多汗,多由局部病变或神经机能失调所致。

牛的鼻镜,正常时表现为湿润,附有少量均匀的水珠。鼻镜变干,见于前胃及皱胃疾病、肠炎、热性疾病及其他全身性疾病。严重时可发生龟裂,提示牛瘟、恶性卡他热。

猪的鼻盘,正常时也表现湿润、凉感,若鼻盘干燥,见于热性病。

5.弹性　检查皮肤弹性的部位,马、牛通常在颈侧、肩前,小动物在背部。用手将皮肤捏成皱褶并轻轻拉起,然后放开,根据其皱褶恢复的速度而判定。健康状态下,皱褶很快恢复原状。病理状态下,恢复原状很慢,是皮肤弹性降低的标志。见于机体的严重脱水、营养不良、慢性皮肤病。老龄动物皮肤弹性减退,是自然现象。

6.肿胀　常见皮肤及皮下组织肿胀有以下几种:

(1)皮下水肿(浮肿)　其特征是皮肤紧张,触诊呈生面团样感觉,指压后留痕。如心脏疾病(心性水肿)、肾脏疾病(肾性水肿)、贫血或营养不良(营养性水肿)。

(2)皮下气肿　特征是皮肤紧张,触诊有捻发感,局部肿胀。常发生于肌肉层较厚的臀部、股部等,见于恶性水肿、气肿疽。

(3)脓肿　见于皮下组织肌肉急性化脓性炎症后期。

(4)血肿　见于皮下小血管破裂出血。

(5)淋巴外渗　见于局部损伤、淋巴液回流受阻。

(6)大面积弥散性肿胀　见于蜂窝织炎。

(7)象皮肿　见于系部皮炎、蹄冠损伤、蹄冠下蜂窝织炎。

7.疹泡

(1)丘疹　是皮肤乳头层发生浆液浸润所引起的圆形隆突,由小米大至豌豆大,见于痘病及湿疹初期。

(2)荨麻疹　是真皮或表皮水肿引起的圆形扁平隆起,由豌豆大至核桃大,与周围组织界限明显,可相互融合,迅速发生而又很快消退,并伴有剧痒。是由于机体发生变态反应所致。见于某些饲料中毒、注射血清、接触荨麻等有害植物或受到昆虫刺螫时。

(3)水疱　是豆粒大小、内含透明浆液的小泡,多发生于口、鼻及其周围,蹄趾部。见于口蹄疫、痘病及湿疹过程中。

三、可视黏膜检查

检查眼结膜时,着重观察其颜色,然后注意有无肿胀和分泌物。

1.马眼结膜检查　检查马的左眼时,左手抓住笼头,右手最后三指放在颧弓上面固定后,食指撑开马的上眼睑,用拇指翻开下眼睑,同时拇指、食指向眼窝稍加压力,眼结膜和瞬膜即可露出。必须两眼都做检查,应在自然光线下进行,以免误认。健康的马、骡的可视黏膜呈淡红色。

2.牛眼结膜检查　用一手握住牛的鼻中隔或鼻环,并向检查人的方向牵引,另一手持同侧角，向外用力推，如此使头转到侧方，即可露出结膜。也可两手分别握住两角，将头向侧方扭转，进行眼结膜检查。健康的牛的眼结膜颜色较马稍淡，呈淡粉红色。（图 4-16）

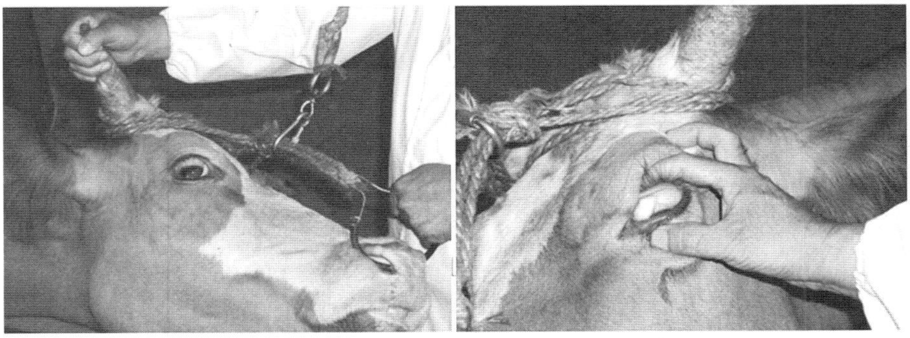

图 4-16　牛眼结膜检查

3. 羊、猪、犬等动物眼结膜检查　用两手的拇指打开上下眼睑进行检查。猪、羊的眼结膜颜色较牛的稍深，并带灰色。犬的眼结膜为淡红色，但因其很易兴奋而变为红色。

4. 眼结膜颜色病理变化　眼结膜颜色的改变，表现为潮红、苍白、发绀、黄疸、出血点或出血斑。

（1）潮红　弥漫性潮红，见于各种热性病、重症腹痛病、某些组织器官广泛性炎症；小血管充盈特别明显而呈树枝状，称为树枝状充血，见于脑炎、中暑、心脏病等伴有血液循环障碍和心机能不全等其他疾病过程中。

（2）苍白　苍白是各种贫血的特征。迅速发生苍白，见于大失血及肝、脾等内脏破裂时；逐渐性苍白，见于慢性失血性、营养不良性等慢性消耗性疾病。

（3）发绀　眼结膜呈现蓝紫色，是乏氧的表示。是由于血液中还原血红蛋白增多或形成大量变性血红蛋白的结果。见于肺内气体交换障碍性疾病、心脏疾病及某些中毒。

（4）黄疸　在巩膜处较明显。是胆色素代谢障碍，血液中胆红素增多的结果。见于实质性肝炎、胆道阻塞、溶血性疾病。

（5）出血点或出血斑　是出血性素质的特征。在马多见于传染性贫血、血斑病，在牛主要见于梨形虫病。

在检查眼结膜时，除注意其颜色的变化外，还要观察眼部的其他病理变化。如眼睑及结膜明显肿胀，羞明流泪，眼角部呈现浆液性、黏液性甚至脓性分泌物等，见于马流感、血斑病、猪瘟等疾病过程中。

四、浅表淋巴结检查

马常检查下颌淋巴结，牛常检查下颌淋巴结、肩前淋巴结、膝上淋巴结及乳房上淋巴结，猪常检查腹股沟浅淋巴结，羊、犬常检查下颌淋巴结（图 4-17）。

1. 急性肿胀　浅表淋巴结呈现明显的肿大，表面光滑，伴有明显的热、痛反应。见于周围组织、器官的急性感染。

2. 慢性肿胀　浅表淋巴结肿胀、硬结、表面不平，无热无痛，与周围组织粘连。见于马鼻疽、马流行性淋巴管炎、牛结核病、牛梨形虫病、猪瘟、猪丹毒。

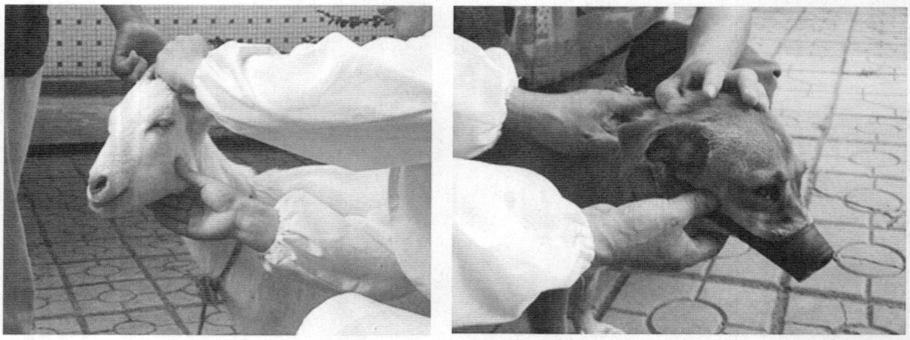

图 4-17　羊、犬下颌淋巴结检查

3.化脓　浅表淋巴结肿胀、热感、呈疼痛反应的同时，触诊有明显的波动。如配合进行穿刺，则可吸出脓性内容物。马下颌淋巴结化脓常见于马腺疫。

五、体温、脉搏数及呼吸数测定

（一）体温检查

1.测定方法

（1）测定马的体温　先对马适当保定，将体温计的水银柱甩至35℃以下，用酒精棉球擦拭消毒，检查人员站在马的左侧后方，左手提起马尾并稍推向对侧，右手持涂有润滑剂的温度计，以捻转的动作经肛门稍向前上方慢慢插入直肠内，再将其上的夹子夹于尾部的被毛上，经3～5 min后，取出读数。

（2）测定牛的体温　检查者站于牛的正后方，左手将尾略向上举，右手将体温计斜向前下方插入直肠内，其他同马的体温测量（图4-18）。

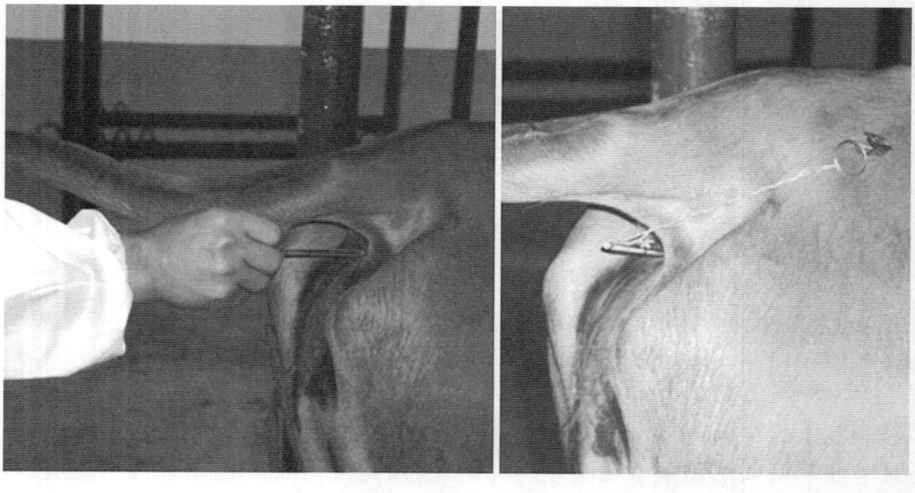

图 4-18　牛的肛门温度测定

2.正常体温　见表4-1。

表4-1　动物的正常体温　℃

动物种类	体温	动物种类	体温
黄牛、乳牛	37.5～39.5	鹿	38.0～39.0
水牛	36.5～38.5	犬	37.5～39.0
马	37.5～38.5	猫	38.5～39.5
骡	38.5～39.5	兔	38.0～39.5
绵羊、山羊	38.5～40.5	狐	39.0～41.0
猪	38.0～39.5	禽类	40.0～42.0

健康动物的体温，受生理性因素的影响，可引起一定程度的变动。如幼龄动物、分娩之前、妊娠后期、高产乳牛体温相对稍高，动物兴奋、运动、采食、咀嚼之后，体温暂时升高。健康动物的体温一般早晨较低，午后稍高，其昼夜温差变动约1.0℃上下。

3.病理变化　逐日检测体温，每昼夜两次，并记录测定结果，制成体温曲线表，以观察分析病情的变化。其病理变化有体温升高和体温过低。

(1)体温升高　分为发热和体温过高。

①发热　是许多传染病和炎症性疾病常见的症状之一。

A.发热程度　根据体温的变化分为微热、中热、高热、极高热。

微热：体温升高0.5～1.0℃。

中热：体温升高1.0～2.0℃。

高热：体温升高2.0～3.0℃。

极高热：体温升高3.0℃以上。

B.发热类型　根据其经过特点，区分为稽留热、弛张热、间歇热和不定型热。

稽留热：高热持续3 d或更长时期，每昼夜的温差在1.0℃以内。

弛张热：体温在一昼夜间变动1.0～2.0℃或以上而不降至常温。

间歇热：发热期与无热期交替出现。

不定型热：体温变化极不规则，日温差有时极其有限，有时波动很大。

②体温过高　见于热射病、日射病及广泛性皮肤病。

(2)体温过低　是由于病理性因素，使机体内产热不足，或体热散失过多，导致体温低于正常。

(二)脉搏检查

应用触诊检查动脉脉搏，测定每分钟的脉搏次数(图4-19)。

1.测定方法　牛通常检查尾动脉，检查者站在牛的正后方，左手抬起牛尾巴，右手放于尾根背面，用食指与中指贴着尾根腹面进行检查。猪、羊和犬可在后肢股内侧检查股动脉。

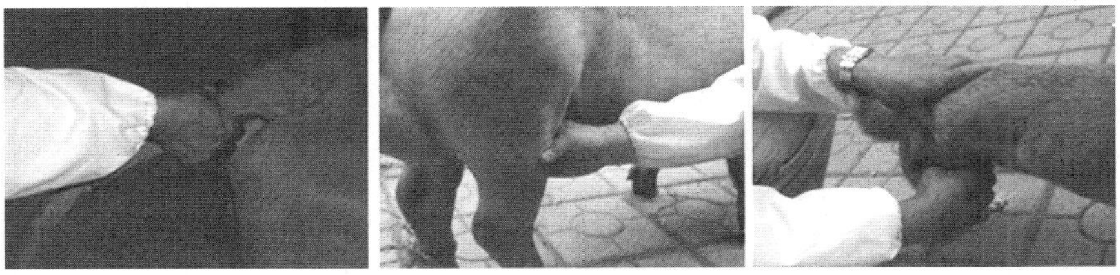

图4-19　牛、猪、犬的脉搏检查

2. 正常脉搏数　每分钟的脉搏次数较为恒定(表 4-2)。

表 4-2　动物的正常脉搏数　　次/min

动物种类	脉搏数	动物种类	脉搏数	动物种类	脉搏数
马	36～42	猪	60～80	牛	40～80
幼驹(1～2 岁)	45～60	猪(1～2 月龄)	80～120	公牛	36～60
骡	42～54	犬	70～120	乳牛	60～80
驴	40～50	鸡(心跳)	120～200	水牛	30～50
羊	70～80	骆驼	30～60	黄牛	40～80
兔	120～140	猫	110～130	犊牛(2～12 月龄)	80～110
鹿	36～78				

3. 病理变化　脉搏次数的变化,表现为增多或减少。常见的变化是脉搏数增多。

(1)脉搏数增多　脉搏数病理性增多,是心脏活动加快的结果。见于热性疾病、心脏病、呼吸器官疾病、贫血、严重脱水性疾病、剧烈疼痛性疾病和某些毒物中毒。

(2)脉搏数减少　见于颅内压增高性脑病、胆血症、某些中毒及药物中毒。

(三)呼吸检查

动物呼吸活动由吸入及呼出两个阶段组成一次呼吸。呼吸频率一般以次/min 表示。

1. 测定方法　首先使动物处于安静状态,检查者站在动物胸部前侧方或腹部的后侧方一定距离,观察动物胸腹部的起伏运动。也可将纸条或手背放在鼻孔前方适当位置感觉呼出的气流(图 4-20)或观察鼻翼的开张。

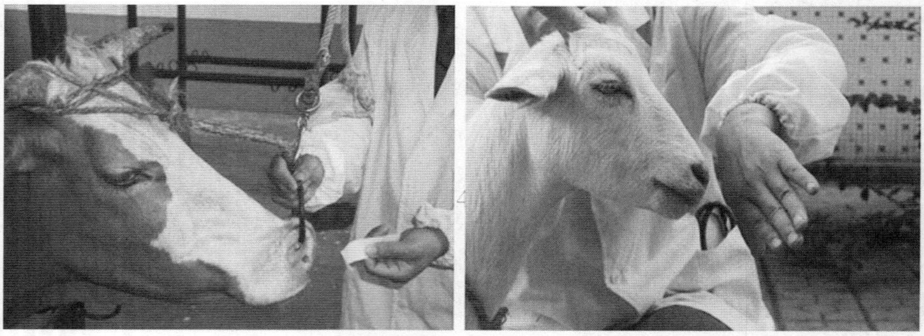

图 4-20　牛、羊呼吸数测定

2. 正常呼吸数　见表 4-3。

表 4-3　动物的正常呼吸数　　次/min

动物种类	呼吸数	动物种类	呼吸数
马、骡、驴	8～16	骆驼	5～12
牛	10～30	猫	10～30
羊	12～20	犬	10～30
猪	18～30	兔	50～60
鹿	15～25	禽类	15～30

3.病理变化

(1)呼吸数增多　引起脉搏数增多的疾病多能引起呼吸数增多。

(2)呼吸数减少　较少见,有时见于引起颅内压显著升高的疾病、上呼吸道高度狭窄性疾病、某些中毒病、重度代谢紊乱等。

实训操作4-2　临床基本检查法和一般检查技术

一、实训目的和要求

熟悉问诊、视诊、触诊、叩诊、听诊等基本检查方法;熟悉畜禽一般检查的方法和临床意义;掌握眼结膜、淋巴结的检查,体温、脉搏数、呼吸数的测定方法。

二、实训材料和器械

1.器械　体温计、叩诊器、听诊器、酒精棉球、保定用具等。

2.动物　猪、牛、马、羊等。

三、实训内容

(1)对猪、牛、马、羊进行全身状态及被毛、皮肤的观察。

(2)对牛进行直接和间接叩诊法操作,对猪、马、羊进行听诊操作。

(3)对猪、牛、马、羊眼结膜、浅在淋巴结进行检查。

(4)对猪、牛、马、羊进行体温、脉搏数、呼吸数的测定。

(5)病历的填写方法。

四、实训作业

1.解释名词:问诊、视诊、听诊、触诊、叩诊、清音、浊音、鼓音、波动感、坚实感。

2.基本检查法包括________、________、________、________、________、________。一般检查包括________、________、________、________。

3.说出或写出基本检查法中各种检查的应用范围。

4. 问诊的内容包括哪些?

5. 简述呼吸的病理变化及临床诊断意义。

任务4-3　各系统检查

一、心血管系统检查

(一)心搏动检查

心搏动是心脏收缩时,其横径增大,纵径缩短,并沿其纵轴稍向左旋,撞击左胸壁,引起相应部位的胸壁振动而引起的。采用视诊与触诊进行检查。

1.检查方法　动物取站立姿势,左前肢向前伸出半步,充分显露心区。检查人员位于动物左侧方。视诊时，仔细观察左侧肘后心区被毛及胸壁的振动情况；触诊时右手放于动物的鬐甲部，左手的手掌紧贴于被检动物的左侧肘后心区，感知胸壁振动的强度及频率。

2.病理变化

(1)心搏动增强　见于各种原因引起的心机能亢进。

(2)心搏动减弱　见于各种原因引起的心区振动微弱，如心力衰竭、胸腔和心包积液等。

(3)心搏动移位　向前移位，见于马急性胃扩张、肠臌气；向一侧移位，见于他侧肺气肿或渗出性胸膜炎等。

(二)心音听诊

听诊部位同心搏动检查。听诊分为直接听诊法和间接听诊法两种：直接听诊法是在听诊部位先放置听诊布，而后将耳直接贴于被检部位听诊的方法；间接听诊法是借助于听诊器听诊的方法。

1.正常心音　听诊健康动物的心脏时，在每个心动周期内都可听到两个有节律相互交替出现的不同性质的声音，分别称为第一心音和第二心音。

2.病理性心音

(1)心音频率　依据每分钟的心动周期数而计测，每呈现第一和第二两个心音，即表示一个心动周期，依此测定每分钟的心跳次数。

心音频率的病理性改变，常呈现加快或减慢两种，其原因和诊断意义与脉搏数的病理性增多或减少的原因和诊断意义基本相同。

(2)心音强度　心音强度的变化可表现为两心音同时增强或减弱，也可表现为单独的增强或减弱。两个心音同时增强或减弱，可由某些生理因素引起，例如动物兴奋、恐惧、重剧劳役或运动时，两个心音同时增强；两个心音同时减弱，见于肥胖。

心音强度的病理性变化表现为：两心音均增强，第一心音增强，第二心音增强，两心音均减弱，第一心音减弱，第二心音减弱。

(3)心音节律　正常情况下，每次心音的间隔时间相等且每次心音的强度一致，称为正常的节律或节律性心音。如果每次心音的间隔时间不等，并且其强度不一，则称节律不齐。心脏的节律不齐一般简称心律不齐。

(4)心音分裂　第一或第二心音在致病因素的作用下分裂为两个音响，称为心音分裂。

(5)心杂音　心杂音是伴随心脏活动而产生的正常心音以外的附加音响。根据形成部位的不同，分为心内性杂音和心外性杂音。

(三)脉管检查

1.检查动脉脉搏

(1)脉搏频率　见任务 4-2 一般检查的“五、体温、脉搏数及呼吸数测定”。

(2)脉搏性质　脉搏的性质受多种因素的影响，主要取决于心脏的收缩力、脉管壁的弹性和紧张度及血液的数量等因素。脉搏的性质有：大脉与小脉、软脉与硬脉、实脉与虚脉、迟脉与速脉。

(3)脉搏节律　脉搏的节律是指脉搏搏动的间隔时间的均匀性及每次搏动的强弱。每次脉搏的间隔时间不等或强弱不一致，称脉搏节律不齐。节律不齐见于心脏疾病、黄疸、颅内压升高及某些中毒等。

2. 检查浅表静脉

（1）静脉充盈状态　常检查的浅表静脉主要有颈静脉、胸外静脉、乳静脉及股内静脉等。如牛颈静脉怒张，甚至呈绳索状，多为创伤性心包炎的表现。

（2）颈静脉搏动　颈静脉随心脏活动而由颈根部向颈上部逆行的搏动，称颈静脉搏动。病理状态下，这种搏动可波及颈静脉沟的中、上 1/3 处。

3. 测定微血管再充盈时间

（1）测定方法　保定被测定动物，检查者的助手打开口唇，检查者观察齿龈黏膜颜色，左手持秒表，用右手食指压迫齿龈结膜 2～3 s，除去手指同时计算黏膜颜色恢复到压迫前颜色的时间，然后与正常值相比较，判定微循环功能状态。

（2）各种动物微血管再充盈时间的正常参考值　见表 4-4。

表 4-4　各种动物微血管再充盈时间正常参考值　　s

动物种类	变动范围	动物种类	变动范围
马	1.03±0.10	山羊	1.28±0.09
骡	1.04±0.09	猪	1.34±0.08
驴	1.02±0.10	犬	0.68±0.12
黄牛	1.33±0.13	猫	1.23±0.10
乳牛	1.35±0.13	兔	1.25±0.10
水牛	1.45±0.08	鸡	1.27±0.10
牦牛	1.77±0.16	鸭	1.33±0.08
绵羊	1.25±0.07	鹅	1.37±0.09

（3）诊断意义　微血管再充盈时间延长，通常达 3～5 s 及以上，见于心力衰竭、中毒性休克等。

（四）心血管系统检查分析

动物无力、出汗、气喘、发绀，静脉瘀血和皮下浮肿，心音和脉性异常，提示心血管系统机能不全或有器质性病变。

1. 初步判断心血管机能不全

（1）动物脉搏弱快，甚至不感于手，心动过速，第一心音高朗，第二心音减弱甚至消失，严重时常呈现缩期心内杂音，同时伴有极度无力，呼吸速度快，黏膜发绀等症状，可初步判断为急性心机能不全。

（2）动物表现易疲劳、出汗，动则气喘，夜间浮肿，次日运动后消失，心音混浊、减弱，其他器官系统因瘀血而发生机能障碍，可初步判断为慢性心机能不全。

（3）动物可视黏膜苍白或发绀，体表静脉萎陷，脉搏十分微弱，甚至不感于手，第一心音增强，而第二心音微弱甚至消失，体温降低，末梢厥冷，出大量冷汗，短暂的惊恐后出现共济失调，甚至倒地、昏迷和痉挛，可初步判断为血管机能不全。

2. 初步判断发生疾病的部位及疾病性质

（1）患病动物静脉瘀血，甚至怒张，皮下浮肿，心区敏感疼痛，听诊有心包摩擦音或拍水音，可初步诊断为心包炎。

(2)患病动物表现为极度虚弱无力，脉搏虚快，心音亢进，心动过速，第一心音混浊或分裂，第二心音显著减弱，心律不齐，严重时呈现心内杂音，体温升高，白细胞增多，可初步诊断为急性心肌炎。

(3)患病动物无力，脉搏弱快，心音亢进，振动胸壁，呈现恒定的心内器质性杂音，体温升高，多为急性心内膜炎；病畜易疲劳、出汗，并呈现恒定的心内器质性杂音，则多为慢性心脏瓣膜病。

二、呼吸系统检查

(一)呼吸运动检查

动物呼吸时，呼吸器官及辅助呼吸器官所表现的一种有节律而协调的运动，称为呼吸运动。呼吸运动检查具体包括呼吸频率、呼吸类型、呼吸对称性、呼吸节律和呼吸困难等项目。

1. 呼吸频率　即每分钟呼吸的次数。病理情况下，呼吸次数增多，见于各种呼吸器官疾病、热性病、贫血和某些中毒；呼吸次数减少，见于各种脑炎、脑肿瘤和疾病的濒死期。

2. 呼吸类型　也称呼吸方式，主要有胸式呼吸、腹式呼吸和胸腹式呼吸三种类型。

胸式呼吸是指胸壁起伏比腹壁起伏明显的一种呼吸方式，提示病多在腹部，是由于腹壁活动受到限制的结果。常见于急性胃扩张、肠臌胀、创伤性网胃炎、瘤胃臌气等。

腹式呼吸是指呼吸时，腹壁起伏比胸壁起伏明显，提示病多在胸部。常见于心包炎、肺泡气肿、胸膜炎、胸腔积液、肋骨骨折等。

健康动物通常呈胸腹式呼吸，而且每次呼吸的深度均匀、间隔时间均等。但犬多以胸式呼吸为主。

3. 呼吸对称性　动物在正常呼吸时，两侧胸壁起伏强度一致，即呼吸对称性。若一侧有病，该侧胸壁起伏运动受到限制，而健康的一侧则出现代偿性增强。

4. 呼吸节律　健康动物的吸气与呼气所持续的时间有一定的比例，每次呼吸的强度一致，间隔时间相等，称为呼吸节律。当发生某些疾病后，呼吸节律表现异常，常表现有：潮式呼吸、毕氏呼吸和库氏呼吸。

5. 呼吸困难　呼吸运动加强，呼吸频率改变，辅助呼吸肌参与活动，称为呼吸困难。高度呼吸困难称为气喘。呼吸困难分为吸气性呼吸困难、呼气性呼吸困难、混合性呼吸困难三种。

(二)呼出气、鼻液及咳嗽检查

1. 检查呼出气

(1)气流强度　健康动物两侧鼻孔呼出气流的强度相等。当一侧鼻腔狭窄、一侧鼻窦肿胀时，则患侧鼻孔呼出的气流小于健侧，并伴有呼吸狭窄音。

(2)气体温度　健康动物呼出的气体稍有温热感。动物患病时，有时呼出气的温度升高，见于各种热性疾病。呼出气温度显著降低，见于内脏破裂、大失血、濒死期的动物。

(3)气体气味　呼出气有腐败气味，见于化脓性支气管炎、腐败性支气管炎、腐败性肺炎、肺坏疽等疾病；呼出气有类似于烂苹果味的酮臭气味，见于酮血症；呼出气有尿臭味，见于膀胱破裂或尿毒症。

2. 检查鼻液　健康动物一般无鼻液，气候寒冷的季节有些动物可有微量浆液性鼻液，马常以喷鼻和咳嗽的方式排出，牛则常用舌舐去或咳出，若有大量鼻液流出，则为病态。

3. 检查咳嗽　咳嗽是动物的一种保护性反射动作，借以将呼吸道异物或分泌物排出体外。

咳嗽也是一种病理表现，当呼吸道有炎性渗出物或外来异物刺激时，则可以引起咳嗽。

检查时可听取患病动物的自然咳嗽，必要时可采用人工诱咳法。

(1)咳嗽性质 分为干咳、湿咳和痛咳。

(2)咳嗽频度 分为稀咳、频咳和痉挛咳。

(3)咳嗽强度 分为强咳和弱咳。

(三)上呼吸道检查

1.检查鼻腔 主要通过视诊法检查鼻黏膜的颜色、分泌物，有无肿胀、水疱、溃疡、结节和损伤等。

(1)检查方法 对马属动物进行鼻黏膜检查时，检查人员站于马头左前方或右前方，左手的拇指和中指夹住鼻翼软骨向上拉起，用食指挑起外侧鼻翼即可检查；检查其他动物鼻黏膜时，将动物头抬起，使鼻孔对着阳光或人工光源，然后仔细观察鼻黏膜；检查小动物鼻黏膜时，可使用开鼻器，将鼻孔扩开进行检查。正常情况下，鼻黏膜为淡红色，表面湿润富有光泽，略有颗粒。

(2)诊断意义 鼻黏膜潮红，见于鼻黏膜炎症、流行性感冒；鼻黏膜肿胀，见于急性鼻炎；鼻黏膜有点状出血，见于血斑病或败血症；鼻黏膜有水疱，见于口蹄疫、猪传染性水疱病或水疱性口炎；鼻黏膜出现粟粒大小、黄白色周围有红晕的结节，见于鼻疽；鼻黏膜有浅在性溃疡，见于鼻炎、腺疫、血斑病等；鼻黏膜有深在性溃疡即边缘隆起如火山口状，底部呈灰白色或黄白色，常分布于鼻中隔黏膜，见于鼻疽后鼻黏膜溃疡；鼻黏膜瘢痕，呈星芒状或冰花样，见于鼻疽。

2.检查喉和气管

(1)视诊 暴露动物颈部，光线从正面或旁边照射，观察患病动物喉部外形、轮廓和位置是否正常，有无肿胀和呼吸困难的征象。如果表现肿胀、呼吸困难，同时伴随吞咽障碍，则提示咽喉炎、猪水肿病或肺疫。

(2)触诊 检查者站在动物头颈侧方，两手从两耳根处开始向下按压咽喉部，然后向后部轻压并向下滑动检查气管，感知局部温度、敏感度以及有无肿胀。家禽可开口直接对喉腔及其黏膜进行视诊。若喉部肿胀并有热感，考虑咽喉炎、牛肺疫、化脓性腮腺炎、猪肺疫、链球菌病、传染性喉气管炎；触诊喉部有热、痛、咳嗽，考虑急性喉炎或气管炎。

(3)听诊 呼气音调升高，见于气管炎症、气管肿瘤；吸气音调升高，见于喉水肿、咽喉炎；当喉和气管有分泌物时，可出现啰音，如分泌物黏稠可听到干啰音，分泌物稀薄可听到湿啰音。

3.检查副鼻窦 副鼻窦主要指额窦、颌窦。副鼻窦的检查多用视诊和叩诊法，必要时用穿刺术和X线检查法。若检查部位肿胀，有热痛，鼻液断断续续由一侧流出，呈凝乳状或黄白色脓性，似豆腐脑水样，恶臭难闻；有时患病动物低头或饮水时可从鼻孔内自行流出脓性鼻液；久病动物则多出现骨质畸形、穿孔、流出脓汁，有时首先从眶下孔流出；同时伴有叩诊呈浊音，主要见于副鼻窦炎。

(四)胸廓的视诊和触诊

1.视诊胸廓 健康动物的胸廓两侧是完全对称的，肋骨适当弯曲而不显凹陷。若两侧胸廓膨大，形成桶状胸，见于胸膜炎、严重肺气肿；成年动物的两侧胸廓显著狭窄而扁平，左右径变窄，呈扁平状，见于骨软症和营养不良；幼龄动物的肋骨和肋软骨结合处有串珠状肿，而且脊柱或四肢弯曲，则可以考虑佝偻病；动物两侧的胸廓明显不对称，一侧明显扩大，则考虑肋骨骨折或单侧性胸膜炎。

2. 触诊胸廓　触诊胸廓主要是检查其温度和有无疼痛、震颤、变形等。胸壁体表温度增高，见于胸膜炎初期和胸壁损伤性炎症；胸壁疼痛，见于胸膜炎、肋间肌风湿症和肋骨骨折；胸壁震颤，见于胸膜炎初期及末期和弥漫性细支气管炎；在肋骨和肋软骨结合部能够触摸到肿胀变性的结节，见于骨软症或佝偻病。

（五）胸肺的叩诊

叩诊胸肺时，大动物采用槌板叩诊法，小动物则用指指叩诊法。注意发现病理性叩诊音时，应与对侧相应部位的叩诊音比较判断。

1. 确定肺脏叩诊区

（1）马肺的叩诊区　略呈一直角三角形。其前界为肩胛骨后角沿肘肌向下至第 5 肋间所画的垂线；上界为与脊柱平行的直线，距背中线约 10 cm；后界为由第 17 肋骨与背界线交界处开始，向下向前经下列各点所划的弧线：经髋结节水平线与第 16 肋间的交点，坐骨结节水平线与第 14 肋间的交点，肩关节水平线与第 10 肋间的交点，止于第 5 肋间的心脏相对浊音区为止(图 4-21)。

（2）牛肺的叩诊区　分肩前叩诊区和胸部叩诊区两个部分。肩前叩诊区为上宽（6～8 cm）下窄（2～3 cm）的狭窄叩诊区。胸部叩诊区近似三角形，但比马的叩诊区小。其上界为与脊柱平行的直线，距背中线约 10 cm，前界自肩胛骨后角沿肘肌向下画近似 S 状曲线，止于第 4 肋间，后下界自背界的第 12 肋骨与上界的交点开始，向前向下经髋结节水平线与第 1 肋间相交，肩关节水平线与第 8 肋间相交，终止于第 4 肋间(图 4-22)。

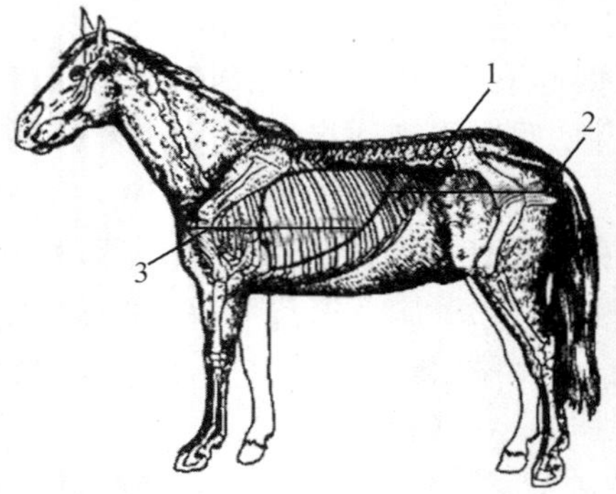

图 4-21　马肺的叩诊区

1. 髋结节水平线　2. 坐骨结节水平线　3. 肩关节水平线

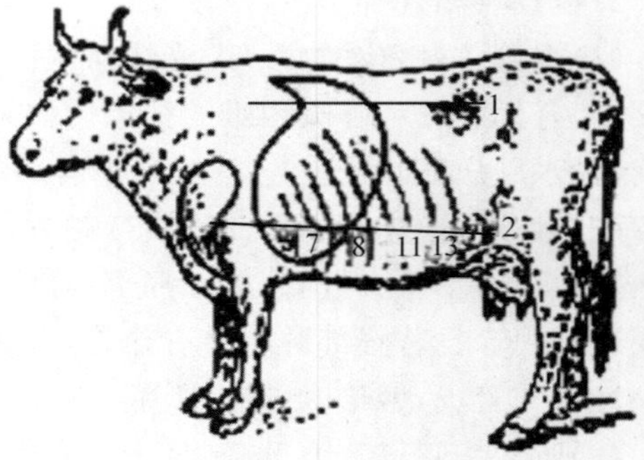

图 4-22　牛肺的叩诊区

1. 髋结节水平线　2. 肩关节水平线

（3）猪肺的叩诊区　上界距背中线 0～5 指宽，后界由第 11 肋骨处开始，向前向下，经坐骨结节水平线与第 9 肋间的交点，经肩关节水平线与第 7 肋间的交点，而止于第 4 肋间的弧线(图 4-23)。

2. 病理变化及诊断意义

（1）疼痛不安　叩诊胸部时，动物表现回视、躲闪、反抗等不安现象。见于胸膜炎。

（2）肺叩诊区扩大　叩诊时，后下界清音区扩大。见于肺气肿。

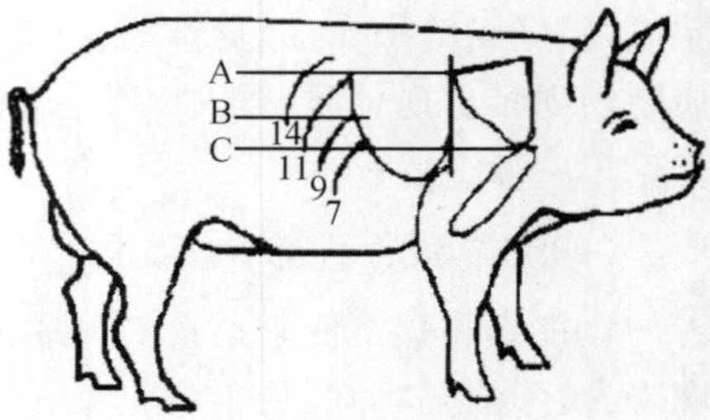

图 4-23　猪肺的叩诊区

A. 上界　B. 坐骨结节水平线　C. 肩关节水平线

(3)肺叩诊区缩小　因腹内压增高，使肺后缘向前推移所致，见于瘤胃臌气、急性胃扩张、肠臌气等；也可因心脏体积增大，使心区肺缘向后上方移位所致，见于心包积液等。

(4)叩诊音变化　健康状态下，大家畜肺叩诊区呈清音，其特点是音响宏大，持续时间较长，音调较低。但小动物正常叩诊音稍带鼓音性质。一般在肺区中部叩诊音较响亮，周围部较弱，带有半浊音性质。病理性叩诊音表现有：浊音、过清音、鼓音、破壶音。

(六)胸肺的听诊

听诊应在安静的室内进行，听诊时一般用听诊器进行间接听诊。听诊时，首先从肺部中 1/3 开始，由前向后逐渐听取，然后为上 1/3，最后为下 1/3，听诊点间距离为 3～4 cm，每一听诊点听取 2～3 次呼吸音，如发现异常呼吸音，应在附近及对侧相应部位进行比较，以确定其性质。

1. 生理性呼吸音

(1)肺泡呼吸音　健康动物胸部可听到类似轻读“呋”的肺泡呼吸音。其特征是吸气时明显。肺泡呼吸音短而弱，在肺区中 1/3 处最为明显。马的肺泡音最弱，牛、羊较马明显，水牛甚弱。幼年动物比成年动物肺泡音强。

(2)支气管呼吸音　是一种类似将舌抬高而呼气时所发出的“赫赫”音，健康动物在颈部喉、气管处明显。健康的马肺部听不到支气管呼吸音，犬在整个肺部都能明显听到。

2. 病理性呼吸音

(1)肺泡呼吸音增强　有三种表现形式：普遍性增强、局限性增强、粗厉。

(2)肺泡呼吸音减弱或消失　因肺气肿导致肺泡弹力降低，各种肺炎导致细支气管或肺泡被炎性产物阻塞，抑或因肋骨骨折引起胸壁疼痛等导致肺泡呼吸音减弱或消失。

(3)病理性支气管呼吸音　在动物正常范围外的其他部位听诊出现支气管呼吸音。

(4)病理性混合性呼吸音　较深部的肺组织发生炎性病灶，周围被正常肺组织遮盖，或浸润实变区和正常肺组织掺杂存在时，肺泡音和支气管呼吸音混合出现，称为病理性混合性呼吸音，见于小叶性肺炎、大叶性肺炎的初期和散在性肺结核。

(5)啰音　是一种常见的病理性附加音响。根据其性质分为干啰音和湿啰音。

(6)捻发音　当支气管黏膜肿胀和积有黏稠的分泌物时，使细支气管壁黏着在一起，吸气时气流通过使其急剧分开所产生的一种爆裂音，类似在耳边捻发丝的声音。

(7)胸膜摩擦音　当胸膜发炎时，胸膜壁层和脏层之间表面变为粗糙，且有纤维素附着，呼吸时两层胸膜摩擦而产生的一种声音，是纤维素性胸膜炎的特征性症状。

(8)拍水音　当胸腔积液时，出现类似拍击不满的水袋或振荡半瓶水发出的声音。

(七)胸腔穿刺

通过胸腔穿刺，探查胸腔有无积液并采取胸腔积液以鉴别其性质，也可以排出胸腔内的积液和注入药液或进行冲洗治疗。

1. 穿刺部位　马、牛、羊在右侧第 6 肋间，左侧第 7 肋间(猪在右侧第 7 肋间)，胸外静脉上方或肩关节水平线下方 2～3 cm 处。

2. 穿刺方法　动物施行站立保定，术部剪毛消毒后，左手将术部皮肤稍向前移动，用连接胶管的 16～18 号长针头，沿肋骨前缘垂直刺入 3～4 cm，然后连接注射器抽取胸腔积液，术后注意消毒。

3. 注意事项　排出积液和注入药液时应缓慢进行，同时观察病畜有无异常表现；穿刺时应注意防止损伤肋间神经与血管；刺入时，用手指控制套管针的深度，以防刺入过深损伤心、肺；

为防止气胸，当无积液排出时，应将附在针头上的胶管回转压紧，使管腔闭合。

(八)呼吸系统检查分析

发现动物咳嗽、流鼻液及呼吸困难，提示呼吸系统疾病。

(1)动物喷鼻(马)、喷嚏(羊、猪)，流多量鼻液，咳嗽声音较大，有时呈现吸气性呼吸困难，但全身症状轻微，胸肺检查又无明显异常，则提示病变的部位在上呼吸道。

患病动物喷鼻或喷嚏，流鼻液，鼻部敏感，鼻黏膜发红、肿胀，对喉以下部位检查无明显异常，提示为鼻炎；动物单侧或两侧鼻孔流脓性鼻液，特别在低头时流量增多，副鼻窦肿胀，提示为副鼻窦炎；动物呈现剧烈咳嗽，触诊喉部敏感，并发生连续性咳嗽，但对胸肺检查无明显异常，提示为喉炎。

患病动物不仅呈现上呼吸道炎症的症候，还具有传染流行特点时，应考虑主要侵害上呼吸道的某些传染病，如猪传染性萎缩性鼻炎、鸡传染性喉气管炎等。

(2)动物咳嗽、流鼻液、明显呼吸困难，肺部叩、听诊及X线检查异常，可提示疾病主要侵害支气管及肺脏。

患病动物咳嗽、流鼻液，听诊肺部有明显的干性或湿性啰音，叩诊肺部无异常，可初步诊断为支气管炎。

患病动物呼吸困难，低弱痛性咳嗽、流鼻液，肺部叩诊呈现点片状或大面积浊音区，听诊呈现捻发音、病理性支气管呼吸音，病变部肺泡呼吸音减弱或消失，全身症状加剧，可初步诊断为肺炎。

患病动物呼吸困难，流淡红色或白色泡沫状鼻液，肺泡呼吸音粗厉或呈现广泛湿性啰音，提示为肺充血或肺水肿。

患病动物高度呼吸困难，叩诊肺部呈现过清音，叩诊界扩大，听诊肺泡呼吸音减弱或消失，可提示为肺泡气肿；病畜呼吸困难，叩诊肺部呈现过清音，但叩诊界多不明显扩大，常伴有皮下气肿，可提示为肺间质气肿。

(3)动物呼吸浅表困难，低弱痛性咳嗽，触、叩诊胸壁敏感疼痛，听诊胸部呈现胸膜摩擦音或叩诊呈现水平浊音，胸腔穿刺放出渗出液，可诊断为胸膜炎。

三、消化系统检查

(一)食欲检查

生理状态下，动物的食欲因饲料的种类和质量不同、饲喂方式及饲喂环境的改变等可发生暂时性改变。在病理状态下的表现有以下几种情况。

1.食欲减退　见于热性疾病、代谢病、胃肠道疾病等。

2.食欲废绝　见于各种高热性疾病、急性胃肠道疾病等。

3.食欲亢进　见于重病的恢复期、肠道寄生虫病。

4.食欲不定　见于马慢性消化不良和牛真胃变位、创伤性网胃炎等。

5.异食　见于矿物质、微量元素、蛋白质、纤维素不足。

(二)饮欲检查

生理状态下，饮欲受气温、运动、使役、饲料含水量等因素影响而有所变化。病理状态下的表现有以下几种情况。

1.饮欲减退或废绝　见于不伴有呕吐或腹泻的胃肠道疾病、咽麻痹、食道阻塞、脑病、重危疾病等。

2. 饮欲增加 见于发热性疾病、脱水性疾病、食盐中毒等。

(三)采食、咀嚼、吞咽功能检查

1. 采食障碍 采食不灵活或不能用唇、舌采食，采食后不能利用唇、舌的运动将饲料运送到臼齿间进行咀嚼，见于颜面神经麻痹、齿病、舌伤。采食时将饲草衔在口中而忘记咀嚼，或饮水时将口鼻伸入水中，但不饮水，直至呼吸困难才急剧抬头，见于脑炎、脑室积水。

2. 咀嚼障碍 有三种表现形式：咀嚼缓慢、咀嚼痛苦、咀嚼困难。

3. 吞咽障碍 不能吞咽，大量流涎，食物或饮水经鼻孔返流，见于重症咽炎、咽麻痹、食道阻塞。吞咽痛苦，吞咽时表现摇头、伸颈、前肢刨地，屡次试咽之后拒绝采食，并伴有大量流涎，在马常有饲料残渣、唾液和饮水经鼻返流，见于咽炎、食道炎。

(四)反刍和嗳气检查

1. 反刍 生理状态下，牛采食后 1 h 左右开始反刍，每昼夜 6～8 次，每次间隔 0.5～1 h，每次持续 30～50 min，每次食团再咀嚼 40～60 次。病理状态下，反刍障碍的表现有以下几种形式：反刍迟缓、反刍无力、反刍短促、反刍停止和反刍痛苦。前三种变化常见于前胃弛缓，瘤胃积食，创伤性网胃炎、瓣胃及皱胃阻塞的初期，以及能引起前胃功能减退的其他疾病过程中。反刍停止是前胃、皱胃运动机能严重障碍、病情危重的表现。反刍痛苦，见于创伤性网胃炎、腹膜炎等。

2. 嗳气 嗳气是反刍动物排出瘤胃内气体的主要途径，健康的动物每小时嗳气 18～20 次。常见病理变化有：嗳气减少，常见于瘤胃蠕动力减弱所致瘤胃内气体排出受阻，以及严重的前胃收缩力不足或麻痹；嗳气停止，见于食道阻塞、瘤胃臌气或积食的后期；嗳气增多，见于瘤胃臌气的初期或采食了容易发酵产气的食物。

(五)流涎和呕吐检查

1. 流涎 除正常时有少量流涎外，牛流涎量异常增多或其他动物出现流涎均为病理现象，病理变化为流涎增多，见于口炎、咽炎、咽麻痹、食道阻塞、口蹄疫、有机磷中毒等。

2. 呕吐 胃内容物不由自主地经口、鼻流出体外称呕吐。呕吐有中枢性呕吐和反射性呕吐。前者由呕吐中枢受到有毒物质、炎症的刺激引起，见于脑炎、某些中毒。后者是由于咽、食道、胃肠黏膜受到刺激，引起呕吐中枢兴奋性增强而致，见于食道阻塞、皱胃炎、马急性胃扩张、猪蛔虫等。

检查呕吐时还应注意以下问题：呕吐时间、呕吐频率、呕吐物性状等。

(六)口腔检查

1. 开口方法 有徒手开口法和器械开口法。

(1)徒手开口法

牛的徒手开口法：检查者站于牛头侧方，先用手轻拍牛的双眼，在其闭眼的瞬间，以一手的拇、食二指从两侧鼻孔同时伸入并卡住鼻中隔(或握住鼻环)向上提举，另一手拇、食、中指由口角伸入口内，将牛舌向外拉出即可。如牛骚动不安，可用绳索先固定牛角或头部。

羊的徒手开口法：两手拇、中二指分别自口的两侧将上下唇自口角压入齿列间，同时上下用力拉开口腔即可。

犬的徒手开口法：检查者以左手握住犬的两侧口角内压，右手下拉下颌打开口腔。

(2)器械开口法

猪的开口器开口法：由助手紧握猪的两耳进行保定，检查者将开口器(图 4-24)平直伸入猪口内，待开口器前端到达口角时，将把柄用力下压，即可打开口腔(图 4-25)。

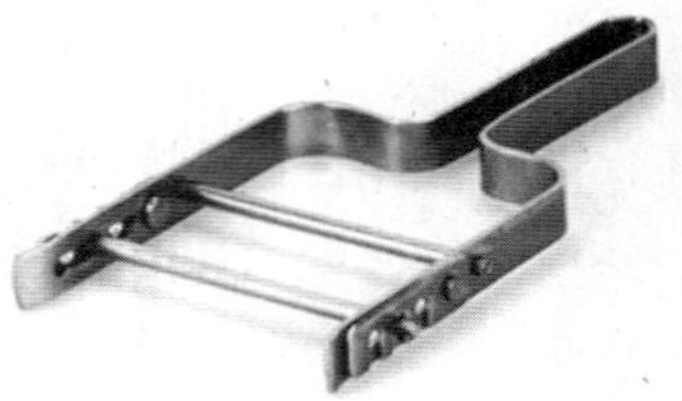

图 4-24　猪的开口器

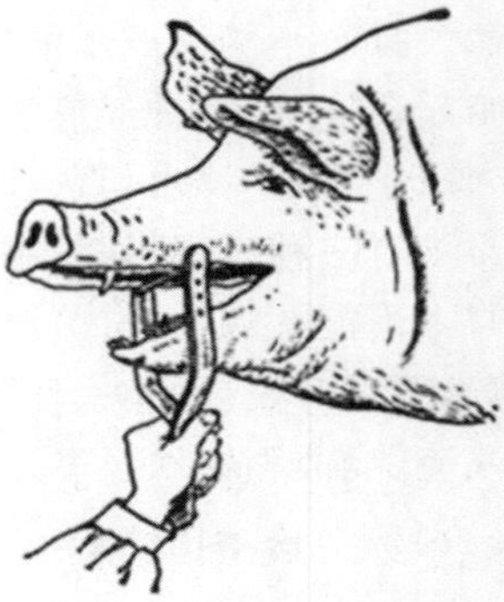

图 4-25　猪的开口器开口法

犬的开口器开口法：由助手紧握犬的两耳进行保定，检查者将开口器平直伸入犬口内，待开口器前端到达口角时，将手柄用力下压，即可打开口腔进行检查或处理。

马的开口器开口法：可应用蹬式开口器(图 4-26)。首先应妥善地进行动物的头部保定；检查者将开口器送至马的口角内，并将其齿板嵌入上、下门齿之间，同时保持固定，由另一只手迅速转动螺旋柄，渐渐随上、下齿板的离开而打开口腔(图 4-27)。

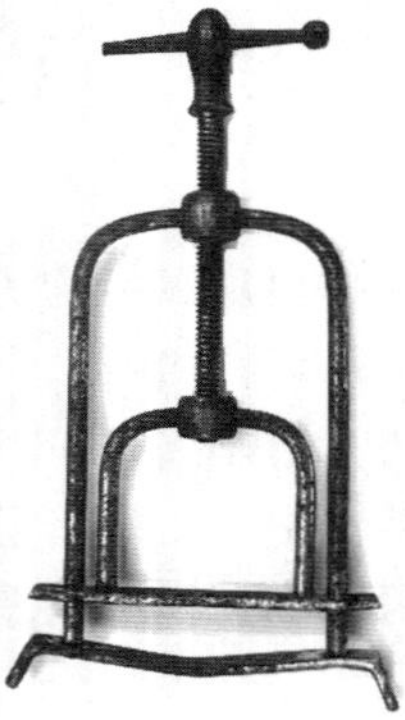

图 4-26　蹬式开口器

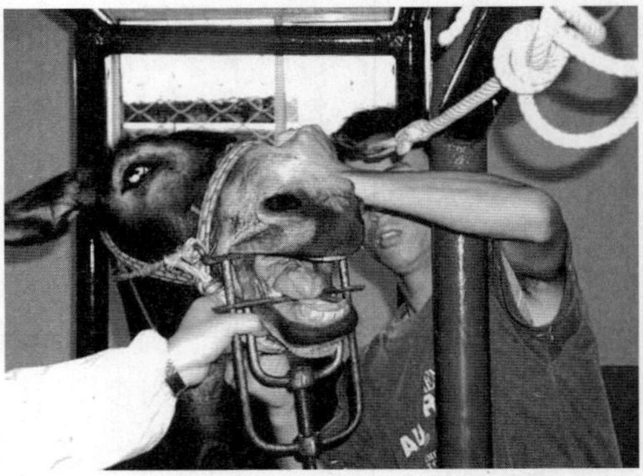

图 4-27　马的开口器开口法

牛的开口器开口法：将开口器送至牛的口角内，将把柄旋转，即可打开口腔进行检查或处理。

2. 检查内容

(1)气味　口腔酸臭，见于口炎、胃肠炎、肠阻塞、瘤胃积食等；口腔有腐败臭味，见于齿槽骨膜炎；口腔有类似烂苹果味，见于牛酮血病。

(2)口唇　口唇下垂，见于面神经麻痹；双唇紧闭，见于破伤风、脑膜炎等；唇部肿张，见于口黏膜的深层炎症、马传染性脑脊髓炎、饲料中毒、蜂窝织炎等；唇部疹泡，见于牛和猪的口蹄疫等。

(3)口腔温度 口温升高,见于发热性疾病;口温降低,见于肠痉挛、濒死期动物。

(4)口腔湿度 口腔过于湿润、流涎,见于口炎、肠痉挛、有机磷中毒、口蹄疫等;口腔干燥,见于发热性疾病、肠阻塞、瓣胃阻塞以及脱水性疾病。

(5)口腔黏膜色泽 潮红,见于口炎、发热性疾病;发绀,见于严重的呼吸器官疾病、心脏疾病、中毒性疾病;苍白,见于各型贫血;黄染,见于各型黄疸。

(6)口腔黏膜状态 出现疹泡、结节、溃疡,见于口蹄疫、传染性口炎等。

(7)舌

舌苔:为舌体表面的一层脱落不全的上皮细胞。黄白色,见于胃肠卡他、胃肠炎等。

舌体:深红色或发绀,见于机体血液循环障碍或机体缺氧;青紫,见于濒死期家畜;肿胀,体积增大、变硬,见于放线杆菌病。

(8)牙齿 注意牙齿的长度、形状、有无松动。

(七)咽部检查

1.外部视诊 动物表现吞咽痛苦、头颈伸展、运动不灵活,咽部隆起和流涎,见于咽炎;动物仅表现吞咽障碍、流涎,而无运动不灵活及痛苦状,见于咽麻痹。

2.外部触诊 检查者两手拇指放在左右寰椎翼的外角上做支点,其余4指并拢向咽部轻轻压迫。健康动物压迫咽部时不引起疼痛反应。如明显肿胀、增温,并有敏感反应,多为急性炎症。

(八)食道检查

当动物有咽下障碍、大量流涎时,应进行食道检查。视诊和触诊用于颈部食管的检查,而对胸腹部食管的检查则需用探诊。

1.视诊检查 检查者站在动物的左颈侧方进行视诊。病理情况下,左侧颈静脉沟部(颈部食管)出现界限明显的局限性膨隆,见于食管阻塞或食管扩张;出现自下而上的逆蠕动运动,常见于马的急性胃扩张;在左侧颈沟部看到自下而上或自上而下的波浪状食管肌收缩,见于食管痉挛。

2.触诊检查 检查者站在动物的左颈侧方,面向尾方,左手放在右侧颈沟处固定颈部,用右手指端沿左侧颈沟自上而下直至胸腔入口处,进行加压滑动触摸,而对侧的左手,也应同时向下移动。

摸到颈沟处有坚硬物体时,见于食道阻塞;触诊局部时有疼痛反应,见于食道炎;摸到索状物时,见于食道痉挛。

3.探诊检查 进行食管探诊的同时,也可作胃的探诊。

(1)探诊方法 站立保定被检动物,胃管用温水泡软之后,涂以润滑剂,检查者立于动物头的一侧。检查马时一手握住鼻翼软骨,另一手持胃管,经鼻腔底壁顺鼻腔缓缓送入,到达咽部时,将胃管轻轻前后移动,趁家畜吞咽之际,将胃管送入食道。检查牛、羊、猪时用开口器打开口腔,将胃管经口腔缓缓送入食道。判断胃管是否送入食管的方法,见表4-5。

(2)诊断意义 胃管送入受阻,用力送入时动物表现为疼痛不安,吹气不通、灌水不下,见于食道阻塞;胃管能够送入,但动物疼痛不安,见于食道炎;较粗胃管难以送下,较细胃管能顺利通过,见于食道狭窄;胃管抵达一定部位后不能继续送入,将胃管改变方向后能顺利送入,见于食道憩室。

表 4-5 胃管插入食道或气管的鉴别要点

鉴别要点	插入食道	插入气管
胃管送入时的感觉	稍感前送有阻力	无阻力
观察动物的动作	胃管前端通过咽部时引起吞咽动作或伴有咀嚼,动物表现安静	无吞咽动作,可引起剧烈咳嗽,动物表现不安
触诊颈沟部	可摸到在食道内有一坚硬探管	无
将胃管外端放耳边听诊	可闻不规则的咕噜声,但无气流冲耳	随呼吸动作而有强力的气流冲耳
用鼻嗅诊胃管外端	有胃内酸臭味	无
接橡皮球打气或捏扁再接于胃管外端	打入气体时可见颈部食道呈波动状膨起;接上捏扁的橡皮球后不再鼓起	不见波动状膨起;橡皮球迅速鼓起
用嘴吹入气体	随气流吹入,颈沟部可见明显波动	不见波动
将胃管外端浸入水盆内	水内无气泡发生	随呼吸动作,水内有规则地出现气泡

(九)腹部检查

1.视诊腹部　主要观察腹部的外形、轮廓、容积及肷窝充满度。

(1)视诊腹围　腹围的变化除健康动物因妊娠后期生理性的增大外,还受胃肠内容物的数量、腹膜腔的状态和腹壁紧张度的影响。病理状态有腹围增大和腹围缩小两类。

腹围增大:常见于瘤胃积食、瘤胃臌气、马肠臌气、腹腔积液、犬子宫蓄脓。

腹围缩小:见于长期消化障碍性疾病、高热性疾病、剧烈腹泻性疾病。

(2)视诊腹部病变　有无腹壁创伤、局部炎症、血肿、淋巴外渗、腹壁疝、脐疝等。

2.触诊腹壁　判定腹壁的敏感性、紧张度。腹壁敏感性增强,见于腹壁外伤、腹膜炎;腹壁紧张度增大,见于腹膜炎的吸收期。

3. 腹腔穿刺　腹腔穿刺的目的主要是判定腹腔有无积液及采取腹腔积液以鉴别其性质。

(1)穿刺部位　牛在脐与右膝关节连线的中点。马在剑状软骨突起后 10～15 cm,腹中线左侧 2～3 cm 处。猪在倒数第二、三对乳头间,腹中线两侧。

(2)穿刺方法　牛、马施行站立保定,术部剪毛、消毒,术者右手持套管针或 16 号针头,由下向上垂直刺入 3～4 cm,采集积液送检。猪施行倒立保定。术后注意消毒。

(3)诊断意义　健康动物腹膜腔内仅有少量微黄色透明液体。穿刺液为渗出液,见于腹膜炎;穿刺液混有脓汁,见于化脓性腹膜炎;穿刺液呈红色,混有多量红细胞,见于胃肠变位;穿刺液混浊有细草,见于胃肠穿孔;穿刺液稀薄透明,不易凝固或煮沸后无絮状物,则为漏出液,见于腹腔积水。

(十)排便动作及粪便检查

1.排粪动作　正常状态下,大家畜排粪时,背部微拱起,后肢稍开张并略前伸。犬排粪采取近似坐下的姿势。正常动物的排粪次数与采食饲料的数量、种类,消化吸收机能及使役情况有密切关系。排粪动作障碍的主要表现有便秘、腹泻、排粪失禁、排粪痛苦、里急后重。

2.粪便感官检查

(1)粪便的数量、形状和硬度　正常的马粪为球形,落地后部分碎裂;牛粪较稀薄,落地后形成轮层状粪堆;羊粪呈小干球样,落地后能滚动;猪粪黏稠,有时干硬,有时呈液状,因饲料种类不同而有变化;犬和猫的粪便呈柱状,较软。

(2)粪便的气味　与饲料种类有关,草食家畜的粪便一般无恶臭气味,犬、猪的粪便较臭。腥臭及腐败味为异常,见于肠炎、消化不良。

(3)粪便混合物　混有未消化的饲料颗粒,见于消化不良;混有黏液,见于胃肠卡他,牛仅排少量胶冻状黏液,见于肠阻塞;混血,见于出血性胃肠炎,牛仅排少量黑色或褐色粪便,见于肠变位、皱胃变位;混有脓样液体,见于化脓性肠炎;便中混有灰白色,成片状黏液或伪膜,见于坏死性肠炎、伪膜性肠炎;混有寄生虫虫体或虫卵,见于寄生虫病。

(十一)腹痛检查

1.腹痛的种类　腹痛,亦称疝痛,通常可分为三大类:由感染因素或寄生虫所引起的腹痛称症候性腹痛;由胃肠疾病所引起的腹痛称为真性腹痛;由肾脏、膀胱、子宫等胃肠以外器官所引起的腹痛称为假性腹痛,见于膀胱括约肌痉挛、尿道结石等。

一般来说,马、犬和幼畜对疼痛反应敏感,而牛、羊、猪及老龄家畜反应则较迟钝。

2.腹痛的临床表现

(1)马、骡的腹痛　马、骡腹痛多突然发作,病情发展急剧,病畜常躁动不安,呈现各种异常姿势。

轻度腹痛:病畜前肢刨地,后肢踢腹,伸展背腰似公马排尿姿势,回顾腹部。

中等度腹痛:除有刨地、顾腹等表现外,病畜往往低头蹲尿,细步急走,有时低头闻地,不断走动,卧地缓慢或倒地滚转。腹痛间歇期较短。

剧烈腹痛:病畜躁动不安,急起急卧,有时猛烈摔倒,急剧滚转。

(2)牛的腹痛　一般比较轻微,表现为呻吟,不安,磨牙,拱腰努责,伸展背腰,摇尾踢腹或四肢交替踏地,回顾右腹等。

(3)猪的腹痛　常呈现起卧不安,背腰拱起,头抵地面,转圈运动,全身不时发抖,痛苦呻吟,有时出现各种异常姿势。见于胃食滞、便秘、肠套叠、肠扭转、腹膜炎等。

(十二)消化系统检查分析

动物饮食减少或废绝,采食、咀嚼、吞咽机能紊乱,腹痛、腹胀、便秘或腹泻等症候群的出现,提示为消化系统的疾病。

(1)动物流涎,采食、咀嚼及吞咽机能障碍,提示疾病发生于口腔、咽及食道。

(2)反刍动物反刍、嗳气机能障碍,食欲减退或废绝,鼻镜变干,前胃蠕动音减弱或消失,提示为前胃疾病。

(3)反刍动物消化机能障碍,真胃检查异常,多应考虑真胃疾病。

如病牛消化障碍,前胃弛缓,真胃区明显膨胀,触诊真胃区敏感疼痛,甚至直肠检查可摸到敏感充实的真胃,提示为真胃阻塞;病牛消化障碍,口黏膜发黄,舌苔发腻,触诊真胃区敏感疼痛,提示为真胃炎。

(4)马属动物呈现腹痛症状,饮食欲废绝,提示为腹痛性胃肠病。

病马急剧腹痛，呼吸困难，腹围不大，胃管检查导出大量气体或液状胃内容物，病情得到缓解，直检脾脏后移，可触到扩张胃壁，提示为急性胃扩张。

动物间歇性腹痛，排稀软粪便，口色青白，舌津滑利，肠音增强，肠管紧张性增高，提示为肠痉挛。

动物呈现不同程度的腹痛起卧，排粪迟滞或停止，口干舌燥，肠音减弱或消失，直检摸到结粪块，提示为肠阻塞。

动物腹胀，腹痛不安，肠音减弱或停止，金属音明显，为肠臌气的特征。

动物重剧腹痛，一般止痛药无效，肠音减弱或停止，直检肠管位置紊乱，常可摸到局限性肠管臌气，腹腔穿刺有血样液体，提示为肠变位。

(5)动物食欲减退或废绝，呕吐，腹泻或便秘，肠蠕动音异常，提示为胃肠卡他或胃肠炎。胃肠卡他的全身症状较轻，体温正常，口色青白或青黄，肠音不整，粪便稀软或呈水样，混有黏液，不含脓血或伪膜；胃肠炎的全身症状明显，体温升高，口腔红燥，舌苔黄厚，肠音在中后期减弱，泻粪腥臭呈粥状或水样，混有脓血或伪膜。

(6)动物食欲减退，可视黏膜黄染，严重时表现昏睡或昏迷，心动徐缓，触诊肝区敏感，叩诊肝浊音区扩大，肝功能检查明显异常，提示为肝脏疾病。

(7)动物呈现缓解腹壁疼痛的异常姿势，触诊腹壁紧张，敏感疼痛，体温升高，穿刺腹腔有渗出液，提示为腹膜炎。

四、泌尿生殖系统检查

(一)泌尿系统检查

1.排尿检查　正常时，动物依其性别的不同而采取固有的排尿姿势，并有一定的排尿次数和排尿量。公牛和公羊排尿时不做准备动作，可在行走中或采食时排尿。母牛和母羊排尿时，后肢展开并下蹲、举尾、背腰拱起。母猪的排尿动作与母羊相同。公犬、公猫排尿常将一后肢抬起跷在墙壁或其他物体上面将尿液排在该处。母犬和幼犬有时坐位也可排尿。

(1)频尿与多尿　频尿表现为屡呈排尿动作，而每次仅见少量尿液排出，见于膀胱炎、尿道炎等。多尿表现为排尿次数增多，而每次排尿量不减少。

(2)少尿与无尿　少尿表现为排尿次数减少，而每次排尿量也减少。无尿表现为排尿停止，有真性无尿，常见于肾功能衰竭，也有假性无尿，如输尿管阻塞、膀胱麻痹等。

(3)尿失禁及尿淋漓　尿失禁是指动物不由自主地断续排出尿液。尿淋漓是指排尿困难，尿液呈点状或细流状流出。多是排尿疼痛和神经性排尿障碍的一种表现。

(4)排尿痛苦　见于膀胱炎及尿道炎、尿道结石等。

2.尿液的物理性状检查

(1)气味　强烈的氨臭味，见于膀胱炎、长期尿潴留；腐败臭味，见于膀胱或尿道有溃疡、坏死或化脓性炎症时；芳香的丙酮气味，见于牛酮血病。

(2)透明度　正常情况下，马属动物尿液混浊不透明，尤以排尿终末明显，长时间存放后混浊度增加，静置时尿的表面和底部都会出现一层碳酸钙沉淀。正常反刍动物的新鲜尿液清澈透明，但放置不久即因磷酸盐沉淀而混浊。肉食动物尿液正常清亮。

(3)颜色　新鲜尿液均呈深浅不一的黄色，马尿为较深黄色，黄牛尿为淡黄色，水牛尿和猪尿呈水样外观。陈旧尿均颜色较深。

3.泌尿器官检查

(1)肾脏检查 肾脏是一对实质性器官，位于脊柱两侧腰下区，包于肾脂肪囊内，右肾一般比左肾稍在前方。动物的肾脏一般可用触诊和叩诊的方法进行检查，大动物还可以使用直肠触诊。诊断肾脏疾病最可靠的方法是尿液的实验室检验。

(2)肾盂及输尿管检查 肾盂位于肾窦之中，输尿管是一细长而可以压扁的管道，起自肾盂，终至膀胱。健康动物的输尿管很细，经直肠难以触及。肾盂积水时，可能发现一侧或两侧的肾脏增大，有波动感，有时还可发现输尿管扩张。严重的肾盂或输尿管结石的病例，当直肠触诊时，可发现肾脏的触痛，有时还能在肾盂中触摸到坚硬的结石相互之间的摩擦，间或经直肠触诊到停留于输尿管中的豌豆大至蚕豆大、坚硬的结石，同时病畜呈疼痛反应。

(3)膀胱检查 膀胱为贮存尿液的器官，上接输尿管，下与尿道相连。大动物的膀胱位于盆腔底部。膀胱空虚时触之柔软，大如梨状；中度充盈时，轮廓明显，其壁紧张，且有波动；高度充盈时，可占据整个盆腔，甚至垂入腹腔，手伸入直肠即可触知。

在膀胱检查中，较好的方法是膀胱镜检查，借此可以直接观察到膀胱黏膜的状态及膀胱内部的病变，也可根据窥察输尿管口的情况，判定血尿或脓尿的来源。此外，小动物也可用X线造影术进行检查。

(4)尿道检查 对尿道可通过外部触诊、直肠内触诊和导尿管探诊进行检查。

最常见的病理变化是尿道炎、尿道结石、尿道损伤、尿道狭窄，尿道被脓块、血块或渗出物阻塞，有时尚可见到尿道坏死。母畜很少发生尿道结石和狭窄，却多发尿道外口和尿道的炎症性变化。

(二)生殖系统检查

检查生殖系统主要是针对外生殖器包括对乳房进行的检查。检查方法主要有视诊和触诊，其中以触诊较为重要。

1.公畜的生殖器官检查 公畜生殖器官包括睾丸、附睾、输精管、精索、阴囊、尿生殖道、副性腺、阴茎和包皮。临床检查中凡是有外生殖器局部肿胀、排尿障碍、血尿、尿道口外有异常分泌物、疼痛等症状时，均应考虑有生殖器官疾病的可能。检查公畜外生殖器时应注意阴囊、睾丸和阴茎的大小、形状，尿道外口炎症、肿胀、分泌物或新生物。

(1)阴囊和睾丸 阴囊内有睾丸、附睾、精索和输精管。检查时应注意睾丸的大小、形状、硬度以及有无隐睾、压痛、结节和肿物等。

(2)阴茎及龟头 公畜阴茎损伤、阴茎麻痹、龟头局部肿胀及肿瘤较为多见。

2.母畜的生殖器官检查

(1)外生殖器检查 母畜生殖器官包括卵巢、输卵管、子宫、阴道、尿生殖前庭和阴门。母畜外生殖器主要指阴道和阴门。检查时可借助阴道开张器扩张阴道，详细观察阴道黏膜的颜色、湿度、损伤、炎症、肿物及溃疡。同时注意子宫颈的状态及阴道分泌物的变化。

(2) 乳房检查 主要采用视诊、触诊，并注意乳汁的性状。

视诊：注意乳房大小、形状，乳房和乳头皮肤的颜色，有无发红、外伤、隆起、结节及脓疱等。牛、绵羊和山羊乳房皮肤上出现疹泡、脓疱及结节多为痘疹、口蹄疫的症状。

触诊：可确定乳房皮肤的厚薄、温度、软硬度，以及乳房淋巴结的状况，有无脓肿、硬结，所在部位、大小，有无疼痛反应。

乳房炎时，炎症部位肿胀、发硬，皮肤呈紫红色，有热痛反应，有时乳房淋巴结肿大，挤奶不畅。炎症可发生于整个乳房,或乳腺的一叶,也可局限于一叶的某部分。

乳汁感官检查:多数乳房炎患畜乳汁性状都有变化。如乳汁浓稠,内含絮状物或纤维蛋白性凝块,或脓汁、血,是乳房炎的重要指征。

（三）泌尿生殖系统检查分析

1.泌尿系统检查分析

(1)动物排尿量减少,甚至呈现无尿,具有较明显的全身症状,触诊检查肾脏敏感疼痛,尿液检查有多量的肾上皮细胞及管型,提示为急性肾炎。慢性肾炎的临床症状不明显,主要依据尿液检验结果而确诊。

(2)动物表现频尿,尿液混浊或混有脓血,触诊膀胱时敏感疼痛,提示为膀胱炎。

(3)动物排尿痛苦,有时呈现腹痛,血尿明显,多提示为尿道结石。

(4)有肾功能严重障碍的病史和症状,动物由沉郁转为昏迷,食欲废绝,甚至腹泻或呕吐,时常呈阵发性痉挛,多考虑为尿毒症。

2.生殖系统检查分析

(1)公畜睾丸肿胀、硬结,伴有热痛反应,运步时后肢强拘,常伴有全身症状,为睾丸炎的特征。

(2)母畜阴道分泌物增多,或混有脓汁或血液并有恶臭,阴道黏膜潮红、肿胀或有溃烂,提示为阴道炎。

(3)阴道内有脓性分泌物,子宫颈口弛缓甚至开张,子宫体积增大并有波动感,全身症状明显,提示为化脓性子宫内膜炎或子宫蓄脓症。

五、神经系统检查

检查内容主要包括精神状态、运动机能、感觉机能、感觉器官、反射机能、头盖及脊柱的检查。

（一）精神状态检查

除通过问诊外,注意观察和检查动物的面部表情,眼、耳、尾、四肢及皮肌的动作,身体姿势,运动节奏。健康动物的姿态自然,动作敏捷而协调,反应灵活,病理状况下可出现精神兴奋和精神抑制。

1.精神兴奋　是中枢神经机能亢进的结果。临床上表现为不安,对轻微刺激产生强烈反应,顶撞墙壁。依据其程度不同,可将兴奋分为惊恐、异常敏感、不安、狂躁。

2.精神抑制　为中枢机能障碍的另一种表现形式,多因神经组织的代谢障碍所致。表现为沉郁、嗜睡、昏迷。

（二）运动机能检查

1.共济失调　指动物体位和运动的各种性质的改变,表现为体躯失去平衡,运动不协调,犹如醉酒步样。见于脑炎、脑脊髓炎、中毒、传染病、寄生虫病等。

2.强迫运动　指不受意识支配和外界环境影响而出现的不自主运动,如圆圈运动、盲目运动等。

3.痉挛　指肌肉作不随意的急剧收缩。主要表现有:阵发性痉挛、强直性痉挛、癫痫。

4.瘫痪(麻痹)　指随意运动机能减弱或消失。可分为中枢性瘫痪和末梢性瘫痪。

（三）感觉机能检查

1.检查皮肤感觉　主要包括触觉和痛觉的检查。

(1)检查方法　检查前遮盖动物的眼睛。检查触觉时，用细木棒、手指尖等轻触鬐甲部被毛或肷部、肘后部皮肤；检查痛觉时，用消毒的细针头，由臀部开始向前沿脊柱两侧直至颈侧，或从四肢远端逐渐向上至脊柱部轻刺皮肤。健康动物被毛及皮肤受到刺激时，出现相应部位被毛颤动、皮肤和肌肉收缩，并见回头、竖耳、躲闪、鸣叫或四肢骚动等。

(2)病理变化

感觉减弱或消失：局限性感觉减弱或消失，见于支配该区域的末梢感觉神经受损。全身性皮肤感觉减弱或消失，常见于各种疾病所引起的精神抑制或昏迷。

感觉过敏：因对刺激的兴奋阈降低，轻微刺激即可引起强烈反应。见于局部炎症，牛的神经型酮血症等。

感觉异常：指不受外界刺激影响而自发产生的感觉，如痒感、蚁行感等。

2.检查深部感觉

(1)检查方法　人为地使动物肢体取不自然的姿势，如将其两前肢交叉或广为分开站立等。健康动物在除去人为力量后能立即恢复。

(2)病理变化　深部感觉障碍时，较长时间不能恢复自然姿势。见于慢性脑室积水、脑炎、脑脊髓炎等。

（四）感觉器官检查

1.检查视觉器官

(1)眼睑　注意有无眼睑擦伤、肿胀、下垂等。

(2)眼球　注意眼球有无下陷、不正及震颤等。

(3)角膜　角膜混浊或形成角膜翳，可见于角膜炎等。

(4)瞳孔　有无瞳孔散大、瞳孔缩小、两侧瞳孔大小不等。

(5)眼底　注意视网膜及视神经乳头的状态及变化。

(6)视觉　先天性失明，常见于犊牛，可能与近亲繁殖有关；后天性失明，可由重症眼病所致，也可见于急性硒中毒、食盐中毒及维生素 A 缺乏症等。

2. 检查听觉器官

(1)听觉过敏　对音响敏感，表现不安、易惊，对轻微声响即做出强烈的反应，耳的动作特别灵活。多见于脑和脑膜疾病、反刍动物酮病早期。

(2)听觉减弱或丧失　多见于中耳、内耳疾病或大脑皮层颞叶受损。

（五）反射机能检查

1.反射种类

(1)浅表反射　鬐甲反射、肛门反射、蹄冠反射、角膜反射。

(2)深部反射　膝反射、跟腱反射。

2.病理变化

(1)反射机能增强　见于脊膜炎、脊髓损伤、破伤风、农药中毒等。

(2)反射机能减弱　见于脊髓背根、腹根及脑、脊髓的灰、白质受损或昏睡、昏迷。

（六）头盖及脊柱检查

检查头盖及脊柱常用视诊、触诊。对头盖配合叩诊进行检查。

1.头颅检查　应注意其形态和大小的改变，温度，硬度以及叩诊有无浊音等。

2.脊柱检查　脊柱变形，主要有脊柱上弯、下弯和侧弯，由支配脊柱的上、下或左、右肌肉不协调引起。

实训操作 4-3　动物各系统检查技术

一、实训目的和要求

掌握心血管系统、消化系统、呼吸系统、泌尿生殖系统、神经系统等系统检查技术；通过模拟或临床实践中系统检查技术的训练，认知有关症状。

二、实训材料和器械

1. 器械　保定用具、防护用具等。

2.动物　猪、牛、马等。

三、实训内容

（一）实训内容

1.心血管系统检查　包括心脏叩诊、心音的听诊、脉搏检查。

2.呼吸系统检查　包括呼吸动作检查、上呼吸道检查、咳嗽检查、呼吸音听诊。

3.消化系统检查　包括饮食欲的检查、口腔检查、咽部及食道检查、腹部检查、直肠检查。

4.泌尿生殖系统检查　包括肾脏检查、膀胱检查、尿道检查、外生殖器检查。

5.神经系统检查　包括精神状态检查、运动机能检查、感觉机能检查、感觉器官检查、反射机能检查、头盖及脊柱检查。

（二）实训方法和步骤

1.实训方法　老师边讲边做进行各种检查示教，然后学生分组进行操作练习。同时学生对所学内容进行表演；教师给予评价，指出学生操作不当之处。

2.具体操作方法　见任务 4-3。

3.注意事项

（1）临床一般检查后，根据动物疾病情况或个人习惯，按一定的顺序进行器官系统的临床检查，系统检查的重点与方法不尽相同，临床上应灵活应用。

（2）系统检查应结合临床基本检查方法、临床一般检查、实验室检查等。

（3）采取适当的保定，注意人畜安全。

四、实训作业

概括系统检查的内容与结果，分析异常现象；小结体会。

【自测训练】

1. 食欲的病理变化有________、________、________、________、________；饮欲的变化有________、________。食道的检查常用________、________、________。

2. 临床上精神抑制的主要表现有________、________、________。

3. 动物运动机能常见的病理变化有________、________、________、________。

4. 在被检动物体上如何确定心脏的检查部位？

5. 肺泡呼吸音的增强和减弱各说明什么？主要见于哪些疾病过程中？

6. 简述采食、咀嚼障碍的临床意义。

7. 简述食道检查的临床意义。

8. 口腔检查的内容包括哪些？临床诊断意义如何？

项目 5　动物病理剖检

【知识目标】

- 通过对动物病理剖检方法的学习，了解动物病理剖检的意义；
- 熟悉动物病理剖检前的准备工作、病理剖检的步骤、动物死后尸体的常见变化、尸体病理剖检的注意事项；
- 掌握常见动物尸体病理剖检的方法、常见器官病变的观察。

【能力目标】

- 学会常见动物的病理剖检，识别常见器官的剖检变化，并能综合分析病变，对疾病做出初步判断；
- 能正确编写剖检记录和填写病理剖检报告；
- 能对微生物学、病理组织学和毒物检查材料进行正确采样、保存和送检。

任务 5-1　动物尸体剖检意义及尸体变化规律

动物病理剖检，即动物尸体剖检是运用病理学的理论知识以及其他有关学科的理论、知识、技术，用解剖学的方法检查死亡动物尸体的病理形态学变化来诊断疾病的一种方法。剖检时，必须对动物尸体的病理变化做到全面观察，客观描述，详细记录，然后进行科学分析和推理判断，从而做出符合客观实际的病理诊断。

一、尸体剖检的意义

(1)提高临床诊断和治疗质量，检验临床诊断和治疗的准确性，及时总结经验，提高诊疗质量，避免医疗工作的失误。

(2)尸体的剖检是最为客观、快速的动物疾病诊断方法之一。

(3)确定肉品食用价值，确保人类健康。

(4)促进病理学教学和研究。

二、尸体剖检的分类

尸体剖检分为诊断学剖检、科学研究剖检和法兽医学剖检。

1.诊断学剖检　对正患病动物扑杀进行剖检以达到确诊的目的，主要在于查明患病动物发病和致死的原因、目前所处的阶段和应采取的措施。

2.科学研究剖检　以学术研究为目的，对疾病的发生发展规律进行研究。如人工复制疾病以确定实验动物全身或某个组织器官的病理变化规律。

3.法兽医学剖检　为法律纠纷提供客观依据，以解决与兽医有关的法律问题为目的，在法律的监控下所进行的剖检。

三、尸体的变化

动物死亡后，血液循环停止，机体组织器官的功能和代谢过程先后停止，由于体内存在着的酶和细菌的作用以及外界环境的影响，动物死亡后逐渐发生一系列的死后变化，即尸体变化。尸体的变化有多种，其中包括尸冷、尸僵、尸斑、血液凝固、尸体自溶、尸体腐败。

1.尸冷　动物死亡后，尸体温度逐渐降至外界环境温度水平的现象。

2.尸僵　动物死亡后，肢体由于肌肉收缩变硬，四肢各关节不能伸屈，使尸体固定于一定的形状，这种现象称为尸僵。

3.尸斑　动物死亡后，尸体倒卧侧组织器官的坠积性瘀血现象称为尸斑。一般在死后1～1.5 h即可能出现。

4.血液凝固　动物死亡后血液循环停止，不久心脏和大血管内的血液发生凝固。

5.尸体自溶和尸体腐败　尸体自溶是指动物体内的溶酶体酶和消化酶如胃液、胰液中的蛋白分解酶，在动物死亡后，发挥其作用而引起的自体消化过程。尸体腐败是指在尸体自溶或稍后，尸体组织蛋白由于细菌作用而发生腐败分解的现象，主要是由于肠道内厌氧菌的分解、消化作用，或血液内、肺脏内细菌的作用，也有从外界进入体内的细菌的作用。动物死后尸体变为绿色，称为尸绿。也是腐败的明显标志。尸体腐败过程中产生大量带恶臭的气体，如硫化氢、己硫醇、甲硫醇、氨等，致使腐败的尸体具有特殊的恶臭气味。

四、尸体剖检前的准备

进行尸体剖检，尤其是剖检传染病尸体时，剖检者既要注意防止病原扩散，又要预防自身感染。

1.人员组成　进行剖检工作时，应有主检一人、助检两人、记录员一人。

2.剖检场地的选择　在病理剖检室进行，以便消毒和防止病原扩散。在室外剖检时，应选择地势较高、环境较干燥，远离水源、道路、房舍和畜舍的地点进行。

3.尸体剖检常用的器械和药品　根据死前症状或尸体特点准备解剖器械，一般应有解剖刀、剥皮刀、外科刀、脑刀、外科剪、肠剪、骨剪、骨钳、镊子、骨锯、双刃锯、斧头、骨凿、探针、量尺、量杯、注射器、针头、天平、磨刀棒或磨刀石等。如没有专用解剖器材，也可用其他合适的刀、剪代替。准备装检验样品的灭菌平皿、棉拭子和固定组织用的内盛10%福尔马林或95%酒精的广口瓶。准备常用消毒液，如3%～5%来苏儿、百毒杀、络合碘、0.2%高锰酸钾、70%酒精、3%～5%碘酒等。此外，还应准备凡士林、滑石粉、肥皂、棉花、纱布、工作服、工作帽、胶手套、线手套、胶靴、围裙、摄像机、照相机、放大镜等。

4.剖检人员的防护　剖检人员，特别是在剖检传染病尸体时，应穿工作服，外罩胶皮或塑料围裙，戴胶手套、线手套、工作帽，穿胶鞋。必要时还要戴上口罩和眼镜。

5.尸体消毒和处理　剖检时，可疑传染病的尸体，用高浓度消毒液喷洒或浸泡，如运输时应将天然孔用消毒液浸泡后的棉球堵塞，放入不漏水的运输工具进行运输。尸体应进行无害化处理。

任务 5-2　动物尸体剖检的步骤和程序

为了全面系统地检查尸体所呈现的病理变化，尸体剖检必须按照一定的顺序进行。对于所有的动物而言，一般剖检先由体表开始，然后是体内，体内的剖检顺序，通常从腹腔开始，之后胸腔，再后则其他。通常采用的剖检顺序如下。

一、疾病的临床流行病学调查

在剖检之前，剖检人员特别是主检应对死亡动物的发病经过、临床症状、流行病学、防治经过等进行调查了解，必要时可亲自对病群进行一般临床检查，同时可观察畜舍的周围环境、防疫卫生、饲养管理、饲料质量等情况，但主要还是以尸体剖检所获得的资料作为分析判断的依据。病史调查、畜主和管理人员主诉的情况，只能作参考。

二、尸体外部检查

尸体外部检查的基本顺序是从头部开始，依次检查颈、胸、腹、四肢、背、尾和外生殖器。通常外部检查应包括以下几部分：

(1)动物种类、品种、用途、性别、年龄、毛色、特征。

(2)尸体变化和卧位。

(3)营养的确定：依动物的营养状态，分优良、不良、中等、肥胖和瘦弱等。

(4)皮肤的检查：首先观察皮肤有无脱毛、创伤、褥疮、湿疹、脓肿、疱疹、充血、瘀血、出血以及外寄生虫等，然后检查皮肤的厚度、硬度、弹性以及被毛有无光泽，皮下有无气肿、水肿。

(5)可视黏膜和天然孔的检查：可视黏膜包括眼、鼻、口、肛门、阴唇、阴茎及包皮的黏膜。黏膜的颜色变化通常可反映机体某些器官系统的变化。

(6)检查颈、胸、腹、脊椎、四肢、尾等情况。

三、尸体内部检查

(一)剥皮

切线为一条纵切线，四条横切线。

剥皮顺序：首先使尸体仰卧，第一条纵切线是畜体腹侧正中线，从下颌间隙开始沿气管、胸骨、白线侧方直至尾根部作一切线切开皮肤。切线在脐部、生殖器、乳房、肛门等时，应把切线在其前方左右分为两切线绕其周围切开，然后又会合为一线，尾部一般不剥皮，仅在尾根部切开腹侧皮肤，于 3～4 尾椎部切断椎间软骨，使尾部连于皮肤上。四条横线，即每肢一条横切线，在四肢内侧与正中线呈直角切开皮肤，止于球节作环状切线。头部剥皮，从口角后方和眼睑周围作环状切开，然后沿下颌间隙正中线向两侧剥开皮肤，切断耳壳，外耳部连在皮肤上一并剥离，以后沿上述各切线逐渐把全身皮肤剥下。

(二)皮下组织及体表淋巴结的检查

剥皮同时应注意检查皮下组织的含水程度，皮下血管的充盈量，血管断端流出血液的颜色、性状，有无水肿、气肿和出血性浸润、胶样浸润等。此外，要检查皮下有无肠管、溃疡、肿瘤、炎症、出血等病变，同时要检查皮下脂肪沉积量、色泽和性状。

体表淋巴结应检查其体积大小、被膜血管状态、外观颜色，然后纵切或横切，观察切面的变化等可初步确定淋巴结变化的性质。主要检查以下几种淋巴结：腮腺淋巴结、咽后外侧淋巴结、肩前淋巴结、腹股沟淋巴结、下颌淋巴结、股前淋巴结、腘淋巴结、荐外侧淋巴结。切离四肢检查四肢骨、关节、肌肉有无异常变化。

（三）卧位

卧位一般有三种：

1. 侧卧位　尸体的左侧或右侧卧位。

2. 半侧卧位　尸体背部向左或向右侧倾斜45°。

3. 背侧卧位（仰卧位）　尸体的背脊部与地面呈垂直状态。

马常为右侧卧位，反刍动物常为左侧卧位，猪等小动物适合背侧卧位。

（四）切离前后肢

1. 前肢的切离　首先沿肩胛骨前缘切断臂头肌和颈斜方肌，然后再在肩胛软骨后缘切断胸背阔肌以及腋下血管、神经、下锯肌、菱形肌等，即可取下前肢。

2. 后肢的切离　在股骨大转子处圆切臀肌及股后肌群，助手将后肢向背侧牵引，由内侧切断股内收缩肌和髋关节臀圆韧带及副韧带，即可取下后肢。

（五）腹腔的剖开

1. 侧卧位或半侧卧位　第一条切线先从肷窝沿肋骨弓切开腹壁至胸骨的剑状软骨处，第二切线从肷窝沿髂骨体前缘至耻骨前缘切开腹壁，将切开的三角形腹壁放于尸体下方。

2. 仰卧位　第一切线从胸骨的剑状软骨处距白线2 cm向耻骨联合做一长10～15 cm的切口，切开腹壁肌层，然后用刀尖将腹膜切一小口，此时左手的食指和中指，伸入腹壁的切口中，用手指的背面抵住肠管，同时两手指张开，刀尖夹于两手指之间，刀刃向上，由剑状软骨切口的末端，沿腹壁的线切至耻骨联合处；第二切线，由耻骨联合切口处分别向左右两侧沿髂骨体前缘切开腹壁；第三切线，由剑状软骨处的切口分别向左右两侧沿肋骨弓切开腹壁，根据腹腔内脏器官和内容物情况逐步切至腰椎横突处。

（六）腹腔检查

腹腔内常蓄有气体，腹膜切开即有气体冲出，注意其气味。剖开腹腔时首先应注意器官位置的变化，即注意观察肠、胃、子宫等有无扭转、套叠、嵌闭，其次观察腹腔内有无异物，同时注意腹腔内各器官外观以及它们之间的关系有何变化。对腹腔液体首先观察色泽、性状、透明度，有无纤维素、血液、脓汁、寄生虫等，最后确定其数量。

检查腹腔器官的位置之后，用手移动肠管，观察各部肠管的状态，肠管内容物数量，肠系膜的光泽度，有无出血、纤维素附着，肠系膜的厚度，肠系膜脂肪蓄积量，血管、淋巴管充盈程度，肠系膜淋巴结及其他器官所属淋巴结的变化。待腹腔器官全部摘出后，检查腹膜的光泽度、颜色，有无出血、纤维素粘连等。

（七）胸腔的剖开

胸腔剖开之前，首先应检查胸腔是否真空，在胸壁5～6肋间处，用刀尖刺一小口，此时若听到空气冲入胸腔时发生的摩擦声，同时膈后退，即证明正常。通常剖开胸腔是锯除半侧胸壁，首先切除胸骨及肋骨上附着的肌肉等软组织，再切断与胸壁相连的腹肌，然后用骨锯锯断与胸骨相连的肋软骨，最后在距脊椎 7～9 cm 处自后向前依次将肋骨锯断，然后将锯断的胸壁取下，从而暴露出胸腔。

（八）胸腔的检查

检查胸腔是否真空、骨的质度和脆性、打开胸腔时应检查胸腔液体的数量、色泽、性状，同时还应检查有无异常内容物。

（九）器官的摘出

1. 口腔、颈部及胸腔器官的摘出　首先将头部仰卧固定使下颌向上，用锐刀在下颌间隙紧靠下颌骨内侧切入口腔，切断所有附着于下颌骨的肌肉，至下颌骨角；然后再切离另一侧，同时切断舌骨之间的连接部。将手自下颌骨角切口伸入口腔，抓住舌尖向外牵引。用刀切开软腭，再切断一切与喉连接的组织，连同气管、食道，一直切离到胸腔入口处。向左右分切纵隔，切断锁骨下动脉和静脉及臂神经丛，此时用手握住颈部器官，边拉边分离附着于脊椎部的软组织。在膈部切断食道，后腔静脉和腹主动脉，即可将颈部和胸腔器官全部摘出。

2. 心脏的摘出　用剪刀或刀纵切心包中央线，测量心包液的数量并观察其性状，然后将心脏提至心包外，再横断心包和心脏附着的心基部的大血管，可取出心脏。

3. 肺脏的摘出　在主动脉的下部切断上纵隔，观察右侧的胸腔液，然后从膈上切断后纵隔及食道末端，最后切断靠近胸腔入口处的食道及气管，将手指插进在气管断端已切好的小孔和气管腔，即可将肺取出胸腔。

4. 大血管的摘出　首先在主动脉分支处将膈与大血管分离，然后从主动脉弓往后分离与胸主动脉和腹主动脉周围的联系，再在腹主动脉分支切断血管，最后从胸主动脉向前分离至颈动脉的分支处切断，即可摘出大血管。

5. 腹腔器官的摘出　马属动物和反刍动物，由于胃的形态、容积以及大肠的排列形式不同，因而腹腔器官摘出顺序不同。马属动物先摘出小肠，后摘出大肠，反刍动物胃容积大，所以先采肠后采胃。

6. 脾、胃和十二指肠的摘出　提起脾的基部切断胃脾韧带，即可摘出脾脏，勿将脾门淋巴结切掉，使其附在脾脏上以供检查。切断胃膈韧带、胃肝韧带、肝十二指肠韧带，以及韧带左侧的胆管，向后牵引胃，将食道切断，即可将胃和十二指肠一起摘出。

7. 肝脏及胰脏的摘出　从肠管外壁将胰脏剥离下来，然后切断肝左三角韧带、圆韧带、镰状韧带、后腔静脉，再切左右冠状韧带，最后切断右三角韧带及肝肾韧带，即可采出肝脏。

8. 肾和肾上腺的摘出　首先分离肾周围结缔组织，切断肾门部的血管和输尿管，可取出左右两肾及肾上腺。

9. 骨盆腔器官的摘出　锯断左侧髂骨体，耻骨和坐骨的髋臼处，取出锯断的骨体，即可露出骨盆腔，然后用刀切断直肠与骨盆腔上壁的联系，母畜还须切离子宫与卵巢，再由骨盆腔下壁切断与膀胱、阴道及生殖器官的联系，最后骨盆腔器官一起取出；公畜应将外生殖器与骨盆腔器官一同取出，先切断阴囊和鼠蹊部，把睾丸、附睾、输精管由阴囊取出并纳入骨盆腔内，其次切开阴茎皮肤，将阴茎引向后方，于坐骨部切断阴茎脚、坐骨海绵体肌，再切开肛门周围皮肤，将外生殖器与骨盆腔器官一并取出。

10. 颅腔的剖开和脑的摘出　先把头从第一颈椎分离下来，去掉头顶部所有肌肉，在眶上突后缘 2～3 cm 的额骨上锯一横线，再在锯线的两端沿颞骨到枕骨大孔中线各锯一线，用斧头和骨凿除去颅顶骨，露出大脑。用外科刀切离硬脑膜，将脑轻轻向上提起，同时切断脑底部的神经和各脑的神经根，即可将大脑、小脑一同摘出，最后从蝶鞍部取出脑下垂体。

11. 鼻腔的剖开　先用锯在两眼前缘横断鼻骨，然后在第一臼齿前缘锯断上颌骨，最后沿鼻骨缝的左侧或右侧 0.5 cm 处，纵向锯开鼻骨和硬腭，打开鼻腔，取出鼻中隔，检查鼻中隔黏膜、鼻腔黏膜的变化。

12. 脊椎管的割开和脊髓的摘出　先锯下一段胸椎 10 cm 左右，而后用磨刀棒或肋软骨插入椎管可顶出脊髓，也可沿椎弓的两侧与椎管平行锯开椎管即可观察脊膜，用手术刀剥离周围的组织即可摘出脊髓。

(十) 器官的检查

器官的检查顺序除特殊情况外，一般先检查颈部和胸腔器官，依次检查腹腔、骨盆腔器官，胃肠通常最后检查。器官的检查应遵循一定的规范，对器官的位置、体积、容积、外观、色泽、形态、质度、光泽度以及被膜状态进行检查，发现其病变。

1. 舌　检查黏膜的外观状态，特别注意舌下黏膜是否有出血、疱疹、溃疡等变化，然后沿舌体正中线作一纵切和数个横切口，检查肌层黏膜色泽、质度等，看是否有变性、坏死等变化，白肌病时舌肌层常有变化。

2. 咽、喉头及扁桃体　对黏膜、色泽进行一般检查，重点检查扁桃体黏膜有否肿胀、化脓、坏死等变化。

3. 食道　剪开食道，观察食道黏膜状态，有无损伤、扩张、憩室或狭窄等变化。

4. 甲状腺、副甲状腺、唾液腺、胸腺　观察它们的体积大小、形状、颜色和质度，然后切开，从切面上可观察实质与间质有无异常变化。

5. 心包　用手或镊子提起心尖部心包，用剪刀剪开一切口，观察心包液的数量、性状、色泽、透明度，然后扩大切口，观察心外层的透明度，有无出血、纤维素膜及绒毛、机化灶、粘连、肿瘤等。再检查心脏的外形，确定心冠纵沟脂肪量和性状，冠状血管的充盈程度以及心腔扩张情况等。心外膜出血，常见心冠纵沟有大小不等、数量不一的出血点，亦有条纹状的出血斑。检查心肌表面有无白色条纹状的变性坏死灶。

6. 心脏　一般顺血流方向先从后腔静脉将右心房剪开，然后沿右心室右缘剪至心尖部，再从心尖部，距室中隔约 1 cm 处将右心室前壁及肺动脉剪开，检查右心各部分。左心从左右肺静脉之间剪开左心房，检查二尖瓣口有无狭窄，再沿左心室左缘剪至心尖部，从心尖部沿室中隔左缘向上剪开左心室，直至靠近肺动脉根部时，尽量避免剪断左冠状动脉回旋支，在左冠状动脉主干左缘，即在肺动脉干与左心房之间剪开肺动脉。

7. 心血管　先视检冠状血管，再用剪刀剪开冠状动脉及其分支，观察有无血栓形成等。对大动脉和肺动脉检查动脉内膜有无异常斑点、粗糙、肥厚、钙化灶等。

8. 喉、气管及支气管　首先对喉、气管外部进行一般检查，然后剖开喉部后角，沿气管背侧剪开主气管及两侧基础支气管干，观察喉、气管及支气管干黏膜，有无充血、出血、肿胀、伪膜、溃疡、瘢痕、寄生虫等，与此同时要检查黏膜色泽，管腔内容物的数量、性状、色泽以及有无泡沫，同时检查支气管纵隔淋巴结的变化。

9. 肺　检查前先切断基础支气管干，将肺脏的背面向上放置，检查肺的体积、形态，以及肺胸膜的颜色、光泽度，肺表面是否平坦，有无气肿、萎陷、出血、纤维素、结节、炎症灶等，同时检查肺小叶硬度和含气量，以及确定是否有结节、坏死、钙化、炎症等病灶。外部检查之后对已发现的异常部分，要确定其体积、形态、色泽、质度，然后对病灶做切面检查，判定病变的性质。

外部检查之后，检查肺内部变化。检查肺时，将左右两肺叶分别各做纵切和横切，观察肺组织的血液含量、色泽、间质的宽度以及血管充盈程度和有无血栓等，再检查支气管内的状态，用剪刀剪开支气管，观察支气管腔内有无内容物，如食物、药物、寄生虫、脓性分泌物、干酪样物，同时观察支气管黏膜的颜色，有无充血、出血、结节。肺常见病变为肺瘀血、水肿、气肿，其次为肺炎、肺纤维化、肺脓肿、肺坏疽等。

10. 脾脏　先将网膜剥离，检查脾门血管和淋巴结，称重，然后将脾膈面向上放置好，测量脾的长、宽、厚，再观察其形态、被膜的色彩、出血、瘢痕及结节等变化，此外还应检查脾头、脾尾，边缘有无坏死或梗死、出血等。再用手触摸以判断其质度及有无病灶。

11. 肝脏　正常的肝脏是酱紫色，色调均匀而有光泽，肝小叶的纹理鲜明，触摸时有弹性，不易破碎。

肝脏的检查，首先称重，然后检查形态、大小、颜色、包膜紧张情况。再测量肝脏的长、宽、厚以及肝脏的叶数，然后再在肝门处检查肝动、静脉，胆管和肝门淋巴结。用刀横切或纵切肝左叶、右叶，观察自血管断端流出的血液数量、颜色、性状以及血管内膜、胆管内膜的状态。根据肝的颜色和质度可以判定肝出血、瘀血、淀粉样变、坏死、肝硬化等。

12. 胆囊与胆管　检查胆囊大小、颜色、充盈程度。用剪刀剪开胆囊，观察胆汁颜色、黏稠度以及胆囊有无出血、溃疡、结石等，对胆管应注意检查其内有无结石、寄生虫等。

13. 胰脏　检查形态、颜色、质度、重量，然后做切面检查，必要时用探针插入胰管，并沿之切开，检查管腔内膜状态、管壁的性状及管腔内容物有无异常变化。

14. 肾上腺　首先确定外形、大小、重量，然后纵切，检查皮质与髓质的厚度比例关系，再检查有无出血变化。正常时，小动物皮质呈灰蔷薇色，成年动物呈黄色、赭黄色。

15. 肾　一般先检查左肾，检查肾脂肪囊的脂肪沉积量，有无出血和脂肪坏死，然后将脂肪囊剥离，称重、测量体积，再将肾门向检查者平放于桌上或盘上，用左手固定，以长锐刀沿肾的外缘将肾切割成两等份，肾门外应保留部分软组织相连。

剥离纤维膜，注意剥离的难易程度。检查切面时，首先观察皮质、髓质和中间带之界是否清楚，各层的色泽和比例，特别要注意皮质部的厚度，是增宽还是变薄。最后用剪刀剪开肾盂，检查其内容物的性状、数量和黏膜的状态。

16. 膀胱　先检查膀胱的体积，内容物的数量，以及膀胱浆膜有无出血等变化。然后剪开至尿道口上端，检查膀胱内尿液数量、色泽、性状、有无结石，再翻开膀胱内腔，检查黏膜的状态，有无出血、溃疡等变化，最后剪开输尿管检查黏膜状态和内容物性状。

17. 阴道和子宫　用剪刀沿阴道上部正中线剪开阴道，依次再沿正中线剪开子宫颈和子宫体的大部分，然后斜向两侧剪开子宫角部。依次检查各部内腔的容积，内容物的性状，黏膜色泽、硬度、湿度，有无出血、溃疡、破裂、瘢痕等。

18. 妊娠期流产　应注意检查胎儿是否发育正常，是否死胎、木乃伊，同时检查羊水数量、胎膜、包衣、脐带等，必要时剖开胎儿进行检查。

19. 输卵管和卵巢　输卵管的检查，先触摸，然后切开，检查有无阻塞，管壁厚度，黏膜状态。再检查卵巢形状、大小等，然后纵切，检查黄体和卵泡的状态。

20. 公畜生殖器　对外部形态做一次检查，再检查包皮，有无肿胀、溃疡、瘢痕，用剪刀由尿道口沿阴茎腹侧中线剪至尿道骨盆部，剪开后观察尿道黏膜性状，有无出血等异常变化，可做整个横切口检查阴茎海绵体，最后检查前列腺、精囊腺和尿道球腺，确定其外形、大小和质度，切开后检查切面状态和内容物性状。

21. 脑　打开颅腔后，检查硬脑膜和软脑膜的状态，脑膜的血管充盈状态，有无充血、出血等变化，取出脑后先称重，然后将脑底向上放在方盘内，视检脑底，注意观察视神经交叉、嗅神经、脑底血管状态以及各部分的形态，正常时脑膜透明、湿润、平滑而有光泽。除此之外还应检查脑回和脑沟的状态。病理情况下常见脑膜充血、出血，脑膜混浊等病理变化。若有脑水肿、脑积水、脑肿瘤等病变时，脑沟内有渗出物蓄积，脑沟变浅，脑回变平。

22. 脊髓　取出脊髓后，沿脊髓前后正中线剪开硬脊膜，在脊髓上做多处横切，观察有无出血、寄生虫等病变。

23. 鼻腔和副鼻窦　首先检查鼻中隔，注意鼻腔黏膜状态，再检查鼻道、筛骨、迷路、蝶窦、齿龈、牙齿和鼻甲骨等各部的形态、内容物的量和性状等。

24. 肌肉、关节、腱鞘和腱　纵切或横切各部肌肉，注意外观颜色、光泽度，有无出血、血肿、脓肿、肿瘤等病变，应注意检查旋毛虫和住肉孢子虫。关节着重检查关节液的量和性状，关节囊，关节有无病变、脓性渗出物，关节面有无增生和机化物等。腱鞘和腱应注意观察其色泽、质度，有无断裂或机化灶等变化。

25. 骨和骨髓　在外部检查和剖检过程中，对骨髓的局部损伤和全身性变化有所了解。对损伤局部，除去肌肉进一步观察骨质病变的程度，必要时可锯开观察切面情况。对全身性骨质变化，除对骨的外形和骨质作一般检查外，必要时可取一小块作组织学检查。

骨髓检查：通常取四肢的长管状骨髓。除去附着在骨上的肌肉，切断关节后，沿骨正中线纵轴剪开，检查色泽、性状，特别是红骨髓与黄骨髓的分布比例、性状、色泽，必要时采一小块骨髓作组织学检查。

26. 乳腺　先做外形检查，然后检查所属淋巴结有无病变，用手触摸乳房硬度，注意有无硬节、脓肿等。

27. 胃和十二指肠　首先观察胃的容积、形态、胃壁的硬度和浆膜有无出血变化。然后用肠剪从贲门到幽门沿大弯剪开，并继续沿肠系膜附着处对侧剪开十二指肠，观察胃内容物的数量，鉴别食物种类、性状，注意其中有无血液、胆汁、药物及其他异物。同时检查胃黏膜色泽、充血程度、性状，注意有无出血、溃疡等，特别应检查黏膜上所附黏液的质和量，鉴别是浆液性、黏液性、脓性、纤维素性、出血性等。十二指肠应检查内容物的数量、性状，黏膜是否肿胀、充血、出血及程度，以识别变化性质。

反刍动物的胃：检查各胃的体积、性状、浆膜及血管和淋巴结的状态。除去连接各胃的结缔组织和脂肪组织，然后把胃拉直，使真胃小弯向上放在剖检者左边，瓣胃在真胃的右上方，网胃在真胃右下方，瘤胃在真胃的右侧，然后用剪刀沿真胃小弯开始一直剪到真胃与瓣胃孔，检查该孔的通过性，继续沿网胃的凹侧剪至近网胃小弯处，向左方移到网胃，通过网瓣胃间孔，从左侧沿网胃大弯切开网胃，然后剪开食道末端，再沿瘤胃的背侧和腹侧各作切口，两侧切口终止于后沟附近，这样胃的各部分可全部展开，即可检查各胃内容物的数量、性状，有无铁钉、铁丝等金属异物。检查胃黏膜的状态，着重检查真胃、瓣胃、网胃变化。

禽类的肌胃和腺胃：切开肌胃壁，勿伤及角质膜，然后用两手自切口将肌肉壁与角质膜剥离分开，再剪开角质膜，检查内容物的量和性状，角质膜厚度和坚硬度，有无溃疡，再检查肌胃壁的色泽和硬度。剪开腺胃，检查内容物的性状、黏膜有无出血。特别注意腺胃与肌胃交界处腺体状态。

28.空肠和回肠　首先检查肠管浆膜及肠系膜有无出血、水肿以及肠系膜淋巴结的状态，然后拉直肠管，自空肠开始沿肠系膜附着部剪开，至回肠末端，在剪开肠管过程中，注意肠各段内容物的数量、性状、黏膜状态，遇有病理变化，即暂停剪开进行检查。反刍动物和猪的大结肠剪开之前，首先切开肠袢与肠系膜的联系并检查肠系膜和淋巴结的状态，然后自小结肠结扎端插入肠剪，并沿肠系膜附着部剪开大结肠，继续剪开盲肠直至直肠。检查肠内容物的数量、性状、干湿度、硬度；黏膜有无肿胀、出血、肥厚或变薄，有无纤维素渗出、溃疡。同时注意检查集合淋巴滤泡和孤立淋巴滤泡的状态。

四、尸体剖检的注意事项

（一）尸体剖检的时间

尸体剖检在病畜禽死后越早越好。尸体放久后，容易腐败分解，会影响对原有病变的观察和诊断。剖检最好在白天进行，因为自然光线才能正确反映组织固有色泽，在灯光下，一些病变的颜色不易辨认。必须在夜间剖检时，光线要充足，对不能识别的病变，暂在低温下保存留待次日观察。供分离病毒的脑组织要在动物死后 5 h 内采取。一般死后超过 24 h 的尸体，失去了剖检意义。先无菌采取细菌和病毒分离的病料，再取组织病理学检查材料。

（二）病史的了解

了解动物所在地区疾病的流行情况，动物生前病史，包括临床化验、检查结果和临床诊断等。此外，还应注意治疗、饲养管理和临死前的表现等方面的情况。

（三）自我防护意识

剖检人员要尽可能采取各种防护手段，防止感染微生物、寄生虫，以保证健康。剖检者要穿工作服，戴手套及工作帽、口罩等。

（四）病变的切取

未经检查的脏器切面，不可用水冲洗。切脏器的刀、剪应锋利，切开脏器时，要由前向后，一刀切开。切开未经固定的脑和脊髓时，应避免切面粗糙不平。

（五）尸检后处理

1.衣物和器材　剖检中所用衣物和器材直接高压灭菌后方可清洗和处理；解剖器械放入消毒液内浸泡消毒后再清洗处理。尽量使用一次性手套，消毒后妥善处理。

2.尸体　剖检后的尸体最好是焚化、深埋或生物热处理。野外剖检时，要就地深埋，深埋之前在尸体上洒消毒液，避免尸体被意外挖出。

3.场地　要进行彻底消毒，以防污染环境。

五、尸体剖检记录

尸体剖检记录可分文字记录和图像记录。尸检剖检记录的原则与要求如下：必须遵守系统、客观、准确的原则。记录内容如实反映尸体的病理变化，要真实可靠，内容力求完整详细，重点详写，次点简写，文字记录简练。记录应在剖检当时进行，不可在事后凭记忆追记。

(一)尸体剖检记录的内容

1.前言　包括畜主姓名、动物种类、品种、编号、性别、年龄、毛色、特征、用途、营养、发病日期、死亡日期、剖检日期、剖检人员等。

2.临床摘要　包括主诉、发病经过、主要症状及体征、临床诊断、治疗经过、各种化验室检查结果、死亡前的表现及临床死亡原因等。

3.病理变化记录　包括外部视检、内部剖检以及各器官的检查。

4.实验室检查结果　包括细菌学、免疫学、寄生虫学、病理组织学和毒物学检查结果。

5.总结

(1)病理解剖学诊断　通常在剖检工作结束后，根据病变的性质做出初步结论。

(2)讨论和总结　首先初步确定主要疾病，其次分析各种病变的相互关系，最后初步确定死亡原因。

尸体剖检记录常用格式如表5-1所示。

表5-1　动物尸体剖检记录

剖检序号							
畜主姓名：	种类：	品种：	编号：	性别：	年龄：	特征：	营养：
临床摘要							
临床诊断							
死亡日期							
剖检时间							
剖检地点							
剖检所见							
病理剖解学诊断							
诊断结论							
主检人签字							
呈报单位公章	年　　月　　日　　时						

(二)病理变化的描述

病理变化描述的基础，首先是观察病变，发现病变，识别病变，然后是描述病变。

器官病变的描述包括对器官位置、体积、重量、色泽、外观形态、纹理、湿度、光洁度，切面状态、质度，内容物的数量、性状、颜色、臭味等进行观察描述。病变往往是病理变化的泛指，是指正常器官组织的异常变化。病灶通常是指某一具体病变的特征，如某一器官出血灶、坏死灶、炎灶等。同一个器官同时可存在大小不等、形状不一，几个相同性质或不同性质的病灶。

病变的描述力求文字简洁，语言通俗、形象、客观真实，能够反映病变的本来面貌，切忌使用术语和学术名词代替病变的描述。对皮肤、消化道、肌肉等器官的病变描述，要指明其病变的位置所在。总之，病变描述要具体，详细地说明所在位置。

同样病变在一个器官的不同部位时，可用“同前记”的字样。对无肉眼可见变化的器官一般用“无肉眼可见变化”或“未发现异常”等来描述。

1.计量标准　采用国家公布的计量标准。重量用 g、kg，长度用 cm、mm，容积用 mL 或 L。

2.重量和大小　凡可称量的器官，采出后首先称重，然后用尺量其大小，对病变一方面可用尺测量大小，另一方面可用常见的实物比喻，如鹅卵大、鸡卵大、鸽卵大、麻雀卵大、小米大、高粱米大、粟粒大、黄豆大、绿豆大、蚕豆大等。

3.颜色　器官不同颜色不一，肝、肾、脾、心等以红为主色，只是色调不一；消化器官为灰白色；淋巴结为灰白色，各种动物稍有差异。单色用鲜红、淡红、粉红、白、苍白等描述，复杂色用暗红、棕红、黑红、灰黄、土黄、黄绿等词表示，通常前者表示次色，后者表示主色。

4.表面和切面　器官表面的被膜、浆膜的异常变化可用光滑、粗糙、突出、凹陷、棉絮状、绒毛样、网状、条纹状、斑状、点状、花斑样、虎斑样等描述。切面常用以下词汇描述：平坦、稍实、颗粒状、砂粒状、粉尘样、肉样、脑髓样、固有结构不清、纹理不清、景象模糊、凝固不全、血样物流出等。

5.形状　器官都有固定的形状，病变或病灶多为椭圆形、球形、菜花状、结节状。

6.干湿度　湿润、干燥。

7.透明度　透明、半透明、混浊、清亮。

8.质度和结构　弹性、脆弱、坚硬、柔软、纹理不清、固有结构不清。

9.气味　恶臭、腥味、腐败味。

10.黏膜　易剥离、不易剥离、肿胀。

11.管状器官　扩张、狭窄、闭塞、弯曲。

12.位置　指各器官的正常位置是否有异常变化，如肠变位、肠扭转等。

13.病变和颜色分布情况　局灶性、弥散性、点状、条索状等。

实训操作 5-1　猪的剖检

一、实训目的和要求

掌握猪的剖检方法和基本步骤；掌握常见病理变化的识别。

二、实训材料和器械

1.器械　手术剪、手术刀、手术镊、解剖斧、污水桶、喷雾器、搪瓷盘等。

2.动物　病(死)猪。

3.试剂　消毒剂、碘酒、肥皂等。

三、实训内容

1.猪的处死　最好是用电击将其迅速麻晕，然后前肢动脉放血处死。没有条件的，可由两人将患病猪侧卧保定，在一前肢腋下用手术刀从前肢动脉放血致死。

2.外观检查　猪死亡后变化：尸冷、尸僵、尸斑、血液凝固、尸体自溶及腐败。正确地辨认尸体的变化可以避免把死后变化误认为是生前的病理变化。

3.尸体剖检　尸体取背卧位，一般先切断肩胛骨内侧和髋关节周围的肌肉，将四肢向外侧摊开，以保持尸体仰卧位置固定。

(1)剖开腹腔　从剑状软骨后方沿腹壁正中线由前向后至耻骨联合切开腹壁，再从剑状软骨沿左右两侧肋骨后缘切开至腰椎横突。腹壁被切成大小相等的两楔形，将其向两侧分开，腹腔脏器即可全部露出。

(2)腹腔器官的采出与检查　腹腔切开后，须先检查腹腔脏器的位置和有无异物等。腹腔器官取出后要逐一地仔细检查，可按脾、肠、胃、肝、肾的次序检查。

(3)胸腔剖开与各器官的检查　先检查胸腔压力，然后从两侧最后肋骨的最高点至第一肋骨的中央作锯线，锯开胸腔。用刀切断膈附着部及心包、纵隔与胸骨间的联系，除去锯下的胸骨，胸腔即被打开。然后依次详细检查肺和心脏。

(4)颅腔剖开　清除头部皮肤和肌肉，将头的鼻端向下立起用槌敲击枕嵴即可揭开颅顶露出颅腔。看有无出血点、萎缩、坏死现象。

(5)口腔和颈部器官采出　用刀切断两下颌支内侧和舌连接的肌肉，左手指伸入下颌间隙将舌牵出，剪断舌骨，将舌、咽喉、气管一并采出进行检查。

记录操作过程及检查结果，并进行结果分析。

四、实训作业

描述猪的病理剖检过程和步骤，写出病理剖检后对病猪可能患何种病进行的初步判断，并说明原因。

任务5-3　病料采集与送检

在尸体剖检时，为了做出确切诊断，往往需要采取病料送实验室进一步检查。送检时应严格按病料的采取、保存和寄送方法进行。

一、病理组织材料的采取和寄送

病理材料，要采样全面，而且具有代表性。因此，要采取生命主要器官。采取病料的工具要锋锐，切割时应采取拉切法，避免组织受压造成人为的损伤，保持主要组织结构的完整性，组织块固定前勿沾水。采取的病料应选择病变明显的部位，而且应包括病变组织和周围正常组织，同时应该含有该器官的主要部分，并应多取几块。切取组织块时，切面要平整。要求组织块厚4～5 mm，长、宽1.0～1.5 cm。有时可采取稍大的病料块，待固定后，再切小切薄。易变形的组织应平放在纸片上，一同放入固定液中。病理组织材料用10%福尔马林溶液固定，固定液量为组织体积的6～10倍。容器底应垫脱脂棉，固定时间为1～24 h。已固定的组织，可用固定液浸湿的脱脂棉或纱布包裹，置于玻璃瓶封固或用不透水塑料袋包装于木匣内送检。送检的病理组织学材料要有编号、组织块名称、数量、送检说明书和送检单，以及整理过的尸体剖检记录及流行病学材料，供检验单位诊断时参考。此外，送检的病料，本单位应保留一份，以备必要时复查用。

二、微生物检验材料的采取和寄送

采取病料应于病畜死后立即进行，或于病畜临死前扑杀后采取，尽量避免外界污染，以无菌操作采取所需组织，采后放在预先消毒好的容器内。所采组织的种类，要根据诊断目的而定。如急性败血性疾病，可采取心血、脾、肝、肾、淋巴结等组织供检验；神经症状的疾病，可采取脑、脊髓或脑脊液；局部性疾病，可采取病变部位的组织如坏死组织、脓肿病灶、局部淋巴结及渗出液等材料。污染脏器采病料时，可从深部采取，迅速放在消毒好的容器内封好；采集体腔液时可用注射器吸取；脓汁可用消毒棉球收集，放入消毒试管内；胃肠内容物可收集放入消毒广口瓶内或剪一段肠管两端扎好，直接送检；血液涂片固定后送检；小动物可整个尸体包在不漏水的塑料袋中送检；对疑似病毒性疾病的病料，应放入 50% 甘油生理盐水溶液中，置于灭菌的玻璃容器内密封、送检。

采取病料用的刀、剪、镊子等，使用前、后均应严格消毒。送检微生物学检验材料要有编号、送检说明书和送检报告单。同时，应在冷藏条件下派专人送检。

三、中毒病料的采取与寄送

应采取肝、肾、胃等脏器的组织、血液、尿液和较多的胃肠内容物和食后剩余的饲草、饲料，分别装入清洁的容器内，并且注意剖检用的器材、手套不得被任何化学药剂接触污染，以免影响毒物定量、定性分析。所取病料密封后在冷藏的条件下送出。

四、血清材料的采取与寄送

无菌采血 10～15 mL，放室温待血清析出移入灭菌试管内，加入防腐剂，密封瓶口，放冰箱保存，做中和试验的血清不加防腐剂。所取血清材料应在密封后，冷藏的条件下送出。

实训操作 5-2　猪瘟病料的采取、包装和送检

一、实训目的和要求

掌握动物疫病的病原及其在动物体内的分布情况，了解病料保存方法；通过实训掌握猪瘟病料的采取、包装、送检方法和基本步骤。

二、实训材料和器械

1. 药品　50%的甘油磷酸盐缓冲液（pH 7.4）、75%的酒精棉球、双抗溶液等。

2. 器械　手术剪、手术刀、手术镊、采样袋、送检箱、冰盒、油性记号笔、扁桃体采样器、猪保定器、开口器等。

3. 动物　猪瘟病例。

三、实训内容

1. 选择样品　活体先保定，固定猪体相对不动，用开口器打开病猪口腔，用扁桃体采样器小心刮取部分扁桃体为检测病料。对病死猪可以采集淋巴结、脾脏、肾脏等组织样品作为检测

病料。

2.采取和保存样品　无菌采取新鲜、未腐败的咽扁桃体、淋巴结等病料 3～5 g 放入无菌采样瓶中,加 50%的甘油磷酸盐缓冲液(pH 7.4),加盖密封,并尽快冷冻保存。

3.填写病料送检单(表 5-2)　病料送检单一式三份,其中一份留存根,两份送检验室,待检查完毕后,退回一份。

表 5-2　动物病理材料送检单

<table>
<tr><td>送检单位</td><td></td><td>地址</td><td></td><td>检验单位</td><td></td><td>病料收到日期</td><td></td></tr>
<tr><td>病畜种类</td><td></td><td>发病日期</td><td></td><td>检验人</td><td></td><td>结果通知日期</td><td></td></tr>
<tr><td>死亡时间</td><td></td><td>送检日期</td><td></td><td rowspan="4">检验名称</td><td>微生物学检验</td><td>血清学检查</td><td>病理组织学检查</td></tr>
<tr><td>取材时间</td><td></td><td>取材人</td><td></td><td></td><td></td><td></td></tr>
<tr><td>疫病流行简况</td><td colspan="3"></td><td></td><td></td><td></td></tr>
<tr><td>主要临诊症状</td><td colspan="3"></td><td></td><td></td><td></td></tr>
<tr><td>主要剖检变化</td><td colspan="3"></td><td rowspan="3">检验结果</td><td rowspan="3"></td><td rowspan="3"></td><td rowspan="3"></td></tr>
<tr><td>曾经何种治疗</td><td colspan="3"></td></tr>
<tr><td>病料序号名称</td><td></td><td>病料处理方法</td><td></td></tr>
<tr><td>送检目的</td><td colspan="3"></td><td>诊断和处理意见</td><td colspan="3"></td></tr>
</table>

4.运送样品　病料包装容器要牢固能密闭,病料应与采集记录一同装入专用运输容器中,放入冰块后密封和贴上标签,箱体外必须消毒再送检。包装好的病料要尽快运送,长途以空运为宜。

四、实训作业

1.猪瘟病原检查,应采取哪些病料?

2.猪瘟活体病例,应采集什么病料进行检测?

3.猪瘟病料应如何保存和送检?

项目 6　动物疾病实验室诊断

【知识目标】

- 通过采血、血液检查方法的学习，掌握血红蛋白测定等血液检测技术；
- 通过尿液检查方法的学习，掌握尿液常规检测技术及其临床诊断意义；
- 通过粪便的显微镜检查及化学检验方法的学习，掌握粪便检查的临床诊断意义。

【能力目标】

- 会血液的采集和血液检查技术等基本操作，利用血液检查对动物的呼吸器官病、循环系统病及新陈代谢等疾病进行研究和分析，并做出初步判断；
- 会尿液检查的操作，能进行尿液沉渣镜检标本的制作；
- 会粪便常规化学检验，能利用粪便镜检对部分疾病的病原进行初步判断。

任务 6-1　血液检验

血液检验是临床医学检验中应用最广、对辅助诊断最有价值、最常用的实验室诊断技术之一。血液中的细胞和可溶性成分的改变以及异常成分的出现，不仅反映血液系统本身的生理、病理变化，也反映有关脏器的病理改变。

一、血液的采集、处理及保存

（一）血液采集

1. 实验小动物血液的采集　鼠类的采血如需血量较少可用剪尾采血。兔可进行耳静脉采血，也可心脏取血，将兔仰卧固定，在第 3 肋间胸骨左缘 3 mm 处用注射针垂直刺入心脏，血液随即进入针管。

2. 犬、猫血液的采集　常在后肢外侧小隐静脉和前臂皮下静脉采血。采血前，将犬等固定，局部剪毛，碘酒消毒皮肤。先在剪毛区近心端用乳胶管扎紧，使静脉充盈，用接有注射器的针头穿刺入静脉，将针头固定，以适当速度抽血。采集前臂正中静脉血的操作方法基本与此相同。

3. 禽类血液的采集　翼根静脉采血是将翅膀展开，露出腋窝，将羽毛拔去，即可见明显的由翼根进入腋窝的较粗的翼根静脉。用碘酒消毒皮肤，用左手拇指、食指压迫此静脉向心端，使血管怒张。右手持针头由翼根向翅膀方向沿静脉平行刺入血管内，即可采血。心脏采血是将禽类右侧卧保定，于胸外静脉后方约 1 cm 的三角凹陷处垂直刺入，徐徐抽出注射器推筒，采集心血 5～10 mL。

4. 马、牛、羊、猪血液的采集　在颈部静脉沟的上 1/3 与中 1/3 交界处，局部剪毛消毒，用左手拇指压住近心端颈静脉入胸部位的皮肤，使颈静脉怒张，右手持针头，沿血管平行方向远心端刺入血管。成年猪在耳静脉采血，6 个月以内的猪在前腔静脉采血：猪仰卧，拉直两前肢使与体中线垂直或使两前肢向后与体中线平行。手持针管,针头斜向后内方与地面呈60°角,向右侧或左侧胸前窝刺入,进针2～3 cm即可抽出血液。

(二)血液抗凝

常用的抗凝剂有:EDTA盐、草酸盐、肝素、枸橼酸盐。应用剂量分别为:1% EDTA盐溶液0.1 mL加5 mL血液,2 mg草酸盐溶液加1 mL血液,0.5%肝素溶液0.1 mL加5 mL血液,3.8%枸橼酸三钠溶液1 mL加9 mL血液。

(三)血液保存

血样不能按要求立即检验时,可先制备血液涂片固定,其余血样在冰箱内保存。如血小板检查可保存1 h;血沉及白细胞计数可保存2～3 h;红细胞及红细胞压积测定可保存24 h;血红蛋白测定可保存2～3 d。

二、血液常规检验

血液常规检验包括血液一般检验和红细胞的某些其他检验。一般检验包括:红细胞沉降率(ESP)、红细胞计数(RBC)、血红蛋白测定(Hb)、白细胞计数(WBC)及白细胞分类计数(DC)。

(一)红细胞沉降率的测定

血液中加入抗凝剂后,一定时间内红细胞向下沉降的毫米数,叫作红细胞沉降率,简称血沉。

1.测定原理　动物体内发生异常变化时,血细胞数量及血液中化学成分发生改变,直接影响正、负电荷的相对稳定性。如正电荷增多,则负电荷相对减少,红细胞相互吸附,红细胞沉降速度加快;反之,红细胞相互排斥,其沉降速度变慢。

2.部分动物血沉正常参考值　如表6-1所示。

表6-1　部分动物血沉正常参考值　mm

动物种类	血沉平均值				测定方法
	15 min	30 min	45 min	60 min	
马	31.00	49.00	53.00	55.00	六五型
牛	0.10	0.25	0.40	0.58	六五型
绵羊	0.20	0.40	0.60	0.80	六五型
山羊	0	0.10	0.30	0.50	六五型
猪	3.00	8.00	20.00	30.00	六五型
犬	0.20	0.90	1.20	2.50	魏氏法
猫	0.10	0.70	0.80	3.00	魏氏法

3.诊断意义

(1)血沉加快　见于各种贫血、急性全身性传染病、各种急性局部炎症、创伤、手术、烧伤、骨折、某些毒物中毒、肾病等。

(2)血沉减慢　见于脱水性疾病、严重的肝脏疾病、黄疸、心脏代偿性功能障碍、红细胞形态异常。

（二）红细胞压积的测定

红细胞压积是指压紧的红细胞在全血中所占的百分比，是鉴别各种贫血的一项不可缺少的指标，简称比容，也称作红细胞比积、红细胞压积容量，用 PCV 表示。

1.测定原理　血液中加入可以保持红细胞体积大小不变的抗凝剂，混合均匀，用特制吸管吸取抗凝全血随即注入测定管中离心，使红细胞压缩，然后读取红细胞所占的体积百分比。

2.部分动物红细胞压积正常参考值　如表 6-2 所示。

表 6-2　部分动物红细胞压积正常参考值　%

动物种类	PCV	动物种类	PCV	动物种类	PCV
马	26～40	乳牛	33～50	山羊	26～37
骡	27～34	黄牛	31～50	奶山羊	34～37
驴	30～39	水牛	32～50	绵羊	30～37
兔	31～50	骆驼	29～35	犬	47～59
鸡	24～45	猪	38～44	猫	37～44

3.诊断意义

（1）压积增高　生理性增高见于动物在兴奋、紧张或运动时；病理性增高见于各种性质的脱水，如急性肠炎、牛瓣胃阻塞、急性腹膜炎、食管梗塞、咽炎、小动物的呕吐。

（2）压积降低　见于各种贫血。

（三）血红蛋白含量的测定

血红蛋白含量的测定是用血红蛋白计测定每 100 mL 血液内所含血红蛋白的克数（或用百分数表示），常用沙利氏法。其检测原理是：血液与 0.1 mol/L 盐酸作用后，血红蛋白变为棕色酸性血红蛋白，与标准比色柱比色，求得每 100 mL 血液内所含血红蛋白的克数（或用百分数表示）。

1.部分动物血红蛋白含量正常参考值　如表 6-3 所示。

表 6-3　部分动物血红蛋白含量正常参考值（沙利氏法）　g/100 mL

动物种类	参考值	动物种类	参考值	动物种类	参考值
马	12.7±2.05	黄牛	9.55±1.00	绵羊	11.80±0.87
骡	12.7±2.18	乳牛	11.30±0.73	山羊	11.82±0.45
驴	10.9±3.02	水牛	10.90±1.42	猪	11.60±0.99
犬	17.5±3.40	牦牛	11.10±1.06	兔	11.70±1.06
猫	16.4±1.27	骆驼	11.80±1.03	鸡	12.49±2.86

2. 诊断意义

(1)血红蛋白含量增多　见于机体脱水性疾病，如腹泻、呕吐、大出汗、多尿、便秘、反刍动物瓣胃阻塞及某些中毒病。

(2)血红蛋白含量减少　见于贫血、血孢子虫病、急性钩端螺旋体病、重症寄生虫病等。

(四)红细胞计数

1. 红细胞计数原理　用红细胞稀释液将血样在试管内稀释一定倍数，充入红细胞计数室，在显微镜下计数一定体积内的红细胞数，然后再换算出每升血液中的红细胞数。

2. 部分动物红细胞数正常参考值　如表6-4所示。

表 6-4　部分动物红细胞数正常参考值　　10^{12}/L

动物种类	参考值	动物种类	参考值	动物种类	参考值
马	5.13～10.2	绵羊	8.8～11.2	猪	3.4～7.9
骡	4.9～10.2	山羊	10.3～18.8	犬	5.0～8.7
驴	5.0～7.0	鹿	8.5～10.5	猫	5.0～10.0
牛	5.5～7.2	兔	5.5～7.7	貉	8.5～10.5

3. 诊断意义

(1)红细胞数增多　相对性增多，见于脱水性疾病；绝对性增多，偶尔见于老年动物。

(2)红细胞数减少　见于各种贫血、营养代谢病、血孢子虫病、白血病及恶性肿瘤。

(五)白细胞计数

1. 白细胞计数原理　冰醋酸溶液可将红细胞破坏，计数室内计数一定容积的白细胞数。

2. 部分动物白细胞数正常参考值　见表6-5。

表 6-5　部分动物白细胞数正常参考值　　10^{9}/L

动物种类	参考值	动物种类	参考值	动物种类	参考值
马	5.4～13.5	绵羊	6.4～10.2	犬	6.8～11.8
骡	6.7～13.4	山羊	4.3～14.7	猫	5.0～15.0
驴	7.0～9.0	猪	10.2～21.2	兔	7.0～9.0
牛	6.8～9.4	鹿	7.2～10.2	鸡	19.0～51.0

3. 诊断意义

(1)白细胞增多　见于细菌和真菌感染、炎症、白血病、肿瘤、急性出血性疾病等。

(2)白细胞减少　见于某些病毒性传染病、长期使用某些药物、各种动物的濒死期等。

(六)白细胞分类计数

1. 原理　血液涂片用姬姆萨法或瑞氏法染色，然后对白细胞进行分类计数。

2. 部分动物白细胞分类正常参考值　见表6-6。

表 6-6　部分动物白细胞分类正常参考值

%

动物种类	嗜碱性粒细胞		嗜酸性粒细胞		中性粒细胞						淋巴细胞		单核细胞	
					晚幼细胞		杆状细胞		分叶核细胞					
	变动范围	平均值	变动范围	平均值	变动范围	平均值	变动范围	平均值	变动范围	平均值	变动范围	平均值	变动范围	平均值
马	0～0.6	0.5	2.5～9.5	4.5	0～0.9	0.5	2.0～10.0	4.0	45.0～68.0	53.5	20.0～49.0	34.5	1.5～8.0	2.5
骡	0～0.95	0.5	0.9～8.4	5.0	0～0.59	0.2	0～12.7	5.2	28.6～63.4	46.0	26.7～59.5	42.0	0.01～2.19	1.1
驴	—	0.17	—	5.37	—	1.40	—	1.77	—	36.65	—	53.9	—	0.74
黄牛	0～2.0	0.5	1.0～8.0	4.0	—	—	1.0～8.0	3.0	28.0～53.0	33.0	42.0～71.0	57.0	—	1.77
水牛	—	0.03	—	0.76	—	—	—	3.85	—	39.68	—	52.65	—	3.03
绵羊	0～1.0	0.6	1.0～9.0	4.5	—	—	0～6.0	1.5	26.0～52.0	31.5	37.0～65.0	59.0	1.0～6.0	2.4
山羊	0～0.2	0.1	3.0～12.0	6.0	—	—	0.5～5.0	1.0	29.0～38.0	34.0	50.0～63.5	57.5	1.0～2.2	1.5
猪	0～1.0	0.5	0～5.8	2.5	0～5.4	1.0	3.0～7.0	5.5	28.0～45.0	31.5	40.0～70.0	55.5	2.0～6.0	3.5
骆驼	—	0.5	—	8.0	—	1.0	—	6.5	—	47.5	—	35.0	—	1.5
犬	—	1.0	—	6.0	—	—	—	3.0	—	58.0	—	25.0	—	7.0
梅花鹿	0～1.2	0.2	0～4.6	1.6	0～1.2	0.2	0～15.5	4.5	11.0～68.0	39.5	22.0～82.0	52.5	0～4.0	1.5
兔	2.0～8.0	4.0	0.5～2.0	1.5	0～4.0	1.0	0～6.0	1.5	21.0～40.0	30.0	46.0～78.0	52.0	1.0～12.5	4.0

注：正常时，中性粒细胞的中幼细胞，除在马可见 0.18%外，其他动物为 0。

3. 诊断意义

(1)中性粒细胞增多与减少　增多见于猪丹毒等传染病,化脓性炎症,酸中毒及大手术后1周内;减少见于猪瘟、流感等病毒性疾病,各种疾病的垂危期。

(2)嗜酸性粒细胞增多与减少　增多见于寄生虫病;减少见于尿毒症等。

(3)淋巴细胞增多与减少　增多见于某些慢性传染病、急性传染病的恢复期、某些病毒性疾病等;减少见于急性传染病的初期及各种疾病的濒危期。

(4)单核细胞增多与减少　增多见于某些原虫病、某些慢性细菌性疾病以及某些病毒性疾病;减少见于急性传染病的初期和各种病症的垂危期。

三、血液生化检验

(一)血液葡萄糖的检测

1. 原理　无蛋白血滤液中的葡萄糖,具有还原性,与碱性高铜混合加热后,将高铜还原成低铜而呈红色沉淀,此沉淀物再被磷钼酸氧化成蓝色物质。与同样处理的标准葡萄糖管比色,从而求得血糖含量。

2. 部分动物血糖正常参考值　见表6-7。

表6-7　部分动物血糖正常参考值　mg/100 mL

动物种类	参考值	动物种类	参考值
马	80～120	绵羊	40～60
牛	60～100	猪	50～100
犬	70～100		

3. 诊断意义

(1)血糖增高　见于糖尿病及内分泌疾病。

(2)血糖降低　见于胰岛素分泌过多症、胰腺癌、严重贫血、肾功能衰竭等。

(二)血清钙的测定

1. 原理　血清中的钙离子在碱性溶液中与指示剂钙红结合成为可溶性复合物,使溶液呈淡红色。当滴入EDTA-Na_2后,能与钙离子螯合成不溶性络合物,使指示剂游离,呈蓝色,以EDTA-Na_2滴定时,溶液由红色转变成蓝色为滴定终点,记取消耗量,可求得血清钙含量。

2. 部分动物血清钙正常参考值　见表6-8。

表6-8　部分动物血清钙正常参考值　mg/100 mL

动物种类	血清钙		动物种类	血清钙	
	范围	平均值		范围	平均值
马	9.33～11.93	10.63	绵羊	8.20～10.84	9.52
骡	9.45～12.25	10.85	山羊	10.09～10.95	10.52
乳牛	8.80～11.40	9.90	猪	9.06～11.19	10.11
牦牛	9.36～11.12	10.24	骆驼	9.60～10.76	10.18
水牛	8.58～10.88	9.73	犬	8.12～12.20	10.16
黄牛	9.26～10.70	9.98	猫	7.25～9.19	8.16

注:表中值均为EDTA-Na_2法测值。

3. 诊断意义

(1)血清钙增高　见于甲状旁腺机能亢进及维生素 D 中毒时。

(2)血清钙降低　又称低血钙症,见于幼畜低钙性佝偻病等。

(三)血清中无机磷的测定(磷钼酸法)

1. 原理　以三氯醋酸沉淀血清中的蛋白质,血清无机磷仍保留在酸性滤液中。加钼硫酸试剂于滤液,则与滤液中的磷结合成磷钼酸。再以氯化亚锡把它还原成蓝色的化合物钼蓝。与同样处理的标准液比色,求得无机磷的含量。

2. 部分动物血清无机磷正常参考值　见表 6-9。

表 6-9　部分动物血清无机磷正常参考值　mg/100 mL

动物种类	平均值	变动范围	动物种类	平均值	变动范围
马	4.62	2.55～6.69	绵羊	3.78±0.78	
骡	3.19	2.73～4.65	猪	6.30±1.43	
黄牛	6.96±3.37		仔猪(哺乳)	7.91	5.21～10.64
乳牛(公)	6.50	4.23～9.0	犬	3.1	2.2～4.0
乳牛(母)	5.96	3.33～10.5	猫	6.40±1.17	
水牛	5.38±1.27				

3. 诊断意义

(1)血清无机磷增高　主要见于发育生长的健康幼畜;马、牛骨质疏松症;过量补给维生素 D;肾功能不全或衰竭;骨折愈合期;纤维性骨营养不良;肠道阻塞及胃肠道疾病所致的酸中毒;甲状旁腺机能减退。

(2)血清无机磷降低　主要见于饲料低磷性骨软症;饲料低磷性佝偻病;肾小管变性的病变;注射大量葡萄糖;原发性甲状旁腺机能亢进。

(四)血浆 CO_2 结合力检测(微量滴定法)

1. 原理　血浆中加入定量标准盐酸后,血浆中碳酸氢钠被中和,放出 CO_2,再用标准氢氧化钠滴定所剩余的盐酸,以求出 CO_2 的含量。

2. 部分动物血浆 CO_2 结合力正常参考值　见表 6-10。

表 6-10　部分动物血浆 CO_2 结合力正常参考值　mL/100 mL

动物种类	血浆 CO_2 结合力		动物种类	血浆 CO_2 结合力	
	范围	平均值		范围	平均值
马	53.25～73.64	64.70	乳牛	44.76～60.47	56.00
骡	49.05～71.96	64.70	牦牛	44.76～58.19	52.66
驴	56.58～68.28	62.40	猪	27.00～56.00	47.00

3. 诊断意义

(1)血浆 CO_2 结合力降低　为代谢性酸中毒的指征。

(2)血浆 CO_2 结合力增高　为代谢性碱中毒的指征。

实训操作 6-1　血液检验技术

一、实训目的和要求

掌握血沉测定、血红蛋白测定、红细胞计数、白细胞计数等血液常规检测方法;掌握血清中葡萄糖、钙、磷测定等血液生化检测方法。

二、实训材料和器械

1. 器械　注射器、酒精棉球、试管、吸管、血沉器、血红蛋白计、计数板、显微镜、玻片、蒸发皿、硫酸干燥器、电子天平、721 分光光度计、刻度滴定管、容量瓶、烧杯等。

2. 试剂　红细胞稀释液、白细胞稀释液、瑞氏染色液、肝素抗凝剂、钙标准液、EDTA-Na_2 贮存液、EDTA-Na_2 应用液、钙红指示剂、10%三氯醋酸溶液、磷酸盐储存标准液、磷酸盐应用标准液、钼硫酸试剂、氯化亚锡储存液、氯化亚锡应用液等。

3. 动物　鸡、羊或牛。

三、实训内容

(一)常规血检技术

1. 血样制备　采血后,按 0.5%肝素溶液 0.1 mL 加 5 mL 鲜血,混匀备用。

2. 血沉测定　以魏氏血沉测定法为例。

(1)检测方法　测定时,取一刻度试管,加入抗凝的样品血液,随后用魏氏血沉管吸取抗凝全血至刻度 0 处,于室温内垂直固定在血沉架上,记录 15 min、30 min、45 min、60 min 血细胞沉降数值。

(2)注意事项　抗凝全血可直接进行测定;血沉管必须垂直静立;测定室温最好是在 20℃左右;血液柱面不应覆盖气泡;采血与检测时间的间隔最长不得超过 3 h;夏季经过冷藏的血液样品,应先把血液温度回升到室温后再行测定;抗凝剂量要与血液量相适应;马、骡、驴的抗凝全血,测定之前必须混匀。

3. 血红蛋白测定　利用沙利氏血红蛋白计进行检测(图 6-1)。

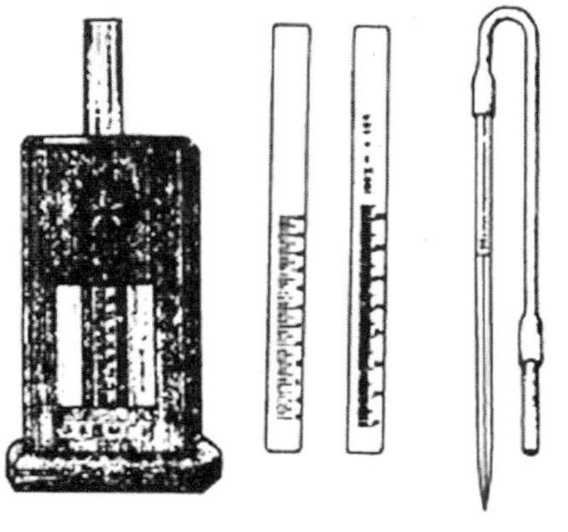

图 6-1　沙利氏血红蛋白计

在血红蛋白稀释管内加入 0.1 mol/L 盐酸溶液至百分刻度“20”;用血红蛋白吸管吸取血液至“20”刻度处,拭净管外血液,缓缓吹入血红蛋白稀释管内混匀;静置 10 min;分次沿测定管壁滴加蒸馏水,边加边混匀边比色,直至测定管内液体的颜色与标准比色柱一致为止,读取测定管刻度数,即为 100 mL 血液内所含血红蛋白的克数或百分数。

4. 红细胞计数

(1)计数板　如图 6-2 所示，计数板刻有两个计数室。每个计数室划分为 9 个大方格，四角每个大方格则分为 16 个中方格，供白细胞计数用。中央一个大方格用双线划分为 25 个中方格，每个中方格又划分为 16 个小方格，共计 400 个小方格，供红细胞计数用。

(2)稀释血液　吸取红细胞稀释液 4.0 mL，置于小试管中，用沙利氏吸管吸取血液 20 μL，吹入试管底部，将血液稀释 200 倍。

(3) 充液　先将盖玻片紧密盖于计数室上，用毛细吸管吸取稀释血液，滴放于计数室与盖玻片之间空隙处，使其自然流入计数室内，静置数分钟，待红细胞下沉后，开始计数。

(4) 计数　先用低倍镜，找到计数室的格子后，把中央大方格置于视野之中，然后转用高倍镜。在中央大方格内选择四角与中间的 5 个中方格计数，每个中方格有 16 个小方格，总共 80 个小方格。计数时按“数左不数右，数上不数下”的计数法则进行(图 6-3)。

(5)计算

$$R=\frac{X}{80}\times 400\times 200\times 10\times 10^{6}$$
$$R=X\times 10\times 10^{9}$$

式中：R 为血液中红细胞数，个/L；X 为 5 个中方格即 80 个小方格内的红细胞总数。

(6)注意事项　红细胞计数的关键是防止血液部分凝固，防止红细胞溶解，取样要正确。显微镜载物台保持水平，防止液体流向一侧而计数不准。

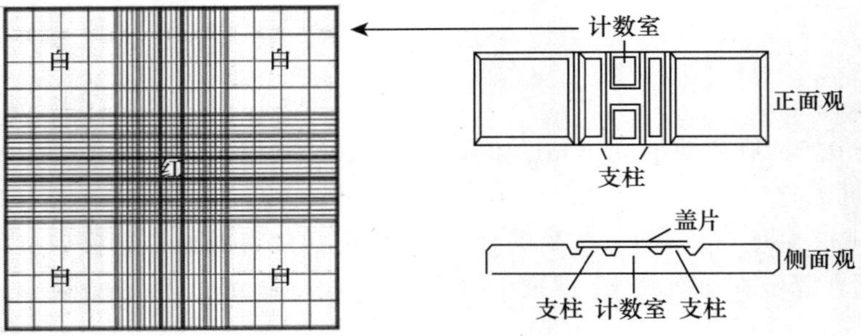

图 6-2　红细胞计数板

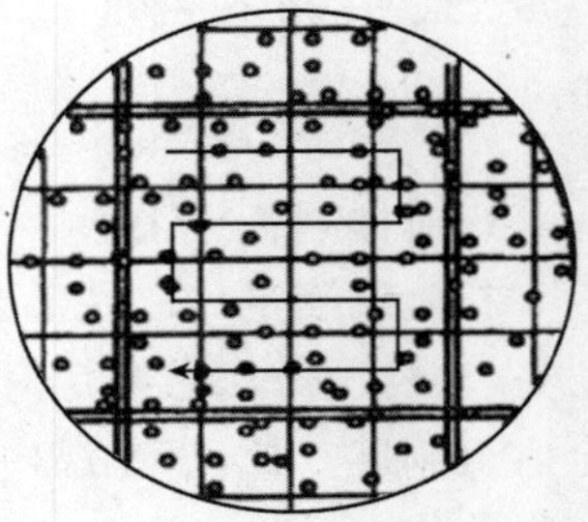

图 6-3　红细胞计数顺序

5. 白细胞计数

(1)稀释血液　在小试管内加入白细胞稀释液 0.38 mL，用沙利氏吸血管吸取 0.02 mL 吹入试管中，反复吸吹数次，充分振荡混合。

(2)充液　吸取被稀释血液，沿计数板与盖玻片的边缘充入计数室内，静置 1～2 min。

(3)计数　用低倍镜观察，依次数完计数室四角 4 个大方格内的全部白细胞，计数法则同样按“数左不数右，数上不数下”的原则。

(4)计算

$$W=\frac{X}{4}\times 20\times 10\times 10^{6}$$
$$W=\frac{X}{20}\times 10^{9}$$

式中：W 为血液中白细胞数，个/L；X 为四角 4 个大方格内的白细胞总数。

6.白细胞分类计数

(1)制作血液涂片　选取载玻片作为推片，左手的拇指与食指、中指夹持一洁净载玻片，取被检血液一滴，置于其右端，右手持推片置于血滴前方，并轻轻向后移动推片，与血滴接触扩散开后，以30°～45°角向前匀速用力推，形成血膜自然风干（图6-4）。血液分布均匀，厚度适当，两端留有适当空隙，以便注明畜别、编号及日期，即可染色。

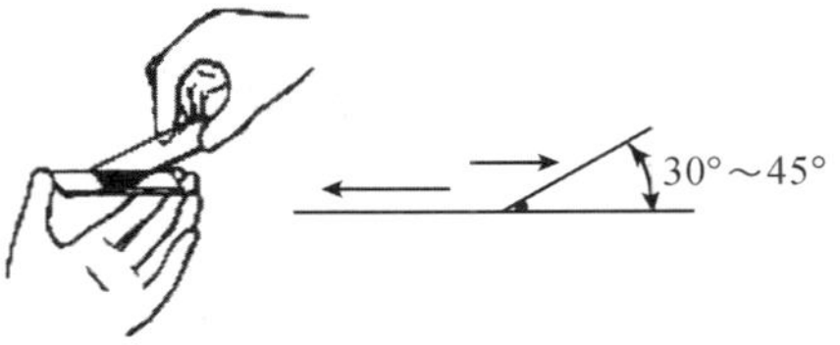

图6-4　血液涂片推片方法

(2)染色　常用染色方法有：瑞氏染色法、姬姆萨氏染色法、瑞-姬氏复合染色法。

(3)镜检　先用低倍镜大体观察白细胞的分布情况，再换用油镜计数，通常在血片的两端或两端的上下部按二区或四区计数法，有顺序地移动血片，计数白细胞100或200个，分别记录各类白细胞数，最后算出各类白细胞所占百分比。

(4)各种白细胞的形态特征　瑞氏染色法染色后，血液中白细胞形态如图6-5所示。

中性粒细胞：约是红细胞的2倍大小，成熟程度不同又各有其特点。

幼稚粒细胞的细胞浆呈粉红色或蓝色，胞浆中颗粒为蓝红色的微细颗粒；细胞核为椭圆形，呈红紫色，染色质细致。杆状核粒细胞的细胞浆呈粉红色，细胞浆中的颗粒为粉红色、蓝色的微细颗粒；细胞核为马蹄形或腊肠形，呈浅紫蓝色，核染色质细致。分叶核粒细胞的细胞浆呈浅粉红色，细胞浆中颗粒为粉红色或紫红色的微细颗粒；细胞核分叶，多为2～3叶，核呈深紫蓝色，核染色质粗糙。

嗜酸性粒细胞：大小与中性粒细胞大致相等或稍大。细胞核杆状或分叶，以2～3叶居多，呈浅蓝色，核染色质粗糙。细胞浆呈蓝色或粉红色，嗜酸性颗粒为粗大的深红色颗粒，分布均匀。

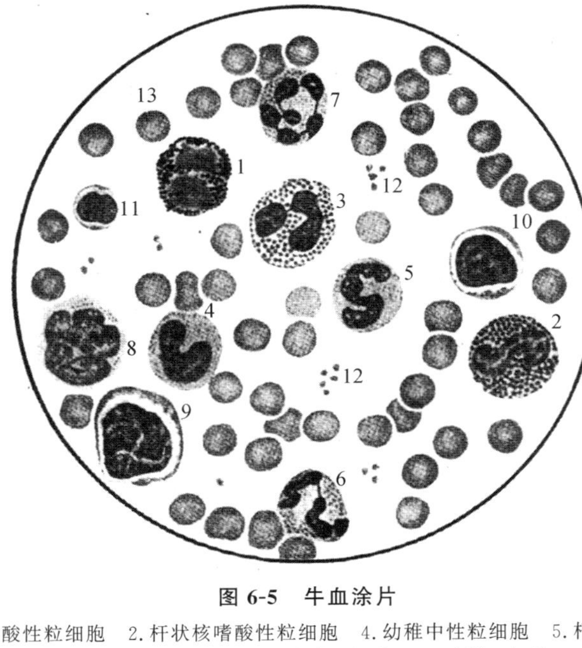

图6-5　牛血涂片

1、3.分叶核嗜酸性粒细胞　2.杆状核嗜酸性粒细胞　4.幼稚中性粒细胞　5.杆状核中性粒细胞
6、7.分叶核中性粒细胞　8.单核细胞　9.大淋巴细胞　10.中淋巴细胞　11.小淋巴细胞
12.血小板　13.红细胞

嗜碱性粒细胞：大小与中性粒细胞相似。细胞核杆状或分叶，以2～3叶居多，呈淡紫蓝色，细胞浆呈粉红色，嗜碱性颗粒为较粗大的蓝黑色颗粒，位于细胞的边缘，分布不均。

淋巴细胞：淋巴细胞的细胞核为圆形，有的凹陷，呈深紫蓝色，核染色质致密；细胞浆少，呈深蓝色或天蓝色。在增殖阶段的淋巴细胞往往体积增大，为淋巴母细胞，也称为大淋巴细胞；成熟的淋巴细胞称为小淋巴细胞。

单核细胞：比其他白细胞都大，胞核为豆形、圆形或椭圆形、山字形等，呈淡蓝紫色，核染色质细致而疏松，细胞浆多呈灰蓝色或天蓝色，有许多细小的淡紫色颗粒。

（二）血液生化检验技术

1. 血清中葡萄糖的检测

（1）制备无蛋白血滤液　取小烧杯或大试管1支，先加蒸馏水7 mL，再加入新鲜抗凝血1 mL，充分混匀，使之溶血。然后，加入10%钨酸钠溶液1.0 mL，混匀。最后，徐徐加入2∶1硫酸溶液1 mL，随加随摇，充分混匀。放置5～10 min后，用优质滤纸过滤或离心沉淀，即可获得无色清亮的无蛋白血滤液。

（2）检测血糖　取血糖测定管3支，分别标记测定管、标准管及空白管，按表6-11所示操作。

表6-11　检测血糖的操作步骤　　mL

步骤		测定管	标准管	空白管
1	无蛋白血滤液	2	0	0
	葡萄糖标准应用液	0	2	0
	蒸馏水	0	0	2
	碱性铜溶液	2	2	2
2	混合后，在沸水中煮沸8 min（严守时间），取出后浸于冷水中2～3 min（不可摇动）			
3	磷钼酸试剂	2	2	2
4	混合后，在室温下静置2 min			
5	蒸馏水加至	25	25	25
6	混匀，待管内二氧化碳逸出后比色，选用620 nm滤光片比色，读取各管光密度			

（3）计算

$$全血血糖含量(mg/100\ mL)=\frac{测定管光密度\times0.2\times100}{标准管光密度\times0.2}$$

标准制的换算：血中葡萄糖（mmol/L）＝血中葡萄糖（mg/100 mL）×0.555

$$血中葡萄糖=\frac{测定管光密度}{标准管光密度}\times5.55$$

（4）注意事项　血糖测定管必须符合标准，否则不能应用；当碱性硫酸铜溶液有黄色沉淀或磷钼酸试剂变为蓝色，则意味着已变质，应重新配制试剂；血液标本必须新鲜，不能放置过久，否则血糖易分解，致使血糖含量偏低。如不能及时测定，可先制成无蛋白血滤液后，在冰箱内保存。

2. 血清钙的测定

（1）操作方法　取小试管3支，按表6-12进行操作。

表6-12　血清钙 EDTA-Na_2 滴定法测定步骤　mL

步骤		测定管	标准管	空白管
1	血清	0.2	0	0
2	钙标准液	0	0.2	0
3	蒸馏水	0	0	0.2
4	0.2 mol/L 氢氧化钠溶液	1.0	1.0	1.0
5	钙红指示剂（滴）	1	1	1
6	混合后，立即用 EDTA-Na_2 应用液滴定，直到溶液显蓝色为止，记录消耗量，进行计算			

（2）计算

$$\text{血清钙(mg/100 mL)}=\frac{\text{测定管消耗数}-\text{空白管消耗数}}{(\text{标准管消耗数}-\text{空白管消耗数})\times 0.02\times(100/0.2)}$$

$$=\frac{\text{测定管消耗数}-\text{空白管消耗数}}{(\text{标准管消耗数}-\text{空白管消耗数})\times 10}$$

标准制的换算：血清钙(mmol/L)＝血清钙(mg/100 mL)×0.249 5

3. 血清无机磷的测定

（1）操作方法　采血后尽快分离血清，取血清1 mL，加10％三氯醋酸溶液4 mL，混匀，静置1～2 min，过滤，每2 mL滤液中含血清0.4 mL。血清无机磷测定的操作步骤如表6-13所示。

表6-13　血清无机磷测定操作步骤　mL

步骤		测定管	标准管	空白管
1	无蛋白血滤液	2.0	0	0
2	磷酸盐应用标准液	0	2.0	0
3	蒸馏水	5.0	5.0	7.0
4	钼硫酸试剂	2.0	2.0	2.0
5	混匀后立即加入氯化亚锡应用液	1.0	1.0	1.0
6	立即混匀，静置1 min，用640～700 nm滤光片，以空白管调零，分别测定各管的光密度			

（2）计算

$$\text{血清无机磷(mg/100 mL)}=\frac{\text{测定管光密度}}{\text{标准管光密度}}\times 0.02\times(100/0.4)=\frac{\text{测定管光密度}}{\text{标准管光密度}}\times 5$$

四、实训作业

分析检查结果，总结实训内容和体会。

任务 6-2　尿液检查

常用的尿液检查方法包括物理方法、化学方法和显微镜检查法。物理方法检查其物理性状，如尿量、颜色、透明度、气味、比重等；化学方法测定其化学成分，如酸碱度、蛋白质、葡萄糖、潜血等；显微镜检查尿中的沉渣，如无机沉渣、有机沉渣等。

一、尿液采集与保存

通过动物自然排尿或用导尿管采集法，接取尿液，置于清洁容器内，立即检验或送检。如不能马上检验或送检，应放在冰箱内保存，或加入防腐剂保存。但供细菌学检查的尿液，不能加防腐剂。

二、尿液的物理学检查

检查内容包括：尿量、气味、透明度、颜色及比重。前四项检查方法及诊断意义可参见任务4-1“临床检查的基本方法与程序”，本节不再重复。部分动物尿液比重正常参考值，见表 6-14。

尿比重病理性增高，主要见于热性病、腹泻、呕吐、急性肾炎、心力衰竭等；尿比重病理性降低，主要见于尿崩症、渗出性疾病的吸收期及服利尿剂之后。

表 6-14　部分动物尿液比重正常参考值

动物种类	参考值	动物种类	参考值
马	1.025～1.055	猪	1.018～1.022
牛	1.025～1.050	犬	1.020～1.050
羊	1.015～1.065	猫	1.020～1.040

三、尿液的化学检验

1. 测定尿液酸碱度（pH 试纸法）

（1）测定方法　将 pH 试纸条浸入尿中，取出后与标准比色板比色即可判定。

（2）部分动物尿液正常 pH　见表 6-15。

表 6-15　部分动物尿液正常 pH

动物种类	pH	动物种类	pH
马	7.2～7.8	山羊	8.0～8.5
牛	7.2～8.7	羔羊	6.4～6.6
犊牛	7.0～8.3	猪	6.5～7.8

（3）诊断意义　草食兽尿液为酸性，见于牛酮血病、骨软病、大出汗、饥饿、消耗性疾病、营养不良以及某些热性病等。肉食兽尿液为碱性或草食兽尿液变成强碱性，见于剧烈呕吐、膀胱炎等。

2. 定性检测尿蛋白质(磺基水杨酸法)

(1)原理 磺基水杨酸的酸根阴离子与蛋白质中的氨基阳离子相结合,生成不溶性蛋白盐而析出沉淀。结果判定标准见表6-16。

表6-16 尿蛋白质磺基水杨酸法检验结果判定标准

试验反应	结果判定	试验反应	结果判定
尿液透明	−	稀乳样混浊	++
轻微混浊	±	乳样混浊或有少量絮片	+++
清楚的白色	+	絮片状混浊	++++

注:"−"代表阴性,"+"代表弱阳性,"++"代表阳性,"+++""++++"代表强阳性,"±"代表可疑。

(2)诊断意义 肾性蛋白尿,见于肾炎、肾病等;肾外性蛋白尿,见于输尿管炎、膀胱炎、尿道炎等;某些急慢性传染病(如流行性感冒、传染性胸膜肺炎、结核、鼻疽等)、血孢子虫病及急性中毒病过程中,使肾脏或尿路发生病变也常呈现蛋白尿。

3. 定性检测尿葡萄糖(班氏法)

(1)原理 尿中葡萄糖的醛基在热碱性溶液中,能将高价铜(Cu^{2+})还原成低价铜(Cu^{+}),生成棕红色的氧化亚铜沉淀。结果判断标准见表6-17。

表6-17 尿糖班氏法检验结果判定标准

试验反应	葡萄糖含量/(g/100 mL)	结果判定
煮沸冷却后仍呈清晰蓝色	无	−
煮沸冷却后有少量绿色沉淀	0.1～0.5	+
煮沸1 min后显少量黄绿色沉淀	0.5～1.4	++
煮沸1～15 s即显土黄色沉淀	1.4～2.0	+++
煮沸中即见黄色或红棕色沉淀	2.0以上	++++

注:"−"代表阴性,"+"代表弱阳性,"++"代表阳性,"+++""++++"代表强阳性。

(2)诊断意义

①生理性糖尿 见于家畜采食大量含糖饲料,或兴奋、惊恐时,多为暂时性。

②病理性糖尿 见于肾脏病症、脑脊髓疾病(如脑脊髓炎、脑出血等)、化学药品中毒(如水合氯醛中毒)、乳房炎、产后瘫痪及糖尿病(犬、猫较多见)等。

4. 尿酮体检测(改良骆氏法)

(1)原理 在碱性溶液中,亚硝基铁氰化钠与尿中乙酰乙酸作用,生成紫红色化合物(表6-18)。

表6-18 尿酮体检验判定标准

试验反应	结果判定	报告方式
立即出现深紫色	强阳性	+++～++++
立即呈现淡紫色而后转为深紫色	阳性	++
逐渐呈现淡紫色	弱阳性	+
5 min内无紫色出现	阴性	−

(2)诊断意义　尿中检出酮体,常见于牛酮血症、绵羊妊娠毒血症及犬猫糖尿病等。尿中酮体检验是早期查出乳牛亚临床酮血病的常规项目之一。

5.尿胆红素检测(碘环法)

(1)操作方法　取尿液2 mL于小试管中,沿管壁慢慢加入稀碘液2 mL,在两液交界处形成绿色环者为阳性反应,颜色越深胆红素含量越高。

(2)诊断意义　健康家畜尿中不含胆红素,如尿中检出胆红素,则为肝实质损伤或阻塞性黄疸的特征。

6.尿潜血检测(邻甲苯胺法)

(1)原理　血红蛋白有类似过氧化氢酶的作用,能分解过氧化氢,放出新生态氧,使邻甲苯胺氧化生成蓝绿色化合物。判定标准见表6-19。

表6-19　邻甲苯胺法测定尿潜血结果判定标准

试验反应	判定结果	试验反应	判定结果
3 min后不显蓝绿色	－	立即显蓝绿色	＋＋
30～60 s内显蓝绿色	＋	立即显深蓝色	＋＋＋

(2)诊断意义　检测呈现阳性,表明尿中有血液或血红蛋白存在。可通过尿沉渣显微镜检查加以区别,如发现有一定量红细胞存在为血尿;反之则为血红蛋白尿。前者见于泌尿器官出血性疾病、某些传染病及寄生虫病;后者则见于牛产后血红蛋白尿病、新生仔畜溶血病等。

7.肌红蛋白尿的检测

(1)原理　尿中血红蛋白和肌红蛋白均可与邻甲苯胺作用呈现阳性反应。但由于血红蛋白能被80%硫酸铵溶液所沉淀,而肌红蛋白在此浓度时仍以溶解状态存在,故可先用80%硫酸铵溶液使血红蛋白沉淀并除去,再用邻甲苯胺检验有无肌红蛋白存在,加以鉴别。

(2)诊断意义　尿液中出现肌红蛋白,常见于马麻痹性肌红蛋白尿病、硒缺乏症等病过程中。

四、尿沉渣的检查

尿沉渣的成分主要有两类:有机沉渣和无机沉渣。前者包括上皮细胞、红细胞、白细胞、脓细胞、各种管型及微生物等。

1. 尿中有机沉渣的检查

(1)常见有机沉渣

①红细胞　新鲜尿中红细胞形态正常,无核,呈淡黄色圆形。家禽红细胞有核,呈卵圆形。

②白细胞　呈无色圆形,核模糊。

③上皮细胞　尿中常见上皮细胞有:肾上皮细胞、尾形上皮细胞、扁平上皮细胞。

④管型　是肾脏发生病变时,由于肾小球滤出的蛋白质在肾小管内变性凝固,或变性蛋白质与其他细胞成分相黏合而成的直的或稍弯曲的圆柱状物体。

(2)诊断意义

①健康动物尿中无红细胞,偶见极少白细胞。如尿中出现一定量的红细胞,则表明泌尿系统有出血性炎症或损伤;出现一定量的白细胞及脓细胞,则表明泌尿系统发生炎症,见于肾炎、肾盂肾炎、膀胱炎、尿道炎及肿瘤等。

②当某种上皮细胞明显增多，则表明该细胞原在部位有病变。如肾上皮细胞增多，见于急性肾炎和肾病；尾形上皮细胞增多，表明尿路黏膜有重剧炎症；扁平上皮细胞增多，见于膀胱和尿道黏膜的表层炎症。

③尿中出现管型是肾脏疾病的重要标志，见于急、慢性肾炎及引起肾脏病变的疾病。

2.尿中无机沉渣的检查　无机沉渣主要有各种盐类结晶和一些结晶性物。

(1)碱性尿中的无机沉渣　包括碳酸钙、磷酸钙、马尿酸及磷酸铵镁、尿酸铵等(图6-6)。

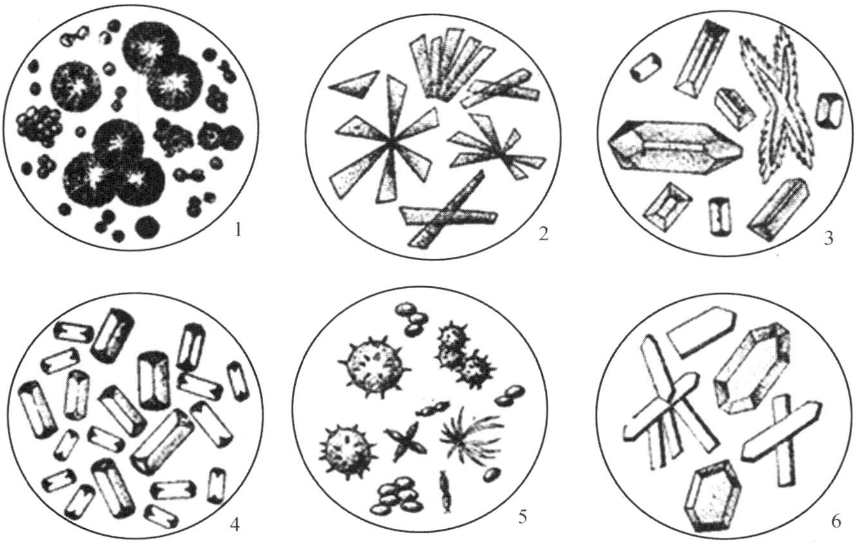

图6-6　碱性尿中的无机沉渣

1.碳酸钙结晶　2.磷酸钙结晶　3、4.磷酸铵镁结晶　5.尿酸铵结晶　6.马尿酸结晶

前三者为尿的正常成分，其减少或消失，则为病态，如草食动物尿中缺乏碳酸钙，为尿变酸性的特征。如尿中出现磷酸铵镁，为肾盂肾炎和膀胱炎的特征。在新鲜尿中出现尿酸铵结晶，表明有化脓性感染。

(2)酸性尿中的无机沉渣　酸性尿中的无机沉渣有草酸钙结晶、硫酸钙结晶、尿酸盐结晶及尿酸结晶等，均为正常成分，其形态特征如图6-7所示，其含量异常增多，多属病态，例如草酸钙异常增多，见于糖尿病、慢性肾炎及某些代谢病时；硫酸钙增多，见于草食动物胃肠炎。尿酸结晶为肉食动物尿的正常成分，其增多，见于发热病和饥饿时。

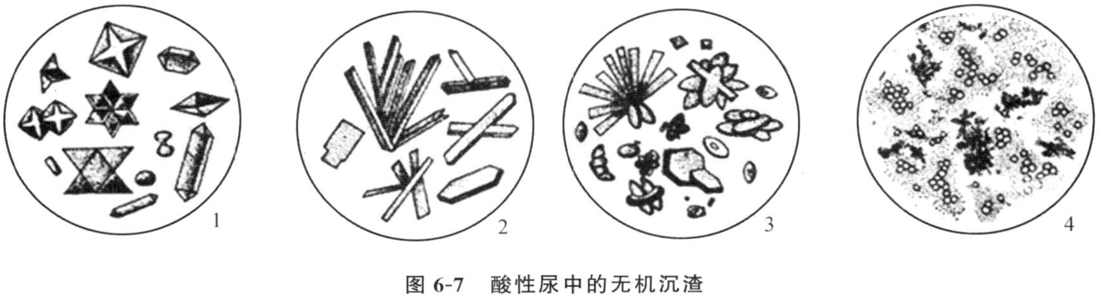

图6-7　酸性尿中的无机沉渣

1.草酸钙结晶　2.硫酸钙结晶　3.尿酸结晶　4.尿酸盐结晶

3. 仅在某些疾病时出现的沉渣

(1)亮氨酸　为黄色球形结晶，具有同心圆的放射状条纹，如木材横断面，见于肝脏急性疾患、磷及二氧化碳中毒、严重代谢障碍病。

(2)酪氨酸　为黄色细丝状物，常聚集成中央狭细的束状或簇状。见于重剧的神经系统疾病及肝脏疾病。

(3)胆固醇　为长方形缺一角的闪光透明结晶，见于肾脂肪变性、肾盂肾炎。

实训操作 6-2　尿液常规检验技术

一、实训目的和要求

学会尿比重测定，尿液酸碱度测定，尿中蛋白质、酮体、肌红蛋白的定性检测方法；掌握尿沉渣显微镜检查方法，识别沉渣中常见各种成分的形态，并知道其诊断意义。

二、实训材料和器械

1. 器械　尿比重计、显微镜、载玻片、电动离心机、吸管、烧杯、试管、量筒等。

2. 试剂　酒精、联苯胺冰醋酸饱和液、3%过氧化氢溶液、亚硝基铁氰化钠、冰醋酸、浓氨水、无水碳酸钠、硫酸铵、1%美蓝或复方碘溶液、10%磺基水杨酸甲醇溶液等。

3. 动物　牛或猪。

三、实训内容

1. 尿比重检查　先测定尿液温度，并记录结果。而后将尿液混匀，徐徐加入尿比重筒内至2/3处，将尿比重计轻放入尿中，尿比重计稳定后读取刻度数，即为尿液比重值。

2. 尿液酸碱度测定　将 pH 试纸条浸入尿中，取出后与标准比色板比色即可判定。

3. 尿中蛋白质测定

(1)配制试剂　10%磺基水杨酸甲醇溶液：称取磺基水杨酸 20 g，加蒸馏水溶解并稀释至 100 mL，再加入甲醇 100 mL，混合后贮存于棕色瓶中，暗处保存备用。

(2)操作方法　按被检尿液量的 1/10，加入 10%醋酸溶液，使尿液酸化透明。取酸化尿液 2～3 mL 置试管中，加入磺基水杨酸甲醇溶液 5～10 滴，3～5 min 后，在黑色背景下观察判定结果。按表 6-16 报告。

(3)注意事项　当尿中含有尿酸、酮体时，可呈现假阳性，但加热后消失，并不复现。如果是蛋白质产生的混浊，加热后混浊仍不消失。

4. 尿中定性检测葡萄糖

(1)配制班氏试剂　结晶硫酸铜 17.3 g，无水碳酸钠 100 g，枸橼酸钠 173 g，蒸馏水加至 1 000 mL。配制时，先将枸橼酸钠和无水碳酸钠溶解于约 700 mL 蒸馏水中，可加热助溶；将硫酸铜溶解于 100 mL 蒸馏水中，亦可加热助溶，均待冷却后，将硫酸铜液慢慢加入枸橼酸钠混合液中，边加边混匀，最后加蒸馏水至 1 000 mL，滤过后，贮于棕色瓶中备用。

(2)操作方法　取班氏试剂 5.0 mL 于试管中，加热至沸，试剂变得更蓝而透明，然后加入待检尿液 0.5 mL，继续加热煮沸 1～2 min，待冷却后判定结果。

(3)注意事项

①尿液与试剂应按 10∶1 的比例加入。尿液过多时易产生假阳性。

②铜离子可与蛋白质结合形成沉淀,可先除去蛋白质后再进行尿糖试验。

5. 尿中酮体检测

(1)配制骆氏试剂　亚硝基铁氰化钠 0.5 g,无水碳酸钠 10 g,硫酸铵 20 g,共研为粉末,烘干后密闭贮存于棕色瓶中备用。

(2)操作方法　取试剂粉 0.1 g,置于白瓷反应板凹窝内(或玻片上),加尿液 2 滴,至尿液完全将试剂粉浸湿,5 min 内观察颜色变化。显现粉红色或紫色者为阳性反应,不变色者为阴性。

6. 尿中肌红蛋白检测

(1)配制试剂

①1%邻甲苯胺甲醇溶液:邻甲苯胺 1.0 g,加入甲醇 100.0 mL,溶解后,贮存于棕色试剂瓶中,暗处保存备用。

②3%过氧化氢。

③硫酸铵。

(2)操作方法

①取被检尿液 4 滴,置于白瓷反应板的凹窝中,加 1%邻甲苯胺溶液 2 滴,混合后再加 3%过氧化氢 3 滴,若显绿色或蓝色,则为阳性反应,证明有血红蛋白或肌红蛋白存在。

②将被检尿液滤过或离心使之透明,然后吸取透明被检尿液 5 mL,徐徐加入硫酸铵 2.8 g,边加边振摇,使之充分溶解,静置 5～15 min,用滤纸反复滤过,直到溶液透明;再加入 1%邻甲苯胺溶液及 3%过氧化氢液,检验有无肌红蛋白存在,若滤液呈现绿色或蓝色,为阳性反应,证明尿中有肌红蛋白存在,若不显色,则为阴性反应。

7. 尿潜血检测

(1)配制试剂

①1%邻甲苯胺溶液:邻甲苯胺 1 g,加无水甲醇 50 mL 和冰醋酸 50 mL 配制而成。

②3%过氧化氢。

③乙醚。

(2)操作方法

①取被检尿液 5 mL 置于大试管中煮沸,用以除去尿内可能存在的过氧化物酶,冷却后加冰醋酸数滴使成酸性。

②加入乙醚 3 mL,用力振摇,静置片刻使尿液与乙醚分层。

③吸取乙醚层液体,滴 2 滴于白瓷反应板凹窝中,加入 1%邻甲苯胺 2 滴,3%过氧化氢 2 滴。如显蓝色即为阳性反应,表明尿中有潜血或血红蛋白存在,并按表 6-19 报告结果。

8. 尿液中有机沉渣检测　尿液有机沉渣检查结果的报告形式为:少许(0～1/高倍镜)、+(2～6/高倍镜)、++(7～20/高倍镜)、+++(21～50/高倍镜)、++++(50 以上/高倍镜)。

(1)操作方法　首先制作尿沉渣标本,将尿液静置或离心沉淀,取其沉淀物涂片即可。先用低倍镜观察,再用高倍镜进一步鉴别。尿中常见有机沉淀物为红细胞、白细胞、上皮细胞及管型等。

(2)尿中常见有机沉渣的辨别

①红细胞　新鲜尿中红细胞形态正常,呈淡黄色圆形。在碱性尿中的红细胞很快被破坏;

在弱酸性尿中红细胞的形态和色泽可较长时间无改变。

②白细胞　白细胞呈无色圆形，核模糊。在酸性尿中易皱缩，在碱性尿中易膨胀，形态破裂者，多成为脓球。

③上皮细胞　尿沉渣中常见的上皮细胞见图 6-8。

肾上皮细胞：呈圆形、椭圆形或立方形，比白细胞约大 1/3，核大而圆，位于细胞中央，颗粒充满胞浆。如发生脂肪变性，可在胞浆中见到折光性的脂肪颗粒。此类细胞主要来自于肾小管、尿路后段及其深层上皮组织。

尾形上皮细胞：比白细胞大 2～4 倍，形状不一，呈梨形、纺锤形、近似圆形或带尾形，细胞核呈圆形或椭圆形。此类细胞来自肾盂、输尿管和膀胱黏膜的深层。

扁平上皮细胞：大而扁平，常呈片状，细胞核小而明显，呈圆形或椭圆形，多成堆存在。此类细胞来自膀胱及尿道黏膜的表层。

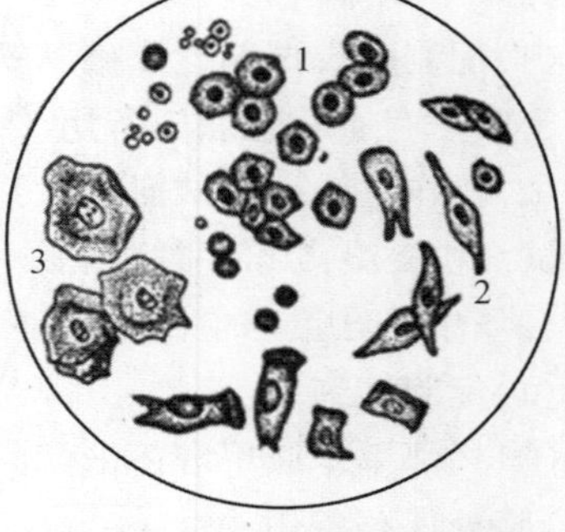

图 6-8　尿沉渣中常见的上皮细胞

1. 肾上皮细胞　2. 肾盂及尿路上皮细胞　3. 膀胱上皮细胞

④管型　依据结构不同，分为下列几种(图 6-9)。

透明管型：无色半透明，两端圆、直或微弯曲，无颗粒。

颗粒管型：管型内含有大小不等的颗粒，根据颗粒粗细又可分为粗颗粒和细颗粒管型两种。

蜡样管型：质地均匀，轮廓明显，具有毛玻璃样的闪光，表面似蜡块，长而直，很少有弯曲，较透明管型宽。

细胞管型：管型内含有多量细胞。根据所含细胞的不同，又可分为红细胞、白细胞及肾上皮细胞管型三种。

脂肪管型：较粗大，管型内有许多微小的脂肪滴和脂肪酸结晶，是上皮管型和颗粒管型脂肪变性的产物。可用苏丹Ⅲ染色，以此与颗粒管型区别。

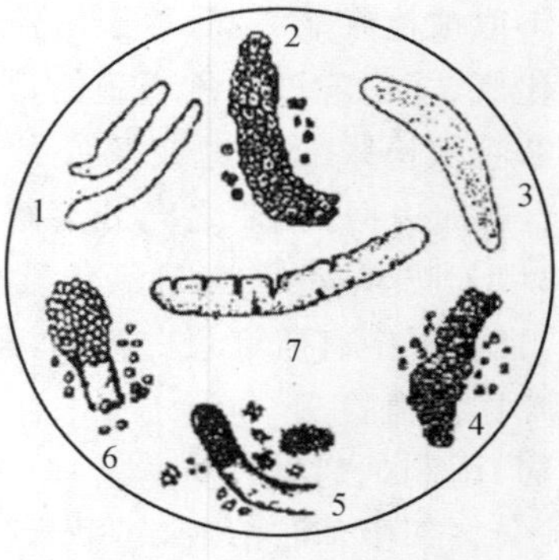

图 6-9　尿沉渣中的各种管型

1. 透明管型　2. 上皮管型　3. 颗粒管型　4. 细胞管型　5. 脂肪管型　6. 混合管型　7. 蜡样管型

四、实训作业

分析检查结果，总结实训内容和体会。

任务 6-3　粪便检查

一、粪便采集与处理

粪便采集前要明确目的，寄生虫检查时应将全部粪便送检；细菌学检查、病毒检查时，应将标本放于消毒的清洁器皿内，做化学和显微镜检验时，应采集新排出且未接触地面的部分，放入清洁的器皿。必要时可用清洁玻璃棒挑新鲜粪便或用棉拭伸入直肠内掏取，也可刮取直肠黏膜送检。

采集粪便样品的操作是否正确将直接影响检查结果的准确性，因此，留取样品应注意以下事项。

(1)留取粪便样品的盛器要洁净。

(2)粪便样品内不得混有尿液、消毒药及污水。

(3)标本采集后应于 1 h 内送检，以免导致有形成分的破坏、分解。

二、粪便的物理学检查

1. 感官检查

(1)气味　健康马、牛、羊的粪便无难闻的臭味，猪、犬的粪臭味较重。粪便具有酸臭味或腐败臭味，见于肠炎、消化不良。

(2)颜色　动物粪便颜色因饲料种类、内服药物及病理情况而不同。粪便呈灰白色或黄白色，见于仔猪大肠杆菌病、雏鸡白痢、犊牛蛔虫病等；粪便呈黑色，见于胃及前部肠管出血；粪球表面附有红色血液，见于后部肠管出血。

(3)形状　粪便稀薄，不呈固有形状，见于肠炎，消化不良；粪便少而干硬，呈羊粪状，见于猪瘟；呈算盘珠样，见于牛瓣胃阻塞。

(4)混有物　粪便混有未消化的饲料残渣，见于消化不良、猪传染性胃肠炎；混有血液，见于出血性肠炎；粪内混有块状、絮状或筒状纤维素，见于纤维素性肠炎。

2. 涂片检查　从粪便的不同部分采取少许粪块，置于载玻片上，加少量生理盐水，用牙签混合并涂成薄层，加盖玻片，用低倍镜观察。如果粪便稀薄如水样，置于试管中让其沉淀，然后用吸管吸取沉渣，涂片镜检。

粪球表面或内部的肉眼可见的异物，如血凝块、脓汁、脓块、肠黏膜及伪膜等，仔细挑出来，置于载玻片上，加适量生理盐水涂成薄层，加盖玻片镜检。

镜下所见：

(1)红细胞　为小而圆、无细胞核的发亮物，常分散存在或与白细胞同时出现。

(2)白细胞　为圆形、有核、构造清晰的细胞，常分散存在。

(3)脓球　结构模糊不清，核隐约可见，常常聚集在一起存在。

(4)上皮细胞　柱状上皮细胞来自肠黏膜，扁平上皮细胞来自肛门附近。

(5)饲料残渣　粪便内含有多量粗纤维及未消化谷粒，见于消化不良及牙齿疾病。

(6)伪膜　随粪便排出的伪膜由纤维蛋白、上皮细胞和白细胞所组成，常为圆柱状，见于纤维素或伪膜性肠炎。

(7)寄生虫　动物的许多寄生虫，特别是多数的蠕虫类，多寄生于宿主的消化系统或呼吸系统。虫卵或某一个发育阶段的虫体，常随宿主的粪便排出。因此，通过对粪便的检查，可发现某些寄生虫病的病原体。

三、粪便的化学检查

1. 粪便的酸碱度检查

(1)测定方法　常用 pH 试纸法。取新鲜粪便 2～3 g 置试管或小烧杯内，加中性蒸馏水

8～10 mL，混匀后，用精密 pH 试纸测定。

(2)诊断意义　粪便酸碱度与饲料成分及肠内容物的发酵或腐败过程有关。草食动物的正常粪便呈弱碱性反应；杂食和肉食动物则取决于饲料的性质，一般饲喂混合性饲料时为弱碱性，有的为中性或酸性。病理状态下，胃肠内糖类发酵旺盛，粪便呈酸性反应，常见于胃肠卡他等；当胃肠内蛋白质腐败分解旺盛时，粪便呈较强的碱性反应，表明胃肠内产生了炎性渗出物，多见于胃肠炎等。

2. 粪便潜血检查

(1)测定方法　取少量粪便涂于干净载玻片上(检验肉食兽粪潜血时，必须在 3～4 d 内禁喂肉食)，将玻片在酒精灯上缓慢通过数次，待冷却后，滴加 1%联苯胺冰醋酸溶液 2～3 滴，再加等量 3%过氧化氢溶液，放在白纸上观察。正常无潜血的粪便不呈现颜色反应。呈现蓝色或绿色反应的为阳性，蓝色出现越早，表明粪便里的潜血也越多。

(2)诊断意义　阳性结果表明胃肠道有出血性疾患。见于出血性胃肠炎、创伤性网胃炎、马肠系膜动脉血栓性疝痛及犬钩虫病等。

实训操作 6-3　粪便中蠕虫检查技术

一、实训目的和要求

掌握粪便中蠕虫的检查技术。

二、实训材料和器械

1. 器械　普通光学显微镜、普通离心机、载玻片、盖玻片、烧杯、离心管、试管、胶头吸管、玻璃棒、粪筛、浮聚瓶(平底管或青霉素小瓶)、牙签、特制铁丝圈、天平等。

2. 动物　受检样品。

3. 试剂　生理盐水、甘油、饱和食盐水等。

三、实训内容

1. 直接涂片法

(1)用吸管吸取 1～2 滴生理盐水或 1 滴甘油与水的等量混合液，滴在洁净的载玻片上。

(2)用牙签挑取绿豆大小的粪便，从水滴的中心开始向外做圆形均匀涂抹(图 6-10)。

图 6-10　直接涂片法操作示意图

(3)用镊子去掉较大的粪渣。

(4)将粪液涂成薄膜,薄膜的厚度以透过涂片隐约可见书上的字迹为宜。

(5)加盖玻片,置于低倍镜下检查。

(6)注意事项:该法简便、易行、快速,适合于虫卵量大的粪便检查,但对虫卵含量低的粪便检出率低,故此法每个样品必须检查3～5片;检查虫卵时,先用低倍镜顺序观察盖玻片下所有部分,发现疑似虫卵物时,再用高倍镜仔细观察。因一般虫卵(特别是线虫卵)色彩较淡,镜检时视野宜稍暗一些(聚光器下移);应注意虫卵与粪便中异物的鉴别。

2.自然沉淀法(彻底洗净法)

(1)称取粪便5～10 g,置于烧杯中,加1～20倍清水,用玻璃棒搅匀,制成混悬液(图6-11)。

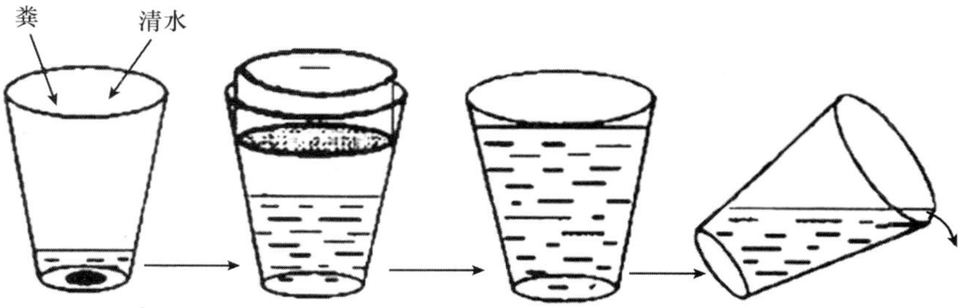

图6-11　自然沉淀法操作示意图

(2)用粪筛(40～60目)过滤到另一烧杯中,静置20～30 min。

(3)倾去上层液,保留沉渣,再加水混匀,静置20～30 min。

(4)如此反复操作3～4次,直至上层液体透明,最后倾去上层液。

(5)吸取沉渣作涂片,加盖玻片镜检。

(6)注意事项:自然沉淀法主要用于某些比重大于水的蠕虫卵(可自然沉于容器底部);本法所需时间较长,且更适合没有离心机的场合使用。

3.离心沉淀法

(1)称取粪便3 g,置于烧杯中。

(2)加1～15倍清水,用玻璃棒搅匀,制成混悬液。

(3)用粪筛(40～60目)过滤到另一烧杯中。

(4)将粪液分装至离心管并用天平配平。

(5)置离心机上,以2 000～2 500 r/min离心1～2 min。

(6)取出离心管,倾去管内上层液体,加入清水搅匀,用同样转速与时间进行离心。

(7)如此反复操作2～3次,直到上层液体透明,最后倾去大部分上层液,留约为沉淀物1/2的溶液量,用胶头吸管吹吸混匀。

(8)吸取粪液1～2滴置载玻片上,加盖玻片镜检。沉渣作涂片检查。

(9)注意事项:离心沉淀法主要用于检查比重较大的蠕虫卵如吸虫卵等;本法所用粪量较少,为提高检出率,一次粪检最好多看几片。

4.漂浮法

(1)烧杯法　操作流程见图6-12。

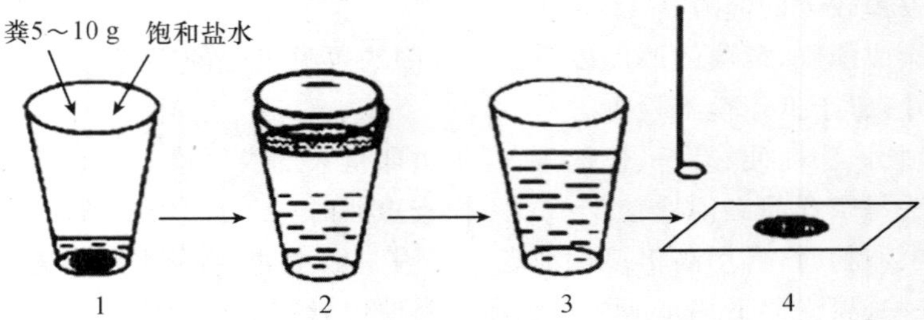

图 6-12　烧杯法操作流程示意图

1. 加粪及盐水　2. 过滤　3. 静置 30 min　4. 取样镜检

①取粪便 5～10 g，置于烧杯中。加 10～20 倍饱和盐水，用玻璃棒搅匀，制成混悬液。

②用 60 目粪筛过滤到另一烧杯中。

③静置 30 min。

④用直径 5～10 mm 的特制铁丝圈，与液面平行接触以蘸取表面液膜，抖落于载玻片上，加盖玻片镜检。

⑤注意事项：本法对大多数线虫卵、绦虫卵及某些原虫卵囊均有效，但对吸虫卵、后圆线虫卵和棘头虫卵效果较差。如在检查比重较大的后圆线虫时，可先将猪粪便按沉淀法操作，取得沉渣后，在沉渣中加入饱和硫酸镁溶液，进行漂浮，收集虫卵；检查多例粪便时，用铁丝圈蘸取烧杯液面检查完一例，再蘸取另一例时，需先在酒精灯上烧过铁丝圈后再用，避免相互污染，影响结果的准确性。

(2)浮聚瓶法　操作流程见图 6-13。

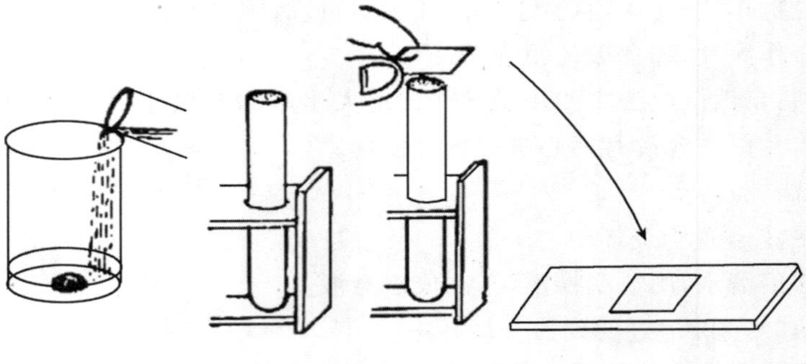

图 6-13　浮聚瓶法操作流程示意图

①取粪便 2 g，置于烧杯中。

②用镊子或玻璃棒压碎，加入 10～20 倍量的饱和盐水，搅拌均匀。

③用 60 目粪筛过滤到另一烧杯中。

④将粪液倒入浮聚瓶(高 3.5 cm，直径约 2 cm 的平底管，也可用青霉素小瓶)中，使瓶内粪液平于管口并稍隆起，但不要溢出，静置 30 min。

⑤用盖玻片蘸取隆起的液面，放于载玻片上镜检；或用载玻片蘸取液面后翻转，加盖玻片后镜检。

⑥注意事项：浮聚瓶法漂浮时间以 30 min 左右为宜。时间如少于 10 min 则漂浮不完

全；时间大于1 h易造成虫卵变形、破裂，难以识别。盐类漂浮液必须饱和且保存温度不低于13℃，才能保持较高的密度，否则效果难以保证。除饱和盐水外，其他一些漂浮液也可用于一些特殊虫卵的检查。如饱和硫酸锌溶液漂浮力强，检查猪肺丝虫卵效果较好；用载玻片或盖玻片蘸取粪液表面获取虫卵，要确保所用的载玻片或盖玻片干净无油腻，否则难以蘸取。

5.筛兜集卵法

(1)取5～10 g粪便置于烧杯中，先加少量水搅匀，然后加1倍水搅匀。

(2)先用40目或60目粪筛滤去粗渣。

(3)滤液再用260目的尼龙、绵纶筛兜过滤，并反复加水淘洗，直至滤液清澈透明为止。

(4)取兜内物涂片镜检。

(5)注意事项：此法操作迅速、简便，适用于体积较大的虫卵(如肝片吸虫卵)的检查。

四、实训作业

撰写实习报告，画出虫卵形态。

【自测训练】

一、选择题

1.红细胞计数的稀释液为(　　)。

A.3%盐酸　　B.生理盐水　　C.1%氯化钠　　D.5%氯化钠

2.白细胞计数的稀释液为(　　)。

A.3%盐酸　　B.生理盐水　　C.3%氯化钠　　D.5%氯化钠

3.实验室血液检验大剂量用血时，各种动物采血的正确部位是(　　)。

A.牛在颈静脉上1/3与中1/3交界处　　B.猪在耳边缘处

C.犬在尾部内侧　　D.羊在耳尖部

4.下列既可用于血象检验时的血样抗凝，又可作血液保存液的抗凝剂是(　　)。

A.乙二胺四乙酸盐　　B.枸橼酸三钠

C.草酸钾液　　D.肝素

E. 双草酸盐

5.下列(　　)是常用抗凝血药。

A.维生素K　　B.安络血　　C.肝素　　D.硫酸亚铁

6.尿液呈鲜红色，提示(　　)。

A.肾出血　　B. 膀胱出血　　C. 尿道出血　　D. 输卵管出血

7.健康牛的尿液呈(　　)色。

A.清亮　　B. 较深黄　　C. 淡黄　　D. 淡红

8.尿液呈红色，提示(　　)。

A.肾出血　　B. 膀胱出血　　C. 尿道出血　　D. 输卵管出血

9.下列中不属于管型病变表现的是(　　)。

A.透明管型　　B.颗粒管型　　C.脂肪管型　　D.磷酸盐团管型

E.蜡样管型

10. 下列不属于酸性尿结晶的是(　　)。

A. 草酸钙结晶　B. 尿酸结晶　C. 尿酸盐结晶　D. 硫酸钙结晶

E. 碳酸钙结晶

二、问答题

1. 如何测定红细胞沉降率和红细胞压积？各有何诊断意义？
2. 怎么检测血红蛋白？检测原理和诊断意义是什么？
3. 怎样进行白细胞计数和红细胞计数？诊断意义是什么？
4. 如何进行白细胞分类计数？有何诊断意义？
5. 如何检测血糖？其诊断意义是什么？
6. 怎样检测血清钙、CO_2 结合力？
7. 如何检测尿液葡萄糖、尿酮体、尿胆红素、尿肌红蛋白？
8. 如何检测粪潜血？有何诊断意义？

项目 7　动物疾病影像诊断

【知识目标】

• 掌握 X 线机的构造和造影检查在临床上的应用，掌握胸部透视的技能，掌握动物四肢、胸部的摄影检查技术，掌握两种基本的造影技术，掌握阅片要领；

• 掌握超声诊断设备的种类及用途，掌握 B 型超声诊断仪的使用方法；

• 掌握心电图机的类型和基本构造，熟悉操作程序、各波形的测量及临床意义，掌握各种健康动物心电图的分析方法。

【能力目标】

• 能熟练进行透视操作，会 X 线片的阅读，并能准确识别 X 线片上的变化；

• 能熟练进行牛肝脏及犬脾脏的 B 型超声检查操作；

• 能熟练进行动物的心电图检查操作，能通过心电图波形的变化判断疾病。

任务 7-1　X 线检查

一、X 线基础知识

（一）X 线成像的原理及基本规律

1. X 线的产生　X 线是高速运行的电子群突然被某种物质阻挡时所产生的电磁辐射。电子群撞击物体后，其大部分能量转化为热能，有 0.2%转化为 X 线。

2. X 线的特性

(1)穿透作用　X 线管电压(kV，kVp)越高，X 线波长则越短，穿透能力越强；反之，管电压越低，波长越长，穿透力越弱。被穿透物质的密度与厚度越大，吸收的 X 线越多，穿透能力越弱；反之，密度与厚度越小，吸收的 X 线越少，穿透能力越强。

(2)荧光作用　X 线照射到硫化锌镉等荧光物质时，可使之发出肉眼可见的荧光。

(3)感光作用　X 线与可见光线一样，具有光化学作用，可使摄影胶片感光。

(4)电离作用　X 线可使空气或其他物质发生电离，使其分子分解为正负离子。空气的电离程度与空气所吸收 X 线的量成正比。

(5)生物学作用　经 X 线照射后，有机体组织细胞的生长可受到抑制、损害或破坏。

3. X 线成像的基本原理

(1)天然对比　动物体某些组织器官存在着密度的不同，各部分的体积和厚度也有差异，吸收 X 线的程度也不一致，所以在荧光屏上或 X 线片上就会产生对比度比较高、黑白明暗、层次不同的 X 线影像，称为天然对比。

(2)人工对比　将高密度或低密度造影剂灌注至器官的内腔或其周围，改变它们之间的密度差异，称为人工对比。

(3)病理对比　动物体某些部位的病变,也可与周围正常组织形成不同密度的对比。如炎症、积液、增生等,可使病变部位密度增加;组织破坏或积气等,则使密度降低。

4. X线图像的特点　X线图像是重叠图像、放大图像。

(二) X线机的构造和使用

1. 构造　X线机的类型较多,但其主要构造大致相同,主要由X线管、变压器、操作台、辅助装置等部分组成。

(1)X线管　是X线机中最重要的组成部分,其中:阴极由钨丝制成,阳极是产生X线的部分。管壁由特殊的硬质玻璃制成,能耐高温、绝缘性强。管套由金属制成,内壁嵌有铅皮,能防散射线。套壁上有放射窗,供X线射出,套的两端有阴极、阳极插座。

(2)变压器　是调压装置,包括以下几种:灯丝变压器,起降压作用,能使民用电压变为6～12 V;高压变压器,起升压作用,能将民用电压升高到数万伏以上;自耦变压器,又名调压变压器,以输出保证X线机正常工作所需的电压。

X线管同变压器之间必须用高压电缆连接,高压电缆由中心层、绝缘层、半导体层、金属地网层、纱织保护层组成。便携式和移动式X线机无高压电缆装置。

(3)操作台　又称为控制器,包括:电源开关及电源电压调节器、电压表、毫安表、高压调节器、毫安调节器、透视与摄影交换器、脚踏开关和手闸开关、指示灯、保险管和各种接线座。

(4)辅助装置　常用的有诊断床、平床、滤线器、点片摄影装置、断层摄影装置、连续摄影装置、片盒、增感屏、直尺、X线胶片、暗室工作灯、显影盆等。

2. X线机的使用　对任何一部X线机在使用之前,都必须事先了解该机的构造和性能。在详细阅读说明书的基础上,查看使用的电源电压、电流量是否符合该机的要求,检查地线是否接通;连接电源,打开电源开关;选择透视或摄影所需条件;曝光工作完毕后将各种开关关闭,旋钮调回原处,切断电源。

操作中应该注意以下几点:切勿超负荷使用,以免缩短机器的寿命;曝光时,切记转动各种旋钮;随时注意机头,若烫手或有异常音响,应立即停止使用,待冷却或修复后再继续使用;机器要经常保养、防潮,摄影后应休息10 min左右,才能作第二次摄影。

二、透视检查

利用X线的穿透性和荧光作用,观察透过动物体的X线在荧光屏上的影像进行诊断的方法称为透视检查。透视检查可观察器官的活动功能,即可获得检查结果。透视检查主要用于胸腹部的侦察性检查,如心脏的搏动、膈肌的运动及胃肠的蠕动等,也用于骨折、脱位的辅助复位,异物定位及其摘除手术等。骨和关节疾病,一般不采用透视检查。

(一)透视前的准备工作

(1)透视前应详细阅读透视清单,明确透视的部位和目的。

(2)做好病畜登记,使被透视部位保持清洁,除去外物,保定好患畜。

(3)检查地线是否完好,电源电压是否符合要求。

(4)选择好透视时所需条件,一般管电流为2～3 mA,管电压为50～70 kV。

(5)工作人员做好防护工作,并做好充分的暗适应准备。

(二)透视时的注意事项

(1)透视时,病畜的被检部位应紧贴荧光屏背面,以免影像失真。

(2)透视时要做到快而准确,每次透视时间不宜过长,以达到目的为准,若遇疑难病例,也不要超过 3～5 min。透视时进行间断曝光,每次曝光时间为 3～5 s,间歇 2～3 s。

(3)透视时,宜先对被检部位进行全面观察,然后作重点检查。依据检查需要调节活动光门的大小,一方面可使检查者集中注意力,另一方面可减少散射线对检查者的危害。

(4)透视后如需要拍片检查,应提出拍片检查的目的和部位。

(5)透视时随时注意机器情况,若机头烫手或出现不正常的音响,应立即停机休息,待机头冷却或故障排除后再使用。

(6)透视时应注意人畜安全和室内卫生。

(三)猪胸部的透视检查

1. 猪的保定　对中、小猪可用徒手保定法作保定,即保定者持猪的左前肢或左耳,右手握住右前肢或右耳,头向上提起患猪,站于荧光屏一侧,并使患猪的胸腹紧贴荧光屏(正位),或一侧紧贴荧光屏(侧位)。若猪较重,可由两人徒手保定,每人各抓住患猪一侧的前肢及同侧耳,头向上提起即可,也可用保定绳(带),绑缚两前肢及挂住下颌部,用竹竿、木棒、起重滑轮,将猪头向上悬吊,同时保定两后肢。

2. 透视方法　工作人员在暗适应和机器条件选择后,即可进行曝光。

先进行直立正位(背腹位)观察,开大光门观察整个胸部(骨骼、肌肉、纵隔、膈肌、肺叶等),然后缩小光门,分片检查,由上而下、从左至右有次序地进行观察,以免遗漏。发现异常时再重点观察,若有必要,在正位检查后再作侧位检查。因侧位时两肺重叠,故右侧位、左侧位都应检查。

3. 透视观察

(1)正位(真位)

软组织:为胸廓最外层,呈中等密度阴影。猪只皮下脂肪多,阴影较宽。

骨骼:位于软组织的内侧,猪有 14～17 对肋骨,呈密度大的阴影。与胸椎相连的肋骨呈水平状态,称为背段或上段,腹段或下段向下向内弯曲,末端呈游离状态,胸骨不显影像;椎骨与胸骨、纵隔重叠,不能单独显现出来;肩胛骨可显现影像,位于第 5 肋骨背段上方的胸部两侧。

膈肌:位于胸廓下方,呈向上隆起的弧形影像,中等密度。在膈的左下方能见到密度低的影像称为胃气泡,是胃内充气部分。透视时能见到膈肌上下运动。

纵隔:由大小血管、食管、气管、淋巴管、淋巴结及心脏所组成。心脏是纵隔中最膨大的部位,为梨形、密度大、均匀的影像,能见到心脏的收缩运动。肺门附近的卵圆形影像为肺门淋巴结。

肺叶:位于纵隔两侧,每侧划分为 3 个区域:第 5 或第 6 肋段以上为尖叶区;第 5 或第 6 肋间背段和该肋腹段所包围的范围称为心叶区,相当于心膈角的位置;膈叶区的大部分与腹腔器官重叠而显现不出来。肺的副叶多与心叶重叠而不能单独显影。心脏与膈肌相邻区称为心膈角,相当于副叶所在的位置;膈肌与肋骨相交处称为肋膈角。

(2)直立侧位

软组织:背侧阴影较腹侧厚。

骨骼：能见到胸骨体、胸椎体及棘突，肋骨可见自胸椎向下方走向，末端游离。肩胛骨自身相重叠，能见到相错开的边缘。

膈肌：为一侧倾斜的弧形影像，中等密度，膈肌下方靠腹侧处能见到胃气泡，可观察到膈肌运动。

肺叶：观察到的范围较正位时宽，第 3 肋间以上为尖叶区，第 4 肋间到第 6 肋间为心叶区，第 6 肋间以下为膈叶区，副叶多与心叶和膈叶的前部相重叠，而未能单独显影。肺叶分为 3 个区，即心膈三角区、心胸三角区、椎膈三角区。肺叶内心脏的影像最清楚，并可见到来自颈部、终末变细变尖呈锥形的气管影像。正常情况下食管显现影像，肺叶内尚可见到肺边缘呈放射状的肺纹理。

(四)X 线透视

X 线透视摄影申请表式样见表 7-1。

表 7-1　X 线透视摄影申请表

畜主		住址					
种类		性别		年龄		用途	
门诊号				透视号			
住院号				透片号			

简要病历及检查结果：

临床诊断意见或要求：

透视或拍片部位：

兽医师(签名)

年　　月　　日

透视或拍片结果：

放射兽医师(签名)

年　　月　　日

三、摄影检查

(一)基础知识

摄影检查是利用X线的光化学作用，使X线透过动物体后照射到胶片上感光成像，经过显影、定影后观察X线胶片上的影像进行诊断的方法。摄影检查广泛应用于全身各系统器官，但应按照检查部位与范围确定胶片大小，以免盲目摄片造成浪费。骨骼和关节的检查，以摄影检查为主。

1. 常用X线摄影位置的名词术语

(1)站立位　动物自然伫立姿势。

(2)卧位　动物卧倒，分侧卧、伏卧和仰卧。

(3)水平投照　X线束平行于地面。

(4)垂直投照　X线束垂直于地面。

(5)侧位　主要用于躯干部和四肢。躯干部：分为左、右侧位。左侧位是X线束从右侧向左侧投照，X线暗盒置于被检部左侧；右侧位则反之。四肢：分为外内侧位、内外侧位。外内侧位是X线束从外侧向内侧投照，X线暗盒置于被检部内侧；内外侧位反之。

(6)背腹位　X线束从背侧向腹侧投照，X线暗盒置于被检部腹侧。

(7)腹背位　X线束从腹侧向背侧投照，X线暗盒置于被检部背侧。

(8)前后位　X线束从前方向后方侧投照，X线暗盒置于被检部后方。

(9)后前位　X线束从后方向前方侧投照，X线暗盒置于被检部前方。

2. 摄影条件的选择

管电压(kVp)：表示X线的穿透力。被检部厚者用较高的管电压，薄者用较低的管电压。对胸部或较薄的部位，厚度每增减1 cm，就相应增减2 kVp。

管电流(mA)：表示X线的量，管电流大即单位时间内X线的输出量大。

焦片距：X线球管阳极焦点面至胶片的距离，以厘米(cm)表示。焦片距过近可使影像放大和清晰度下降。一般选择75 cm，胸部摄影可延至100～180 cm。

曝光强度：管电流通过X线管的时间，以秒(s)表示。

常以毫安·秒(mA·s)计量X线的量。

如制订一份中小动物的胸部摄影曝光条件表，可先参考“管电压(kVp)=厚度(cm)×2+25”的公式确定管电压，然后以6 mA·s为基础进行不同的曝光试验，优选出最佳值。

3. 胶片类型　X线诊断所用的胶片通常分为有屏胶片和无屏胶片两种基本类型。

(1)有屏胶片　有屏胶片是用对从增感屏发出的荧光敏感而对电离辐射不敏感的银晶体制成的。这种类型的胶片对荧光敏感性高，只需较少的X线量即可产生高质量的影像。

(2)无屏胶片　无屏胶片是由X线直接作用引起曝光。这种类型的胶片对电离辐射更敏感。由于X线束没有强化，所以需要更多的曝光量。无屏胶片仅用于组织厚度薄的区域。

(二)摄影所需的器材设备

1. X线胶片　X线胶片的片基较厚，两面都涂有药膜(溴化银)，其规格很多，常以“吋”

(in)来表示。常用的规格有：

5 in×7 in(127 mm×178 mm)；8 in×10 in(203 mm×254 mm)；10 in×12 in(254 mm×304 mm)；11 in×14 in(279 mm×356 mm)。

2.暗盒　由铅质材料或塑料与金属制成的扁盒，分正、背两面，正面平整，背面有开关。暗盒的规格与胶片的规格一样。

3.增感屏　增强X线的感光作用。将增感屏贴在暗盒两侧的内面，防止见光，切勿用手摸。其规格同暗盒一样。有的增感屏有前、后之分，注意不要贴错。增感屏有中速和高速两类，应根据需要选择增感屏。

4.聚光筒　装在机头的放射窗上，用来限制射线的散射。

5.铅字码　有0～9的数字及年、月、日、左、右等字，标记X线照片上的日期及编号。

6.其他　测量尺、卡尺、滤线器、摄影架、保定绳等。

(三)摄影程序及注意事项

(1)首先阅读申请单，熟悉病例，搞清拍片部位及目的。

(2)装好X线胶片，胶片大小应依据被拍照部位的面积来选择。

(3)测量投照部位的厚度，依照厚度来确定管电压。

(4)依照投照部位的活动性选择适宜的管电流，若拍照活动性大的器官，则宜选用高挡，以尽量缩短曝光时间，获得清晰的图像。

(5)保定好被照动物，使拍照部位紧贴暗盒。被照部位要清洁、无异物。

(6)调好胶片到焦点距离，使焦点、被照物体中心和胶片中心在一条线上。

(7)做好上述准备后开机，在动物安静的瞬间，按压手持开关而曝光，曝光后的胶片立即拿出拍片室，送入暗室内冲洗。每次曝光后都应关闭机器，待下次曝光前再开机。

(四)暗室技术

1.暗室设备　安全红灯、定时钟、切片刀、洗片夹、洗片槽、冲洗池、温度计、观片灯、量筒、漏斗、粗天平、显影粉、定影粉等。

2.定影液的配制　按说明书进行。

3. X线胶片的装卸程序　必须在暗室进行，装片时应先将暗盒平放在桌面上，盒底向上，并打开暗盒开关。从胶片盒内连同保护纸一起取出胶片一张，将胶片下方的保护纸掀起，一手提暗盒底盒，一手将胶片送入盒内，同时取出所有保护纸，关好暗盒，送到拍片室。已拍照的暗盒送入暗室后，先将暗盒底盖打开，用手指甲将胶片的某一角撬起，再用两指握住片角取出，夹在冲片架上冲洗。取出胶片后盖好暗盒。

4.胶片的冲洗　冲洗胶片包括显影、定影、冲洗、晾干等几个步骤。显影一般为3～5 min，定影15 min，流水冲洗至少1～2 h。

5.暗室工作注意事项

(1)养成清洁、整齐的习惯。

(2)避免可见光线漏入室内。

(3)显影液应装在棕色瓶内避光保存。

(4)显影、定影，应防止胶片相互重叠或胶片浮在液面或沉在盆底。

四、机体各系统的 X 线图像检查

(一)呼吸系统

1. 检查技术　采用高管电压、低 X 线量技术,可获得有较高灰度差的 X 线照片。高电流(mA)与短时间(s),有利于减少因呼吸运动所带来的模糊,从而最终提高 X 线照片的清晰度。胸部 X 线摄片最佳曝光时机为吸气顶点。

2. 胸部正常 X 线表现　胸椎、肋骨和胸骨可较清楚显示。两侧的肋骨重叠。远离胶片的对侧肋骨影像放大且较模糊。靠近胶片或荧光屏侧肋骨影像较小而且清晰,前至第一对肋骨,后至向前倾斜隆突的膈,胸椎和胸骨之间的广大透明区域,为肺野。肺野中部呈斜置的类圆锥形软组织密度的阴影为心脏。心基部向前的一条带状透明阴影为气管。胸主动脉是一由心基部上方升起弯向背与胸椎平行的较粗宽带状软组织阴影。心基部后方有一向后的较窄短的带状软组织密度阴影,为后腔静脉。在主动脉与后腔静脉之间的肺野,由心基部向后上方发出的树状分枝的阴影,为肺门和肺纹理阴影。心脏后缘与膈肌前下方构成锐角三角区,为心膈三角区。

3. 肺部病变的基本 X 线表现

(1)肺炎　临床上常见三种肺炎类型。

①支气管肺炎　又称卡他性肺炎。肺野中可见多发的密度不均匀、边缘模糊不清、大小不一的点状、片状或云絮状渗出性阴影,多发于肺心叶和膈叶,呈弥漫性分布,或沿肺纹理的走向散在于肺野,肺纹理增多、增粗和模糊。

②大叶性肺炎　又称纤维素性肺炎。肺野中下部呈大片均匀致密的阴影,上界呈弧形隆起,与临床叩诊时弧形浊音区一致。

③吸入性肺炎　又称异物性肺炎或坏疽性肺炎。疾病初期,吸入异物沿支气管扩散,在肺门区呈现沿肺纹理分布的小叶性渗出性阴影,随病情的发展,在肺野下部小片状模糊阴影发生融合,呈团块状或弥漫性阴影,密度不均匀。

(2)肺气肿　肺的透明度增高,同时由于肺容积的增大,其周围组织也受到影响。

(3)胸腔积液　胸腔积液是指液体积留于胸膜腔内。游离性胸腔积液量较多时,站立、侧位、水平投照显示胸腔下部均匀致密的阴影,其上缘呈凹面弧线。当液体被纤维结缔组织包围并因粘连而固定于某一部位,形成包囊性胸腔积液时,X 线表现为圆形、半圆形、梭形、三角形,密度均匀的密影。如发生于肺叶之间的叶间积液,X 线显示梭形、卵圆形,密度均匀的密影。

(4)膈疝　膈疝指腹腔内器官因膈破裂而进入胸腔中。X 线检查,膈肌的部分或大部分不能显示,肺野中下部密度增加,胸、腹的界限模糊不清。

(二)循环系统

1. 心脏正常 X 线表现　腹背位 X 线片上,心脏形如囊状。以"时钟表面"定位心脏:11～1 点处为主动脉弓,1～2 点处为肺动脉段,2～3 点处为左心耳,3～5 点处为左心室,5 点处为心尖,5～9 点处为右心室,9～11 点处为右心房,4 点和 8 点处是左、右肺膈叶的肺动静脉,肺静脉位于肺动脉内侧。

2. 心脏增大疾病 X 线表现　指整个心脏体积的普遍性增大,包括心脏扩张和心脏肥大。侧位 X 线片显示心脏轮廓圆,前腰和后腰消失,心脏的前后径增大。心脏 X 线面积相对于胸廓的其他部分看起来较大，占肺野1/3以上；右心边缘变圆，与胸骨的接触范围加大，左心边缘变直；气管和主支气管被抬高，气管和脊柱的夹角变得更小，末端气管弯曲消失。

3.心包疝　膈肌的部分或大部分不能显示，肺野中下部密度增加，胸、腹的界限模糊不清。心脏阴影普遍增大，密度均匀，边界清晰。

（三）消化系统

1.正常X线表现

(1)食管　正常食管在普通常规X线检查时，一般不显影。

(2)胃　仅可辨别胃的部分轮廓。腹部右侧位X线片，显示存留气体的胃底和胃体轮廓。胃在空虚状态下一般位于肋弓以内，当胃充满时则有一小部分露出肋弓以外。

(3)小肠　肠内常含有一定量的气体和液体，显示为平滑、连续、弯曲盘旋的管状阴影，均匀分布于腹腔内。造影剂通过小肠时间，犬为2～3 h，猫为1～2 h。

(4)大肠　犬盲肠呈半圆形或C形，内含少量气体，位于腹中部右侧。猫盲肠短锥形，憩室内无气体，X线平片难以辨认。结肠是大肠最长的一段，呈问号形。升结肠和肝曲位于腹中线右侧，横结肠在肠系膜根前由腹腔右侧横向左侧；脾曲和降结肠前段位于腹中线左侧，降结肠后段位于腹中线，后行进入骨盆腔延续为直肠。直肠起于骨盆腔入口止于肛管。

2.常见疾病的X线诊断

(1)胃肠道异物　金属异物、骨头、石块呈高度致密阴影，根据其形状而确定。

(2)胃扩张-胃扭转　患犬通常在采食及剧烈运动后发病，叩诊有典型鼓音。胃高度扩张，充盈气体和食物，一条细长的软组织密度样的皱褶横跨胃，将胃分成两部分。脾脏增大并移至腹部右侧。小肠受推压后移。心脏影像狭长，后腔静脉很狭窄。

(3)肠梗阻　又称肠阻塞，可发生于犬、猫、猪、马、牛等动物。X线特征性表现为多发性半圆形或拱形透明气影，在其下部有致密的液平面。液平面大小、长短不一，高低不等，如阶梯样。如发生肠套叠，钡剂灌肠可显示肠腔内套叠形成的肿块密影。

（四）泌尿系统

1.正常X线表现　X线平片仅可显示肾脏和膀胱轮廓。

犬右肾位于第13胸椎至第1腰椎水平处，猫右肾位于第1～4腰椎水平处。犬左肾位于第2～4腰椎水平处，猫左肾位于第2～5腰椎水平处。正常犬、猫肾脏的长度分别为第2腰椎长度的2.5～3.5倍、2.5～3倍。

膀胱位于耻骨前腹侧，呈卵圆形或长椭圆形均质组织密影。

前列腺位于膀胱后、直肠腹侧的骨盆腔内，不易显示。

未妊娠子宫呈管状，难与小肠相区别。正常卵巢不易显影。

2.常见疾病的X线表现

(1)膀胱结石　多为X线不透性结石。X线表现为单个或多个圆形、椭圆形密影。阴影呈分层者多为磷酸钙结石，桑葚形者多为草酸钙结石。

(2)尿道结石　X线摄影检查可以显示其高密度阴影。尿酸盐结石密度低，与软组织密度相同，普通X线摄影检查不可显示，为X线可透性结石。

(3)妊娠　犬妊娠41～45 d(猫35～39 d)后，胎儿的脊椎骨、肋骨、颅骨和四肢骨开始骨化，方可显示在X线照片上。在40日胎龄前，妊娠子宫仅显示为与子宫蓄脓不易分辨的致密阴影。如木乃伊胎儿，则X线显示胎儿骨骼集拢、骨骼浓密细小和胎儿体积缩小。

(4)子宫蓄脓　在中腹部、后腹部以及骨盆前区，子宫蓄脓通常显示为轮廓清楚，密度均匀，盘旋曲管状、团块状或袋状密影，肠管被挤向前方移位。

(五)骨与关节

1.骨与关节病变的基本X线表现

(1)骨骼的异常

骨质疏松：X线表现为骨的密度降低，骨小梁数目明显减少、变细，小梁间隙增宽。重者骨小梁几乎消失，密度明显降低，骨皮质变薄，骨髓腔变宽。

骨质软化：X线表现为骨的密度均匀降低，骨小梁模糊变细，骨皮质变薄，负重骨骼可发生变形弯曲。

骨质破坏：X线表现为骨质发生密度降低的透明区，骨皮质缺损，透明区的大小、形状和边缘可有差异。边缘模糊不规则，一般为恶性或病变发展的表现。边缘清楚锐利或有密度加带包围者，多为良性或好转的表示。

骨质增生硬化：X线表现为骨质密度增高，骨皮质增厚，骨髓腔变窄或消失，骨小梁增生增粗甚至失去海绵状结构，变成致密骨质。

(2)关节的异常

关节肿胀：X线表现为软组织层阴影肿大增厚，密度稍增浓，组织层次模糊不清，多见于急性关节炎、化脓性关节炎或软组织急性炎症早期。

关节间隙改变：间隙增宽多见于炎症的关节腔积液，外伤的关节腔积血以及软骨增生与肥厚，并可伴有密度增加以及骨端密度减低和边缘模糊。间隙变窄为软骨的变性与破坏，见于关节炎、化脓性关节炎与微动关节的骨关节病。

关节破坏：轻症X线表现为关节面骨质变薄、模糊和粗糙，重症显示为关节面和附近骨质大小不等的不规则破坏性缺损，甚至骨关节面全部消失。

2.常见疾病的X线诊断

(1)骨折　X线照片可显示黑色、透明的骨折线(纹)。骨折部两断端可发生成角、移位和重叠等。确定骨折断端是否移位，以骨折近端为准，借以判断骨折远端的移位方向和程度。骨折的愈合可表现为骨折断端及其周围出现骨痂形成的致密阴影，骨折线模糊和消失。

(2)关节脱位　全脱位的X线表现为关节内两骨端的关节面对应关系完全脱离。半脱位的X线表现是相对应的关节面部分脱离，失去正常相互平行的弧度和间隙。先天性脱位多见于膝关节，X线显示股内髁关节面变平，外滑车发育不良等。

(3)骨炎　X线表现为在骨干或干骺端的骨髓腔内出现斑块状致密阴影，骨小梁结构模糊不清，骨内膜增厚，骨膜新生骨反应。

(4)髋关节发育不良　X线表现为关节间隙增宽，髋臼与股骨头的关节面不和谐，股骨头变平、变形，髋臼变浅，股骨头半脱位或脱位。

五、X线造影检查实例

造影检查是将X线造影剂引入被检器官的内腔或周围，形成密度差异，以显示被检器官内腔或外形影像而进行诊断的方法。X线低密度造影剂又称阴性造影剂，如空气、氧气、氧化亚氮和二氧化碳等，常用于腹腔造影、膀胱充气造影、消化道双重造影等。高密度造影剂又称阳性造影剂，如钡剂和碘剂等。医用硫酸钡是最常用的钡剂类造影剂，多用于消化道造影；碘剂类造影剂有碘化钠、碘油和有机碘造影剂等。

（一）猪的气囊造影检查

1. 气囊造影法　将猪站立保定在长 90 cm、宽 50 cm、高 80 cm 的保定桌上，侧位透视猪腹部，观察造影前腹部情况。透视后于猪的肷窝（左、右均可）处剪毛消毒。将消过毒的长针头（14 号）插入腹腔内，用注射器将消过毒的空气注入（500～1 000 mL），使其腹围膨大。

2. 造影后透视及摄影检查　将上述造影后的猪作透视检查，可观察到腹腔上部、脊柱下方有一亮带，亮带内有卵圆形的肾脏。依据要求，可以对该部进行 X 线拍片，冲洗后观察。肾肿大、输尿管粗大等异常变化可在 X 线照片上见到相应清楚的异常影像。

（二）山羊食道造影检查

首先，将山羊站立保定在 90 cm×50 cm×80 cm 的保定桌上，作侧位透视，检查山羊颈部，熟悉其解剖结构，再观察胸部。

随后给山羊安好开口器，插入导管外端，并接上漏斗，边透视边灌入钡浆液，可见密度很大的黑影迅速从颈部食道到胸部食道而流入腹部。若有食道憩室、食道狭窄等异常变化，可见钡浆液滞留或钡流突然变细。也可按照该部拍片的条件，在灌入钡浆液时拍取 X 线片，经冲洗后观察分析。

（三）X 线片的阅读

1. 对 X 线照片的质量鉴定　是否清洁、整齐、美观。投照范围是否符合要求，病变范围是否遗漏等。片的对比度、清晰度是否符合要求。

2. 观察 X 线照片的方法　先打开观片灯，再将 X 线照片插于观片灯箱上。首先全面观察照片，认清该片所拍的部位，观察其结构，注意有无异常情况出现。发现异常情况后，着重观察，根据其密度、大小、部位等变化来分析病变性质，结合临床检查做出结论。

猪、羊正常胸部的 X 线片见图 7-1、图 7-2，驹发育期的长骨见图 7-3；山羊掌骨横骨折见图 7-4，牛粉碎性骨折见图 7-5，牛骨骺分离合并骨折见图 7-6。

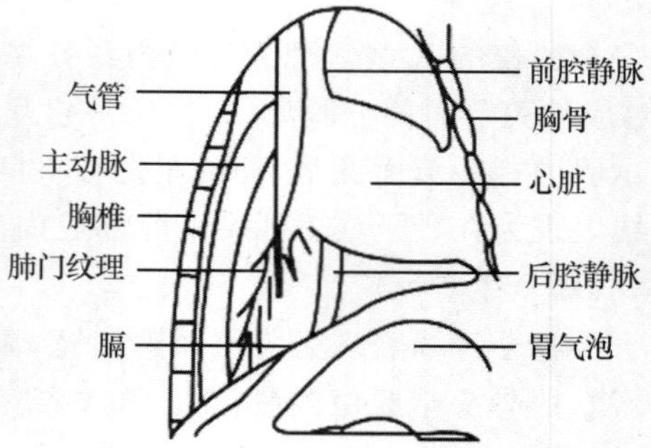

图 7-1　猪正常胸部（直立右侧位）

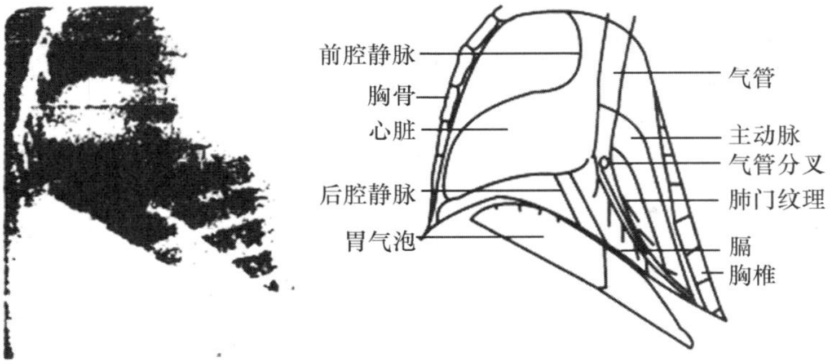

图 7-2　羊正常胸部(直立左侧位)

胫骨及其两端关节的侧位照片，
显示未融合的各骨跖与骨凸

图 7-3　驹发育期的长骨

山羊掌骨前后位照片，显示骨折
断端向侧位移动

图 7-4　山羊掌骨横骨折

图 7-5　牛粉碎性骨折端与骨折

图 7-6　牛骨骺分离合并骨折

实训操作 7-1　猪胸部的透视检查

一、实训目的和要求

熟悉猪胸部的结构、X 线机的构造；了解 X 线机及其造影检查在临床上的应用；掌握通过 X 线机对猪胸部透视的技术。

二、实训材料和器械

1. 器械　X 线机、显影粉、定影粉、X 胶片等。
2. 动物　猪。

三、实训内容

1. 猪的保定　对中、小猪可用徒手保定法作保定，即保定者左手持猪的左前肢或左耳，右手握住右前肢或右耳，头向上提起患猪，站于荧光屏一侧，并使患猪的胸腹紧贴荧光屏。

2. 透视方法　工作人员在做好暗适应和机器条件选择后，即可进行曝光。先进行直立正位观察，开大光门观察整个胸部，然后缩小光门，分片检查，由上而下、从左到右有次序地进行观察，以免遗漏。发现异常时再重点观察，若有必要，在正位检查后再作侧位检查。

3. 透视观察

(1)正位

骨骼：位于软组织的内侧，猪有 14～17 对肋骨，呈密度大的阴影。与胸椎相连的肋骨呈水平状态，称为背段或上段，腹段或下段向下向内弯曲，末端呈游离状态，胸骨不显影像；椎骨与胸骨、纵隔重叠，不能单独显现出来；肩胛骨可显现影像。

膈肌：位于胸廓下方，呈向上隆起的弧形影像，中等密度。

纵隔：由大小血管、食管、气管、淋巴管、淋巴结及心脏所组成。心脏是纵隔中最膨大的，为梨形、密度大、均匀的影像，能见收缩运动。肺门附近的卵圆形影像为肺门淋巴结。

肺叶：位于纵隔两侧，每侧划分为 3 个区域：第 5 或第 6 肋段以上为尖叶区；第 5 或第 6 肋间背段和该肋腹段所包围的范围称为心叶区，相当于心膈角的位置；膈叶区的大部分与腹腔器官重叠而显现不出来。肺的副叶多与心叶重叠而不能单独显影。心脏与膈肌相邻区称为心膈角，相当于副叶所在的位置；膈肌与肋骨相交处称为肋膈角。

(2)直立侧位

软组织：背侧阴影较腹侧厚。

骨骼：能见到胸骨体、胸椎体及棘突，肋骨可见自胸椎向下方走向。

膈肌：为一侧倾斜的弧形影像，中等密度，膈肌下方靠腹侧处能见到胃气泡，可观察到膈肌运动。

肺叶：观察到的范围较正位时宽，第 3 肋间以上为尖叶区，第 4 肋间到第 6 肋间为心叶区，第 6 肋间以下为膈叶区，副叶多与心叶和膈叶的前部相重叠。肺叶分为 3 个区，即心膈三角区、心胸三角区、椎膈三角区。肺叶内心脏的影像最清楚，并可见到来自颈部、终末变细变尖呈锥形的气管影像。正常情况下食管显现影像，肺叶内尚可见到肺边缘呈放射状的肺纹理。

四、实训作业

撰写实习报告，描绘出胸廓、肺各叶、膈肌、纵隔的位置和形态。

任务 7-2　超声波检查

一、超声检查的基本知识

（一）超声波及其物理学特性

超声是频率在 20 000 Hz 以上，超过人耳上限阈值的声波。超声成像利用超声的物理特性和机体组织器官声学参数的差异进行成像。

1. 超声的物理学特性

（1）透射　超声穿过某一介质或通过两种介质的界面而进入第二种介质内称为超声的透射。除介质外决定超声透射能力的主要因素是超声的频率和波长。超声频率越高，波长越短，透射能力越弱，探测的深度越浅；反之，穿透力越强，探测的深度越深。

（2）反射与折射　超声在传播过程中，遇到两种不同声阻抗介质所构成的声学面时，一部分声波会返回到前一介质中，这一现象称为反射；超声波在进入第二种介质时发生传播方向的改变，称为折射。超声波反射的强弱取决于形成界面的两种介质的声阻抗差值，声阻抗差值越大，反射强度越大，反之越小。

（3）绕射　超声遇到小于其波长一半的物体时，会绕过障碍物的边缘继续向前传播，称为绕射或衍射。

（4）散射与减弱　超声遇到物体或界面时会沿不规则的方向反射或折射，称为散射。超声在介质内传播时会随着传播距离的增加而减弱，这种现象称为超声衰减。

（5）多普勒效应　声源与反射物体之间出现相对运动时，反射物体所接收的频率与声源发出的频率不一致。当声源与反射物相向运动时，声音的频率增高，反之降低，此种频率发生改变的现象称为多普勒效应。

（6）方向性　超声波与一般的声波不同，由于频率极高，波长又短，远远小于探头的直径，在传播时集中于一个方向，类似于平面波，声场分布呈狭窄的圆柱状，声场宽度与探头的压电晶片大小接近，因而有明显的方向性。

2. 超声的分辨性能

（1）超声的显现力　指超声能检测出最小物体大小的能力。超声频率越高，波长越短，其显现力也越高。

（2）超声的分辨力　指超声能够区分两个物体间的最小距离。分横向分辨力和纵向分辨力，单位均为毫米(mm)。横向分辨力指超声能分辨与声束相垂直的界面上的两物体（或病灶）间的最小距离；纵向分辨力指声束能够分辨位于超声线上两物体（或病灶）间的最小距离。

（3）超声的穿透力　超声频率越高，其显现力和分辨力越强，显示的组织结构和病灶结构就越清晰；但频率越高，其衰减也越显著，透入的深度就越小。

（二）动物体组织结构的回声性质与超声图像诊断

超声在不同的器官与组织之间产生反射与衰减，这是构成超声图像的基础。将接收到的回声，根据其强弱，用明暗不同的光点依次显示在影屏上，可显出机体断面的超声图像。

1. 回声性质

(1)无回声　超声经过的区域没有反射，为无回声的暗区。可能是液性暗区、衰减暗区、实质暗区。

(2)低回声　肝实质器官急性炎症、出现渗出时，其声阻抗比正常组织小，透声增高，因而可出现低回声区。

(3)强回声　实质器官内组织致密，声阻抗差别较大，反射界面增多，使局部回声增强，呈密集的光点或光团。又可细分为较强回声、强回声和极强回声。

2. 回声形态描述　光点或光斑指细而圆的点状回声。光团指回声以团状块出现。光条或光带指回声呈条带状。光环中间为较暗或暗区，如胎儿的头部回声。光晕指光团周围形成暗区，如癌症结节周边的回声。网状回声指多个环状回声聚集在一起构成筛网状，如脑包虫、犬子宫蓄脓、腹腔脓肿等的回声。云雾状回声多见于声学造影。声影指由于声能在声学界面衰竭、反射、折射等而丧失，声能不能达到的区域(暗区)，即强回声下方的无回声区域。有些肝脏或肿块底边无回声，称底边缺如。如侧边无回声称为侧边失落。声尾指强回声下方类似于彗星尾样回声，如囊肿后方的声尾。

3. 超声图像特点　超声图像以不同的灰度来反映回声的强弱，无回声为暗区，强回声为亮区。借此进行组织器官的超声解剖学研究、病变形态学诊断、活动脏器功能的检测和介入超声的研究。

超声图像是层面图像。改变探头位置可得任意方位的声像图，并可观察活动器官的运动情况。

(三)超声检查的类型

超声检查的类型按显示回声的方式进行分类，主要有 A、B、M、D 和 C 型。

1. A 型探查法　以波幅的高低代表界面反射信号的强弱，可探知界面距离、测量脏器径线及鉴别病变的物理特性，可用于对组织结构的定位。该法目前在医学上已被淘汰。

2. B 型探查法　以不同辉度光点表示界面反射信号的强弱，反射强则亮，反射弱则暗，称灰阶成像。因其采用多声来连续扫描故可显示脏器的二维图像。当扫描速度超过 24 帧/s 时，则能显示脏器的活动状态，称为实时显像。本法是目前临床使用最为广泛的超声诊断法。

3. M 型探查法　也属辉度调制型，它是将单声束超声波所经过的机体各层解剖结构的回声以“运动-时间”曲线的形式显示的一种超声诊断法。此法主要用于探查心脏，临床称其为 M 型超声心动图描记术。本法与 B 型扫描心脏实时成像结合，诊断效果更佳。

4. D 型探查法　利用超声波的多普勒效应，以多种方式显示多普勒频移，从而对疾病做出诊断。本法多与 B 型探查法结合，在 B 型图像上进行多普勒采样。

5. C 型探查法　也称等深显示技术，使用多晶体探头进行 B 型扫描，其信号经门电路处理后，显示与扫描方向垂直的前后位多层平面断层像。目前主要用于乳腺疾病的诊断。

二、B 型超声诊断技术

(一)概述

B 型超声诊断法将回声信号以光点明暗，即灰阶的形式显示出来。光点的强弱可反映出回声界面反射和衰减超声的强弱。这些光点、光线和光面构成了被探测部位的二维断层图像或切面图像，这种图像称为声像图。动物体各脏器组织结构密度存在明显差异，B超技术就是通过不同密度组织对超声的吸收与反射存在的差异，而在荧光屏上显示出各脏器的切面图像。B超诊断现在已经广泛应用于动物的妊娠诊断、脾脏等的检查，如犬在妊娠后第24天即可检出胎儿。

（二）犬脾脏超声检查

Mylab30VET超声诊断仪，配置凸阵、线阵和相控阵探头，医用超声耦合剂。

犬腹部剃毛，仰卧位扫查。由于脾脏游离端的位置和脾脏的体积变化很大，每只犬的脾脏超声检查的位置都略有不同，在腹部迂回移动探头以达到对整个脾脏的观察。

例如，图7-7中可见，脾实质回声弥漫性降低，内有散在的线状强回声结构，整体呈花斑状或带状结构，脾门处可见脾静脉内回声增强（SV），脾脏深处肠系膜回声中度增高。

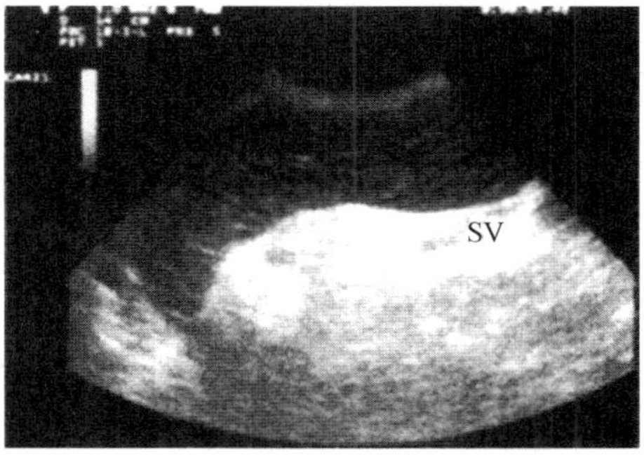

图7-7　犬脾脏的B型声像图

三、机体各系统的超声临诊应用

（一）检查前准备

1.腹部超声检查和妊娠诊断　要获得良好的声像图，动物应禁食1～24 h。但禁食不要超过24 h，超过24 h后肠内会产生过多的气体。腹部及妊娠检查时，动物的膀胱要充盈，检查前允许动物自由饮水。皮肤弹性轻微降低将大大降低图像质量。

2.胸部超声检查　尤其是心脏超声检查通常需要从支持侧进行扫查，这样可以借助于重力的作用，使得气体向非支持侧移动，从而提高成像质量。因此，胸部检查通常需要配备中间有孔的特殊心脏检查台。

（二）肝、胆、脾、胰的超声检查

1.肝、胆　健康动物的肝、胆正常声像图特点为：肝实质为低强度微细回声，周边回声强而平滑；胆囊为液性暗区，壁薄而光滑。根据扫查面的不同可显示门脉、胆管、大血管、膈肌和相邻器官。体位和探查部位见表7-2。

表7-2　马、牛、羊、犬肝胆系统超声检查时的体位和探查部位

项目	马	牛	羊	犬
体位	立位	立位	立位	仰卧、俯卧或侧卧
探查部位	右侧第10～14肋肩关节水平线下	右侧第8～12肋肩关节水平线下	右侧第8～10肋肩关节水平线下	右侧第10～12肋间或剑突后方

2.脾脏　牛于左侧第11、12肋间背侧部，探头稍对向头部扫描，可得到脾脏声像图。其左侧位胸椎及肋骨，内侧由第一肋包围，呈均质的低强度回声。其边缘可描出肝脏及其尖锐的楔状。

犬脾脏的探查可采取站立、右侧横卧、仰卧及犬坐等体位。在左侧最后肋间及肷部，可探查到脾脏，并可观察到与其相邻器官的动态。脾脏内侧是消化管。

3.胰腺　胰腺是腹腔中难于探查的器官。犬通常仰卧，用 5.0 MHz 或 7.5 MHz 线阵或凸阵探头于左腹壁探查。有时也可令犬右侧卧或俯卧，利用下方开口的聚酯玻璃台于左侧第 11、12 肋间探查。胰腺声像图较难判断，往往被周围脂肪或积气的肠管所掩盖。

（三）泌尿系统的超声检查

1. 肾脏　健康动物肾脏正常声像图特点为：包膜周边回声强而平滑；肾皮质为低强度均质微细回声；肾髓质呈多个无回声暗区或稍显低回声；肾盂及脂肪囊呈放射状排列的强回声结构。根据扫查面不同可显示肾静脉、后腔静脉、肝或脾。检查时的具体体位和探查部位见表 7-3。

表 7-3　马、牛、羊、犬肾脏超声检查时的体位和探查部位

项目	马	牛	羊	犬
体位	立位	立位	立位	立位、卧位或坐卧
探查部位	左、右侧第 16～17 肋间上部或左侧最后肋骨后缘	右侧第 12 肋间上部或肷部上前方或左侧肷部上后方	右侧第 12 肋间上部或肷部上前方或左侧肷部上后方	左、右侧第 12 肋间上部及最后肋骨上缘

2.膀胱与尿道　大中型动物多采用直肠探查法，取站立保定，用 5.0 MHz 或更高频率直肠探头伸入直肠内下方扫查，能清晰显示膀胱和盆腔段尿道的各个纵切面。中小型动物一般采用体表探查法，取站立或仰卧位，于耻骨前缘后腹部作纵切面和横切面扫查。

3.前列腺　其大小和位置随年龄和性兴奋状况而异，性成熟后位于骨盆前口后方，环绕膀胱颈后段尿道。其探查方法与膀胱类似，可经直肠或经耻骨前缘向后探查，周边回声清晰光滑，实质呈中等强度的均值回声，间杂小回声光点。膀胱颈和前段尿道充尿时，在前列腺横切面背侧两叶间可清晰显示尿道断面。

4.肾上腺　犬的肾上腺通常用 5.0 MHz 或 7.5 MHz 的探头探查，其方法类似于检查肾脏，动物取仰卧或侧卧保定，从后腹部或侧腹部进行横切、纵切和额切扫描。必须除毛，尽可能避开肠管，以便在多数情况下从腹侧得到适宜的肾上腺显像。

（四）心脏的超声检查

可以 B 型、M 型单独显示，也可以 B 型、M 型同时显示。探头频率可用 3.0 MHz、3.5 MHz 及 5.0 MHz 乃至 7.0 MHz 等。

大动物采取站立位栏内保定，小动物（如犬、猫、羊等）可立位、仰卧位及坐位。局部剪毛或剃毛、消毒、涂耦合剂。探头与皮肤保持垂直并充分密合。

实训操作 7-2　犬猫妊娠的 B 超诊断

一、实训目的和要求

熟悉犬、猫生殖系统组织结构、B 超诊断原理；了解 B 超仪在临床上的应用，掌握犬猫妊娠的 B 超诊断技术。

二、实训材料和器械

1. 器械　兽用 B 超仪等。

2. 动物　妊娠期犬或猫等。

三、实训内容

1. 妊娠检查　7.5 MHz 的探头在犬用于评价正常卵巢和子宫较理想，而母猫则要用 10 MHz 的探头。5.0 MHz 的探头适用于中、后期妊娠诊断以及子宫蓄脓和卵巢肿瘤等的探查。

患畜常取仰卧姿势，也可采取右侧卧或左侧卧或站立姿势。除去后腹部被毛，涂耦合剂。在妊娠早期呈阴性的声像图，应在 1～2 周后复查，以排除假阳性。

探查卵巢时应该在肾脏后部和邻近区域进行纵切和横切扫描，卵巢可以和肾脏后部接触，或在肾脏后方上下左右几厘米的区域内。

扩张的膀胱在骨盆腔前口处较易探到，膀胱作为声窗有利于观察子宫体乃至子宫角。子宫体通常紧靠腹中线，但由于膀胱和直肠的挤压可向左或向右移位。

2. 胎儿胎龄的计算　母犬的妊娠期为 58～65 d，卵子受精后 17～18 d 开始着床。犬的胎盘为环状胎盘，胎盘中形成血窦，血液在其中回流。

(1)探查方法　母犬取自然站立、人工扶持或躺卧保定均可，需要保持安静。探查部位在后腹部、乳房边缘，或下腹部脐后 3～5 cm 处。

(2)犬 38 日龄胚胎扇扫声像图　见图 7-8、图 7-9。母猫诊断方法基本同犬。

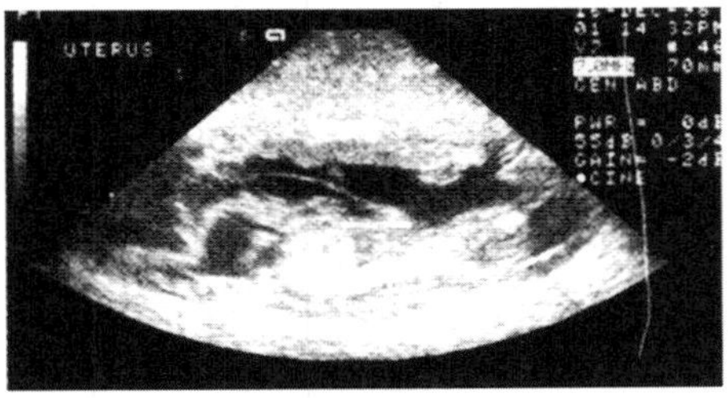

图 7-8　胚胎扇扫声像纵切图

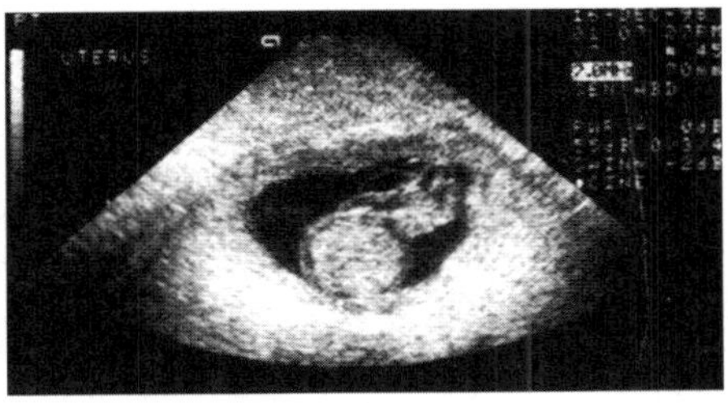

图 7-9　胚胎扇扫声像横切图

(3)胎龄(GA)预测　犬在妊娠 40 d 之前，根据最大胎囊直径(GSD)估算：GA＝(6×GSD)＋20；在妊娠 40 d 之后，根据头部最大横径(HD)估算：GA＝(15×HD) ＋20。猫的胎龄计算公式为：GA＝(25×HD)＋3。

四、实训作业

撰写实训报告，计算妊娠犬的胎儿的胎龄。

任务 7-3　心电图检查

心电图是心脏在每个心动周期中，由起搏点、心房、心室相继兴奋，伴随着心电图生物电的变化，通过心电描记器从体表引出多种形式的电位变化的图形。每一次心脏搏动包括收缩和舒张，称为一个心动周期，相应的心电活动包括除极和复极，称为一个心电周期。心电图的描记方法也称为心动电流描记法。

一、心电图机的使用技术

(一)心电图机的类型和结构

1. 心电图机的类型　临床上应用的心电图机，类型和种类甚多。以电源可分为直流电式和交流电式；以电流计可分为炫线式和动圈式；以放大装置可分为光学放大式、电子管放大式和晶体管放大式；直接观察式和直接描记式，直描式又分为热笔式、刀刮式、墨水式及墨水喷射式。

2. 心电图机的基本结构　心电图机的种类和形式虽然很多，但从结构而言，主要包括下列几个部分(图 7-10)：导联选择器、1 mV 标准信号发生器、电子管或晶体管放大器、记录装置、传动走纸装置、电源。

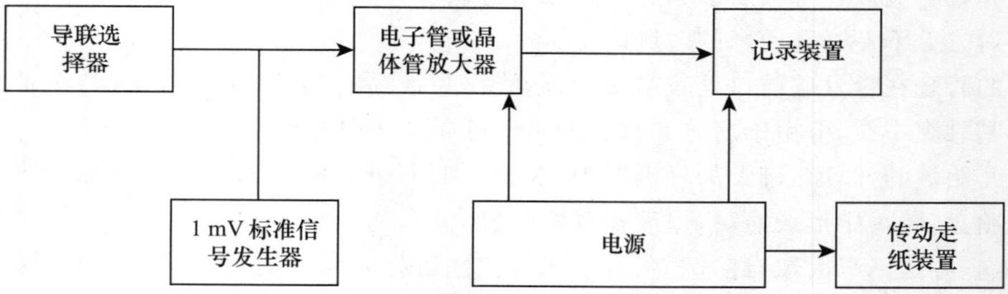

图 7-10　心电图机结构框图

(二)心电图机的使用方法

(1)操作者必须首先熟悉仪器的性能，否则不能通电和盲目启动开关。

(2)连接电源线、导联线和地线。

(3)打开电源开关和描笔开关，使仪器预热。仪器预热时间一般为 30 min。

(4) 将动物作适当保定，在安放电极板的部位剪毛或涂擦电极液，然后安放好电极。

(5)调节电压振幅和走纸速度以及导联，在动物安静时按导联顺序进行走纸、描记。

(6)操作完毕后将所有开关复原，切断电源。

(7)在描记的心电图纸上标明畜主、地址、畜别、描记时间、各导联段。

(三)常见的心电图导联

1. 标准导联(双极肢导联)

(1)标准第一导联　左前肢接心电图机导线的正极，右前肢接负极，所得电位是前肢之差。当左前肢电位较右前肢电位高时，描出向上波，反之则是向下波。

(2)标准第二导联　左后肢接正极，右前肢接负极。当左后肢电位较右前肢电位高时，描出的波形向上，反之则向下。

(3)标准第三导联　左后肢接正极，左前肢接负极。当左后肢电位高于左前肢电位时，描出的波向上，反之则向下。

2. 加压单极肢导联　为了使波幅增大，当描记某一肢单极导联时，将该肢与中心电端相连接的高电阻断开，这样可使心电图波幅增加 50%，而波形保持原样不变，这种导联方式称为加压单极肢导联。

3. 胸导联　利用上述单极导联的连接方式，将探查电极放在胸壁，无干电极与中心电端连接，即为胸导联。最常用的只有 3 个，即 V1、V3、V6，均为向上波。

兽医临床描记家畜心电图时，通常用肢导联和胸导联。

二、心电图的识别

(一)心电图记录纸的组成

心电图记录纸由黑色的底面层、白蜡均匀涂布的表面层组成。心电描记时，心电图机的描笔划破熔化蜡面，在心电图纸上形成清晰的心电图波形。心电图纸有纵线与横线交织的方格。由两条粗的纵线和横线组成一个大方格，每个大方格中有 5 个中方格，每个中方格中有 5 个小方格，每个小方格边长为 1 mm。

(1)纵向距离代表电压，用以计算各波振幅的高度或深度。当输入标准电压为 1 mV 使曲线移 10 mm 时，每两条细横线间为 1 mm，代表 0.1 mV。如果波形过大，可把标准电压调节为 1 mV 相当于 5 mm，此时 1 mm 就代表 0.2 mV。

(2)横向距离代表时间，用以计算各波的间期所占的时间，因为心电图纸移动的速度一般为 25 mm/s，所以 1 mm 代表 0.04 s (图 7-11)。

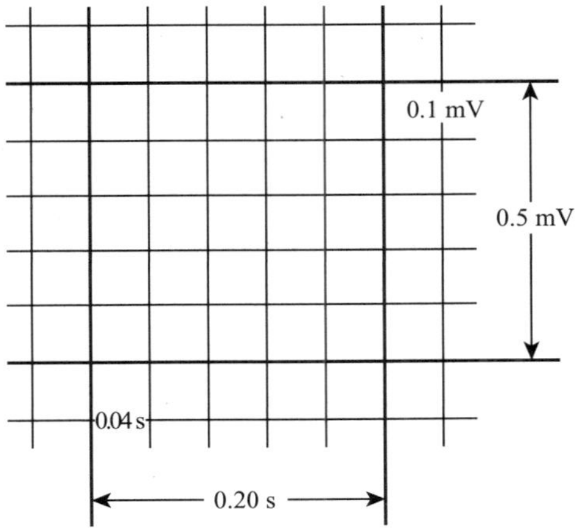

图 7-11　心电图记录纸示意图

(二)心电图各波段的组成和命名

所有心肌细胞均有其电活动性，窦房结电活动节律性最高，也是心脏节律的“控制者”，称为“起搏点”。窦房结节律受自主神经的影响，如交感神经和副交感神经。

正常心电图(图 7-12)由心房激动波和心室激动波组成。心房激动波以 P 波表示，心室激动波由心室肌去极化产生的 QRS 波群和复极化产生的 T 波组成。

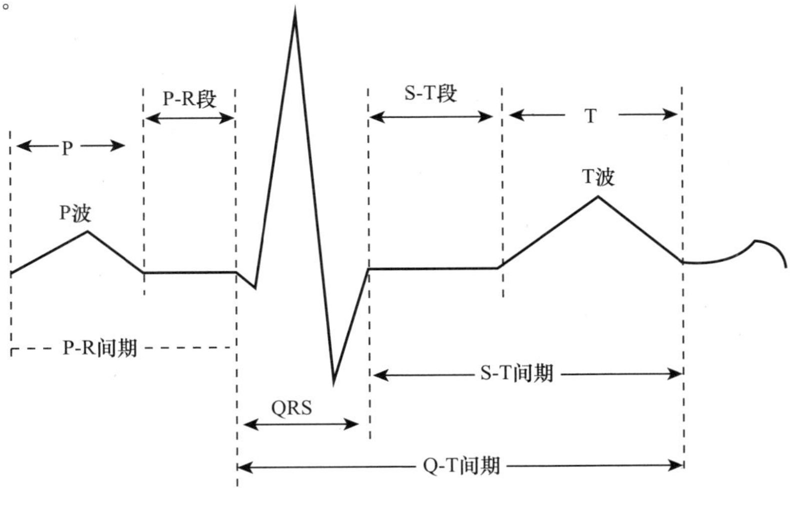

图 7-12　心电图各波段示意图

(1)P 波　心脏的兴奋发源于窦房结，最先传至心房，故心电图各波中最先出现的是代表左右两心房兴奋过程的 P 波。P 波反映心房肌除极过程的电位变化。

(2)P-R 段和 P-R 间期　P-R 段是从 P 波结束到 QRS 波群起点的一段等电位线。P-R 间期是指从 P 波起点到 QRS 波群起点的距离，相当于 P 波时限与 P-R 段时间之和。P-R 间期代表激动从窦房结至心房、房室交界区到心室肌开始除极的时间。

(3)QRS 波群　QRS 波群又称 QRS 综合波、QRS 复波、心室综合波或心室波群，由向下的 Q 波、陡峭向上的 R 波与向下的 S 波组成。QRS 波群的宽度表示激动在左、右心室肌传导所需时间。

(4)S-T 段　S-T 段指 QRS 波群终点到 T 波开始的一段等电位线。正常时位于等电线(基线)上。S-T 段上升见于心肌梗死；S-T 段下降见于冠状血管供血不足、心肌炎、贫血。S-T 段代表心室肌除极结束以后至心室肌复极开始前的一般时间。

(5)T 波　T 波是继 QRS 波群后的一个振幅较低、时限较长的波，代表左、右心室肌复极化过程的电位变化。犬猫 T 波可为正向、负向或双向。

(6)Q-T 间期　Q-T 间期又称心室电收缩时间，是指从 QRS 波群起点到 T 波终点之间的距离，其时限代表心室肌去极化和复极化过程的全部时间。

(7)R-R 间期　R-R 间期又称 P-P 间期，是指前一心动周期 R 波的顶点至下一个心动周期 R 波顶点之间的距离，其时限相当于一个心动周期所需的时间。

(三)心电图的辨别和测量

(1)定标准线是自 P 波开始所连接的直线。

(2)振幅的方向及单位。测定 P、Q、R、S、T 各波的高度或深度，做好记录。

(3)棘波的持续时间。棘波的持续时间用 s 来表示。当走纸速度为 25 mm/s 时，即每小格为 0.04 s，分别测定 P、QRS、T 波的持续时间，P-R 间期、Q-T 间期、P-P 间期。依据 P-P 间期能计算出心率，每分钟心率＝60/(P-P 间期或 R-R 间期)。

三、心电图检查的临床应用

评估心脏解剖学变化、诊断心律失常、监测治疗效果、辅助预后、评估疾病进程、辅助鉴别诊断、麻醉与手术监护、常规体检。

【自测训练】

一、选择题

1. 下列不属于 X 线特性的是(　　)。

A. 穿透作用　　B. 荧光作用　　C. 感光作用　　D. 电离作用

E. 损伤作用

2. 下列不会对 X 线片对比度造成影响的是(　　)。

A. X 线的质　　B. X 线的量　　C. 散射线的多少　　D. 胶片距的大小

E. X 线胶片和暗室技术

3. 下列属于非电离辐射的是(　　)。

A. X 射线　　B. β 射线　　C. 紫外线　　D. γ 射线

4. 当 X 线穿过物体时，它们可以(　　)。

A. 使某些物质发生荧光　　B. 完全移除电子

C. 导致化学环境改变，杀死细胞　　D. 以上皆是

5. 为了防止 X 线摄影时物体的放大和失真，患病动物必须(　　)。

A. 尽可能平行于胶片　　B. 尽可能靠近胶片

C. 尽可能靠近 X 线管　　D. A 和 B 皆对

6. 稀土增感屏的主要优点是(　　)。

A. 发出的光在紫外光谱的蓝色区域　　B. 能够将潜影转变成可见影

C. 易于从泥土中分离，价格便宜　　D. X 线转换成光的效率高

7. 以下描述正确的是(　　)。

A. 有屏胶片对电离辐射更敏感　　B. 无屏胶片产生的细节较差

C. 无屏胶片需要更多的曝光量　　D. 无屏胶片对增感屏发生的荧光敏感性高

8. 如果机体被检部位最厚和最薄的部分厚度差异显著，则应(　　)。

A. 测量并拍摄最厚的部分　　B. 测量并拍摄最薄的部分

C. 用测量的平均值决定 X 线束中心　　D. 以不同的测量值分两次曝光

9. 用 B 超进行犬妊娠诊断时，首次检出胎犬日期是妊娠第(　　)天。

A. 24　　B. 30　　C. 35　　D. 40

E. 48

10. 分析心电图时，若出现 S-T 段呈平段延长，则提示(　　)。

A. 高血钾症　　B. 低血钾症　　C. 高血钙症　　D. 低血钙症

E. 强心剂洋地黄中毒

二、问答题

说明 X 线诊断在兽医临床上的应用。

模块三　动物疾病治疗技术

项目 8　内服给药技术
项目 9　注射技术
项目 10　穿刺术等治疗技术
项目 11　手术治疗技术

项目8　内服给药技术

【知识目标】

- 掌握直接灌服法、胃管灌服法的技术原理和方法；
- 掌握拌料给药法、饮水给药法的技术原理和方法。

【能力目标】

- 能对不同动物进行直接灌服给药、胃管灌服给药；
- 能对不同动物进行拌料给药、饮水给药。

口服药物，经胃肠道吸收后作用于全身，或停留在胃肠道发挥局部作用。优点是给药操作比较简单，适合于大多数药物。缺点是受胃肠内容物的影响较大，吸收不规则，显效慢；能被消化道破坏的药物也不宜口服；草食动物口服广谱抗生素易引起胃肠道菌群失调。

任务8-1　直接灌服法

经口灌服主要用于少量的水剂、糊剂，中药及其煎剂、片剂、丸剂、舔剂等剂型的投服。经口灌服的药物一般应无强刺激性和特殊异味，所有动物均可经口灌服给药。经口灌药常用药匙（汤匙）、竹筒、橡胶瓶或长颈玻瓶、盛药盆或注射器等。

灌药前应将家畜保定确实，然后打开口腔并轻压舌头；选择适当的喂药工具（如药瓶），自一侧口角伸入并送向舌背；抬高药瓶并轻轻振抖，如系橡胶瓶则可轻压使药液流出，待动物吞咽后继续灌服，直至灌完。

1. 牛的灌药法　畜主或助手牵住牛鼻绳，抬高牛头，或握住鼻中隔使牛头抬起，必要时使用鼻钳。术者左手伸入牛的一侧口角，打开口腔，右手持药瓶从另外一侧口角的空隙处伸入并送向舌背部，待牛吞咽后，再振抖或轻压药瓶，继续灌服，直到灌完。

2. 马的灌药法　通常用灌角。马行站立保定，用绳一端系于笼头上或绕上颌，绳的另一端经过柱栏的横木，使其拉紧，将头部固定好。术者手持灌角并装满药液，自口角的空隙处而插入，并送向舌背，反转并抬高灌角的柄部将药液灌入，取出灌角，待其咽下再灌一口，直到灌完。

3. 羊的灌药法　与牛的灌药法相似，通常由畜主或助手提住羊角，或左手托住下颌，右手固定头部，术者左手从口角处伸入口腔，轻压舌头，右手持药瓶从另一侧伸入口腔，待羊吞咽一口，再灌一口，直到把药灌完。

4. 猪的灌药法　小猪灌服少量的药液时，通常一个人固定猪的两耳或两前肢，并提起其前躯，大猪则需进行仰卧保定，通常用开口器将嘴打开，用药匙或注射器自口角徐徐灌入药液。

5. 犬、猫的灌药法　通常将犬、猫保定，助手固定头部上下颌，术者手持药丸或抽满药液的注射器，用手自一侧打开口角，自口角处缓缓灌入或注入药，让其自然吞咽，直到灌完。

任务 8-2 胃管灌服法

适用于大量水剂或可溶于水的药剂的灌服。胃管在用前应清洗干净，并在前端涂以润滑油或水。

1. 牛、羊、马胃管灌服法　经口(牛、羊)或经鼻(马)插入胃管进行灌药(图 8-1、图 8-2)。

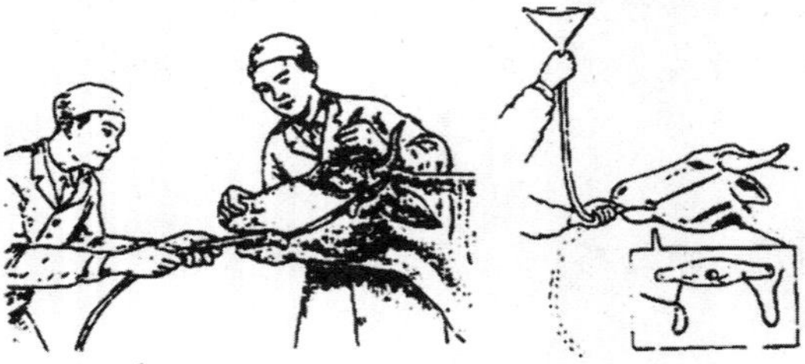

图 8-1　牛的胃管投药

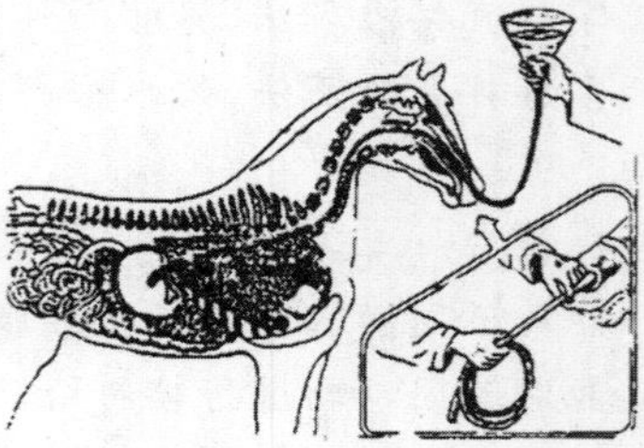

图 8-2　马的胃管投药

先适当保定牛、羊，胃管从开口器中间孔插入，前端抵达咽部时，轻轻抽动刺激牛、羊吞咽，随咽下动作将胃管插入食道。确定胃管在食道后，再将胃管前端推送至牛、羊颈部下 1/3 处。然后连接漏斗灌入少量清水，证明无误后可投药。马的胃管投药见图 8-2。

2. 猪胃管灌服法　横卧保定或站立保定。用开口器将口撑开，投药管从舌旁伸入咽部再伸入食道，过咽 6～7 cm，检查进入方向一次，再伸进 7～10 cm，再检查一次，两次确认无误，将投药管固定，即可安上漏斗，投入药液。

3. 检查胃管是否插入食道的方法

(1)用压瘪的胶皮球连接在胃管的外口上，如球仍保持原状而不鼓起，或将胶皮球充气向胃管打气而畅通无阻，即证明胃管已进入食道或胃内。

(2)将胃管外口浸在水中，如随动物呼气喷出气泡，则是插入了气管；如无气泡发生，则是插入食管。

(3)如胃管插入气管，则猪不叫或叫声低弱；如胃管插入食道内，则叫声不变。

4. 注意事项

(1)胃导管清洗、消毒、涂上润滑油。

(2)确定胃导管插入食道而不是气管，才可以灌药。

(3)若家畜咳嗽应停止灌药。

(4)寒冷季节药物最好加温以防胃肠痉挛。

任务 8-3 拌料、饮水投药法

一、拌料投药法

药物预防是集约化养殖场预防疾病的常用措施，而拌料投药即混饲给药，是畜禽群体给药最常用的一种途径。所谓混饲给药，是指将药物均匀拌入饲料中，让畜禽采食的同时，吃进药物。该法简便易行、节省人力、减少应激、切实可靠，适用于长期投药，对于不溶于水或适口性差的药物更为恰当。通常抗球虫病药物、促生长剂及控制某些传染病的抗菌药物常用此法。不足之处，采食量不同，治疗效果不均一，特别是瘦弱或有疾病的动物由于采食量少，很难获得足够剂量的治疗药物。

1. 操作方法　在生产中常用递加稀释法，又称分级混合法，即先将一定剂量的药物加入少量饲料中混合均匀，再与 2 倍量饲料混合，依此类推，直至混合到全部饲料当中。

2. 注意事项

(1)准确掌握拌料给药剂量。

(2)药物与饲料必须混合均匀。

(3)注意控制采食位置和采食时间。

(4)注意饲料添加剂与药物的配伍禁忌。

(5)注意避免药物间的拮抗作用。

二、饮水投药法

饮水投药就是将药物溶解于水中，让药物在畜禽饮水过程中进入体内。此法常用于预防和治疗畜禽群发性疾病。投喂的药物应该是较易溶于水的药剂，如葡萄糖、维生素 C 等。此法尤其适用于因病不吃食，但还能饮水的动物。

1. 操作方法　先将一定剂量易溶于水的药物加入少量饮水中混合均匀，再加入 2 倍量饮水搅拌混合，依此类推，直至药物全部溶解，然后再投放到特定的容器中供畜禽饮用。

2. 注意事项

(1)了解药物的溶解度：难溶于水的药物不可采用饮水给药，否则容易引起中毒。

(2)掌握药物的浓度：应先计算出一群畜禽所需的药量，并严格按比例配制成符合浓度要求的药液。

(3)根据畜禽的可能饮水量来计算药液量。

(4)掌握给药时间。

在水中不易破坏的药物，其药液可以让畜禽全天自由饮用；在水中超过一定的时间就容易破坏的药物，要求在一定时间内饮完，以保证药效。为此，混水给药前要停止给畜禽群供水，一般夏天停水 1～2 h，冬天停水 3～4 h，然后喂药液。待畜禽群饮完药液后，恢复正常供水。

随着养殖规模化程度的不断提高，内服给药技术不断被普及。

实训操作 8-1　犬的内服给药技术

一、实训目的和要求

通过实训练习，掌握犬的片剂投服技术和胃管给药技术。

二、实训材料和器械

1. 器械　保定用具、防护用具等。

2. 动物　犬。

三、实训内容

1. 片剂投服技术

第一步：最好由主人安抚犬的情绪（图 8-3）。

第二步：可将药片掰成小块，以免过大造成吞咽困难或刺激胃壁使犬呕吐。喂药时，犬主从后面保定犬的身体准备用药；操作者一只手卡住嘴角，稍稍用力，小犬感觉疼痛就会自然张开嘴（图 8-4），另一只手迅速将药片放在犬舌根处（图 8-5）。

第三步：合上犬的嘴，使它略微仰头（图 8-6），一只手挡住它的嘴以防吐出，另一只手轻捋犬喉部，帮助它将药片吞咽下去。也可喂一些水，犬会自然吞咽，将药吃下去。等几秒钟后松手，未见它吐出药即成功。

如果犬对药片极力反抗，那么可以把药片磨碎，混在水里，用注射器从犬的一侧口角慢慢滴进去。

图 8-3 安抚犬的情绪

图 8-4 打开犬的嘴巴

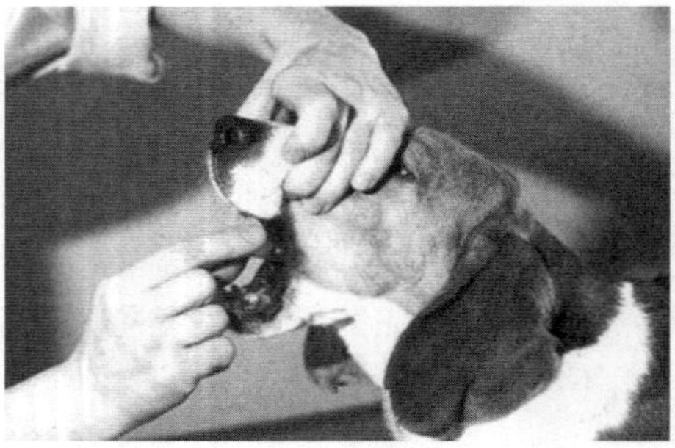

图 8-5 迅速放入药片

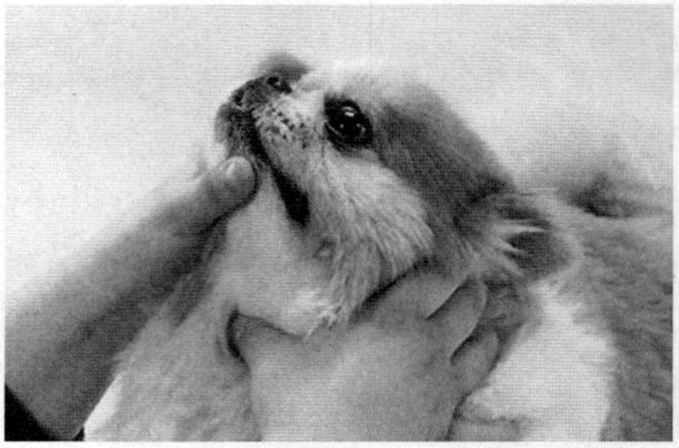

图 8-6 合上犬嘴，使它略微仰头

注意事项：

(1)不要呼唤犬来让它吃药，否则它会惧怕你的呼唤，最好的办法是主动接近它给它喂药。

(2)对于比较倔强的犬，可以用双腿把犬牢牢夹住，用膝盖紧紧顶住它的肩胛骨的位置，这样它就跑不了。

(3)药片尽量放进犬的口腔深处，用手紧紧捏住犬的嘴巴，使它的头向上扬起，然后用另一只手轻抚犬的咽喉处。

2. 胃管给药技术　对大剂量的液体药物应用此法比较合适。此法操作简单，安全可靠，且不浪费药物。应用胃管投药时，应先准备一个金属的或硬质木料制成的纺锤形带手柄的开口器，表面要光滑，开口器的正中要有一个插胃管的小孔，再准备一根投药管(幼犬用直径0.5～0.6 cm，大犬用直径1～1.5 cm的胶皮管或塑料管。也可用人用14号导尿管代替)。

投药时，大犬采取坐姿保定，幼犬可将前躯抬高呈竖直姿势。

助手将纺锤形开口器放入口内，任犬咬紧，并用绳子将开口器固定在口角处。投药者先用胃管测量犬的鼻端到第8肋骨处(插入深度)的距离，并在胃管上做记号。胃管前端涂以润滑剂，自开口器的小孔内插入，在舌的背面缓慢地向咽部推进，随犬的吞咽动作，将胃管推入食管内。

插入一定深度后，将胃管的末端放入一盛水的杯子中，若自胃管末端向外冒出气泡，则说明胃管被插入气管内，应立即拔出再插；若无气泡，表明已插入胃内，此时应继续将胃管向深部推进一部分，然后自末端接上无推芯的注射器，药液通过注射器及胃管缓缓进入胃内。

药液灌完后，用注射器推芯将管内剩余的药液全部推入胃内，然后捏住胃管口，缓缓拔出，以防止残留在胃管中的药液误入气管。

用过的胃管洗净后，用0.1%新洁尔灭溶液浸泡消毒。

四、实训作业

犬、猫等宠物内服给药的途径有哪几种？各有何优缺点？

【自测训练】

1. 动物的给药方法有哪几种？
2. 如何正确选择合适的给药方法？
3. 药物误投入动物肺部的表现有哪些？如何进行抢救？
4. 胃管投药时，如何正确判断胃管插入正确？
5. 规模化猪场大群猪发病时如何给药？
6. 饮水给药如何操作？要注意什么？

项目9　注射技术

【知识目标】

- 通过注射器的拆装，了解注射器的种类和型号；
- 掌握各种注射方法的临床应用及其注意事项。

【能力目标】

- 能对注射器进行拆装和消毒；
- 能使用注射器给动物用药；
- 能进行肌肉注射、皮下注射、静脉注射；
- 会进行一些特殊的注射方法。

注射是兽医临床操作的基本功之一。良好的注射操作可以及时地向机体输送药物，及时地产生疗效。在疾病治疗过程中，应根据不同的疾病性质、不同动物、药物不同剂型和不同治疗目的来决定不同的注射技术。常用注射法分为皮内注射、皮下注射、肌肉注射、静脉注射等常规注射技术和动脉注射、心脏注射、胸腔注射、腹腔注射、瓣胃注射、关节腔注射、结膜下注射、乳池内注射、穴位注射、气管内注射等特殊注射技术。

任务9-1　常规注射技术

一、注射器的识别与使用

1. 普通注射器　用金属、玻璃、橡胶等材料制造，供防疫、治疗等注射药液用，适宜作皮下、肌肉注射(图9-1至图9-3)。规格(单支注射器容量)：0.5 mL、1 mL、2 mL、2.5 mL、5 mL、10 mL、20 mL、30 mL、40 mL、50 mL、60 mL、100 mL。

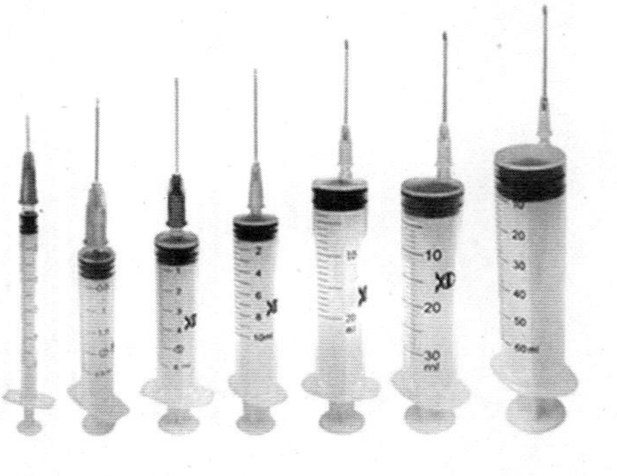

图9-1　不同容量的注射器

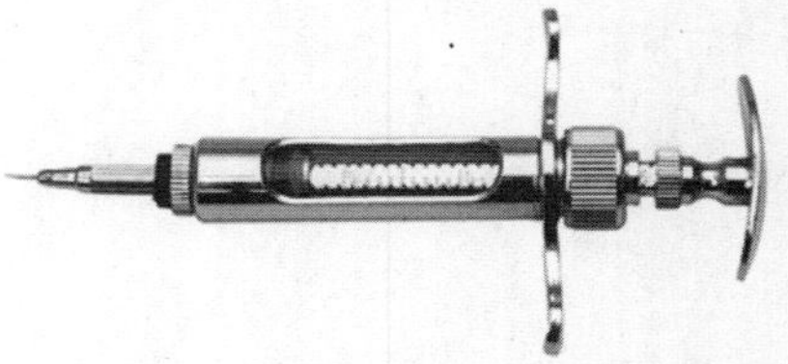

图9-2　金属注射器

2.连续注射器(图 9-4)　用金属、玻璃、橡胶等材料制造,用于小剂量治疗连续注射药液和防疫注射药液,尤其适用于小动物的防疫注射。规格:0.5 mL、1 mL、2 mL、3 mL、5 mL、10 mL。

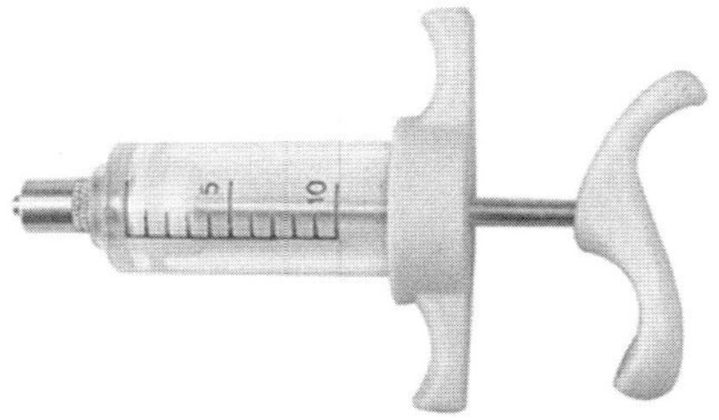

图 9-3　塑钢注射器

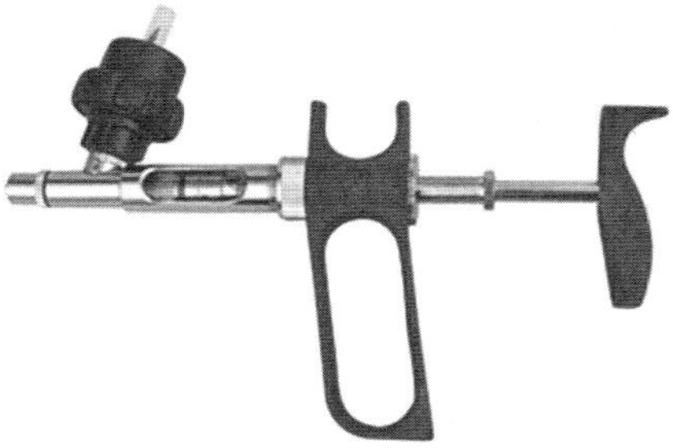

图 9-4　兽用连续注射器

3.一次性输液器、输液针　一次性输液器(图 9-5)主要用于临床静脉输液。

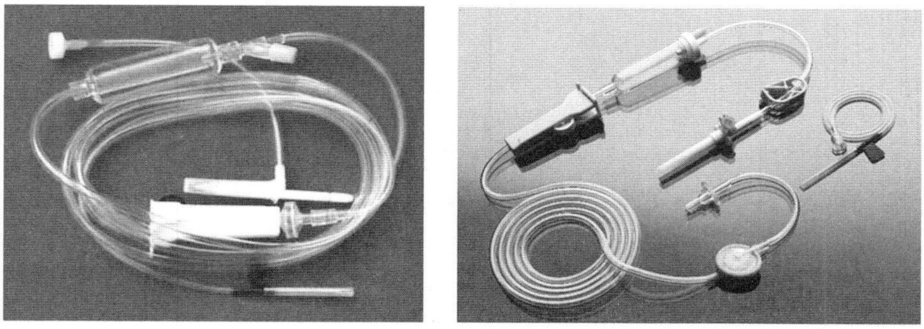

图 9-5　一次性输液器

(1)一次性静脉输液针　规格:0.45、0.50、0.55、0.60、0.65、0.70、0.80、0.90、1.2;4.5＃、5＃、5.5＃、6＃、6.5＃、7＃、8＃、9＃;0.55×20、0.6×20、0.7×20。

(2)静脉留置针(图 9-6)　规格:14G、16G、18G、20G、22G、24G。

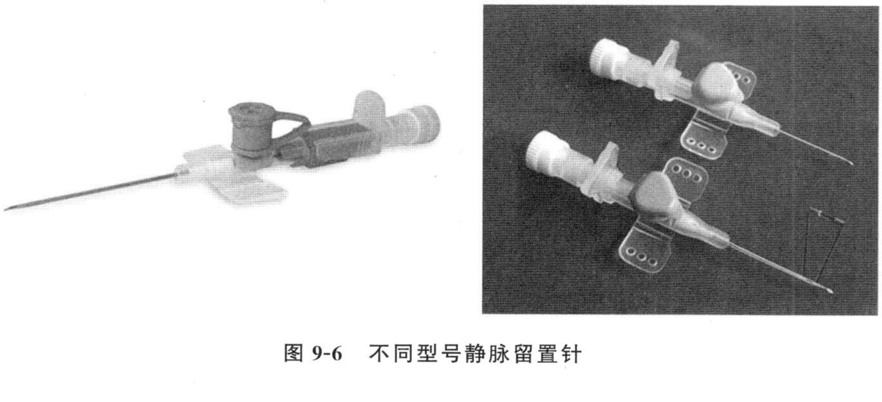

图 9-6　不同型号静脉留置针

(3)动静脉留置针　规格：G22×1″、G20×1 右 1/4″、G18×1 右 1/4″、G18×1 右 3/4″、G17×1 右 3/4″、G16×2″、G14×2″。

4. 兽医金属注射针(图 9-7)　注射针头采用合金不锈钢，用于注射、放气、采血、输血、封闭。

规格[针头直径的 1/10(mm)×针头长(mm)]：7×13、9×13、12×13、16×13、12×20、16×20、12×25、16×25、12×38、16×38、20×38、20×50。

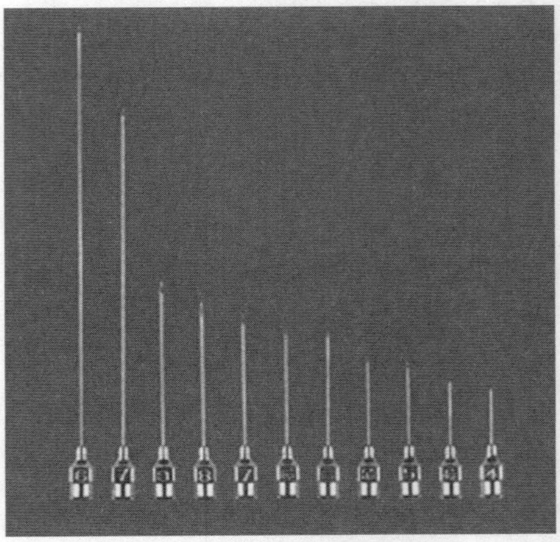

图 9-7　兽用金属注射针

5. 无针注射器　无针注射器是一种通过压力注射的设备，它的原理是通过高压使液体药品通过一个极细的孔后，产生一个液体柱，穿透皮肤喷射到皮下(图 9-8、图 9-9)。它的优点是消除了被注射者对针头的恐惧，消除了疼痛。

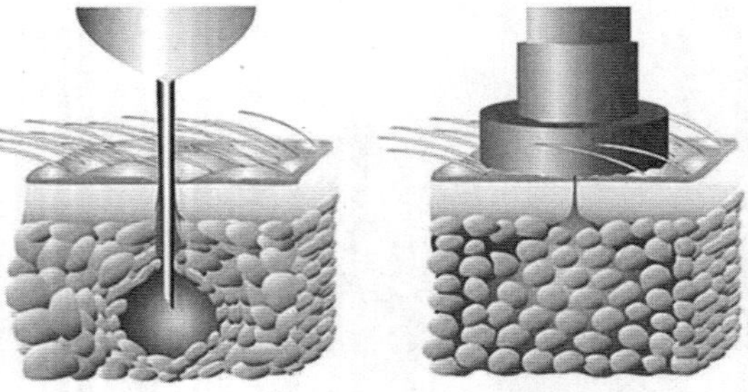

图 9-8　无针注射器原理图

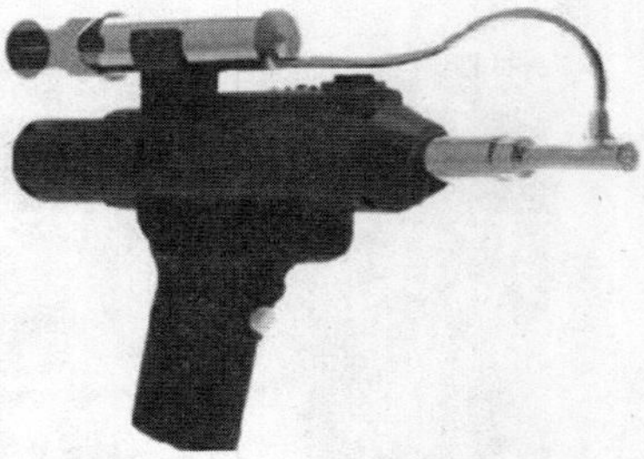

图 9-9　兽用无针注射器

6. 注射操作的准备

(1)注射器消毒　把各零部件松开，水里浸泡 10 min，再清洗各个部件包扎好煮沸消毒 20 min 以上，冷却待用。现多用一次性注射器，用后即废弃，但应注意作生物安全处理。

(2)注射人员消毒　兽医注射必须严格执行无菌操作的原则。

(3)抽取药液　用专用的医疗器械小砂轮在玻璃安瓿颈部刻划一圈，用酒精棉球擦拭消毒后，再用手掰掉安瓿颈部，吸入药液。

(4)排尽注射器管内空气　注射前先将注射器针头向上竖直，让注射器内气泡汇集在接口基部，然后稍推针栓，排尽管内空气。

7. 注意事项

(1)每次使用注射器后应及时清洗、消毒、晾干，并放松橡胶推动活塞。

(2)要选购正规厂家生产的质量好的注射针头。

(3)选用的针头直径应合适，不同种类、不同体重的动物使用不同的注射针头。

(4)注射时严禁打“飞针”或“一秒钟注射”，必须缓慢推入药液。

二、皮内注射

皮内注射英文缩写为 ID，是将药物注射于皮肤的表皮与真皮之间的一种注射方法。它适用于预防接种、药物过敏试验及某些变态反应诊断等。

1. 注射部位　选择不易受到摩擦及舐咬处的皮肤。牛在尾根部，马在颈侧中部，猪在耳根部，禽类在肉髯部，犬在肩胛部或颈侧中部的1/3处，大耳朵犬也可选择在耳部。

2. 操作方法

(1)用1 mL注射器及针头，抽取药液，排尽空气。

(2)将注射的局部脱去被毛，用75%酒精棉签消毒皮肤待干，以左手拇指和食指将皮肤捏成皱褶，右手持注射器，使针头斜面向上、与皮肤呈5°～15°(图9-10)，刺入皮内，推药时感到阻力很大，缓慢地注射药液，每点0.1～0.2 mL，使局部形成小丘疹状隆起，皮肤变白，毛孔变大。注射完毕，拔出针头。

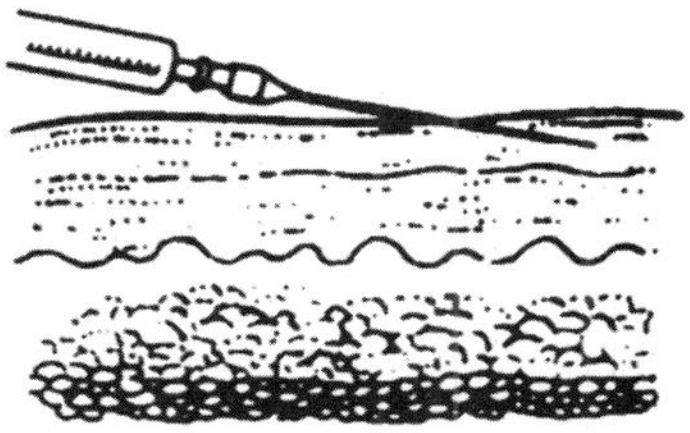

图9-10　皮内注射进针角度

3. 注意事项

(1)若推药很容易，表明注于皮下，应重新刺针。

(2)皮内注射的皮肤消毒忌用碘酊，进针勿过深，拔针不按压，以免影响结果的观察。

(3)皮内注射疼痛剧烈，应注意保定。

三、皮下注射

皮下注射，英文缩写为IH，是将药液注射于皮下结缔组织内，药液经过毛细血管、淋巴管吸收进入血液循环。因皮下有脂肪层，吸收速度较慢，注射药液后经5～10 min出现效果。它适合于各种刺激性较小的注射液及疫苗、血清的注射。

1. 注射部位　皮下注射部位选择皮肤薄、皮下结缔组织丰富、皮肤容易移动，且不易被摩擦和啃咬的部位。牛在颈部左侧上1/3处，羊在颈侧或后肢内侧皮下疏松处，猪在后肢股内侧、耳根后皮下，犬在颈侧、背部或股内侧，家禽在翅膀下、颈背中部或稍低处。

2. 操作方法　左手拇指与中指捏起皮肤，右手如执笔姿势持注射器，食指固定针栓，针头斜面向上、与皮肤呈30°～40°，迅速将针头刺入皮下(图9-11)。右手继续固定注射器，左手放开皮肤，抽动活塞，不见回血时推动活塞注入药液。注射完毕，以75%的医用消毒酒精棉球压迫针孔，最后以5%碘酊涂布针孔。

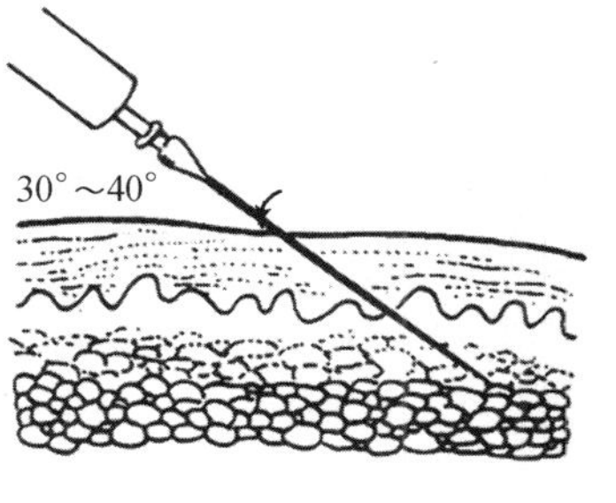

图9-11　皮下注射进针角度

3. 注意事项

(1)针头刺入角度不宜大于45°，以免刺入肌层。

(2)抽动活塞如有回血，表明刺在血管内，应稍向后退出，避开血管。

(3)注射药液量大时，可采取分点注射。

(4)易溶解、无强刺激性的药品及菌苗等可皮下注射，强刺激性药物不能皮下注射。

四、肌肉注射

肌肉注射简称肌注，英文缩写为IM或im，是将药物直接注射于肌肉中的一种注射方法。肌肉内血管丰富，注射药液后吸收较皮下注射快，仅次于静脉注射；又因感觉神经较皮下少，故疼痛较皮下注射轻,临床上应用较多。一些刺激性较强、较难吸收的药物和许多疫苗均可进行肌肉注射。

1.注射部位　肌肉注射选择肌肉丰富、大血管少的部位(图 9-12)。牛在臀部或颈侧;猪、羊多在肩胛前缘或颈部肌肉丰满处或臀部;犬在颈侧、臀部或背部;禽类在胸肌、大腿肌或翅膀根部肌肉。

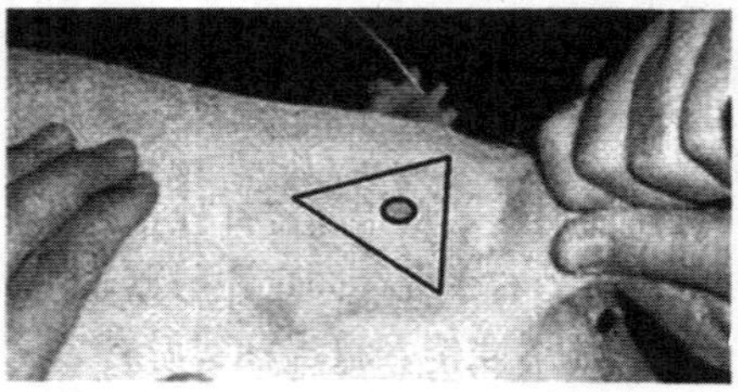

猪

马

图 9-12　肌肉注射部位

2.操作方法　对大动物,为防止损坏注射器或针头折断,可用分解动作进行刺针注射,即先刺入针头,而后连接注射器注射。用分解动作时,先以右手拇指与食指捏住针头基部,中指固定针的刺入深度,用腕力将针头垂直皮肤迅速刺入肌肉内,深 2～4 cm。然后右手持注射器与针头连接,回抽活塞,以抽出针头内的空气及检查有无回血,如证明刺入正确,随即推进活塞,注入药液(图 9-13)。对中、小动物,可不用分解动作,而直接刺针注射。注射完毕,拔出注射针,以 75%的医用消毒酒精棉球压迫针孔,最后以 5%碘酊涂布针孔。

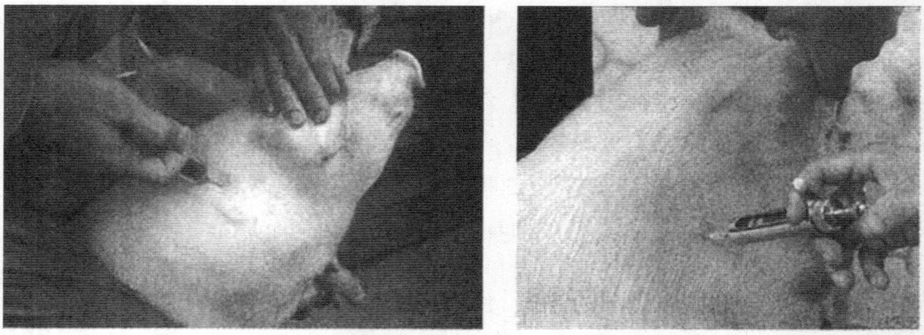

图 9-13　肌肉注射方法

五、静脉注射

静脉注射又称输液、打点滴,英文缩写 IV 或 iv,是将药液直接注入静脉血管内。药液随着血流很快分布到全身,奏效迅速,但排泄也较快,作用时间短。大量输液、输血、补充营养、急救、诊断检查时需用静脉注射,又分为静脉推注、静脉滴注,两者的操作方法基本相同,当有大量药液注射时,以输液器代替注射器进行静脉滴注。对局部刺激性大的药液如水合氯醛、氯化钙、高渗盐水等均可采用静脉注射。

1.注射部位　选择浅表的大静脉。牛、羊的注射部位为颈静脉(图 9-14),猪在耳静脉(图 9-15),兔在耳缘静脉(图 9-16),犬及猫科动物的注射部位在小腿外侧面背外侧静脉、前臂内侧皮下静脉(图 9-17)或颈静脉,禽在肘部内侧的尺骨皮下静脉。

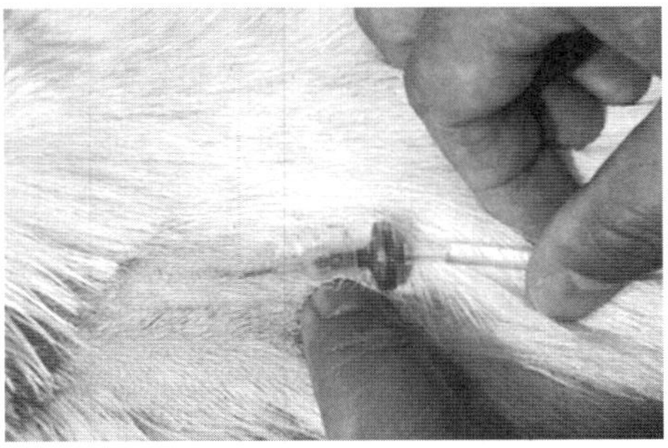

图 9-14　羊的静脉注射

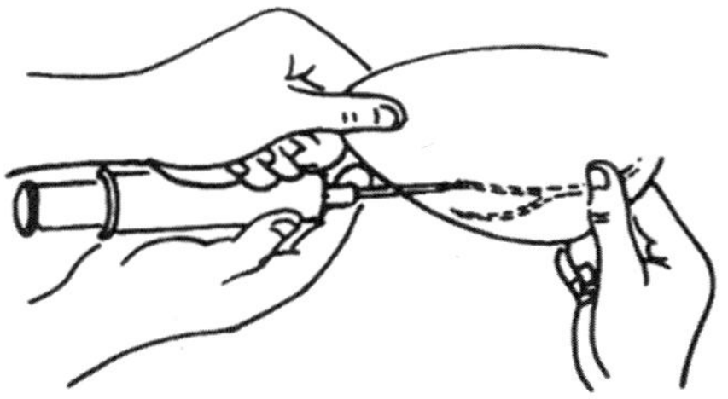

图 9-15　猪耳静脉注射

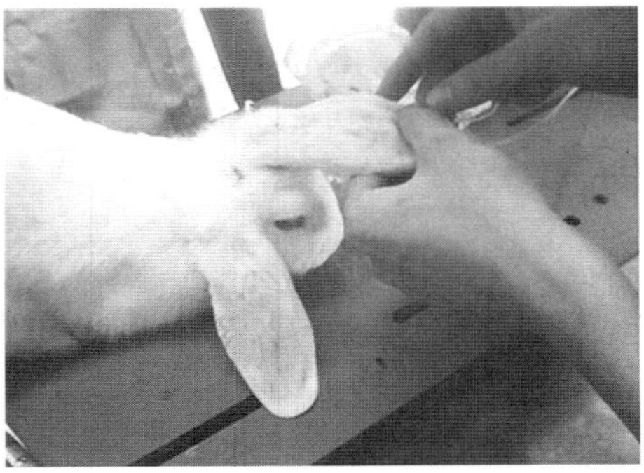

图 9-16　兔耳缘静脉注射

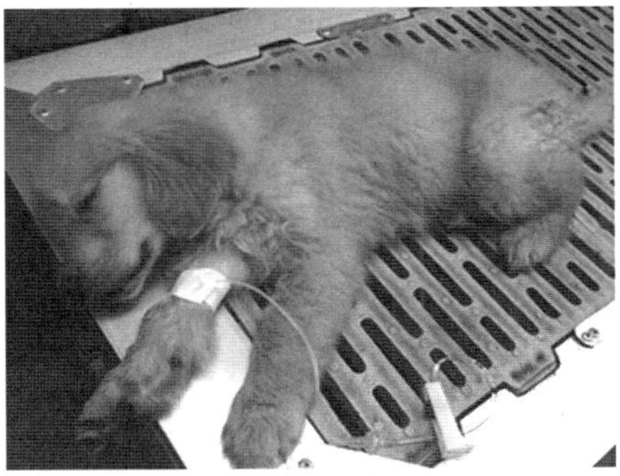

图 9-17　犬前肢静脉注射

2.操作方法

(1)选择合适静脉,以手指探明静脉方向及深浅,在穿刺部位的上方约 6 cm 处扎紧止血带,使静脉充盈、怒张显露。用 2%碘酊消毒皮肤,待干后以 75%酒精脱碘。

(2)穿刺时,以左手拇指绷紧静脉下端皮肤,右手持注射针头,针头斜向上、与皮肤呈 15°～20°,由静脉上方或侧方刺入皮下,再沿静脉方向潜行推进 1～2 cm,临床上称为顺针。

(3)静脉推注时,直接用注射器缓慢注入药液。静脉滴注时,针尾处接上排除空气的注射胶管,见回血将输液器抬高,打开开关缓慢注入药液,松开止血带,用胶布固定针头。

(4)注射过程中,若局部肿胀疼痛,提示针头滑出静脉,应更换部位重新注射。

(5)注射后以 75%酒精棉签按压穿刺点,压迫穿刺部位 3～5 min,防止皮下瘀血。

任务 9-2　特殊注射技术

一、动脉注射

动脉注射是将药液直接注射于局部的动脉内。主要用于肢蹄、乳房及头颈部的急性或化脓性炎症等的治疗。多使用普鲁卡因青霉素，或其他抗生素及磺胺类药物。

1. 注射部位　正中动脉、指总动脉、背外侧动脉、会阴动脉、颈动脉。

2. 操作方法　充分暴露穿刺部位，常规消毒，范围要广泛，戴手套固定欲穿刺的动脉，右手持注射器，在两指间垂直或与动脉走向呈 40°，刺入动脉，见有鲜红色回血，左手固定穿刺针的方向及深度，右手以最快的速度注射药液。操作完毕，迅速拔出针头，局部加压止血 5～10 min。

3. 注意事项

(1)保定要确实，操作要准确，严防意外。

(2)刺入动脉后应立即连接注射器注药，以防流血过多，污染术部，影响操作。

(3)注射时握住活塞，以免因血压力量顶出活塞。

二、心脏注射

当病畜心脏功能急剧衰竭、静脉注射急救无效时，可将强心剂直接注入心脏内，抢救病畜。还可用于家兔、鸡、豚鼠等实验动物的心脏直接采血。

1. 注射部位　牛在左侧肩端水平线下，第 4～5 肋间；马在左侧肩端水平线的稍下方，第 5～6 肋间；猪在左侧肩端水平线下第 4 肋间；犬在第 4～5 肋间；兔在第 3 肋间。

2. 操作方法　以左手稍移动注射部位的皮肤然后压住，右手持连接针头的注射器，垂直刺入心外膜，再进针 3～4 cm 可达心肌。当针头刺入心肌时有心搏动感，注射器摆动，继续刺针可达左心室内，此时感到阻力消失。拉引针筒活塞时回流暗红色血液，然后徐徐注入药液，注射完毕，拔出针头，术部消毒。

3. 注意事项

(1)动物确实保定，操作要认真。

(2)刺入部位要准确，以防损伤心肌。

(3)注入药液时，可配合人工呼吸。

(4)注入过急，易诱发急性心搏动停止，必须缓慢注入药液。

(5)心脏内注射不得反复应用，反复的注射刺激可引起传导系统发生障碍。

(6)针刺入心房时，由于心房壁较薄，有随心搏动而出血的危险。

三、腹腔注射

腹腔注射是将药物注入胃肠道浆膜以外、腹膜以内的方法。当患病动物心脏衰竭、静脉注射困难时，可通过腹腔注射进行补液。本法多用于小动物，特别是猪。

1. 注射部位　脐后的腹腔内。乳猪、小猪于脐至耻骨前缘连线的中部，离开腹中线 2～5 cm 左(右)旁侧。中大猪不易提起，多站立或倒卧保定，注射部位在两侧肷部，距腰椎横突及最后肋骨等距离的腹壁点。

2. 操作方法　腹部局部剪毛消毒后，垂直皮肤刺针，深 3～5 cm，然后注入药液。猪可采用倒提法保定，局部剪毛消毒后，用右手持注射器，针头与皮肤垂直刺入腹腔。然后左手固定针头，右手推动注射器活塞，注入药液(图 9-18)。注射完毕，拔出针头，针孔用碘酊消毒。

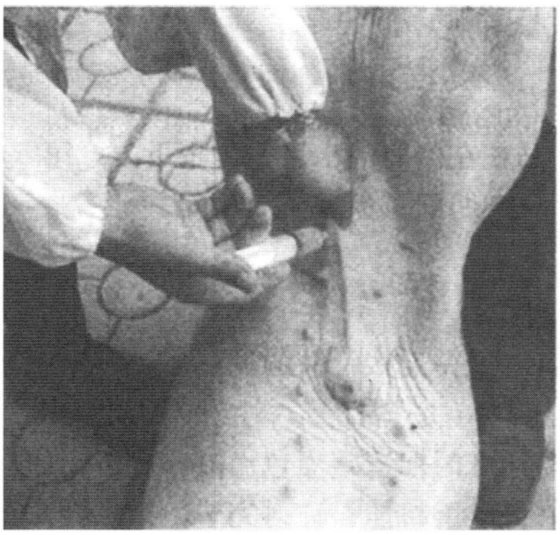
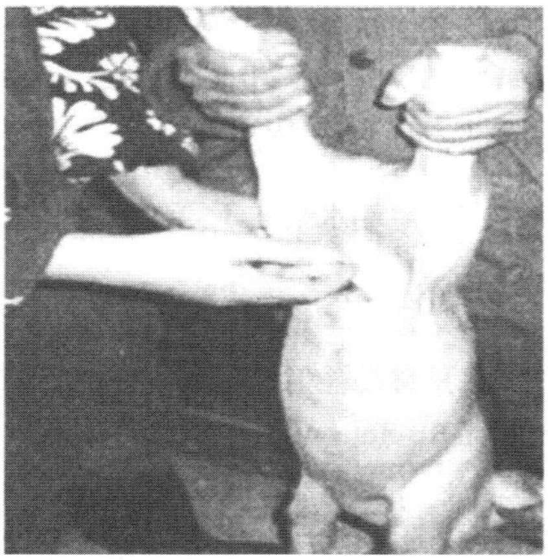

图 9-18　猪的腹腔注射

3. 注意事项

(1)注射时先回抽活塞,无气体和液体后缓慢注入药液。

(2)大量药液注入时,药液要加热至与体温相近的温度。

(3)注射剂量不宜太大,输入体重 5%的适宜液体是安全可靠的。

(4)次数不宜过多,一般隔天 1 次,连续 2～3 次即应停止使用。

(5)腹腔注射速度要快,针头不宜过长。

(6)要对注射部位进行严格的消毒。

(7)腹腔注射只宜用等渗药液,有刺激性的药物,不能作腹腔注射。

四、胸腔注射

胸腔注射是将药液直接注射到胸腔的注射方法,主要用于治疗支气管炎、肺炎、胸膜炎、胸腔积液和注射猪气喘病疫苗。

1. 注射部位　猪的注射部位前界是肩胛骨后缘的垂线,后界由肩胛后角水平线与第 1 肋的交点,肩关节水平线与第 9 肋的交点,两点连线至肘突内所组成的近扇形区域,或在胸部 6～9 肋间隙肩关节水平线上方的胸区(图 9-19)。

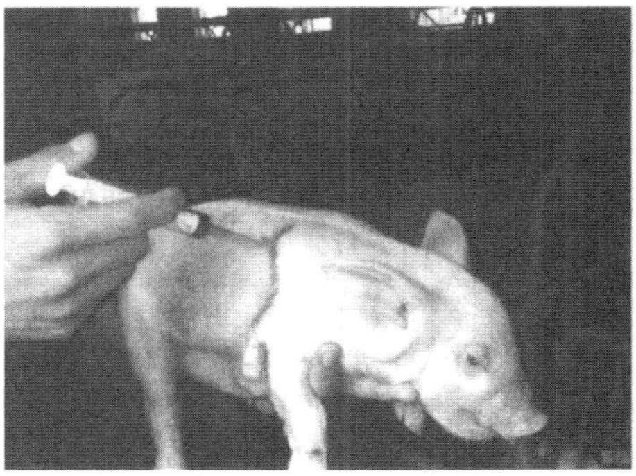

图 9-19　仔猪胸腔注射

2. 操作方法

(1)采取站立保定,助手骑在猪背上两腿夹住病猪,双手抓住猪耳。

(2)用 20 mL 一次性注射器抽取药液,连接 12 号针头,将注射器连同针头里的空气排尽。

(3)注射药物。术者左手用酒精棉球消毒,固定在确定好的注射点上,右手持连接针头的注射器,沿肋骨前缘垂直刺入 2～3 cm,边推针边注入药液,然后迅速拔出针头,在注射部位将皮肤推移 1 cm 左右,局部消毒,整个过程不超过 5 s。

3. 注意事项

(1)注射器针头一定要带紧,注射完成后,要将注射部位的皮肤与肋间肌错开一下,以防引起气胸。

(2)注射速度一定要快,整个过程控制在 5 s 之内。

(3)注射药物不可太多,一次注射液不超过 18 mL。

(4)牛一般选用 12 号针头。

五、瓣胃注射

将药液直接注入瓣胃内,使其内容物软化通畅。主要用于治疗牛的瓣胃阻塞或真胃积食。

1. 注射部位　在右侧第 8～10 肋间和肩关节水平线交点处(图 9-20)。

2. 操作方法　站立保定,局部剪毛消毒后,用 10～15 cm 长的 18 号针头,针头方向向左前下方,对准对侧肘头,刺入 10～12 cm。针刺入后,接上注射器,先注入少量药液,感觉有较大的阻力,回抽活塞时,如有淡黄色且混有细碎草渣的内容物,表明刺入正确,即可注射药液。注射完毕,慢慢拔出针头,局部涂碘酊。

3. 注意事项　注射部位要正确,偏上或偏后,可能刺到胆囊。注射时,针头要确实固定,以防止其左右摆动或过深过浅。

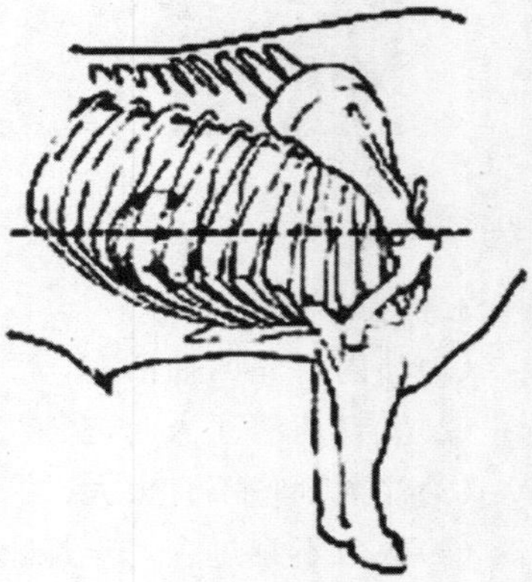

图 9-20　瓣胃注射部位

六、关节腔注射

将药液直接注射于关节腔内,用于治疗或诊断关节疾病,也可放出关节腔内积液。

1. 注射部位　于相应关节腔体表最明显处进针。

2. 操作方法　确实保定后,于关节腔体表最明显突出部刺针,刺入关节腔后阻力消失,流出关节液,放液后注药,完毕拔针消毒,并用酒精棉球压迫针孔片刻。

3. 注意事项　严格无菌操作,以免造成继发性感染。关节透创冲洗关节腔时,应从创口对侧刺针冲洗,不应经原创口冲洗,以免感染。

七、结膜下注射

将药物注入结膜与巩膜之间的疏松间隙内,以提高药物在眼内的浓度,增强及延长药物作用时间,或由于注射液的刺激及渗透压的改变,促进血液循环,达到消炎和促进吸收的作用。常用药物有抗生素、激素、散瞳药、自家血清或高渗盐水等。

1. 注射部位　结膜与巩膜之间的疏松间隙内。

2. 操作方法　确实保定头部,必要时应用化学保定剂,以使动物安静。一手张开眼睑,另一手持针由外眼角球结膜处,与眼球表面平行刺入结膜下,连接注射器注入药液。完毕拔针,轻轻按摩患眼。

3. 注意事项　确实保定,严格无菌操作,避开血管,刺激性强、容易引起局部坏死的药物不可做结膜下注射，多次注射者，应常更换部位。

八、乳池内注射

将药液注入乳池内，主要用于治疗乳牛、乳山羊的乳房炎。

1. 注射部位　乳头管注射或乳房基部分点注射。

2. 操作方法　以左手握住并轻轻下拉乳头，右手持消毒过的乳导管，自乳头口徐徐导入（图9-21）。导入后交于左手，并与乳头一同固定。右手连接注射器或输液胶管，徐徐注药。完毕拔出乳导管，以左手拇指与食指捏闭乳头口，防止药液外流。右手按摩乳房，以促使药液充分扩散。冲洗乳房时，将洗涤药剂注入后，随即挤出，反复数次至透明为止，最后注入抗生素。

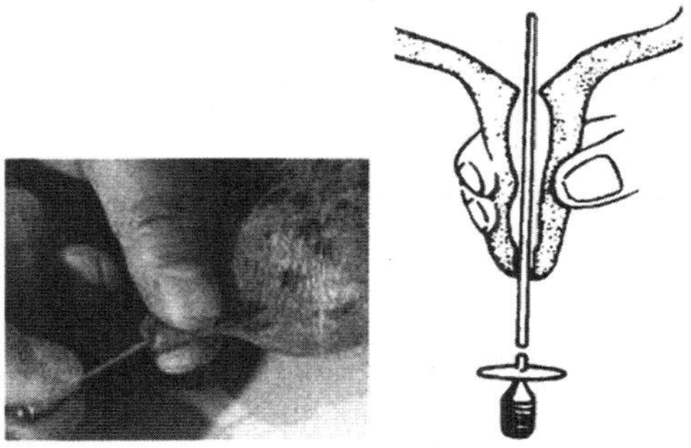

图9-21　乳池内注射

3. 注意事项　严格无菌操作。乳头管注射时必须用乳导管或无尖磨圆的针头。乳房送风或送乳后要用纱布条结扎并按摩15～20 min。

九、穴位注射

穴位注射是将药物注入穴位，以作用于穴位周围的神经，达到防治疾病作用的一种治疗方法。它可将针刺刺激和药物的性能及对穴位的渗透作用相结合，发挥其综合效应，故对某些疾病有特殊的疗效。

1. 注射部位　健胃穴、抢风穴、百会穴、大胯穴、小胯穴、后海穴。

2. 操作方法　对动物进行保定，抽取适量的药液，在穴位局部消毒后，右手持注射器对准穴位缓慢刺入，然后将针缓慢推进，达一定深度后如无回血，便可将药液注入。

3. 注意事项

（1）严格消毒，防止感染。

（2）部位准确，注意避开神经。

（3）控制进针深度，太浅或太深都不行。

十、气管内注射

气管内注射是一项特殊而又实用的给药技术，是将药物直接注射到气管内。临床上常用于牛、羊、猪、犬和猫肺部线虫病的驱虫、气管与肺部疾病的治疗。

1. 注射部位　牛在咽喉后5～20 cm气管段腹侧正中线上，2个气管轮之间；猪、羊在咽喉后3～10 cm气管段腹侧正中线上，2个气管轮之间；犬、猫在咽喉后3～5 cm气管段腹侧正中线上，2个气管轮之间。

2. 操作方法　牛站立保定，头颈稍向上；猪、羊、犬、猫仰卧或侧卧保定，整个躯体稍斜向上。注射部位剪毛、剃毛，常规消毒。术者左手固定术部皮肤，右手持连接针头的注射器，于2个气管轮之间垂直刺入气管内，如有突然落空感，或轻轻摆动针头感觉前端空虚或抽拉注射器活塞感到轻松自如，则提示针头已进入气管腔内。一般深度达气管内径的1/2～2/3，牛、大中猪深3～4 cm，小猪、羊1.5～2 cm，犬、猫1～1.5 cm。针头刺入气管腔后，以一滴一滴的方式缓缓注入药液。注完后拔出针头，涂擦碘酊消毒术部。

3. 注意事项

(1)药物必须没有刺激性，或者尽量选用刺激性较小的药物。

(2)药液应以等渗盐水配制，并加热至与体温近似的温度。药液总容积不宜过大，牛、大猪不超过40 mL，小猪、羊不超过20 mL，犬、猫不超过10 mL；注入速度不能过快，注射用时不少于5～10 min。

(3)为防止咳嗽，可事先向气管内注入2%普鲁卡因或利多卡因。

(4)应根据动物种类、体型大小来选用大小、长度合适的注射针头。

(5)由于中、大猪颈部的皮下脂肪较厚，操作难度较大，不能像牛、羊那样隔着皮肤抓住气管直接注射，可采用9～12号穿刺长针，边插针边抽拉注射器活塞，若活塞可轻松抽拉，则提示操作正确。

(6)犬、猫的气管内注射要注意做好保定；颈下部被毛较厚，事先应剪除干净；气管较小，稍不小心易穿透，故宜采用边插针边抽拉注射器活塞的办法来操作，当活塞可轻松抽拉时，提示操作正确。

实训操作9-1　动物免疫接种技术

一、实训目的和要求

掌握动物免疫接种的基本原理，通过实训掌握动物疫苗稀释、疫苗皮下注射、疫苗肌肉注射、疫苗饮水免疫、刺种、点眼、滴鼻、气雾免疫等免疫接种的方法和基本步骤。

二、实训材料和器械

1. 药品　鸡马立克氏病疫苗、鸡新城疫弱毒冻干苗、鸡传染性法氏囊炎疫苗及相应稀释液，猪瘟疫苗、无菌生理盐水或蒸馏水，碘酊、70%酒精、新洁尔灭或来苏儿等消毒剂等。

2. 器械　兽用连续注射器、刺种针、无菌滴管、气雾发生器、桶、脸盆、毛巾、纱布、脱脂棉、出诊箱、工作服、工作帽、免疫登记册或免疫卡、疫苗稀释瓶、动物保定用具等。

3. 动物　鸡、猪等。

三、实训内容

1. 准备　根据动物免疫接种计划，确定接种日期，准备足够的生物制剂、器材、药品、免疫登记表，安排及组织接种和动物保定人员，并对饲养员及相关人员进行免疫接种知识的培训，按照免疫程序有计划地进行免疫接种。

(1)检查生物制剂　有下列情况之一者不得使用：①没有瓶签或瓶签不清，没有经过合格检查者；②过期失效者；③生物制品的质量与说明书不符的，如色泽、沉淀，或制品内有异物、发霉或有异味者；④瓶塞松动或瓶壁破裂者；⑤没有按规定方法保存者，如氢氧化铝佐剂苗、油乳佐剂苗等应在4～10℃保存，却进行冻结保存，其免疫力可降低。

(2)检查动物　凡体质过于瘦弱的动物、妊娠后期的母畜、未断奶的幼畜、体温升高者或疑似患病动物均不应接种疫苗,对这些动物等条件适宜时及时补种。

(3)消毒器械　将所用器械利用高压蒸汽灭菌消毒,冷却后用无菌纱布包裹备用。

2.稀释疫苗　各种疫苗使用的稀释液、稀释倍数和方法按照使用说明进行。

(1)注射用疫苗(马立克氏病疫苗)的稀释　用70%的酒精棉球擦拭消毒疫苗瓶和稀释液瓶的瓶盖,然后用带有针头的灭菌注射器吸取少量的稀释液注入疫苗瓶中,充分振荡溶解后,再加入全量的稀释液。

(2)饮水用疫苗(传染性法氏囊炎疫苗)的稀释　饮水或喷雾免疫时,疫苗最好用蒸馏水,也可用洁净的深井水或泉水稀释,无条件的也可用煮沸再冷却的冷开水,不能用未煮沸过的自来水。

3.接种

(1)皮下接种

注射部位:对马、牛等大型动物皮下注射时,一律采用颈侧部位,猪在耳根后方,家禽在颈部或大腿内侧,羊在股内侧、肘后及耳根处,兔在耳后或股内侧。

注射方法:左手拇指与食指捏取皮肤成皱褶,右手持注射针管在皱褶底部稍倾斜快速刺入皮肤与肌肉间,缓缓推药。注射完毕,将针拔出,立即以药棉揉擦,使药液散开。

(2)皮内注射

注射部位:多在尾根或尾下。

注射方法:常规消毒,用左手指捏起皮肤成皱褶,右手持针从皱褶顶部与之呈5°～15°角向下刺入皮肤内,缓慢注入疫苗。

(3)肌肉注射

注射部位:马、牛、羊、猪的肌肉注射一律采用臀部或颈部,禽多在胸部肌肉注射。

注射方法:左手固定注射部位,右手拿注射器,针头垂直刺入肌肉内,然后再左手固定注射器,右手将针芯回抽一下,如无回血,将药液慢慢注入。

(4)饮水免疫　饮水免疫时,应按动物头数和每头的平均饮水量,准确计算需用稀释后的疫苗剂量。免疫前应限制饮水,夏季一般为4 h,冬季应为6 h。混有疫苗的饮水以不超过室温为宜。在家禽饮水免疫前后48 h内,饲料和饮水中不可使用消毒剂和抗菌药。

(5)刺种　在翅下无毛处避开血管,用刺种针蘸取疫苗刺入皮下。

(6)滴鼻、点眼　将疫苗用稀释液稀释后,左手轻轻握住鸡体,其食指和拇指固定鸡的头,右手用滴管吸取疫苗液,用滴管自1 cm高度处,在每只雏鸡的鼻孔上滴一滴,垂直滴入雏鸡鼻内,对侧鼻也滴一滴,滑落掉的要补上。滴鼻时,应用手轻轻压住对侧鼻孔,以便药液随呼吸而被吸入到呼吸道,可加速疫苗液的吸入。主要用于鸡新城疫、传染性支气管炎等疫苗的基础免疫。点眼的方法与滴鼻方法基本相似。

(7)气雾免疫　气雾免疫是用压缩空气通过气雾发生器,将稀释疫苗喷射出去,使疫苗形成直径1×10^{-6}～1×10^{-5} m的雾化粒子,均匀地浮游在空气中,通过呼吸道吸入,以达到免疫的目的。

计算好疫苗用量,将动物赶入室内,关闭门窗。操作者将喷头由门缝伸入室内,使喷头保持与动物头部同高,向室内四面均匀喷射。喷射完毕后,让动物在室内停留20～30 min。操作人员要注意个人防护,戴上大而厚的口罩,如出现症状,应及时就医。

野外气雾免疫　疫苗用量主要因动物数量而定。实际应用时，往往要比计算的用量略高一些。免疫时，如每群动物的数目较少，可两群或三群合并，将畜群赶入四周有矮墙的圈内。操作人员手持喷雾器喷头，站在畜群中，喷头与动物头部同高，朝动物头部喷射。如遇微风，还必须注意风向，操作人员应站在上风。喷射完毕，让动物在圈内停留数分钟即可放出。

4. 护理和观察　接种后的动物可发生暂时性的抵抗力降低现象，应对其进行较好的护理与管理，有时还可发生疫苗反应，需仔细观察，期限一般为 7～10 d。对有反应者予以适当治疗，极为严重的可屠宰。

四、实训作业

1. 生物制品出现哪些现象，不能用于临床免疫？
2. 应选择什么时机安排免疫？
3. 鸡新城疫弱毒苗、鸡传染性法氏囊炎疫苗可采用哪些途径进行免疫？猪瘟疫苗可采用什么途径进行免疫？

【自测训练】

1. 注射器使用前如何消毒？
2. 动物有哪些给药途径？
3. 给动物驱虫时，采用什么注射方法比较适宜？
4. 普通注射器的常量规格有哪些？
5. 什么是无针注射器？无针注射器有哪些优点？
6. 说说无针注射器目前仍未能大量推广的可能原因。
7. 皮内注射与皮下注射有何异同？这两种注射方法分别在什么情况下应用较多？
8. 什么是静脉注射？静脉注射应注意哪些方面？
9. 什么情况下可进行乳池内注射？有何优缺点？

项目 10　穿刺术等治疗技术

【知识目标】

- 掌握兽医临床上穿刺技术的适应症；
- 掌握瘤胃穿刺技术的原理和方法；
- 掌握瓣胃穿刺技术的原理和方法；
- 掌握胸腔穿刺技术的原理和方法；
- 掌握腹腔穿刺等穿刺技术的原理和方法。

【能力目标】

- 能对不同动物进行瘤胃穿刺；
- 能对不同动物进行瓣胃穿刺；
- 能对不同动物进行胸腔、腹腔穿刺。

任务 10-1　常见穿刺技术

一、瘤胃穿刺术

瘤胃穿刺术主要用于治疗急性瘤胃臌气和向瘤胃内注入药液。

1. 穿刺部位　牛、羊在左侧肷窝部，即左侧髋结节向最后肋骨所引的水平线的中点，距腰椎横突 10～12 cm 处。严重的瘤胃臌气可在肷窝臌胀明显处进行穿刺。

2. 操作方法　将牛、羊施行站立保定，术部剪毛、消毒。术者以左手将局部皮肤稍向前移，右手持套管针向对侧肘头方向刺入 12～15 cm。然后固定套管，拔出针芯，使瘤胃内的气体断续、缓慢排出。如遇针孔阻塞，可用针芯通透，切忌拔出套管针。为了防止臌气继续发展，造成重复穿刺，套管应继续固定并留置，经一定的时间后才可拔出。必要时亦可从套管向瘤胃内注入某些制酵剂。拔套管时应先插回针芯，同时固定针孔周围的皮肤，再拔出套管针，然后消毒处理。穿孔处再用碘酊涂擦消毒。

3. 注意事项　放气时不能太快，要断续、缓慢排出。泡沫性瘤胃臌气时要注入止酵消沫药。

二、瓣胃穿刺术

用于牛瓣胃阻塞时的注药治疗。

1. 穿刺部位　在右侧第 9～11 肋骨前缘与肩端水平线交点的上方或下方 2 cm 范围内，一般以第 9 肋间为好。

2. 操作方法　站立保定，术部剪毛、消毒。用 15～20 cm 长的瓣胃穿刺针，与皮肤垂直并稍向前下方刺入 10～12 cm（针头透过肋间后再向左侧肘头的方向刺入），刺入瓣胃后有硬、实的感觉，连接注射器，先注入 30～50 mL 生理盐水，并迅速回抽，如回抽的液体混浊并带有草渣，证明刺入正确，即可瓣胃内注射下列药物：25%～30%硫酸钠溶液 300～500 mL 或 10%温盐水 2 000 mL，用注射器将针体内液体全部打入瓣胃后迅速拔针，术部用碘酊消毒。

3. 注意事项　必须选准穿刺部位，控制进针深度。先注入生理盐水或蒸馏水，然后马上回抽变混浊，才可注入泻药。

三、胸腔穿刺术

胸腔穿刺主要用于胸腔积液的诊断和治疗。

1. 穿刺部位　在牛、羊及猪右侧第 5 肋间、左侧第 6 肋间，肘关节水平线上或胸外静脉上方 2～3 cm 处；犬、猫在右侧胸部第 7 肋间，胸外静脉上方 2～3 cm。

2. 操作方法　将动物保定好，术部剪毛，外科常规消毒。穿刺时左手将术部皮肤向前稍稍移动并压紧，右手持适当大小的灭菌套管针，沿肋骨前缘垂直刺入。刺入深度，大动物 2～4 cm，小动物 1～2 cm。当感觉阻力突然降低时，即表示已刺入胸腔。拔出套管针的针芯，如胸腔内积液甚多并很稀薄，同时穿刺正确时，则液体可自动流出，如不自动流出，可用注射器吸取。若点滴流出鲜血，则有刺伤肺脏可能，应立即把穿刺针稍向外抽，调节深度。流出或吸出的液体，按检验目的不同，收集于清洁无杂质的或灭菌容器中送检。穿刺完毕，左手紧按针刺点，右手拔出穿刺针，使皮肤恢复原状，进行术部消毒。

3. 注意事项

(1)胸腔穿刺应严格遵守操作规程。

(2)如必须在左胸穿刺时，则应相应地向后移一肋间。

(3)注意不能抽得太快。

(4)当无液体流出或取下注射器时，必须夹住胶管或堵住套管。

(5)穿刺过程中应严防感染或空气进入胸腔，造成气胸。

四、腹腔穿刺术

腹腔穿刺主要用于腹腔积液的诊断和治疗。

1. 穿刺部位　一般在腹腔最低点，白线两侧任选一侧。为了避开瘤胃，应在白线右侧 2～3 cm，牛还可在脐孔与右侧膝关节连线中点穿刺。猪在脐后方，白线两侧 1～2 cm 处。

2. 操作方法　大动物在柱栏内站立保定，小动物站立保定或横卧保定。术部剪毛消毒后，将皮肤略向侧方移动，用灭菌的穿刺套管针或大号注射针头，垂直刺入腹腔，深 2～4 cm，刺入不宜过深，以免伤及肠管，然后抽出套管针芯，则腹腔液经套管或针头自动流出。

3. 注意事项　控制穿刺深度，以免伤及肠管。

五、脑脊液穿刺术(硬膜下腔穿刺)

1. 穿刺部位　大家畜通常在腰部，最后腰椎与第一荐椎之间的凹窝处“百会穴”穿刺。取站立体位，较重病例可取侧卧位。妥善保定，特别要确实保定后躯。颈部穿刺部位在寰椎与枢椎之间的寰枢孔进行，即寰椎两后角连线与颈背正中线的交点处为穿刺点。该部位穿刺通常大动物取侧卧位保定，小动物取横卧位并使腰部稍向腹侧弯曲便于施术。

2. 操作方法　大家畜用长约 15 cm，内径约 2 mm 的脑脊液穿刺针，消毒备用。在腰部穿刺时，穿刺点剪毛消毒，手持针并靠在动物背部作稳定支持点，将针垂直刺入。先穿通皮肤和肌肉，通过腰、荐间隙刺入椎管。当穿过棘间韧带及硬膜时，针感稍有阻力。刺破硬膜时，动物尾根可见突然跳动。此时将针芯拔出，即有脑脊液流出。穿刺深度，牛 6～8 cm。

在寰枢孔穿刺时，局部常规处理后，针垂直刺入皮肤，此时阻力较大，当针头通过阻力较小的项韧带间隙后，即刺到枢椎的齿突上，此时将针略后退约 0.5 cm，使动物头部弯向腹侧，再将针头继续向前下方刺入，并拔出针芯、接上注射器，边刺入边回抽注射器，一旦抽出脑脊液，立即停止进针。当针刺破硬膜时，动物出现轻微震颤和不安。抽取脑脊液后，注入灭菌容器内或随注射器送检化验。

3. 注意事项　严格消毒、确实保定。

六、马、骡盲肠穿刺

穿刺部位在右侧肷窝中心，即距腰椎横突约一掌处或盲肠基部。马、骡施行站立保定，术部剪毛、消毒，必要时穿刺点先用外科刀切一小口，右手持套管针或 16 号针头向对侧肘头方向刺入 10～12 cm，左手立刻固定套管，右手将针芯拔出，让气体缓慢、断续地排出。必要时，可从套管向盲肠内注入制酵剂，当排气治疗结束时，即可插回针芯，同时压紧针孔周围的皮肤，拔出套管针。术后局部消毒。

七、膀胱穿刺术

膀胱穿刺是当尿道完全阻塞时，因有膀胱破裂危险而采取的暂时治疗措施。

1. 穿刺部位　牛通过直肠穿刺膀胱，或在右腹壁进行。猪在耻骨前缘白线侧方 1 cm 处。

2. 操作方法　牛施行站立保定，首先灌肠排除积粪，然后将带有长胶管的 12～16 号长针头握于手掌中并使手呈锥形而缓缓伸入直肠，在膀胱充满的最高处将针头向前下方刺入，并固定好针头至排完尿为止，再将针头拔出同样握于手掌而带出肛门。猪可施行横卧保定，将左或右后肢向后牵引，使术部充分暴露后，将术部剪毛、消毒，于耻骨前缘或触诊波动最明显处，向后下方刺入。固定好针头，至排完尿液为止，然后拔出针头，术部消毒。

3. 注意事项　防止针头滑脱，牛努责严重时，不能强行从直肠内进行膀胱穿刺。

八、心包穿刺术

心包穿刺术用于诊断创伤性心包炎，放出心包内渗出液，向心包内注入药物以控制心包内感染。

1. 穿刺部位　大家畜六柱栏内站立保定，左前肢向前方牵引伸展，充分暴露肘头内侧心区。小动物侧卧保定，左前肢向前方伸展。穿刺部位在左侧第四肋间隙、胸外静脉上方，或肘头水平线与第四肋间隙交点处。局部剪毛、消毒。

2. 操作方法　大家畜用采血针，小动物用腰椎穿刺针。大家畜在穿刺部位用手术刀切一个 0.5 cm 的小切口，小动物可直接用穿刺针穿刺。穿刺针经皮肤小切口垂直刺入，经肋间肌、胸膜、心包壁而刺入心包腔内，针头一旦进入心包腔内，即可经针头向外排出心包液，采集心包液进行检验。

若牛患创伤性心包炎，可在心包腔内留置引流管，其操作方法如下：针头进入心包腔内，固定针头，用聚乙烯塑料管经针头向心包腔内插入 15～20 cm，此时腐败性心包液可经塑料管端流出，术者用左手固定塑料管，右手拔出穿刺针头，塑料管即留置在心包腔内。心包腔长期引流和向心包腔内注入药物都可经塑料管完成，减少了对心包穿刺的操作。

任务 10-2　其他治疗技术

一、导胃与洗胃

用于马胃扩张，牛瘤胃积食、瘤胃臌气或瘤胃酸中毒时排除胃内容物或毒物；或用于胃炎的治疗和吸取胃液供实验室检验等。

导胃用具同马、牛的胃管给药，但牛的胃管较粗，内径应为 2～3 cm。洗胃应用 39～40℃的温水。此外根据需要可用 2%～3%碳酸氢钠溶液、1%～2%食盐水、0.1%高锰酸钾溶液等。还应备吸引器。

二、导尿及膀胱冲洗

用于膀胱的治疗或采取尿液供化验诊断。根据动物种类准备不同类型的导尿管。用前将导尿管放在 0.1%高锰酸钾溶液或温水中浸泡 5～15 min，前端蘸液体石蜡；冲洗药液宜选择刺激性或腐蚀性小的消毒、收敛剂，也常用抗生素及磺胺制剂的溶液。

三、冲洗阴道与子宫

用于阴道炎和子宫内膜炎的治疗。主要为了排出阴道或子宫内的炎性分泌物，促进黏膜修复，尽快恢复生殖机能。

四、灌肠术

灌肠术是指将药液灌入直肠或结肠的方法，主要用于治疗家畜便秘。

家畜站立保定，助手将家畜的尾部拉向一侧，操作者将胶管轻轻插入肛门，缓慢向前推进，直到插入直肠或结肠，然后高举吊桶使药液进入直肠内。灌肠后，抽出胶管，用尾根压迫肛门数分钟。

五、药物熏蒸技术

利用熏蒸药物产生的蒸气进行治疗的方法，称为药物熏蒸疗法，是一种传统的物理疗法。

在对动物进行群体治疗时，可采用室内熏蒸法。治疗室应密闭，面积以 10～12 m^2 为宜。治疗室内设药物蒸气锅，将药物加水倒入锅内，加热煮沸，让蒸气弥漫室内。将待治疗动物迁入室内。每次治疗时间为 15～30 min。每日或隔日 1 次。

六、气雾给药术

将药物以气雾的形式喷出，使之分散成微粒，让动物呼吸道吸收而在呼吸道发挥局部作用，或使药物经肺泡吸收进入血液而发挥全身治疗作用。若喷于皮肤或黏膜表面，则可发挥保护创面、消毒、局麻、止血等局部作用。气雾吸入要求药对呼吸道无刺激性，且药物能溶解于呼吸道的分泌液中，否则会引起呼吸道炎症。

七、药浴技术

将动物浸泡在一定浓度的药液中，以达到杀菌、驱虫作用。驱除体表寄生虫常可采用此种方法，但必须有药浴设施。药浴用药最好是水溶性的，难溶性的药物要先用适当的溶媒将药物溶解后再溶于水中。

实训操作 10-1　导胃、导尿及子宫冲洗技术

一、实训目的和要求

通过导胃与洗胃、导尿与膀胱冲洗、阴道与子宫冲洗技术的练习，掌握各种体内器官输导和冲洗技术。

二、实训材料和器械

1. 器械　胃管、导尿管、保定用具等。

2. 试剂　2%～3%碳酸氢钠溶液、2%硼酸溶液、生理盐水、0.1%雷佛奴尔溶液、0.1%～0.5%高锰酸钾溶液、常用抗生素及磺胺类制剂等。

3. 动物　猪、牛、马等。

三、实训内容

1. 导胃与洗胃　装好开口器，固定好头部。从口腔徐徐插入胃管，必要时可灌入少量温水，待贲门弛缓后，再向前推送入胃。胃管前端经贲门到达胃内后，阻力突然消失，此时可有酸臭味气体或食糜排出。如此反复多次，逐渐排出胃内大部分内容物，直至病情好转为止。治疗胃炎时，导出胃内容物后，要灌入防腐消毒药。冲洗完毕，缓慢抽出胃管，解除保定。

2. 导尿与膀胱冲洗　冲洗母畜膀胱或导尿时，将尾拉向一侧或吊起。术者将导尿管握于掌心，前端与食指同长，呈圆锥形伸入阴道 10～15 cm，先用手指触摸尿道口，轻轻刺激或扩张尿道口，插入导尿管，徐徐推进，当进入膀胱后，则无阻力，尿液自然流出。

3. 阴道与子宫冲洗

(1)冲洗方法

阴道的冲洗：把胶管的一端插入阴道内，提高漏斗，冲洗液即可流入，借病畜努责冲洗液可自行排出，如此反复洗至冲洗液透明为止。

子宫的冲洗：充分洗净外阴部，术者手及手臂常规消毒。而后术者手握输液瓶或漏斗所连接的长胶管，徐徐插入子宫颈口，再缓慢导入子宫内，举高输液瓶或漏斗，药液可通过胶管注入子宫内，待输液瓶或漏斗中的冲洗液快流完时，迅速把输液瓶或漏斗放低，借虹吸作用使子宫内液体自行排出。如此反复冲洗 2～3 次，直至流出的液体与注入的液体颜色基本一致为止。

阴道或子宫冲洗后，可放入抗生素或其他抗菌消炎药物。

(2)注意事项　防止操作粗暴；遵守消毒规则；子宫积脓或积水时，应先将子宫内积液排出后，再进行冲洗，不得应用强刺激性的药液冲洗；注入子宫内的冲洗药液，尽量充分排出。

四、实训作业

1. 简述导胃的目的和意义。
2. 简述膀胱冲洗技术的诊断意义和步骤。
3. 简述子宫冲洗技术的诊断意义和步骤。

【自测训练】

1. 奶牛急性瘤胃臌气如何治疗?
2. 瓣胃体表投影位置在哪儿?
3. 瓣胃穿刺操作时如何判断穿刺针进入?
4. 怎么确定瘤胃穿刺的部位? 穿刺有何临床意义? 穿刺时应注意哪些事项?
5. 腹腔穿刺有何临床意义? 穿刺时应注意哪些事项?
6. 动物患体外寄生虫病时,如何治疗更有效?

项目 11　手术治疗技术

【知识目标】

- 掌握兽医外科基本技术的相关知识；
- 掌握无菌技术、麻醉技术和组织分离、缝合、止血等基本技术知识点。

【能力目标】

- 能正确使用外科器械；
- 能规范地进行组织分离、缝合、止血、拆线及绷带包扎；
- 能正确组织手术，拟订手术计划，会进行手术记录。

任务 11-1　无菌技术

无菌技术是在外科范围内防止伤口发生感染的综合性预防性技术，又称为消毒，即采用物理和化学的方法来杀灭微生物或抑制微生物的繁殖。

一、无菌技术的概念

1. 灭菌法　指用物理的方法，彻底杀灭附在所有手术物品上的一切活的微生物。

(1)热力性灭菌　干热和湿热灭菌，包括高压蒸汽灭菌和干烤箱灭菌。

(2)紫外线消毒　用于杀灭空气中、水中和附着于物体表面的微生物。

(3)辐射灭菌　主要用于医用塑料、缝线、药物等的灭菌。

2. 消毒法　指用化学药品消灭病原微生物和其他有害微生物的方法。消毒不要求清除杀灭所有微生物，常用于手术器械、手术空气、手术人员手臂及术部皮肤。

二、手术器械、手术用品的灭菌与消毒

常用的手术器械有手术刀、手术剪、手术镊、止血钳、持针钳、缝针、创巾钳、肠钳、牵开器或拉钩等。手术用品包括手术衣、手术帽、口罩、灭菌手套、创巾、纱布、缝线等。

1. 煮沸灭菌法　广泛应用于手术器械和常用物品的消毒。

2. 高压蒸汽灭菌法　121.6～126.6℃，维持 30 min，能杀灭所有细菌和芽胞。

3. 化学消毒法　临床上常用的方法有：①新洁尔灭浸泡；②酒精浸泡；③福尔马林浸泡或熏蒸。

三、手术室和手术场所的消毒

1. 手术室的基本要求　包括：①有足够的面积和空间，天花板和墙壁平整光滑便于清洁和

消毒。地面防滑，易于排水。②良好的给排水系统。③照明设备良好。④配备手术台、保定架及保定绳。⑤麻醉药品齐全。⑥通风系统良好。

2.手术室的消毒　常用紫外线灯照射消毒，也可用化学药物熏蒸消毒。应严格执行清洁消毒等规章制度。

3.临时性手术场所的选择及消毒　选择避风、干净、光线好、排水方便、适于完成手术的场所进行手术。场地要用清水喷洒，防止尘土飞扬。

四、手术人员的消毒

1.更衣　手术人员在术前应穿着清洁的衣服，短袖上衣，戴好手术帽和口罩。

2.手臂的清洗与消毒

(1)手臂的洗刷　涂抹肥皂后，用毛刷反复擦刷，用流水充分冲洗手臂。

(2)手臂的消毒　将擦刷过的手臂拭干，在0.1%新洁尔灭等溶液中浸泡5 min，自然干燥后穿手术衣。助手协助手术人员在背后系上衣带，然后再戴灭菌手套(图11-1)。

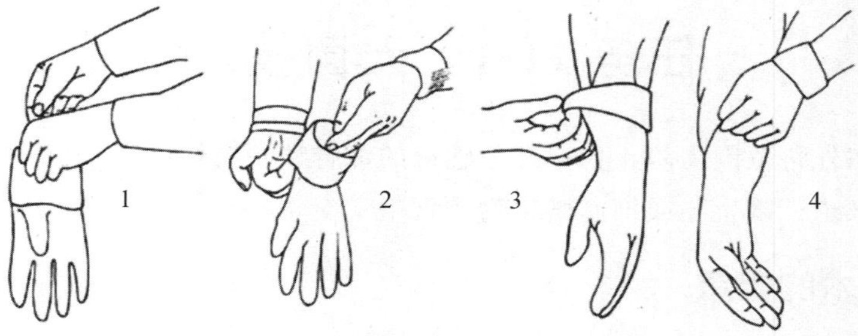

图11-1　戴手套

五、患病动物的消毒

1.术部除毛　用肥皂水刷洗术部周围，然后剃毛。剃毛的范围要超出切口周围20～25 cm，小动物可为1～15 cm。剃毛后，用肥皂反复擦刷并用清水冲净，最后用灭菌纱布拭干。

2.术部消毒　术部的皮肤消毒，常用的药物是5%碘酊、0.75%碘伏和70%酒精，在消毒时若为无菌手术，应由手术区中心部向四周涂擦(图11-2)。碘酊消毒后稍待片刻，再以70%酒精将碘酊擦去，以免碘被带入创内刺激组织。

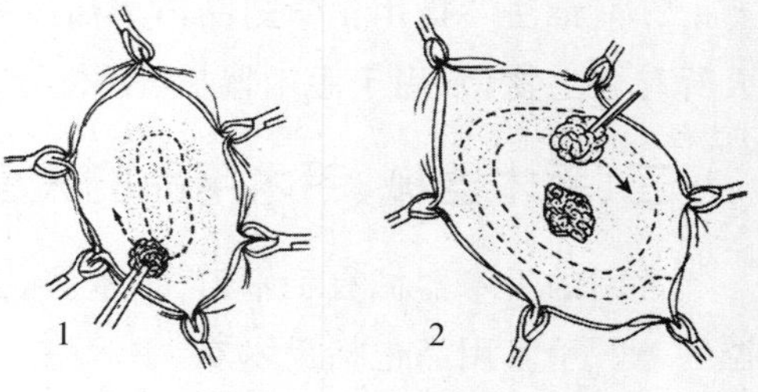

图11-2　术部消毒法

1.无菌手术涂擦碘酊路径

2.感染术部或肛门部涂擦碘酊路径

3.术部隔离　用大块有孔手术巾覆盖于手术区，仅在中间露出切口部位，使术部与周围完全隔离。在全身麻醉侧卧保定下进行手术时，可用四块创单隔离术部(图11-3)；皮肤切开后，用小布单隔离皮肤创缘(图11-4)。

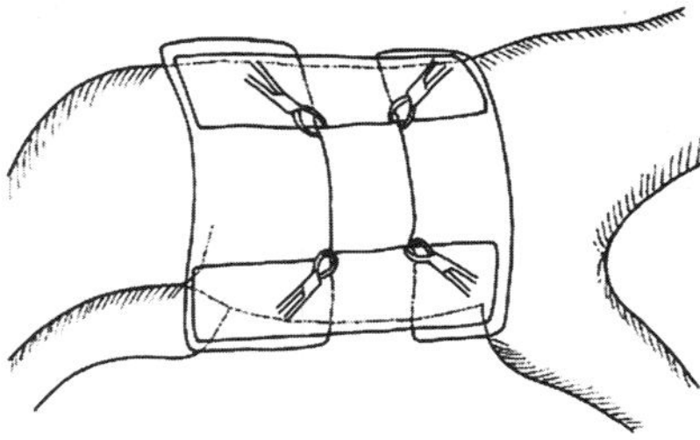

图 11-3　术部四巾隔离法

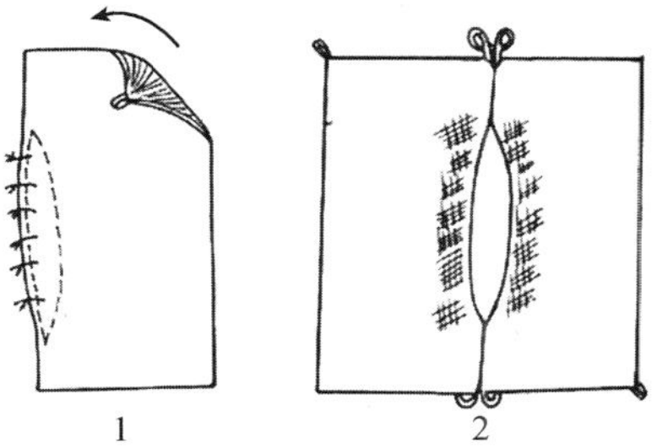

图 11-4　皮肤创缘隔离法

任务 11-2　麻醉技术

麻醉是在施行外科手术时，利用化学药物或其他手段，使动物的知觉或意识消失，或者局部痛觉暂时迟钝或消失，以便顺利进行手术的方法。根据麻醉剂对机体的作用不同，可分为局部麻醉和全身麻醉两大类型。

一、局部麻醉

利用某些药物有选择性地暂时阻断神经末梢、神经纤维以及神经干的冲动传导，从而使其分布或支配的相应局部组织暂时丧失痛觉的一种麻醉方法。

1. 表面麻醉　利用麻醉药的渗透作用，经滴入、涂抹、填塞或喷雾等方法，使局部麻醉药透过皮肤黏膜而阻滞浅在的神经末梢，称为表面麻醉。

2. 局部浸润麻醉　沿手术切口线皮下注射或深部分层注射局部麻醉药，阻滞神经末梢，称局部浸润麻醉。

3. 传导麻醉　指在神经干周围注射局部麻醉药，使其所支配的区域失去痛觉。

4. 脊髓麻醉　将局部麻醉药注射到椎管内，阻滞脊神经的传导，使其所支配的区域无痛，称为脊髓麻醉。又分为硬膜外腔麻醉和蛛网膜下腔麻醉(图 11-5)。兽医临床上常用前者，后者只在医学上有应用。

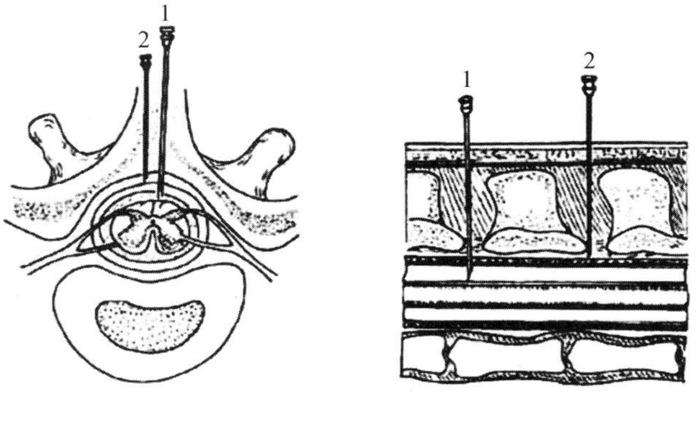

图 11-5　脊髓麻醉

1. 蛛网膜下腔麻醉　2. 硬膜外腔麻醉

在脊硬膜与椎管的骨膜之间有一较宽的间隙，称为硬膜外腔，内含疏松结缔组织、静脉和大量脂肪，两侧脊神经即在此经过。向此腔内注入麻醉药液，阻滞若干对脊神经的麻醉方法，称为硬膜外腔麻醉。

二、全身麻醉

（一）全身麻醉前给药

麻醉前给药，可以提高麻醉的安全性，减少麻醉的副作用，消除麻醉和手术中的一些不良反应，使麻醉过程平稳；可以增强麻醉药的作用，使诱导平稳，并可以减少麻醉药的用量。

1.神经安定剂

（1）氯丙嗪　通常在麻醉前 30 min 肌肉注射给药。

（2）乙酰丙嗪　给药后可以产生轻度至中等程度的镇静，但其作用有时不稳定。

（3）安定　用药后产生镇静、催眠和肌松作用。

2.镇痛剂　单独应用在我国还不普遍，许多镇痛药都有成瘾性，属于严格控制药品。

3.抗胆碱药　常用阿托品，可松弛平滑肌，抑制腺体分泌，减少呼吸道黏液和唾液腺的分泌，有利于保持呼吸道通畅。这类药物还有抑制迷走神经反射的作用，可使心率增快。

4.肌肉松弛剂　如氧化琥珀胆碱，可使骨骼肌失去原有的张力，有利于手术操作。肌松也有利于气管内插管操作。它还可作为化学保定药，用于保定、捕捉、运输野生动物。

（二）吸入性全身麻醉

是指气态或挥发性液态的麻醉药物经呼吸道吸入，在肺泡中被吸收入血液循环，作用于神经中枢，使中枢神经系统产生麻醉效应。吸入麻醉适用于各种大手术、疑难手术和危重病例的手术。常用的挥发性麻醉药有安氟醚、异氟醚、氧化亚氮、七氟醚、地氟醚等。

临床应用时，应先将患畜作基础麻醉、气管插管后，再进行吸入麻醉。吸入麻醉开始时，可以 2%～4%的浓度快速吸入，3～5 min 后以 1.5%～2.0%的浓度维持所需麻醉深度。

1.概念

（1）最低肺泡有效浓度（MAC）　101.325 kPa（一个大气压）条件下，麻醉药与纯氧同时吸入，在肺泡内形成一定的浓度，在这个浓度时可使 50%的动物在切皮时无痛。

（2）血气分配系数　在 37℃ 101.325 kPa 条件下，1 mL 血液与肺泡气中所含该麻醉药气体的体积之比。血气分配系数越大，动物进入麻醉或从麻醉中苏醒所用的时间越长。

2.常用吸入麻醉药

（1）安氟醚　挥发性气体，化学性质稳定，血气分配系数为 1.91，MAC 为 1.70%～2.12%，诱导和苏醒快而平稳。常用浓度为 0.5%～2%，诱导期为 4%。

（2）异氟醚　为安氟醚的同分异构体。理化特性与安氟醚相似，但麻醉性能好。MAC 为 1.15%～1.30%，血气分配系数为 1.4。常用浓度为 0.5%～1.5%，诱导期为 3%。

（3）氧化亚氮（笑气）　无机气体，无爆炸性，可助燃，与乙醚或 O_2 混合，可引起爆炸。血气分配系数为 0.47，MAC 为 101%～105%。本品需与其他吸入麻醉药联用。

3.吸入麻醉的临床应用　目前兽医临床主要应用安氟醚和异氟醚。先以硫喷妥钠等作诱导麻醉，后用异氟醚等作维持麻醉。

（三）非吸入性全身麻醉

指全身麻醉药不经吸入方式而进入体内并产生麻醉效应的方法。优点是操作简便，不需特殊的设备，无明显的兴奋期。缺点：不易控制麻醉深度和维持时间，安全性差。给药途径：静脉、肌肉、皮下、腹腔注射或口服、直肠灌注等。药物用量有种间、个体、体况差异等。

1. 非巴比妥类非吸入性麻醉药

(1)赛拉嗪(隆朋、麻保静)　具有中枢性镇静、镇痛和肌松作用。

(2)赛拉唑(静松灵)　与隆朋有相同的药理作用和特点。

(3)速眠新　为复合麻醉剂，犬麻醉诱导期常出现呕吐，可用阿托品预防。

(4)水合氯醛　它是马属动物和猪的首选麻醉药。临床多用静脉注射方式给药。

2. 巴比妥类非吸入性麻醉药　这类药物都是巴比妥酸的衍生物，口服、直肠给药都容易吸收，其钠盐的溶解度好，可作为注射剂使用。

实训操作 11-1　动物麻醉操作

一、实训目的和要求

掌握动物麻醉的基本理论知识，能正确选择全身麻醉药对动物进行全身麻醉；会进行局部麻醉。

二、实训材料和器械

1. 器械和试剂　保定用具、防护用具、麻醉机、注射器、麻醉器械、麻醉药品等。

2. 动物　牛、羊、猪、马、犬等。

三、实训内容

1. 局部麻醉

(1)表面麻醉　眼结膜和角膜用 0.5%丁卡因或 2%利多卡因，鼻、口腔、直肠黏膜用 1%～2%丁卡因或 2%～4%利多卡因，每隔 5 min 用药一次，共 2～3 次。

(2)局部浸润麻醉　常用药物为 0.5%～1%盐酸普鲁卡因或 0.25%～0.5%利多卡因。分为菱形浸润、扇形浸润、直线浸润、基部浸润(图 11-6)、分层浸润。

(3)传导麻醉　马、牛腰旁神经传导麻醉同时麻醉最后肋间神经、髂腹下神经与髂腹股沟神经(图 11-7)。

最后肋间神经刺入点：马、牛刺入点相同。用手触摸第一腰椎横突游离端前角，垂直皮肤进针，深达腰椎横突前角骨面，将针尖沿前角骨缘，再向前下方刺入 0.5～0.7 cm，注射 3%盐酸普鲁卡因液 10 mL，以麻醉最后肋间神经的腹支。然后提针至皮下，再注入 10 mL 药液，以麻醉最后肋间神经的浅支。营养良好的动物也可在最后肋骨后缘 2.5 cm、距背中线 12 cm 处进针。

髂腹下神经刺入点：马、牛刺入点相同。用手触摸第二腰椎横突游离端后角，垂直皮肤进针，深达横突骨面，将针沿横突后角骨缘，再向下刺入 0.5～1 cm，注射药液 10 mL，然后将针退至皮下注射 10 mL，以麻醉髂腹下神经。

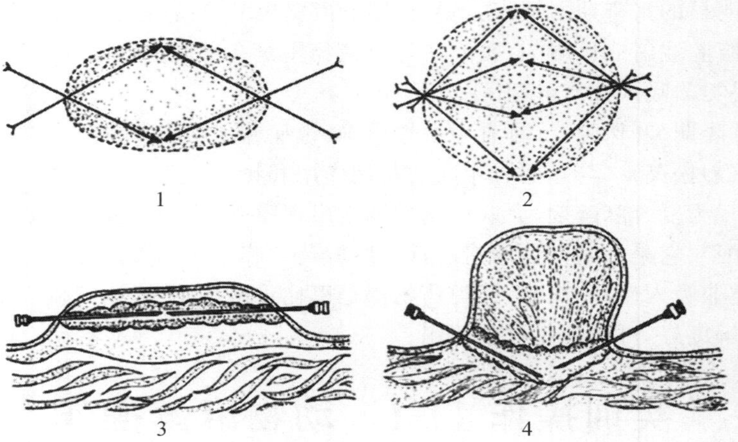

图 11-6　局部浸润麻醉的方法

1. 菱形浸润　2. 扇形浸润　3. 直线浸润　4. 基部浸润

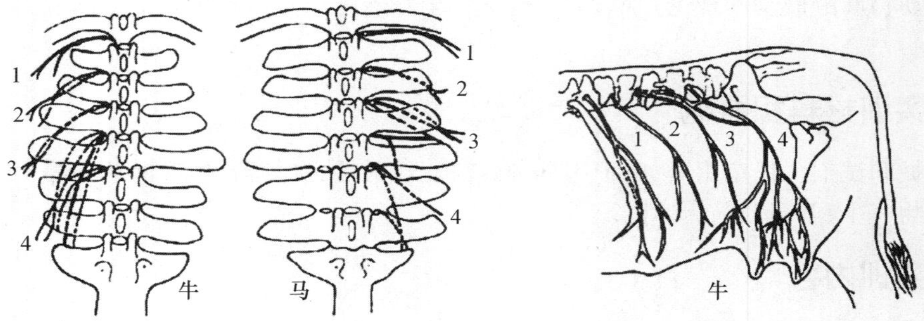

图 11-7　腰旁神经传导麻醉

1. 最后肋间神经　2. 髂腹下神经　3. 髂腹股沟神经　4. 精索外神经分布区域

髂腹股沟神经刺入点：马与牛的刺入部位不同。马在第三腰椎横突游离端后角进针，牛在第四腰椎横突游离端前角进针，其操作方法和药液注入量参见髂腹下神经刺入点。

(4)脊髓麻醉　硬膜外腔麻醉的注射部位有三处，即第一、第二尾椎间隙，荐骨与第一尾椎间隙，腰荐间隙，其中以第一、第二尾椎间隙最为常用。腰荐间隙处椎管位置较深，操作不便，但在此间隙麻醉后，可用于腹部手术（图 11-8，图 11-5）。

2. 吸入麻醉

(1)吸入麻醉的方式

①开放式　常用于小型动物全麻，或者中

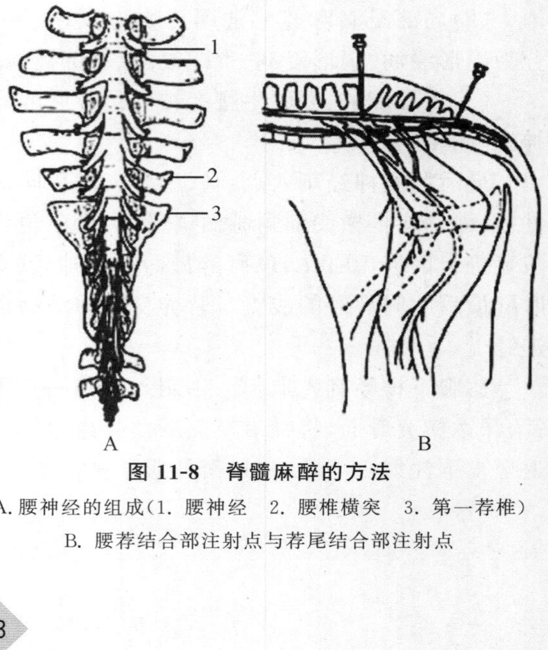

图 11-8　脊髓麻醉的方法

A. 腰神经的组成（1. 腰神经　2. 腰椎横突　3. 第一荐椎）

B. 腰荐结合部注射点与荐尾结合部注射点

型动物非吸入麻醉后期骚动的控制，如猪、羊、犬、大鼠、小鼠等。优点是方便，无需特殊设备，不易缺 CO_2。缺点是：浪费药物，污染环境，且不安全，引起燃烧或爆炸。

在金属内支架式口罩的外面覆盖若干层纱布，药液滴在纱布上，动物吸气时即吸入麻醉药。

②半开放式　适用于小动物，麻醉药呼出呼吸道后直接逸至体外。施行人工供 O_2，吸气与呼气分开行走。

③半关闭式　有部分麻醉药复吸入。安装 CO_2 吸收装置和呼吸囊(图 11-9)。剩余气体自排气阀排出管道系统。

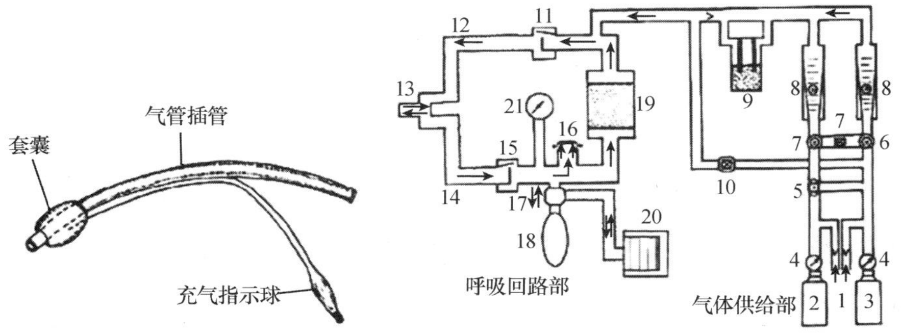

图 11-9　吸入麻醉装置示意图

1. 配气中心　2. 笑气(氧化亚氮)瓶　3. 氧气瓶　4. 笑气、氧气减压阀及压力表　5. 笑气直接通路开关　6. 气体流量调节阀　7. 低氧气预防开关　8. 笑气、氧气流量表　9. 麻醉剂汽化剂　10. 氧气直接通路开关　11. 吸气阀　12. 吸气侧蛇形管　13. 患畜(Y 形管连接头)　14. 呼气侧蛇形管　15. 呼气阀　16. 剩余气体排气阀　17. 自动切换阀门　18. 呼吸囊　19. 二氧化碳吸收罐　20. 人工呼吸机　21. 回路内压力表

(2)吸入麻醉期间对动物的监测　包括一般症状、呼吸系统、循环系统、中枢神经系统的观察。

呼吸道的通畅度、呼吸频率、呼吸幅度、胸部的动作、鼻孔的大小、鼻黏膜的色泽、潮气量、血 pH、HCO_3^- 等，反映呼吸系统的变化。

心跳的次数、心音的强弱、可视黏膜的色泽、脉搏的强弱、齿龈黏膜的充盈情况、心电图、血压等，反映心脏的功能状态。

眼球位置、瞳孔大小、角膜反射、呼吸幅度、肌松程度等，反映麻醉的深度和全身情况。深麻醉时，眼球固定在中间不动，瞳孔散大，角膜反射消失，呼吸幅度极小，腹壁肌肉松弛，结膜苍白，血压下降，脉搏细弱。

吸入麻醉时，维持麻醉药的用量(浓度)一般为 1.2～1.5 倍 MAC，每隔 1 min 经挤压呼吸囊作几次深呼吸，加强气体的交换与流通。

3. 外科麻醉期动物的主要表现

(1)浅麻醉　麻醉逐渐向皮层下中枢扩散。表现为骨骼肌张力和运动反射逐渐减退，动物站立不稳，皮肤反射尚存，眼睑反射消失，眼球震颤，角膜反射明显，呼吸深而规律，胸腹式呼吸，脉搏加快，瞳孔无变化。

(2)中麻醉　皮肤反射减弱并逐渐消失，骨骼肌松弛，肛门反射消失，尾无力，阴茎脱出或松弛，舌拉出不能自回，瞳孔开始扩大，角膜反射仍存在，呼吸无明显变化，眼球固定。

(3)深麻醉　角膜反射消失，腹部肌肉开始松弛，肋间肌开始出现麻痹，说明脊髓胸段已被抑制，胸壁的起伏落后于腹壁，血压下降，脉数增加，瞳孔散大，眼球固定中央不动，体温明显下降。

4. 全身麻醉并发症与处理措施

(1)呕吐　小动物麻醉的初期，反刍动物深麻醉时，易发生呕吐或胃内容物返流。处理方法是，头颈部稍抬高，口朝下，舌拉至口腔外并用湿纱布包裹。呕吐后，将口腔清理干净，或者在麻醉时插气管导管。

(2)舌缩回　小动物多见，舌阻塞喉部，引起呼吸困难，发现后立即将舌拉至口腔外。

(3)呼吸停止　麻醉过深，瞳孔散大，创内出血呈暗红色。处理方法是立即停止麻醉，拉出舌头，人工呼吸或辅助、控制呼吸。注射尼可刹米、安钠咖、樟脑油等。吗乙苯吡酮对主动脉体和颈动脉体的化学感受器有兴奋作用，可兴奋呼吸中枢。

(4)心搏停止　深麻醉，瞳孔散大，创内出血停止。处理方法为心脏按摩，体外或体内。静脉或心内注射 0.1%肾上腺素，马、牛 3～5 mL，犬、猫 0.1～0. 3 mL。

四、实训作业

在表 11-1 中写出麻醉相关记录。

表 11-1　麻醉相关记录

动物	手术目的	手术部位	麻醉方法	麻醉剂量	持续时间
牛					
羊					
猪					
马					
犬					

任务 11-3　组织分离、止血与缝合

一、常用外科手术器械

常用的基本手术器械有手术刀、手术剪、手术镊、止血钳、持针钳、缝针、牵开器、创巾钳、肠钳、高频电刀等。

1. 手术刀　主要用于切开和分离组织，常用活动刀柄手术刀，由刀柄和刀片两部分构成。装刀方法是将刀片装置于刀柄前端的槽缝内。

刀片和刀柄有不同的规格，常用的刀柄规格为：4 号、6 号、8 号，安装 19 号、20 号、21 号、22 号、23 号、24 号大刀片；3 号、5 号、7 号，安装 10 号、11 号、12 号、15 号小刀片。按刀刃的形状可分为圆刃手术刀、尖刃手术刀和弯形尖刃手术刀等。

执刀的姿势和动作的力量，根据不同的需要有下列几种(图 11-10)：

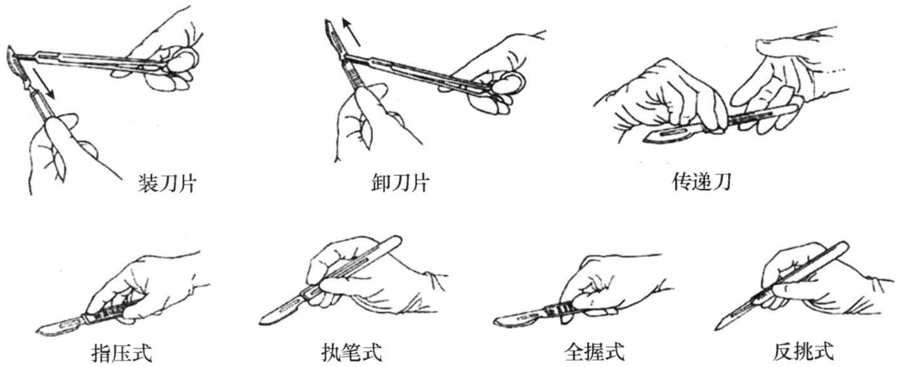

图 11-10　手术刀的使用方法

(1)指压式　为常用的一种执刀法。以手指按刀背后 1/3 处，用腕与手指力量切割。适用于切开皮肤、腹膜及切断钳夹组织。

(2)执笔式　类似于执钢笔。动作涉及腕部，力量主要在手指，适用于小力量短距离精细操作，用于切割短小切口，分离血管、神经等。

(3)全握式　力量在手腕。用于切割范围广、用力较大的切开，如切开较长的皮肤切口、筋膜、慢性增生组织等。

(4)反挑式　刀刃刺入组织内由内向外挑开组织，以免损伤深部组织，如切开腹膜。

手术刀的使用范围，除了刀刃用于切割组织外，还可以用刀柄作组织的钝性分离，或者代替骨膜分离器剥离骨膜。

2. 手术剪　依据用途不同，手术剪可分为两种：一种是沿组织间隙分离和剪断组织的，叫组织剪；另一种用于剪断缝线，叫剪线剪。

组织剪的尖端较薄，剪刃要求锐利而精细。为适应不同性质和部位的手术，组织剪分大小、长短和弯直几种，直剪用于浅部手术操作，弯剪用于深部组织分离。

剪线剪的头钝而直，刃较厚，有时也用于剪断较硬或较厚的组织。正确的执剪法是以拇指和第四指插入剪柄的两环内，食指轻压在剪柄和剪刀交界的关节处，中指放在第四指环的前外方柄上，准确地控制剪的方向和剪开的长度(图 11-11A)。

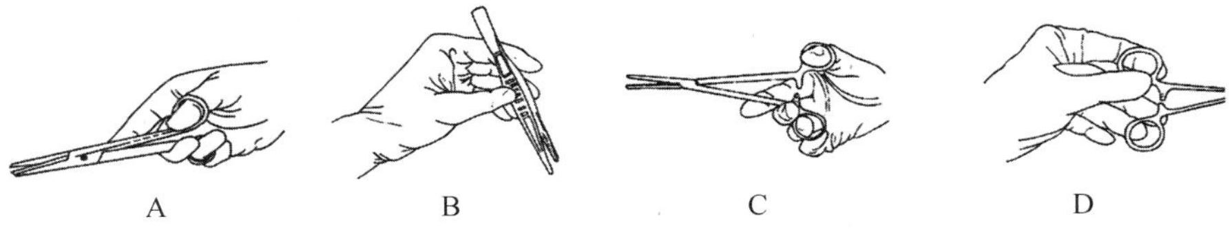

图 11-11　手术剪、手术镊、止血钳的使用方法

A. 持手术剪　B. 持手术镊　C. 右手持钳　D. 左手松钳

3. 手术镊　用于夹持、稳定或提起组织以利切开及缝合。

镊的尖端分有齿及无齿，又有短型与长型、尖头与钝头之别，可按需要选择。有齿镊损伤性大,用于夹持坚硬组织。无齿镊损伤性小,用于夹持脆弱的组织及脏器。精细的尖头平镊对组织损伤较轻,用于血管、神经、黏膜手术。执镊方法见图 11-11B。

4.止血钳　又叫血管钳,主要用于夹住出血部位的血管或出血点,以直接钳夹止血,有时也用于分离组织、牵引缝线。

止血钳一般有弯、直两种,大小不一。直钳用于浅表组织和皮下止血,弯钳用于深部止血。最小的蚊式止血钳,用于眼科及精细组织的止血。用于血管手术的止血钳,齿槽的齿较细浅,弹力较好,对组织压榨和对血管壁损伤较轻,称无损伤血管钳。止血钳尖端带齿者,叫有齿止血钳,用于夹持较厚的坚韧组织。执拿止血钳的方式与手术剪相同(图 11-11C)。

5.持针钳　又叫持针器。普通持针钳有两种类型,即握式持针钳和钳式持针钳。使用持针钳夹持缝针时,缝针应夹在靠近持针钳的尖端前 1/3 处,若夹在齿槽床中间,则易将针折断。一般应夹在缝针的针尾 1/3 处,缝线应重叠 1/3,以便操作(图 11-12)。

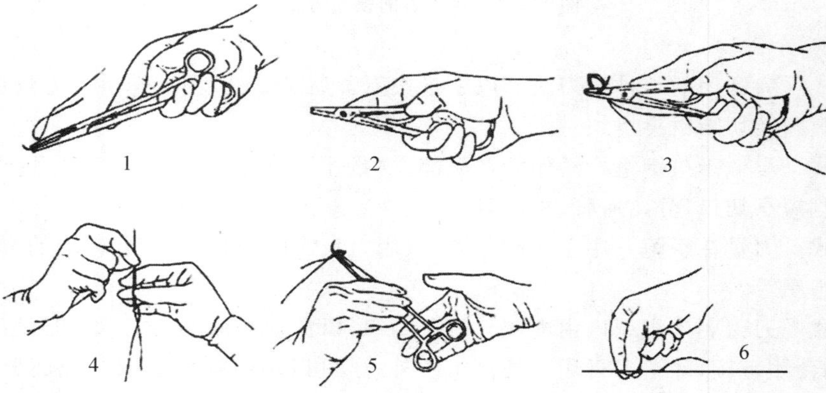

图 11-12　持针钳与缝针的使用方法

6.缝合针　主要用于闭合组织或贯穿结扎。

缝合针分为两种类型:一种是带线缝合针或称无眼缝合针,缝线已包在针尾部,针尾较细,仅单股缝线穿过组织,缝合孔道小,对组织损伤小,又称为无损伤缝针。多用于血管、肠管缝合。另一种是有眼缝合针,这种缝合针能多次再利用。有眼缝合针又分为穿线孔缝合针、弹机孔缝合针。

缝合针分为直型、1/2 弧型、3/8 弧型和半弯型。缝合针尖端分为圆锥形和三角形。三角针有锐利的刃缘,能穿过较厚较致密组织。三角针分为传统弯缝合针和翻转弯缝合针。传统弯缝合针切缘刃沿针体凹面;翻转弯缝合针切缘刃沿针体凸面。翻转弯缝合针相对于传统弯缝合针的优点是对组织损伤较小,增加针体强度。

直型圆针用于胃肠、子宫、膀胱等脏器的缝合,用手指直接持针操作。弯针有一定弧度,操作灵便,适用于深部组织缝合。缝合部位愈深,空间越小,针的弧度应愈大。弯针需用持针器操作。三角针适用于皮肤、腱、筋膜及瘢痕组织缝合。

7.牵开器　又称拉钩,用于牵开术部表面组织,加强深部组织的显露,以利于手术操作。根据需要有各种不同的类型,可分为手持牵开器和固定牵开器两种。

8.巾钳　使用时连同手术巾一起夹住皮肤,防止手术巾移动。

9.肠钳　用于肠管手术，以阻断肠内容物的移动、溢出或肠壁出血。肠钳结构上的特点是齿槽薄，弹性好，对组织损伤小。

10.高频电刀　高频电刀能够切割组织和凝固小血管。

二、组织分离、止血与缝合相关知识

1.组织分离　组织切开是显露术野的重要步骤。切口的选择应该符合下列要求：

①切口需接近病变部位，最好能直接到达手术区，根据手术需要延长扩大切口。

②切口在体侧、颈侧，以垂直于地面或斜行的切口为宜；切口在体背、颈背和腹下，应沿体正中线或靠近正中线的矢状线作纵行切口。

③切口避免损伤大血管、神经和腺体的输出管，以免影响术部组织或器官的机能。

④切口应便于创液排出，特别是脓汁的排出。

⑤二次手术时，避免在瘢痕上切开，因为瘢痕组织再生力弱，易发生弥漫性出血。

按上述原则选择切口后，在切开时需要注意下列问题。

①切口大小适当。切口过小，不能充分显露；作不必要的大切口，组织损伤过多。

②按解剖层次分层进行切开，保持切口从外到内大小相同。切口用无菌巾覆盖、保护。

③必须整齐切开组织，力求一次切开。手术刀与皮肤、肌肉垂直，防止斜切。

④切开深部筋膜时，为预防深层血管和神经损伤，可切一小口，一边分离，一边切开。

⑤切开肌肉时，要沿肌纤维方向用刀柄或手指分离，少作切断，以免影响肌肉功能。

⑥切开腹膜、胸膜时，要防止损伤内脏。

⑦切割骨组织时，先切割分离骨膜，尽可能地保存其健康部分，以利于骨组织愈合。

在进行手术时，还需要借助拉钩帮助显露。负责牵拉的助手要随时注意手术过程，并按需要调整拉钩的位置、方向和力量。用大纱布垫将其他脏器与手术区域隔离开，以增加显露。

2.止血　手术中完善的止血，可以预防失血的危险和保证术部良好的显露。因此，手术中的止血必须迅速而可靠，在术前可采取预防性止血措施，以减少术中出血。

按照受伤血管的不同，出血分为以下 4 种。

(1)动脉出血　出血的特征为血液鲜红，呈喷射状流出，喷射线出现规律性起伏并与心脏搏动一致。大动脉的出血须立即采取有效止血措施，否则可导致出血性休克，甚至引起动物死亡。

(2)静脉出血　血液以较缓慢的速度从血管中呈均匀不断地泉涌状流出，颜色为暗红或紫红色。静脉出血的转归不同，小静脉出血一般能自行停止，或经压迫、填塞后停止出血，但若深部大静脉受损如腔静脉、股静脉、髂静脉、门静脉等出血，则常由于迅速大量失血而引起动物死亡。

(3)毛细血管出血　其色泽介于动、静脉血液之间，多呈渗出性点状出血。

(4)实质出血　见于实质器官、骨松质及海绵组织的损伤，为混合性出血，即血液自动脉与小静脉内流出，血液颜色和静脉血相似。由于实质器官中含有丰富的血窦，而血管的断端又不能自行缩入组织内，因此不易形成断端的血栓，而易产生大失血威胁动物的生命。

3.缝合　缝合是将已切开、切断或因外伤而分离的组织、器官进行对合或重建其通道，保证良好愈合的方法。在愈合能力正常的情况下，愈合是否完善与缝合的方法有一定的关系。

(1)常用缝合材料　缝合材料种类很多，选择适宜的缝合材料是很重要的，选择缝线应根据缝线的生物学和物理学特性、创伤所在的组织类型和创伤的局部状态以及各种组织创伤的愈合速度来决定。

缝合材料按照在动物体内吸收的情况分为吸收性缝合材料和非吸收性缝合材料。缝合材料在动物体内，60 d 内发生变性，其张力强度很快丧失者，称为吸收性缝合材料。缝合材料在动物体内 60 d 以后仍然保持其张力强度者，称为非吸收性缝合材料。缝合材料按照其材料来源分为天然缝合材料和人造缝合材料。

①天然吸收性缝合材料　肠线由羊肠黏膜下组织或牛的小肠浆膜组织制成。肠线分为 A、B、C、D 4 种类型。C 型为中度铬盐处理型，植入体内 20 d 被吸收，是手术常用的肠线。D 型为超级铬盐处理型，植入体内 40 d 被吸收。

使用肠线注意事项：从贮存液内取出的肠线须在温生理盐水中浸泡片刻，待柔软后再用，但浸泡时间不宜过长。不可用持针钳、止血钳夹持肠线，也不要将肠线扭折。肠线经浸泡吸水后发生膨胀，较滑，在结扎时，线结易松脱，需用三叠结。剪断后留的线尾应较长，以免滑脱。由于肠线是异体蛋白，在吸收过程中可引起明显的组织炎症反应，因此肠线一般多用于连续缝合；在不影响手术效果的前提下，尽量选用细肠线。

肠线适用于胃肠、泌尿生殖道的缝合，不能用于胰脏手术，因肠线易被胰液消化吸收。

②人造可吸收缝合材料　聚乙醇酸缝线是非成胶质人造吸收缝线，是羟基乙酸的聚合物。吸收的方式是酯酶作用下被水解而吸收。吸收过程、炎症反应很轻微。聚乙醇酸缝线完全吸收需 100～120 d。

③非吸收性缝合材料

丝线：丝线是蚕茧的连续性蛋白质纤维，是传统的、广泛应用的非吸收性缝线。丝线有型号，使用时应根据组织的类型选用适宜的型号。粗线为 7～9 号，抗张力为 2.7～4.5 kg，适用于大血管结扎，筋膜或张力较大的组织缝合；中等线为 3～4 号，抗张力为 1.65 kg，适用于皮肤、肌肉、肌腱等组织的缝合；细线为 0～1 号，抗张力为 0.9 kg，适用于皮下、胃肠道组织的缝合；3-0～4-0 号细线，抗张力为 0.5 kg，适用于血管、神经缝合。缝合空腔器官时，如果丝线露出腔内，易产生溃疡；缝合膀胱、胆囊时，易形成结石。因此，丝线不能用于空腔器官的黏膜层缝合，不能缝合被污染或感染的创伤。

非吸收性聚丙烯缝线：是单股无涂层的未染色或染蓝色缝线，分为带针和不带针两种。规格为 3-0～8-0。用于一般软组织的缝合与结扎，适用于心血管、神经外科和眼外科手术。

不锈钢丝：适用于制作不锈钢丝的材料是铬镍不锈钢，有单丝和多丝不锈钢丝。

尼龙缝线：分为单丝和多丝两种。

(2)选择缝合材料的原则　缝合材料张力强度的保持时间应大于被缝合组织获得张力强度的时间；缝线的生物学作用能改变创伤愈合过程；缝合材料的特性与被缝合的组织特性相适应；不同的组织使用不同的缝合材料。

(3)缝合的注意事项

①严格遵守无菌操作。

②缝合前必须彻底止血，清除凝血块、异物及无生机的组织。

③进针的边距合理，以防缝线割断组织。

④缝针刺入和穿出部位应彼此相对，针距相等，否则易使创伤形成皱襞和裂隙。

⑤凡无菌手术创可作对合密闭缝合。化脓腐败过程及深创可不缝合，必要时可作部分缝合。

⑥在组织缝合时，一般是同层组织相缝合，缝合时不宜过紧。

⑦创缘、创壁应互相均匀对合，皮肤创缘不得内翻，创伤深部不应留有死腔。

⑧缝合的创伤，若在手术后出现感染症状，应迅速拆除部分缝线，以便排出创液。

(4)打结　正确而牢固地打结是结扎止血和缝合的重要环节；熟练地打结，不仅可以防止结扎线的松脱，而且可以缩短手术时间。常用的结有方结、三叠结和外科结(图 11-13)。

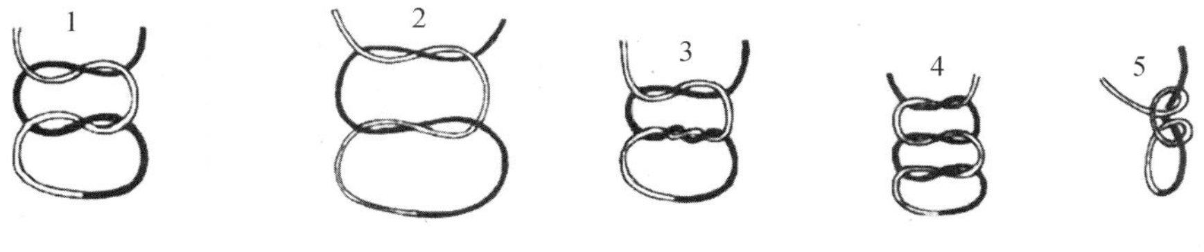

图 11-13　线结的种类

1.方结　2.假结　3.外科结　4.三叠结　5.滑结

方结：是手术中最常用的一种，用于结扎较小的血管和各种缝合时的打结，不易滑脱。

三叠结：是在方结的基础上再加一个结，共 3 个结。线结较牢固，但遗留于组织中的结扎线较多。三叠结常用于有张力部位的缝合，大血管结扎和肠线打结。

外科结：打第一个结时绕两次，使线摩擦面增大，在打第二个结时其不易滑脱和松动。此结牢固可靠，多用于大血管、张力较大的组织和皮肤缝合。

假结(斜结)：此结易松脱。

滑结：打方结时，两手用力不均，只拉紧一根线，结果形成滑结，而非方结，亦易松脱。

4.拆线　是指拆除皮肤缝线。拆除的时间一般是在手术后 7～8 d。

5.引流

(1)适应症

①皮肤和皮下组织切口严重污染，经过清创处理仍不能控制感染时，在切口内放置引流物，使切口内渗出液排出，一般需要引流 24～72 h。

②创道较深的化脓创、脓肿切开排脓后，放置引流物，可使脓液或分泌物不断排出。

③大的手术创或创腔较深内有渗出液时，在创口内放置引流管，可排除渗出液。

④愈合缓慢的创伤。

⑤手术或吻合部位有内容物漏出的。

⑥胆囊、胆管、输尿管、膀胱等器官手术，有刺激性物质漏出的部位。

(2)种类

纱布条引流：应用灭菌的干纱布条涂布抗生素软膏，放置在创腔内，排出腔内液体。纱布条引流时，需要及时更换纱布条。

胶管引流：应用薄壁乳胶管，管腔内径 0.6～2.5 cm。在插入创腔前用剪刀在引流管上剪数个小孔。引流管小孔能引流其周围的创液。

三、组织分离、止血与缝合方法

(一)组织分离的方法

1.锐性分离　用刀或剪刀进行。用刀分离时，以刀刃沿组织间隙作垂直的、轻巧的、短距离的切开。用剪刀时以剪刀尖端伸入组织间隙内，不宜过深，然后张开剪柄，分离组织，在确定没有重要的血管、神经后，再予以剪断。(图 11-14)

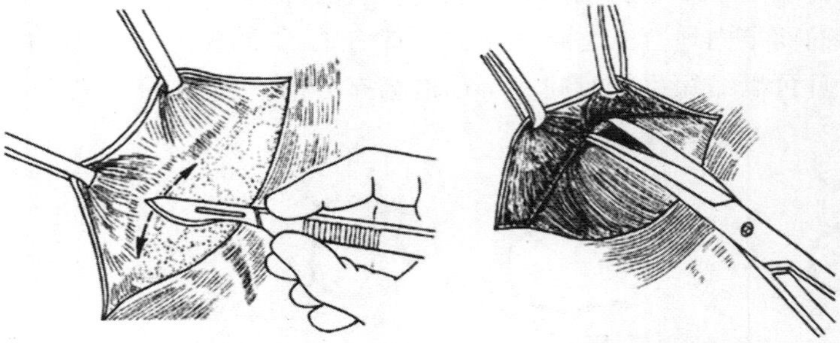

图 11-14　组织锐性分离

2. 钝性分离　用刀柄、止血钳、剥离器或手指插入组织间隙内，用适当的力量，分离周围组织，肌肉组织应沿肌纤维分离(图 11-15)。适用于正常肌肉、筋膜和良性肿瘤等的分离。

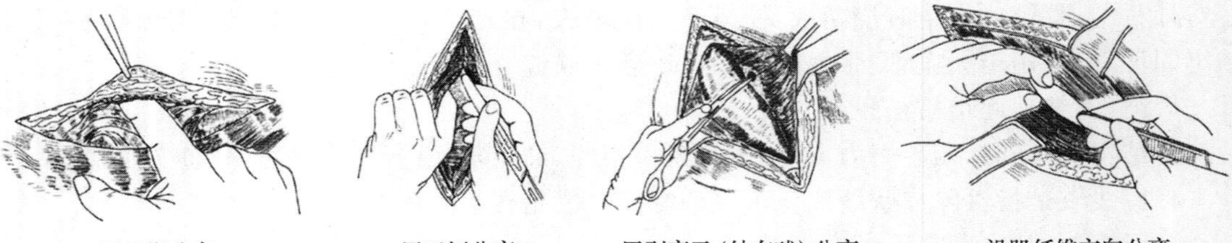

图 11-15　组织钝性分离

3. 皮肤切开法　常用两种切开方法。

(1)紧张切开　由于皮肤的活动性较大，切开时易造成皮肤和皮下组织切口不一致。皮肤切口应由术者与助手用手在切口两旁或上、下将皮肤展开固定，或者由术者用拇指及食指在切口两旁将皮肤撑紧并固定，刀刃与皮肤垂直，用力均匀地一刀切开皮肤及皮下组织，必要时也可补充运刀，但要避免多次切割(图 11-16)。

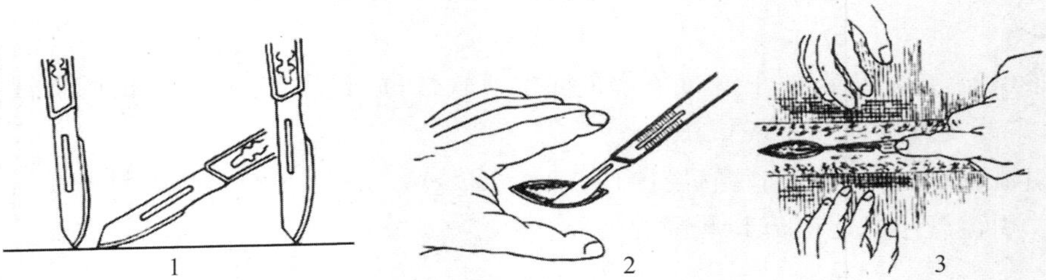

图 11-16　皮肤紧张切开法

1. 运刀方法　2. 单手紧张切开法　3. 双手紧张切开法

(2)皱襞切开　在切口的下面有大血管、大神经、分泌管和重要器官，而皮下组织较为疏松，为了使皮肤切口位置正确且不误伤其下部组织，术者和助手应在预定切线的两侧，用手指或镊子提拉皮肤呈垂直皱襞，并进行垂直切开（图 11-17）。

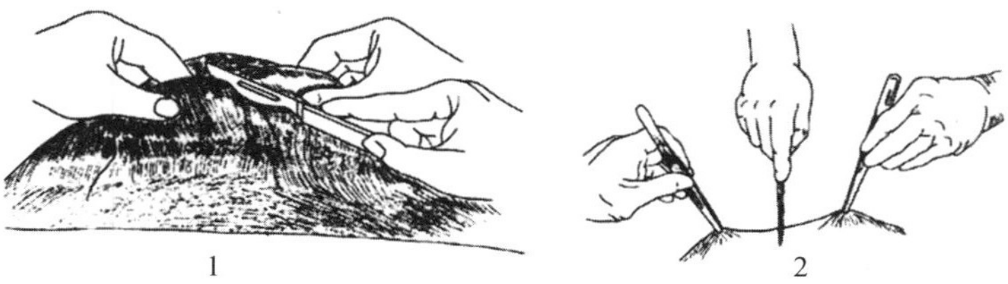

图 11-17　皮肤皱襞切开法

1. 厚皮的切开方法　2. 薄皮的切开方法

4. 皮下组织及其他组织的分离

（1）皮下疏松结缔组织的分离　皮下结缔组织内分布有许多小血管，故多用钝性分离。

（2）筋膜和腱膜的分离　用刀在其中央作一小切口，然后用弯止血钳在此切口上、下将筋膜下组织与筋膜分开，沿分开线剪开筋膜。筋膜的切口应与皮肤切口等长。若有神经、血管，则用手术镊将筋膜提起，用反挑式执刀法作一小孔，伸入镊子，在其引导下切开。

（3）肌肉的分离　一般是沿肌纤维方向作钝性分离。

（4）腹膜的分离　腹膜切开时，为了避免伤及内脏，可用组织钳或止血钳提起腹膜作一小切口，利用食指和中指或镊子引导，再用手术刀（或剪刀）切开（剪开）腹膜（图 11-18）。

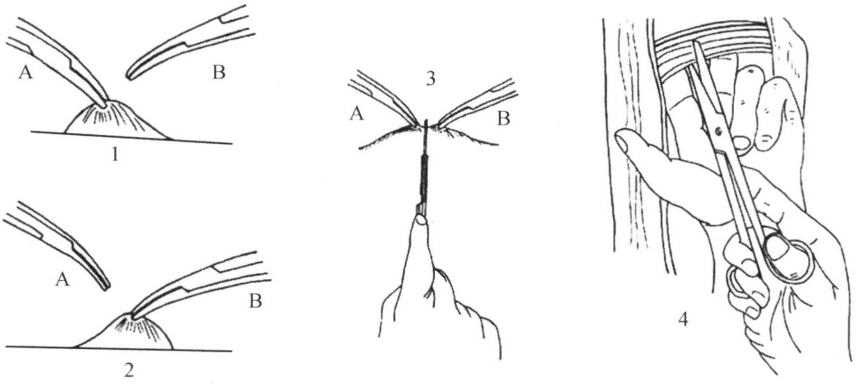

图 11-18　腹膜切开法

1. 用 A 钳夹起腹膜　2. 在 A 钳附近用 B 钳夹起腹膜褶的同时松去 A 钳

3. 在 B 钳附近用 A 钳再次夹起腹膜褶，在两钳之间切开腹膜

4. 用两手指作保护，在两指之间扩大腹膜切口

（5）肠管的切开　肠管侧壁切开，一般用于大肠纵带或小肠对肠系膜侧纵行切开，并避免损伤对侧肠壁（图 11-19）。

（6）索状组织的分离　除了可应用手术刀（剪）作锐性切割外，尚可用刮断、拧断等方法，以减少出血。

（7）良性肿瘤、放线菌病灶、囊肿及内脏粘连部分分离宜用钝性分离。

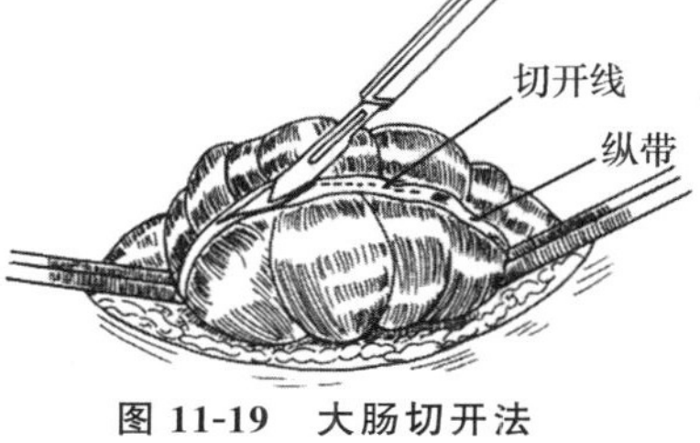

图 11-19　大肠切开法

5.骨组织的分离　首先应分离骨膜,然后再分离骨组织。先用手术刀切开骨膜,然后用骨膜分离器分离骨膜。骨组织的分离一般是用骨剪剪断或骨锯锯断。当锯断骨组织时,不应损伤骨膜。

6.蹄和角质的分离　对于蹄角质可用蹄刀、蹄刮挖除,浸软的蹄壁可用柳叶刀切开。闭合蹄壁上的裂口可用骨钻、锔子钳和锔子等工具和材料。截断牛羊角时可用骨锯或断角器。

(二)常用止血方法

1.全身预防性止血法　在手术前给动物注射增高血液凝固性的药物或血液,借以提高机体抗出血的能力,减少手术过程中的出血。常用下列几种方法。

(1)输血　在术前30～60 min,输入同种同型血液,牛、马500～1 000 mL,猪、羊200～300 mL,犬50～100 mL。

(2)注射增高血液凝固性以及收缩血管的药物　例如,维生素K、安络血、止血敏、凝血酶等。

(3)应用肾上腺素　利用肾上腺素收缩血管的作用,达到减少手术局部出血的目的,其作用可维持20 min至2 h。

2.局部预防性止血法　止血带预防性止血,适用于四肢、阴茎和尾部手术,可暂时阻断血流,减少手术中的失血,有利于手术操作。用橡皮管止血带或绳索、绷带时,局部应垫以纱布或手术巾,以防损伤软组织、血管及神经。

3.手术过程中的止血法

(1)压迫止血　用纱布或泡沫塑料压迫出血的部位,并借以清除术部的血液。

(2)钳夹止血　利用止血钳最前端夹住血管的断端,钳夹方向应尽量与血管垂直,钳住的组织要少,切不可作大面积钳夹(图11-20)。

(3)钳夹捻转止血　此法适用于小血管出血。用止血钳夹住(横向和纵向)血管断端,扭转止血钳1～2周,轻轻去钳,则断端闭合止血(图11-21)。如经钳夹捻转不能止血时,则应予以结扎。

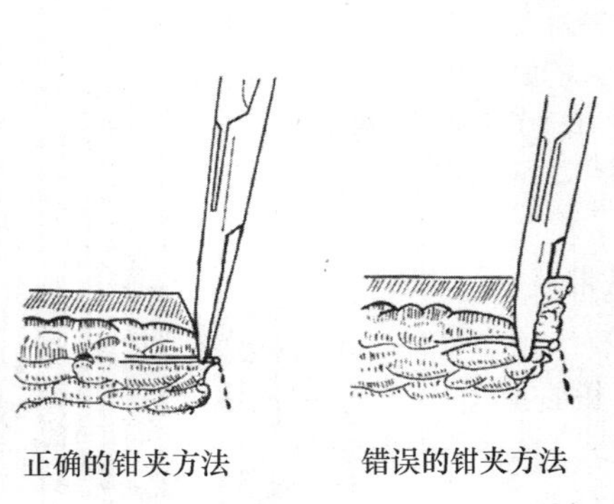

正确的钳夹方法　错误的钳夹方法

图11-20　钳夹止血

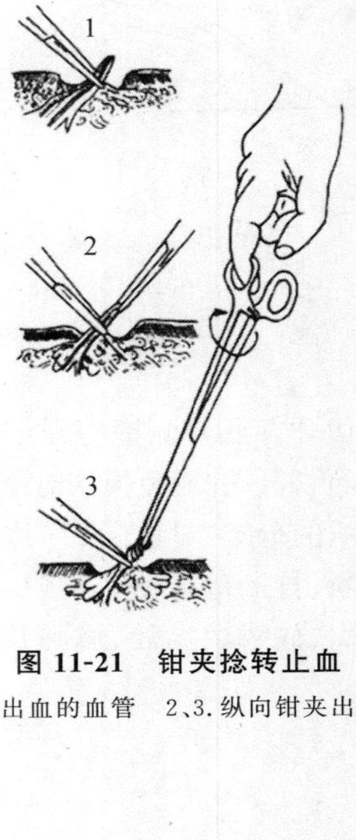

图11-21　钳夹捻转止血

1.横向钳夹出血的血管　2、3.纵向钳夹出血端并捻转

(4)钳夹结扎止血　是常用而可靠的基本止血法,多用于明显而较大血管出血的止血。其方法有两种。

单纯结扎止血:用缝线绕过止血钳所夹住的血管及少量组织而结扎。在拉紧结扣的同时,由助手放开止血钳,使结扣收紧于被夹闭的血管(图 11-22)。适用于一般部位的止血。

贯穿结扎止血:将结扎线用缝针穿过所钳夹组织(勿穿透血管)后进行结扎。常用的方法有单纯贯穿结扎及"8"字缝合结扎两种(图 11-23)。贯穿结扎止血的优点是结扎线不易脱落,适用于大血管或重要部位的止血。

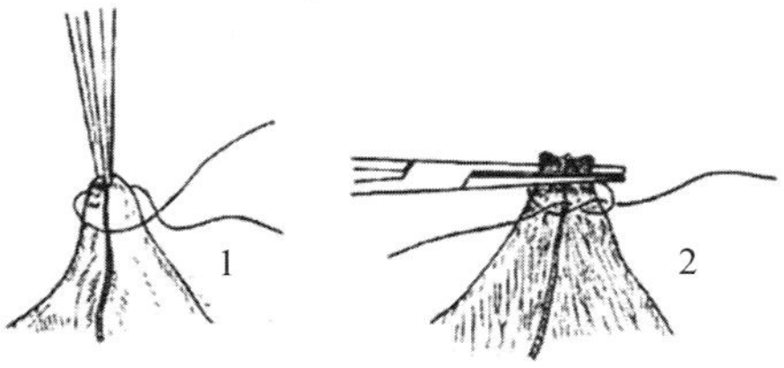

图 11-22　单纯结扎止血

1.钳夹出血点,用一短线缠绕出血处的组织
2.平放止血钳,钳尖微翘,打结、结扎

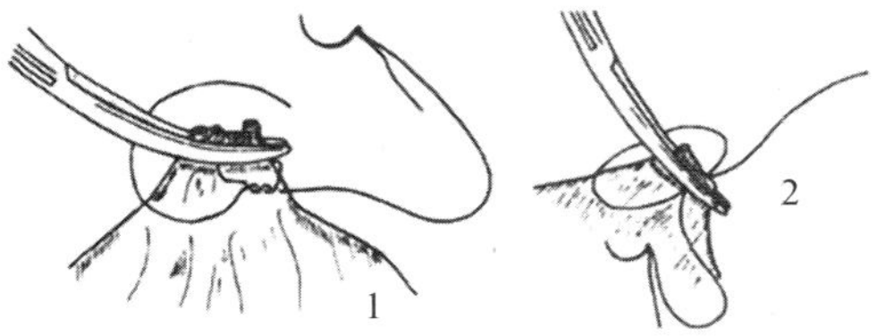

图 11-23　贯穿结扎止血

1.单纯贯穿结扎　2."8"字缝合结扎

(5)创内留钳止血　用止血钳夹住创伤深部血管断端,并将止血钳留在创内 24～48 h。创内留钳止血法,多用于大动物去势后继发精索内动脉的大出血。

(6)填塞止血　深部大量出血,一时找不到血管断端,钳夹或结扎止血困难时,用灭菌纱布紧塞于出血的创腔或解剖腔内,压迫血管断端以达到止血的目的。填塞止血留置的敷料通常在 12～48 h 后取出。

(7)电凝止血　利用高频电流凝固组织达到止血目的。

(8)烧烙止血　是用电烧烙器或烙铁烧烙,使血管断端收缩封闭而止血。

(9)局部化学止血法　用 1%～2%麻黄素溶液或 0.1%肾上腺素溶液浸湿的纱布进行压迫止血。

4.输血疗法

(1)适应症　适用于大失血、外伤性休克、营养性或溶血性贫血、严重烧伤、大手术的预防性止血等。

(2)血液相合性试验　临床上常用的方法有玻片凝集试验法及生物学试验法。

(3)副作用及抢救

发热反应:输血后 15～30 min,受血者出现寒战和体温升高,应停止输血。

过敏反应:呼吸急迫、痉挛,皮肤有荨麻疹等症状,应停止输血;肌肉注射苯海拉明或 0.1%肾上腺素溶液。

溶血反应:受血者在输血过程中突然不安,呼吸、脉搏增数,肌肉震颤,排尿频繁,高热,可视黏膜发绀等,应停止输血,配合强心、补液治疗。

(三)打结方法

1.单手打结　为常用的一种方法,简便迅速,左右手均可打结。虽各人打结的习惯常有不同,但基本动作相似(图 11-24)。

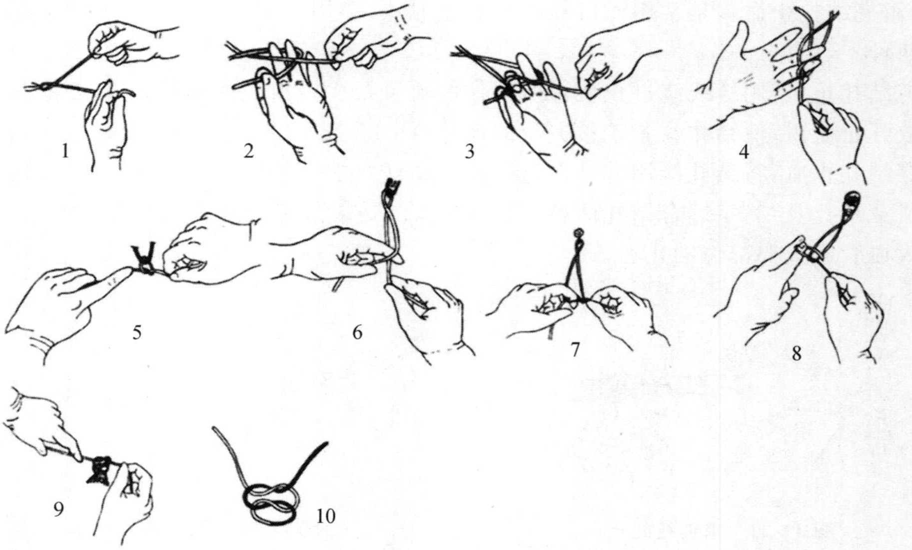

图 11-24　单手打结法

2. 器械打结　用持针钳或止血钳打结。适用于结扎线过短、狭窄的术部、创伤深处和某些精细手术的打结(图 11-25)。结扎线用器械引导(图 11-26)。

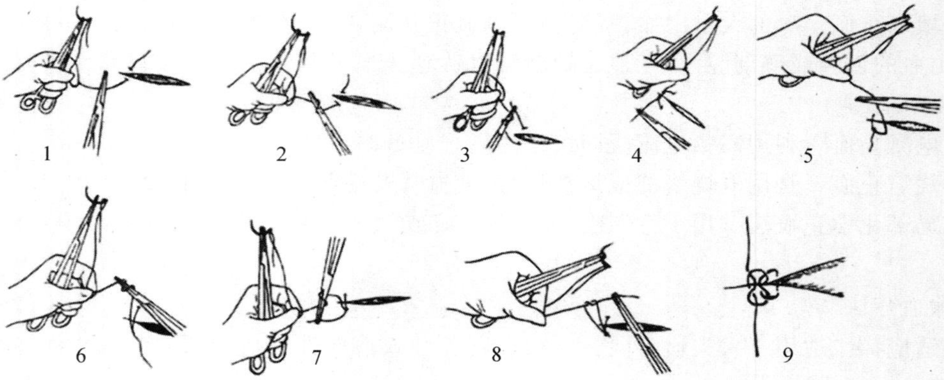

图 11-25　器械打结法

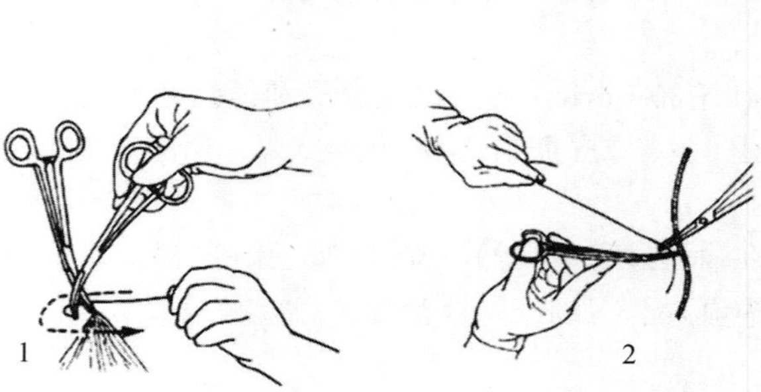

图 11-26　器械引线法

1. 用止血钳夹持结扎线　2. 用止血钳在结扎组织下方传递、引导结扎线

3. 注意事项　打结收紧时要求三点成一线；用力均匀；剪线方法正确：术者结扎完毕后，将双线尾提起略偏术者的左侧，助手用稍张开的剪刀尖沿着拉紧的结扎线滑至结扣处，再将剪刀稍向上倾斜，然后剪断。

（四）缝合方法

1. 软组织的缝合方法

（1）对接缝合

①单纯间断缝合　一般间距 0.5～1.5 cm 或缝合皮肤时 1～1.5 个皮厚。在切口一侧打结，防止压迫切口（图 11-27）。用于皮肤、皮下组织、筋膜、黏膜、血管、神经、胃肠道缝合。优点是操作容易，迅速。

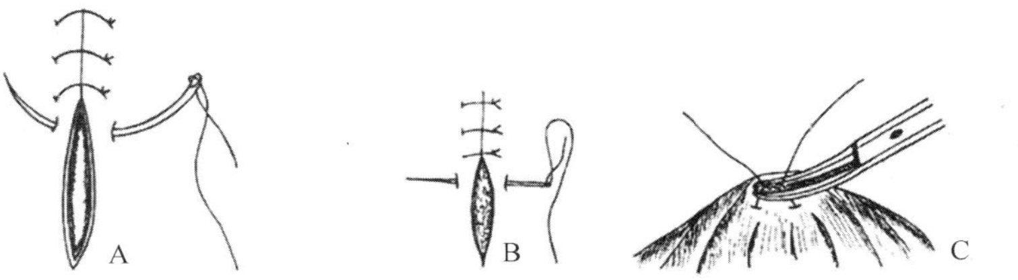

图 11-27　单纯间断缝合

A. 用弯针缝合　B. 用直针缝合　C. 钳夹第一线结防松开

②单纯连续缝合　用一条长的缝线自始至终连续地缝合一个创口，最后打结（图 11-28）。常用于缝合具有弹性、无太大张力的较长创口。用于皮肤、皮下组织、筋膜、血管、胃肠道缝合。优点是节省缝线和时间，密闭好。但若一处断裂，全部缝线拉脱。

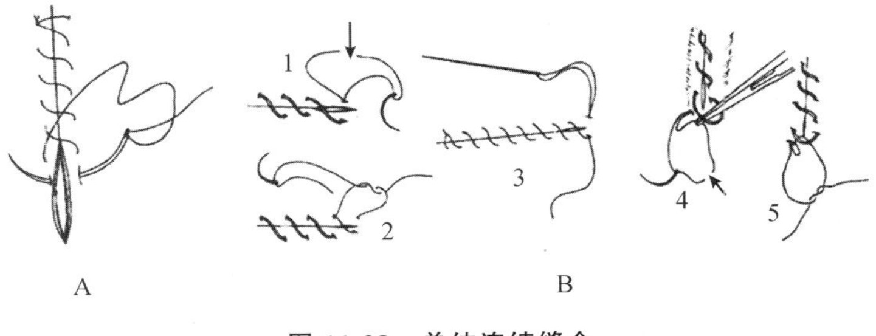

图 11-28　单纯连续缝合

A. 缝合　B. 打结

1、2. 剪断一股缝线，用单股缝线继续缝合一针，然后打结

3. 拉长线尾，用双股线缝合一针后打结

4、5. 剪断一股缝线并将其与双股缝线交叉后打结

③表皮下缝合　适用于小动物的皮肤缝合（图 11-29）。缝合在切口一端开始，应用连续水平褥式缝合。平行切口进针，缝针刺入真皮下，再翻转缝针刺入另一侧真皮，最后缝针翻转刺向对侧真皮下与线尾打结，线结埋置在深部组织内。

优点是能消除小瘢痕，操作快，节省缝线。但具有连续缝合的缺点，且张力强度较差。

④压挤缝合　“凹”字形压挤缝合用于较细肠管吻合的单层间断缝合（图 11-30）。缝针刺入浆膜、肌层、黏膜下层和黏膜层进入肠腔。在越过切口前，从肠腔再刺入黏膜到黏膜下层。

越过切口，转向对侧，从黏膜下层刺入黏膜层进入肠腔；在同侧从黏膜层、黏膜下层、肌层到浆膜刺出肠表面。两端缝线拉紧、打结。

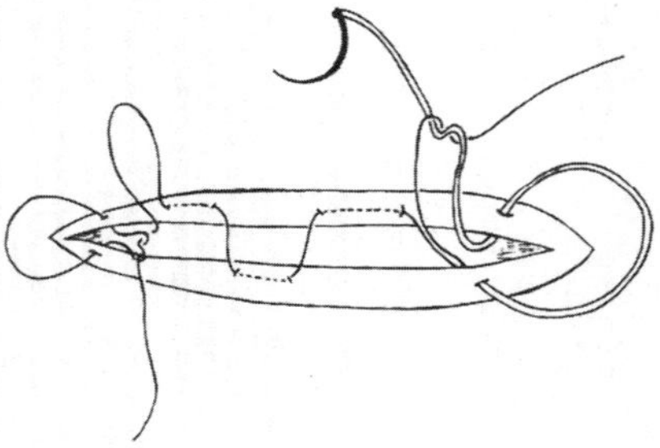

图 11-29　表皮下缝合

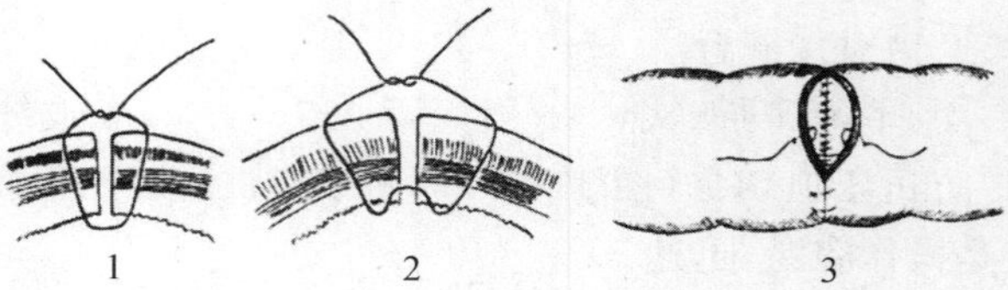

图 11-30　压挤缝合法

1."V"字形压挤缝合法　2、3."凹"字形压挤缝合法

⑤十字缝合法　第一针缝针从一侧到另一侧作结节缝合，第二针平行第一针从一侧到另一侧穿过切口，缝线的两端在切口上交叉形成 X 形，拉紧打结，为外十字缝合法（图 11-31）。亦可以缝针斜向交叉穿过切口，缝线在内部交叉，为内十字缝合。用于张力较大的皮肤缝合。

⑥连续锁边缝合法　与单纯连续缝合基本相似。在缝合时每次将缝线交锁（图 11-32）。此种缝合能使创缘对合良好，并使每一针缝线在进行下一次缝合前就得以固定。多用于皮肤直线形切口及薄而活动性较大部位的缝合。

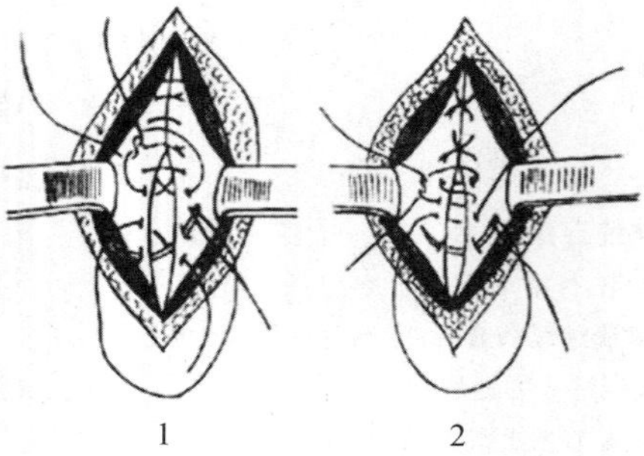

图 11-31　十字缝合法

1.内十字缝合法　2.外十字缝合法

图 11-32　连续锁边缝合法

（2）内翻缝合　内翻缝合适用于胃肠、子宫、膀胱等空腔器官的缝合。

①伦勃特氏缝合法　又称垂直褥式内翻缝合法，分为间断与连续两种（图 11-33、图 11-34）。在胃肠切开闭合或肠吻合时，用以缝合浆膜肌层。

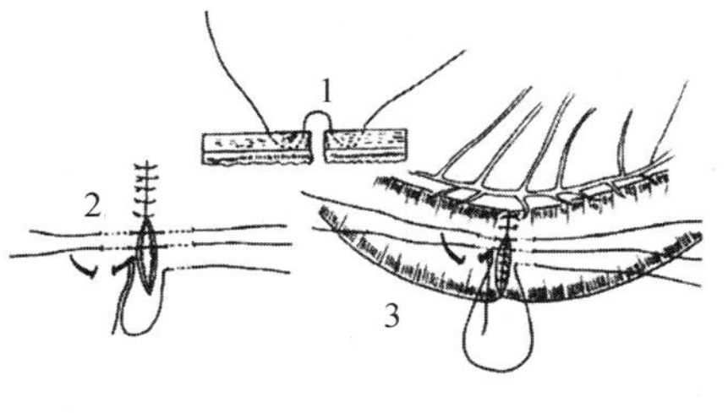

图 11-33　间断伦勃特氏缝合法

1. 针穿至浆膜肌层　2. 空腔器官的第一层缝合
3. 空腔器官的第二层缝合

图 11-34　连续伦勃特氏缝合法

1. 空腔器官的第二层缝合　2. 空腔器官的第一层缝合

②库兴氏缝合法　又称连续水平褥式内翻缝合法，是从伦勃特氏连续缝合演变来的。缝合方法是于切口一端开始先作一浆膜肌层间断内翻缝合，再用同一缝线平行于切口作浆膜肌层连续缝合至切口另一端(图 11-35)。适用于胃、子宫浆膜肌层缝合。

③康奈尔氏缝合法　这种缝合法与连续水平褥式内翻缝合相似，仅在缝合时缝针要贯穿全层组织；当将缝线拉紧时，腔壁切面即翻向腔内(图 11-36)。多用于胃、肠、子宫壁切口的缝合。

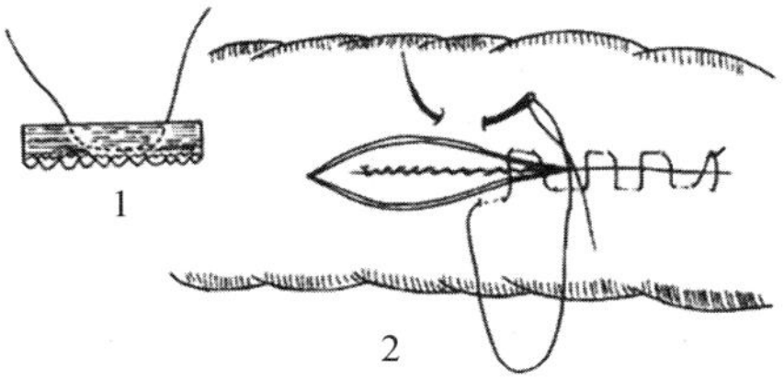

图 11-35　库兴氏缝合法

1. 针穿至浆膜肌层　2. 空腔器官的第一层或第二层缝合

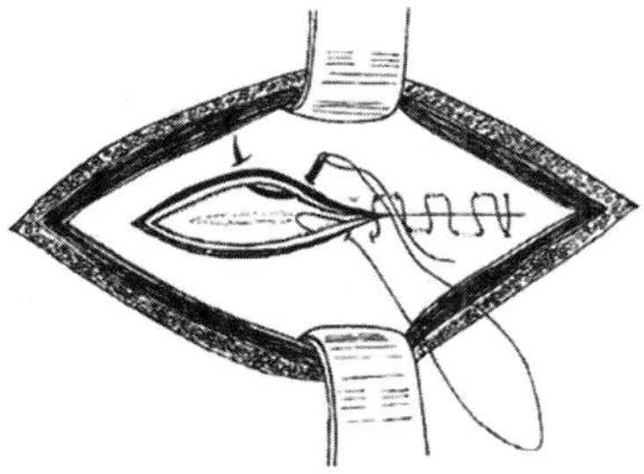

图 11-36　康奈尔氏缝合法

④荷包缝合　即作环状的浆膜肌层连续缝合(图 11-37)。主要用于胃肠壁上小范围的内翻缝合，如缝合小的胃肠穿孔。此外还用于胃肠、膀胱造瘘等引流管固定的缝合。

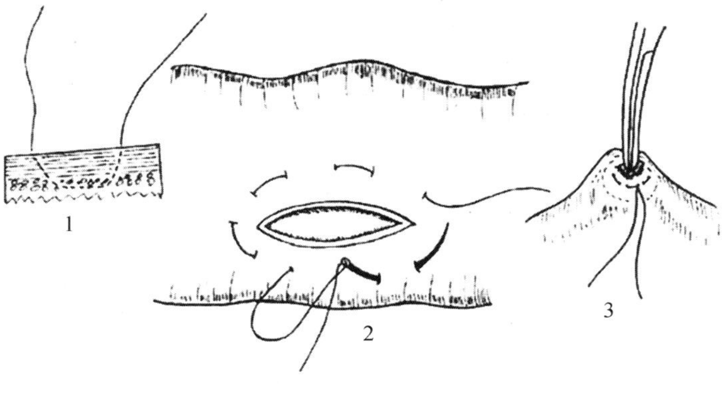

图 11-37　荷包缝合

1. 针穿至黏膜下层　2. 沿创口作一周缝合　3. 下压创缘使其内翻

(3)张力缝合

①间断垂直褥式缝合　针距离创缘约 8 mm 刺入皮肤,创缘相互对合,越过切口到相应对侧刺出皮肤,然后缝针翻转在同侧距切口约 4 mm 刺入皮肤,越过切口到相应对侧距切口约 4 mm 刺出皮肤,与另一端缝线打结(图 11-38A)。

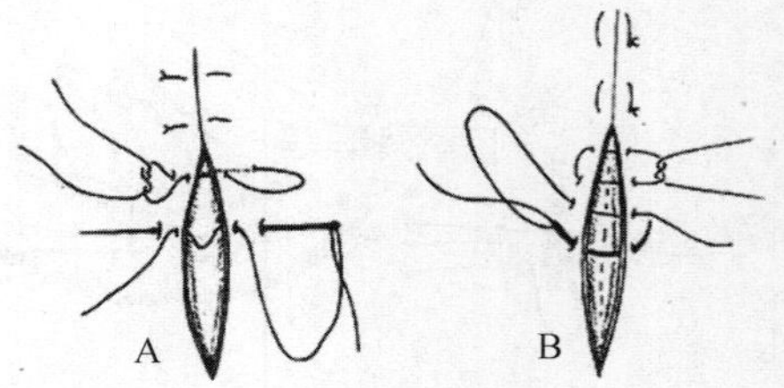

图 11-38　张力缝合

A.间断垂直褥式缝合法　B.间断水平褥式缝合法

②间断水平褥式缝合　适用于皮肤缝合。针距创缘 2～3 mm 刺入皮肤,创缘相互对合,越过切口到对侧相应部位刺出皮肤,然后缝针与切口平行向前约 8 mm,再刺入皮肤,越过切口到相应对侧刺出皮肤,与另一端缝线打结(图 11-38B)。

对于张力较大的皮肤,可在缝线上放置胶管或纽扣,增加抗张力强度。使用缝线较节省,操作速度较快。但根据水平褥式缝合的几何图形,该缝合能减少创缘的血液供应。

2.各种软组织的缝合技术

(1)皮肤的缝合　皮肤采用间断缝合,在创缘侧面打结,打结不能过紧。缝合前创缘必须对好,缝线要在同一深度将两侧皮下组织拉拢,以免皮下组织内遗留空隙。皮肤缝合完毕后,必须再次将创缘对好。

(2)皮下组织的缝合　缝合时要使创缘两侧皮下组织相互接触,消除组织空隙。使用可吸收性缝线,打结应埋置在组织内。

(3)筋膜的缝合　筋膜的切口方向与张力线平行,而不能垂直于张力线。所以,筋膜缝合时,要垂直于张力线,使用间断缝合。大量筋膜切除或缺损时,缝合时使用垂直褥式张力缝合法。

(4)肌肉的缝合　要求将纵行纤维紧密连接,瘢痕组织生成后,不能影响肌肉收缩功能。缝合时,应用结节缝合分别缝合各层肌肉。肌肉一般是纵行分离而不切断,张力小的部位,肌肉组织可不缝合。对于横断肌肉,因其张力大,应该在麻醉或使用肌松剂的情况下连同筋膜一起缝合,进行结节缝合或水平褥式缝合。

(5)腹膜的缝合　马、羊的腹膜薄且不耐受缝合,应连同部分肌肉组织缝合腹膜。牛、犬的腹膜可以考虑单独缝合腹膜。腹膜缝合必须密闭闭合,不能使网膜或肠管漏出或嵌闭在缝合切口处。

(6)神经的缝合　神经缝合应操作轻柔,用精细的缝合器械,神经横断面要准确对合,避免神经鞘内和神经周围出血,且不能损伤神经组织。

①端端缝合　用以修复完全断裂的神经干。对新鲜损伤,经清创后,用利刃修切神经干两断端使断面整齐,然后在神经两端的内外侧各缝一针,作固定牵引线,按 2～3 mm 的针距,2 mm 左右的边距用尼龙或聚丙烯缝线作结节缝合(图 11-39)。前侧缝合完毕后,调换固定缝线,使神经翻转 180°,以同法缝合后侧。

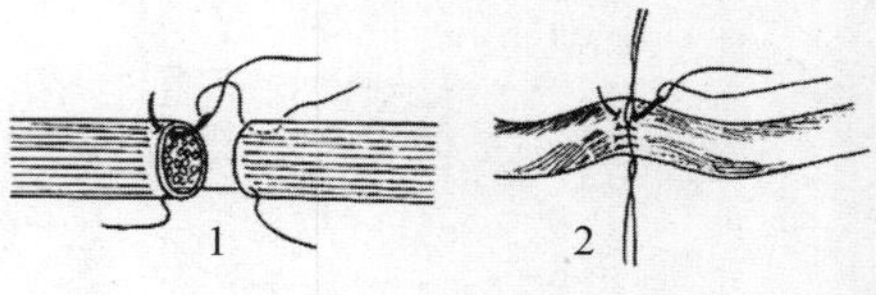

图 11-39　神经的缝合

1.先作对位固定缝合,使断端对合

2.牵引两侧的固定缝合线尾,作两侧的间断缝合

②部分端端缝合　用于修复部分断裂的神经干。对新鲜的神经部分切割断面整齐者,可直接作结节缝合。反之,用利刃切除损伤部分,再行部

分端端缝合。

(7)腱的缝合　腱的断端应紧密连接，腱的缝合使用白奈尔氏缝合，缝线放置在腱组织内，保持腱的滑动机能(图 11-40)。

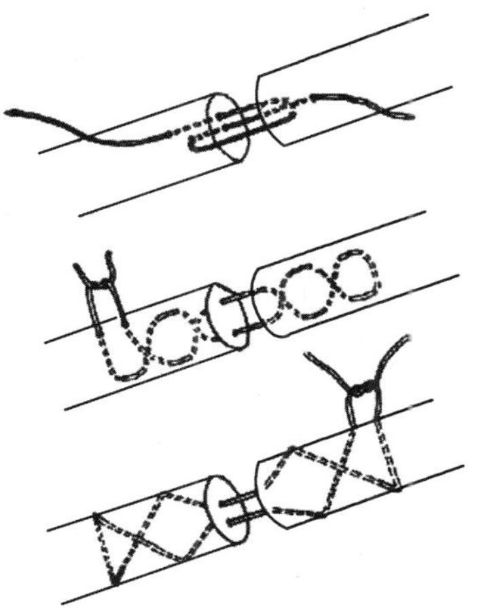

图 11-40　腱的缝合

(8)空腔器官的缝合

①胃或真胃的缝合　胃内具有高浓度的酸性内容物和消化酶。缝合时要求良好的密闭性，缝线要保持一定的张力强度，因此，第一层作连续水平褥式内翻缝合，第二层采用浆肌层间断或连续内翻缝合。

②小肠的缝合　小肠腔较细，缝合时要防止肠腔狭窄。小动物的小肠缝合使用单层对接缝合，常用压挤缝合法。

③大肠的缝合　内翻缝合是唯一安全的方法。第一层采用全层或连续水平褥式内翻缝合，第二层采用浆肌层间断垂直褥式内翻缝合。内翻缝合部位血管受到压迫，血流阻断，术后第 3 天黏膜水肿、坏死，第 5 天内翻组织脱落。黏膜下层、肌层和浆膜保持接合强度。术后 14 d 左右瘢痕形成，炎症反应消失。

④子宫的缝合　如果因为子宫扭转实行剖腹取胎术，怀疑子宫血管有血栓形成，应该作子宫活力试验。子宫活力试验的方法是静脉注射催产素，观察子宫是否出现收缩。如果整个子宫出现收缩，证明子宫活力正常，如果局部不出现收缩，证明局部出现血栓，丧失活力，需作子宫摘除术。

马的子宫需要在子宫缝合前对子宫切口边缘用肠线作全层连续压挤缝合。子宫缝合，首先在子宫切口一端作一针浆膜肌层内翻缝合，浆膜面作斜行刺口，使第一个线结埋置在内翻的组织内，然后用库兴氏缝合，但缝针穿至黏膜下层，不穿透子宫内膜。

(9)实质器官的缝合　实质器官包括肝、肾、脾等组织。

脾组织非常脆弱，脾损伤时，不能缝合，只有实行脾摘除术。

肝脏的缝合：浅表裂创，创面无活动性出血，可用 1-0 号可吸收缝线作结节缝合修补，每针相距 1～1.5 cm。较深裂创，可作褥式缝合。肝组织小范围缺损，可在创面填塞带蒂大网膜后，再以 1-0 号可吸收缝线作创口两侧贯穿缝合，缝线先穿过大网膜，后穿过肝实质。肝组织完全断裂，创面有活动性出血，应该先结扎出血点，将血管从创面钝性分离，结扎，然后以 1-0 号可吸收缝线平行创缘作一排褥式缝合，再在上述褥式缝合外方，以 1-0 号可吸收缝线作两侧贯穿缝合，使创口对合(图 11-41)。

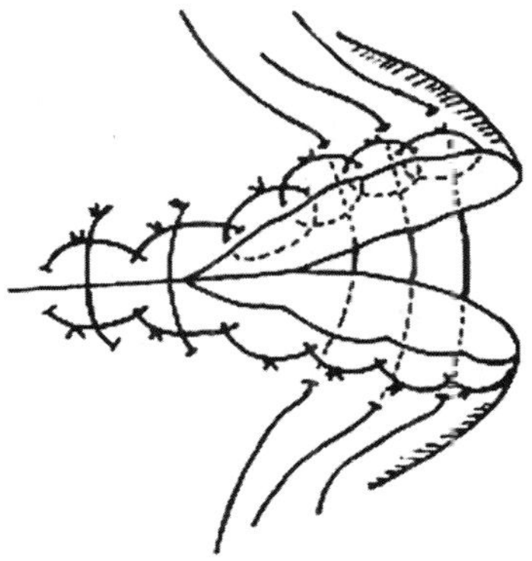

图 11-41　肝破裂的修补方法

肾脏的缝合：肾组织切开后，对小的出血点压迫止血即可，然后用手指将两瓣切开肾组织紧密对合，轻轻压迫，由纤维蛋白胶接起来，不需要作肾组织褥式缝合，只需要连续缝合肾被膜。外伤引起的肾破裂，多需进行肾摘除手术。

3. 血管吻合术　血管缝合常见的并发症是出血和血栓形成。操作要轻巧、细致，血管伤口的边缘必须外翻，让内膜接触，外膜不得进入血管腔（图11-42）。缝合处不宜有张力，血管不能有扭转。缝合处要有软组织覆盖。

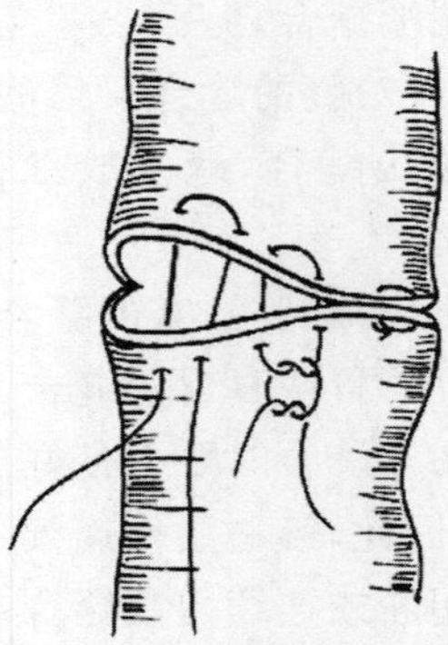

图 11-42　血管的外翻缝合法

4.骨缝合　应用不锈钢丝或其他金属丝进行全环扎术和半环扎术。

(1)全环扎术　是应用不锈钢丝紧密缠绕 360°，固定骨折断端。全环扎术适用于长斜面的斜骨折，斜面长度大于骨直径 2 倍以上，不适用于短斜面的斜骨折。

(2)半环扎术　金属丝通过每个骨断片上钻成的小孔，将骨折端连接、固定。

（五）拆线方法

用碘酊消毒创口、缝线及创口周围皮肤后，将线结用镊子轻轻提起，剪刀插入线结下，紧贴针眼将线剪断，然后拉出缝线（图 11-43）。拉线方向应向拆线的一侧，动作要轻巧，如强行向对侧硬拉，则可能将伤口拉开。然后，再次用碘酊消毒创口及周围皮肤。

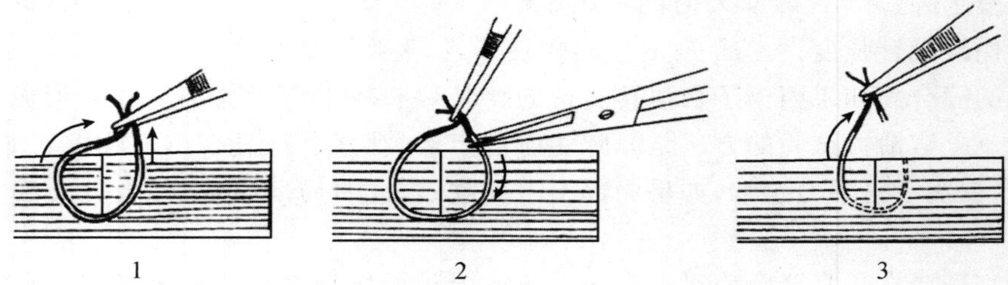

图 11-43　拆线法

（六）引流的方法

创伤缝合时，引流管插入创内深部，创口缝合，引流管的外部一端缝到皮肤上。在创内深处一端，由缝线固定。引流管不要由原来切口处引出，而在其下方单独切一辅助小口引出。引流管要每天清洗。

注意事项：

①放置引流管的位置要正确，一般脓腔和体腔内引流出口尽可能放在低位。不要直接压迫血管、神经和脏器，防止发生出血、麻痹或瘘管等并发症。手术切口内引流应放在创腔的最低位。切口的大小要与引流管的粗细相适宜。

②引流管要妥善固定，不论深部或浅部引流，都需要在体外固定，防止滑脱、落入体腔或创伤内。

③保持引流管畅通，不要压迫、扭曲引流管。防止引流管被血凝块、坏死组织堵塞。

④放置引流管后要每天检查和记录引流情况。

⑤引流管取出的时间，除根据不同引流适应症外，主要根据引流流出液体的数量来决定。引流液体减少时，应及时取出引流管。

任务 11-4　包扎技术

一、包扎技术相关知识

包扎是利用敷料、卷轴绷带、复绷带、夹板绷带、支架绷带及自凝绷带等材料包扎止血，以保护创面，防止自我损伤，吸收创液，限制活动等。

1. 包扎法

(1)干绷带法　又称干敷法。是临床上最常用的包扎法。凡敷料不与其下层组织粘连的均可用此法包扎。本法可减轻局部肿胀，吸收创液，保持创缘对合，促进愈合。

(2)湿敷法　对于严重感染、脓汁多和组织水肿的创伤，可用湿敷法。此法有助于除去创内湿性组织坏死，降低分泌物黏性，促进引流等。有冷敷、热敷包扎。

(3)硬绷带法　硬绷带指夹板、石膏绷带、玻璃纤维绷带等。这类绷带可限制局部器官的活动，减轻疼痛，降低创伤应激，缓解缝线张力，防止创口裂开和术后肿胀等。

2. 包扎材料及其应用

(1)敷料　常用敷料有纱布、海绵纱布、棉花、胶带等。

纱布：要求质软、吸水性强、透气性好，多选用医用的脱脂纱布。

海绵纱布：是一种多孔皱槽的纺织品。质地柔软，吸水性比纱布好。

棉花：选用脱脂棉花。棉花不能直接与创面接触，应先放纱布块，棉花则放在纱布外侧。棉花或成品棉花绷带是四肢骨折外固定的内衬垫敷料。使用前应高压消毒灭菌。

胶带：目前多数胶带是多孔的，能让空气进入，可避免导致创口潮湿。在局部剪剃被毛、盖上敷料后，用胶布条粘贴在敷料及皮肤上将其固定。

(2)绷带　多由纱布、棉布等制作成圆筒状。

(3)卷轴绷带　即卷轴带，是将布料剪成狭长的带条，用卷绷带机或手卷成。按其制作材料，卷轴带可分纱布绷带、棉布绷带、弹力绷带等数种。

纱布绷带：有多种规格。长度一般 4～6 m，宽度有 3 cm、5 cm、7 cm、10 cm 和 15 cm 等。纱布绷带质地柔软，压力均匀，价格便宜，但在使用时易起皱、滑脱。

棉布绷带：原料厚、坚固耐洗，受压不变形或不断裂，常用以固定夹板、肢体等。

弹力绷带：是一种弹性网状织品，质地柔软，包扎后有伸缩力，不与皮肤、被毛粘连。常用于烧伤、关节损伤等。

(4)结系绷带　是用缝线代替胶带固定敷料的一种保护手术创口或减轻伤口张力的绷带。

(5)夹板绷带　是借助于夹板保持患部安静，避免加重损伤、移位和伤部进一步复杂化的制动绷带，可分为临时夹板绷带和预制夹板绷带两种。前者通常用于骨折、关节脱位时的紧急救治，后者可用于较长时期的制动。

(6)硬化绷带

石膏绷带：是在淀粉液浆制过的大网眼纱布上加上锻制石膏粉制成，可塑制成任何形状敷于伤肢，干燥后成为坚固的石膏夹。应用于整复后的骨折、关节脱位外固定或矫形。

其他硬化绷带：热熔可塑性塑料绷带、玻璃纤维绷带。绷带浸泡于冷水中 10～15 s 就起化学反应，随后在室温条件下几分钟则开始热化和硬固。主要用于四肢的圆筒铸型。

二、基本包扎法

卷轴带多用于动物四肢游离部、尾部、头角部、胸部和腹部等部位的包扎。包扎时，一般以左手持绷带的开端，右手持绷带卷，以绷带的背面紧贴肢体表面，由左向右缠绕。第一圈缠好之后，将绷带的游离端反转盖在第一圈绷带上，再缠第二圈压住第一圈绷带。然后根据需要进行不同形式的包扎法缠绕。无论用何种包扎法，均应以环形开始并以环形终止。卷轴绷带的基本包扎有如下几种(图 11-44)。

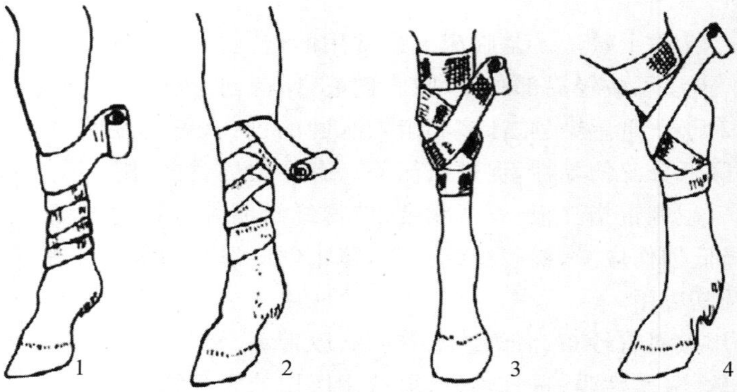

图 11-44　绷带包扎法

1. 螺旋带　2. 折转带　3. 腕关节交叉带　4. 跗关节交叉带

1. 环形包扎法　用于其他形式包扎的起始和结尾，以及用于系部、掌部、跖部等较小创口的包扎。方法是在患部把卷轴带呈环形缠数周，每周盖住前一周，最后将绷带末端剪开打结或以胶布加以固定。

2. 螺旋形包扎法　以螺旋形由下向上缠绕，后一周遮盖前一圈的 1/3～1/2，用于掌部、跖部及尾部等部位的包扎。

3. 折转包扎法　又称螺旋回返包扎。用于上粗下细、粗细不一致的部位，如前臂部和小腿部。方法是由下向上作螺旋形包扎，每一圈均应向下回折，逐圈遮盖前一圈的 1/3～1/2。

4. 蛇形包扎法　又称蔓延包扎。斜行向上延伸，各圈互不遮盖，用于固定外固定的衬垫材料。

5. 交叉包扎法　又称“8”字形包扎。用于腕、跗、球关节等部位，方便关节屈曲。包扎腕关节是在关节下方作一环形带，然后在关节前面斜向关节上方，在此处作一周环形带后再斜行经过关节前面至关节下方。如上操作至患部完全被包扎后，最后以环形带结束。

三、各部位包扎法

1. 蹄冠包扎法　包扎蹄冠时，将绷带两个游离端分别卷起，并以两头之间背部覆盖于患部，包扎蹄冠，使两头在患部对侧相遇，彼此扭缠，以反方向继续包扎。每次相遇均行相互扭缠，直至蹄冠完全被包扎为止，最后打结于蹄冠创伤的对侧(图 11-45A)。

2. 蹄底包扎法　将绷带的起始部留出约 20 cm 作为缠绕的支点，在系部作环形包扎数圈后，绷带由一侧斜经蹄前壁向下，折过蹄尖经过蹄底至踵壁时与游离部分扭缠，以反方向由另一侧斜经蹄前壁作经过蹄底的缠绕，同样操作至整个蹄底被包扎，最后与游离部打结，固定于系部（图 11-45B）。为防止绷带被沾污，可在外部加上帆布套。

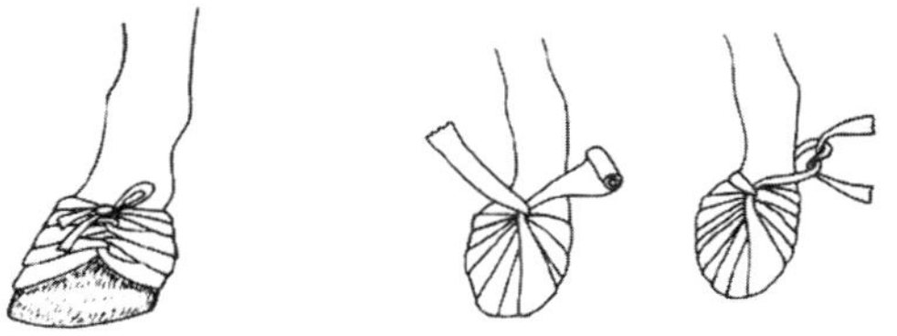

图 11-45　蹄包扎法

A. 包扎蹄冠部　B. 包扎蹄底部

3. 角包扎法　用于角壳脱落和角折。包扎时先用一块纱布盖在断角上，用环形包扎固定纱布，再用另一角作为支点，作“8”字形缠绕，最后在健康角根处环形包扎打结（图 11-46）。

4. 尾包扎法　用于尾部创伤或用于后躯、肛门、会阴部施术前、后固定尾部。先在尾根作环形包扎，然后将部分尾毛向上转折，在原处再作环形缠绕，包住部分转折的尾毛；部分未被包住的尾毛再向下转折，绷带作螺旋向下缠绕，包住下转的尾毛。继续环形包扎下一段上下转折的尾毛。当绷带螺旋缠绕至尾尖时，将尾毛全部折转作数周环形包扎，绷带末端通过尾毛折转所形成的圈内，抽紧（图 11-47）。

图 11-46　角包扎法

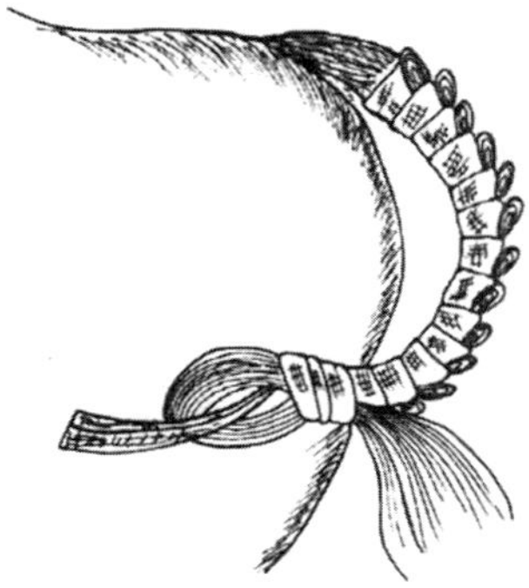

图 11-47　尾包扎法

5. 犬四肢屈曲固定法　用于限制肢体运动（如肩关节、髋关节的制动）或负重，利于创伤的愈合（图 11-48、图 11-49）。

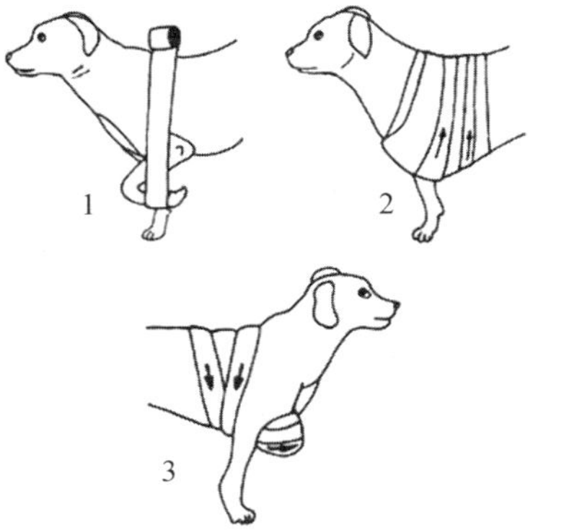

图 11-48　犬前肢的屈曲固定法

1. 前肢屈曲固定　2. 前肢屈曲固定的患侧

3. 前肢屈曲固定的健侧

图 11-49　犬后肢的屈曲固定法

四、结系绷带装置方法

结系绷带可装在畜体的任何部位，其方法是缝针穿过皮肤表皮层和纱布，利用游离的线尾将若干层灭菌纱布固定在创口表面上。

五、夹板绷带装置方法

先将患部皮肤刷净，包上较厚的棉花、纱布棉花垫或毡片等衬垫，并用蛇形螺旋形包扎法加以固定，然后再装置夹板。夹板的宽度视需要而定，长度既应包括骨折部上下两个关节，使上下两个关节同时得到固定，又要短于衬垫材料，避免夹板两端损伤皮肤。最后用绷带或细绳加以捆绑固定(图 11-50)。

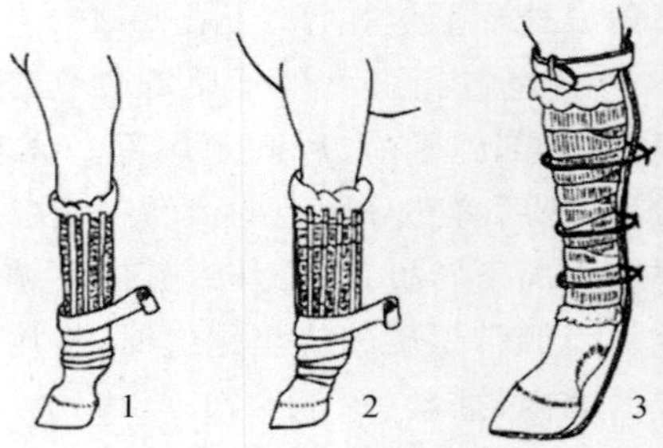

图 11-50　夹板绷带的装置

1. 胶合板夹板绷带　2. 木质板夹板绷带
3. 支撑夹板绷带

六、硬化绷带装置方法

1. 石膏绷带

(1)石膏绷带的装置　骨折整复后，消除污物，涂布滑石粉，然后于肢体上、下端各绕一圈薄纱布棉垫。将石膏绷带卷轻轻横放到 30～35℃的温水中，待不出气泡后，取出挤去多余水分。从病肢的下端先作环形包扎向上缠绕直至预定的部位。突起部放置棉花垫加以保护。上下端不能超过衬垫物，松紧适宜。根据情况缠绕 6～8 层或 2～4 层。最后一层时将上、下衬垫向外翻转，包住石膏绷带的边缘，最后表面涂石膏泥，待数分钟后即可成型(图 11-51)。马、骡四肢石膏绷带应从蹄匣部开始。犬、猫石膏绷带应从第二、第四指(趾)近端开始。

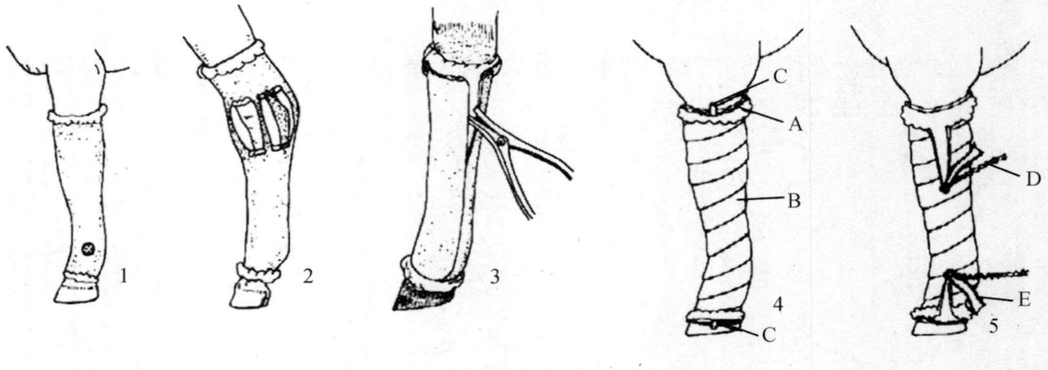

图 11-51　石膏绷带的安装与拆除

1. 开窗石膏绷带　2. 桥形石膏绷带　3. 石膏绷带拆除法　4. 玻璃纤维绷带
5. 玻璃纤维绷带或石膏绷带线锯拆除法：A. 棉衬料　B. 玻璃纤维绷带　C. 引锯胶管的上下口　D. 线锯　E. 被锯开的胶管

注意事项：①将一切物品备齐，然后开始操作。②病畜必须保定确实，必要时可作全身或局部麻醉。③必须将病肢整复到解剖位置，可在装置前应用 X 线摄片检查。④长骨骨折时一般应固定上下两个关节。⑤骨折发生后，使用石膏绷带作外固定时，必须尽早进行。⑥缠绕时要松紧适宜。⑦未硬化的石膏绷带不要指压。⑧石膏绷带敷缠完毕后，有时用干石膏粉少许加水调成糊，涂在表面，使之光滑整齐。

(2)石膏绷带的拆除　石膏绷带拆除的时间，应根据不同的病畜和病理过程而定。一般大动物 6～8 周，小动物 3～4 周。但遇下列情况，应提前拆除或拆开另行处理：①石膏夹内大出血或严重感染。②出现原因不明的高热。③包扎过紧影响血液循环，病畜表现不安。④肢体萎缩。⑤石膏夹过大或严重损坏失去作用。

拆除的方法是：先用热醋、双氧水或饱和食盐水在石膏夹表面画好拆除线，使之软化，然后沿拆除线用石膏刀切开或石膏锯锯开，或者用石膏剪逐层剪开。(图 11-51)

2. 其他硬化绷带

(1)热熔可塑性塑料绷带　将其放在水中加热至 71～77℃，则变得很软，并可产生黏性。然后置室温冷却，几分钟后就可硬化。可用作小动物的硬化夹板。

(2)玻璃纤维绷带　在皮肤伤口上敷上包扎绷带，整个塑模区域皮肤表面敷上衬垫。绷带区域两侧放置带内导线的输液器管。术者戴乳胶手套，打开绷带包装袋，将绷带卷浸入 21～23℃水中，轻轻挤压 3～4 次，取出绷带卷，在 30～60 s 内完成绷带安装。待拆除绷带时，用输液器管内的内导线引导线锯，锯开硬化的玻璃纤维绷带。

任务 11-5　手术计划的制订与手术工作的组织

一、手术计划的制订

手术计划的制订是术前的必备工作，根据全身检查的结果，订出手术实施方案。手术计划是外科医生判断力的综合体现，也是检查判断力的依据。在手术进行中，有计划和有秩序地工作，可以减少手术中失误，即使出现某些意外，也能设法应付，不致出现忙乱，造成遗误，对初学者尤为重要。但遇到紧急情况，不可能有时间拟订完整的计划。在这种情况下，如果能争取由术者召集有关人员进行简短而必要的交换意见，做出手术分工，对于顺利进行手术也是很有帮助的。

手术计划可根据每个人的习惯制订，不强求一律，但一般应包括如下内容。

(1)手术人员的分工。

(2)手术保定方法和麻醉种类的选择(包括麻前给药)。

(3)手术通路及手术进程。

(4)术前应做的事项，如术前给药、禁食、导尿、胃肠减压等。

(5)手术方法及术中应注意事项。

(6)可能发生的手术并发症(如虚脱、休克、窒息、大出血等)及预防、急救措施。

(7)手术所需器材和特殊药品。

(8)术后护理、治疗和饲养管理。

手术人员都要参与手术计划的制订，明确手术中各自责任，以保证手术的顺利进行。手术结束后管理器械的助手要清点器械。全体手术人员都要认真总结手术的经验教训，以提高手术水平及治愈率。

二、手术工作的组织

外科手术是一项集体活动，手术的完成，是集体智慧和劳动的结果，绝非一个人能完成的。为了手术的顺利进行，要求参加手术的成员，术前要有良好的分工。充分理解手术计划，既要明确分工，又要互相配合，以便于在手术期间各尽其职，有条不紊地工作。术者和其他手术人员在手术时要了解每个人的职责，切实做好准备工作。

常见的外科手术，一般可作如下分工。

1. 术者　是手术治疗的组织者。负责术前对患病动物的确诊，提出手术方案并组织有关人员讨论决定，确定分工及术前准备工作。术者应将手术计划详告畜主，取得畜主同意和支持。术者是手术的主要主持者，对手术应承担主要责任。术后负责撰写手术病历、制订术后治疗和护理方案。

2. 手术助手　按手术大小和种类又分为第一、第二、第三助手。第一助手主要协助术者进行术前准备、手术操作和术后处理的各项工作。术者在术中因故不能完成手术时，第一助手须负责将手术完成。第二、第三助手主要协助显露术部，参加止血、传递更换器械与敷料以及剪线等工作，在术者的指导下作一些切开、结扎、缝合等基本技术操作。

3. 麻醉助手　要全面掌握患病动物的体质状况，对手术和不同麻醉方法的耐受性，做出较客观的估计，使麻醉既可靠又安全。术中输液、输血等工作，也由麻醉助手负责。

4. 保定助手　负责患病动物的保定。术后协助清点器械、敷料。

5. 器械助手　为手术准备器械，术中及时给术者传递器械。具体要求如下：

(1)器械助手要有高度的责任心，严格执行无菌操作，并熟悉各种手术步骤。根据手术进行情况，随时准备好即将需用的器械，操作要迅速敏捷。

(2)器械助手应比其他手术人员提前 30 min 洗手。铺好器械台，并将手术器械分类放在台面灭菌布上。常用器械置于近身处，拿取方便。与巡回助手共同核点纱布、纱布垫与缝针数量。手术开始前，将局部麻醉药吸入注射器内，药液量备足待用。手术中止血结扎用的针线宜先穿好数针，这样术中可节省时间。手术巾、巾钳随时准备好待用。

(3)传递器械时须将柄端递给术者。暂时不用的器械切忌留置在畜体身上或手术台上，应迅速放回原处。

(4)切皮后，应立即将用过的手术刀与拭过皮肤的小纱布收回，另放置于冷水盆内，更换手术刀及纱布作肌层分离。腹膜或胸膜切开后，用温盐水纱布或纱布垫保护内脏。血液沾污的器械，及时用生理盐水洗净或用灭菌纱布擦拭干净待用。

(5)注意保护缝针及缝线，勿使受污染或脱落。剪断的缝线残端不要留在器械或手术巾上，以免误入伤口内。

(6)手术台面要保持整齐、清洁。在缝合手术前，应与巡回助手仔细清点纱布、纱布垫和缝针数目，以防遗留在伤口内。手术结束后，将器械、手术巾与纱布泡在冷水内，以便清洗。

6. 巡回助手

(1)准备及检查手术前后各种需要的药品及医疗设备。

(2)准备洗手与泡手药液，检查酒精棉、碘酒棉等。

(3)协助麻醉助手静脉给药，测量各种临床检查数据，协助输液。

(4)负责参加手术人员的衣服穿着，主动供应器械助手一切急需物品。

(5)除特殊情况外，不得离开手术室。随时注意室内整洁，调节灯光。

(6)熟悉各种药械放置地方，术中一旦急需特殊药械，应迅速供应。术中负责补充各种灭菌器械与敷料。

三、手术记录

完整的手术记录是总结手术经验，提高手术技术水平的一个有效手段，也是临床、教学及科研的重要资料。因此术者或助手在手术过程中或手术后要详细填写手术记录。

手术记录的主要内容包括：病畜登记、病史、病症摘要及诊断；手术名称、日期、保定及麻醉的方法；手术部位、术式、手术用药的种类及数量；患畜病灶的病理变化与手术前的诊断是否符合；术后病畜的症状、饲养、护理及治疗措施等。

实训操作 11-2　犬的胃切开

一、实训目的和要求

能够做好犬胃切开手术前手术计划制订，手术前器械、环境等消毒及器械准备；掌握犬只的麻醉和保定，手术过程中组织分离、止血、缝合和包扎技术。

二、实训材料和器械

1. 器械和试剂　保定用具、防护用具、麻醉机、注射器、麻醉器械、各种麻醉药品。

2. 动物　犬等。

三、实训内容

1. 术前准备　非紧急手术，术前应禁食 24 h 以上。在急性胃扩张、胃扭转病犬，术前应积极补充血容量和调整酸碱平衡。对已出现休克症状的犬应先急救，可静脉内注射林格尔氏液与 5%的葡萄糖或等渗糖盐水，剂量为 80～100 mL/kg 体重，同时静脉注射氢化可的松和氟美松各 4～10 mg/kg 体重，氯霉素 50 mg/kg 体重。在静脉快速补液的同时，经口插入胃管以导出胃内蓄积的气体、液体或食物，以减轻胃内压力。

2. 麻醉与保定　仰卧保定，全身麻醉，气管内插入气管导管，以保证呼吸道通畅，减少呼吸道死腔和防止胃内容物逆流误咽。

3. 手术通路　脐前腹中线切口，即从剑状软骨突到脐之间作切口，但不可自剑突旁侧切开。犬的膈肌在剑突旁，切开时极易同时开放两侧胸腔，造成气胸而引起致命危险。

4. 手术

(1)切开腹壁　由剑状软骨突后缘开始在腹中线沿身体纵轴切开皮肤至脐部前缘，止血后切开皮下组织，用止血钳提起腹白线，用手术刀切一小切口，改用手术剪剪开腹白线及腹膜至需要的长度，剪除腹白线下方的镰状韧带。

(2)切开胃壁　切开腹壁后，将胃牵出腹壁切口外，在胃大弯与胃小弯之间的预定切开线两端，用艾利氏钳夹持胃壁的浆膜肌层，或用丝线在预定切开线的两端，通过浆膜肌层缝合两根牵引线。用艾利氏钳或两牵引线向后牵引胃壁，使胃壁显露在腹壁切口之外。用数块浸有温生理盐水的纱布垫填塞在胃和腹壁切口之间，以抬高胃壁并将胃壁与腹腔内其他器官隔离开，以减少胃切开时对腹腔和腹壁切口的污染。在胃大弯和胃小弯之间的无血管区内，纵向切开胃壁。先用外科刀在胃壁上向胃腔内戳一小口，退出手术刀，改用手术剪通过胃壁小切口扩大胃的切口。

(3)探查胃腔　胃壁切开后进行胃腔检查，包括胃体部、胃底部、幽门、幽门窦及贲门部。检查有无异物、肿瘤、溃疡、炎症及胃壁是否坏死。若胃壁发生坏死，应将坏死的胃壁切除。

(4)缝合胃壁　用青霉素生理盐水溶液冲洗胃壁创缘，第一层用可吸收缝线或1～4号丝线进行全层螺旋缝合或康奈尔氏缝合，冲洗、更换手术器械，手术人员重新消毒，再进行第二层的浆膜肌层内翻缝合(图 11-52)。冲洗胃壁，拆除胃壁上的牵引线或除去艾利氏钳，除去隔离纱布。

图 11-52　胃的切开与缝合

1. 切开胃壁　2. 胃腔探查　3、4、5. 第一层康奈尔氏缝合

6. 第二层浆膜肌层内翻缝合

(5)缝合腹壁　用螺旋缝合法将腹膜和腹白线一次缝合，再用螺旋缝合法缝合皮下组织，表皮下缝合法或结节缝合法缝合皮肤创口，整合皮肤创缘，涂碘酊，最后装结系绷带。

四、实训作业

撰写手术记录。

【自测训练】

1. 对手术敷料等进行高压灭菌时，一般维持时间为(　　)。

A. 15 min　　B. 30 min　　C. 40 min

2. 新鲜创手术时，术部消毒的方法是(　　)。

A. 由周围向中央消毒　　B. 由中央向周围消毒

C. 两者均可

3. 橡胶手套及其他橡胶制品的消毒采用(　　)。

A. 煮沸消毒　　B. 高压蒸汽消毒　　C. 药液浸泡

4. 肿瘤切除时，局部麻醉应采用（　　）。

A. 扁形麻醉法　B. 多角形麻醉法　C. 锥形麻醉法

5. 盐酸普鲁卡因用于浸润麻醉时适宜的浓度为（　　）。

A. 0.5%～1 %　B. 2%～3%　C. 5%～7%

6. 下列药物不宜作表面麻醉的是（　　）。

A. 盐酸普鲁卡因　B. 盐酸利多卡因　C. 盐酸丁卡因

7. 下列属于分离麻醉药的是（　　）。

A. 氯胺酮　B. 846 合剂　C. 水合氯醛　D. 丁卡因

8. 阴囊疝、脐疝及腹壁疝手术时，最适当的切开方法是（　　）。

A. 紧张切开法　B. 皱襞切开法　C. 反挑法

9. 脾脏破裂发生出血，应采用（　　）。

A. 缝合止血法　B. 钳夹止血法　C. 压迫止血法

10. 折线一般在术后（　　）进行。

A. 5～6 d　B. 7～9 d　C. 10 d 以上

11. 肌肉的分离可选择（　　）。

A. 钝性分离法　B. 锐性分离法　C. 钝性或锐性分离法

模块四　动物常见传染病防治

项目 12　多种动物共患传染病

项目 13　猪的主要传染病

项目 14　禽的主要传染病

项目 15　牛羊马的主要传染病

项目 16　小动物主要传染病

项目 12　多种动物共患传染病

【知识目标】

- 掌握布鲁氏菌病等多种动物共患传染病的流行病学；
- 掌握布鲁氏菌病等多种动物共患传染病的临床症状；
- 掌握布鲁氏菌病等多种动物共患传染病的病理变化；
- 掌握布鲁氏菌病等多种动物共患传染病的防治措施。

【能力目标】

- 会常见多种动物共患传染病病原细菌培养方法；
- 会常见多种动物共患传染病实验室诊断方法；
- 会无菌操作技术与显微镜的使用技术。

任务 12-1　布鲁氏菌病

布鲁氏菌病简称布病，是由布鲁氏菌引起的急性或慢性人兽共患病。临诊主要表现流产、睾丸炎、附睾炎、不育和关节炎，病理特征为全身弥漫性网状内皮细胞增生和肉芽肿结节形成。在家畜中牛、羊最常发生，且可由牛、羊传染给人和其他家畜。

一、流行病学

患病动物和带菌动物是主要传染源。本病主要由于动物摄食被污染的饲料和饮水而经消化道感染，其次是通过皮肤、黏膜和交配感染，也可通过吸血昆虫的叮咬而感染。本病的易感动物种类很多，包括家畜、家禽及啮齿类动物等 60 多种。本病无明显季节性，但在产仔季节多发。母畜一般只发生一次流产，初产时流产率高，以后则逐年减少。

二、临床症状

潜伏期 2 周至 6 个月。母牛最明显的症状是流产，通常发生于妊娠后的第 6～8 个月，也可发生于妊娠的其他任何时期。流产胎儿多为死胎、弱胎，弱胎出生后不久死亡。多数母牛流产后胎衣滞留，尤其是在妊娠后期流产，从阴道流出污秽不洁的红褐色恶臭液体。如引起子宫内膜炎，病牛可长期不孕。如流产后胎衣不滞留，病牛可迅速康复并再次受孕。公牛感染后主要发生睾丸炎和附睾炎。除以上明显症状外，还常见关节炎、滑液囊炎，偶见腱鞘炎和乳房炎。人感染后主要表现波浪热。

三、病理变化

胎衣水肿增厚，并有出血点，部分或全部呈黄色胶样浸润，表面覆以纤维蛋白絮片和脓汁，绒毛叶贫血，被黄色纤维素、脓性渗出物或黄色脂样渗出物覆盖。胎儿皮下及肌间结缔组织出血性浆液性浸润，胸腹腔积液，浆膜下出血；真胃内有淡黄色或白色黏液、絮状物，黏膜下出血。淋巴结、肝和脾肿大，有时有坏死灶。脐带常呈浆液性浸润，肥厚。公畜的睾丸和附睾有炎性坏死灶和化脓灶。

四、诊断

根据流行病学、临诊特征症状及胎儿胎衣的病理变化，可怀疑为本病，确诊有赖于实验室诊断。

五、防治

加强检疫，分群隔离饲养；培养健康畜群；平时严格消毒；疫区定期免疫接种（猪 2 号菌苗、羊 5 号菌苗和牛布鲁氏菌 19 号菌苗），均有较好的免疫效果。

实训操作 12-1　布鲁氏菌病的微生物学检查技术

一、实训目的和要求

1. 熟悉布鲁氏菌的培养特点及分离方法；
2. 掌握布鲁氏菌的细菌学和变态反应检查；
3. 进一步熟悉动物的皮内注射方法。

二、实训材料和器械

1. 仪器试剂　恒温箱、显微镜、接种环、玻片、革兰氏染色液、科兹洛夫斯基染色液、布鲁氏菌专用培养基、布鲁氏菌水解素、1 mL 一次性注射器。

2. 动物　可疑布鲁氏菌病动物。

三、实训内容

1. 细菌学检查

(1)显微镜检查　无菌采集流产胎儿的胃内容物、肺、肝和脾以及流产胎盘和羊水等，直接涂片，革兰氏染色和抗酸染色检查，如发现革兰氏染色为阴性、科兹洛夫斯基染色呈红色的球状杆菌或短小杆菌，即可做出初步的疑似诊断。

(2)分离培养　将病料同时接种两份，分别置于 5%～10%的 CO_2 环境和普通大气环境下培养。污染的病料可在培养基中加入 1∶20 万龙胆紫或 1∶50 万结晶紫，也可在每毫升基础培养基中加入杆菌肽或多黏菌素 B 以抑制杂菌生长。

每 3 d 观察 1 次，如有细菌生长做细菌鉴定；如无细菌生长，可继续培养至 30 d，仍无菌生长者方可认为阴性。确定为疑似菌后进行纯培养，以布鲁氏菌抗血清做玻片凝集试验。

2. 血清学检查　见实训操作 3-5“凝集试验检测布鲁氏菌病抗体”。

3. 变态反应检查　动物感染布鲁氏菌后 3～6 周，产生Ⅳ型变态反应。临床上可用布鲁氏菌水解素 0.2 mL 注射于羊尾根皱褶处或猪耳部皮内（图 12-1、图 12-2），24 h、48 h 各观察一次，若注射部位发红肿胀即判为阳性反应。

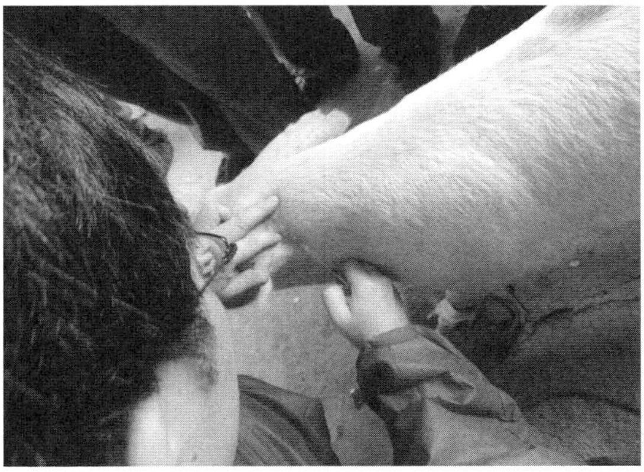

图 12-1　猪耳部皮内注射

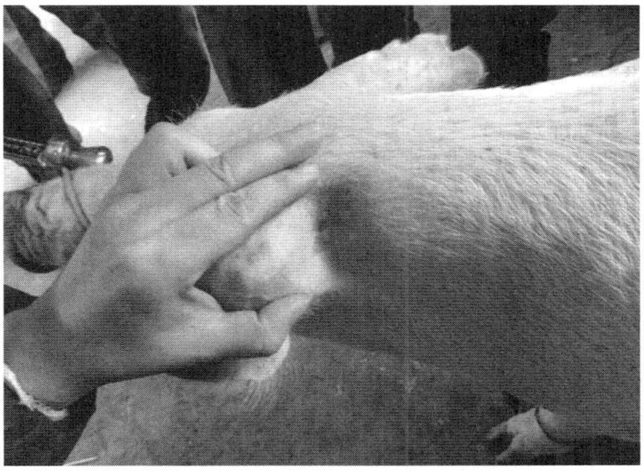

图 12-2　皮内注射效果

四、实训作业

1.画出镜检时视野中所见细菌的形态。

2.分析玻片凝集试验和试管凝集试验用于检测布鲁氏菌病的理论依据。

3.布鲁氏菌的培养有何特征?

任务 12-2　巴氏杆菌病

巴氏杆菌可感染多种动物而致病,总称为巴氏杆菌病。多杀性巴氏杆菌感染可引起猪肺疫,牛、羊、兔等动物的出血性败血症以及家禽的禽霍乱。本病常呈现败血性症状,发病率和死亡率很高,但也常出现慢性或良性经过。

一、流行病学

1.传染源　患病动物是主要传染源,但一般认为动物在发病前已经带菌。

2.传播途径　该病主要通过呼吸道、消化道及皮肤外伤感染发病。

3.易感动物　各种家畜、家禽对本病都易感,家禽中以鸡、火鸡、鸭、鹅和鹌鹑最容易感染。仔猪以 3～10 周龄最易感,是本病高发阶段。

4.流行特点　本病多呈散发或地方流行性,一年四季都可发生流行,但以高温、潮湿、多雨的夏秋两季和气候多变的春季发生较多。发病率为 40%以上,死亡率为 5%左右。

二、临床症状

自然感染的潜伏期家畜为 1～14 d,家禽一般为 2～9 d。

(一)猪

1.最急性型　俗称“锁喉风”,突然发病,常无明显症状,迅速死亡。

体温升高,食欲废绝,全身衰弱,横卧或犬坐式,病猪呼吸极度困难,口鼻流出泡沫(图 12-3)。颈下咽喉部发热、红肿、坚硬,腹侧、耳根和四肢内侧皮肤出现红斑,很快死亡。

2.急性型　体温升高,痉挛性干咳,鼻流黏稠液。后变湿咳,触诊胸部敏感。严重者呈犬坐姿势张口呼吸，可视黏膜变紫。初便秘后腹泻。末期心脏衰弱，心跳加快，皮肤瘀血、出血。消瘦无力，卧地不起，多因窒息而死，病程 5～8 d。

3. 慢性型　多见于流行后期，主要表现为慢性肺炎和慢性胃炎症状。

（二）家禽

1. 最急性型　常见于流行初期，以产蛋量高的鸡常见，无前驱症状，突然倒地死亡。

2. 急性型　此型最为常见。表现为精神沉郁，羽毛松乱，不愿走动，离群呆立（图 12-4）。腹泻，排出黄色、灰白色或绿色的稀粪。体温升高，不食，渴欲增加。呼吸困难。

图 12-3　猪呼吸困难，口吐白沫

图 12-4　鸡精神沉郁，羽毛松乱

3. 慢性型　由急性不死病例转变而来，多见于流行后期。以慢性肺炎、慢性呼吸道炎和慢性胃肠炎较多见。有的有关节炎，常局限于脚或翼关节和腱鞘处，表现为关节肿大、疼痛，脚趾麻痹，因而发生跛行。

三、病理变化

（一）猪

1. 最急性型　主要表现为全身黏膜、浆膜和皮下组织大量出血点，尤以咽喉部及其周围结缔组织的出血性浆液浸润最为特征。

2. 急性型　全身黏膜、浆膜、实质器官、淋巴结出血，特征性的病理变化是纤维素性肺炎（图 12-5）。

肺有不同程度的肝变区，周围常伴有水肿和气肿，病程长的肝变区内还有坏死灶。胸膜常有纤维素性附着物与病肺粘连，胸腔及心包积液。胸腔淋巴结肿胀，切面发红、多汁。

3. 慢性型　肺炎及胃肠炎病变。肺有的形成空洞，与支气管相通。心包与胸腔积液，胸腔有纤维素性沉着，肺粘连。胃肠黏膜有卡他性炎症，支气管周围淋巴结及扁桃体等有坏死。

（二）家禽

1. 最急性型　死亡的病鸡无特殊病变，有时只能看见心外膜有少许出血点。

2. 急性型　病变较为特征，病鸡的腹膜、皮下组织及腹部脂肪常见点状出血。

心包变厚，心包积液，有的含纤维素絮状液体，心冠脂肪和心外膜上有很多出血点或出血斑（图 12-6）。肺充血、出血。肝稍肿、质脆，表面散布有许多灰白色或灰黄色针头大的坏死点（图 12-7）。肌胃出血显著，十二指肠呈出血性炎，内容物含有血液（图 12-8）。

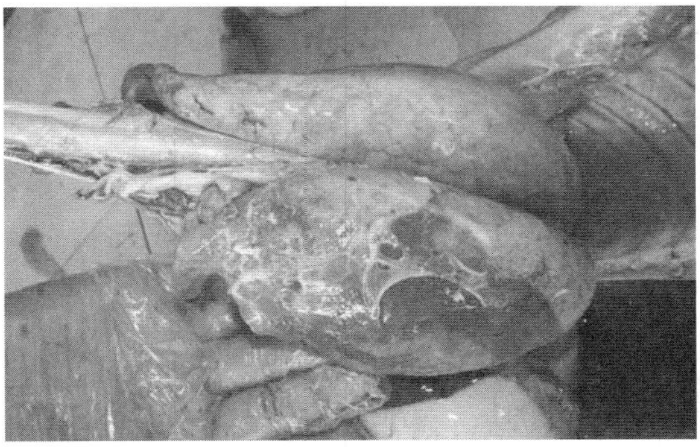

图 12-5　猪巴氏杆菌病:纤维素性肺炎

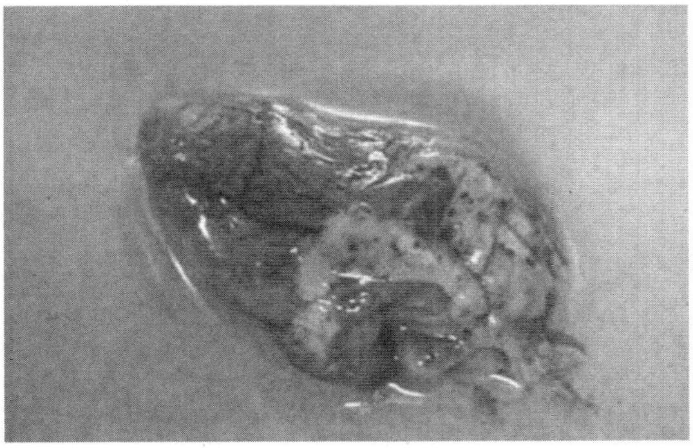

图 12-6　鸡心冠脂肪出血

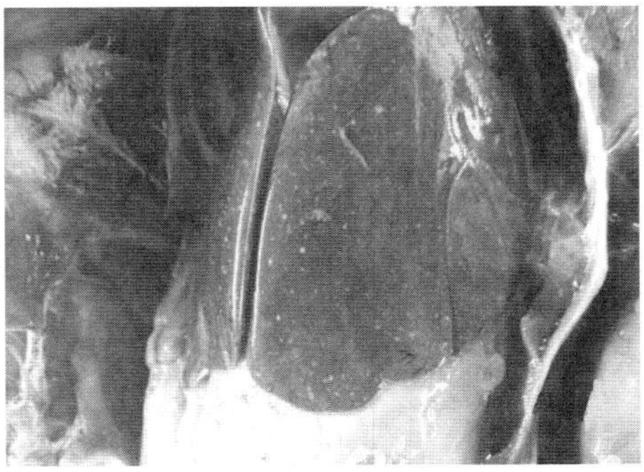

图 12-7　肝有大量黄白色坏死点

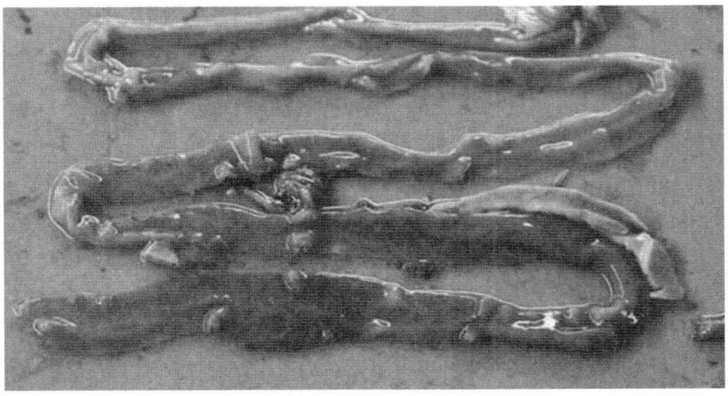

图 12-8　整个肠道出血

3. 慢性型　关节肿大变形;公鸡的肉髯肿大,母鸡的卵巢出血、卵泡变形等。

四、诊断

根据流行病学、症状、剖检可初步诊断,确诊须经实验室分离鉴定细菌。

五、防治

1. 预防　加强饲养管理,平时严格执行兽医卫生防疫措施。

2. 治疗　动物发病后应立即采取治疗措施,有条件的地方应通过药敏试验选择有效药物全群给药。

实训操作 12-2　巴氏杆菌病的微生物学检查技术

一、实训目的和要求

熟悉巴氏杆菌的两极着色特性;掌握巴氏杆菌的实验室诊断方法。

二、实训材料和器械

1. 菌种和培养基　多杀性巴氏杆菌菌种、鲜血平板、血清平板、麦康凯琼脂平板。

2.仪器试剂　恒温箱、显微镜、香柏油、接种环、接种钩、普通载玻片、酒精灯、革兰氏染色液、美蓝染液、剪刀、镊子、蜡盘、大头针若干、酒精棉。

3.动物　多杀性巴氏杆菌致死小鼠。

三、实训内容

1.形态与染色　挑取多杀性巴氏杆菌菌落，抹片、革兰氏染色；多杀性巴氏杆菌致死的小鼠作分离培养后，肝脏触片，美蓝染色，镜检，比较两者的形态特征。

2.分离培养　取多杀性巴氏杆菌致死小鼠，腹部向上固定于蜡盘上，用酒精棉球消毒体表，打开腹腔，暴露肝脏，将刀片在火焰上烧灼灭菌，快速在肝脏表面烫一下，随即用灭菌接种环在烧灼部刺一小孔，轻轻旋转2次，钩取病料划线接种于鲜血平板和麦康凯琼脂平板，37℃培养24 h，观察菌落形态、大小、溶血状况等。该菌在鲜血平板上长成淡灰色、圆形、湿润、露珠样小菌落，菌落周围无溶血圈；在麦康凯琼脂平板上不生长。

3.生化试验　此菌靛基质反应呈阳性，尿素酶阴性，石蕊牛乳无变化，不能液化明胶。在糖分解试验中，此菌一般可分解葡萄糖、蔗糖、果糖、单奶糖、甘露糖，产酸不产气；对鼠李糖、乳糖等不能分解。做糖发酵试验时，可向糖培养基中加入3%无菌马血清，分装后，接种细菌。

4.动物试验　常用实验动物为小鼠、家兔，禽源株可选用鸽子。接种材料可选用原料悬液或纯培养物，先用原病料以无菌生理盐水制备1∶5悬液，小鼠注射剂量为皮下0.2 mL，家兔为皮下0.5 mL，鸽为胸肌内0.5 mL。接种后于10～24 h内死亡。实验动物死亡后剖检，观察其病理变化，同时取心血或肝、脾组织做成涂片两张，分别以美蓝染液和革兰氏染液染色，观察细菌的形态特征。并无菌取心血、肝、脾等病料接种血琼脂培养基，次日观察在此培养基中的生长情况和菌落特征。若有典型两极染色特征及相应培养特征者即可做出诊断。

四、实训作业

1.绘制显微镜视野图说明多杀性巴氏杆菌的形态特点。

2.描述多杀性巴氏杆菌的培养特征。

任务12-3　大肠杆菌病

大肠杆菌发现于1885年，在相当长的时间内一直被当成正常肠道菌群的组成部分，认为是非致病菌。直到20世纪中叶，才认识到一些特殊血清型的大肠杆菌对人和动物有致病性，尤其是对幼龄动物，主要引起肠道传染病，表现败血症、下痢和毒血症等。

一、流行病学

幼龄动物易感：1周内仔猪感染表现仔猪黄痢，以1～3日龄常见；10～30日龄仔猪表现仔猪白痢，以10～20日龄最常见；断奶仔猪常表现为水肿病。家禽感染表现多样，有败血症、肉芽肿、气囊炎、肝周炎、肿头综合征、腹膜炎、输卵管炎、滑膜炎、全眼球炎及脐炎等一系列症状。犊牛以10日龄内多发，羊在6日龄至6周龄多发，马驹在生后2～3 d多发。

患病动物和带菌成年动物是主要传染源，通过粪便排出病菌，经消化道而感染。本病一年四季均可发生，但犊牛和羔羊以冬春季多发。

二、猪大肠杆菌病

(一)仔猪黄痢

本病一年四季均可发生,同窝仔猪发病率在 90%以上,死亡率很高,甚至全窝死亡。

1. 临床症状　生后 12 h 以内即可发病,长的也仅 1～3 d。仔猪出生时正常,突然有 1～2 头迅速死亡,以后相继发病,排出黄色浆状稀粪,严重脱水,很快消瘦、昏迷而死(图 12-9)。

2. 病理变化　剖检尸体脱水严重;皮下常有水肿;胃内充满凝乳块;肠道膨胀(图 12-10),有多量黄色液状内容物和气体,肠黏膜呈急性卡他性炎变化,间或出血,以十二指肠最严重,肠系膜淋巴结有弥漫性小点出血;肝、肾有凝固性小坏死灶,有时肾出血。

图 12-9　仔猪脱水,昏迷而死

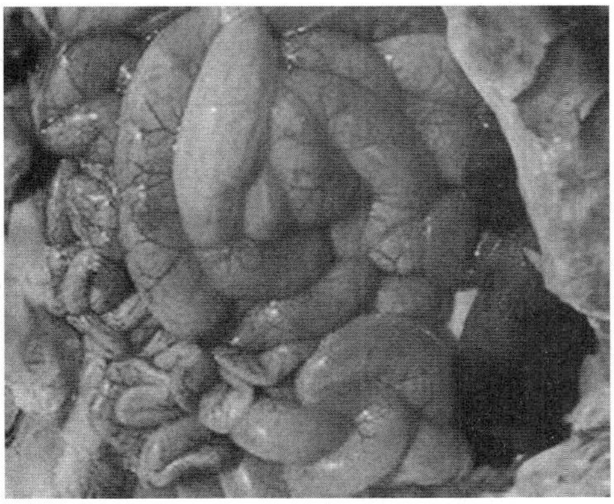

图 12-10　肠道膨胀

(二)仔猪白痢

本病发生普遍,发病率高,约 50%,病死率低。

1. 临床症状　病猪突然发生腹泻,排出乳白色或灰白色的浆状、糊状粪便,腥臭,性黏腻。腹泻次数不等。病程 2～3 d,长的 1 周左右,能自行康复,死亡的很少。

2. 病理变化　尸体外表苍白、消瘦,小肠黏膜有卡他性炎,肠系膜淋巴结轻度肿胀。

(三)断奶仔猪水肿病

1. 流行特点　主要发生于断乳仔猪,小至数日龄,大至 4 月龄也偶有发生。以体况健壮、生长快的仔猪最为常见,发过黄痢的仔猪一般不发生本病。本病常散发,呈地方流行性。多发于春秋两季。本病发病率低(10%～35%),病死率高(90%以上)。

2. 临床症状　病猪突然发病,精神沉郁。静卧一隅,肌肉震颤,抽搐,四肢划动作游泳状。行走时四肢无力,共济失调。水肿是本病的特殊症状,常见于脸部、眼睑、结膜、齿龈,有时波及颈部和腹部的皮下。病程一般为 1～2 d,也有长达 7 d 以上的。病死率约 90%。

3. 病理变化　主要为水肿,胃壁水肿常见于大弯和贲门部,也可波及胃底部和食道部,黏膜层和肌层之间有一层胶冻样水肿,严重的厚达 2～3 cm(图 12-11),胃底有弥漫性出血变化;小肠黏膜有弥漫性出血变化;淋巴结有水肿、充血、出血变化。

三、鸡大肠杆菌病

本病一年四季均可发生，每年在多雨、闷热、潮湿季节多发。

1.临床症状　表现为精神沉郁，食欲下降，羽毛粗乱。侵害呼吸道后会出现呼吸困难，黏膜发绀；侵害消化道后会出现腹泻，排绿色或黄绿色稀便；侵害关节后表现为跗关节或趾关节炎；侵害眼时，眼前房积脓，有黄白色的渗出物；侵害大脑时，出现神经症状。

2.病理变化

(1)病雏除有卵黄囊病变外，多数发生脐炎、心包炎及肠炎。

(2)大肠杆菌性急性败血症：特征性病变是纤维素性肝周炎、心包炎。

(3)气囊炎：气囊壁增厚、混浊、纤维素性渗出物或黄白色干酪样物。

(4)大肠杆菌性肉芽肿：在肝、肠、肠系膜或心上有菜花状增生物。

(5)卵黄性腹膜炎：卵巢感染发炎，卵泡变形破裂，卵黄液掉入腹腔，引起腹膜炎，致使肠粘连(图 12-12)。

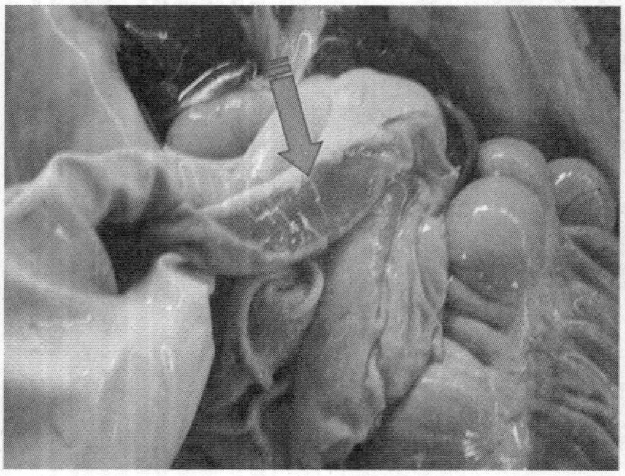

图 12-11　胃壁水肿

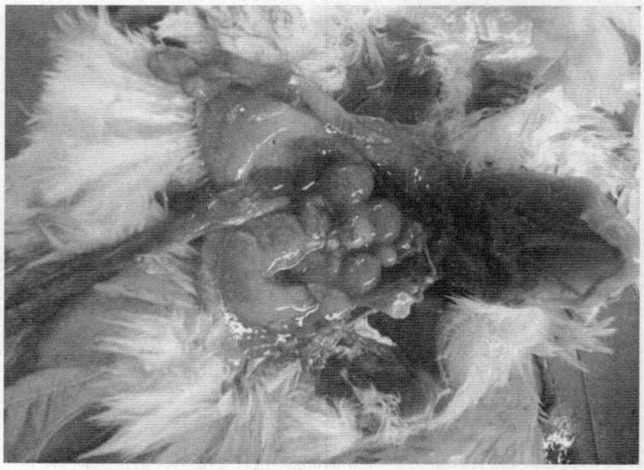

图 12-12　鸡卵黄性腹膜炎

(6)关节炎及滑膜炎：表现关节肿大，内含纤维素或混浊的关节液。

(7)眼球炎：开眼时，可见前房有黏液性脓性或干酪样分泌物。

(8)脑炎：脑膜充血、出血，脑脊液增加，大脑后方塌陷。

四、诊断

本病特征性的病理变化是初步诊断的依据。但其他许多微生物也可引起类似于大肠杆菌引起的病型，因此确诊需进行病原分离与鉴定。

五、防治

治疗关键是通过药敏试验，选取敏感的药物，及时合理地治疗，以降低死亡率。治疗原则是抗菌、补液、全群或全窝治疗。常用的药物有磺胺间甲氧嘧啶、磺胺脒、卡那霉素、庆大霉素、环丙沙星、恩诺沙星等。治疗的同时应给予口服补液盐或腹腔内补液。还可选用微生态制剂进行综合治疗。

任务 12-4　沙门氏菌病

沙门氏菌病，又名副伤寒，是由沙门氏菌属细菌引起的各种动物疾病的总称。临床上多表现为败血症和肠炎，也可使怀孕母畜流产。主要有：仔猪副伤寒、鸡白痢、禽伤寒和禽副伤寒。

一、流行病学

患病动物和带菌者是本病的主要传染源。本病常常经消化道感染健畜。在家禽，本病是典型的经蛋垂直传播的疾病之一。本病常发生于 6 月龄以下的仔猪，以 1～4 月龄者发生较多。20 日龄以内及 6 月龄以上的猪极少发病。鸡白痢沙门氏菌以 2～3 周龄以内雏鸡最易感，禽伤寒沙门氏菌主要感染成鸡和中成鸡，禽副伤寒主要危害 1 月龄以内的雏鸡。

本病一年四季均可发生，但在多雨潮湿季节发病较多，一般呈散发性或地方流行性，有些动物还可表现为流行性。

二、临床症状

（一）仔猪副伤寒

临诊上分为急性败血型和肠炎型。

1. 急性败血型　体温突然升高，精神不振，不食。后期有下痢，呼吸困难，耳根、胸前和腹下皮肤有紫红色斑点。有时出现症状后 24 h 内死亡。

2. 肠炎型　病猪体温升高，精神不振，眼有黏性或脓性分泌物，少数发生角膜混浊，严重者发展为溃疡。食欲不振，初便秘后下痢，粪便淡黄色或灰绿色、恶臭，很快消瘦。腹部皮肤有时可见浆性覆盖物。病情 2～3 周或更长，极度消瘦衰竭而死。

（二）鸡沙门氏菌病

1. 鸡白痢　发病雏鸡呈最急性者，无症状迅速死亡。稍缓者表现精神委顿，绒毛松乱，昏睡，不愿走动。腹泻，排稀如糨糊状白色粪便，肛门周围绒毛被粪便污染（图 12-13），最后因呼吸困难及心力衰竭而死。

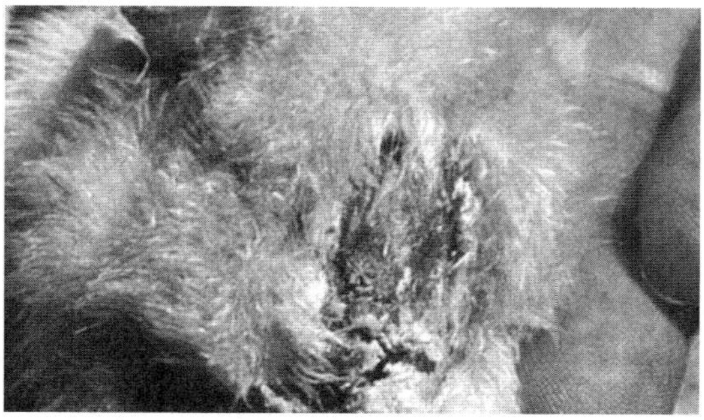
图 12-13　雏鸡白痢

40～80 日龄的中鸡，发病突然，鸡群中不断出现精神、食欲差和下痢的鸡只，常突然死亡，死亡不见高峰，死亡率可达 10%～20%。成年鸡呈慢性经过或隐性感染。

2. 禽伤寒　常造成死胚或弱雏。在育雏期感染，表现精神沉郁，怕冷扎堆并拉白色的稀粪。雏鸡的死亡率可达 10%～50%，雏火鸡的死亡率约 30%。青年鸡或成年鸡发病后常表现为急性，往往出现几只鸡突然死亡。慢性型病鸡能拖延数周，死亡率较低。

3. 禽副伤寒　幼禽多呈急性或亚急性经过，成禽一般为慢性经过，呈隐性感染。孵化感染或孵化室内感染者，多在一周内发病死亡。多数病例表现嗜睡、垂头闭眼，翅下垂，羽毛蓬乱，怕冷聚堆，食欲减少，饮水增加，呈白色水样下痢，肛门周围污染严重。

三、病理变化

(一)仔猪副伤寒

1.急性败血型　主要为败血症的病理变化。脾常肿大，呈蓝紫色。肠系膜淋巴结索状肿大，类似大理石状。肝、肾也有不同程度的肿大、充血和出血。肝实质可见极为细小的黄灰色坏死小点。全身各黏膜、浆膜均有不同程度的出血斑点。

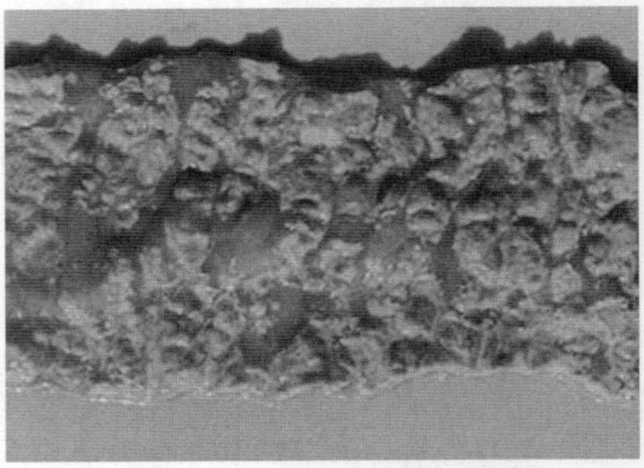

图 12-14　仔猪肠黏膜上覆盖坏死性假膜

2.肠炎型　特征性病理变化为坏死性肠炎。盲肠、结肠肠壁增厚，黏膜上覆盖着一层弥漫性坏死性和腐乳状物质，剥开见底部红色，边缘不规则的溃疡面，此种病理变化有时波及至回肠后段(图 12-14)。肠系膜淋巴结索状肿胀，部分呈干酪样变。脾稍肿大，网状组织增生。肝有时可见灰黄色坏死小点。

(二)鸡沙门氏菌病

1.鸡白痢　在日龄小、发病后很快死亡的雏鸡，病变不明显。肝肿大，充血或有条纹状出血。病期延长者卵黄吸收不良，心肌、肺、肝、盲肠、大肠及肌胃肌肉中有坏死灶或结节。有的有心外膜炎，肝点状出血及坏死，脾肿大，肾充血或贫血，输尿管充满尿酸盐而扩张，盲肠中有干酪样物堵塞肠腔，有时还混有血液，肠壁增厚，常有腹膜炎。

2.禽伤寒　病死雏鸡的病变与雏鸡白痢相似，肺和心肌中常见到灰白色结节(图 12-15)。

3.禽副伤寒　最急性者无可见病变。病期稍长肝、脾充血，有条纹状或针尖状出血，肺及肾出血，心包炎，常有出血性肠炎，盲肠内常有豆腐渣样堵塞物。成年鸡，肝、脾、肾充血肿胀(图 12-16)，有出血性或坏死性肠炎、心包炎及腹膜炎，产卵鸡的输卵管坏死、增生，卵巢坏死、化脓。

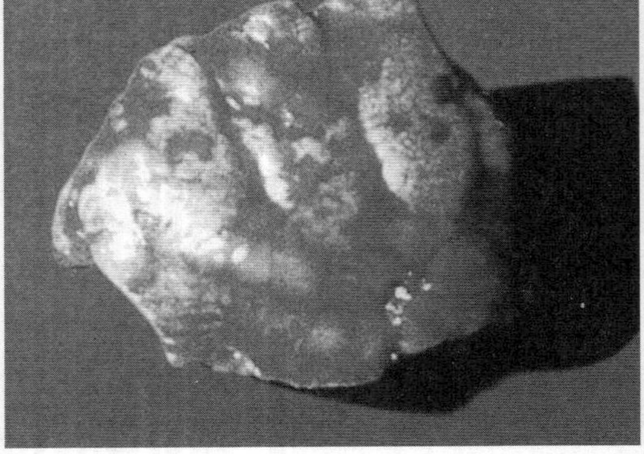

图 12-15　肺有灰白色结节

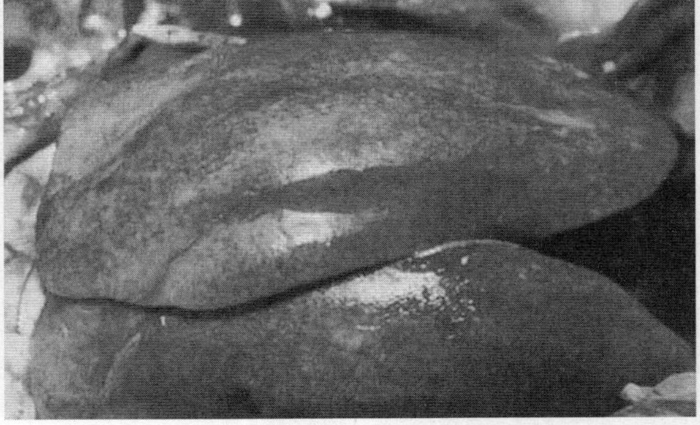

图 12-16　肝肿胀

四、诊断

根据流行病学、临床症状和病理变化,能做出初步诊断,确诊需实验室检查。

五、防治

1. 治疗　可选用经药敏试验有效的抗生素,如土霉素、卡那霉素、恩诺沙星、氟哌酸等,并辅以对症治疗。呋喃类和磺胺类药物也有疗效,可根据具体情况选择使用。

2. 预防　应从加强饲养管理,消除发病诱因,保持饲料和饮水的清洁卫生等方面入手。

实训操作 12-3　大肠杆菌和沙门氏菌的微生物学检查技术

一、实训目的和要求

了解大肠杆菌与沙门氏菌的形态、染色特性和主要培养特性;掌握大肠杆菌与沙门氏菌的常规检查方法。

二、实训材料和器械

1. 菌种和培养基　大肠杆菌、沙门氏菌、大肠杆菌与沙门氏菌的混合菌液;肉汤、普通琼脂、半固体培养基;沙门志贺氏菌属琼脂培养基(简称 SS 琼脂)或麦康凯琼脂、三糖铁琼脂;微量生化鉴定发酵管。

2. 仪器试剂　恒温箱、显微镜、香柏油、接种环、接种钩、普通载玻片、酒精灯、革兰氏染色液;M-R 试剂、V-P 试剂、吲哚试剂、乙醚、硝酸盐还原试剂等;沙门氏菌诊断血清:A～E 群多价 O 血清及单因子血清。

三、实训内容

1. 直接分离培养　将大肠杆菌与沙门氏菌的混合菌液用常规划线方法,接种麦康凯琼脂平板或 SS 琼脂平板各一个,置 37℃培养 24 h 后取出,观察两种细菌的生长情况。

2. 形态观察　以无菌接种环分别挑取麦康凯琼脂平板或 SS 琼脂平板上新鲜培养的单个菌落,在载玻片上制成涂片,自然干燥后火焰固定、革兰氏染色,镜检。

3. 培养特性观察　将大肠杆菌和沙门氏菌的纯培养物分别接种肉汤、普通琼脂、三糖铁琼脂、SS 琼脂或麦康凯琼脂。三糖铁琼脂接种时,先涂布斜面,后穿刺底层。置 37℃温箱内培养 24 h 后,取出观察两种细菌的培养特性并比较。

4. 生化试验　将纯化菌种,分别接种三糖铁高层斜面、各种微量生化鉴定发酵管、半固体培养基,在各管管壁上标记菌种号码,然后置于 37℃温箱培养 2～3 d。糖培养基应每日观察,记录反应结果。

(1)糖发酵　取经 2～3 d 培养后的两种细菌的糖发酵管一一观察,凡培养基变为黄色者,表示该菌发酵此糖产酸(以＋表示);凡培养基变黄并含气泡者,为发酵此糖产酸产气(以⊕表示);凡培养基不变色者,表示该菌不发酵此糖(以－表示)。

(2)甲基红试验(M-R试验) 取一支经2～3 d培养的葡萄糖蛋白胨水培养管，加入M-R试剂数滴，液体呈红色者为阳性反应(+)，呈黄色者为阴性反应(－)。

(3)维培二氏试验(V-P试验) 取另一支葡萄糖蛋白胨水培养管，先加V-P试剂甲液，再加V-P试剂乙液，充分摇匀后静置试管架上，在数分钟内出现红色者为阳性反应，不出现红色者应放在37℃继续观察1～2 h，仍然不变色者判为阴性。

(4)吲哚试验 取蛋白胨水培养管先加乙醚少量，塞紧棉塞摇振试管，使乙醚与培养液充分混匀，静置片刻，待乙醚浮于液面上层时，沿管壁加入吲哚试剂2～3滴。凡在乙醚层内出现玫瑰红色者为阳性反应，不变色者为阴性反应。

(5)枸橼酸盐利用试验 培养2～3 d观察变化，有细菌生长，培养基变为天蓝色者为阳性。

(6)硫化氢试验 培养2～3 d观察变化，出现黑色沉淀者，为H_2S阳性反应，无黑色者为阴性。

(7)运动力 观察半固体琼脂培养管，半固体琼脂变混浊为阳性，仅沿穿刺线生长为阴性。

将上述各项生化反应结果填入大肠杆菌与沙门氏菌生化反应结果表中(表12-1)。

表12-1 大肠杆菌与沙门氏菌生化反应结果表

菌种	三糖铁			糖发酵						甲基红试验	V-P试验	吲哚试验	H_2S试验	尿素酶	枸橼酸盐利用	运动力
	斜面	底层	H_2S	葡萄糖	乳糖	麦芽糖	甘露醇	蔗糖	卫矛醇							
大肠杆菌																
沙门氏菌																

5.沙门氏菌血清学诊断 有玻板(片)凝集法与试管凝集法两种，常用的是玻板法，所以本实验仅做此法。

(1)分群 取一张清洁的玻片，滴一小滴沙门氏菌多价O血清(A～E群)至玻片上，再用接种环挑取疑为沙门氏菌的纯培养物少许，与玻片上的多价O血清混匀后摇动玻片，如在2 min内出现凝集现象，即可初步诊断该菌为沙门氏菌。同时以生理盐水代替多价血清作一对照。进一步用代表A群(O_2)、B群(O_4)、C_1群(O_7)、C_2群(O_8)、D群(O_9)与E群(O_3)的O因子血清作同样的玻片凝集反应，被哪一群O因子血清所凝集，则确定被检沙门氏菌为该群。

(2)定型 菌群决定后，用该群所含的各种H因子血清和被检菌作玻片凝集反应，以确定其H抗原。根据检出的O抗原和H抗原列出被检菌的抗原式，查对有关沙门氏菌的抗原表，即可知被检菌为哪种沙门氏菌。

在实际工作中，判定被检菌是否为沙门氏菌，应将被检菌的生化反应和血清学诊断结果结合起来考虑。凡两者均符合沙门氏菌特性，则确认为沙门氏菌；凡两者均不符合者，否定为沙门氏菌；凡两者中有一项符合沙门氏菌特性者，则可认为是沙门氏菌。

四、实训作业

1.试述大肠杆菌与沙门氏菌的培养特性。

2. 记录并比较大肠杆菌与沙门氏菌的生化特性。

3. 记录各种菌株的血清型鉴定结果。

4. 试述生化试验在肠杆菌科细菌鉴别与诊断中的作用和意义。

任务 12-5　流行性感冒

流行性感冒（简称流感）是由流行性感冒病毒（简称流感病毒）引起的急性、热性、高度接触性传染病，传播迅速，呈流行性或大流行性。在人和哺乳动物以发热、咳嗽、全身衰弱无力，有不同程度的呼吸道炎症为特征。

一、流行病学

1. 传染源　患病动物和带毒者是主要传染源。带毒鸟类和水禽常常是鸡和火鸡流感的重要传染源。病毒在这些野禽中多形成无症状的隐性感染，而成为禽流感病毒的天然贮毒库。

2. 传播途径　主要经呼吸道感染。病猪和易感猪之间通过鼻咽途径直接接触，或病猪通过喷嚏、咳嗽将病毒排出体外，通过空气飞沫的形式经呼吸道感染。

禽流感是高度接触性传染病，可通过多种途径传播感染。在禽类，病毒可从呼吸道、结膜和粪便中排出，禽类的传播方式，除空气飞沫外，还与接触被病毒污染的物体有关。

3. 易感动物　不同性别、年龄和品种的猪均易感，人也可感染。

家禽中以火鸡最为敏感，鸡、雉鸡、鸽、鹌鹑、鹧鸪、鸵鸟等均可受禽流感病毒的感染而大批死亡。近年发现鹅和鸭等水禽在感染禽流感病毒后，也有明显的症状和病变。

4. 流行特点　本病多发生于天气骤变的晚秋、早春以及寒冷的冬季。常突然发生，呈流行性或大流行性。外界环境的改变、营养不良和寄生虫侵袭可促进本病的发生和流行。

二、临床症状

（一）猪流感

潜伏期很短，几小时到数天。突然发病，常全群几乎同时感染。体温突然升高，可高达42℃。食欲减退至废绝，卧地不愿起立。呼吸急促，腹式呼吸，夹杂阵发性痉挛性咳嗽。粪便干硬。眼和鼻流出黏性分泌物，有时鼻分泌物带有血色。如无并发症，多数病猪可于6～7 d后康复。

（二）禽流感

高致病力禽流感病毒感染时，常表现为突然发病，体温升高，食欲废绝，精神沉郁，闭目昏睡。产蛋大幅度下降或停止。头部炎性水肿，发热，无毛处皮肤和鸡冠、肉髯等发绀（图 12-17），流泪，呼吸困难，出现神经症状，拉黄绿或绿色稀粪。后期两腿瘫痪，鸡爪跗关节角质层下出血。急性者发病后数小时死亡，多数病例病程为2～3 d，病死率可达100%。

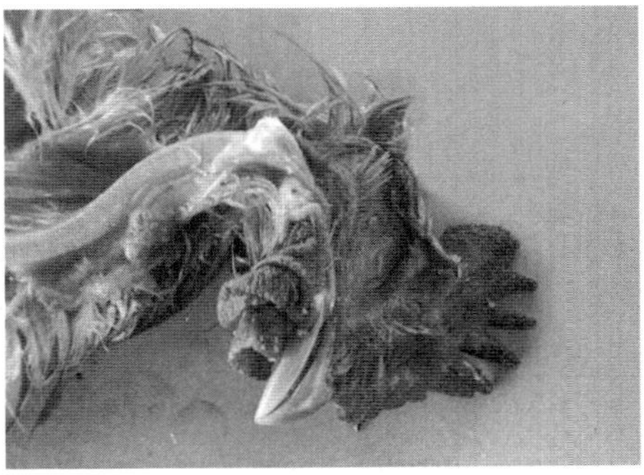

图 12-17　鸡冠、肉髯等发绀

三、病理变化

病理变化主要在呼吸器官。

猪病变：鼻、喉、气管和支气管黏膜出血，表面有大量泡沫状黏液，有时杂有血液。肺部呈紫红色如鲜牛肉状。病区肺膨胀不全，塌陷，其周围肺组织则呈气肿和苍白色，界限分明，病变通常限于尖叶、心叶和中间叶，常为两侧呈不规则的对称，如为单侧性，则以右侧常见。颈浅淋巴结和纵隔淋巴结肿大、充血、水肿，脾常轻度肿大，胃肠有卡他性炎症。

禽高致病性禽流感：皮下、浆膜下、黏膜、肌肉及各内脏器官的广泛性出血（图 12-18），尤其是腺胃黏膜可呈点状或片状出血（图 12-19），腺胃与食道交界处、腺胃与肌胃交界处有出血带或溃疡。喉头、气管有不同程度的出血（图 12-20），管腔内有大量黏液或干酪样分泌物。卵巢充血、出血。输卵管内有多量黏液或干酪样物。整个肠道特别是小肠有枣核样坏死。盲肠扁桃体肿胀、出血、坏死。胰脏明显出血或有黄色坏死灶。肾肿大，有尿酸盐沉积。法氏囊肿大，内有少量黏液，有时有出血。肝、脾、肾、肺出血。腿部可见充血、出血；脚趾肿胀，伴有瘀斑性变色。

图 12-18　脚皮下出血

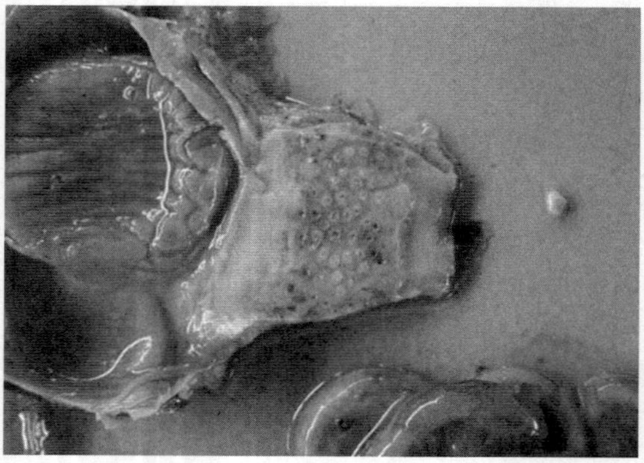

图 12-19　腺胃黏膜点状出血

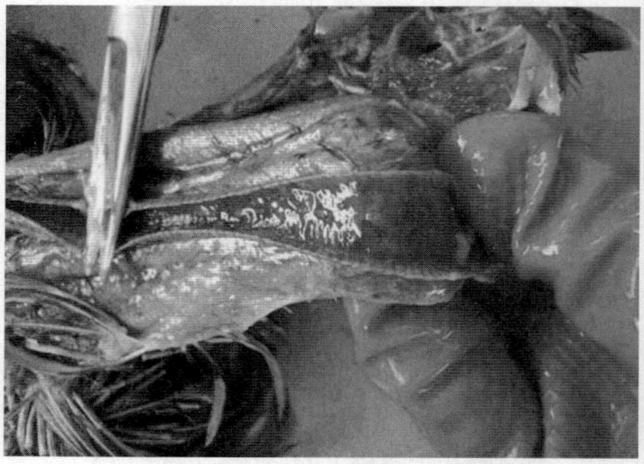

图 12-20　气管出血

四、诊断

根据本病的流行特点、临诊表现和病理变化可做出初步诊断。确诊应进行病毒分离和鉴定。

五、防治

1. 治疗　患病动物要及时隔离治疗。本病尚无特效药物。一般用解热、镇痛等对症疗法以减轻症状和使用抗生素或磺胺类药物以控制继发感染。也可使用中药治疗如荆防败毒散等。

2. 预防　加强平时饲养管理，提高动物的抗病能力，切实做好兽医卫生管理工作，建立严格的消毒制度。保持圈舍的清洁卫生、干燥、温暖、通风良好，尤其是气候交替季节，要做好圈舍的保温工作，避免舍内温度忽冷忽热而诱发本病。

制定科学的免疫程序，定期进行免疫接种。由于禽流感病毒的高度变异性，所以一般限制弱毒疫苗的使用，灭活疫苗有组织灭活疫苗、灭活的蜂蜡佐剂疫苗、灭活氢氧化铝疫苗、灭活油乳剂疫苗等，其中以灭活油乳剂疫苗应用较多。

实训操作 12-4　流感病毒的培养和鉴定技术

一、实训目的和要求

熟悉病毒鸡胚培养技术；掌握流感病毒分离培养和鉴定方法。

二、实训材料和器械

1. 试剂　流感病毒阳性血清，新制备的 1%鸡红细胞悬液 50 mL，注射用青、链霉素，灭菌生理盐水等。

2. 仪器用品　孵化箱，检蛋器，消毒胶布，96 孔“V”形微量反应板，5～50 μL 微量可调移液器及吸头，市售石蜡或胶布等。

3. 动物　可疑流感病禽，9～11 日龄非免疫白壳鸡胚，6 周龄 SPF 雏鸡。

三、实训内容

1. 病料处理　采集患病家禽肺脏等病料，制成 1∶5 组织生理盐水悬液。反复冻融三次，高速离心取上清加双抗（青、链霉素），过直径 0.22 μm 细菌滤器后，置 4℃冰箱备用。

2. 鸡胚接种　用 9～11 日龄鸡胚，尿囊腔接种，方法见实训操作 3-3“新城疫病毒的鸡胚培养”。

3. 血清学试验鉴定病毒

(1) 血凝（HA）试验　用 96 孔微量反应板进行操作，参照表 12-2 加样。

表 12-2　血凝试验加样表　μL

孔号	1	2	3	4	5	6	7	8	9	10	11	12
稀释度	$1:2^1$	$1:2^2$	$1:2^3$	$1:2^4$	$1:2^5$	$1:2^6$	$1:2^7$	$1:2^8$	$1:2^9$	$1:2^{10}$	$1:2^{11}$	阴性对照
生理盐水	50	50	50	50	50	50	50	50	50	50	50	50
待检尿囊液	50 ↘	50 ↘	50 ↘	50 ↘	50 ↘	50 ↘	50 ↘	50 ↘	50 ↘	50 ↘	50 ↘ 弃去 50	0
1%鸡红细胞	50	50	50	50	50	50	50	50	50	50	50	50
振荡混匀，37℃作用 15～30 min 观察结果												
结果举例	＃	＃	＃	＃	＃	＃	+++	++	+	−	−	−

注：“＃”为完全凝集；“+++”和“++”为不完全凝集；“−”为不凝集。

①在 96 孔“V”形微量反应板上，自左至右 1～12 孔各加 50 μL 生理盐水。

②第 1 孔加 50 μL 待检尿囊液，依次倍比稀释至第 11 孔时弃 50 μL，稀释后病毒稀释度依次为 $1:2^1$、$1:2^2$、$1:2^3$、…、$1:2^{11}$，最后 1 孔为红细胞对照，置微量振荡器混匀。

③每孔各加 1% 鸡红细胞 50 μL，置 37℃ 温箱中作用 15～30 min 观察结果。

④判定结果：以 100% 凝集的病毒最大稀释孔为该病毒血凝价，即一个凝集单位，不凝集者红细胞沉于孔底呈点状，血凝板倾斜即流动呈红线状。

(2)血凝抑制(HI)试验

①四单位病毒配制　用于血凝抑制试验的病毒需含 4 个血凝单位，即将一个血凝单位的病毒稀释度增加 4 倍浓度。例如，一个血凝单位为 $1:2^6$，4 个血凝单位则为 $1:2^4$。所以血凝滴度为 $1:2^6$ 时，配制成 4 个血凝单位需稀释 2^4，即 16 倍。

②HI 操作步骤　用固定病毒稀释血清法，操作顺序参照表 12-3 进行。

表 12-3　血凝抑制试验加样表　μL

孔号	1	2	3	4	5	6	7	8	9	10	11	12
稀释度	$1:2^1$	$1:2^2$	$1:2^3$	$1:2^4$	$1:2^5$	$1:2^6$	$1:2^7$	$1:2^8$	$1:2^9$	$1:2^{10}$	病毒对照	血清对照
生理盐水	50	50	50	50	50	50	50	50	50	50	50	0
流感标准血清	50	→50	→50	→50	→50	→50	→50	→50	→50	→50	0 →弃去 50	50
四单位病毒	50	50	50	50	50	50	50	50	50	50	50	50
振荡混匀，37℃ 感作 30 min												
1%鸡红细胞	50	50	50	50	50	50	50	50	50	50	50	50
振荡混匀，37℃或常温作用 15 min 观察结果												
结果举例	−	−	−	−	−	−	++	+++	#	#	#	−

注：“#”为完全凝集；“+++”和“++”为不完全凝集；“−”为不凝集。

在第 1～11 孔各加 50 μL 生理盐水。

第 1 孔加流感病毒阳性血清 50 μL，混匀后取 50 μL 至第 2 孔，依此倍比稀释至第 10 孔，吸弃 50 μL。如此稀释后血清浓度为 $1:2^1$、$1:2^2$、$1:2^3$、…、$1:2^{10}$。

第 1～11 孔各加 50 μL 四单位病毒液，第 12 孔加 50 μL 标准阳性血清，置微振荡器上振荡混合均匀，置 37℃ 温箱作用 30 min。

病毒与血清作用后，取出血凝板，第 1～12 孔各加 1% 鸡红细胞 50 μL，混合均匀后置 37℃ 温箱再作用 15 min，观察结果。

血清的 HI 滴度：在对照出现正确结果的情况下，以完全抑制红细胞凝集的最大稀释度为该血清的 HI 滴度，表 12-3 中该血清 HI 滴度为 $1:2^6$，一般写作 6 $\log_2$，证明分离病毒是流感病毒。

4. 毒力检测

(1)鸡胚半数感染量(EID_{50})的测定　用灭菌生理盐水将新收获的含毒鸡胚尿囊液作 10 倍系列稀释，每个稀释度为一组，通过绒毛尿囊腔途径接种 10 日龄的 SPF 或非免疫鸡胚，每胚接种 0.1 mL，每组 5 枚鸡胚，然后置 37℃ 孵化 4 d，观察记录鸡胚死亡的百分率。按 Reed-Muench 方法计算出 EID_{50} 值，具体公式为：

$$距离比=\frac{高于50\%的感染百分数-50}{高于50\%的感染百分数-低于50\%的感染百分数}$$

$$EID_{50}=高于50\%感染的病毒最高稀释度的对数+距离比$$

(2)静脉内接种致病指数(IVPI)的测定　用灭菌生理盐水将新收获的含毒鸡胚液作10倍稀释,羽静脉接种于8只6周龄SPF鸡,0.1 mL/只,同时设生理盐水对照。所有鸡分组隔离饲养于负压隔离器中,逐日观察10 d。根据每只鸡的症状用数字方法每天进行记录:正常鸡记为0,发病鸡记为1,病重鸡记为2,死亡鸡记为3,根据下列公式计算IVPI:

$$IVPI=\frac{10\ d内累计发病鸡数\times1+10\ d内累计病重鸡数\times2+10\ d内累计死亡鸡数\times3}{10\ d内累计观察鸡总数}$$

$IVPI\geqslant1.2$为高致病力,$0.5\leqslant IVPI<1.2$为中等致病力,$IVPI<0.5$为低致病力。

四、实训作业

1.简述鸡胚接种含有可疑流感病毒的病料后,其死亡胚体的病变特征。

2. 计算分离病毒的血凝滴度、血凝抑制滴度,并计算EID_{50}、IVPI。

任务 12-6　口蹄疫

口蹄疫是由口蹄疫病毒引起的主要危害偶蹄兽的一种急性热性高度接触性传染病。主要以口腔黏膜、蹄部及乳房皮肤发生水疱和溃烂为特征。口蹄疫病毒具有多型性、易变性的特点。口蹄疫病毒有7个血清型,即O、A、C、SAT1、SAT2、SAT3及亚洲Ⅰ型,每个型又可进一步分成若干亚型。据最近报道,口蹄疫亚型已增加到70个以上。

一、流行病学

1.传染源　病畜和带毒动物是主要传染源。从流行病学的观点来看,绵羊是本病的"贮存器",猪是"扩大器",牛是"指示器"。隐性带毒者主要为牛、羊及野生偶蹄动物。

2.传播途径　病毒常以直接接触方式传播,消化道是最常见的感染途径,损伤的皮肤黏膜也能感染。口蹄疫病毒能随风传播到10～60 km以外的地方,呈现跳跃式的传播特点。

3.易感动物　口蹄疫病毒侵害多种动物,但主要感染各种偶蹄兽,其中以牛最易感,猪次之,再次为绵羊、山羊和骆驼等。

4.流行特点　一般冬、春季较易发生大流行,夏季减缓或平息。卫生条件和营养状况也能影响流行的经过,畜群的免疫状态则对流行的情况有着决定性的影响。据大量资料统计和观察,口蹄疫的暴发流行有周期性的特点,每隔二年或三五年就流行一次。

二、临床症状

(一)猪

潜伏期1～4 d,人工感染潜伏期为18～72 h。病猪以蹄部水疱为主要特征,病初体温升高至40～41℃,精神不振,食欲减少或废绝。鼻盘黏膜形成小水疱或糜烂(图12-21)。蹄冠、蹄叉、蹄踵等部出现局部发红、微热、敏感等症状,不久逐渐形成米粒大、蚕豆大的水疱,水疱破裂后表面出血，形成糜烂（图 12-22），如无细菌感染，1 周左右痊愈。如有继发感染，严重者蹄叶、蹄壳脱落，患肢不能着地，卧地不起。病猪鼻镜、乳房也常见到烂斑。

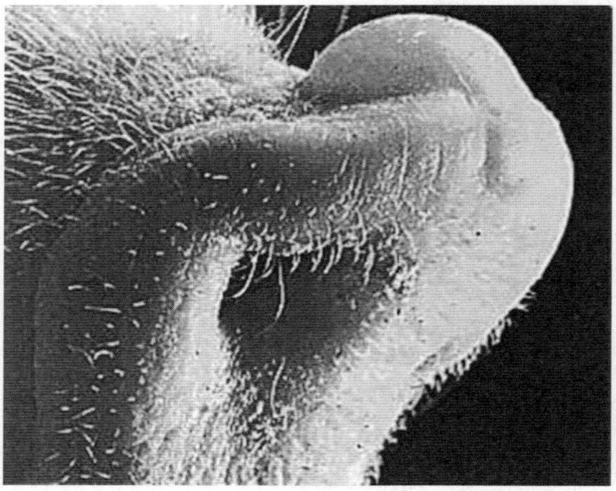

图 12-21　鼻盘水疱

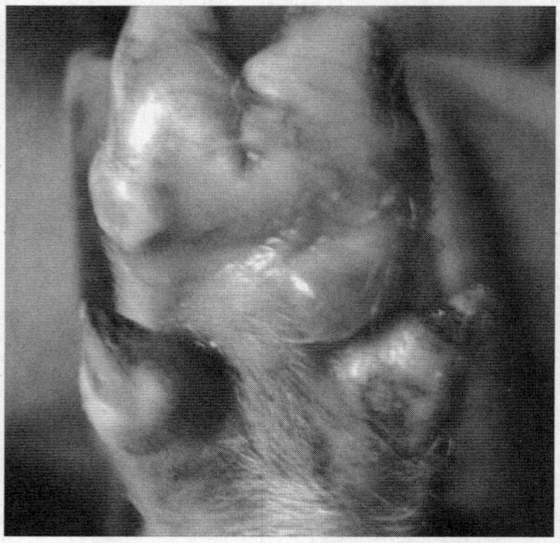

图 12-22　蹄部水疱

仔猪感染时，水疱症状不明显，通常呈急性胃肠炎和心肌炎而突然死亡，病死率可达 60%～80%；病程稍长者，亦可见到口腔及鼻盘上有水疱和糜烂。

（二）牛

潜伏期平均 2～4 d，最长可达 1 周左右。病牛体温升高达 40～41℃，精神委顿，食欲减退，闭口，流涎，1～2 d 后，在唇内面、齿龈、舌面和颊部黏膜发生蚕豆至核桃大的水疱，口温高，此时白色泡沫常常挂满嘴边，采食后反刍完全停止。水疱约经一昼夜破裂形成浅表的红色糜烂（图 12-23），水疱破裂后，体温降至正常，糜烂逐渐愈合，全身症状逐渐好转。若病牛衰弱，或饲养管理不当，糜烂部位可能发生继发性感染化脓坏死，病畜站立不稳，甚至蹄匣脱落。乳头皮肤也可出现水疱，很快破裂形成烂斑，可引起乳房炎，泌乳量减少，甚至泌乳停止。

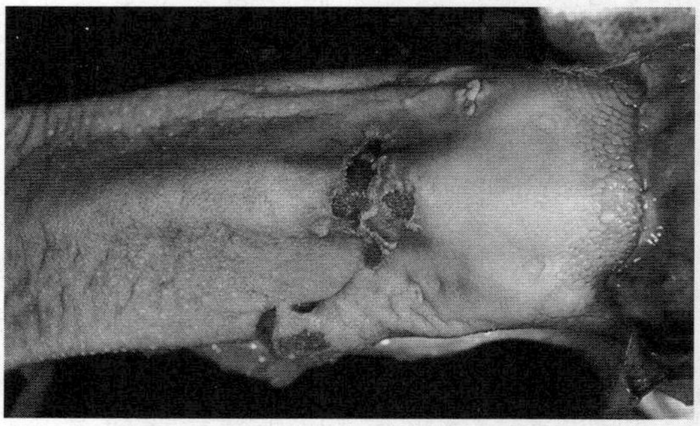

图 12-23　舌面水疱破溃

本病一般取良性经过，约经 1 周即可痊愈。如果蹄部出现病理变化，则病期可延至 2～3 周或更久，病死率很低，一般不超过 1%～3%。有时可突然恶化。病牛全身虚弱、发抖，心跳加快、节律失调，反刍停止，食欲废绝，行走摇摆，因心脏麻痹而突然倒地死亡，称为恶性口蹄疫，病死率高达 20%～50%，主要是由于病毒侵害心肌所致。

哺乳犊牛患病时，主要表现为出血性肠炎和心肌麻痹，腹泻，便中含血，很快出现心肌炎症状，运动无力、趴卧不起，呼吸急促，死亡率很高。病愈牛可获得 1 年左右的免疫力。

（三）羊

潜伏期 1 周左右，症状与牛大致相同，但感染率较牛低。山羊多见于口腔，呈弥漫性口膜炎，水疱发生于硬腭和舌面，羔羊有时有出血性胃肠炎，常因心肌炎而死亡。

三、病理变化

发病动物除口腔和蹄部的水疱和烂斑外，在咽喉、气管、支气管和前胃黏膜有时可见到圆形烂斑和溃疡，真胃和肠黏膜可见出血性炎症。肺脏瘀血、出血。具有重要诊断意义的是心脏病变，心包膜有弥散性及点状出血，心肌松软，心肌切面有灰白色或淡黄色斑点或条纹，好似老虎皮上的斑纹，故称“虎斑心”（图 12-24）。

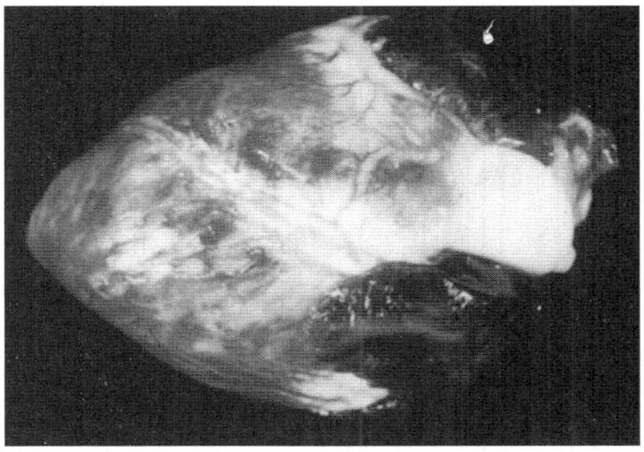

图 12-24　虎斑心

四、诊断

根据病的急性经过，呈流行性传播，主要侵害偶蹄兽和一般为良性转归以及特征性的临诊症状可做出初步诊断。为了与类似疾病鉴别及鉴定毒型，须进行实验室检查。

五、防治

1. 治疗　一般不治疗，直接淘汰。在一些特殊情况下，需要治疗，可以选择以下方法。

(1)患部清洗涂药：口腔可用清水、食醋或 0.1%高锰酸钾洗漱，糜烂面上可涂以 1%～2%明矾或碘甘油，也可用冰硼散。

(2)特异疗法：早期可使用口蹄疫高免血清。

(3)如有继发感染可肌肉或静脉注射抗生素，如青霉素、链霉素、头孢菌素等。

(4)加强饲养管理。

(5)恶性口蹄疫病畜除局部治疗外，可用强心补液法。

2. 预防　应采取以免疫预防为主的综合性防疫措施。

实训操作 12-5　口蹄疫病毒疫苗抗体及野毒抗体检测技术

一、实训目的和要求

进一步熟悉酶联免疫吸附试验（ELISA）的操作方法；掌握口蹄疫病毒疫苗抗体检测方法；掌握口蹄疫病毒野毒抗体检测方法。

二、实训材料和器械

1. 试剂　口蹄疫病毒 O 型（FMDV-O）抗体检测试剂盒、口蹄疫病毒非结构蛋白抗体 ELISA 检测试剂盒、待检猪血清若干。

2. 仪器　恒温箱、不同量程微量移液器、酶标仪。

三、实训原理

口蹄疫病毒 O 型(FMDV-O)抗体检测试剂盒，通过阻断 ELISA，检测 O 型中和抗体，用重组 FMDV rP13C 蛋白包被，抗 VP1 蛋白 A 位点单抗为酶标抗体，在免疫地区能够用来做抗体监测和免疫效果评估。适用对象包括猪、牛、山羊以及绵羊等。

灭活疫苗只含有纯化的 FMDV 结构蛋白，而 FMDV 野毒感染后，既可产生结构蛋白的抗体，也可产生非结构蛋白(NSP)的抗体。因此，可以通过检测 NSP ELISA 抗体，检测动物是否感染，区分免疫接种的动物和感染的动物。口蹄疫病毒非结构蛋白抗体 ELISA 检测试剂盒，其微孔已经预先用重组的 NSP(特异的 3ABC 蛋白)抗原包被。通过检测血清中口蹄疫非结构蛋白抗体，即可检测猪群是否感染 FMDV 野毒。

四、实训内容

(一)ELISA 检测口蹄疫病毒疫苗抗体

1. 实验前准备

(1)洗液 10 倍稀释　如 20 mL 洗液，加入 180 mL 去离子水混匀，备用。

(2)TMB(3,3,5,5-四甲基联苯胺)底物　使用前恢复到室温，低温可能导致不显色。

2. 操作步骤　①使用前将试剂盒所有组件恢复到室温，取出抗原包被板；②标记好样品、阳性对照和阴性对照(对照各做两孔)，每孔加入样品稀释液 80 μL，然后加入样品血清、阳性对照、阴性对照各 20 μL；③室温孵育 60 min；④洗板：每孔加入洗涤液 300 μL，洗涤 3 次，最后在吸水纸上拍干；⑤每孔加入 100 μL 酶标抗体，室温孵育 60 min；⑥重复步骤④；⑦每孔加入 TMB 底物反应液 100 μL，室温暗处放置 15 min；⑧每孔加入 50 μL 终止液，在酶标仪 450 nm 波长处读数。

3. 结果判定

(1)实验有效性判定　阴性对照 OD 值≥0.6、阳性对照 OD 值≤0.3。

(2)判定标准　S/N = 样品值/阴性值，S/N 值≤0.60 判为阳性；S/N 值>0.60 判为阴性。

(二)ELISA 检测口蹄疫病毒野毒抗体

1. 实验前准备　所有试剂使用前恢复到室温。不需要稀释阳性对照、阴性对照以及样品。

(1)酶标抗体(100 倍浓缩)　用酶标抗体稀释液以 1∶100 稀释。如 100 μL 加入到 10 mL 酶标抗体稀释液中，充分混合。

(2)浓缩洗液(10 倍浓缩)　使用之前必须用蒸馏水或去离子水将浓缩的洗液 1∶9 稀释。如果含有不溶解的结晶，应该回温后使其全部溶解。如：10 mL 浓缩洗液加 90 mL 蒸馏水，充分混合。

(3)底物溶液　使用前，底物 A 与底物 B 以 1∶1 混合，轻轻摇动，不要上下震荡。

2. 操作步骤

(1)将需要的包被板准备好，阴性对照 2 孔，阳性对照 2 孔，每个样品 1 孔；在阴性对照孔 A1 和 B1 中分别加入 50 μL 阴性对照血清；在阳性对照孔 C1 和 D1 中分别加入 50 μL 阳性对照血清；每个样品孔中各加入 50 μL 血清样品。

(2)每孔加入 50 μL 稀释好的酶标抗体。

(3)用封板的粘贴纸盖住微量板,然后在振荡器上混匀;混合均匀对获得重复性的结果非常重要。

(4)在(37±1)℃孵化 90 min。

(5)每孔用 350 μL 洗液洗板 6 次,最后一次把板中的液体充分拍干。

(6)每孔加入 100 μL 底物溶液。

(7)在室温下(20～25℃)孵育 15 min。

(8)每孔加入 100 μL 终止液。

(9)用酶标仪在 450 nm(参考波长 620 nm),读取吸光值,读数必须在试验完成后 30 min 内完成。

3.结果判定

(1)试验的有效性　阴性对照平均 OD 值必须大于 0.8;阳性对照的阻断率(PI)值必须大于 70;如果检测值超出范围,试验判为无效,应该重新检测。

(2)阻断率(PI)计算和结果判定　先计算阴性对照的平均 OD 值,然后计算阳性对照和每个样品的阻断率 PI,公式如下:

$$\text{阻断率(PI)} = [1-(\text{样品 OD}/\text{阴性对照平均 OD})] \times 100\%$$

根据阻断率(PI)和动物种类,被检样品结果判定如下:PI≥50%,判为阳性;PI<50%,判为阴性。

4.注意事项

(1)本试剂盒仅用于体外诊断使用。

(2)不同批号的试剂不能混合使用。

(3)使用完全干净的玻璃器皿,不应含有金属离子和氧化物。

(4)处理潜在感染性的样品和试验时,使用一次性手套。

(5)底物和终止液需要特别注意,避免接触皮肤和黏膜,万一溅到,立即用大量流动水冲洗。

(6)试验样品采用新鲜的血清或血浆,静脉采血,血液自然完全凝集后分离血清,如有可见的颗粒,需经 3 000 r/min 离心 20 min 后去除颗粒。

(7)如果采集的样本不能立即进行检测,可以将其放在 2～8℃冷藏保存,如果放置的时间超过 3 d,应该－20℃冷冻保存。在检测前,样品应该取出,恢复到室温。

(8)样品中如果含有沉淀物,可能影响结果,样品使用前必须澄清。

五、实训作业

1.说明 ELISA 反应原理。

2.为什么检测口蹄疫病毒非结构蛋白抗体,可以判定是否为口蹄疫野毒感染?

任务 12-7　痘病

痘病是由痘病毒引起的一种传染病。常见的有羊痘、鸡痘和猪痘等,其中以羊痘最常见。

羊痘是由羊痘病毒感染引起的一种急性接触性传染病。本病在绵羊及山羊都可发生,也能传染给人。以皮肤的无毛区或少毛区出现痘疹和结痂为特征。

一、流行病学

本病的主要传染源是患病动物或带毒动物。痘病的天然传染途径为呼吸道、消化道和受损伤的表皮。羊以绵羊最易感,家禽以鸡最易感,猪以4～6周龄最易感。可发生于全年的任何季节,但以春秋两季比较多发,传播很快。病愈的羊能获得终身免疫。

二、临床症状

潜伏期一般为6～8 d,但可短至2～3 d,天冷时可以长达15～20 d。

1.绵羊痘　病初体温升高至41～42℃,精神委顿,食欲不振,脉搏及呼吸加快,间有寒战。手压脊柱时有疼痛表现。眼结膜及鼻黏膜充血发炎。此时称为疾病的前驱期,持续1～2 d。特征为在无毛区或少毛区发生红色圆形斑点,在斑点上很快形成结节,呈圆锥形丘疹。丘疹内部逐渐充满浆液性的内容物变成水疱。水疱内容物经过2～3 d变为脓性,即转为脓疱期。脓疱逐渐破裂,变为痂,称为结痂期。经过4～6 d脱落,遗留红色瘢痕,称为落痂期。

2.山羊痘　在病程上和绵羊痘相似,但病变常局限在乳房部(图12-25),少数病羊可蔓延到嘴唇或齿龈。

恶性型的山羊痘表现为体温升高达41～42℃,精神委顿,食欲消失,脉搏增速,呼吸困难。结膜潮红充血,眼睑肿胀。鼻腔流出浆液脓性分泌物,经过1～3 d,全身皮肤的表面出现黄豆、绿豆或蚕豆大的红色斑疹(图12-26)。经过2～3 d形成水疱,由斑疹过渡到疱疹持续5～6 d。9～10 d,疱疹变为脓性,随后即干涸脱落,最后形成瘢痕。

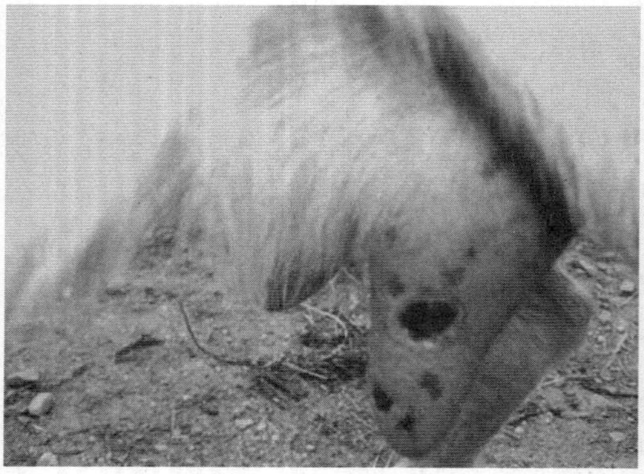

图12-25　乳房上的痘疹

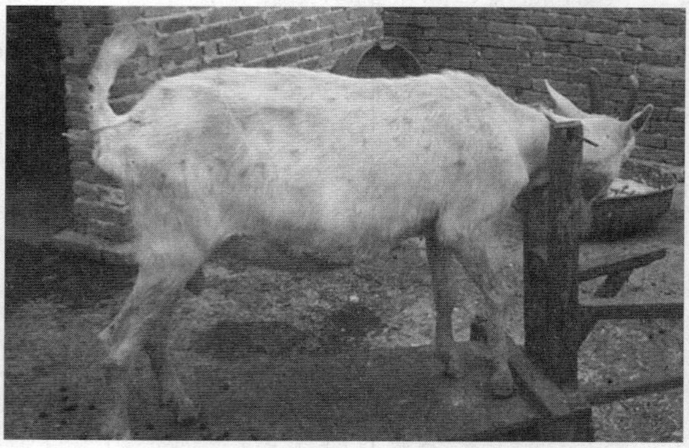

图12-26　全身布满斑疹

3.猪痘　体温升高,精神、食欲不振,痘疹主要发生于下腹部、四肢内侧以及背部或体侧部等处。开始为深红色的硬结节,突出于皮肤表面,略呈半球状,表面平整,后转为脓疱,结成棕黄色痂块,脱落后遗留白色斑块而痊愈,病程10～15 d。

4.禽痘

皮肤型:以头部皮肤多发,有时见于腿、脚、泄殖腔和翅内侧,形成一种特殊的痘疹。起初出现麸皮样覆盖物,继而形成灰白色小结,很快增大,略发黄,相互融合,最后变为棕黑色痘痂,经 20～30 d 脱落。一般无全身症状。

黏膜型：也称白喉型。起初流鼻液，有的流泪，2～3 d 后在口腔和咽喉黏膜上出现灰黄色小斑点，很快扩展，形成假膜，如用镊子撕去，则露出溃疡灶，全身症状明显，采食与呼吸发生障碍。

混合型：皮肤和黏膜均被侵害。

三、病理变化

特征性的病理变化主要见于皮肤及黏膜，可见红斑、丘疹、脓疱等。黏膜型禽痘可见口腔、咽喉等处黏膜发生痘疹，初为圆形黄色斑点，逐渐扩大融合成一片黄白色假膜，撕下后留下溃疡灶。

四、诊断

典型病例根据症状、病变和流行特征即可诊断。非典型病例可采集痘疹组织涂片，用莫洛佐夫镀银染色法染色，或用血清学诊断、PCR 确诊。

五、防治

(1)平时加强饲养管理，引进羊只时需严格检疫。

(2)定期进行预防注射。

(3)一旦发病，应认真施行隔离、封锁和消毒，并采取预防措施。

实训操作 12-6　痘病的诊断技术

一、实训目的和要求

学习禽痘的实验室诊断技术；学习羊痘的实验室诊断技术。

二、实训材料和器械

典型羊痘病例、禽痘病例，鸡胚，雏鸡，莫洛佐夫染色液，显微镜，香柏油等。

三、实训内容

(一)禽痘诊断

1.动物试验　取典型禽痘病例的痘痂或假膜制备 1∶5 生理盐水悬液，离心取上清，加双抗后划痕接种于雏鸡冠部或腿部，观察 5～7 d。如出现典型鸡痘，即感染成功，可确认为禽痘。

2.中和试验　将易感雏鸡，每组 10 羽分成三组。第一组划痕接种可疑痘痂生理盐水病料；第二组将可疑禽痘病料先与抗禽痘病毒阳性抗血清中和 60 min 后，再同样划痕接种雏鸡；第三组划痕接种无菌生理盐水为空白对照。如第一组感染有典型禽痘，第二组和第三组均无痘疹出现即可确诊为禽痘。

(二)羊痘诊断

1.染色镜检　采取新形成的丘疹作切面，在载玻片上轻轻涂抹，用莫洛佐夫镀银染色法染色，在显微镜下观察，可见散在或成双、成堆的黑色或暗褐色圆形小颗粒——巴信氏小体。根据典型特征性临床表现：在少毛或无毛的皮肤上形成红斑—丘疹—水疱—脓疱—结痂等临床病理过程，再结合剖检所见，特别是经过病理组织学检查，发现巴信氏小体，最后确诊为山羊痘。

2. 中和试验　将易感羊每组 1 只分成三组。第一组划痕接种可疑痘痂生理盐水病料；第二组将可疑病料先与抗羊痘病毒阳性抗血清中和 60 min 后，再同样划痕接种羊；第三组划痕接种无菌生理盐水为空白对照。如第一组感染有典型羊痘，第二组和第三组均无痘疹出现即可确诊为羊痘。

四、实训作业

记录实训过程和结果，分析实验结果及原因，写出实训报告。

【自测训练】

1. 简述布鲁氏菌病的流行病学、临床症状、病理变化与防治措施。
2. 多杀性巴氏杆菌能引起哪些疾病？
3. 不同阶段仔猪感染大肠杆菌，能引发什么疾病？其流行病学特点有哪些？
4. 简述鸡白痢的流行病学、临床症状。
5. 简述禽流感的病理变化以及防治措施。
6. 简述口蹄疫的流行病学特点。
7. 说明大肠杆菌与沙门氏菌的鉴别方法。

项目 13　猪的主要传染病

【知识目标】

- 掌握猪瘟、猪蓝耳病等主要猪传染病的流行病学；
- 掌握猪瘟、猪蓝耳病等主要猪传染病的临床症状；
- 掌握猪瘟、猪蓝耳病等主要猪传染病的病理变化；
- 掌握猪瘟、猪蓝耳病等主要猪传染病的防治措施。

【能力目标】

- 能对猪的常见传染病进行临床病理和实验室诊断；
- 熟悉猪瘟的诊断技术，会猪瘟荧光抗体检测的操作；
- 能利用乳胶凝集试验试剂盒对猪伪狂犬病进行抗体检测；
- 熟悉细菌分离鉴定技术，能对猪链球菌进行微生物学检查。

任务 13-1　猪瘟

猪瘟是由猪瘟病毒引起的猪的一种急性、热性、高度传染性和致死性疾病，特征为高热稽留和小血管壁变性引起广泛出血、梗塞和坏死，具有很高的发病率和死亡率。

一、流行病学

1. 传染源　病猪和带毒猪是最主要的传染源。

2. 传播途径　主要经消化道传播，也可经胎盘垂直传播。

3. 易感动物　猪是本病唯一的自然宿主，不分年龄、性别、品种均易感。

4. 流行特点　本病一年四季均可发生，一般以春、秋较为严重。疾病的流行形式主要取决于猪瘟病毒的毒力。

二、临床症状

根据临床症状和特征，猪瘟可分为急性型、慢性型和迟发型三种类型。

1. 急性型　体温升高呈稽留热，精神沉郁，食欲减退或废绝，先便秘后腹泻，两眼有多量脓性分泌物。

病猪的鼻端、腹下、耳和四肢内侧皮肤及齿龈、唇内、肛门等处黏膜出现针尖状出血点，逐渐发展成出血斑（图 13-1）。哺乳仔猪表现神经症状或倒地抽搐，最终死亡。

2. 慢性型　早期体温升高，精神委顿，食欲不振，便秘和腹泻交替。经几周后体温、食欲和一般状况显著改善，后期重现食欲不振，体温再次升高，直至临死前体温下降。

3. 迟发型　是由低毒力猪瘟病毒持续感染引起怀孕母猪的繁殖障碍。病毒通过胎盘感染胎儿可导致流产（图 13-2）、木乃伊、畸形胎和死胎及弱仔或外表健康的感染仔猪。

图 13-1　皮肤出血

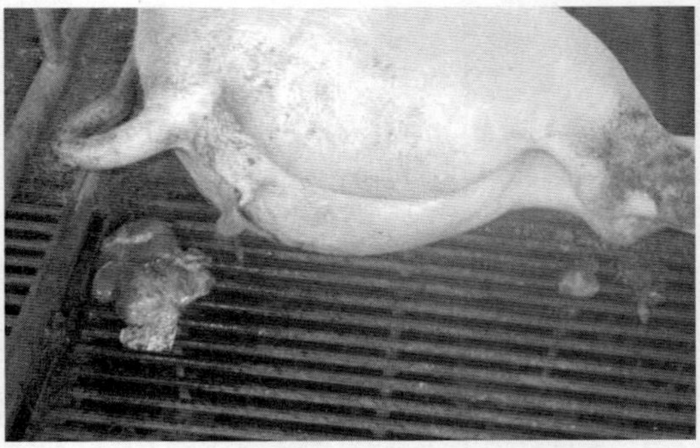

图 13-2　母猪流产

三、病理变化

皮肤、黏膜、浆膜广泛出血。膀胱黏膜(图 13-3)、喉和会厌软骨(图 13-4)、心外膜、胃黏膜、肠系膜、肠浆膜和皮肤呈点状或斑状出血。

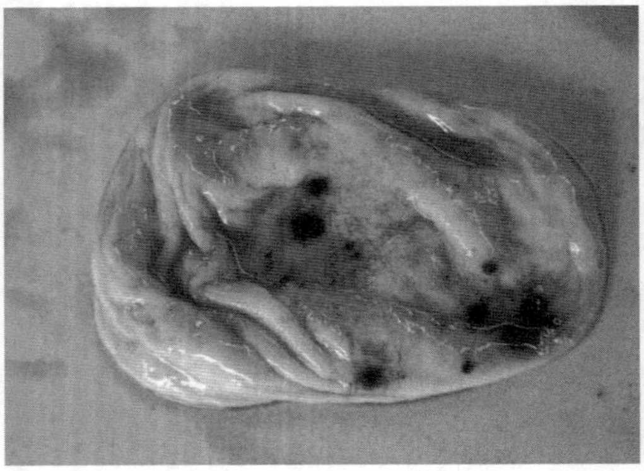

图 13-3　膀胱出血斑

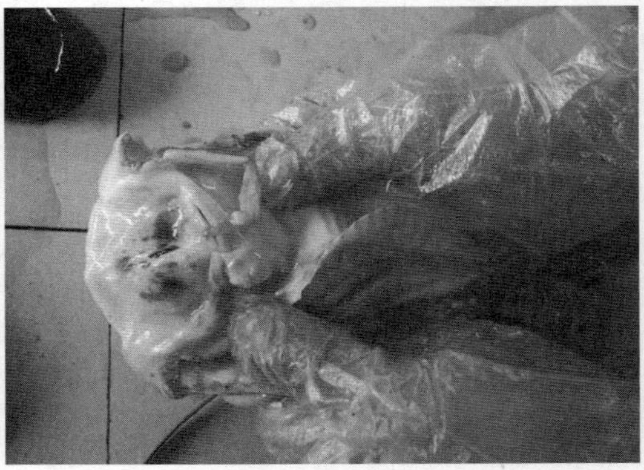

图 13-4　喉头出血斑

全身淋巴结肿胀、水肿和出血,切面呈现红白或红黑相间的大理石样变化(图 13-5)。肾组织被膜下呈点状出血(图 13-6),髓质出血。

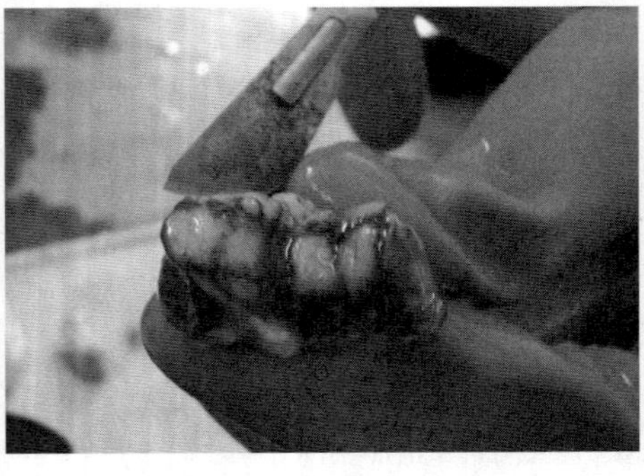

图 13-5　淋巴结边缘出血

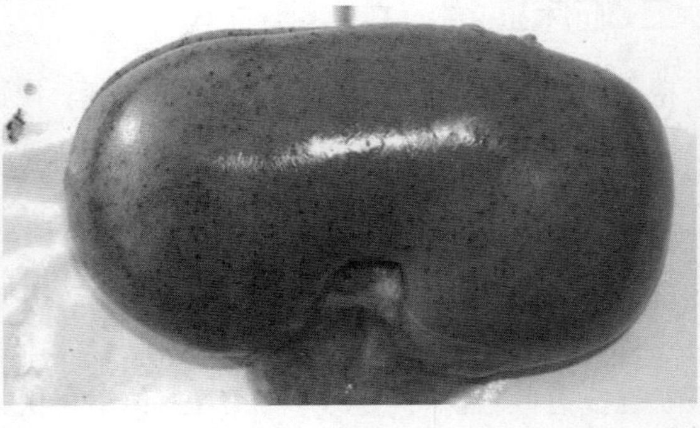

图 13-6　肾脏点状出血

脾脏的梗死，稍高于周围的表面，以边缘多见，呈紫黑色。

扁桃体有炎症，后期坏死，胆囊黏膜出血、坏死、溃疡，盲肠、结肠、回盲口附近黏膜坏死，最初滤泡炎症、坏死、溃疡，表面有痂样覆盖，中央凹，周围凸起，形成扣状溃疡，而且形成轮状坏死。

在脑膜、脑实质有出血现象，显微变化呈非化脓性脑炎。

四、诊断

典型急性猪瘟，根据流行病学、临床症状和病理变化等可比较容易地做出初步的临床诊断。慢性或迟发型猪瘟，做出临床诊断比较困难，这时必须采取实验室诊断措施。

五、防治

(1)坚持自繁自养的原则，对引进猪隔离观察 2～3 周，确认健康后方可混群。

(2)坚持以预防接种为主的综合性防治措施，能有效地控制猪瘟的发生和流行。

(3)发生疫情后要采取紧急措施。

实训操作 13-1　猪瘟的诊断技术

一、实训目的和要求

掌握猪瘟兔体交互免疫试验的操作方法及判定标准；能独立进行猪瘟荧光抗体检测的操作，并正确使用荧光显微镜进行观测。

二、实训材料和器械

家兔，疑似猪瘟的新鲜病料，剪刀，镊子，滤纸，手术刀片，冰冻切片机，荧光显微镜，饱和湿度箱，煮沸消毒锅，蓝芯玻璃注射器(1 mL)，体温计，试管，离心机，冰箱，细玻棒，载玻片，盖玻片，染色缸，灭菌乳钵，注射器，甘油缓冲液，PBS(磷酸盐缓冲液)，5%吐温-80，3.8%枸橼酸钠液，0.1%伊文思蓝溶液，冷丙酮，阿拉伯胶液，1% $NaNO_3$，0.012 5 mol/L Tris-HCl 缓冲液，DAB(3,3-二氨基联苯胺四盐酸盐)，青霉素，猪瘟兔化弱毒冻干疫苗，猪瘟荧光抗体，猪瘟酶标抗体(冻干)。

三、实训内容

1. 临床综合诊断　体温升高到 40.5～41℃，呈稽留热，有脓性结膜炎，病初便秘，后腹泻；在病猪耳后、腹部、四肢内侧等毛稀皮薄处，出现大小不等的红点或红斑，指压不褪色；公猪有包皮发炎，用手挤压时，有恶臭混浊液体射出；急性病例，多在 1 周左右死亡，死亡率可达 60%～80%；小猪有神经症状；慢性病例，体温时高时低，食欲时好时坏，便秘与腹泻交替发生，病猪明显消瘦，步态不稳，一般病程可达 20 d 或以上，死亡居多。

剖检皮肤或皮下有出血点；下颌、颈部、鼠蹊、内脏淋巴结肿大，呈暗红色，切面周边出血；肾脏色淡，不肿大，有数量不等的小出血点；脾脏边缘梗死；喉头黏膜、会厌软骨、膀胱黏膜、心外膜、肺及肠浆膜、黏膜有出血。慢性病猪特征性变化是盲肠、结肠及回盲口处黏膜上形成扣状溃疡。

2. 兔体交互免疫试验

(1)选择健康、体重 1.5 kg 以上、未做过猪瘟试验的家兔 4 只,分成 2 组,试验前连续测温 3 d,每天 3 次,间隔 8 h,体温正常者可使用。

(2)采可疑病猪的淋巴结和脾脏等病料制成 1∶10 悬液,取上清液加青霉素、链霉素至最终浓度 500 IU/mL 后,给试验组肌肉注射,每头 5 mL。如用血液需加抗凝剂,每头接种 2 mL。另一组不注射,作对照。

(3)继续测温,每隔 6 h 测温一次,连续 3 d。

(4)7 d 后,用猪瘟兔化弱毒 1∶(20～50)的清液 1 mL 静脉注射,每隔 6 h 测温一次,连续 3 d。第二组也同时作同样处理,供对照。

(5)记录体温,根据发生的热反应,进行诊断(表 13-1)。

表 13-1 兔体交互免疫试验结果判定

接种病料后体温反应	接种猪瘟兔化弱毒后体温反应	结果判定
−	−	含猪瘟病毒
−	+	不含猪瘟病毒
+	−	含猪瘟兔化弱毒
+	+	含非猪瘟病毒热源性物质

①如试验组接种病料后无热反应,后来接种猪瘟兔化弱毒也不发生热反应,则为猪瘟。因一般猪瘟病毒不能使兔发生热反应,但可使之产生免疫力。

②如试验组接种病料后有热反应,后来接种猪瘟兔化弱毒不发生热反应,则表明病料中含有猪瘟兔化弱毒。

③如试验组接种病料后无热反应,后来接种猪瘟兔化弱毒发生热反应,或接种病料后有热反应,后来对猪瘟兔化弱毒又发生热反应,都不是猪瘟。

3. 荧光抗体检查法

(1)用猪扁桃体采样器采取猪瘟活体扁桃体,或取淋巴结、脾、其他组织,用滤纸吸干上面的液体。

(2)取灭菌干燥载玻片一块,将组织小片切面触压玻片,做成压印片,置于室温内干燥,或用所采的病理组织,做成切片,吹干后,滴加冷丙酮数滴,置于−20℃固定 15～20 min。

(3)用磷酸盐缓冲液(PBS)洗,阴干。

(4)滴上标记荧光抗体,置 37℃饱和湿度箱内处理 10～30 min。

(5)用 pH 7.2 的 PBS 漂洗 3 次,每次 5～10 min。

(6)干后,滴上甘油缓冲液数滴,加盖玻片封闭,用荧光显微镜检查。

(7)如胞浆内有弥散性、絮状或点状的亮黄绿色荧光,为猪瘟;如仅见暗绿或灰蓝色,则不是猪瘟。

(8)对照试验用已知猪瘟病毒材料压印片,先用抗猪瘟血清处理,然后用猪瘟荧光抗体处理。如上检查,应不出现猪瘟病毒感染的特异荧光。

(9)标本染色和漂洗后,如浸泡于含有 5%吐温-80 的 pH 7.3 0.01 mol/L PBS 中 1 h 以

上，可除去非特异染色，晾干后，用 0.1%伊文思蓝溶液复染 15～30 s，检查判定同上。

四、实训作业

1. 撰写实训报告，分析兔体交互免疫试验可能出现的问题。
2. 分析猪瘟荧光抗体检查法出现假阳性可能的原因。

任务 13-2　猪繁殖与呼吸障碍综合征

猪繁殖与呼吸障碍综合征(PRRS)是由猪繁殖与呼吸障碍综合征病毒(PRRSV)引起的一种以母猪繁殖障碍、仔猪和育成猪呼吸道症状及高死亡率为主要特征的传染病。其临床主要特征为母猪厌食，发热，怀孕后期发生流产、死胎和木乃伊胎；新生仔猪表现为呼吸道症状、神经症状和高死亡率；育肥猪主要表现呼吸道症状，因为部分发病猪表现耳尖发蓝紫，本病又称蓝耳病。

1987—1988 年该病最早在美国猪群发现，2006 年夏季其变异毒株引起的“高热综合征”在我国暴发，成为危害我国养猪业的新疫病之一，我国将其称为“高致病性蓝耳病”，并列入一类疫病。

一、流行病学

1. 传染源　病猪和带毒猪是本病的主要传染源。感染母猪有明显排毒，公猪可通过含有病毒的精液传染母猪。

2. 传播途径　本病毒可经多种途径传播，其中主要经呼吸道感染，肺是蓝耳病的原发性靶器官。空气传播是本病的主要传播方式。公猪的精液经生殖道在同猪群间水平传播。本病也可垂直传播，怀孕母猪感染病毒后，经胎盘感染胎儿，造成繁殖障碍。

3. 易感动物　猪是唯一的易感动物，不同年龄、品种和性别的猪均可感染。但以繁殖母猪和 1 月龄以内的仔猪最易感。

4. 流行特点　在新疫区常呈地方流行，老疫区则多为散发。本病传播迅速，在 2～3 个月内一个猪群的 95%以上均变为血清学抗体阳性，并在体内保持 16 个月以上。

本病的发生多呈明显的季节性，尤以寒冷季节多发。饲养管理不完善，防疫制度不健全，猪群密度过大，恶劣的天气条件，可促进本病的流行。

二、临床症状

人工感染潜伏期 4～7 d，自然感染一般为 14 d。

在没有免疫力的猪群呈现明显的流行性感染。早期以厌食和嗜睡为主要特征(图 13-7)。在 3～7 d 内迅速扩散，有些猪停止摄食 1～5 d，经 7～10 d 扩散到其他小群中，常被称为“滚动式厌食”。除了厌食和嗜睡以外，各种年龄猪出现不一致的症状。

图 13-7　猪群嗜睡

1. 繁殖母猪　主要表现为发热、厌食、精神倦怠，出现不同程度的呼吸困难。少数母猪(1%～

5%)耳朵、乳头、外阴、腹部、尾部和腿部发绀。妊娠后期发生流产,早产,产死胎、弱仔、木乃伊胎。还可出现乳汁减少、分娩困难、胎衣不下及阴道分泌物增多、肢体麻痹现象。

2.哺乳仔猪　以2～28日龄感染后症状明显。表现严重的呼吸道症状,如咳嗽、呼吸急促、腹式呼吸,也可出现肌肉震颤,后肢麻痹,共济失调等神经症状,体温升高至40.5～42℃,昏睡,有的仔猪耳紫和躯体末端皮肤发绀,部分仔猪出现眼睑水肿。死亡率高达80%。

3.保育和生长猪　以1～3月龄最易感。表现为体温升高至39.5～42℃,呈稽留热,食欲下降,精神沉郁;呼吸困难,有的腹泻或关节肿胀;皮肤发红,后期耳部、臀部、腹部等部位皮肤发紫(图13-8);也可见猪双眼肿胀,结膜发炎。耐过猪生长缓慢,易继发其他疾病。

4.老龄猪和育肥猪　一般仅出现短时间的食欲缺乏、轻度呼吸系统症状及耳朵皮肤发绀现象(图13-9)。

图13-8　耳部等部位皮肤发紫

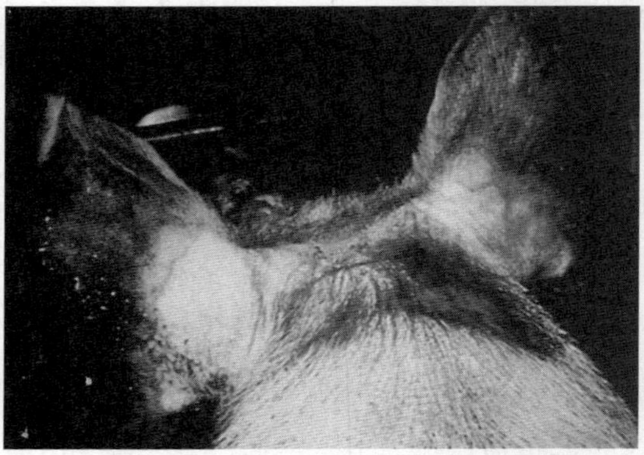

图13-9　耳朵发绀

5.公猪　表现咳嗽,喷嚏,精神沉郁,食欲不振,呼吸急促和运动障碍,性欲减弱,精液质量下降,可以在精液中检查到PRRSV。

三、病理变化

主要病变为肺组织弥漫性间质性肺炎(图13-10),肺脏肿胀、硬变,肺边缘发生弥漫性出血。腹膜、肾周围脂肪、肠系膜淋巴结、皮下脂肪和肌肉发生水肿。淋巴结不同程度的瘀血、出血、肿胀,切面湿润多汁;肺门淋巴结出血、大理石样外观为本病的特征之一。大多数病猪的脾脏呈暗紫色,轻度肿胀。

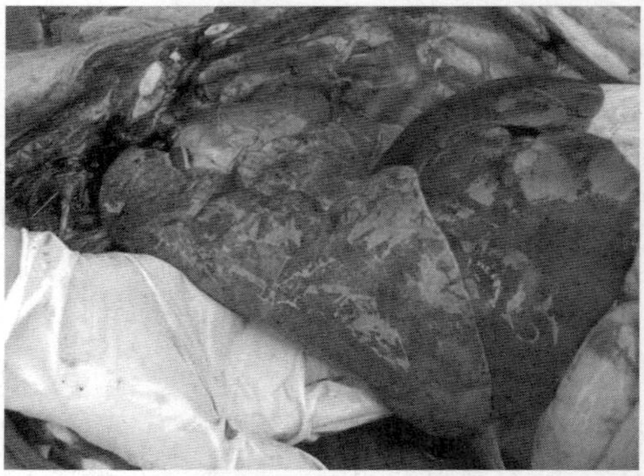

图13-10　间质性肺炎

四、诊断

根据妊娠母猪后期发生流产,新生仔猪死亡率高,2～28日龄仔猪呼吸困难,间质性肺炎,有的仔猪耳紫和躯体末端皮肤发绀,后肢麻痹、共济失调等神经症状,剖检见间质性肺炎可初步做出诊断,但确诊需做实验室诊断。

五、防治

本病目前尚无特效药物。本病流行时可注射抗生素防止细菌继发感染，降低病死率。

对新购入的猪只做好隔离观察，确认健康方可混群饲养。平时应加强饲养管理，定期对种母猪、种公猪进行本病的血清学检测，及时淘汰可疑病猪。

应用疫苗提高机体免疫力，做好健康猪群的免疫。

实训操作 13-2　猪繁殖与呼吸障碍综合征病毒的 RT-PCR 检查技术

一、实训目的和要求

了解和熟悉病毒核酸的分离与 RT-PCR 技术的基本原理；掌握 RT-PCR 的操作方法；了解 RT-PCR 技术的影响因素和应用。

二、实训材料和器械

1. 主要试剂　PCR 诊断试剂盒；反转录酶（M-MLV）及相应缓冲液、焦碳酸二乙酯（DEPC）处理的无菌超纯水、总 RNA 提取试剂盒、氯仿、异丙醇、70%乙醇、RNase（RNA 酶）抑制剂等。

2. 病料　无菌采集典型病例脾脏、肺、淋巴结等，冰冻保存。

3. 引物　以 PRRSV 保守的 ORF7 作为扩增靶区设计并合成一对引物，序列如下：

引物 F：5′------ATG CCA AAT AAC AAC GGC AAGC--------3′

引物 R：5′------TTA ATT TGC ACC CTG ACT G--------------3′

4. 主要设备　微量移液器及吸头、1.5 mL 离心管、PCR 仪、凝胶电泳系统、紫外分析系统。

三、实训内容

1. 病毒核酸（RNA）的提取　选择商品化总 RNA 提取试剂盒完成 PRRSV 基因组 RNA 的分离。操作按 RNA 提取试剂使用说明书进行，步骤如下：

(1)在 1.5 mL 离心管中加入 250 μL 的 PRRSV 细胞培养物和 750 μL 总 RNA 提取试剂，盖上管盖，倒置混匀，室温放置 10 min。

(2)加入 200 μL 氯仿，将匀浆剧烈振荡 15 s，室温静置 5 min 使核蛋白复合体彻底裂解。

(3)4℃ 12 000 r/min 离心 15 min，将上层含 RNA 的水相移入一新管中。为了降低被处于水相和有机相分界处的 DNA 污染的可能性，不要吸取水相的最下层。

(4)加入等体积的异丙醇，充分混匀液体，室温放置 10 min。

(5)4℃ 12 000 r/min 离心 15 min，弃上清，再用 70%的乙醇洗涤沉淀，然后离心，再用吸头彻底吸弃上清，在自然条件下干燥沉淀，溶于适量 DEPC 处理的水中即为提取的总 RNA，可直接用于 RT-PCR，或－80℃贮存备用。

2.病毒 cDNA 第一链的合成(反转录)　步骤如下：

在 0.2 mL 的薄壁管中,依次加入 5 倍反转录缓冲液(5×RT buffer) 2 μL;10 mmol 脱氧核糖核苷三磷酸(dNTP) 1 μL;十五个胸腺嘧啶寡链(oligodT 15) 1 μL;RNase 抑制物 0.5 μL;总 RNA 4.5 μL;200 U/μL M-MLV 1 μL,总体积 10 μL。

反应条件:42℃ 30 min;99℃ 5 min;5℃ 5 min。

3.PCR 扩增　根据扩增目的,选择引物 F 与引物 R,按 PCR 试剂盒使用说明进行,步骤如下:

(1)按以下次序将各成分加入 0.5 mL 灭菌 Eppendorf 管中。

双蒸灭菌水	13 μL
反转录产物	5 μL
引物 F(25 pmol/μL)	1 μL
引物 R(25 pmol/μL)	1 μL
10×PCR buffer	5 μL
2×PCR 预混液	25 μL
总反应体系	50 μL

注意首先加入双蒸灭菌水,然后再按照顺序逐一加入上述成分,每一次要加入到液面下。

(2)全部加完后,混悬,瞬时离心,使液体都沉降到 Eppendorf 管底。

(3)在 PCR 扩增仪上执行如下反应程序:94℃ 30 s、50℃ 45 s、72℃ 1 min,30 个循环,最后 72℃延伸 10 min,16℃终止反应。可根据扩增目的基因的不同,选择不同循环参数。

4.电泳检测

(1)将倒胶槽两端用透明胶带封闭并放置在水平的台面上,放好梳板,使梳板齿下沿距倒胶槽板 1 mm。

(2)配制 1.0%的琼脂糖凝胶,加热煮沸再冷却至 60℃左右时,加入 100 μL 0.5 mg/mL 的 EB 液,充分混匀。倒胶至倒胶槽内,使厚度为 3～5 mm,排除气泡后待胶完全凝固。

(3)将胶置电泳槽中,加入 1×TAE 电泳缓冲液使其没过胶面 2～3 mm,轻轻拔出梳板。

(4)取 2 μL 上样缓冲液于 Parafilm 膜上,加入 PCR 产物 5 μL,混匀后,加入点样孔中,不要溢出孔外。同时设 DNA 分子大小标准。

(5)样品在负极端,接通电源,5 V/cm 恒压电泳 30～60 min 即可。

(6)电泳结束,关闭电泳仪电源,取出倒胶槽,将电泳完毕的琼脂糖凝胶放在波长 300 nm 紫外灯下观察,可见橘红色明亮带,根据电泳条带的位置判断结果。

5.结果判定　在阳性对照孔出现相应扩增带、阴性对照孔无此扩增带时判定结果。若样品扩增带与阳性对照扩增带处于同一位置,则判定为 PRRSV 阳性,否则判定为阴性。

四、实训作业

你所做的 RT-PCR 试验阳性对照是否出现相应扩增带?如果有扩增带,请对你的试验结果进行描述。如果失败,请分析其原因。

任务 13-3　伪狂犬病

本病是由伪狂犬病病毒引起的一种急性传染病。新生仔猪表现高热、神经症状，还可侵害消化系统。成年猪常为隐性感染，妊娠母猪感染后可引起流产、死胎及呼吸道症状。本病也可以发生于其他家畜和野生动物，表现为奇痒。

伪狂犬病病毒在全世界广泛分布。我国 1948 年首次报道本病，目前猪伪狂犬病在我国养猪地区均有发生，成为养猪业常见传染病之一。

一、流行病学

1. 传染源　病猪、带毒猪及带毒鼠类是本病的主要传染源。潜伏感染的动物可终身带毒，排毒与否与应激、免疫力下降等因素有关。

2. 传播途径　主要经消化道和呼吸道传播，通过吸入带毒的飞沫或采食污染的饲料和饮水而感染。妊娠母猪感染后病毒可侵入子宫经胎盘侵害胎儿，造成流产、死胎、木乃伊胎等。此外，通过破损的皮肤、公猪精液均可传播病毒。

3. 易感动物　猪是伪狂犬病病毒的贮存宿主，其他如牛、羊、犬、猫、鼠等多种动物都可自然感染，许多野生动物如水貂、雪貂、北极熊、狐狸等也可感染发病。

4. 流行特点　本病的发生具有一定的季节性，多发生在寒冷的季节，但其他季节也有发生，这是因为低温有利于病毒的存活。新生仔猪病死率可达 100%，断奶仔猪发病率 20%～40%，死亡率为 10%～20%。

二、临床症状

本病潜伏期一般 3～5 d。临床症状随年龄增长有差异。

2 周龄以内哺乳仔猪，病初发热，呕吐，下痢，眼睑和嘴角水肿，厌食，精神不振，呼吸困难，呈腹式呼吸，继而出现神经症状，共济失调(图 13-11)，腹部有粟粒大紫色斑点，甚至全身发紫，最后衰竭而死。

3～4 周龄猪主要症状同上，病程略长，多便秘，病死率可达 40%～60%。部分耐过猪常有后遗症，如偏瘫和发育受阻。

2 月龄以上猪，症状轻微或隐性感染，但可引起呼吸道症状。表现一过性发热、咳嗽、便秘，有的病猪呕吐，多在 3～4 d 恢复。如体温继续升高，病猪出现神经症状，震颤、共济失调，头向上抬(图 13-12)，背拱起，倒地后四肢痉挛，间歇性发作。

图 13-11　神经症状，共济失调

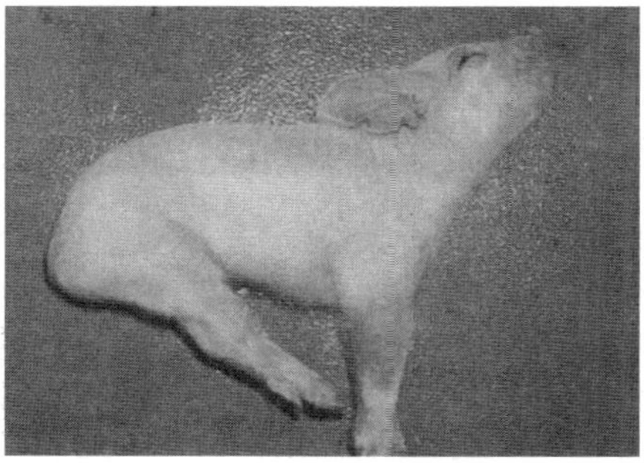

图 13-12　共济失调，头向上抬

母猪表现为返情，屡配不孕。怀孕母猪表现咳嗽、发热、精神不振，接着发生流产、产木乃伊胎、死胎和弱仔，这些弱仔猪 1～2 d 内出现呕吐和腹泻，运动失调，痉挛，角弓反张，通常在 24～36 h 内死亡。种公猪表现为睾丸肿胀、萎缩，丧失种用能力。

三、病理变化

一般无特征性病理变化。新生仔猪主要是肾脏布满针尖样出血点（图 13-13），肺水肿、有小叶性间质性肺炎，如有神经症状，则脑膜明显充血、出血（图 13-14）和水肿，脑脊液增多。扁桃体和脾均有散在白色坏死点。胃黏膜有卡他性炎症，胃底黏膜出血。流产胎儿的脑和臀部皮肤有出血点，肾和心肌出血，肝和脾有灰白色坏死灶。

图 13-13　肾脏点状出血

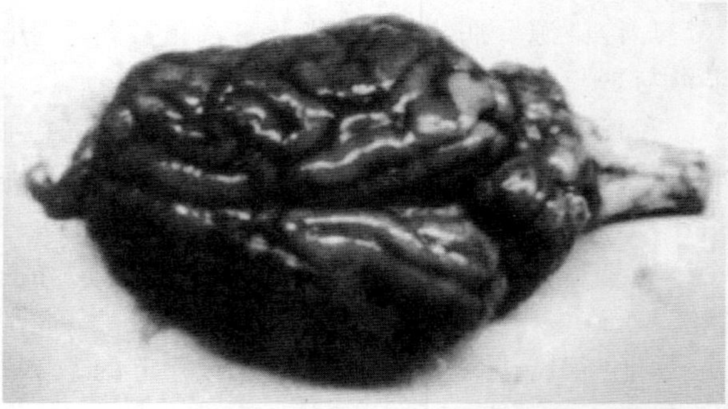

图 13-14　大脑出血

组织变化见弥漫性非化脓性脑膜炎，有明显血管套和胶质细胞坏死。在鼻咽黏膜，脾和淋巴结的淋巴细胞内有核内包涵体。

四、诊断

根据病畜临床症状，以及流行病学资料分析，可初步诊断为本病。诊断要点为：哺乳仔猪病死率高，且年龄越小，病死率越高；仔猪发病多见呕吐、腹泻及神经症状，随年龄的增长，神经症状出现减少，猪群中呼吸系统症状增加；妊娠母猪流产、死胎或延迟分娩。确诊本病必须进行实验室检查。

五、防治

本病目前无特效治疗药物，对感染发病猪早期可注射猪伪狂犬病高免血清，它对断奶仔猪有明显效果，同时应用中药制剂黄芪多糖配合治疗。对未发病受威胁猪进行紧急免疫接种。

对新引进的猪要进行严格的检疫，防止野毒引入健康动物群。引进后要隔离观察、抽血检验，对野毒阳性猪应及时淘汰。

做好免疫接种和检疫工作：猪伪狂犬基因缺失苗已经研制成功，可以区别疫苗抗体和野毒感染抗体，在日常免疫时免疫基因缺失苗，在检疫时检测伪狂犬野毒抗体，对野毒抗体阳性猪只一律淘汰，努力建立猪伪狂犬阴性猪群。常规免疫一般一年做 3～4 次普免，新生仔猪 3 日龄内滴鼻首免，断奶后再加强一次。

在猪场内要进行严格的灭鼠措施，消灭鼠类带毒传播疾病的危险。严格控制犬、猫、鸟类和其他禽类进入猪场，严格控制人员的来往。

实训操作 13-3　猪伪狂犬病的诊断技术

一、实训目的和要求

掌握猪伪狂犬病乳胶凝集试验检测抗体的操作方法及判定标准；能独立进行猪伪狂犬病琼脂扩散试验的操作，并正确判定结果；能独立进行猪伪狂犬病动物攻毒试验的操作，并正确判定结果。

二、实训材料和器械

1. 试剂和材料　猪伪狂犬乳胶凝集抗原，伪狂犬病琼脂扩散抗原，伪狂犬病阳性血清、阴性血清、稀释液，阿氏液，磷酸盐缓冲生理盐水（PBS），Tris-HCl 缓冲液（Tris 6.5 g，NaCl 2.9 g，NaN_3 0.2 g，蒸馏水 1 000 mL，用 HCl 调 pH 为 7.2），琼脂粉，培养皿，玻片，96 孔血凝板，微量移液器，微量振荡器，恒温箱等。

2. 动物　健康青年大耳白兔两只。

三、实训内容

1. 乳胶凝集试验　待检血清用稀释液做倍比稀释后，各取 15 μL 与等量乳胶凝集抗原在洁净干燥的玻片上用竹签搅拌充分混合，室温反应 3～5 min 后观察结果（图 13-15），可能出现以下几种凝集现象。

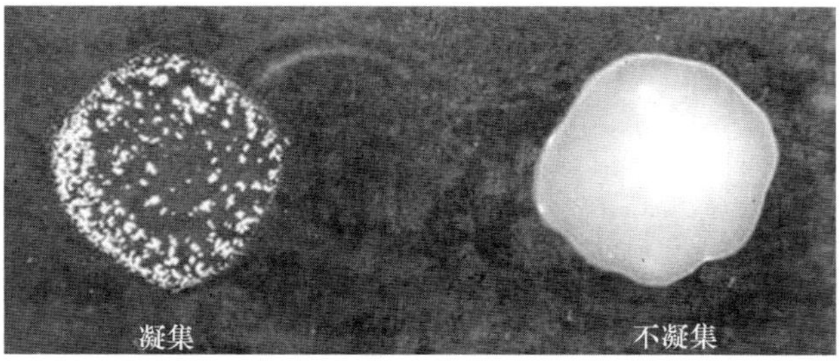

图 13-15　乳胶凝集试验

100％凝集：混合液透亮，出现大的凝集块；

75％凝集：混合液几乎透明，出现大的凝集块；

50％凝集：混合液半透明，凝集颗粒细；

25％凝集：混合液混浊，有少量凝集颗粒；

无凝集：混合液混浊，无凝集颗粒出现。

以 50％凝集的血清最高稀释度为该血清的凝集价，血清凝集价 $\geqslant 1:2^3$ 判为伪狂犬抗体阳性，血清凝集价 $<1:2^3$ 为阴性。如为阴性，可用微量中和试验进一步检测。

2. 琼脂扩散试验

（1）1％琼脂板制作　将 1 g 琼脂粉溶于 100 mL Tris-HCl（pH 7.2）缓冲液中，趁热倾注于培养皿中，厚度 2～3 mm，待冷却后，打孔（中央一孔，周围 6 孔，呈梅花状），孔径 2 mm，周围孔间距 2 mm，周围孔与中央孔间距 4～6 mm，用酒精灯微热封底。

（2）加样　将琼脂扩散抗原加到中央孔中，周围孔加灭活待检血清，设阴性血清和阳性血清对照。置湿盒 37℃作用 24～48 h 后观察结果。

（3）结果判定　在抗原孔与待检血清孔之间出现白色沉淀线，可判为阳性；如待检血清抗体水平较低，可以观察到与待检血清相邻的阳性血清沉淀线末端向抗原弯曲。阴性血清与抗原孔之间没有沉淀线。

3. 动物攻毒试验

（1）病料处理　取可疑猪伪狂犬典型病料，匀浆后配成 1∶5 生理盐水悬液，反复冻融三次后，15 000 r/min 离心 15～20 min，取上清加青、链霉素（双抗）至终浓度各 1 000 IU，经直径 0.22 μm 孔径细菌滤器过滤后，置 4℃备用。

（2）实验动物攻毒　青年健康大耳白兔两只，一只在颈部皮下注射可疑伪狂犬病病料处理液 1 mL；另一只在颈部皮下注射无菌生理盐水 1 mL。两只兔隔离饲养，同时进行同样饲喂，每天观察结果。

（3）结果判断　观察 1 周内，如病料中有猪伪狂犬病病毒，则攻毒兔将在注射病料部位出现剧烈瘙痒，而导致兔用嘴咬或前肢抓注射部位，直至衰竭死亡（图 13-16）；而对照兔没有反应，则表明病料中有伪狂犬病病毒。若攻毒兔与对照兔均无反应，则证明病料中没有伪狂犬病病毒。如果注射生理盐水兔也发病死亡，则本试验不成立，需重新挑选健康青年兔重新攻毒。

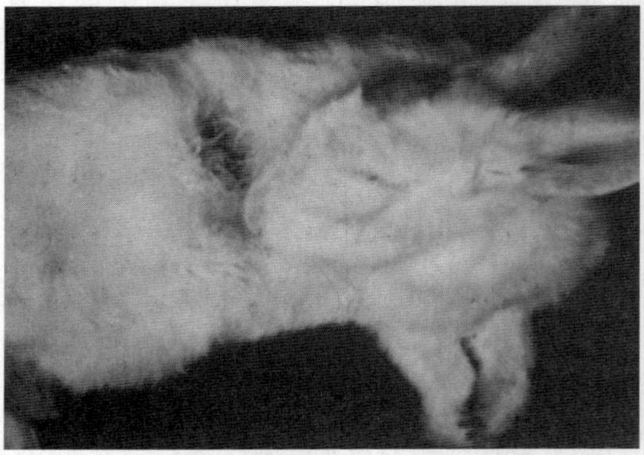

图 13-16　伪狂犬病病料攻毒试验

四、实训作业

撰写伪狂犬病抗体测定报告。

任务 13-4　猪圆环病毒感染

猪圆环病毒感染是由猪圆环病毒 2 型（PCV-2）引起的一种新型传染病，可引起断奶仔猪多系统衰竭综合征（PMWS）、皮炎肾病综合征和母猪繁殖障碍等多种病症，还可以导致猪群免疫抑制，从而容易继发或并发其他传染病。

本病于 1991 年在加拿大发现，1996 年加拿大暴发该病，以后美国、西班牙、法国、意大利、德国、丹麦、荷兰、北爱尔兰、英国、墨西哥、日本和中国等国家先后报道其猪群中有 PMWS 存在。本病给养猪业带来很大的经济损失，已引起世界各国的广泛重视。

一、流行病学

1. 传染源　病猪和带毒猪以及公猪精液、流产的胎儿均是本病的传染源，病毒主要存在于病猪的呼吸道、肺脏、脾和淋巴结中，随粪便、鼻腔分泌物排出体外。

2. 传播途径　本病可通过水平和垂直两种方式传播。可经口腔、呼吸道途径感染不同年龄的猪，也可经公猪精液感染。怀孕母猪感染 PCV-2 后，可经胎盘垂直传播给仔猪。

3. 易感动物　可见于 6～16 周龄的仔猪，而 8～12 周龄的仔猪最常见。

4. 流行特点　猪群中血清阳性率常高达 20%～80%。猪群发病率 3%～50%，死亡率 8%～50%不等。

PCV-2 常与 PRRSV、猪肺炎支原体、多杀性巴氏杆菌、猪链球菌、副猪嗜血杆菌、沙门氏菌以及伪狂犬病病毒混合感染，使病情加重。

二、临床症状

1. 断奶仔猪多系统衰竭综合征　常发生于保育猪和生长期猪。仔猪被毛粗乱，精神沉郁，食欲减退，体温降低、畏冷压堆。病猪呼吸困难，腹式呼吸明显，有呼吸衰竭病状出现；呼吸急促，衰竭无力。患猪腹泻，进行性消瘦（图 13-17），生长不良或停滞，体表淋巴结肿大。皮肤苍白，有时可见黄染。本病发展缓慢，病程长，可持续 12～18 个月。

2. 皮炎肾病综合征　常发生于 12～14 周龄的猪。病猪食欲减退，轻度发热，不愿走动，皮肤出现圆形或不规则形状的隆起，呈现周围红色或紫色而中央为黑色的病灶（图 13-18），病灶通常出现在后躯和腹部，逐渐蔓延到胸部或耳部，融合成条带状和斑块状。

图 13-17　PMWS 仔猪消瘦

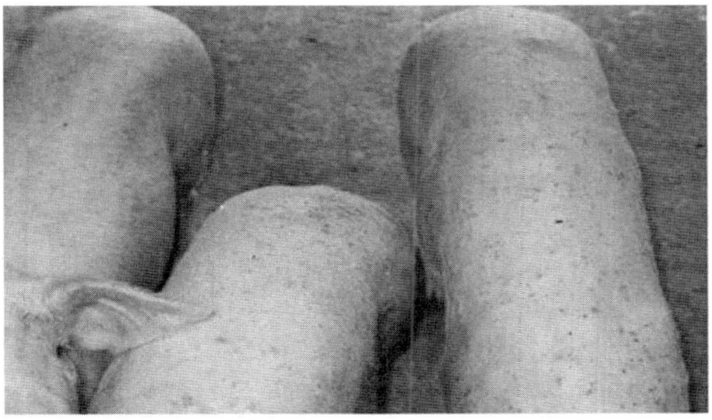

图 13-18　全身皮肤出现红色病灶

3. 繁殖障碍　可发生于不同妊娠阶段，但多见于妊娠后期，表现为流产、产死胎和木乃伊胎。

4. 新生仔猪先天性震颤　全身震颤，无法站立，躺卧后，震颤减轻或停止，再站立又出现症状；有的仔猪仅头颈部震颤或后躯震颤不能站立，如能吃乳，预后良好；病情轻的可运动，体温、脉搏、呼吸均无明显变化，经数小时或数日自愈。本病只从母猪垂直传染给仔猪，不能在仔猪之间传播。

三、病理变化

1. PMWS　主要可见患猪消瘦，皮肤苍白、有时黄染（图 13-19）。脾脏肿大。肾脏有时肿胀苍白，被膜下有白色坏死斑点。肺脏呈弥漫性间质性肺炎，水肿，质地较硬、似橡皮，肺表面呈灰色至褐色的斑驳状外观或肺浆膜面斑点状出血。腹股沟浅淋巴结、肠系膜淋巴结、支气管及纵隔淋巴结等肿胀，切面呈均质白色（图 13-20）。胃肠道不同程度损伤，胃溃疡。盲肠壁增厚，小肠黏膜充血、出血。肝脏发暗，小叶间结缔组织增生。

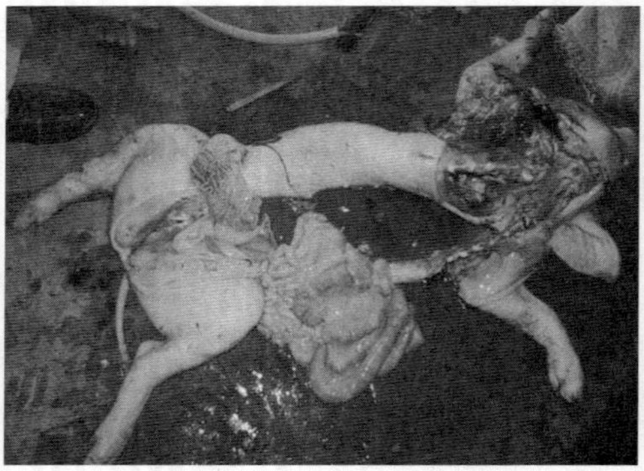

图 13-19　仔猪黄染、贫血

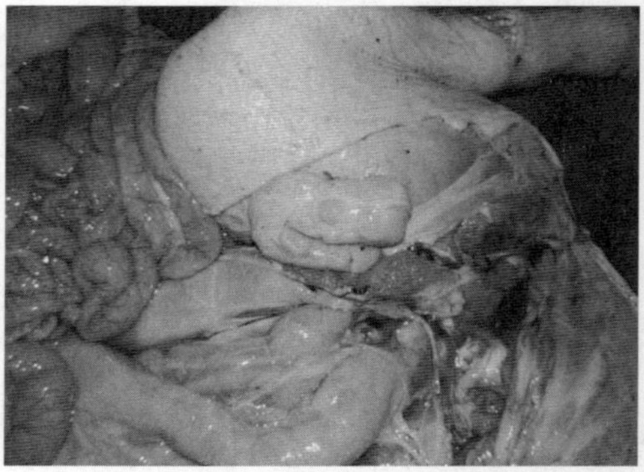

图 13-20　腹股沟浅淋巴结水肿、苍白

2. 皮炎肾病综合征　一般表现为双侧肾肿大、苍白，表面出现白色坏死斑点，皮质红色点状坏死，肾盂水肿。有时可见淋巴结肿大或发红，脾脏肿大并出现梗死。

3. 繁殖障碍　死亡的胎儿表现为明显的心肌肥大和心肌损伤，组织学变化是纤维素性或坏死性心肌炎。

四、诊断

根据流行特点、临床症状及病理变化可做出初步诊断。确诊需进行病毒分离和鉴定、血清学检测和 PCR 等分子生物学检测。

五、防治

目前本病没有有效药物治疗，主要依靠综合性防治措施。

引进种猪时，要注意来源猪场猪群中必须没有 PMWS 的临床症状；加强外部生物安全措施；采用全进全出的饲养模式；降低饲养密度；不要将不同日龄的猪混群饲养；减少应激；尽可能保持猪群稳定的免疫状态；加强免疫接种和药物预防等工作，预防并发和继发感染。

由于猪圆环病毒增殖滴度不高的原因，目前该病疫苗多数为亚单位疫苗或全病毒灭活浓缩苗，免疫原性相对较差。因此，综合防控措施仍是预防本病的关键。

实训操作 13-4　猪圆环病毒 IgG/IgM 检测及病毒感染分析

一、实训目的和要求

掌握猪圆环病毒 2 型（PCV-2）IgG/IgM 检测操作方法及判定标准；能独立地根据猪群 IgG 与 IgM 水平比较，进行病毒感染分析。

二、实训材料和器械

北京测迪猪圆环病毒 IgG/IgM 检测试剂盒，无菌超纯水，猪待检血清若干份，不同量程的微量移液器及相应吸头，1.5 mL 离心管，酶标仪等。

三、实训原理

该试剂盒的原理是捕获酶联免疫试验，在不同的酶标板上包被针对猪 IgM 和 IgG 的两种特异性单抗。当加入猪血清时，样品中存在的 IgM 和 IgG 就会和吸附在板上的单抗结合。洗去血清样品中没有结合的物质后，加入病毒抗原(重组空质粒)。如果猪血清中含有 PCV 特异性的 IgM 和/或 IgG，病毒抗原就会被捕获。洗涤后加入 PCV-2 特异性的酶标单抗。再次洗涤后加入底物，出现的颜色反应用酶标仪测定。出现颜色表明猪血清中存在病毒特异性的 IgG 或 IgM；不出现颜色表明不存在特异性的抗体。

在病毒感染猪体时，猪体的免疫系统首先产生 IgM，在 IgM 达到高峰时，IgG 才开始产生；当 IgM 水平下降至快消失时，IgG 达到高峰。所以根据 IgG 和 IgM 水平的变化，可了解猪群感染 PCV-2 感染的时期。

四、实训内容

1. 试验前准备

(1)将待检血清用样品稀释液稀释 100 倍。

(2)计算好需要的洗涤液量，将浓缩洗液稀释 25 倍使用。

(3)阳性和阴性血清对照直接使用，不用稀释。一个阳性对照用于 IgM，另一个阳性对照用于 IgG。阴性对照同时用于 IgM 和 IgG。

(4)将酶标结合物用稀释液稀释 100 倍。要求使用前配制，不要提前配制。每次配制需要的用量，用剩的残余液体应丢弃。用前充分混匀稀释后的溶液。

2. 试验步骤

(1)除酶标结合物外，其他所有试剂和酶标板应在使用前恢复到室温。

(2)加 100 μL 稀释后的样品到相应的孔中，加 100 μL IgG 阳性对照、IgM 阳性对照和阴性对照到相应的孔中(阴性对照可用于 IgM 和 IgG 的酶标板，阳性对照必须分别加到 IgM 和 IgG 的酶标板中)。推荐对照和样品都做重复，封板，37℃下孵育 60 min。

(3)按洗涤程序洗板四次。

(4)加 100 μL 抗原到每孔，封板，37℃下孵育 30 min。

(5)按洗涤程序洗板四次。

(6)加 100 μL 酶标记物到每孔，封板，37℃下孵育 30 min。

(7)按洗涤程序洗板四次。

(8)加 100 μL 底物溶液到每孔，室温孵育 5 min。

(9)加 100 μL 终止液到每孔。

3. 读板　加入终止液后立即在 450 nm 波长下读取光密度值(OD 值)。

4. 结果判定

(1)有效性的确认　当对照 OD 值在以下结果范围内实验有效：IgM 和 IgG 阳性对照血清的 OD 值>0.7，IgM 和 IgG 阴性对照血清的 OD 值<0.3。

(2)结果判定

IgM 的 CUT OFF 值＝IgM 阳性对照血清的 OD 平均值×0.4

IgG 的 CUT OFF 值＝IgG 阳性对照血清的 OD 平均值×0.3

样品值＜CUT OFF 值：样品值 IgM、IgG 滴度均小于或等于 1/100，表示动物为阴性动物，或已经很久不接触病原。

样品值＞CUT OFF 值：应区分以下三种情况：

样品 IgM 值＞IgG 值，表示样品来自病毒正处于活跃感染的猪。

IgG 值＞IgM 值且 IgM 滴度＞1/100，表示样品来自有过近期（1～2 个月前）感染的猪。

IgG 值＞IgM 值且 IgM 滴度≤1/100，表示样品来自以前发生过感染的猪。

五、实训作业

完成猪圆环病毒 IgG/IgM 抗体测定报告。

任务 13-5　仔猪病毒性腹泻

仔猪病毒性腹泻主要有传染性胃肠炎病毒、流行性腹泻病毒等冠状病毒引起的腹泻和轮状病毒引起的仔猪腹泻。本任务主要介绍传染性胃肠炎（TGE）和流行性腹泻（PED），两种病临床症状和病理变化十分相似，也是 2012 年以来养猪业重要的病毒性腹泻疫病。

TGE 是由传染性胃肠炎病毒（TGEV）引起的猪的一种急性高度接触性肠道传染病。以各种年龄猪出现呕吐、严重腹泻和脱水为特征。剖检变化主要是肠道的卡他性炎和小肠黏膜绒毛萎缩。其中 10 日龄以内仔猪病死率很高，可达 100％，5 周龄以上猪的死亡率很低，成年猪几乎没有死亡。

PED 是由猪流行性腹泻病毒（PEDV）引起的猪的一种急性高度接触性肠道传染病，其特征为呕吐、腹泻和脱水。此病从 1978 年以来开始被观察到，呈地方流行性。临床症状和病理变化与 TGE 极为相似，但试验证明 PEDV 与 TGEV 在抗原性上有明显差异。

一、流行病学

1. 传染源　病猪和带毒猪是本病的主要传染来源。

2. 传播途径　主要通过吃入被污染的饲料或饮水经消化道感染。

3. 易感动物　TGEV，各种年龄的猪均可感染发病，以 10 日龄以下的哺乳仔猪发病率和死亡率最高。PED，哺乳仔猪、架子猪或育肥猪的发病率很高，以哺乳仔猪受害最为严重，母猪发病率变动很大，为 15％～90％。

4. 流行特点　我国 TGE 多流行于冬春寒冷季节，发病高峰为 1～2 月。在新发病猪群，一旦发生迅速传播，几乎全部猪均可感染发病，在老疫区则呈地方流行，由于经常产仔和不断补充的易感猪发病，使本病在猪群中常在。PED 呈地方流行性，有一定的季节性，多发生于寒冷季节，我国以 12 月和翌年 1 月发生最多。有流行自限性，一般约 5 周后自行终止。

二、临床症状

（1）TGE　潜伏期一般为 15～18 h。

哺乳仔猪：发病突然，首先呕吐（图 13-21），急剧的水样腹泻，粪水呈黄色或发白。迅速脱水，吃奶减少或停止吃奶，消瘦，于 2～5 d 内死亡（图 13-22）。1 周龄以下的哺乳仔猪死亡率 50％～100％，随着日龄的增加，死亡率降低；病愈仔猪生长发育受阻，成为僵猪。

图 13-21　哺乳仔猪呕吐、腹泻

图 13-22　哺乳仔猪脱水衰竭死亡

断奶仔猪、育肥猪及成年母猪：食欲减退或消失，水样腹泻（图 13-23），粪水呈黄绿、蛋灰或褐色，混有气泡。哺乳母猪泌乳减少或停止，体温升高，呕吐，食欲缺乏，腹泻，3～7 d 病情好转随即恢复，极少发生死亡。但也有的母猪与病仔猪接触，而本身无可见症状。

（2）PED　潜伏期一般为 5～8 d。临床症状与 TGE 相似，只是程度较轻，传播速度也比猪传染性胃肠炎慢得多。

1 周龄内新生仔猪腹泻后 3～4 d 严重脱水而死，死亡率可达 50%，高的达 100%。断奶猪、母猪常精神委顿、持续腹泻，逐渐恢复正常。少数猪恢复后生长发育不良（图 13-24）。

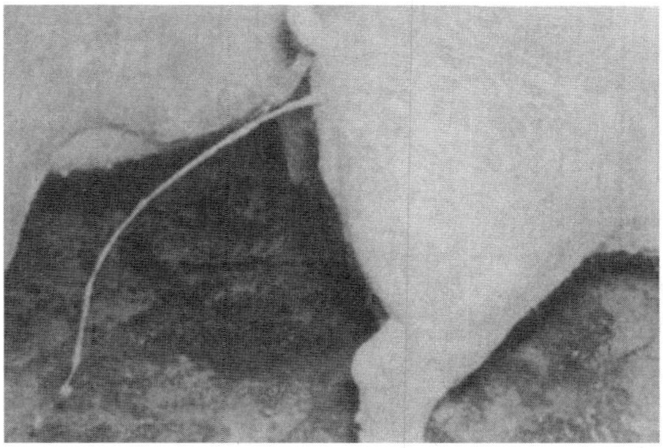

图 13-23　仔猪水样腹泻

图 13-24　仔猪生长发育不良

三、病理变化

尸体脱水明显。眼观病理变化主要在胃和小肠。胃内充满凝乳块，胃底黏膜充血（图 13-25），有时有出血点，小肠肠壁变薄，肠管扩张呈半透明状（图 13-26）。肠内充满液体，含有气泡和凝乳块。在低倍显微镜下观察，可见到空肠绒毛变短、萎缩及上皮细胞变性、坏死和脱落等。肺有不同程度的间质性肺炎。

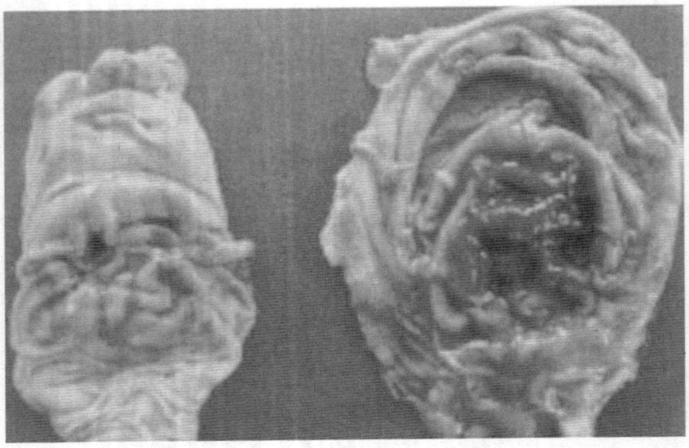

图 13-25　胃底黏膜充血

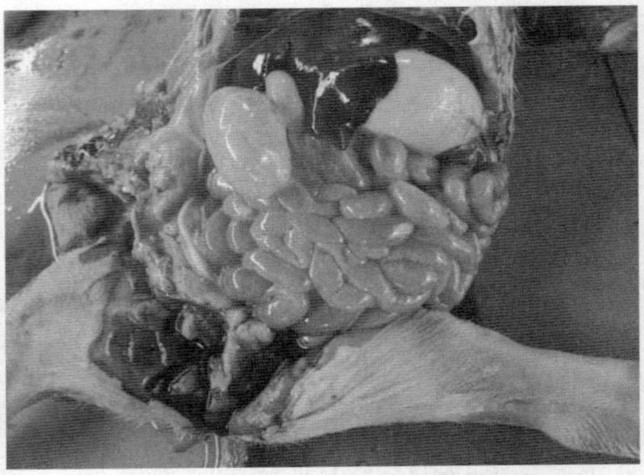

图 13-26　肠管扩张呈半透明状

四、诊断

根据流行病学、临床症状和病理变化进行综合判定可以做出初步诊断。进一步确诊是TEGV还是PEDV,必须进行实验室诊断。

五、防治

1. 治疗　目前尚无特效的药物可供治疗。发病后可采取以下方法进行治疗。

(1)停食或减食,多给清洁水或易消化饲料。

(2)发病初期使用高免血清或免疫球蛋白等生物制剂,均有很好的治疗作用。

(3)让发病猪群自由饮用口服补液盐。

(4) 对重症病猪可用硫酸阿托品注射控制腹泻。

2. 预防　冬季要加强防疫工作,防止本病传入。本病多发区应做好免疫接种工作。

任务 13-6　猪丹毒

猪丹毒是由猪丹毒杆菌引起的一种急性、热性传染病。急性型呈败血症经过,亚急性型在皮肤上出现特异性紫红色疹块,慢性型常发生心内膜炎、关节炎和皮肤坏死。

本病于 1882 年就有报道,呈世界性分布,我国许多地区也存在该病,对养猪业造成的危害很大,经过多年的预防发病率逐渐减少,但最近几年本病又有增加趋势,值得注意。

一、流行病学

1. 传染源　病猪和带毒猪是主要的传染源。其中最重要的带菌者是猪,有 35%～50%健康猪扁桃体和淋巴结中存在猪丹毒杆菌。

2. 传播途径　主要因接触或采食污染的饮水、饲料、加工场废料经消化道感染,此外,损伤皮肤、吸血昆虫也可传播本病。

3. 易感动物　各年龄猪均可感染,以 3 月龄左右的架子猪发病率最高,3 月龄以下和 3 岁以上的猪很少发病,牛、羊、马、犬、鼠、家禽、鸟类等也能感染发病,人类的感染称为类丹毒。

4. 流行特点　本病一年四季均可发生，以夏季炎热、多雨季节流行最盛，5～9 月是流行高峰，多呈地方流行性或散发。寒冷、营养不良等环境和应激因素也影响猪的易感性。

二、临床症状

潜伏期人工感染为 3～5 d，个别短的为 1 d，长的可延至 7 d。

1. 急性败血型　多见于流行初期，以突然暴发为主，死亡率高(图 13-27)。常见精神不振，体温达 42～43℃不退，虚弱，卧地，不食，有时呕吐，结膜充血。后期出现下痢，耳、颈、背皮肤潮红、发紫。病程 3～4 d，病死率 80%左右，不死者转为疹块型或慢性型。

2. 亚急性疹块型　病较轻，发病后 1～2 d 在身体不同部位，尤其是胸侧、背部、颈部至全身出现界限明显，圆形、四边形，有热感的疹块，俗称“打火印”，指压褪色。疹块突出皮肤 2～3 mm，大小一至数厘米，从几个到几十个不等(图 13-28)，先呈淡红色，后变为紫红色，以至黑紫色，干枯后形成棕色痂皮。口渴、便秘、呕吐、体温高，也有不少病猪在发病过程中，症状恶化，转变为败血型而死。病程 1～2 周。

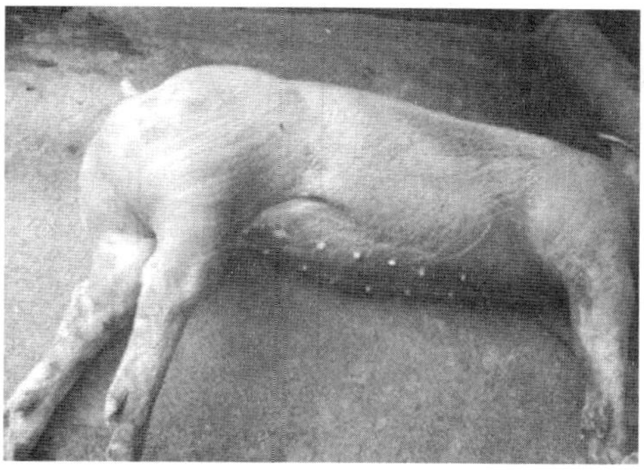

图 13-27　猪丹毒急性死亡

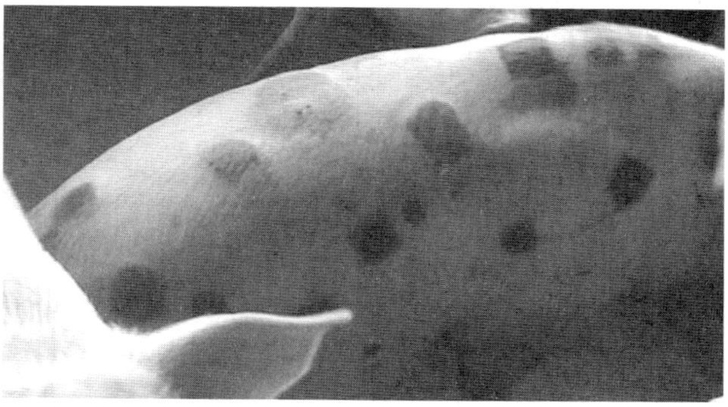

图 13-28　猪丹毒亚急性疹块

3. 慢性型　由急性型或亚急性型转变而来，常见的有浆液性纤维素性关节炎、疣状心内膜炎和皮肤坏死三型。病猪食欲无明显变化，体温正常，但逐渐消瘦，生长发育不良。

关节炎型：关节肿大、变形、疼痛，跛行，僵直。

心内膜炎型：主要表现为心律不齐、心跳加快、呼吸困难、贫血。强迫快速行走时，可突然倒地死亡，病程数周至数月。

皮肤坏死型：常发生在耳部、背部、肩部、尾尖等处，患部皮肤变成黑色，干硬，似皮革状。有时可在耳壳、尾尖和蹄部发生坏死。经 2～3 个月后坏死皮肤脱落，留下瘢痕。

三、病理变化

1. 急性败血型　主要以急性败血症的全身变化和皮肤出现红斑为特征。各个组织器官都可见到弥漫性出血。胃底、幽门部严重，小肠、十二指肠、回肠黏膜上有小出血点；体表皮肤出现红斑；全身淋巴结肿大、充血；脾肿大呈樱桃红色或紫红色(图 13-29)，质松软，边缘纯圆，切面外翻，脾小梁和滤泡的结构模糊，有“白髓周围红晕”现象；肾脏肿大，呈弥漫性暗红色，有“大红肾”之称(图 13-30)，纵切面皮质部可见针尖状出血点；心包积水，心内外膜有点状出血；肝充血，红棕色；肺充血肿大。

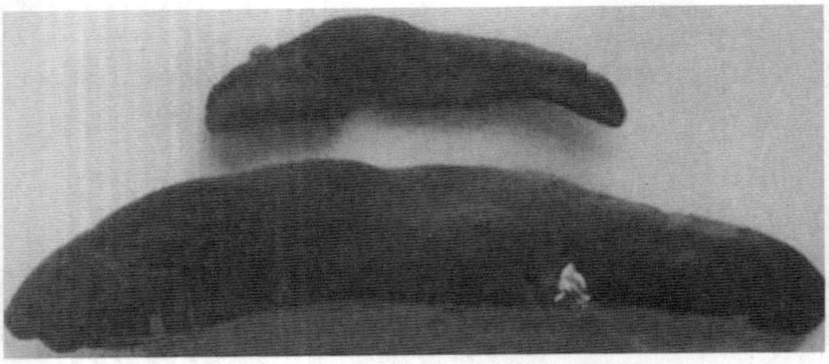

图 13-29　脾肿大(上为正常对照)

图 13-30　"大红肾"

2. 亚急性疹块型　以皮肤疹块为特征变化。

3. 慢性型　溃疡性心内膜炎，增生，二尖瓣上有灰白色菜花样赘生物，瓣膜变厚，肺充血，肾梗塞，关节肿大、变形。

四、诊断

本病可根据流行病学、临床症状及尸体剖检等资料进行综合分析做出诊断，必要时进行细菌分离鉴定等病原学检查确诊。

五、防治

1. 治疗　首选药物为青霉素，对急性病例最好首先按 1 万 U/kg 静脉注射，同时按常规量肌肉注射青霉素，每天 2 次，直至体温和食欲恢复正常后 24 h，不宜停药过早，以防复发或转为慢性。此外，四环素、林可霉素、泰乐菌素等也有很好的疗效。

2. 预防　平时加强饲养管理，保持清洁，定期消毒。做好农贸市场、屠宰厂、交通运输检疫工作，对购入新猪隔离观察 21 d，健康后才可混群。同时作好免疫接种工作，种公、母猪每年春秋两次进行猪丹毒氢氧化铝甲醛苗免疫。

实训操作 13-5　猪丹毒的微生物学检查技术

一、实训目的和要求

掌握猪丹毒杆菌的形态与培养特性；掌握猪丹毒杆菌的微生物学检查方法。

二、实训材料和器械

(1)革兰氏染色液、糖发酵管、3% H_2O_2、消毒液等。

(2)血液琼脂培养基、血清琼脂培养基、胰蛋白胨琼脂培养基、肉汤培养基、明胶培养基等。

(3)健康成年肉鸽，18～20 g 清洁级小鼠。

(4)注射器、剪刀、镊子、研钵、试管、载玻片、普通光学显微镜、恒温培养箱等。

三、实训内容

1. 病料采集　急性败血型病死猪可采取肝、脾、肾、心血和淋巴结；慢性型和亚急性疹块型病猪可采取皮肤疹块、肿胀关节和心内膜上的疣状赘生物。

2. 细菌形态及染色特性　取病料涂片，进行革兰氏染色，可见革兰氏阳性、纤细的小杆菌，单个或成对排列。从心内膜赘生物制成的涂片，常见弯曲的长丝状菌体。

3. 细菌分离培养　新鲜标本接种到血清琼脂，37℃培养 1～2 d，形成针尖大、露珠样、光滑型小菌落。在血液琼脂上形成圆形、灰白色、湿润光滑菌落，其边缘有狭窄的绿色溶血环。明胶穿刺，22～28℃培养 3～4 d，呈试管刷状生长。

4. 细菌生化鉴定　对葡萄糖、果糖、半乳糖和乳糖产酸不产气，不发酵木糖、甘露糖和蔗糖，H_2S 试验阳性，靛基质、M-R、V-P 和接触酶试验均呈阴性。

5. 动物试验　将病料用生理盐水 10 倍稀释制成悬液，分别接种于成年鸽胸肌内（0.5～1.0 mL/只）及小鼠皮下（0.2 mL/只），经 2～5 d，攻毒动物死亡，从尸体内脏和心血涂片中可检出大量猪丹毒杆菌。

6. 注意事项

(1)实验室检查过程中注意无菌操作。

(2)猪丹毒杆菌可以感染人，因此操作人员要做好个人防护。实验结束后，所用物品必须进行严格的无害化处理。

四、实训作业

1. 简述猪丹毒杆菌在培养基中的生长特点和主要生物学特性。

2. 试述猪丹毒杆菌的微生物学诊断要点。

任务 13-7　猪链球菌病

链球菌病是主要由多种不同群的链球菌引起的多种临诊类型的传染病的总称。动物链球菌病中以猪、牛、羊、马、鸡较常见。人链球菌病以猩红热较多见。链球菌病的临床表现多种多样，可以引起化脓创、败血症、心内膜炎、脑膜炎、关节炎等，也可表现为各种局限性感染。

一、流行病学

1. 传染源　病猪、临床康复猪和健康猪均可带菌成为传染源。

2. 传播途径　可经呼吸道和消化道感染，伤口是重要的传播途径。

3. 易感动物　猪的易感性较高，不分年龄、品种和性别均易感。但以新生仔猪、哺乳仔猪的发病率和病死率高，多为败血症型和脑膜炎型，其次为保育猪和怀孕母猪，以化脓性淋巴结炎型多见。

4. 流行特点　猪链球菌病的流行虽无明显的季节性，一年四季均可发生，但以 7～10 月份易出现大面积流行。一般呈地方流行性，本病传入后，往往在猪群中陆续出现。

二、临床症状

1. 败血型　主要病原为 C 群、D 群及 L 群链球菌。多见于成年猪。潜伏期一般为 1～3 d，长的可在 6 d 以上。根据病程的长短和临床表现，分为最急性、急性和慢性三种类型。

最急性：发病急、病程短，多在不见任何异常表现的情况下突然死亡。或突然食欲废绝、精神委顿(图 13-31),体温升高,卧地不起,腹下有紫红斑(图 13-32),迅速死于败血症。

图 13-31　食欲废绝,委顿

图 13-32　腹下有紫红斑

急性:常突然发病,病初体温升高达 42～43℃稽留,食欲减少或废绝,喜饮水,精神沉郁,鼻镜干燥,流出脓性鼻汁。呼吸促迫,颈部、腹下及四肢下端皮肤呈紫红色,并有出血点。个别血尿、便秘或腹泻。病程稍长,多在 3～5 d 内,因心力衰竭死亡。

2. 脑膜炎型　多见于哺乳仔猪和断奶仔猪。哺乳仔猪的发病常与母猪带菌有关。

病初体温升高,食欲下降或废绝,便秘,流浆液性或黏液性鼻汁。迅速表现出神经症状。突然倒地,口吐白沫,四肢划动,状似游泳(图 13-33),继而衰竭或麻痹。

3. 关节炎型　多由前两型转化而来。主要表现为多发性关节炎,一肢或多肢关节发炎。高度跛行,站立困难。严重病例后肢瘫痪。最后因体质衰竭、麻痹死亡。病程 2～3 周。

4. 化脓性淋巴结炎型　以颌下、咽部、颈部等处淋巴结化脓和形成脓肿为特征。此型以刚断奶猪至出栏育肥猪多见。传播缓慢,发病率低。

三、病理变化

1. 败血型　可见皮肤有紫红色出血斑点,急性死亡猪可从天然孔流出暗红色血液,凝固不良。剖检以出血性败血症变化和浆膜炎为主。全身淋巴结水肿、出血(图 13-34)。胸腔有大量黄色或混浊液体。心包液增量,心肌柔软,右心室扩张,心耳、心冠沟和心外膜有出血斑点(图 13-35)。脾脏明显肿大,有的可大到 1～3 倍,包膜下有小点出血,边缘有出血梗死区,结构模糊。肝脏边缘钝厚,质硬,切面结构模糊。肾脏稍肿大,皮质、髓质界限不清,有出血斑点。胃肠黏膜、浆膜散在点状出血(图 13-36)。肺脏充血肿胀,喉头、气管充血,内含大量泡沫。

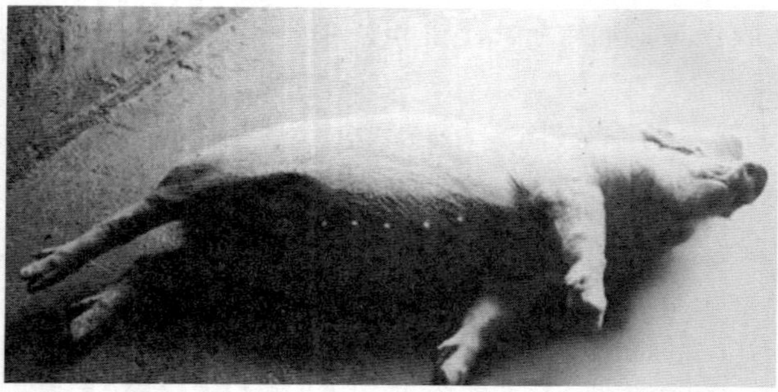

图 13-33　四肢划动,状似游泳

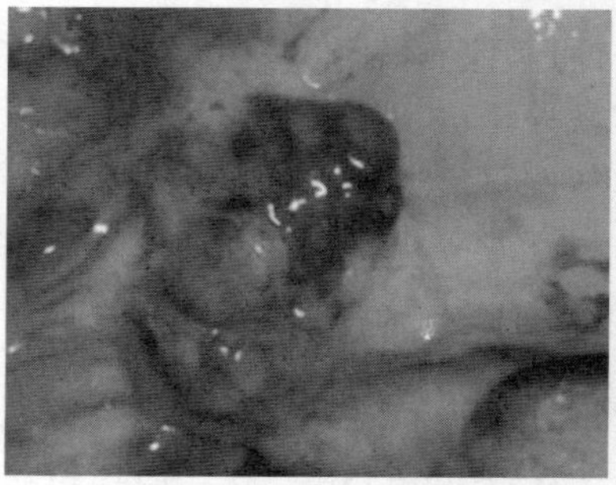

图 13-34　腹股沟淋巴结水肿、出血

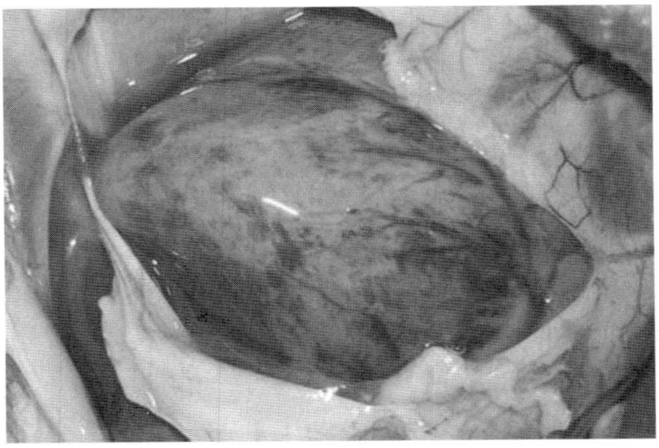

图 13-35 心外膜出血，心包积液

图 13-36 胃黏膜出血

2.脑膜炎型 脑脊液增加、混浊，脑膜和脊软膜充血、出血。个别病例脑膜下水肿，脑切面可见白质与灰质有小点状出血。

3.关节炎型 关节囊膜面充血、粗糙，滑液混浊，并含有黄白色奶酪样块状物。有时关节周围皮下有胶样水肿，严重病例周围肌肉组织化脓、坏死。

四、诊断

主要根据流行特点、典型症状、结合死后血液暗红色凝固不良、心内外膜出血、脾肿大有黑色梗死灶等剖检变化，做出初步诊断。确诊须采集病料作微生物学检查。

五、防治

(1)败血型的早期大剂量使用抗菌药物，如林可霉素、庆大霉素等可取得一定的疗效。

(2)脑膜炎型病例首选磺胺嘧啶钠静脉或肌肉注射，很快控制病情。

(3)淋巴结炎型病例，待脓肿成熟变软后，及时切开，排出脓汁。

(4)加强饲养管理，建立规范的消毒制度是预防本病的重要措施。

(5)定期免疫接种，根据当地发病情况定期进行猪链球菌疫苗的免疫接种。

实训操作 13-6 猪链球菌病的诊断技术

一、实训目的和要求

熟悉细菌分离技术；能独立进行猪链球菌分离、分离菌株纯化、生化鉴定操作；能正确对分离链球菌结果进行判断。

二、实训材料和器械

(1)美蓝染色液、革兰氏染色液、硫乙醇酸盐肉汤、血液琼脂平板等。

(2)健康家兔、健康小鼠。

(3)疑似链球菌病猪或死亡猪。

(4)培养箱、酒精灯、接种环、载玻片、生化发酵管、解剖器械。

三、实训内容

1. 病料采集和处理　败血型病猪,无菌采心血、脾、肝、肾和肺等;淋巴结脓肿病猪可用无菌注射器抽取未破溃淋巴结脓肿内的脓汁;脑膜炎型病猪可以无菌采取病猪脑脊液或少量脑组织。直接涂片镜检或进行细菌分离培养和鉴定试验。

2. 细菌涂片镜检　将采集到的病料制成涂片,碱性美蓝染色后通过油镜镜检。如有多量散在、成双或呈短链状排列的球菌,可初步诊断。

3. 细菌分离　采取肝、脾、脑脊液等,可直接钩取病料接种于血液琼脂平板分离培养,37℃培养 24 h,可形成针尖大小、光滑、湿润的露滴状菌落,菌落周围出现 β 溶血环。

4. 生化鉴定　链球菌的某些致病株可产生许多毒素和酶类,不同菌株其产生的酶和毒素不尽相同,因此反映出的生化特性也有很大差异,可根据其差异进行生化鉴定。

5. 动物接种　用病料制成 5～10 倍乳剂或培养物,给 1.5～2 kg 的家兔皮下注射 1～2 mL 或给小鼠皮下注射 0.2～0.3 mL,接种后家兔或小鼠均于 12～48 h 死亡。

6. 耐胆汁水解七叶苷试验　将检菌接种于胆汁七叶苷琼脂斜面,于 37℃ 培养 24～48 h,所有 D 群链球菌在此培养基上生长,并能水解七叶苷使培养基变黑。

四、实训作业

将分离细菌检测结果填入表 13-2 中,并判断分离的细菌属于哪种链球菌。

表 13-2　链球菌的分离检测

致病性	溶血性	0.1%美蓝牛乳	6.5%氯化钠	4%胆汁	pH 9.6肉汤	水解				糖类发酵试验										生长温度/℃		菌名	血清群别
						马尿酸钠	淀粉	精氨酸	明胶	葡萄糖	乳糖	甘露醇	蔗糖	山梨醇	水杨苷	七叶苷	蕈糖	菊糖	伯胶糖	10	45		
猪败血症、关节炎、脓肿																							
猪关节炎、脓肿																							
脑膜炎、败血症等																							
猪颈淋巴结炎																							
猪子宫炎、败血症																							

【自测训练】

1. 猪瘟的临床症状和病理变化如何?
2. 简述猪瘟预防措施。
3. 简述猪伪狂犬病的预防措施。
4. 猪繁殖与呼吸障碍综合征的预防措施有哪些?
5. 猪圆环病毒感染的临床症状和病理变化如何?

6. 猪丹毒的临床症状有哪几种类型？
7. 猪链球菌病的诊断方法有哪些？
8. 简述猪链球菌病的防治措施。
9. 病毒性腹泻的病原主要有哪些？
10. 简述病毒性腹泻的防治措施。

项目 14　禽的主要传染病

【知识目标】

- 掌握鸡新城疫、马立克氏病等禽主要传染病的流行病学；
- 掌握鸡新城疫、马立克氏病等禽主要传染病的临床症状；
- 掌握鸡新城疫、马立克氏病等禽主要传染病的病理变化；
- 掌握鸡新城疫、马立克氏病等禽主要传染病的防治措施。

【能力目标】

- 熟悉新城疫病毒的血凝试验与血凝抑制试验操作，能判断其免疫抗体水平；
- 能独立完成鸡传染性法氏囊炎的诊断操作；
- 熟悉琼脂扩散试验，独立操作完成鸡传染性喉气管炎的琼脂扩散试验；
- 会采集鸡羽毛进行马立克氏病琼脂扩散诊断试验。

任务 14-1　新城疫

新城疫(ND)，又称亚洲鸡瘟，是一种急性、高度接触性传染病。典型新城疫特征为发病急，呼吸困难，头冠紫黑，下痢，泄殖腔出血、坏死，腺胃乳头、腺胃和肌胃交界处以及十二指肠出血，慢性病例常有呼吸道症状或神经症状。

一、流行病学

病禽或带毒的表面健康禽类是本病的主要传染源。新城疫是一种高度接触性的传染性疾病，自然条件下主要经呼吸道和眼结膜感染，也可经消化道感染。多种禽类均为新城疫病毒的天然易感宿主，传统上仅鸡、火鸡表现高死亡率。新城疫一年四季均可流行，但以冬季最为严重，不同日龄的鸡均敏感。

二、临床症状

潜伏期一般为 3～5 d。本病分为最急性、急性、亚急性或慢性型。

1. 最急性型　突然发病，常无特征症状而迅速死亡。多见于流行初期和雏鸡(图 14-1)。

2. 急性型　病初体温升高达 43～44℃，食欲减退或废绝，有渴感，精神萎靡，不愿走动，垂头缩颈或翅膀下垂，眼半开或全闭，状似昏睡(图 14-2)，鸡冠及髯渐变暗红色或暗紫色。母鸡产蛋停止或产软壳蛋。

呼吸紊乱，咳嗽、啰音、气喘、呼吸困难(图 14-3)，嗉囊、口积液，甩头发出咯咯声、呼噜声，常从口腔内流出灰黄色恶臭黏液；常见严重下痢，黄绿色，有时混有少量血液，后期排出蛋清样的排泄物；少数幸存者后期见神经症状，阵发性痉挛，角弓反张，呈“观星”姿态(图 14-4)，肌肉震颤，翅腿麻痹，死亡率达 90％～100％。

图 14-1　雏鸡突然死亡

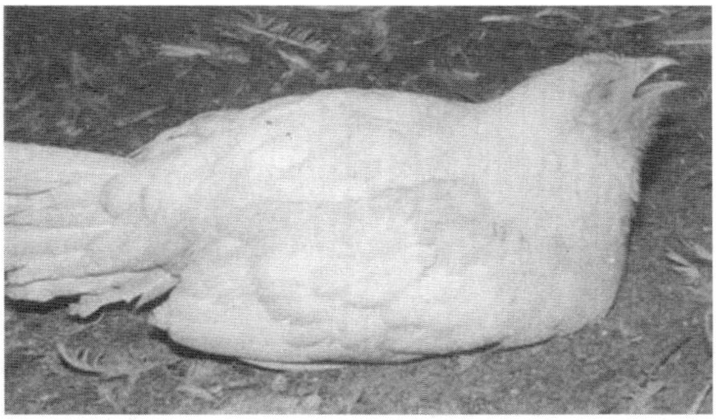

图 14-2　精神萎靡，眼半开或全闭

图 14-3　呼吸困难

图 14-4　“观星”姿态

3. 亚急性或慢性型　初期症状与急性型相似，不久后渐见减轻，但同时出现神经症状，受惊时更为明显。患鸡翅腿麻痹，跛行或站立不稳，头颈向后或向一侧扭转，常伏地旋转。

4. 非典型新城疫　症状不很典型，仅表现呼吸道和神经症状，当呼吸道症状趋于减轻时，少数病鸡遗留头颈扭曲。产蛋鸡感染临床上出现轻微的呼吸道症状，产蛋下降 40%～60%，严重者可下降 90%左右，种蛋受精率和孵化率也随之下降，但很少有死亡增加。

三、病理变化

主要病变是全身黏膜和浆膜出血，淋巴系统肿胀、出血和坏死。

嗉囊充满酸臭味的稀薄液体和气体。腺胃乳头出血（图 14-5），肌胃角质层下也可见出血点或出血斑。盲肠扁桃体肿大、出血、坏死、溃疡（图 14-6）。喉头、气管黏膜出血，肺可见瘀血或水肿。心冠脂肪有细小如针尖大的出血点。产蛋母鸡发生卵黄性腹膜炎。脾、肝、肾无特殊病变。脑膜充血或出血。胸腺肿大、出血。

四、诊断

对于典型新城疫一般根据鸡群免疫接种情况、发病经过、临床症状和病理变化特征可以做出初步诊断。确诊应借助实验室手段，如病毒分离鉴定和血清学试验。

图 14-5　腺胃乳头出血

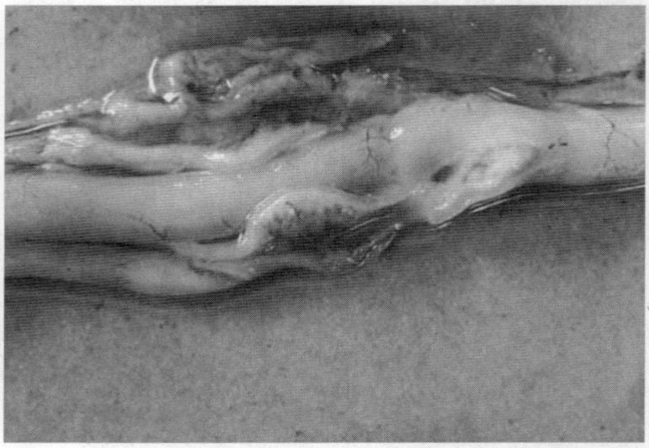

图 14-6　盲肠扁桃体肿大、出血

五、防治

免疫接种是预防新城疫的有效手段，例如F株、LaSota株（国内称为Ⅳ系）、HitchnerB1株（国内称为Ⅱ系）、Clone30（克隆30）株、V4株等弱毒苗，也有毒力较强的中发型毒株，例如Mukteswar株（国内称为Ⅰ系）等。上述缓发型毒株毒力较低，可用于未经过免疫的鸡群，经点眼、滴鼻、饮水、气雾或肌肉注射等途径接种做首次基础免疫。中发型疫苗，只能用于经过基础免疫的鸡群，经肌肉注射途径接种作加强免疫用。

实训操作 14-1　新城疫的诊断及抗体监测技术

一、实训目的和要求

掌握利用血凝（HA）试验、血凝抑制（HI）试验对新城疫进行抗体监测的方法；能对检测的结果进行准确的分析和判断。

二、实训材料和器械

1. 仪器　微量振荡器、恒温箱、离心机。

2. 材料　96孔"V"形微量反应板、50 μL微量移液器、吸头、5 mL注射器、50 mL烧杯、青霉素瓶、离心管。

3. 试剂　新城疫标准抗原、新城疫标准阳性血清、1%鸡红细胞、待检血清、生理盐水。

4. 动物　免疫鸡、非免疫鸡只若干。

三、实训内容

1. 血凝试验　方法参见实训操作12-4"流感病毒的培养和鉴定技术"。

2. 血凝抑制试验　方法参见实训操作12-4。

血清的HI滴度：在对照出现正确结果的情况下（即病毒对照孔完全凝集，血清对照孔不凝集），以完全抑制红细胞凝集的最大稀释度为该血清的HI滴度，用被检血清的稀释倍数或以 2 为底的对数($\log_2$)表示。

3. 结果分析　鸡群血清 HI 滴度的高低在一定程度上反映了免疫保护水平的高低。鸡群 HI 滴度离散度较小,而 HI 滴度较高,其保护水平也高。HI 滴度在 4 $\log_2$ 的鸡群保护率约为 50%;在 4 $\log_2$ 以下的非免疫鸡群约为 10%,免疫鸡群约为 40%;HI 滴度在 6～10 $\log_2$ 的鸡群保护率达 90%～100%。若鸡群有 10%左右鸡出现 11 $\log_2$,或 11 $\log_2$ 以上的 HI 滴度,说明鸡群已发生新城疫强毒的感染。

4. 注意事项

(1)NDV 中含有血凝素神经氨酸酶,可与红细胞发生凝集作用,但时间过长的话,会发生解凝作用,解凝后红细胞受体被破坏,就不能再凝了,所以时间把握很重要。

(2)一个血凝价(HA)含有一个单位病毒,HI 需四单位病毒,即用 1∶2^7 血凝价的病毒液,需稀释 2^5 倍,也就是向前推两孔,国际标准需用四单位病毒。

四、实训作业

1. 鸡场为什么要进行抗体监测?
2. 完成实训报告。

任务 14-2　鸡马立克氏病

马立克氏病(MD)又名神经淋巴瘤病,是由马立克氏病病毒(MDV)引起的鸡和火鸡的一种淋巴组织增生性恶性肿瘤病,临诊特征为病鸡的外周神经、性腺、虹膜、各种脏器、肌肉和皮肤等部位的单核细胞浸润和形成肿瘤病灶。MDV 可破坏法氏囊、胸腺、脾脏等免疫器官,引起严重的免疫抑制,影响各种疫苗的免疫效果。

一、流行病学

1. 传染源　病鸡和带毒鸡是传染源,尤其是这类鸡的羽毛囊上皮内存在大量完整的病毒,随皮肤代谢脱落后污染环境,成为自然条件下最主要的传染来源。

2. 传播途径　本病主要通过空气传染经呼吸道进入体内,污染的饲料、饮水和人员也可带毒传播。孵化室污染能使刚出壳雏鸡的感染率明显增加。

3. 易感动物　鸡易感,火鸡、山鸡和鹌鹑等较少感染,哺乳动物不感染。1 日龄雏鸡最易感,2～18 周龄鸡均可发病。母鸡比公鸡易感性高。

4. 流行特点　本病多发于 2 月龄以上的鸡,发病高峰在 100 日龄左右,一年四季均可发生,无明显的季节性。

二、临床症状

本病在临床上分为四种类型:神经型、内脏型、眼型和皮肤型。

1. 神经型(古典型)　表现为步态不稳,臂神经受侵害时则被侵侧翅膀下垂,坐骨神经受损则呈一腿伸向前方另一腿伸向后方的特征性"劈叉"姿态(图 14-7);颈部神经受侵时,头下垂或头颈歪斜;迷走神经受侵时则可引起失声、嗉囊扩张以及呼吸困难。步态不稳是最早看到的症状,后完全麻痹,不能行走。病鸡采食困难,发病期由数周到数月,死亡率为 10%～15%。

2. 内脏型（急性型） 常见于幼龄鸡群，开始表现为大多数病鸡精神委顿。有些病鸡单侧或双侧肢体麻痹，厌食、消瘦和昏迷，最后衰竭而死。急性死亡数周内停止，也可延至数月，一般死亡率为 10%～30%，也有高达 70%的。

3. 眼型 表现为单眼或双眼视力减退或消失。虹膜失去正常色素，呈同心环状或斑点状以至弥漫的灰白色。瞳孔边缘不整齐（图 14-8），到严重阶段瞳孔只剩下一个针头大的小孔。

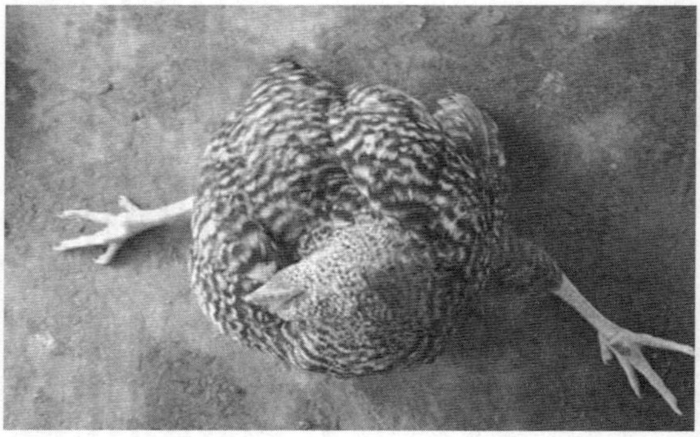

图 14-7 特征性“劈叉”姿态

图 14-8 瞳孔边缘不整齐、缩小

4. 皮肤型 临诊症状不明显，往往在宰后拔毛时发现羽毛囊增大，形成淡白色小结节或瘤状物。此种病变常见于大腿部、颈部及躯干背面生长粗大羽毛的部位（图 14-9）。

三、病理变化

1. 神经型 受损害神经的横纹消失，变成灰色或黄色，或增粗、水肿，比正常的大 2～3 倍（图 14-10），有时更大，多侵害一侧神经，有时双侧神经均受侵害。

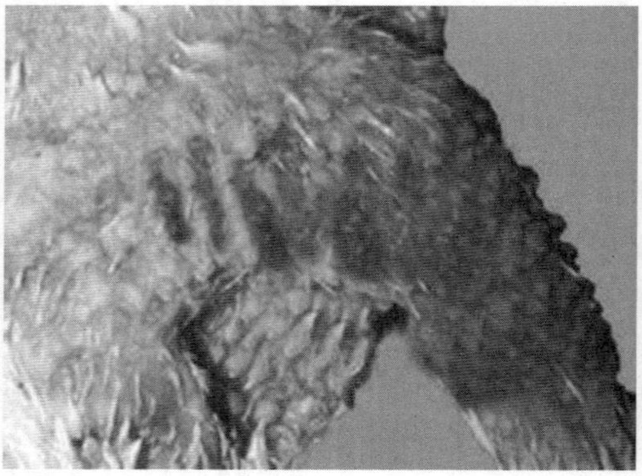

图 14-9 羽毛囊增大，形成小结节

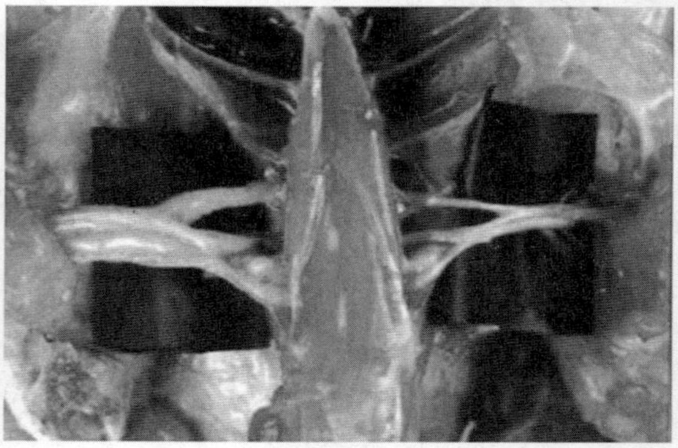

图 14-10 坐骨神经肿大，横纹消失

2. 内脏型 内脏多种器官出现肿瘤，肿瘤多呈结节性，圆形或近似圆形，数量不一，大小不等，略突出于脏器表面，灰白色，切面呈脂肪样。常侵害的脏器有肝脏（图 14-11）、脾脏、性腺、肾脏、心脏、肺脏、腺胃、肌胃等。性腺肿瘤比较常见，甚至整个卵巢被肿瘤组织代替。肌胃壁明显增厚或薄厚不均（图 14-12），黏膜出血、坏死。

图 14-11　肝脏肿瘤

图 14-12　肌胃肿瘤

四、诊断

根据病鸡有肢麻痹症状，出现外周神经受害，法氏囊萎缩，内脏肿瘤等病理变化，可做出初步诊断。通过病毒分离鉴定、血清学方法、组织学检查及核酸探针等进行确诊。

五、防治

1. 加强饲养管理　坚持自繁自养，采用全进全出制度，避免不同日龄鸡混养；减少鸡只与羽毛、粪便接触；严格卫生消毒制度；消除各种应激因素。

2. 疫苗接种　疫苗接种是防治本病的关键。疫苗的接种必须在雏鸡刚出壳（24 h 内）立即进行，接种途径为颈部皮下注射，1～2 头份/只，必要时可重复接种。鸡群受一般强毒感染时，可选用马立克氏病火鸡疱疹病毒活疫苗（FC-126 株）。受超强毒力病毒威胁的鸡场，选用超强致弱疫苗，如马立克氏病 CVI988 冷冻活疫苗或含有本苗的二价苗、三价苗。

实训操作 14-2　鸡马立克氏病的诊断技术

一、实训目的和要求

1. 进一步熟悉琼脂扩散试验的原理和方法；

2. 掌握利用琼脂扩散试验诊断鸡马立克氏病的方法。

二、实训材料和器械

琼脂粉、洁净平皿、酒精灯、记号笔、打孔器、16 号针头、打孔纸等。

三、实训内容

1. 1％琼脂平板制备　按 1％琼脂粉、0.8％ NaCl 的比例称量试剂，加蒸馏水定量至相应体积，混匀，加热完全熔化后倾注培养皿，每皿约 20 mL；平置，室温下冷却后，将琼脂板放在预先印好的 7 孔梅花形图案上，用打孔器按图形准确位置打孔（图 14-13），中央孔孔径为 4 mm，周边孔孔径为 3 mm，孔距均为 3 mm。用针头将孔内琼脂挑出。

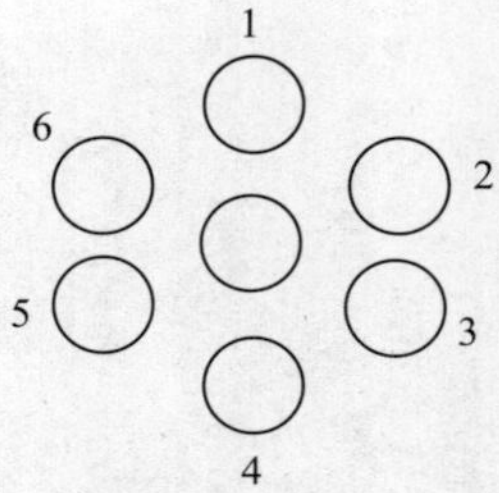

图 14-13 打孔

2. 检测血清抗体　向中央孔滴加标准琼扩抗原，向周边孔滴加待检血清且至少有一孔加阳性血清；加样后的琼脂平皿加盖，置 37℃温箱中 8～24 h 观察并记录结果。

3. 检测羽髓中 MDV 抗原　向中央孔加 MD 阳性血清，向周边 1、4 孔加标准 MD 琼扩抗原，向周边 2、3、5、6 孔加待检羽髓浸液（加 1～2 滴蒸馏水在试管内挤压），或直接插羽髓。加样后将琼脂平皿置于 37℃温箱 8～24 h 观察结果。

4. 结果分析

（1）被检样品孔与中心孔之间形成清晰的沉淀线，并与周边已知抗原或阳性血清孔的沉淀线互相融合者，判为阳性，不出现沉淀线的判为阴性。

（2）已知抗原与阳性血清之间所产生的沉淀线末端弯向被检样品孔内侧时，则该被检样品判为弱阳性。

（3）有的被检材料可能会出现两条以上沉淀线，其中一条与已知抗原-阳性血清的沉淀线融合者，仍判为阳性。

（4）一般每只受检鸡采 6 根血羽，若有一根血羽出现沉淀反应，则判定该鸡为阳性鸡。

5. 注意事项

（1）琼脂用打孔器打孔后，一定要用 16 号针头在火焰上烧烫，对孔的底部进行封口，以防血清渗漏。

（2）向孔中加血清或羽髓浸液时，均以加满而不溢出为度，否则会影响反应效果。

四、实训作业

简述琼脂扩散试验诊断鸡马立克氏病的结果判定方法。

任务 14-3　鸡毒支原体病

鸡毒支原体（MG）又名禽败血支原体，是引起鸡和火鸡等多种禽类慢性呼吸道病（CRD）或火鸡传染性窦炎的病原。本病在鸡群和火鸡群中的感染率极高，几乎可全群感染或大部分感染，一般死亡率为 10%～30%。肉用仔鸡感染本病后生长发育明显受阻，饲养期延长，饲料报酬下降，胴体等级低，淘汰多，药物及管理费用显著增加，这是本病成为经济损失最大的疾病的重要原因。

一、流行病学

自然感染主要发生于鸡和火鸡。各种年龄的鸡和火鸡都可感染，但以 4～8 周龄的肉用仔鸡和 5～16 周龄的火鸡最易感，发病后病程很长，成年鸡多为隐性感染。

病鸡和隐性感染鸡是本病的传染源。本病的传播途径有垂直传播和水平传播两种方式。本病一年四季均可发生，但寒冬及早春季节病情严重。

本病常与其他疾病如鸡大肠杆菌病、新城疫、鸡传染性鼻炎、鸡传染性支气管炎等并发或继发感染。本病发生的诱因多且复杂，如鸡群密度过大，鸡舍寒冷、潮湿、通风不良、氨气浓度大，维生素 A 缺乏等因素，均可使病情恶化。

二、临床症状

幼龄鸡发病时，症状较典型，最常见的症状是呼吸道症状，表现咳嗽、喷嚏、气管啰音和鼻炎。病初流浆液性或黏液性鼻液，使鼻孔堵塞，妨碍呼吸，频频摇头。当炎症蔓延到下呼吸道时，气喘和咳嗽更为明显，并有呼吸道啰音。发病后期，如鼻腔和眶下窦中蓄积渗出物，则引起眼部突出形成所谓"金鱼眼"样(图 14-14)。本病一般呈慢性经过，病程长达 1 个月以上。

产蛋鸡感染时只表现产蛋率、孵化率下降，孵出的弱雏增加。本病常与大肠杆菌合并感染，出现发热、下痢等症状，并使死亡率升高。

进行新城疫、传染性喉气管炎、传染性法氏囊炎等活疫苗免疫接种易诱发本病，临床表现为免疫后 2～3 d 鸡群出现长时间的咳嗽、喷嚏等呼吸道症状。

三、病理变化

剖检病变主要表现为眼、鼻道、气管、支气管及气囊的卡他性炎症。气囊壁增厚(图 14-15)，气囊内常有黏液性或干酪样渗出物(图 14-16)。大肠杆菌继发感染时，可引起特征性的肝包膜炎(图 14-17)、心包炎及气囊炎。

图 14-14　眼部突出

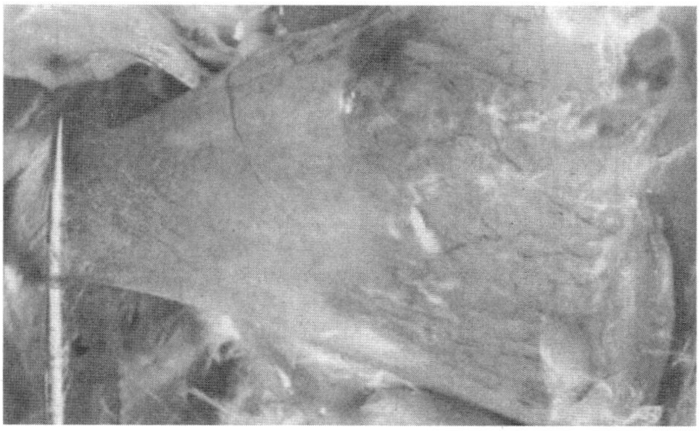

图 14-15　气囊壁增厚

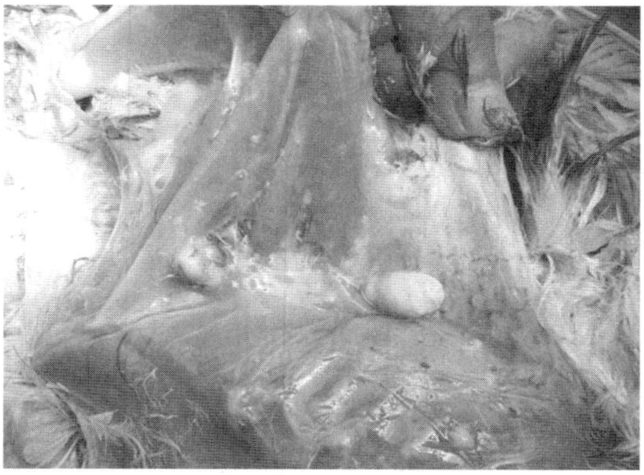

图 14-16　气囊内干酪样渗出物

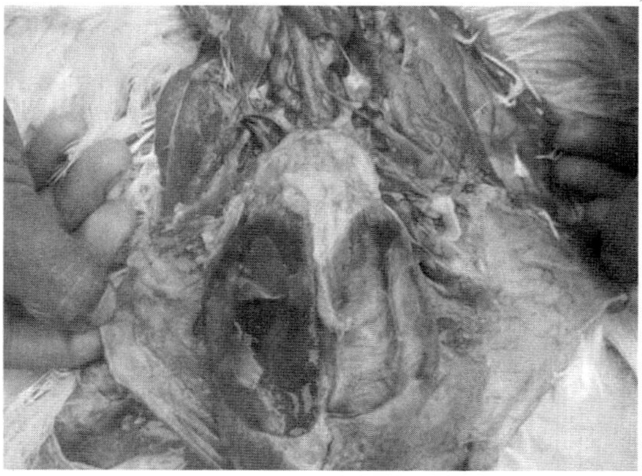

图 14-17　肝包膜炎

四、诊断

根据流行特点、临床症状和病理变化可做出初步诊断。确诊需进行实验室检查;在临床上应注意与传染性鼻炎、传染性支气管炎、传染性喉气管炎及曲霉菌病等相区别。

五、防治

1.加强饲养管理　本病的发生具有明显的诱因,因此合理的饲养管理和避免各种应激因素是预防本病的关键。最重要的有两点:一是饲养密度不能过大,保持良好通风;二是饲料配合适当,防止维生素缺乏。

2.净化　种鸡场应进行支原体净化,控制垂直传播。

3.疫苗免疫　支原体弱毒活疫苗接种是防治鸡毒支原体感染最有效途径,主要用 F36 株活疫苗。支原体活疫苗中只有 F 株具有替换环境中野毒的作用,连续应用 2 年就可以使鸡场达到初步净化。

免疫程序:6～20 日龄,支原体弱毒活疫苗(F36)点眼免疫。一般来讲,一次免疫即可,也可在 10～16 周龄用活疫苗再补充免疫一次。

4.药物预防　泰乐菌素为首选药物,还可用红霉素、北里霉素、泰妙菌素等。

5.治疗　药物治疗是控制支原体感染的最有效方法之一,目前用于治疗本病的药物主要有两大类:一类是抗生素,如泰乐菌素、泰妙菌素、红霉素、林可霉素、多西环素等;另一类是喹诺酮类药物,如环丙沙星等,它们对支原体感染都有较好的治疗作用。以泰乐菌素的疗效最好,泰乐菌素与多西环素等合用,可获得协同作用。用法用量如下:

酒石酸泰乐菌素:可溶性粉,混饮:禽 0.5 g/L,连用 3～5 d。预防慢性呼吸道病,可在出壳鸡苗进育雏室后前 3 d、每次疫苗接种前 1～2 d 混饮。

必须做好其他疾病的预防,防止继发和并发感染。

实训操作 14-3　鸡毒支原体病的诊断技术

一、实训目的和要求

进一步熟悉凝集试验的方法和步骤;掌握鸡毒支原体病的血清学检测方法和步骤;了解鸡毒支原体的分离和鉴定技术。

二、实训材料和器械

(1)鸡待检血清若干,鸡毒支原体凝集抗原、阳性标准血清,FM-4 培养基、精氨酸、尿素培养基,0.25% 鸡红细胞、0.25%石炭酸生理盐水、无菌生理盐水,甲醇、姬姆萨氏染色液,无菌操作台、电热恒温培养箱、接种环、酒精灯、载玻片等。

(2)典型鸡毒支原体病例。

三、实训内容

1.血清学检查

(1)平板凝集试验　取被检鸡血清或全血一滴置于洁净的载玻片上,加一滴染色抗原,用牙签充分混合并涂成直径约 2 cm 的液滴，轻轻混匀，室温反应 2～5 min。2 min 内出现 50% 凝集(++)者为阳性，2～5 min 出现凝集者为可疑，5 min 内不出现凝集者为阴性。

(2)试管凝集试验　将平板凝集抗原用生理盐水缓冲液(pH 7.0)稀释 20 倍，取稀释抗原 1 mL 滴加待检血清 0.08 mL，于试管内经 37℃水浴过夜，有凝集者为阳性。

(3)血凝抑制试验　参见实训操作 12-4“流感病毒的培养和鉴定技术”。

2. 病原分离和鉴定

(1)病料的采取　用灭菌的棉拭子蘸取鼻腔、眶下窦等处和分泌物，放入液体培养基中培养；或无菌采集气管、鼻甲骨、肺、气囊等组织直接投入液体培养基中培养。

(2)培养基　现有商品化的 FM-4 培养基等，可直接购买使用。

(3)培养和鉴定　将蘸有病料的棉拭子或组织块直接投入液体培养基中，置 37.0～38.5℃温箱培养 3～5 d，待培养基变黄后，取培养物涂抹在固体培养基上；培养 3～5 d 后，在低倍显微镜下观察支原体菌落，经纯化，用生长抑制试验、代谢抑制试验或表面免疫荧光试验进行鉴定、定种。

(4)支原体染色　液体培养基离心沉淀成浓稠菌液涂片，自然干燥，用甲醇固定 3～5 min，倾去甲醇后放入姬姆萨氏染色缸中浸染 1 h 以上或室温过夜，不洗，吸干，用油镜检查。

(5)菌落红细胞吸附试验　在低倍镜下选取发育良好的分散、单在菌落，铂金耳挖取琼脂块，菌落面向上置于玻片上。取混匀的 0.25%鸡红细胞液滴于琼脂面上，于湿盒中室温放置 15～20 min，吸弃红细胞，加生理盐水，如此洗涤 2～3 次后，用滤纸吸干琼脂周围水分，低倍镜下观察菌落吸附红细胞现象。致病性菌落表面吸满红细胞。

四、实训作业

鸡毒支原体的分离和鉴定技术有哪些难点？应当如何解决？

任务 14-4　鸡传染性支气管炎

鸡传染性支气管炎(IB)是由鸡传染性支气管炎病毒(IBV)引起的鸡的一种急性、高度接触性呼吸道传染病，简称传支。其特征是病鸡咳嗽、打喷嚏和气管发出啰音。雏鸡还可出现流鼻涕，产蛋鸡产蛋量减少和质量低劣，肾病变型肾肿大，有尿酸盐沉积。

一、流行病学

1. 传染源　主要是病鸡和康复后带毒鸡，病鸡康复后可带毒 49 d。

2. 传播途径　本病主要经呼吸道传染，从呼吸道排毒。

3. 易感动物　自然感染仅见于鸡、雉鸡，各年龄的鸡均可感染，但以雏鸡发病最严重，死亡率也高，一般以 40 日龄以内的鸡多发。

4. 流行特点　本病一年四季均能发生，但以冬春季节多发。鸡群拥挤、过热过冷、通风不良、维生素或矿物质缺乏，以及饲料供应不足或配合不当，均可促进本病的发生。

二、临床症状

1. 呼吸型传支　不同日龄的鸡都可发病，常突然发病，出现呼吸道症状，可迅速波及全群，病程为 10～15 d。幼雏表现为伸颈，张口呼吸，咳嗽(图 14-18)。精神萎靡，食欲废绝，常拥挤在一起。2 周龄以内的病雏鸡，鼻窦肿胀，流黏性鼻液，流泪等，病鸡常甩头。稍大日龄鸡呼吸道症状相同但较轻。

产蛋鸡感染后呼吸道症状较轻，产蛋量下降 25%～50%，可持续 4～8 周，同时产软壳蛋、畸形蛋或砂壳蛋(图 14-19)，蛋白稀薄如水样(图 14-20)。

2. 肾型传支　第一阶段，病鸡表现轻微呼吸道症状，鸡被感染后 24～48 h 气管开始发出啰音，打喷嚏及咳嗽，并持续 1～4 d。第二阶段，病鸡表面康复，呼吸道症状消失，鸡群没有可见的异常表现。第三阶段，受感染鸡群突然发病，并于 2～3 d 内逐渐加剧。表现为厌食，饮水量增大，粪便中含有大量尿酸盐(图 14-21)。病鸡失水，肌肉干燥，冠髯及皮肤发绀。2～3 d 后死亡，7 d 达死亡高峰，15～17 d 停止死亡，发病日龄越小，死亡率越高。

图 14-18　幼雏伸颈，张口呼吸

图 14-19　产软壳蛋、畸形蛋或砂壳蛋

图 14-20　蛋白稀薄如水样(右为正常鸡蛋)

图 14-21　白色水样粪便

三、病理变化

不同的临床型有不同的病理变化特征。

1. 呼吸型传支　呼吸道严重损伤并伴有轻微的肾脏损伤。主要病变见于气管、支气管、鼻腔、肺等呼吸器官。鼻腔、鼻窦、气管和支气管黏膜呈卡他性炎，有浆液性或干酪样渗出物，气囊可呈现混浊或含有黄色干酪样渗出物(图 14-22)。患鸡输卵管发育受阻，变细、变短或呈囊状(图 14-23)。

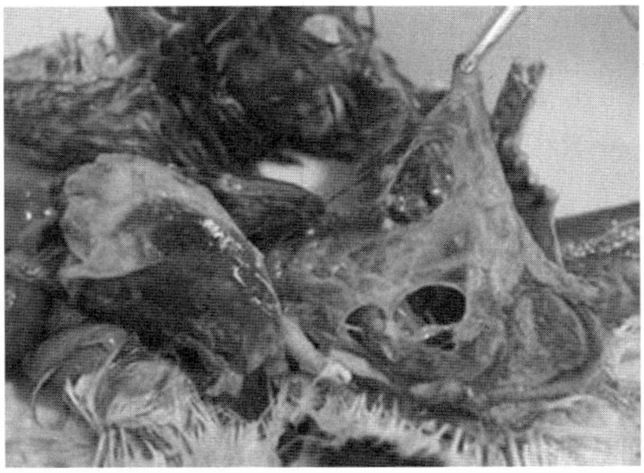

图 14-22　气囊混浊、增厚

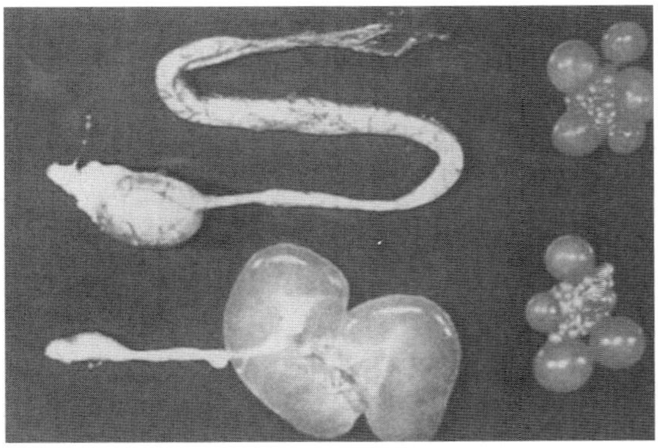

图 14-23　输卵管变细、变短或呈囊状

2. 肾型传支　肾脏损伤严重，而呼吸道损伤较轻。肾脏肿大，呈苍白色，肾小管充满尿酸盐结晶、扩张，外形呈白线网状，俗称“花斑肾”(图 14-24)，输尿管也充满尿酸盐结晶。法氏囊黏膜充血、出血，内有黄色胶冻状物；全身皮肤和肌肉发绀，肌肉失水。

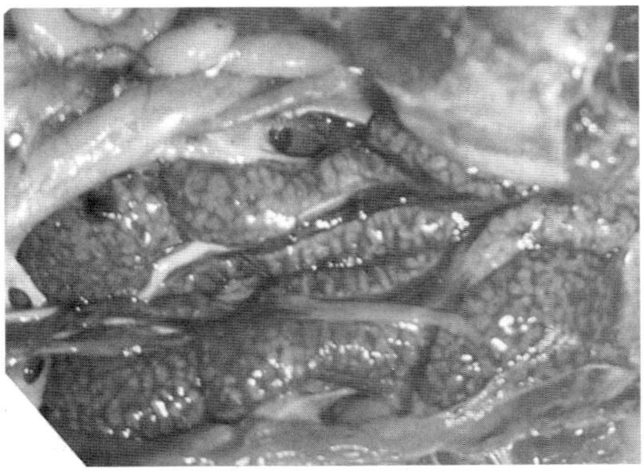

图 14-24　“花斑肾”

四、诊断

根据流行特点、症状和病理变化，可做出初步诊断。进一步确诊则有赖于病毒分离鉴定及血清学试验。

五、防治

1. 预防

(1)加强饲养管理　鸡舍注意通风换气，防止过挤，注意保温，补充维生素和矿物质饲料，增强鸡体抗病力。

(2)适时接种疫苗　参考免疫程序：首免，7～10 日龄 H_{120} 弱毒疫苗点眼或滴鼻；二免，30 日龄 H_{52} 弱毒疫苗点眼或滴鼻；开产前用传染性支气管炎油乳剂灭活疫苗肌肉注射，每只 0.5 mL。

2. 治疗　本病目前尚无特异性治疗方法，改善饲养管理条件，降低鸡群密度，饲料或饮水中添加抗生素，或用中草药方剂拌料或饮水投喂，对防止继发感染有较好的治疗效果。

实训操作 14-4 鸡传染性支气管炎的诊断技术

一、实训目的和要求

掌握用鸡胚接种法分离 IBV 的方法及 IBV 致鸡胚病变的特点；学习 IBV 的鉴定方法。

二、实训材料和器械

(1)1%鸡红细胞、生理盐水、96 孔血凝板、1%胰酶、青霉素和链霉素配制的双抗溶液、酒精棉球、碘酊棉球、接种用 1 mL 一次性注射器、照蛋器、0.22 μm 的微孔滤膜滤器、不同量程的微量移液器(配吸头)、高速冷冻离心机、超速离心机、孵化箱等。

(2)9～11 日龄 SPF 鸡胚，呼吸型强毒 IBV-M41 株，具有典型临床症状的病鸡肺、气管和肾脏等病料。

三、实训内容

1. 病料的处理　无菌采取具有典型 IB 临床症状的病鸡的肺、气管和肾，反复冻融三次，剪碎。用 5 倍生理盐水稀释并加入双抗，4℃冰箱过夜。以 4 000 r/ min 离心 30 min，取上清液。用 0.22 μm 的微孔滤膜滤器过滤，于－20℃保存备用。

2. 鸡胚接种分离传染性支气管炎病毒及传代　取无菌检验阴性的病料尿囊腔接种 9～11 日龄 SPF 鸡胚 5 枚(接种方法同实训操作 3-3“新城疫病毒的鸡胚培养”)，0.2 mL/枚，另外接种灭菌 PBS 液 2 枚做阴性对照。盲传 5 代。对每一代收获的尿囊液作常规 HA 测定，并观察鸡胚的病变情况。分离毒在鸡胚上盲传，随传代次数增加，胚胎死亡逐渐趋向规律。同时胚体蜷缩越发明显，羊膜增厚或紧包胎儿，卵黄囊缩小，尿囊液增多。至第 5 代时，出现明显的侏儒胚，胚体卷曲成丸状。

3. 分离病毒的鉴定

(1)IBV 对 NDV 的干扰试验　将 IBV 分离毒的第 5 代病毒分离物，分别经尿囊腔接种 9～11 日龄 SPF 鸡胚。每个分离毒接种鸡胚 10 枚，0.2 mL/枚。37℃培养 10 h，接种 NDV，0.2 mL/枚。继续孵化 48 h，取出置 4℃过夜致死。无菌收集尿囊液。同时作生理盐水和 NDV 阴性、阳性对照组，按常规方法测尿囊液的血凝价。IBV 分离株均能对 NDV 的繁殖产生明显的干扰作用。

(2)病毒的血凝特性鉴定　取 IBV 分离毒的第 5 代病毒分离液，经 4 000 r/ min 离心 30 min 后，将上清液分为 2 份。其中一份经 1%胰酶处理，37℃水浴作用 4 h；另一份不做任何处理，作为对照。按常规方法测定红细胞凝集价，每个样品重复 5 次。IBV 分离毒的第 5 代病毒分离物未经胰酶处理时，对鸡红细胞没有凝集作用；经 1%胰酶处理后，均能凝集 1%的鸡红细胞。

四、实训作业

1. 描述 IBV 分离毒株接种 9～11 日龄 SPF 鸡胚后，致鸡胚病变情况。

2. 写出 IBV 分离毒株的鉴定方法。

任务 14-5　鸡传染性法氏囊炎

鸡传染性法氏囊炎（IBD）是由传染性法氏囊炎病毒（IBDV）引起的雏鸡的一种急性、热性、高度接触性传染病。特征病变是胸肌、腿肌出血，法氏囊水肿、出血、肿大或明显萎缩，肾脏肿大并有尿酸盐沉积。幼鸡感染后还可引起免疫抑制，对多种疫苗的免疫应答能力降低，对多种病原体的易感性增强，从而导致严重的经济损失。

一、流行病学

1. 传染源　病鸡是主要传染源，其粪便中含有大量病毒。

2. 传播途径　污染饲料、饮水、垫料、用具、人员等，通过直接接触和间接接触传播。病毒可持续存在于鸡舍中，污染环境中的病毒可存活 122 d。

3. 易感动物　自然感染仅发生于鸡，各种品种的鸡都能感染，3～6 周龄的鸡最易感。近年报道 138 日龄的鸡也发生本病。成年鸡一般呈隐性经过。

4. 流行特点　本病无明显季节性和周期性。

二、临床症状

1. 典型感染　多见于新疫区和高度易感鸡群，常呈急性暴发。病初可见个别鸡突然发病，精神不振，1～2 d 内可波及全群。病鸡表现精神沉郁，食欲下降，翅下垂，羽毛蓬松，闭目打盹（图 14-25），有些病鸡自啄泄殖腔；很快出现腹泻，排出白色稀粪或蛋清样稀粪，内含细石灰渣样物，干涸后呈石灰样（图 14-26），肛门周围羽毛污染严重；畏寒、挤堆，严重者垂头、伏地，严重脱水，极度虚弱，对外界刺激反应迟钝或消失，后期体温下降。发病后 1～2 d 病鸡死亡明显增多且呈直线上升，5～7 d 达到死亡高峰，其后迅速下降和恢复，呈尖峰式的死亡曲线和迅速平息的特点。病程约 1 周。

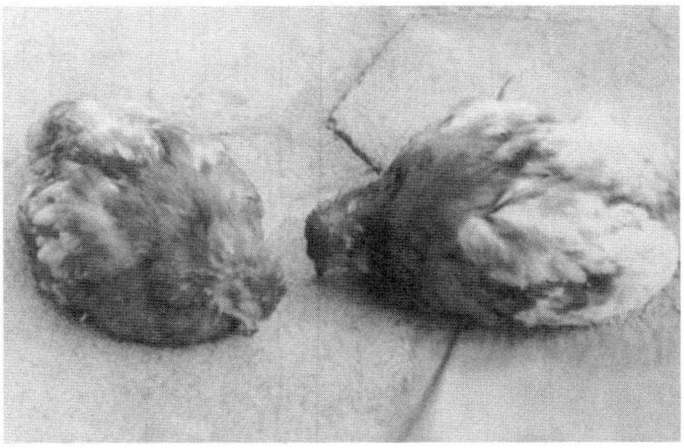

图 14-25　羽毛蓬松，闭目打盹

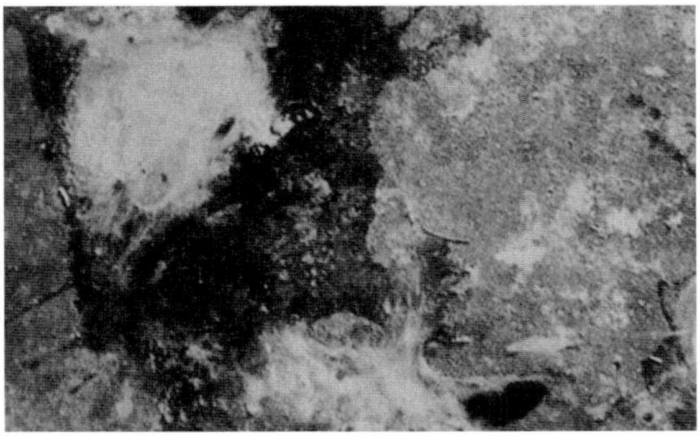

图 14-26　白色稀粪，呈石灰样

2. 非典型感染　主要见于老疫区和有一定免疫力的鸡群，常常是由于感染低毒力的 IBDV 变异毒株而引起的。主要区别体现在：①发病日龄范围扩大（3～260 日龄）；②发病率上升（10%～100%）和死亡率增加（30%～70%）；③症状不典型；④病程和鸡群的整个流行期都增长；⑤该病型主要引起免疫抑制，感染鸡群其他疫苗的免疫接种效果甚微或根本无效。

三、病理变化

尸体脱水，胸肌、腿肌有不同程度的条状或斑点状出血(图 14-27)。特征病变为法氏囊肿大、出血(图 14-28)，黏液性、浆液性渗出，干酪样物沉着。严重时呈葡萄色，有时萎缩。腺胃和肌胃交界处常有横向出血斑点或出血带(图 14-29)。肾脏肿大，有尿酸盐沉积(图 14-30)。肝脏土黄色、出血，呈斑驳状。

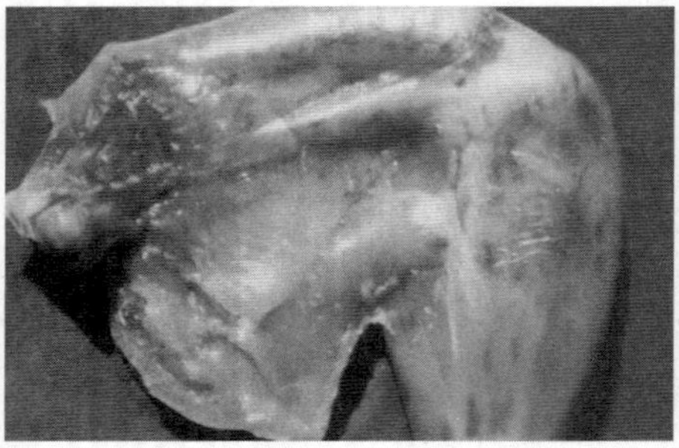

图 14-27　腿肌条状或斑点状出血

图 14-28　法氏囊肿大、出血

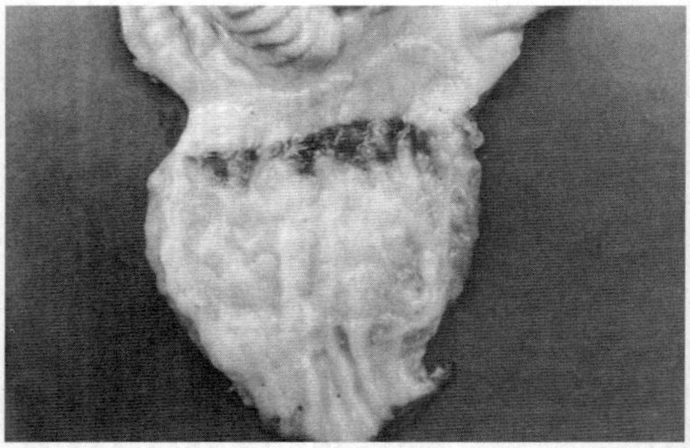

图 14-29　腺胃与肌胃交界处出血斑

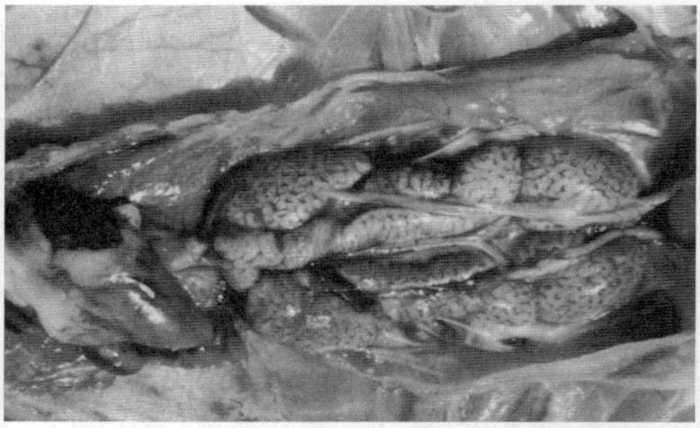

图 14-30　肾脏肿大，有尿酸盐沉积

四、诊断

根据流行病学特点、特征症状和病变可对本病做出初步诊断。确诊或对亚临床型感染病例诊断时则需进行实验室检查。

五、防治

1. 预防　平时应加强饲养管理，搞好卫生，严格消毒，注意切断各种传播途径。不同年龄的鸡应尽可能分开饲养，最好采取全进全出的饲养方式。

发现病鸡应及时隔离，死鸡要焚烧或深埋。

免疫接种是预防本病最重要的措施，特别应做好种鸡的免疫。

(1)疫苗种类　我国常用疫苗有活疫苗和灭活疫苗两种。活疫苗又分弱毒活疫苗、中等毒力活疫苗和毒力偏强的活疫苗。弱毒活疫苗对法氏囊没有任何损伤，但其免疫效果不理想，目前已经很少应用;中等毒力活疫苗对法氏囊有轻度可逆性损伤,其免疫保护力高,在实际生产中广泛使用;毒力偏强的活疫苗可造成不可逆性的损伤,应慎用。

(2)免疫程序 种鸡一般应用中等毒力活疫苗 10～14 日龄首免,首免后 21 d 二免,18～20 周龄和 40～42 周龄用油佐剂灭活苗加强免疫;商品蛋鸡和肉鸡一般免疫两次,不接种灭活疫苗,免疫时间、疫苗种类基本与种鸡相同。

有条件的单位可通过监测 1 日龄雏鸡抗体水平来确定首免日龄:雏鸡抗体阳性率在 80%以下,10～14 日龄首免;阳性率在 80%以上,则选择 14～21 日龄首免。

2. 治疗 发生 IBD 时可注射卵黄抗体;采取对症治疗措施,如适当加大维生素和微量元素用量,口服补充电解质,利用某些中成药缓解肾脏损伤,使用抗生素防止继发感染等。

实训操作 14-5 鸡传染性法氏囊炎的诊断及抗体监测技术

一、实训目的和要求

1. 熟悉鸡传染性法氏囊炎的诊断方法和抗体监测要点;
2. 掌握利用琼脂扩散试验诊断鸡传染性法氏囊炎。

二、实训材料和器械

微量移液器、NaCl、$Na_2HPO_4 \cdot 12H_2O$、$KH_2PO_4 \cdot 12H_2O$、蒸馏水、琼脂粉、硫柳汞、电炉、平皿、打孔器、电子秤、酒精灯、16#针头、记号笔、鸡传染性法氏囊炎病毒琼脂扩散试验阳性血清、鸡传染性法氏囊炎病毒琼脂扩散试验抗原。

三、实训内容

1. 1%琼脂平板制备 取 pH 6.4 的 0.01 mol/L 的 PBS 液 100 mL,放入三角瓶中,称取琼脂粉 1 g,NaCl 8 g,加入三角瓶中,煮沸熔化,如需保存较长时间再加入 1%硫柳汞 1 mL。取直径 90 mm 平皿,在液体冷至 60℃时倒平板,每皿加入约 20 mL。

2. 打孔 琼脂板在室温下凝固冷却后,将琼脂板放在预先印好的 7 孔梅花形图案上,用打孔器按图形准确打孔(参见 274 页图 14-13),中央孔孔径为 4 mm,周边孔孔径为 3 mm,孔距均为 3 mm。用针头将孔内琼脂挑出。

3. 封底 将琼脂平板置于酒精灯上微微加热,使孔底琼脂微熔而封住孔底。

4. 编号,加样 检测病料中 IBD 抗原:向中央孔加 IBD 阳性血清,向周边 1、4 孔加标准 IBD 琼扩抗原,向周边 2、3、5、6 孔加待检血清。

5. 反应扩散 加样后将琼脂平皿加盖,待抗原抗体吸收半量后,轻轻倒置,放入湿盒内,于 37℃温箱孵育,8～24 h 内观察结果。

6. 结果分析

(1)被检样品孔与中心孔之间形成清晰的沉淀线,并与周边已知抗原或阳性血清孔的沉淀线互相融合者,判为阳性,不出现沉淀线的判为阴性。

(2)已知抗原与阳性血清之间所产生的沉淀线末端弯向被检样品孔内侧时,则该被检样品判为弱阳性。

(3)有的被检材料可能会出现两条以上沉淀线，其中一条与已知抗原-阳性血清的沉淀线融合者，仍判为阳性。

四、实训作业

1. 怎样将此试验应用于鸡传染性法氏囊炎沉淀抗体的监测中？

2. 完成实训报告。

任务 14-6　鸭瘟

鸭瘟又名鸭病毒性肠炎，俗称大头瘟，是由疱疹病毒引起的鸭、鹅、雁的一种急性败血性传染病。临诊特征主要为病鸭软弱，下痢，流泪，部分病鸭头颈部肿大，食道黏膜有小出血点，并有黄褐色假膜覆盖或溃疡，泄殖腔黏膜充血、出血、水肿和坏死。

一、流行病学

1. 传染源　本病的主要传染源是病鸭、处在潜伏期的感染鸭以及病愈不久的带毒鸭。

2. 传播途径　本病主要通过消化道传播，还可通过病禽与易感禽的接触而直接传染，也可通过与污染环境的接触而间接传染。

3. 易感动物　在自然条件下，本病主要发生于鸭，不同年龄、性别和品种的鸭都有易感性。以番鸭、麻鸭易感性较高，北京鸭次之，30 日龄以内雏鸭较少发病。在人工感染时小鸭较大鸭易感，自然感染则多见于大鸭，尤其是产蛋的母鸭，可能是由于大鸭常放养，有较多机会接触病原而被感染。

4. 流行特点　本病一年四季均可发生，但以春、秋季流行较为严重。鸭瘟传入易感鸭群后，一般 3～7 d 开始出现零星病鸭，再经 3～5 d 陆续出现大批病鸭，疾病进入流行发展期和流行盛期。鸭群整个流行过程一般为 2～6 周。如果鸭群中有免疫鸭或耐过鸭，可延至 2～3 个月或更长。

二、临床症状

自然感染潜伏期 3～5 d。病初体温升高达 43℃以上，持续 3～4 d。病鸭表现精神委顿，头颈缩起，羽毛松乱，翅膀下垂，两脚麻痹无力，不愿下水，厌食甚至停食，渴欲增加。

病鸭的特征性症状是流泪和眼睑水肿。病初流出浆液性分泌物，使眼睑周围羽毛沾湿，而后变得黏稠或呈脓样，常造成眼睑粘连、水肿，甚至外翻。鼻腔流出浆液性或黏液性分泌物，呼吸时有鼻漏。病鸭腹泻，肛门周围沾满粪污，粪为黄色或草绿色。部分病鸭在疾病明显时期，头和颈部可发生不同程度的肿胀，触之有波动感，俗称“大头瘟”(图 14-31)。暴发性鸭瘟 1 周内便可平息。种鸭表现为突然、明显的和持续的产蛋率下降达 25％～40％。

三、病理变化

病变的特点是出现急性败血症。食道与泄殖腔的病变具有特征性。食道黏膜有纵行排列呈条纹状的黄色假膜覆盖(图 14-32)或小出血点，假膜易剥离并留下溃疡瘢痕。泄殖腔黏膜有出血斑点和不易剥离的假膜与溃疡。

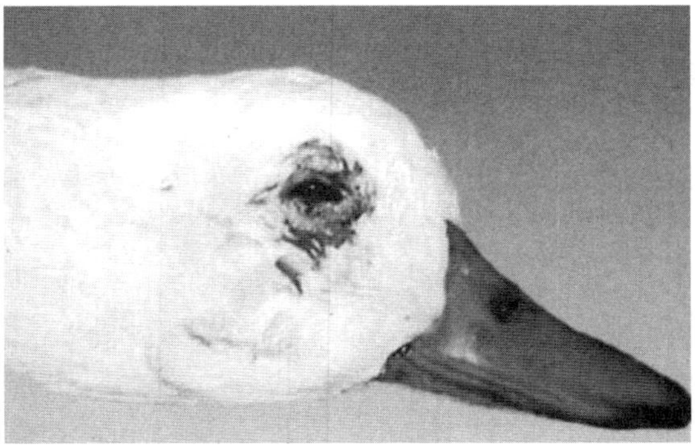

图 14-31 头和颈部肿胀

图 14-32 食道黏膜上纵行条纹状的黄色假膜

肌胃角质膜下层充血和出血。肠黏膜充血、出血，以直肠和十二指肠最为严重。雏鸭感染时法氏囊充血发红(图 14-33)，有针尖样黄色小斑点，囊腔中充满凝固性渗出物。肝表面和切面上有大小不等的灰黄色(图 14-34)或灰白色坏死点，少数坏死点中间有小出血点，这种病变具有诊断意义。胆囊肿大，充满黏稠的墨绿色胆汁。心外膜和心内膜上有出血斑点。产蛋母鸭的卵巢滤泡增大，卵泡形态不整齐，有的皱缩、充血、出血，有的发生破裂而引起卵黄性腹膜炎。

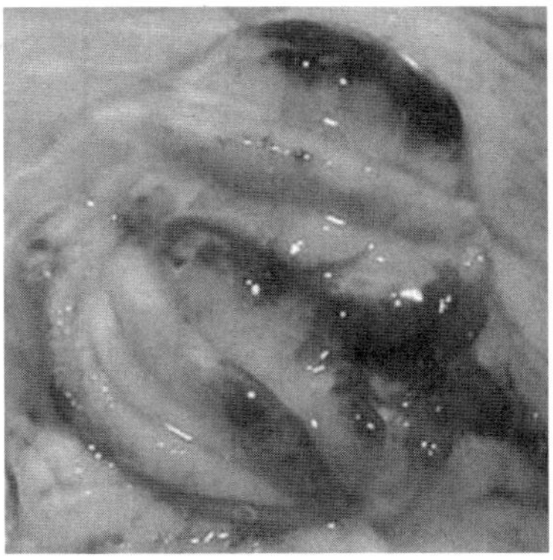

图 14-33 法氏囊充血发红

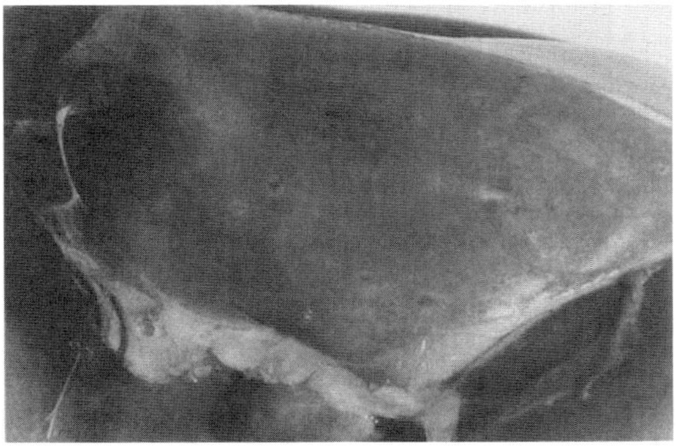

图 14-34 肝表面大小不等的灰黄色坏死点

病鸭的皮下组织发生不同程度的炎性水肿，在“大头瘟”典型的病例，头和颈部皮肤肿胀、紧张，切开时流出淡黄色的透明液体。

四、诊断

根据流行病学、典型临床症状和病理变化可做出初步诊断。必要时进行病毒分离鉴定和中和试验加以确诊。PCR 方法可作快速病原诊断。

五、防治

1. 治疗 鸭群发病时，对健康鸭群或疑似感染鸭，应立即用鸭瘟疫苗进行紧急接种；对病鸭，进行早期治疗，每只肌肉注射鸭瘟高免血清 0.5 mL 或聚肌胞 0.5～1 mL，每 3 d 注射

1次，连用2～3次，可用恩诺沙星可溶性粉拌水混饮，防止细菌继发性感染，每天1～2次，连用3～5 d，但不应用于产蛋鸭，肉用鸭售前应停药8 d。对病鸭进行宰杀并深埋处理。同时对病鸭可能接触过的一切物品进行彻底消毒。

2.预防　应避免从疫区引进鸭，如必须引进，一定要进行严格检疫，经隔离饲养2周以上，证明健康后才能合群饲养。

在受威胁区内，所有鸭、鹅应注射鸭瘟弱毒疫苗。产蛋鸭宜安排在开产前1个月或停产期注射。肉鸭一般在20日龄以上注射一次即可。

实训操作14-6　鸭瘟的诊断技术

一、实训目的和要求

掌握鸭瘟病毒的鸭胚培养方法及鸭瘟病毒的收获方法；了解鸭瘟病毒血清学鉴定原理和操作方法。

二、实训材料和器械

(1)9～14日龄SPF或非免疫鸭胚和9～11日龄SPF鸡胚等。

(2)孵化箱、检蛋器、钻孔钢锥、镊子、酒精灯、眼科镊子、注射器、洗耳球、平皿、三角瓶、烧杯、消毒胶布、微量可调移液器及吸头，市售石蜡或胶布等。

(3)典型鸭瘟病例。

三、实训内容

1.病毒分离鉴定

(1)病料处理　方法同实训操作3-3“新城疫病毒的鸡胚培养”，用于接种鸭胚进行病毒分离。

(2)鸭胚绒毛尿囊膜接种　鸭胚选择和处理、接种前的准备、接种后的管理和病毒培养物的收获等步骤，均可参考实训操作3-3，只是接种途径不同，为绒毛尿囊膜接种。

选择发育良好的鸭胚，照蛋画出气室和胚体所在位置，避开大血管，用铅笔在壳上划一边长约1 mm的等边三角形，将其朝上置于蛋架上。在所标记接种部位先用碘酊消毒，再用70%酒精棉球脱碘，用经火焰消毒的钻孔钢锥小心打开，注意要锯开蛋壳而又不伤及壳膜。

用无菌针头小心挑起蛋壳，再划破壳膜。然后在气室顶端消毒后打一小孔，用洗耳球轻轻吸气，开口处绒毛尿囊膜下陷形成人工气室(图14-35)。

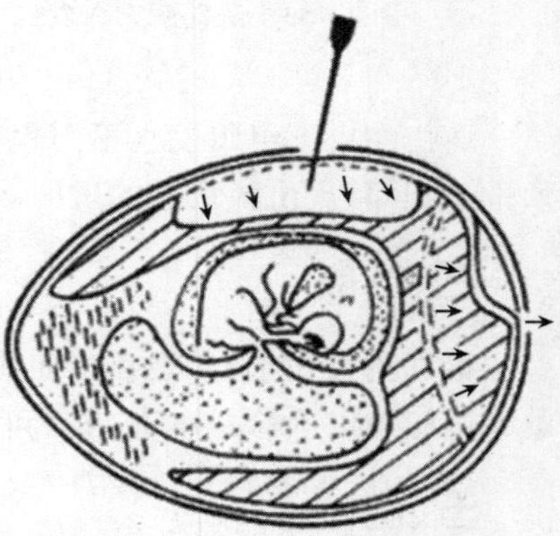

图14-35　绒毛尿囊膜接种的途径示意图

从划破的壳膜处接种，接种物自然流入人工气室，即可完成接种，接种量0.1～0.2 mL病料；再将原蛋壳放回原处封口，37～38℃孵化箱中继续孵化培养病毒。

鸡胚的绒毛尿囊膜接种方法与鸭胚相同。

(3)培养病毒鉴定　如病料中有鸭瘟病毒,则鸭胚在接种后 4～6 d 内死亡,鸭胚胎有典型的鸭瘟病变,而鸡胚正常。确诊病毒,需做血清学试验(中和试验)。

2.血清学试验鉴定分离病毒　常用于诊断鸭瘟病毒的血清学方法包括中和试验、琼脂扩散试验、ELISA 和 Dot-ELISA 等方法。

四、实训作业

简述鸡胚接种与鸭胚接种含有鸭瘟病毒的病料后胚体变化及两者差异。

任务 14-7　鸭病毒性肝炎

鸭病毒性肝炎(DVH)是雏鸭的一种急性高度致死性传染病。本病的特征是发病急,传播快,死亡率高。临诊特点为角弓反张。病变特征为肝脏肿大和出血。本病常给养鸭场造成巨大的经济损失。

一、流行病学

1.传染源　病鸭是主要的传染源,成年鸭感染不发病,但可成为传染来源,野生水禽可能成为带毒者。

2.传播途径　本病主要经消化道和呼吸道水平传播。在野外和舍饲条件下,本病可迅速传播给鸭群中全部易感小鸭,表明其具有极强的传染性。

3.易感动物　本病主要发生于 1～3 周龄雏鸭,特别是 5～10 日龄雏鸭最多见,成年鸭可呈隐性经过。雏鸭的发病率与病死率均很高,1 周龄内的雏鸭病死率可达 95%,1～3 周龄的雏鸭病死率为 50%或稍低。随着日龄的增长,发病率和死亡率降低,1 月龄以上的小鸭发病几乎不死亡。在自然条件下不感染鸡、火鸡和鹅。

4.流行特点　本病一年四季均可发生,但主要在孵化季节,我国南方多在 2～5 月和 9～10 月间,北方多在 4～8 月间。然而在肉鸭舍饲的条件下,可常年发生,无明显季节性。饲养管理不当,鸭舍内湿度过高,密度过大,卫生条件差,维生素和矿物质缺乏等都能诱发本病。

二、临床症状

本病发病急,传播迅速,死亡多发生在感染后的 3～4 d 内。雏鸭在刚发病时表现精神委顿,缩颈,行动呆滞或跟不上群,常蹲下,眼半闭,厌食,发病 0.5～1 d 即出现神经症状,表现运动失调,翅膀下垂,呼吸困难,全身性抽搐,病鸭多侧卧。死前角弓反张(图 14-36),头向后背部扭曲,俗称"背脖病",两脚痉挛性地反复踢蹬,有时在地上旋转。出现抽搐后,经十几分钟即死亡。喙端和爪尖瘀血呈暗紫色,少数病鸭死前排黄白色或绿色稀便。

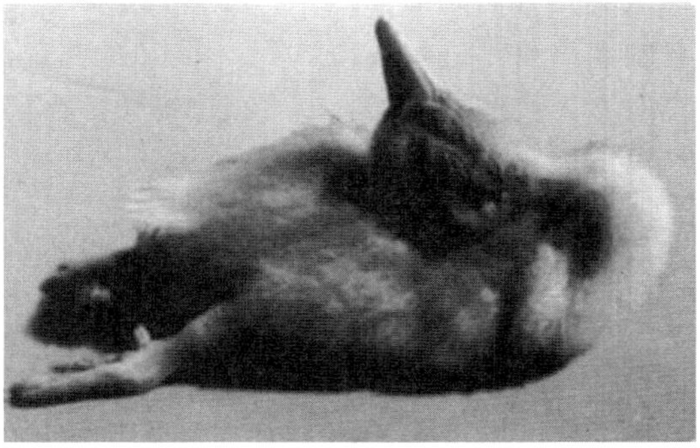

图 14-36　角弓反张

三、病理变化

主要病变在肝脏。肝肿大，质脆，色暗或发黄，表面有大小不等的出血斑点(图 14-37)，胆囊肿胀呈长卵圆形，充满胆汁，胆汁呈褐色、淡茶色或淡绿色。脾有时肿大呈斑驳状(图 14-38)。许多病例肾肿胀和充血。

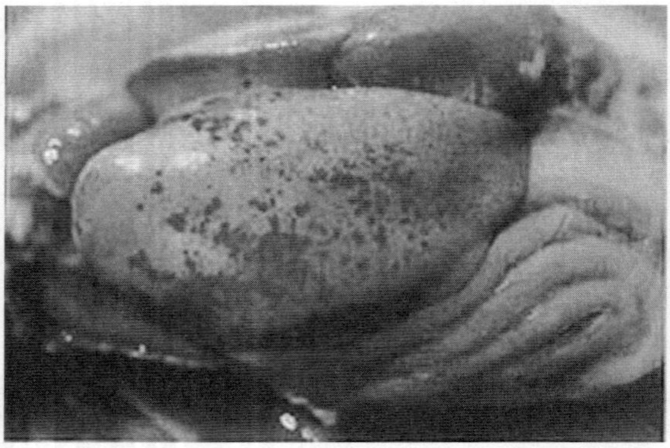

图 14-37　肝表面有出血斑点

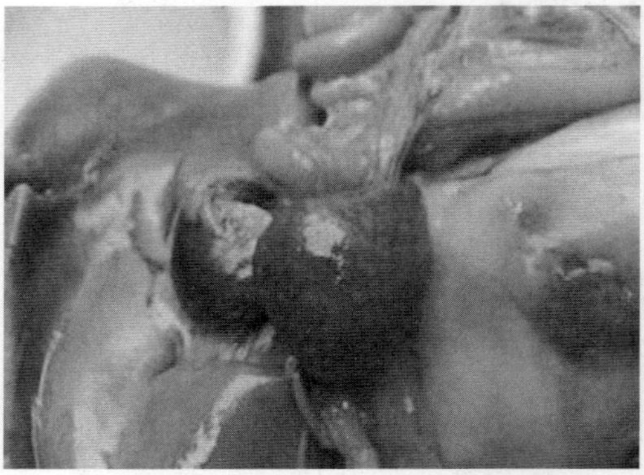

图 14-38　脾肿大呈斑驳状

四、诊断

鸭病毒性肝炎在流行病学和症状上的特点，主要发生在 3 周龄以下的雏鸭，成年鸭不见发病。发病急骤，传播迅速，病程短和死亡率高，病鸭有明显的神经症状，病理解剖上主要表现在肝脏的变性和出血(图 14-39)，根据这些特点，可以做出初步诊断。

图 14-39　肝脏的变性和出血

用已知抗鸭病毒性肝炎高免血清或抗鸭病毒性肝炎特异蛋黄抗体注射 5 只 1～7 日龄易感健康的雏鸭，每只雏鸭皮下注射 1～2 mL，12～24 h 后用病毒分离物攻毒。同时对未注射抗血清的 5 只雏鸭进行攻毒。经 7 d 饲养观察，结果注射特异抗体组的雏鸭有 80%～100%存活，而对照组雏鸭有 80%～100%死亡，即可判定分离毒株为鸭肝炎病毒。

五、防治

发病或受威胁的雏鸭群，经皮下注射康复鸭血清、高免血清或卵黄液 0.5～1.0 mL，可起到降低死亡率、制止流行和预防发病的作用。

严格的防疫和消毒制度是预防本病的积极措施，对 4 周龄以下的雏鸭隔离饲养，定期消毒，防止病毒侵入。

疫苗接种是有效的预防措施，可用鸭肝炎鸡胚化弱毒疫苗给临产蛋种母鸭免疫 2 次，每次

1 mL，间隔 2 周。这些母鸭的抗体至少可维持 4 个月，其后代雏鸭母源抗体可保持 2 周左右，如此即可度过最易感的危险期。但在一些卫生条件差，常发本病的鸭场，则雏鸭在 10～14 日龄时仍需进行一次免疫；未经免疫的种鸭群，其后代应在 1 日龄时皮下注射 0.5～1.0 mL 弱毒疫苗。

实训操作 14-7 鸭病毒性肝炎的诊断技术

一、实训目的和要求

掌握用鸡胚或鸭胚接种法分离鸭肝炎病毒的方法；学习用中和试验或血清保护试验来鉴别鸭肝炎病毒。

二、实训材料和器械

(1)鸭肝炎病毒阳性血清、生理盐水、青霉素和链霉素配制的双抗溶液、酒精棉球、碘酊棉球、接种用 1 mL 一次性注射器、照蛋器、0.22 μm 的微孔滤膜滤器、不同量程的微量移液器、孵化箱等。

(2)9～11 日龄 SPF 鸡胚或 10～12 日龄无母源抗体鸭胚，具有典型临床症状的雏鸭病料。

三、实训内容

鸭病毒性肝炎可根据流行病学、典型症状及病变，即小鸭发病死亡、发病急、死亡快、死亡时间集中以及肝脏有明显出血点或出血斑等作出初步诊断。确诊需进行实验室检验。

1.病毒分离　以无菌操作法取病鸭肝，按常规方法处理后，接种 9～11 日龄鸡胚或 10～12 日龄无母源抗体鸭胚，每天照蛋观察 24～124 h 胚体死亡情况，收集死亡胚的尿囊液为待鉴定病毒分离物。

2.病毒鉴定　采用中和试验或血清保护试验：用 1～5 日龄易感雏鸭，每只皮下注射 1～2 mL 阳性血清，1～3 d 后用 0.2～0.5 mL 病毒分离物或处理好的病料肌肉注射。接种鸭肝炎病毒阳性血清的雏鸭保护率达 80%～100%，而对照雏鸭死亡率 50%以上。

中和试验也可用鸭胚或鸡胚进行试验，已知分离的鸭肝炎病毒可致死鸡胚或鸭胚，而鸭病毒性肝炎抗血清具有中和鸭肝炎病毒的能力。通过阳性抗血清先与病毒感作 30～60 min，再接种鸡胚或鸭胚，胚体不死亡；未与阳性血清中和的病毒对照，可致鸡胚或鸭胚死亡，也可确诊分离病毒即为雏鸭肝炎病毒。

四、实训作业

1.描述鸭病毒性肝炎病料接种 9～11 日龄 SPF 鸡胚或 10～12 日龄无母源抗体鸭胚后，致死鸡胚或鸭胚的病变。

2.简述鸭病毒性肝炎病料分离毒株的鉴定方法。

任务 14-8 鸭传染性浆膜炎

鸭传染性浆膜炎又称鸭疫里氏杆菌病，原名鸭疫巴氏杆菌病，是鸭、鹅和多种禽类的一种急性或慢性传染病。本病的临诊特点为倦怠，眼与鼻孔有分泌物，绿色下痢，共济失调和抽搐。病变特征为纤维素性心包炎、肝周炎、气囊炎、脑膜炎和干酪性输卵管炎。本病常引起小鸭大批死亡和生长发育迟缓，造成很大的经济损失，是危害养鸭业的主要传染病之一。

一、流行病学

1. 传染源　病鸭及带菌鸭是本病的主要传染源。

2. 传播途径　本病主要经呼吸道或通过皮肤伤口感染而发病，被细菌污染的空气是重要的传播媒介，经蛋传递可能是远距离传播的主要原因。恶劣的饲养环境，如育雏密度过大，空气不流通、潮湿、过冷过热，饲料中缺乏维生素、蛋白质等均易诱发本病。

3. 易感动物　1～8 周龄的鸭对自然感染易感，但以 2～4 周龄的小鸭最易感。1 周龄以下或 8 周龄以上的鸭极少发病。除鸭外，雏鹅亦可感染发病。本病的感染率有时可达 90%以上，死亡率 5%～75%不等。

4. 流行特点　该病无明显季节性，一年四季均可发生，春冬季节较为多发。

二、临床症状

急性病例多见于 2～4 周龄小鸭，临诊表现为倦怠（图 14-40），缩颈，不食或少食，眼、鼻有分泌物，淡绿色腹泻。不愿走动或行动跟不上群，运动失调，濒死前出现神经症状，头颈震颤，角弓反张，不久抽搐而死（图 14-41）。病程一般为 1～3 d，幸存者生长缓慢。

图 14-40　倦怠、不愿走动

图 14-41　抽搐而死

亚急性或慢性病例，多发生于 4～7 周龄较大的鸭，病程可在 1 周以上。主要表现为精神沉郁，不食或少食，腿软，卧地不起，羽毛粗乱，进行性消瘦，呼吸困难。少数病例出现脑膜炎的症状，表现斜颈、转圈或倒退（图 14-42），但仍能采食并存活。

三、病理变化

最明显的眼观病变是浆膜表面的纤维素性渗出物，主要在心包膜、肝脏表面以及气囊。渗出物中除纤维素外，还有少量炎性细胞，主要是单核细胞和异嗜细胞。渗出物可部分地机化或干酪样化，形成纤维素性心包炎（图 14-43）、肝周炎（图 14-44）或气囊炎（图 14-45）。中枢神经系统感染可出现纤维素性脑膜炎。少数病例见有输卵管炎，输卵管膨大，内有干酪样物蓄积。

图 14-42　斜颈、转圈

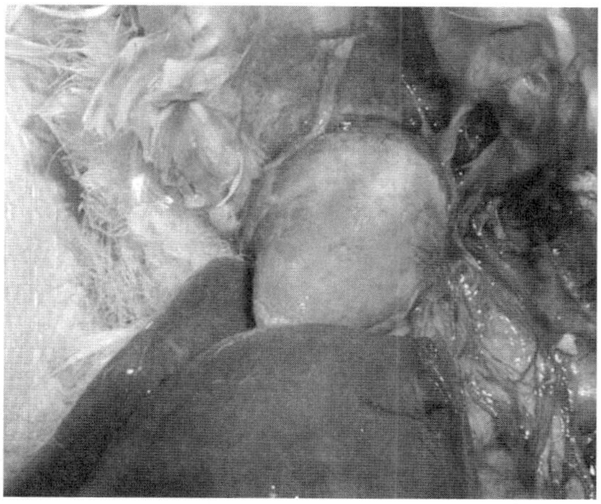

图 14-43　心包炎

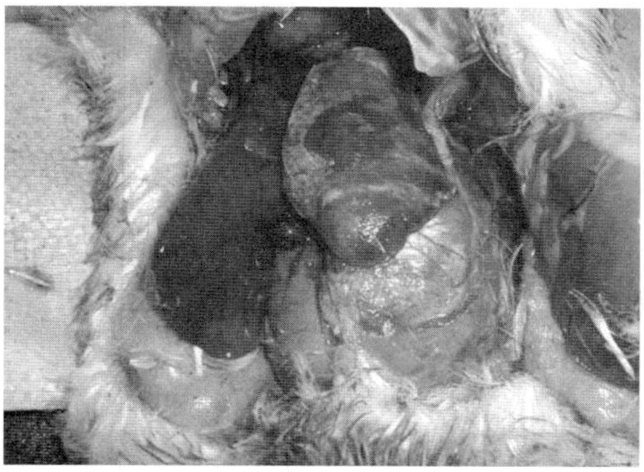

图 14-44　肝周炎

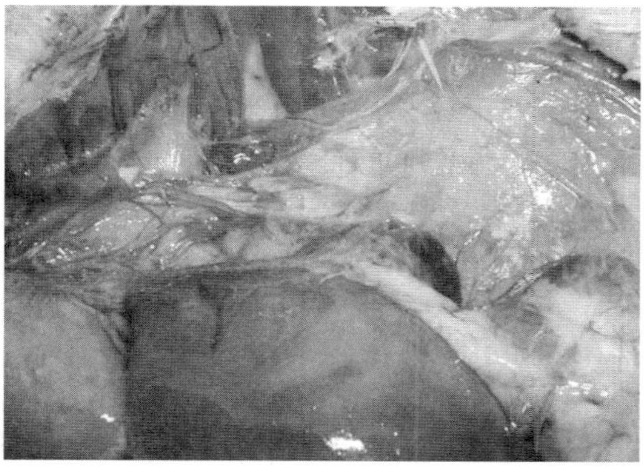

图 14-45　气囊炎

慢性局灶性感染常见于皮肤，偶尔也出现在关节。皮肤病变多发生在背下部或肛门周围，表现为坏死性皮炎，皮肤或脂肪呈黄色，切面呈海绵状，似蜂窝织炎变化。跗关节肿胀，触之有波动感，关节液增多，呈乳白色黏稠状。

四、诊断

根据临诊症状和剖检变化可做出初步诊断，但应注意和鸭大肠杆菌败血症相区别，因为它们的眼观病变很相似。确诊必须进行实验室细菌分离和鉴定等检查。

五、防治

1. 治疗　鸭场一旦发生该病，为了避免盲目用药，最好通过药敏试验筛选药物。养鸭户和兽医门诊可以自制药敏片进行药敏试验，可以避免舍近求远，并且更容易操作。该病对大观霉素、氟苯尼考等药物比较敏感。

2. 预防　避免鸭只饲养密度过大，注意通风和防寒，使用柔软干燥的垫料并勤换。实行全进全出的饲养管理制度，出栏后应彻底消毒，并空舍 2～4 周。

实训操作 14-8　鸭传染性浆膜炎的诊断技术

一、实训目的和要求

熟悉鸭疫里氏杆菌的形态与培养特性;掌握鸭传染性浆膜炎的微生物学检查方法。

二、实训材料和器械

1. 试剂　革兰氏染色液、消毒液;雏鸭传染性浆膜炎典型病例等。

2. 培养基　血液琼脂培养基、胰蛋白胨大豆琼脂(TSA)培养基等。

3. 器械　注射器、剪刀、镊子、研钵、试管、载玻片、普通光学显微镜、恒温培养箱等。

三、实训内容

临床表现的神经症状和剖检所见广泛性纤维素性炎变化可作为本病初步诊断的依据。但注意与多杀性巴氏杆菌、大肠杆菌、沙门氏菌等引起的败血性疾病相区别。因为这些疾病的大体病变与鸭疫里氏杆菌感染很难区分。确诊需要进行该菌的分离和鉴定。

1. 病原菌分离　在急性败血症时期,细菌在各器官组织,如心血、脑、气囊、骨髓、肺、肝和病变渗出物中均可分离到。无菌采取病料,划线接种于血液琼脂或 TSA 培养基上,置烛缸或厌氧培养箱中 37℃培养 24～72 h。

对被污染的病料,在培养基中加入 5%新生犊牛血清和庆大霉素(5 mg/L),有助于鸭疫里氏杆菌的分离。

2. 细菌鉴定　鸭疫里氏杆菌和多杀性巴氏杆菌非常相似,通过生化鉴定,可以很好地将其区分。如:鸭疫里氏杆菌发酵糖的能力很弱,而巴氏杆菌常可发酵多种糖类;鸭疫里氏杆菌吲哚试验和 H_2S 产生试验均为阴性,而巴氏杆菌则相反。

另外,鸭疫里氏杆菌感染后临床表现上,与鸭大肠杆菌病和鸭沙门氏菌病也容易混淆,三者引起的病变十分相似,均可引起浆膜炎。区别时,可将其接种于麦康凯琼脂培养基上,大肠杆菌为红色菌落,沙门氏菌为无色菌落,而鸭疫里氏杆菌不生长。

四、实训作业

1. 简述鸭疫里氏杆菌在培养基中的生长特点和主要生物学特性。

2. 试述鸭疫里氏杆菌和多杀性巴氏杆菌的微生物学鉴别要点。

任务 14-9　小鹅瘟

小鹅瘟(GP)是由小鹅瘟病毒(GPV)引起的主要侵害雏鹅的一种急性或亚急性败血性传染病。临诊特征为精神委顿、食欲废绝和严重下痢。主要病变为渗出性肠炎,小肠黏膜表层大片脱落,与凝固的纤维素性渗出物一起形成栓子,堵塞于肠腔。本病主要侵害 3～20 日龄雏鹅,传播快且病死率高。在自然条件下成年鹅的感染是无症状的,但可经卵将病毒传至下一代。

一、流行病学

1. 传染源　病鹅及带毒鹅是本病的主要传染源。

2. 传播途径　发病雏鹅从粪中排出大量病毒，通过直接或间接接触而迅速传播，最严重的暴发发生于病毒垂直传播后的易感雏鹅群。带毒鹅群所产的种蛋带有病毒，带毒的种蛋在孵化时，无论是孵化中的死胚，还是外表正常的带毒雏鹅都散播病毒，将孵坊污染，造成出壳雏鹅在 3～5 d 内大批发病。

3. 易感动物　自然病例仅发生于鹅和番鸭的幼雏。不同品种的雏鹅易感性相似。主要发生于 20 日龄以内的雏鹅，雏鹅的易感性随年龄的增长而减弱。1 周龄以内的雏鹅死亡率可达 100%，10 日龄以上者死亡率一般不超过 60%。20 日龄以上的发病率低，而 1 月龄以上则极少发病。

4. 流行特点　在每年全部更新种鹅的地区，本病的暴发与流行具有明显的周期性，在大流行后的一、二年内都不致再次流行。

二、临床症状

潜伏期依感染时的年龄而定，1 日龄感染为 3～5 d，2～3 周龄感染为 5～10 d。根据病程可分为最急性、急性和亚急性等病型。病程的长短视雏鹅日龄大小而定。

3～7 日龄鹅发病者，常为最急性，往往无前驱症状，一经发现即极度衰弱，不久死亡。

7～15 日龄鹅发生，常为急性。症状为精神委顿，虽能随群采食，但将采得之草随即甩去；半日后行动落后，打瞌睡，拒食，但饮水增多，排出灰白色或淡黄绿色稀粪，并混有气泡；呼吸困难，鼻流浆性分泌物，喙端色泽变暗；临死前出现两腿麻痹或抽搐(图 14-46)。病程 1～2 d。

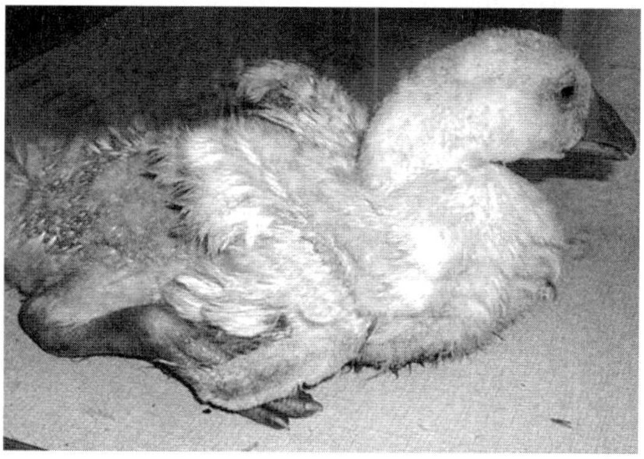

图 14-46　两腿麻痹或抽搐

15 日龄以上发病的雏鹅病程稍长，一部分转为亚急性，以精神委顿、消瘦和拉稀为主要症状。少数幸存者在一段时间内生长不良。

三、病理变化

最急性型病例除肠道有急性卡他性炎外，其他器官的病变一般不明显。15 日龄左右的急性病例表现全身性败血变化，全身脱水，皮下组织显著充血。心脏有明显的急性心力衰竭变化，心脏变圆，心房扩张，心壁松弛，心肌无光泽，颜色苍白。肝脏肿大。本病的特征性变化是小肠中下段极度膨大，质地坚实，状如香肠(图 14-47)。剖开肠管，可见肠腔中充塞着淡灰色或淡黄色栓子(图 14-48)。栓子中心为深褐色干燥的肠内容物，外面包裹着灰白色的假膜。有的病例小肠内形成长带状纤维素凝固物。

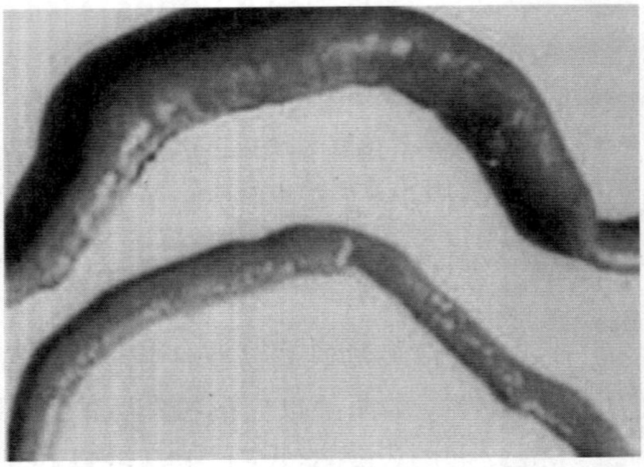

图 14-47　小肠中下段极度膨大，状如香肠

图 14-48　肠腔中充塞着淡灰色或淡黄色栓子

四、诊断

根据流行病学，结合典型的临床症状和特征性的病理剖检变化，基本上可做出较为准确的初步诊断。临床诊断要点如下：本病主要发生于 3～20 日龄的雏鹅，发生时间常在冬末春初。易感性动物 3～20 日龄的雏鹅易感性极高，成年鹅和鸡、鸭无易感性，即在自然情况下不发病。

确诊可通过病毒分离鉴定或特异抗体检查，检查血清中特异抗体的方法有琼脂扩散试验和 ELISA 试验。

五、防治

1. 治疗　发生本病时及早注射抗小鹅瘟高免血清能制止 80%～90%已被感染的雏鹅发病。由于病程太短，对于症状严重的病雏，抗血清的治疗效果甚微。对于发病初期的病雏，抗血清的治愈率为 40%～50%。血清用量，对处于潜伏期的雏鹅每只 0.5 mL，已出现初期症状者为 2～3 mL，10 日龄以上者可相应增加，一律皮下注射。

2. 预防　小鹅瘟主要是通过孵坊传播的，因此孵坊中的一切用具设备，在每次使用后都必须清洗消毒，收购来的种蛋应用福尔马林熏蒸消毒。如发现分发出去的雏鹅在 3～5 d 发病，即表示孵坊已被污染，应立即停止孵化，将房舍及孵化、育雏等全部器具彻底消毒。刚出壳的雏鹅要注意不与新进的种蛋和大鹅接触，以防感染。对于已污染的孵坊所孵出的雏鹅，应立即注射高免血清。

实训操作 14-9　小鹅瘟的诊断技术

一、实训目的和要求

掌握小鹅瘟病毒的分离技术；掌握小鹅瘟病毒的血清学鉴定技术。

二、实训材料和器械

标准毒株免疫血清，生理盐水，12～14 日龄的鹅胚，伊红-苏木精，雏鹅，注射器，研钵，钻孔钢锥，镊子，酒精灯，眼科镊子，注射器，洗耳球，适用的针头，试管，平皿，三角瓶，烧杯，消毒胶布，5～50 μL 微量可调移液器及吸头，市售石蜡或胶布等。

三、实训内容

根据本病特有临床特点，即雏鹅群大量发病死亡，拉稀，死前两腿麻痹或抽搐，剖检表现为纤维素性坏死性肠炎等可做出初步诊断。确诊需要进行病毒的分离和鉴定。

1. 病毒的分离和鉴定　无菌操作法采取急性期病、死雏鹅的肝、脾、肾等实质性器官或血液作为分离材料，经常规处理后进行病毒的分离培养和鉴定。(具体操作参见实训操作 3-3“新城疫病毒的鸡胚培养”)

(1)鹅胚接种　12～14 日龄的鹅胚接种，如 5～6 d 内有死亡，则收获尿囊液和羊水做进一步鉴定。

(2)细胞培养　病料接种鹅胚或番鸭胚的原代细胞，培养 3～5 d，可产生明显的细胞病变，经伊红-苏木精染色，可见到核内包涵体和合胞体。

(3)易感雏鹅接种试验　用病料悬液或含毒鹅胚尿囊液接种易感雏鹅，在感染后 3～5 d 出现该病的临床症状和病变。对照组应正常。

(4)血清保护试验　取 5 羽雏鹅作为试验组，先皮下注射标准毒株的免疫血清 1.5 mL，设生理盐水对照；然后两组同时皮下注射含毒尿囊液 0.1 mL，试验组雏鹅应全部得到保护，而对照组雏鹅于 2～5 d 内全部死亡。

2. 血清学诊断

(1)病毒中和试验　用鸭胚适应病毒在鸭胚上进行，主要用于小鹅瘟病毒(GPV)抗体的检测。也可用已知阳性血清来鉴定病毒。

(2)琼脂扩散试验　具有较高特异性，简便，实用，但灵敏度稍差，适于基层推广。用于检测 GPV、疫苗效价测定及鹅群免疫监测等具有良好效果，也可检测蛋黄抗体。

四、实训作业

简述小鹅瘟病毒培养特点和鉴定方法。

【自测训练】

一、填空题

1. 高致病性禽流感是由__________型流感病毒(AIV)引起的一种禽类烈性传染病，以高热，呼吸困难，皮下、浆膜、黏膜、肌肉及各内脏器官的广泛性出血，高死亡率为特征。

2. 禽霍乱，又称禽巴氏杆菌病、禽出血性败血症，是由__________引起的鸡、火鸡、鸭和鹅等多种禽类的传染病。

3. 新城疫的实验室诊断及抗体监测都可以采用__________试验来完成。

4. 禽沙门氏菌病是由沙门氏菌属中的某一种或多种沙门氏菌引起的禽类急性或慢性疾病的总称，主要分为__________、__________及禽副伤寒三大类。本病是典型的经蛋__________疾病之一，亦可通过多种途径水平传播。

5. 家禽呼吸道传染病有__________、__________、__________、__________、__________、__________、__________七种。其病原分类，分别属于__________、__________、__________、

__________、__________、__________、__________属。

6.马立克氏病临床上主要分为__________、__________、__________、__________四型。

7.马立克氏病的首免日龄是__________。

8.家禽传染病中经蛋垂直传播的病毒性传染病主要有__________、__________。

二、问答题

1.鸡沙门氏菌病主要是通过种蛋进行垂直传播的,淘汰种鸡群中的带菌鸡是控制本病最重要的措施,应如何实施种鸡沙门氏菌净化工作?

2.试述新城疫和高致病性禽流感的鉴别诊断。

3.试讨论免疫鸡群发生非典型新城疫的原因、临床表现及病理变化。

4.主要侵害鸡呼吸道的传染病有哪几种?试列表比较其异同。

项目 15　牛羊马的主要传染病

【知识目标】

- 掌握牛病毒性腹泻-黏膜病的流行病学、临床症状、病理变化与防治措施；
- 掌握牛流行热的流行病学、临床症状、病理变化与防治措施；
- 掌握羊梭菌性疾病的流行病学、临床症状、病理变化与防治措施；
- 掌握马传染性贫血的流行病学、临床症状、病理变化与防治措施。

【能力目标】

- 会牛、羊、马常见传染病的诊断；
- 会马传染性贫血的实验室诊断技术。

任务 15-1　牛病毒性腹泻-黏膜病

牛病毒性腹泻-黏膜病，是由牛病毒性腹泻病毒(BVDV)引起的以黏膜发炎、糜烂、坏死和腹泻为特征的传染病。本病呈世界性分布。1980 年以来，我国从德国、丹麦、美国等国家引进奶牛和种牛时，将该病带入我国，并分离鉴定了病毒。

一、流行病学

患病动物和带毒动物是本病主要传染源；牛、羊、猪、鹿、小袋鼠等是本病的易感动物；主要通过消化道和呼吸道传染，也可通过胎盘感染。

二、临床症状

突然发病，体温升高，稽留 4～7 d，有的第二次升高。鼻镜、口腔黏膜表面糜烂，流涎，恶臭。紧接着出现严重腹泻，开始水泻，后带黏液和血液。病程 1～2 周，少数可达 1 个月，预后不良，多以死亡为转归。

三、病理变化

鼻镜、鼻孔黏膜、齿龈(图 15-1)、上腭(图 15-2)、舌面两侧及颊部黏膜有糜烂及浅溃疡，严重病例在咽、喉头黏膜有溃疡及弥漫性坏死。食道黏膜出血呈直线排列(图 15-3)。第四胃炎性水肿和糜烂，肠淋巴结肿大。

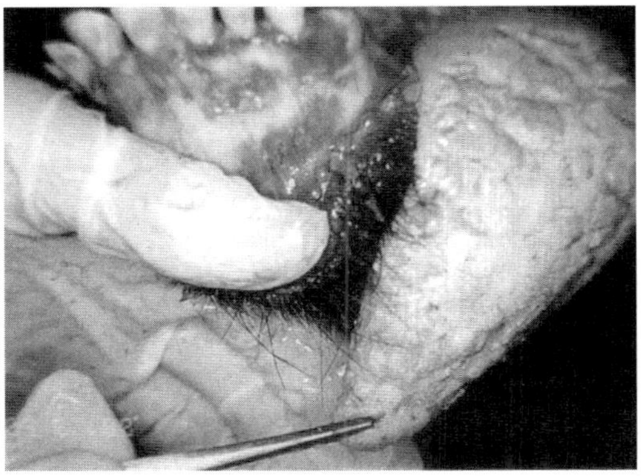

图 15-1　齿龈糜烂及浅溃疡

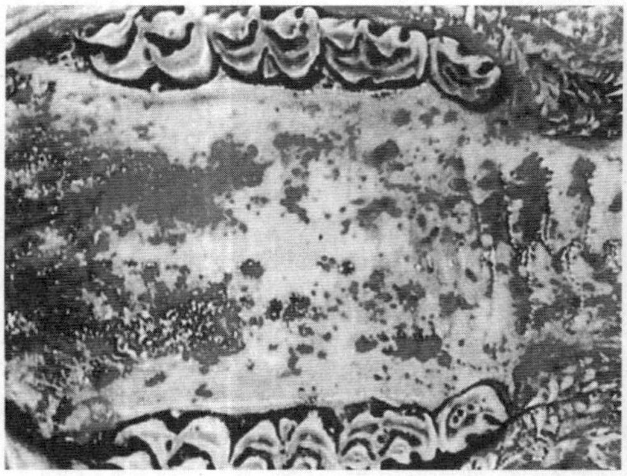

图 15-2　腭部黏膜溃疡

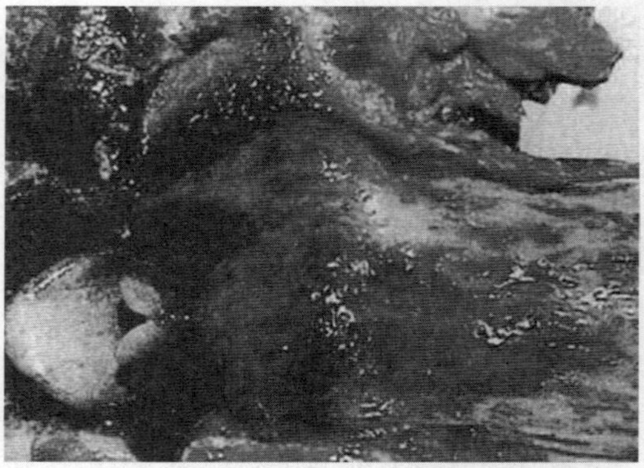

图 15-3　食道黏膜的条状出血

四、诊断

在本病严重暴发流行时，可根据发病史、症状及病理变化做出初步诊断，最后确诊需依赖病毒的分离鉴定和血清学检查。近年来分子生物学技术如 RT-PCR 可以快速诊断，灵敏度高，因而有逐渐取代传统检测方法的趋势。

五、防治

目前尚无有效疗法。应用收敛剂和补液疗法可缩短恢复期，减少损失。用抗生素和磺胺类药，可减少继发感染。

实训操作 15-1　牛病毒性腹泻-黏膜病 RT-PCR 检测技术

一、实训目的和要求

进一步熟悉病毒核酸的分离与 RT-PCR 技术的基本原理；掌握 RT-PCR 检测 BVDV 的操作方法；熟悉 RT-PCR 技术的影响因素和应用。

二、实训材料和器械

1. 主要试剂　PCR 诊断试剂盒；反转录酶（M-MLV）及相应缓冲液、DEPC 处理的无菌超纯水、总 RNA 提取试剂盒、氯仿、异丙醇、70％乙醇、RNase（RNA 酶）抑制剂等。

2. 病料　典型 BVDV 感染牛病料。

3. 引物　根据已公布的 BVDV 的基因序列，选择保守性强的 5′端非编码区基因序列设计并合成一对引物，预期扩增片段 186 bp 大小，引物序列如下：

引物 F：5′------GTG AGT TCG TTG GAT GGC--------3′

引物 R：5′------ACA CCC TAT CAG GCT GTG---------3′

4. 主要设备　微量移液器及吸头、1.5 mL 离心管、PCR 仪、凝胶电泳系统、紫外分析系统。

三、实训内容

1. 病毒核酸(RNA)的提取　选择商品化总 RNA 提取试剂盒，提取 BVDV 基因组 RNA，操作步骤如下：

(1)取 50 mg 病料置 5 mL 玻璃匀浆器中，加入 1 000 μL 总 RNA 提取试剂混匀，并小心研磨均匀，将匀浆液转入 1.5 mL 离心管中盖好，室温放置 10 min。

(2)加入 200 μL 氯仿，剧烈振荡 15 s，室温静置 5 min 使核蛋白复合体彻底裂解。

(3)4℃ 12 000 r/min 离心 15 min，将上层含 RNA 的水相移入一新管中。为了降低被处于水相和有机相分界处的 DNA 污染的可能性，不要吸取水相的最下层。

(4)加入等体积的异丙醇，充分混匀液体，室温放置 10 min。

(5)4℃ 12 000 r/min 离心 15 min，弃上清，再用 70%的乙醇洗涤沉淀，然后离心，再用吸头彻底吸弃上清，在自然条件下干燥沉淀，溶于适量 DEPC 处理的水中即为提取的总 RNA，可直接用于 RT-PCR，或－80℃贮存备用。

2. 病毒 cDNA 第一链的合成(反转录)　步骤如下：

在 0.2 mL 的薄壁管中，依次加入 5 倍反转录缓冲液(5×RT buffer) 2 μL；10 mmol 脱氧核糖核苷三磷酸(dNTP) 1 μL；十五个胸腺嘧啶寡链(oligodT 15) 1 μL；RNase 抑制物 0.5 μL；总 RNA 4.5 μL；200 U/μL M-MLV 1 μL，总体积 10 μL。

反应条件：42℃ 30 min；99℃ 5 min；5℃ 5 min。

3. PCR 扩增　根据扩增目的，选择引物 F 与引物 R，按 PCR 试剂盒使用说明进行，步骤如下：

(1)按以下次序将各成分加入 0.5 mL 灭菌 Eppendorf 管中。

双蒸灭菌水	13 μL
反转录产物	5 μL
引物 F(25 pmol/μL)	1 μL
引物 R(25 pmol/μL)	1 μL
10×PCR buffer	5 μL
2×PCR 预混液	25 μL
总反应体系	50 μL

注意首先加入双蒸灭菌水，然后再按照顺序逐一加入上述成分，每一次要加入到液面下。

(2)全部加完后，混悬，瞬时离心，使液体都沉降到 Eppendorf 管底。

(3)在 PCR 扩增仪上执行如下反应程序：95℃预变性 5 min，95℃ 45 s、54℃ 45 s、72℃ 45 s，35 个循环，最后 72℃延伸 10 min，16℃终止反应。

4. 电泳检测

(1)将倒胶槽两端用透明胶带封闭并放置在水平的台面上，放好梳板，使梳板齿下沿距倒胶槽板 1 mm。

(2)配制 1.0%的琼脂糖凝胶,加热煮沸再冷却至 60℃左右时,加入 100 μL 0.5 mg/mL 的 EB 液,充分混匀。倒胶至倒胶槽内,使厚度为 3～5 mm,排除气泡后待胶完全凝固。

(3)将胶置电泳槽中,加入 1×TAE 电泳缓冲液使其没过胶面 2～3 mm,轻轻拔出梳板。

(4)取 2 μL 上样缓冲液于 Parafilm 膜上,加入 PCR 产物 5 μL,混匀后,加入点样孔中,不要溢出孔外。同时设 DNA 分子大小标准。

(5)样品在负极端,接通电源,5 V/cm 恒压电泳 30～60 min 即可。

(6)电泳结束,关闭电泳仪电源,取出倒胶槽,将电泳完毕的琼脂糖凝胶放在波长 300 nm 紫外灯下观察,可见橘红色明亮带,根据电泳条带的位置判断结果。

5.结果判定　在阳性对照孔出现相应扩增带、阴性对照孔无此扩增带时判定结果。若样品扩增带与阳性对照扩增带处于同一位置,则判定为 BVDV 阳性,否则判定为阴性。

四、实训作业

你所做的病料 RT-PCR 试验是否出现相应扩增带?如果有扩增带,请对你的试验结果进行描述。如果失败,请分析原因。

任务 15-2　牛流行热

牛流行热又称三日热、暂时热,是由牛流行热病毒引起的牛的一种急性、热性、全身性传染病。其特征为突然高热、流泪、流涎、鼻漏、呼吸促迫,后躯僵硬,跛行。发病率高,但死亡率低。本病广泛流行于非洲、亚洲及大洋洲。我国也有本病的发生和流行,分布面较广。

一、流行病学

病牛是本病的主要传染源;自然传播多经呼吸道,吸血昆虫是重要的传播媒介;主要侵害乳牛和黄牛,水牛较少发病,以 3～5 岁牛多发,肥胖的牛病情较严重,产奶量高的母牛发病率高。本病具有明显的季节性,一般在蚊虫多的季节流行。本病的传染力强,传播迅速,一般呈流行性或大流行性,有明显的周期性。

二、临床症状

潜伏期为 3～7 d。表现为突然发病,体温升高达 39.5～42.5℃,持续 1～3 d 后骤退。在体温升高时,患牛表现精神不振,食欲减退,反刍停止,脉搏、呼吸加快;多数病牛鼻炎性分泌物呈线状,随后变为黏性鼻涕。流泪,结膜充血、水肿,畏光;口腔发炎流涎,口角有泡沫(图 15-4);个别牛四肢关节浮肿、卧地不起;妊娠牛可能发生流产、死胎,泌乳量下降或停止。多数病例呈良性经过,3～4 d 很快恢复,死亡率一般不超过 1%。

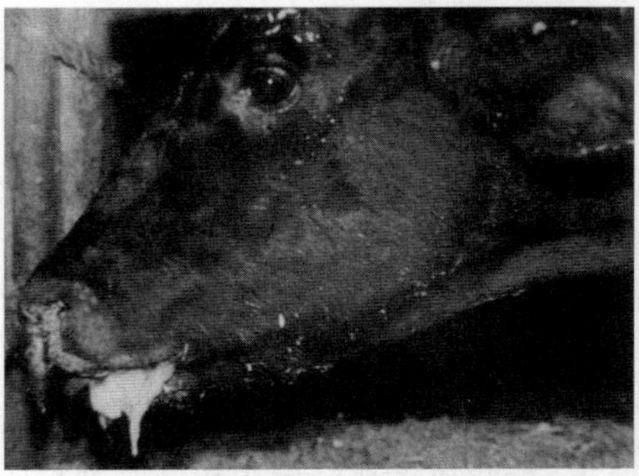

图 15-4　口腔流涎,有泡沫

三、病理变化

口腔黏膜、上呼吸道黏膜充血、出血、肿胀。气管内充满大量泡沫状的黏液。肺显著肿大，有不同程度的水肿和间质性气肿（图 15-5），压迫有捻发音，切面流出大量暗紫红色泡沫状黏液（图 15-6）。胸腔积液，呈暗紫红色。全身淋巴结充血、肿大或出血。真胃、小肠和盲肠黏膜呈卡他性炎和渗出性出血。实质脏器混浊肿胀或有出血点。关节、腱鞘、肌膜发炎。流产胎儿体表有出血点。

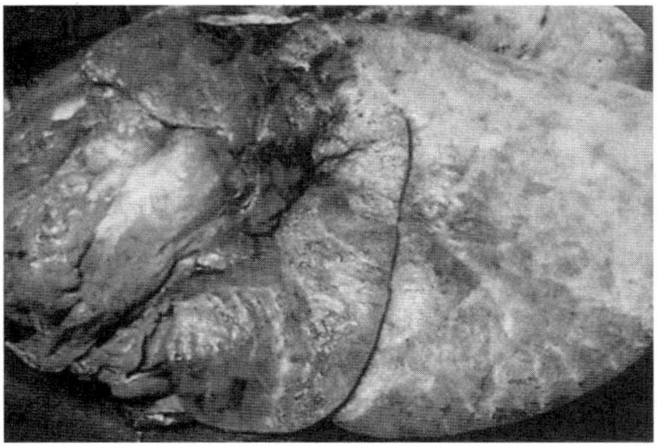

图 15-5　肺间质性气肿

图 15-6　切面有暗紫红色黏液

四、诊断

本病的特点是大群发生，传播快速，有明显的季节性和周期性，高热、呼吸困难、流浆液性鼻液、流泪、运动障碍，病程短、发病率高、病死率低，据此可做出初步诊断。但确诊本病还要做实验室检查。

五、防治

1. 对症疗法

（1）对体温升高，食欲废绝的牛　5％葡萄糖生理盐水静脉注射；10％磺胺嘧啶钠静脉注射；30％安乃近肌肉注射。

（2）对呼吸困难、气喘病牛　输氧；5％氨茶碱，6％盐酸麻黄素液，肌肉注射，4 h 1 次；地塞米松、糖盐水缓慢静脉注射，用时应慎重。

（3）对兴奋不安的病牛　甘露醇静脉注射；氯丙嗪肌肉注射；硫酸镁缓慢静脉注射。

2. 预防

（1）消灭吸血昆虫。

（2）每年 5 月份进行牛流行热疫苗注射，每头肌肉注射 4 mL，间隔 20 d 加强免疫一次，可获得较好的免疫力。

实训操作 15-2 牛流行热病毒一步法 RT-PCR 检测技术

一、实训目的和要求

熟悉病毒核酸的提取与 RT-PCR 技术的基本原理；掌握 RT-PCR 检测牛流行热病毒一步法 RT-PCR 技术的操作方法。

二、实训材料和器械

1. 主要试剂 PCR 诊断试剂盒；反转录酶 M-MLV 及相应缓冲液、DEPC 处理的无菌超纯水、总 RNA 提取试剂盒、氯仿、异丙醇、70%乙醇、RNase(RNA 酶)抑制剂等。

2. 病料 典型牛流行热病料。

3. 引物 根据 GenBank 中已有牛流行热病毒基因核苷酸序列设计引物，进行一步法 RT-PCR 扩增，扩增长度预期为 799 bp 的片段，引物序列如下：

引物 F：5′------GGT TGC ACA GAT GCG GTT AA--------3′

引物 R：5′------TTC CCC CTC TTG TTG ATG TTC T---------3′

4. 主要设备 微量移液器及吸头、1.5 mL 离心管、PCR 仪、凝胶电泳系统、紫外分析系统。

三、实训内容

1. 病毒核酸(RNA)的提取 选择商品化总 RNA 提取试剂盒，提取牛流行热病毒基因组 RNA，操作步骤参见实训操作 15-1“牛病毒性腹泻-黏膜病 RT-PCR 检测技术”。

2. 一步法 RT-PCR 反应体系和条件 在 0.2 mL 的薄壁管中，依次加入一步法 PCR 反应液(prime script enzyme mix) 2 μL、2 倍 PCR 反应缓冲液(2×step buffer) 25 μL、F 引物 1 μL、R 引物 1 μL、RNA 模板 4 μL、无 RNA 水(RNA free H_2O) 17 μL，总体系 50 μL。

反应条件：50℃预变性 30 min，94℃ 30 s、55℃ 30 s、72℃ 1 min，30 个循环，最后 72℃延伸 10 min，16℃终止反应。

3. 电泳检测 参见实训操作 15-1，本节不重复。

4. 结果判定 在阳性对照孔出现相应扩增带、阴性对照孔无此扩增带时判定结果。若样品扩增带与阳性对照扩增带处于同一位置，则判定为牛流行热阳性，否则判定为阴性。

四、实训作业

1. 比较常规 RT-PCR 与一步法 RT-PCR 的异同。

2. 完成实训报告。

任务 15-3 羊梭菌性疾病

羊梭菌性疾病是由梭状芽胞杆菌属中的微生物引起的一类疾病，包括羊快疫、羊肠毒血症、羊猝疽、羊黑疫、羔羊痢疾等病。这类疾病在临诊上有不少相似之处，容易混淆。

一、羊快疫

羊快疫是由腐败梭菌引起的，主要发生于绵羊的一种急性传染病，发病突然，病程极短，其特征为真胃呈出血性、炎性损害。

1. 流行病学　绵羊发病较为多见，山羊也可感染，但发病较少，发病羊年龄多在 6～18 月龄之间。腐败梭菌广泛存在于低洼草地、熟耕地、沼泽地以及人畜粪便中，感染途径一般是消化道。

2. 临床症状　突然发病，往往未发现临诊病状就突然死亡。有的病羊疝痛，臌气，结膜显著发红，磨牙，最后痉挛而死；有的表现虚弱；还有的排黑色稀便或黑色软便。一般体温不高，死前呼吸极度困难，体温高达 40℃以上，维持时间不久即死亡。

3. 病理变化　真胃及十二指肠黏膜有明显的充血、出血，黏膜下组织水肿，甚至形成溃疡。这一病变具有一定的诊断意义。心内膜（特别是左心室）和心外膜有点状出血。肝脏肿大，质脆，呈煮熟状。胆囊胀大，充满胆汁。

4. 诊断　6～18 月龄肥壮的羊只，突然发生死亡，剖检时在真胃黏膜出现出血性坏死病灶这一特征性病变，即可怀疑为本病。确诊需要进行微生物学检查。

5. 防治　本病病程短促，往往来不及治疗，必须加强平时的防疫措施。当本病发生严重时，转移牧地，可收到减少和停止发病的效果。常发地区，每年可定期注射多联苗。

二、羊肠毒血症

羊肠毒血症主要是绵羊的一种急性毒血症，主要是 D 型魏氏梭菌在羊肠道中大量繁殖，产生毒素所致。死后肾组织易于软化，因此又常称此病为软肾病。

1. 流行病学　本病以绵羊最易感，山羊次之。2～12 月龄羊最易发病。发病羊多为膘情较好的。具有明显的季节性和条件性，多为散发。在牧区多发于春末夏初青草萌发和秋季牧草结籽的一段时间；在农区，则常常是在收菜季节，羊食入多量的菜根、菜叶，或收了庄稼后羊群抢食大量谷类的时候发病。

2. 临床症状　本病的特点为突然发作，往往在看出症状后绵羊便很快死亡。症状可分为两种类型：一类以搐搦为其特征，另一类以昏迷和静静地死去为其特征。

前者在倒毙前，四肢出现强烈的划动，肌肉震颤，眼球运动，磨牙，口水过多，随后头颈显著抽缩，往往于 2～4 h 内死亡。后者病程较缓，其早期症状为步态不稳，以后倒卧，并感觉过敏，继以昏迷，角膜反射消失。有的病羊发生腹泻，通常在 3～4 h 内静静地死去。

3. 病理变化　肾脏表面充血、出血，呈软泥状，稍加触压即碎烂。肝肿大，胆囊肿大 1～3 倍。小肠黏膜充血、出血，严重的整个肠壁呈血红色，有的有溃疡。全身淋巴结肿大、充血。肺充血、水肿。胸膜有出血。胸腔或腹腔积有较多量的渗出液。心包液增多，心外膜有出血点。

4. 诊断　由于病程短促，生前确认较难。剖检见软肾，体腔积液，小肠黏膜严重出血等特征，可做出初步诊断，但确诊还需要进行实验室检验。

5. 防治　当羊群中出现本病时，可立即搬圈，转移到干燥的地区放牧。在常发地区，应定期注射疫苗。

三、羊猝疽

本病是C型魏氏梭菌引起的一种毒血症，以急性死亡、腹膜炎或溃疡性肠炎为特征。

1.流行病学　发生于成年绵羊，以1～2岁的绵羊发病较多。常见于低洼、沼泽地区，多发生于冬、春季节，常呈地方流行性。

2.临床症状　C型魏氏梭菌随污染的饲料和饮水进入羊只消化道后，在小肠里繁殖，产生β毒素，引起羊只发病。病程短促，常未及见到病状即突然死亡。

3.病理变化　主要见于消化道和循环系统。十二指肠和空肠黏膜严重充血、糜烂，有的区段可见大小不等的溃疡。胸腔、腹腔和心包腔积液，浆膜上有小点出血。

4.诊断　根据成年绵羊突然发病死亡，剖检见糜烂性和溃疡性肠炎，腹膜炎，胸腔、腹腔和心包腔积液，可初步诊断为羊猝疽。确诊需从体腔渗出液、脾脏取材作细菌的分离和鉴定，以及从小肠内容物里检查有无β毒素。

5.防治　可参照羊快疫和羊肠毒血症的防治措施进行。

四、羊黑疫

羊黑疫又名传染性坏死性肝炎，是由B型诺维氏梭菌引起的绵羊和山羊的一种急性高度致死性毒血症，病变的特征是肝实质坏死。

本菌能使1岁以上的绵羊感染，以2～4岁的绵羊发生最多。发病羊多为营养良好的肥胖羊只。山羊也可感染，牛偶尔感染。本病的发生通常与肝片吸虫的感染密切相关。

本病在临诊上与羊快疫、羊肠毒血症等极其类似。多为未见有病而突然死亡。

病羊尸体皮下静脉显著扩张，其皮肤呈暗黑色外观。胸部皮下组织经常水肿，浆膜腔有液体渗出，暴露于空气易凝固，液体常呈黄色，但腹腔液略带血色。左心室心内膜下常出血。真胃幽门部和小肠充血、出血。肝脏充血肿胀，从表面可看到或摸到一个到多个凝固性坏死灶，坏死灶的界限清晰，灰黄色，不整圆形，周围常被鲜红色的充血带围绕，坏死灶直径可达2～3 cm。羊黑疫肝脏的这种坏死变化具有诊断意义。

预防此病首先在于控制肝片吸虫的感染。我国已试制成功羊厌气菌五联苗，能同时预防羊快疫、羊猝疽、羊肠毒血症、羔羊痢疾、羊黑疫。对病羊可用抗诺维氏梭菌血清治疗。

五、羔羊痢疾

羔羊痢疾是初生羔羊的一种急性毒血症，以剧烈腹泻和小肠溃疡为特征。本病常使羔羊发生大批死亡，给养羊业带来重大损失。

发病的诱因主要是母羊怀孕期营养不良，羔羊体质瘦弱；其次，气候寒冷，特别是大风雪后，羔羊受冻；另外，哺乳不当，羔羊饥饱不均也可促使发病。本病主要危害7日龄以内的羔羊，其中又以2～3日龄的发病最多，7日龄以上的很少患病。传染途径主要是消化道，也可能通过脐带或创伤而感染。

本病的防治，需综合实施抓膘保暖、合理哺乳、消毒隔离、预防接种和药物防治等措施。

任务 15-4　马传染性贫血

马传染性贫血(简称马传贫),又称沼泽热,是由马传染性贫血病毒引起的马属动物的一种传染病。临床特征以发热为主,并有贫血、出血、黄疸、心功能紊乱、浮肿和消瘦等症状。发热期间症状明显,无热期则症状消失。病变特征是肝、脾、淋巴结等的网状内支细胞变性、增生和铁代谢障碍等。

一、流行病学

病马和带毒马是传染源,其血液、肝、脾、淋巴结等均有病毒存在,发热期病马的分泌物和排泄物也含有病毒。主要通过吸血昆虫(虻类、蚊类、刺蝇及蠓类等)叮咬而传染,也可经消化道、呼吸道、交配、胎盘传染。仅马属动物易感,其中以马最易感,驴、骡次之,且无品种、年龄和性别差异。其他家畜及野生动物均无自然感染的报道。本病发生无严格的季节性,但以吸血昆虫活动的夏秋季节(7～9 月)及森林、沼泽地带多发。主要呈地方性流行或散发。新疫区多呈急性经过,在老疫区主要呈慢性或隐性感染。

二、临床症状

根据临诊表现,可分为急性、亚急性、慢性和隐性四种病型。

急性型:多见于新疫区流行初期,病程短,病死率高。特征为高热稽留,病程短,死亡率高。体温突然升高至 40℃以上,稽留 8～15 d 不等,后下降至常温,不久又升至 40℃以上,稽留直到死亡。病程一般不超过 1 个月。初期可视黏膜潮红,随后苍白、黄染。舌底、口腔、阴道等黏膜常见鲜红色至暗红色的出血点。心搏动亢进,节律不齐。精神沉郁,食欲减退,呈渐进性消瘦。中、后期可见后躯无力,步态不稳,有的胸、腹下、四肢下端或乳房等处出现浮肿。红细胞总数减至 500 万/mL 或 300 万/mL 以下,血红蛋白减少,血沉显著加快。白细胞减少,γ 球蛋白增高,外周血液中出现吞铁细胞。淋巴细胞及单核细胞增多,中性粒细胞减少。

亚急性型:多见于流行中期,特征为反复发作的间歇热。一般发热 39℃以上持续 3～5 d 退热至常温。经 3～15 d 的间歇期又复发。有的病马出现温差倒转(即上午体温高,下午体温低)现象。病程 1～2 个月。

慢性型:见于老疫区,病程较长,特征为不规则发热。

三、病理变化

急性型呈现全身败血变化。浆膜、黏膜、淋巴结和实质脏器有弥漫性出血点。脾急性肿大,紫红色,切面呈颗粒状。肝肿大,黄褐色或紫红色,切面形成槟榔状花纹(槟榔肝)。亚急性和慢性型以贫血、黄染和网状内皮细胞增生反应明显,而败血性变化轻微。脾轻度肿大,坚实,表面粗糙不平,呈淡红色;切面有灰白色粟粒状突起(西米脾)。肝脏肿大呈土黄色,切面呈豆蔻状花纹(豆蔻肝);有的肝缩小较硬,切面色淡呈网状。肾轻度肿大,灰白色。心肌浊肿。长骨红、黄骨髓界限不清,黄骨髓全部或部分被红骨髓代替。

四、诊断

目前常用的诊断方法有临床诊断、补体结合试验和琼脂扩散反应，其中任何一种方法检测阳性，都可判定为马传贫。病毒学诊断和动物接种试验只在必要时应用。

五、防治

为预防和消灭马传贫必须按《中华人民共和国动物防疫法》和农业部颁发的《马传染性贫血病防制试行办法》的规定，采取严格控制、扑灭措施。

实训操作 15-3　马传染性贫血的实验室诊断

一、实训目的和要求

掌握马传染性贫血血液学检查方法；掌握血清学诊断方法和结果的判断。

二、实训材料和器械

“65”型血沉管、红细胞计数板、离心机、显微镜，马传染性贫血抗原、阳性血清、阴性血清，各种缓冲液。

三、实训内容

（一）血液学检查

1. 血沉初速测定　在清洁干燥的“65”型血沉管中，加入 20% 柠檬酸钠水溶液 0.3 mL 或草酸钠粉末 0.02 g，然后自颈静脉采血至刻度“0”处，轻轻倒转 5～6 次，充分混合后直立于试管架上。室温下静置 15 min，观察红细胞层顶高度的刻度即为血沉初速。

2. 红细胞总数测定　血沉初速测定后，继续将血沉管静置至 1 h，以红细胞柱高的刻度减 2 乘以系数 18.4 万，即得 1 mm^3 血液中红细胞总数。有条件的也可用红细胞计数板测定。

3. 吞铁细胞检查

（1）白细胞粥的收集　待血沉静置 1 h，倒出血沉管中的血浆，用下述方法收集白细胞粥：1 000 r/min 离心 3～5 min，吸取上层灰白色白细胞层；无离心机时，可静置沉淀一夜。无涂片条件需送检时，应在血浆中加入 5% 甲醛生理盐水溶液 5 滴，混匀，倒入密闭的小瓶内送检。

（2）涂片　把白细胞粥上层的浆全部倒掉，然后用毛细吸管搅拌均匀，吸取一滴制成涂片，室温下自然干燥。

（3）固定　放入盛有甲醛的密闭容器内，甲醛蒸气固定 3～5 min。

（4）染色

①染色液的配制

A. 1% 黄血盐溶液　黄血盐 1 g 加蒸馏水 100 mL，混匀溶解后储存于褐色瓶中备用。

B. 20% 盐酸溶液　盐酸 20 mL 加蒸馏水 80 mL，混匀备用。

C. 50 倍稀释复红溶液　1% 复红水溶液[10 g 碱性复红加无水酒精 100 mL 为复红原液（10%）；复红原液 10 mL 加蒸馏水 90 mL 为 1% 复红水溶液]1 mL 加蒸馏水 49 mL 混匀

备用。

②染色顺序

A. 铁反应　涂片上满载 1%黄血盐和 20%盐酸等量混合液，在无直射阳光条件下静置 10～15 min。

B. 水洗　用蒸馏水和常水洗 1～2 min。

C. 复红染色　满载 50 倍稀释复红水溶液静置 1～3 min，染成淡红色为止。

D. 水洗　用蒸馏水和常水洗 1～2 min。

E. 干燥　室温下自然干燥。

(5)镜检　吞铁细胞内的含铁血黄素呈淡蓝色乃至深蓝色，有颗粒型、弥散型和混合型 3 种形态。用油浸镜头从涂片四角观察四个视野，计算出每一个视野的平均白细胞数，然后沿涂片周围检 1 万个白细胞，所发现的吞铁细胞数即为万分比数。如第一片检出万分之二以上，则不必检查第二片；不足万分之二时，再检查第二片，检出率以两片中高者为准。

(二)马传染性贫血病琼脂扩散反应

1. 检查用琼脂板的制备与打孔　用含有硫柳汞的 PBS 配制 0.1%琼脂凝胶。趁热倾注直径 90 mm 的平皿，制备厚度约 2.5 mm 的琼脂凝胶板。反应孔现用现打。打孔器为外径 4～6 mm 的薄壁型金属管。在坐标纸上画好七孔型图案。把坐标纸放在带有琼脂板的平皿下面，照图案在固定位置上用金属管打孔，小心去除孔内琼脂凝胶。外周孔径为 6 mm，中央孔径为 4 mm，孔间距 3 mm(参见 274 页图 14-13)。

打孔后将凝胶板置酒精灯外焰上烧一下，使凝胶与玻璃黏合，防止漏液。

2. 抗原　检查用抗原按《马传贫琼扩抗原生产制造及检查试行规程》进行生产。

3. 血清

(1)检查用标准阳性血清　能与合格抗原在 12 h 内产生明显致密的沉淀线的传贫马血清，做 8 倍以上的稀释仍保持阳性反应者为宜。小量分装，冻结保存，使用时要注意防止散毒。

(2)受检血清　来自受检马匹的不腐败的血清，勿加防腐剂和抗凝剂。

4. 抗原及血清的添加　打孔后，做好日期及编号等标记。在中央孔加抗原，外围 2、5 孔加检验用标准阳性血清，其余 1、3、4、6 孔分别加受检血清，加至孔满为止。平皿加盖，待孔中液体吸干后，将平皿倒置，以防水分蒸发。置 15～30℃条件下进行反应，逐日观察 3 d 并记录结果。

5. 判定

(1)阳性　当检验用标准阳性血清孔与抗原孔之间只有一条明显致密的沉淀线时，受检血清孔与抗原孔之间形成一条沉淀线，或者阳性血清的沉淀线末端向毗邻的受检血清的抗原侧偏弯者，此种受检血清判定为阳性。

(2)阴性　受检血清与抗原孔之间不形成沉淀线，或者标准阳性血清孔与抗原孔之间的沉淀线向毗邻的受检血清孔直伸或向受检血清孔外侧偏弯者，此种血清判为阴性。

(3)疑似标准阳性　标准阳性血清孔与抗原孔之间的沉淀线末端，向毗邻受检血清孔内侧偏弯不清晰时，可将抗原稀释 2 倍、4 倍、6 倍、8 倍进行复试。因抗原稀释后沉淀线会更清晰，再参照上述(1)(2)进行判定。观察时间可延至 5 d。

判断时要注意非特异性沉淀线。例如，当受检马匹近期注射过组织培养疫苗的乙型脑炎疫苗等，可能会出现与标准阳性血清的沉淀线末端不是融合而为交叉状，表明受检血清中有能与抗原反应的抗体，但与标准阳性血清完全不同，为非特异性沉淀线。

四、实训作业

根据实训实际情况，写出马传贫病的诊断方法与诊断结果报告。

【自测训练】

一、填空题

1. 牛病毒性腹泻-黏膜病病原是＿＿＿＿＿＿＿＿，该病的病理特征是：＿＿＿＿＿＿＿＿。

2. 牛流行热是由＿＿＿＿＿＿病毒所引起的牛传染病。临诊主要表现＿＿＿＿＿＿，其病理特点是：＿＿＿＿＿＿＿＿。

3. 羊梭菌性疾病中，羊快疫的病原菌是＿＿＿＿，羊黑疫的病原菌是＿＿＿＿，羊肠毒血症的病原菌是＿＿＿＿，羊猝疽的病原菌是＿＿＿＿，羔羊痢疾的病原菌是＿＿＿＿。

4. 马传贫，又称＿＿＿＿＿＿，是由马传染性贫血病毒引起的＿＿＿＿＿＿动物的一种传染病。临床特征以＿＿＿＿＿＿＿＿为主，并有＿＿＿＿＿＿＿＿等症状。发热期间症状明显，无热期则症状消失。病变特征是＿＿＿＿＿＿＿＿等。

二、问答题

1. 什么是“槟榔肝”？是什么疾病肝脏病变特点？

2. 什么是“西米脾”？是什么疾病脾脏病变特点？

3. 我国研制成功的羊厌气菌五联苗，能同时预防哪几种疾病？这几种病有何异同？

项目 16　小动物主要传染病

【知识目标】

- 掌握犬瘟热的流行病学、临床症状、病理变化与防治措施；
- 掌握犬细小病毒病的流行病学、临床症状、病理变化与防治措施；
- 掌握犬传染性肝炎的流行病学、临床症状、病理变化与防治措施；
- 掌握兔病毒性出血热的流行病学、临床症状、病理变化与防治措施。

【能力目标】

- 掌握犬瘟热、犬细小病毒病等主要传染病的诊断方法；
- 能独立对犬进行犬瘟热、犬细小病毒病的快速诊断操作；
- 掌握兔病毒性出血热的诊断。

任务 16-1　犬瘟热

犬瘟热(CD)是由犬瘟热病毒(CDV)引起的犬和肉食目中许多动物的一种高度接触性传染病，以双相热型、呼吸道炎症、严重肠胃炎和神经症状为特征。

一、流行病学

不同年龄、性别和品种的犬都可感染，3～12 月龄的幼犬易感性最高。

病犬和带毒犬是本病的主要传染源，主要通过气溶胶经呼吸道感染，也可经消化道感染，还可经眼结膜和胎盘传染。本病多发生于寒冷季节，季节性不明显，呈地方流行性或流行性。

二、临床症状

潜伏期一般 3～5 d，临床症状一般比较典型，主要表现为以下几个方面：

1. 双相热型　多数于感染后第 4 天体温升高并持续 1～2 d，接着有 2～3 d 的缓解期。随着体温再度升高，出现呼吸系统和消化系统明显感染症状，甚至神经系统感染，病程达数周。

2. 呼吸系统症状　病初随着体温升高，精神轻度沉郁，食欲不振，咳嗽。病情发展不久，眼、鼻分泌物转为黏液性或脓性，喉、气管及肺部听诊呼吸音粗厉。中后期往往发展为支气管肺炎，犬鼻端干燥，有多量脓性鼻液(图 16-1)。

3. 消化系统症状　本病初、中期常有呕吐表现，但次数不多，具有一定的示病意义。食欲减退。幼犬通常排出深咖啡色混有黏液或血液的稀便，而成犬一般数日无便。患犬因呕吐、腹泻以及食欲废绝，逐渐脱水、衰竭。

4. 神经症状　多在发病中、后期，少数于病初出现，具有重要的示病意义。有些病例在其症状消失后，还遗留舞蹈病、麻痹或瘫痪等后遗症。

5. 皮肤、足垫症状　在发病初期或末期，部分患犬四肢足垫角化过度(图 16-2)、变硬。幼年患犬常在腹下和股内侧皮薄处出现米粒或豆粒大小的红斑、水疱或脓疱。

图 16-1　多量脓性鼻液

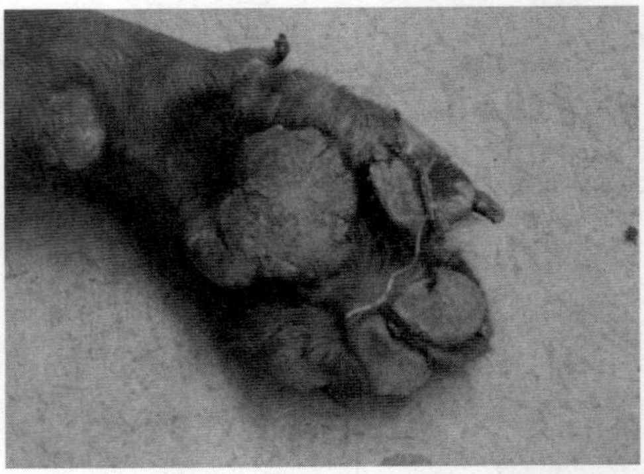

图 16-2　四肢足垫角化过度

三、病理变化

皮肤出现水疱脓疱性皮疹(图 16-3);有些病例鼻和脚底表皮角质层增生。上呼吸道、眼结膜呈卡他性或化脓性炎。肺呈现卡他性或化脓性支气管肺炎(图 16-4),支气管或肺泡中充满渗出液。胃黏膜潮红,卡他性或出血性肠炎,大肠常有过量黏液,直肠黏膜皱襞出血(图 16-5)。脾肿大。胸腺常明显缩小,且多呈胶冻状。

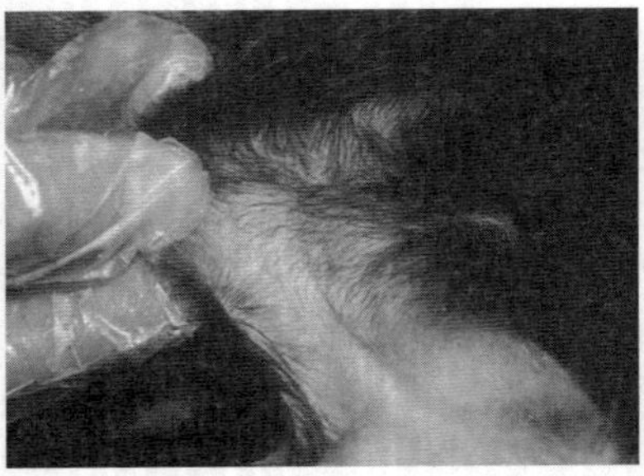

图 16-3　皮肤水疱脓疱性皮疹

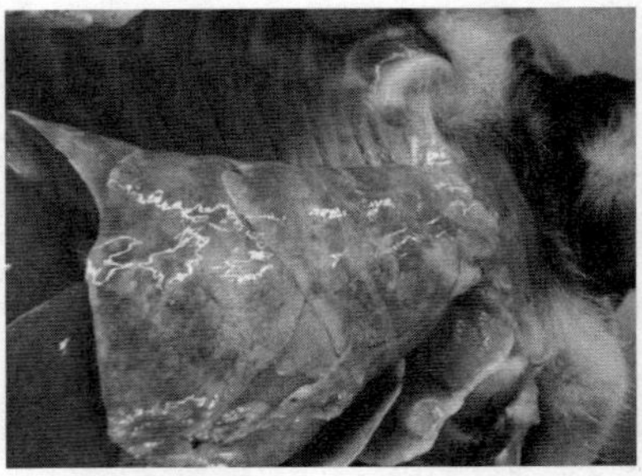

图 16-4　化脓性支气管肺炎

图 16-5　肠道出血

四、诊断

当患犬出现本病典型症状后,不难做出诊断。以早期表现双相热、急性鼻卡他以及随后的支气管炎、卡他性肺炎、严重的胃肠炎和神经症状为特征,少数病犬的鼻和足垫可发生角化过度。然而在发病初期,须与普通感冒进行鉴别。据临床观察,犬瘟热患犬病初双眼一般多因流泪而呈所谓“泪汪汪”现象,或上下眼睑黏附多量黏脓性分泌物,而普通感冒一般没有这种现象。目前许多宠物诊所或医院使用进口犬瘟热快速诊断试纸,取患犬眼、鼻分泌物,唾液或尿液等为检测样品,可在 5～10 min 内做出诊断。尤其对病初症状不典型的病例,有比较重要的诊断作用。

五、防治

1. 治疗　病初尽快注射犬瘟热单克隆抗体或犬瘟热高免血清，连用 2～3 d，可使免疫状态增强以阻止疾病发展。

实践证明，早期输液和配合应用犬干扰素、细胞因子等免疫增强剂，能有效防止机体脱水，提高抗病力，促进患犬康复。若特征性临床症状，尤其是神经症状出现，则预后不良，患犬即使经耐心治疗后幸存，往往遗留四肢抽搐或意识不清的后遗症。

2. 预防　目前国产犬三联、五联或七联疫苗均可用来预防犬瘟热。

任务 16-2　犬细小病毒病

犬细小病毒病（CP）是由犬细小病毒（CPV）引起的犬的一种急性传染病。临床表现以急性出血性肠炎和非化脓性心肌炎为特征。犬细小病毒性肠炎是目前国内仅次于犬瘟热的致死率很高的传染病，感染犬的病死率达 10%～50%。

一、流行病学

犬细小病毒病主要感染犬，其他犬科动物也可感染。3～4 周龄犬感染后呈急性致死性心肌炎的较多，8～10 周龄的犬则以肠炎为主。感染犬和康复带毒犬是本病的传染源。该病主要通过消化道传染。一般夏、秋季多发；气温骤变，卫生水平差，可加重病情和提高病死率。

二、临床症状

本病潜伏期 1～2 周。本病在临诊上分两个型，即肠炎型和心肌炎型。

1. 肠炎型　多见于青年犬，病初首先表现呕吐，一般先呕出胃内未消化食物，随后的呕出物多为清水或黏液，往往含有黄绿色胆汁。同时食欲废绝，体温高达 40℃。频繁呕吐 1～2 d 后出现腹泻，粪便由软到稀，而后带血，呈番茄汁样血便（图 16-6），有特殊腥臭味，可迅速弥漫整个临诊空间。胃肠炎症状出现 24～48 h 后迅速脱水和体重减轻，眼球凹陷，皮肤弹性减退，血液检查红细胞压积增加，白细胞减少。病程短的 4～5 d，长的 1 周以上。

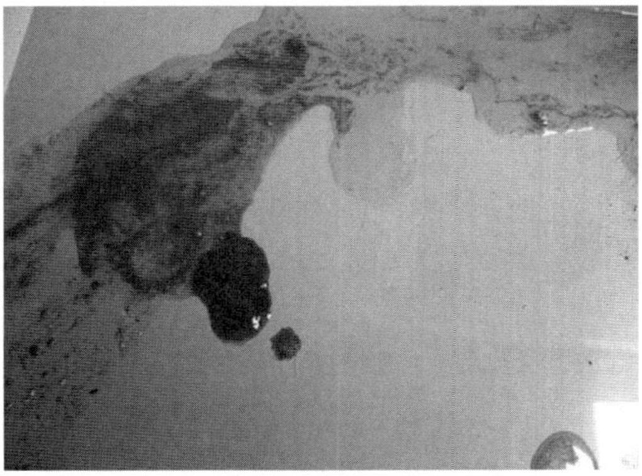

图 16-6　番茄汁样血便

2. 心肌炎型　多见于 8 周龄以下的幼犬，常突然发病，数小时内死亡。病死率 60%～100%。

三、病理变化

1. 肠炎型　病死犬脱水，可视黏膜苍白，腹腔积液。病变主要见于小肠中后段。浆膜暗红色，浆膜下充血出血（图 16-7），黏膜坏死、脱落、绒毛萎缩。肠腔扩张，内容物水样，混有血液和黏液（图 16-8）。肠系膜淋巴结充血、出血、肿胀。

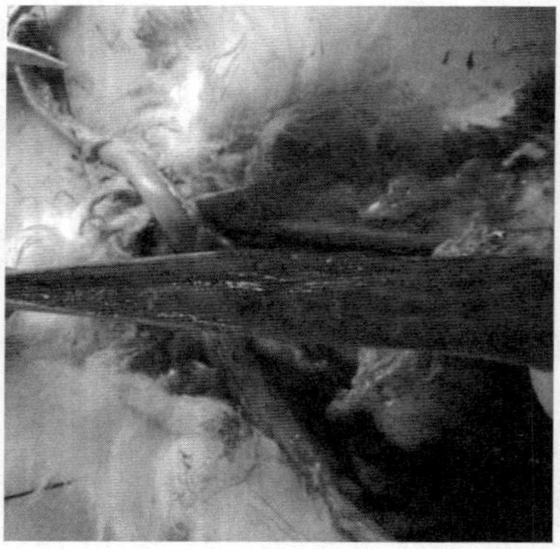

图 16-7　肠道浆膜下充血出血

图 16-8　肠内容物混有血液和黏液

2. 心肌炎型　剖检病变主要限于肺和心脏。肺水肿，局灶性充血、出血，致使肺表面色彩斑驳。心肌和心内膜有非化脓性坏死灶。肌纤维变性、坏死。

四、诊断

依据患犬频繁呕吐、随即出现严重出血性腹泻、脱水等表现可以做出初步诊断，使用犬细小病毒诊断试纸是诊断本病的快速方法。

五、防治

1. 治疗　病初尽快注射犬细小病毒单克隆抗体或含抗犬细小病毒抗体的高免血清，同时针对出血性胃肠炎与脱水症状，采取强心补液、抗菌消炎、止吐、止泻和止血等对症疗法。

2. 预防　幼犬 6～8 周龄首免，均以 2～3 周的间隔连续免疫 3 次。

实训操作 16-1　犬瘟热病毒和犬细小病毒抗原快速诊断

一、实训目的和要求

掌握临床犬瘟热病毒(CDV)抗原快速诊断检查方法；掌握临床犬细小病毒(CPV)抗原快速诊断检查方法；能独立判断犬瘟热抗原检查、犬细小病毒检查结果。

二、实训材料和器械

犬胶体金 CDV 抗原快速诊断试纸、犬胶体金 CPV 抗原快速诊断试纸、样品收集棉签、一次性滴管、装有反应缓冲液的样品收集管。

三、实训内容

(一)CDV 快速检测试纸检测 CDV 抗原

1. 原理　CDV 抗原快速检测试纸，是以胶体金技术来制备的，能以免疫色谱分析法，定性地检测犬类眼结膜上皮细胞、尿液、血清或者血浆中的 CDV 抗原。在快速检测试纸条表面，有字母“T”和“C”作为测试线和控制线标记。在检测前测试线和控制线在结果窗中均不显示，控制线被用于质量控制。如果测试正常地完成，控制线试剂会正常反应，而且会始终显示。如果在样品中含有足够的 CDV 抗原，一条紫色的测试线会在结果窗中显示。在测试线处包被了特异性的犬瘟热病毒抗体，用来捕捉和检测犬瘟热病毒抗原。

2. 注意事项

(1)所有的样品必须当作具有潜在传染性来处理。

(2)在使用试纸以前不要随便打开。

(3)在反应之前所有的反应物必须处于室温状态。

(4)不要使用超过标签上有效期的试纸。

(5)每一批试纸中的组分经过质量控制的测试，不要混用不同生产批次的试剂。

3. 保存和稳定性　试纸可以保存于室温(2～30℃)或者冷藏保存，在有效期内的试纸是稳定的。不要冷冻，不要将试纸放置于阳光直射处。

4. 样品的收集和准备

(1)该测试需要使用犬类眼结膜上皮细胞、尿液、血清或者血浆。

(2)用棉签收集样品后必须立刻萃取和测试。

(3)如果样品不能立刻测试，必须保存于 2～8℃或者－20℃甚至更低，且保存时间必须少于 48 h。

5. 测试步骤　如图 16-9 所示。

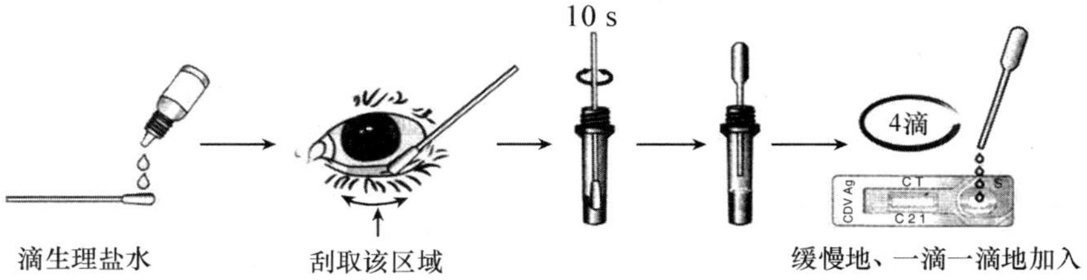

图 16-9　CDV 抗原检测过程图解

(1)用已经被生理盐水沾湿的棉签收集犬类眼结膜上皮细胞或者尿液，如果是血清或者血浆，可以使用滴管。

(2)将棉签浸入装有 300 μL 反应缓冲液的样品收集管，如果是血清或者血浆，用滴管向装有 300 μL 反应缓冲液的样品收集管中滴加 2～3 滴。

(3)将棉签上的样品或血清、血浆和反应缓冲液充分混匀。

(4)取出试纸，将它平放于宽敞和干燥的表面。

(5)用滴管向样品孔(S)中缓慢并且精确地加入 4 滴混合液，滴稀释缓冲液必须准确地、缓慢地、一滴一滴地加入。

(6)当反应进行时，你会看到紫色的条带在试纸中间的结果窗中移动。

(7)10 min 后判定结果，不要超过 10 min。

6. 结果判定　如果在结果窗的左面出现一根条带说明测试是正常的，这条是质量控制线，结果窗的右面显示测试结果。如果在结果窗的右面出现另一根条带，这条是测试线。(图 16-10)

(1) 阴性结果　在结果窗中只出现一根条带说明是阴性结果。

(2) 阳性结果　在结果窗中出现两根条带("T"和"C"),无论哪条先出现都表明阳性结果。

(3)无效的结果　在反应开始后左侧紫色条带看不见,可能是使用方法不当或者试纸已经变质。推荐重新测试样品。

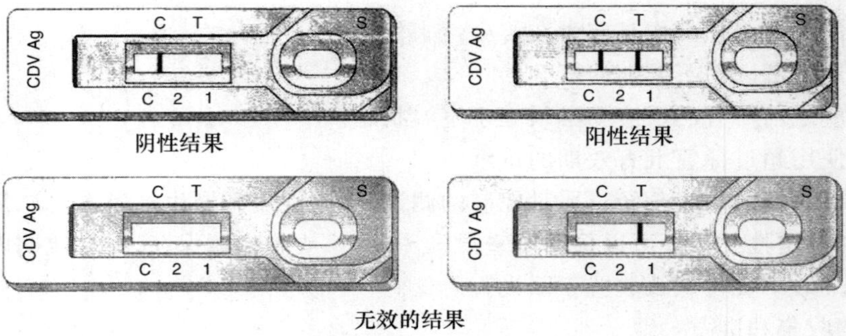

图 16-10　CDV 抗原检测结果

(二)CPV 快速检测试纸检测 CPV 抗原

1. 原理　CPV 抗原快速检测试纸,是以胶体金技术来制备的,能以免疫色谱分析法,定性地检测犬粪便中的 CPV 抗原。在快速检测试纸条表面,有字母"T"和"C"作为测试线和控制线标记。在检测前测试线和控制线在结果窗中均不显示,控制线被用于质量控制。如果测试正常地完成,控制线试剂会正常反应,而始终显示。如果在样品中含有足够的 CPV 抗原,一条紫色的测试线会在结果窗中显示。在测试线处包被了特异性的犬细小病毒抗体,用来捕捉和检测 CPV 抗原。

2. 注意事项　同 CDV 抗原检测试剂盒。

3. 保存和稳定性　试纸可以保存于室温(2～30℃)或者冷藏保存,在有效期内的试纸是稳定的。不要冷冻。不要将试纸放置于阳光直射处。

4. 样品的收集和准备　该测试使用犬类的粪便,用棉签收集样品后必须立即测试。采集的样本量非常重要,请根据示意(图 16-11)来采集。过多的样本会显示假阳性,跑带缓慢。

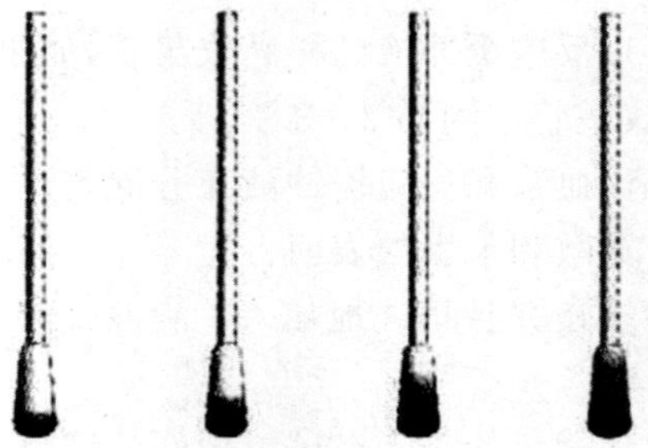

图 16-11　样品收集量

1. 不够　2、3. 好　4. 太多

5. 测试步骤　见图 16-12。

(1)用棉签收集犬类的粪便。

(2)将棉签插入试管并搅拌 10 s。

(3)静置试管 1 min。

(4)取出试纸,将它平放于宽敞和干燥的表面。

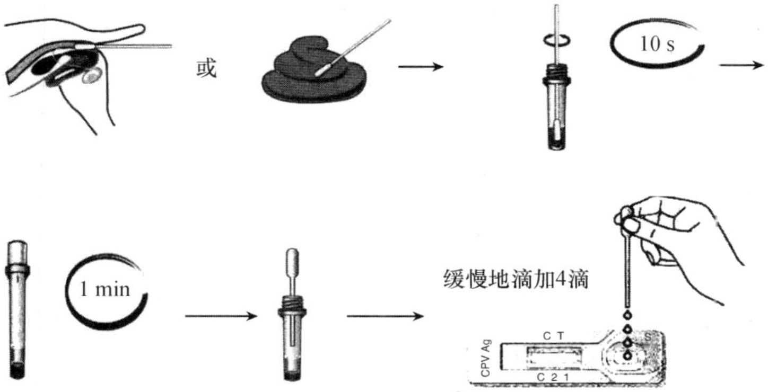

图 16-12　CPV 抗原检测过程图解

(5)用提供的吸管小心吸取上清液(不要将粪便颗粒吸取出来)。

(6)用滴管向样品孔(S)中垂直并且精确地加入 4 滴混合液。

(7)当反应进行时,你会看到紫色的条带在试纸中间的结果窗中移动。如果 1 min 以后仍然没有条带移动,再往样品孔中加入一滴混合液。

(8)10 min 后判定结果,不要超过 10 min。

6. 结果判定　见图 16-13。

(1)阴性结果　只有一条线(“C”),表示阴性结果。

(2)阳性结果　在结果窗中出现两根条带。

(3)无效的结果　未出现对照紫色线(“C”)。

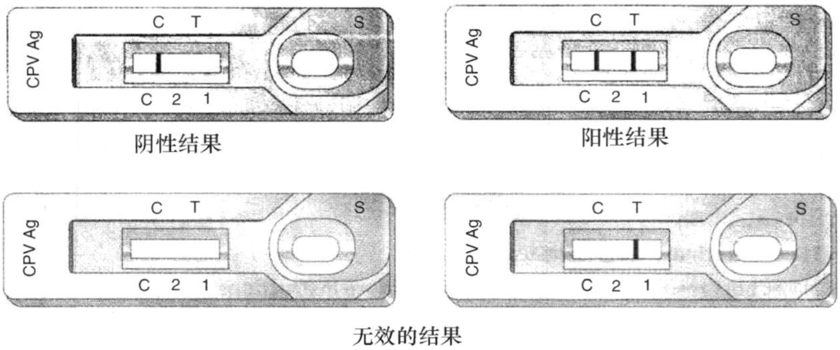

图 16-13　CPV 抗原检测结果

四、实训作业

撰写实训报告一份，对比两种犬病的异同。

任务 16-3　兔病毒性出血热

兔病毒性出血热俗称“兔瘟”，是由兔病毒性出血热病毒引起的兔的一种急性、高度接触性传染病。1984 年在我国江苏省的江阴县首先被发现，目前世界上许多国家都有发生。

一、流行病学

本病只发生于家兔和野兔。病兔和带毒兔是主要的传染来源。消化道是主要的传染途径。本病在新疫区多暴发性流行，60 日龄以上的兔发病率和病死率高达 90%～95%。

二、临床症状

1. 最急性型　多发生在新疫区的流行初期。突然发病，迅速死亡（图 16-14）。

2. 急性型　病初体温升高到 41℃以上，病兔精神委顿，食欲减退，渴欲增加。皮毛无光泽，迅速消瘦。死前有短期兴奋、挣扎、狂奔、咬笼架，继而前肢俯卧，后肢支起，全身颤抖，倒向一侧，四肢划动，惨叫几声而死。少数病死兔鼻孔中流出泡沫样血液。病程 1～2 d。

3. 慢性型　多见于老疫区，病兔体温升高，精神委顿，逐渐消瘦、衰弱而死。

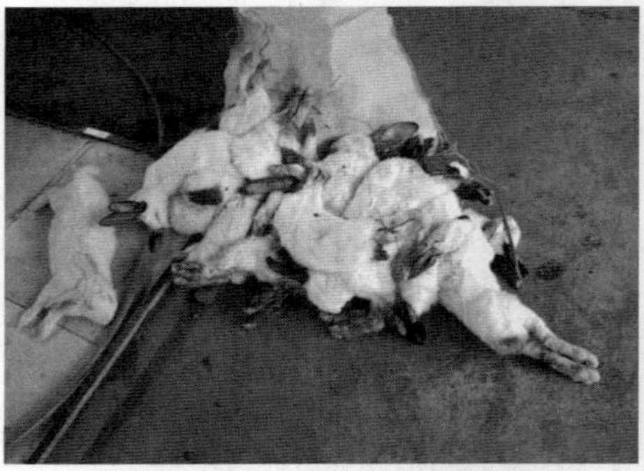

图 16-14　突然大量死亡

三、病理变化

鼻腔、喉头和气管黏膜充血和出血（图 16-15）。气管和支气管内有泡沫状血液（图 16-16）。肺有不同程度充血，一侧或两侧有数量不等的粟粒至绿豆大的出血斑点（图 16-17）。切开肺叶流出多量红色泡沫状液体。肝瘀血、肿大、质脆，肝实质坏死，而致表面呈淡黄或灰白色条纹，切面粗糙，流出多量暗红色血液。胆囊胀大，充满稀薄胆汁。肾皮质有散在的针尖状出血点。胸腺肿大，常出现水肿，并有散在性针尖至粟粒大出血点。胃肠多充盈，胃黏膜脱落，小肠黏膜充血、出血。肠系膜淋巴结水样肿大。

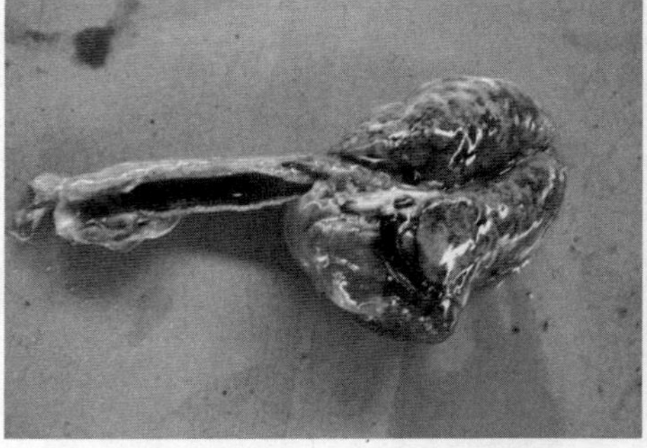

图 16-15　气管黏膜充血和出血

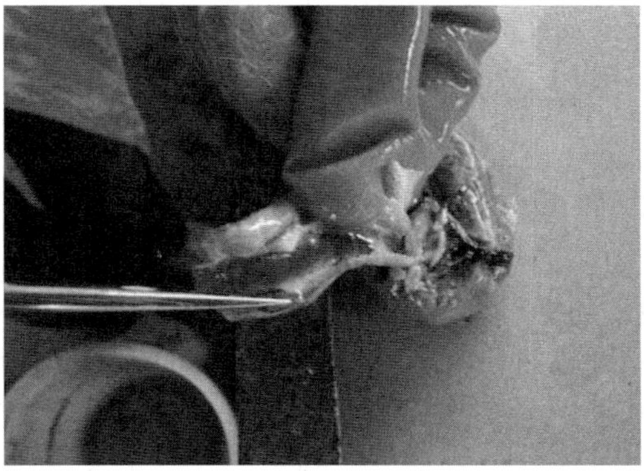

图 16-16　气管内有大量带血泡沫

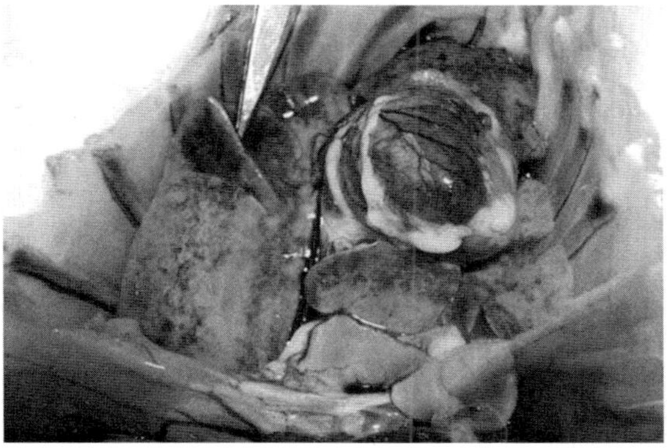

图 16-17　肺有粟粒至绿豆大的出血斑点

四、诊断

根据临诊症状和病变，一般可以做出诊断。确诊需进行病原学检查。

五、防治

有效的预防措施是定期预防注射疫苗。兔群发生疫情时，立即封锁疫点。对疫群中尚未发病兔紧急接种疫苗，轻病兔注射高免血清。

实训操作 16-2　兔病毒性出血热的诊断技术

一、实训目的和要求

掌握兔病毒性出血热的临诊诊断方法；学会通过微量血凝及血凝抑制试验和快速血凝试验诊断兔病毒性出血热的方法。

二、实训材料和器械

(1)微量振荡器、离心机、微量加样器、96 孔 V 形反应板、试管、灭菌研钵、载玻片、兔剖检器材。

(2)pH 7.2 0.01 mol/L 磷酸盐缓冲溶液(PBS)、1% 人 O 型红细胞、灭菌生理盐水、兔病毒性出血热血清。

(3)可疑病兔或死兔等。

三、实训内容

1. 临诊诊断要点　主要发生于 3 月龄以上的成年兔，3～4 月龄最多发，不满 2 月龄的兔一般很少发生，纯种和杂交兔较土种兔易感。

临诊上表现体温升高，呼吸加快，阵发兴奋，运动失调，时而盲目狂奔、蹦跳，时而惊厥、挣扎，惨叫时声颤凄凉。濒死前，严重腹泻，迅速衰竭，抽搐死亡后，多有角弓反张，口、鼻有出血现象。剖检可见全身败血症变化。以多器官的出血、瘀血、水肿、变性坏死为特征。

2. 微量血凝和血凝抑制试验

(1)可疑病毒悬液的制备　取被检兔肝组织剪碎,以 1∶10 加入 PBS 液,研磨后,以 3 000 r/min 离心 30 min,吸取上清液备用。同法制备健康兔肝悬液待用。

(2)微量血凝试验　以可疑病料为待检病毒,以 1%人 O 型红细胞进行检测,方法参见实训操作 12-4"流感病毒的培养和鉴定技术"。

(3)微量血凝抑制试验　以上述微量血凝试验检测结果确定病料血凝价,然后配制四单位病毒,利用兔病毒性出血热阳性血清,以 1%人 O 型红细胞检测血凝抑制价。方法参见实训操作 12-4。结果判定:以完全抑制血凝的血清最高稀释度为终点血凝抑制价。多在 1∶(10～320)之间。

3. 快速玻片血凝法　剪取病兔肝组织小块,分别涂两张载玻片,再在第一张载玻片病料上加已知兔病毒性出血热血清一滴,然后在两张载玻片上各滴加 1%的人 O 型红细胞 2 滴,分别搅匀,经 2 min 观察,若第一张不凝集而第二张凝集,则是兔病毒性出血热,若两张都不凝集则不是本病。

兔病毒性出血热病毒对人 O 型红细胞的凝集价,可高达千倍以上,就目前所知,其他兔病无这种明显的高血凝现象,所以对本病有特殊诊断意义。

四、实训作业

撰写实习报告一份。

【自测训练】

1. 简述犬瘟热的临床特征。
2. 如何诊断犬瘟热?
3. 简述犬细小病毒与犬胃肠炎导致腹泻的异同。
4. 简述犬传染性肝炎的病理变化特征。
5. 简述兔病毒性出血热的临床特点。

模块五　动物常见寄生虫病防治

项目 17　人兽共患寄生虫病

项目 18　猪的主要寄生虫病

项目 19　禽的主要寄生虫病

项目 20　牛羊的主要寄生虫病

项目 17　人兽共患寄生虫病

【知识目标】

- 掌握弓形虫病的流行病学、临床症状、病理变化与防治措施；
- 掌握日本血吸虫病的流行病学、临床症状、病理变化与防治措施；
- 掌握肝片吸虫病的流行病学、临床症状、病理变化与防治措施；
- 掌握囊尾蚴病的流行病学、临床症状、病理变化与防治措施。

【能力目标】

- 会弓形虫病、血吸虫病、肝片吸虫病和囊尾蚴病等常见人兽共患寄生虫病的诊断方法；
- 会制订弓形虫病等常见人兽共患寄生虫病的防治措施；
- 了解弓形虫速殖子检查技术；
- 了解日本血吸虫毛蚴孵化检查技术；
- 熟悉吸虫及其中间宿主形态的观察技术。

任务 17-1　弓形虫病

弓形虫病又称弓浆虫病、弓形体病，是由龚地弓形虫引起的一种原虫病，是一种严重的人畜共患病，世界性分布，在人、畜及野生动物中广泛传播，人群和动物的感染率都很高，以猪最为常见，猪暴发弓形虫病时可使整个猪场的猪只发病，死亡率高达 60% 以上。

一、病原

龚地弓形虫，是 1908 年法国人 Nicolie 和 Manceax 在非洲的一种龚地梳趾鼠体内发现的，因虫体呈弓形，故称为龚地弓形虫。发育阶段不同，其形态也不同，一般有五型：速殖子、包囊，寄生于中间宿主；裂殖子、配子体、卵囊，寄生于终末宿主（猫）。

速殖子（滋养体）：见于急性病例，呈新月形或弓形，一端稍尖，一端钝圆，中央有一细胞核，略靠近钝端（图 17-1）。姬氏或瑞氏染色后，胞浆呈蓝色，核呈紫红色。

包囊：在脑、眼、骨骼肌、心肌中可见，是虫体在宿主体内的休眠阶段，呈卵圆形。是虫体分泌而形成，内含数个至数千个缓殖子。包囊可在宿主体内寄生数月、数年甚至终生。

卵囊：见于猫粪内，呈椭圆形。排出后经 1～5 d 完成孢子化过程。每个卵囊内有 2 个孢子囊（图 17-2），无斯氏体，有内残体，无外残体，每个孢子囊内有 4 个子孢子。

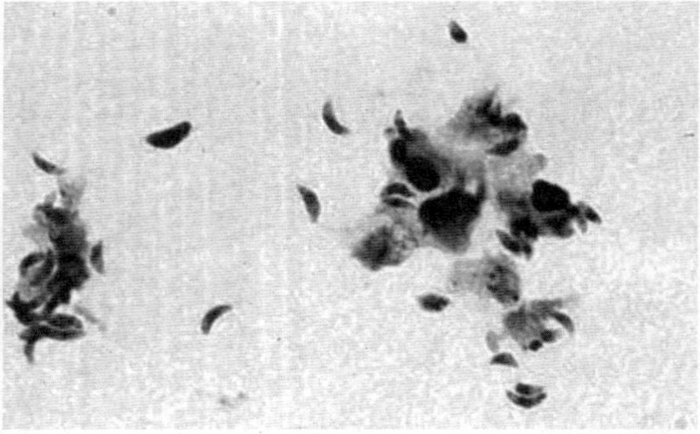

图 17-1　弓形虫的速殖子

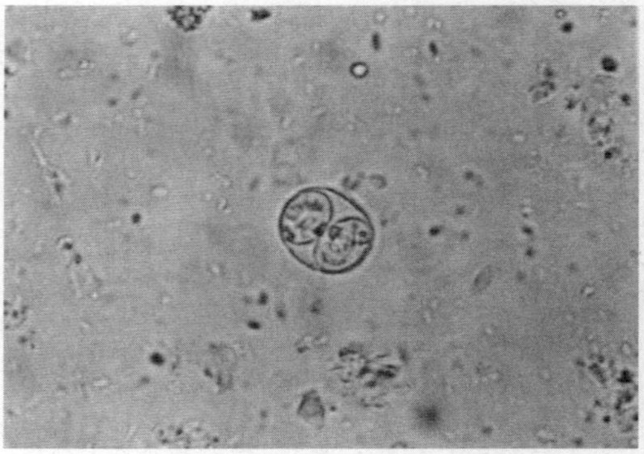

图 17-2　弓形虫的卵囊

二、流行病学

病畜和带虫动物是主要传染源;经口、胎盘、皮肤及黏膜感染。

三、临床症状

感染后 3～7 d,体温高达 41℃以上,稽留 7～10 d,精神不振(图 17-3)。腹股沟淋巴结肿大明显。病猪腹式呼吸或犬坐姿势呼吸(图 17-4),眼内出现浆液性或脓性分泌物,在耳、鼻、股内侧、下腹部等处出现紫红斑(图 17-5),因呼吸困难、体温急剧下降而死亡。

图 17-3　体温升高,精神不振

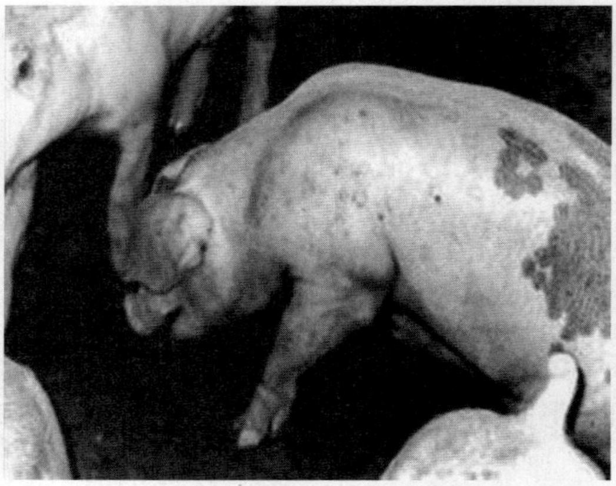

图 17-4　犬坐姿势呼吸

四、病理变化

气管和支气管内有大量黏液和泡沫。肺脏稍膨胀呈暗红色,带有光泽,肺水肿,间质增宽(图 17-6),有粟粒或针尖大小的出血点和灰白色病灶,切面流出多量的带有泡沫的液体。肝脏混浊肿胀,有针尖大、粟粒大灰黄色坏死灶及出血点(图 17-7)。

全身淋巴结呈髓样肿胀,灰白色,多数有粟粒大、灰或灰黄色坏死灶,以及各种大小的出血点(图 17-8)。胰腺水肿;脾肿大,棕红色,切面脾髓易刮脱,脾滤泡坏死。

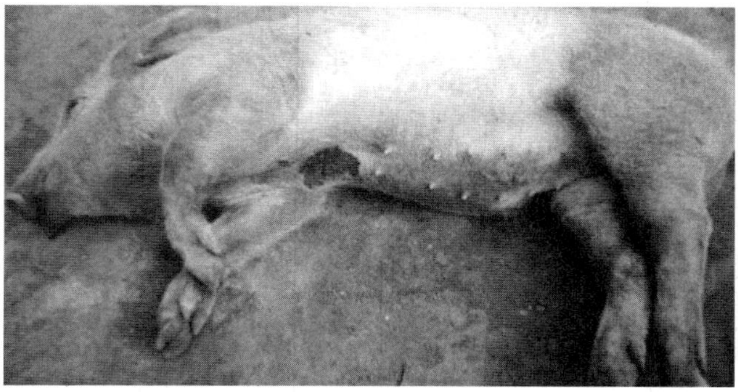

图 17-5　股内侧、下腹部等处出现紫红斑

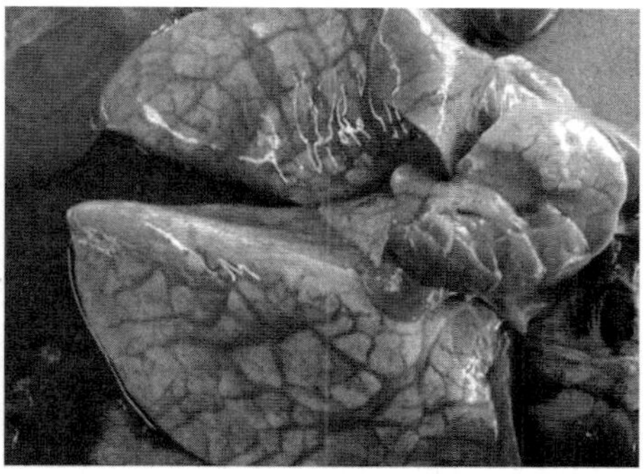

图 17-6　肺水肿，间质增宽

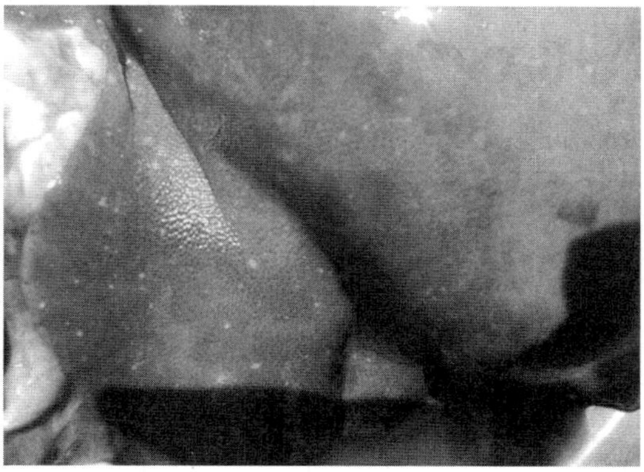

图 17-7　肝脏混浊肿胀，有灰黄色坏死灶

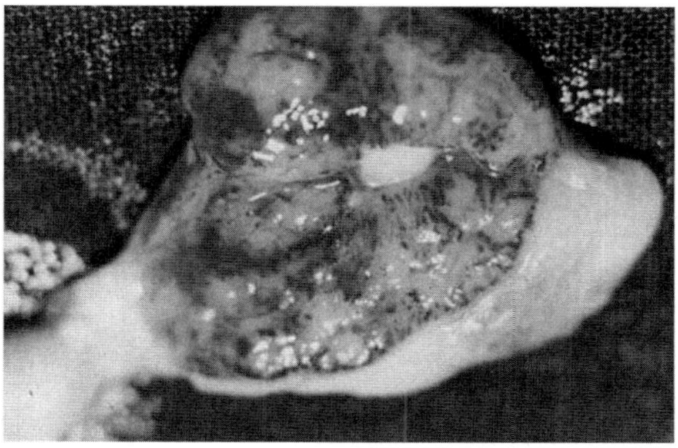

图 17-8　淋巴结呈髓样肿胀，有出血点

五、诊断

根据流行特点、临床症状及病理变化可初步诊断，确诊需进行实验室检查。

六、防治

1. 治疗　磺胺类药物对本病有效。

2. 预防　猪舍内应严禁养猫并防止猫进入圈舍；防止猪的饮水、饲料被猫的粪便所污染。定期灭鼠，控制或消灭鼠类。

实训操作 17-1　猪弓形虫速殖子检查技术

一、实训目的和要求

对弓形虫病例进行病理剖检，对弓形虫病有初步的判断；学习弓形虫组织抹片、染色和观察方法；掌握弓形虫实验室染色观察诊断方法。

二、实训材料和器械

不同发育阶段弓形虫的模式图，弓形虫病典型病例，剪刀，镊子，手术刀，载玻片，显微镜，酒精灯，瑞氏染色液，姬姆萨氏染色液等。

三、实训内容

1.脏器涂片　病料取肺、肝、淋巴结、腹水，其中以肺脏的涂片背景最清楚、检出率最高。涂片需自然干燥、甲醇固定、姬氏或瑞氏染色，检查有无新月形或弓形的速殖子。也可取淋巴结，研碎后加生理盐水过滤，经离心沉淀后，取沉渣做涂片染色镜检。

2.集虫法检查　取肺脏及肺门淋巴结，加 10 倍生理盐水，研碎过滤，500 r/min 离心 3 min，取其上清液，再 1 500 r/min 离心 10 min，取其沉渣涂片、干燥、固定、染色镜检。

3.动物接种　将研碎的肺脏接种于小鼠腹腔，取其腹水涂片、干燥、固定、染色镜检，检查速殖子。

4.血清学检查　目前常用的检测方法有间接血凝试验（IHA）法和 ELISA 法。检测方法参照 IHA 或 ELISA 试剂盒说明书进行。每间隔 2～3 周采血，IgG 抗体滴度升高 4 倍以上表明感染处于活动期。

四、实训作业

1.观察组织抹片染色后标本，查找弓形虫的速殖子。

2.描绘速殖子形态。

任务 17-2　日本血吸虫病

日本血吸虫病是由日本血吸虫寄生于人和多种动物肝门静脉和肠系膜静脉系统中所致的一种严重的地方性寄生虫病。本病于 1904 年在日本首次发现，后来证实广泛流行于东南亚地区。国内于 1905 年第一次在湖南发现，后证明广泛流行于长江沿岸及其以南的省、自治区、直辖市，只有贵州省未发现。

一、病原

日本血吸虫属于裂体科裂体属。一般存活 2～5 年，长者可达 10～20 年。

日本血吸虫为雌雄异体。雄虫短粗，呈乳白色，表面有微细体棘，具口吸盘，从腹吸盘后方开始虫体扁平，两侧缘向腹面卷折成抱雌沟，雌虫常居于雄虫的抱雌沟内，呈合抱状态，故外观呈圆筒状（图 17-9）。虫体大小因宿主而异。雄虫较雌虫短，长 10～20 mm，睾丸处体宽为 0.50～0.55 mm。雌虫长 15～26 mm，呈线状，前细后粗，中段最宽处仅 0.24～0.30 mm。虫体灰褐色。卵呈淡黄色，无盖，椭圆形，大小为（70～100）$\mu m \times$（50～65）μm，有一短小的侧钩。卵内含毛蚴，毛蚴与卵壳之间有卵黄腺。

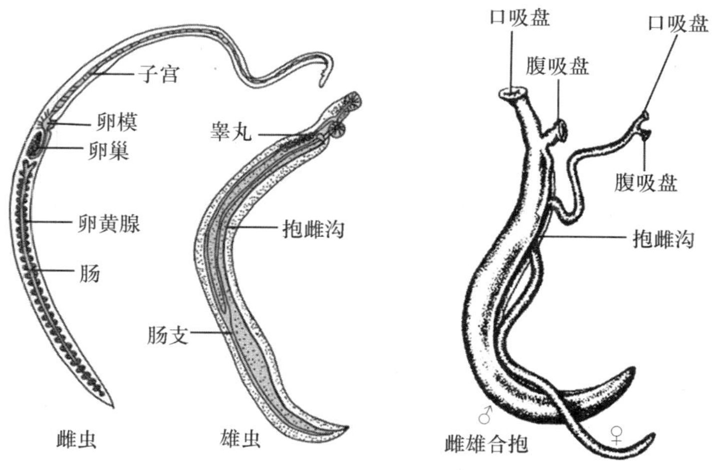

图 17-9　血吸虫成虫

二、生活史

随终末宿主粪便排出的虫卵，遇水后在适宜的温度（25～30℃）下孵化出毛蚴（图 17-10），毛蚴具有趋光性和向上性，在水面下作直线活动，遇钉螺（中间宿主）（图 17-11）即侵入其体内，在螺体内经胞蚴、子胞蚴、尾蚴的发育，最后尾蚴自螺体逸出，在水中游动或静止在水面，遇终末宿主（人和家畜）即以口、腹吸盘附着，然后利用头部的穿刺腺分泌溶组织酶和尾部的推进作用，钻入宿主皮肤。人和动物饮水时，尾蚴也可随饮水进入口腔，经口腔黏膜进入体内。尾蚴进入宿主体内后，脱去尾部成为童虫。童虫侵入真皮层的淋巴管或微小血管至静脉系统，随血液到肺脏，再达肝脏，约 1 个月时间发育成为成虫，雌雄合抱，逆血液移行至肠系膜末梢静脉内产卵。虫卵靠毛蚴分泌的溶细胞物质透过卵壳破坏宿主血管壁，并引起周围肠黏膜组织发炎、坏死，坏死组织向肠腔破溃，虫卵随之进入肠腔，并随粪便排出体外，如此反复循环。

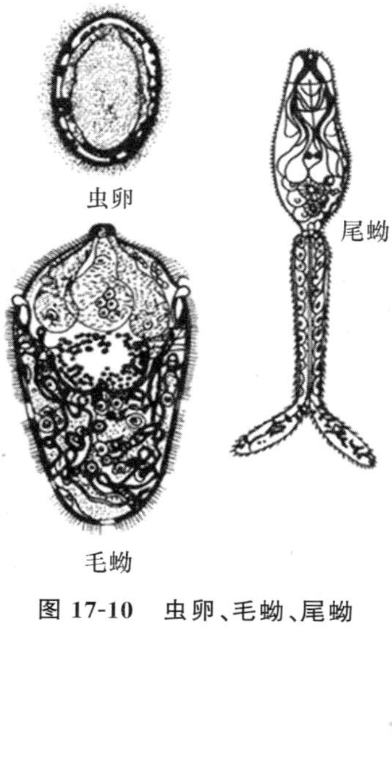

图 17-10　虫卵、毛蚴、尾蚴

图 17-11　钉螺

三、流行病学

人、畜、野生动物都是日本血吸虫的终末宿主，且从进化的观点看，野生动物可能是最早的终末宿主。我国曾发现在安徽歙县一些长期无人、畜活动的山区，有自然感染血吸虫的钉螺及野生动物，证明血吸虫病的自然疫源性。英国已查出有自然感染的野生动物31种，包括鼠类、刺猬、貂、猫科动物、野兔、野猪及猴等。各种动物受感染的程度因地而异，但一般以褐家鼠及姬鼠为高，可以用作衡量一地区血吸虫病流行程度的指标之一。能感染血吸虫的动物有牛、羊、犬、猪、马、驴、骡、猫等，牛的排粪量大，散布范围广，虫卵入水的机会多(尤其是水牛)，是重要的传染源。

本病主经皮肤接触疫水感染，还可通过喝疫水和接触有尾蚴的露水而感染。经胎盘传播者极少见。本病的流行有明显的季节性，多发生于夏秋季节。感染后无巩固而持久的免疫力，可反复感染。

四、临床症状

以犊牛和犬的症状较重，绵羊、山羊较轻，马呈隐性感染。犊牛和犬初期食欲不振，行动缓慢，继而下痢，粪中带黏液、血液或块状黏膜，气味腥臭。体温升高(40℃以上)，消瘦，黏膜苍白，体质衰弱。严重者站立困难，常衰竭而死。转为慢性者精神、役力均较差。母牛则发生不孕或流产。

五、诊断

在流行区，可根据病史和临床症状做出初步诊断，确诊需进行实验室检查。

六、防治

1.预防　圈养动物，不使其乱跑，对人、畜粪便进行无害化处理，消灭钉螺等是防止本病发生流行的重要预防措施。

2.治疗

吡喹酮：大家畜10 mg/kg，小家畜(含犬)25～35 mg/kg，连用3次。

硝硫氰胺(7505)：用1～6 μm微粉研细配成2%混悬液，黄牛2 mg/kg(限重300 kg)，水牛1.5 mg/kg，小动物2 mg/kg，一次静脉注射。

实训操作17-2　日本血吸虫毛蚴孵化检查技术

一、实训目的和要求

熟悉日本血吸虫的结构特点；学习日本血吸虫的直接涂片法、毛蚴孵化法检查技术。

二、实训材料和器械

塑料粪缸、40目或80目铜筛、试管、竹筷、放大镜、水温计、脱脂棉、储水缸、取暖设备、显微镜、吸管、载玻片、盖玻片等。

三、实训内容

1. 洗粪　将被检动物粪样依次放在预先排好的孵化杯旁，并将送粪卡或新编的号码移贴其上。将每头家畜粪便分三份，每份每次牛、马 50～100 g，猪 20～30 g，羊、犬 5～10 g，置于 40 目或 80 目铜筛（粪筛）内，加水调匀，过滤于孵化杯内，弃去粪渣，经淘洗滤出的粪液一般静置 30 min，等粪渣下沉后，倒去上层液体。由于最初的粪水黏稠度较大，沉淀不充分，为了防止虫卵倒掉，第一次换水时，只能倒去上层粪水的 1/3～1/2，随即再加水进行沉淀，以后每间隔 15～20 min 换水一次，直至上层水色透明为止。

换水时，要求轻拿轻放，动作缓慢均匀，不可倒倒停停，以免激起沉渣上浮，把虫卵倒掉。

2. 孵化　最后一次换水后孵化杯内加满孵化用水（不可用食盐水）。将试管事先插在塑料盖上加满清水后倒插于孵化杯内。然后让其孵化。孵化过程中应保持一定的光照。

3. 观察毛蚴　牛羊粪血吸虫孵化应在进孵后第 1，3，5 小时各观察一次，如为猪粪，应改为第 5，8 小时各观察一次，每个样品每次观察应在 2 min 以上。发现血吸虫毛蚴即判定为阳性。

观察毛蚴时应在光线充足的地方进行，为便于观察，可衬以黑色背景，毛蚴呈梭形，针尖大小，灰白色，折光性强，在近水面作水平或斜向直线运动（多在距水面 3 cm 范围内呈直线运动）。可疑时应用吸管吸取置于载玻片上镜检鉴别。在一个样品中有 1～5 个毛蚴为＋，6～10 个为＋＋，11～20 个为＋＋＋，21 个以上为＋＋＋＋。

四、实训作业

独立撰写实训报告。

任务 17-3　肝片吸虫病

肝片吸虫病是羊的主要寄生虫病之一，该病由片形科片形属的肝片形吸虫寄生于绵羊、山羊的肝脏胆管中所引起。黄牛、水牛、鹿和其他反刍动物亦较常见，本病也见于猪、马和家兔及野生动物，人也有被寄生的报道。本病能引起急性和慢性肝炎和胆管炎，并伴发全身性中毒现象和营养障碍。特别对幼年绵羊，危害相当严重，在流行区可造成大批死亡。

一、病原

1. 分类地位　扁形动物门吸虫纲复殖目片形科片形属。

2. 病原体形态　肝片形吸虫（图 17-12）外观呈叶片状，虫体扁平。虫体大小（21～41）mm×（9～14）mm，虫体前端呈三角形锥状突出，称为头锥，头锥后方变宽，形成肩部，以后逐渐变窄。口吸盘位于头锥的前端，腹吸盘位于腹面中线肩部水平线位置。口吸盘和腹吸盘之间有生殖孔。

虫卵呈椭圆形，金黄色，前端较窄，有 1 个不明显的卵盖，后端较钝，卵壳薄而透明。由四层膜组成，卵内充满卵黄细胞和 1 个胚细胞，虫卵大小为（133～157）μm×（74～91）μm。

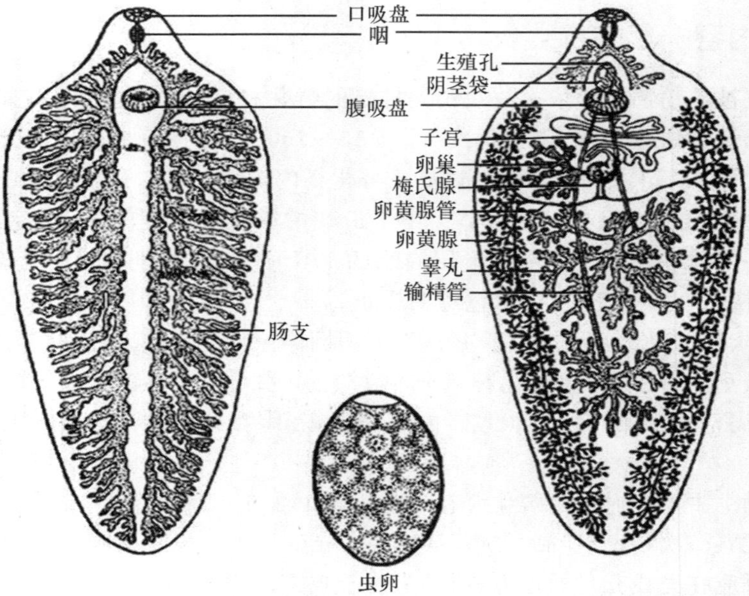

图 17-12　肝片形吸虫成虫及虫卵(左为消化系统,右为生殖系统)

二、生活史

1. 中间宿主　肝片形吸虫的中间宿主为椎实螺科的淡水螺。肝片形吸虫的中间宿主主要为椎实螺,我国有 5 种:小土蜗螺、截土蜗螺、椭圆萝卜螺、耳萝卜螺和青海萝卜螺。

2. 终末宿主　主要是羊、牛、鹿、骆驼等反刍动物,绵羊敏感,猪、马属动物、兔及一些野生动物也感染,人也可感染。

3. 发育过程(图 17-13)　肝片形吸虫的成虫在肝脏胆管中产卵,虫卵随同胆汁进入消化道,混同粪便一起被排到体外。虫卵在外界适当条件下,经 10～20 d 发育成为毛蚴。

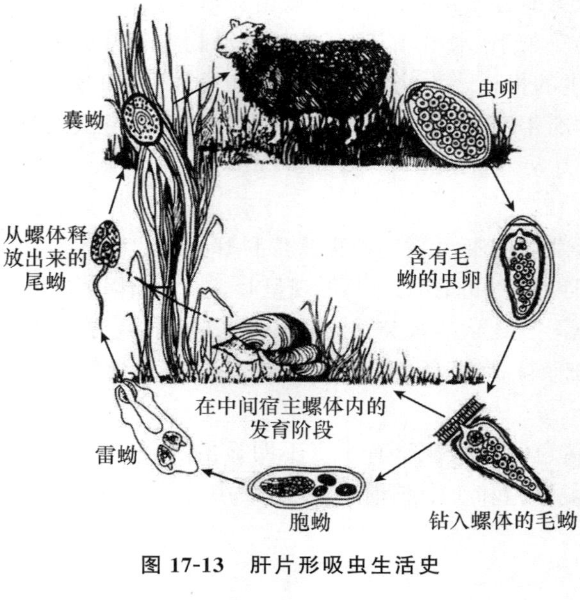

图 17-13　肝片形吸虫生活史

毛蚴借助其纤毛摆动在水中游动；遇到中间宿主时即钻入其体内；在螺肝脏中发育成为胞蚴，经无性繁殖在第 15 天形成雷蚴；第 30 天发育成为子雷蚴，子雷蚴又可变成尾蚴。

尾蚴形状类似蝌蚪，在水中经数小时形成圆形囊蚴。从毛蚴变为囊蚴需 35～50 d，此阶段时对家畜具有感染力。囊蚴多附在水草的茎叶上或漂浮于水面之下，终末宿主牛、羊在吃草或饮水时吞食了囊蚴而感染。在十二指肠中脱囊进入肝脏胆管发育为成虫。牛、羊自吞食囊蚴之日起到发育为成虫，经过 2.5～3 个月。成虫在肝脏胆管内可寄生 3～5 年。

肝片形吸虫幼虫到达肝脏胆管有三条途径：虫体从十二指肠胆管开口处进入胆管内；虫体钻入肠壁静脉，经门脉系统进入肝脏；虫体穿过肠壁到达腹腔，由肝包膜钻入肝脏。

三、流行病学

传染来源为病畜和带虫者。通过它们的活动，将虫卵散布于自然界中。易感动物因吃草及饮水感染囊蚴。肝片形吸虫繁殖力极强，1 条成虫一昼夜可产卵 8 000～13 000 个；幼虫在中间宿主体内进行无性繁殖，1 个毛蚴可发育为数百甚至上千个尾蚴。

四、临床症状

多呈急性经过，绵羊感染 2 000 个以上囊蚴后，经过 1～2 周，由于大出血而引起急性型病症。体温上升到 40～41℃。精神沉郁，食欲减退乃至消失，黏膜苍白贫血。容易疲乏，经常离群，肝区有触痛。肝浊音区扩大，严重者发病几日即可死亡。

五、诊断

根据临床症状，流行病学资料，粪便检查发现虫卵和死后剖检发现虫体等进行综合判定，不难确诊。粪便检查虫卵，可用水洗沉淀法，虫卵易于识别。

六、防治

1. 对症治疗　治疗的药物较多，各地可根据药源和具体情况加以选用。

(1)硫双二氯酚(别丁)　对畜禽的多种吸虫和绦虫有驱除作用。

(2)丙硫咪唑　绵羊按 10～15 mg/kg 体重，一次口服。

(3)硝氯酚粉剂　绵羊 4～5 mg/kg 体重，一次口服。

(4)碘醚柳胺　每次 7～12 mg/kg 体重，内服。

(5)氯氰碘柳胺钠　5%氯氰碘柳胺钠注射液皮下注射，羊按每千克体重每次 5～10 mg。

(6)双乙酰胺苯氧醚　本品对肝片吸虫童虫有高效。

(7)三氯苯唑(肝蛭净)　羊每次 10 mg/kg 体重，内服。

(8)溴酚磷散剂　每克含溴酚磷 240 mg，羊每次 12～16 mg/kg 体重，内服。

2. 预防

(1)预防性驱虫。

(2)防止牛羊在放牧期间感染囊蚴：轮牧，选择合适的牧地。

(3)消灭中间宿主——小土蜗螺。

(4)加强预防检疫工作。

任务 17-4　囊尾蚴病

本病是由猪带绦虫的幼虫猪囊尾蚴和牛带绦虫的幼虫牛囊尾蚴分别寄生在猪和牛的肌肉及其他组织器官引起的一种严重的人兽共患寄生虫病。本病呈全球性分布，但在非洲、墨西哥和中、南美洲各地最为普遍，也是印度、泰国及我国一些地区重要的人兽共患寄生虫病。

一、病原

1. 猪囊尾蚴　猪带绦虫属于圆叶目带科带属。猪带绦虫的幼虫叫猪囊尾蚴，一般称为猪囊虫，外形椭圆，约黄豆大小，囊内充满液体，囊壁为一层薄膜，壁上有 1 个圆形黍粒大小的乳白色小结，其内有 1 个内翻的头节，所以整个外形像石榴籽(图 17-14 和图 17-15)。头节上有 4 个圆形的吸盘，最前端的顶突上有多个(25～50 个)角质小钩，分为两圈排列。

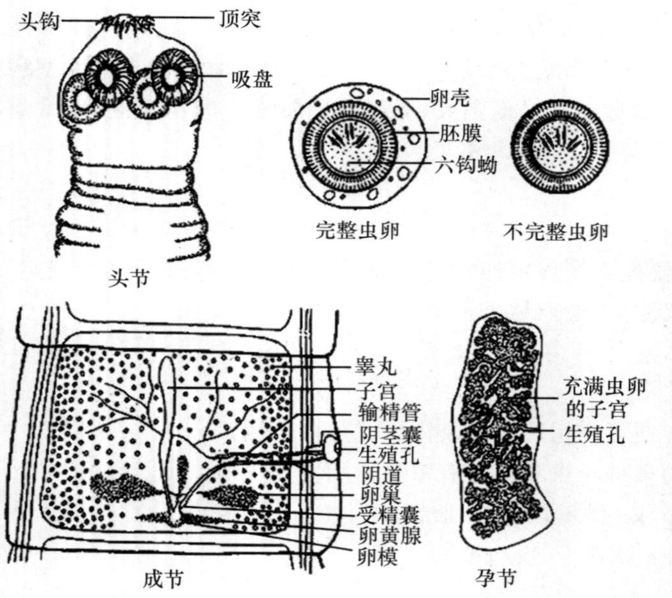

图 17-14　猪带绦虫

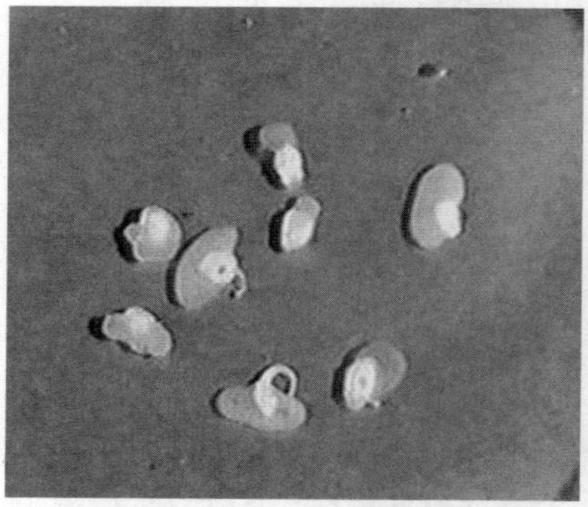

图 17-15　猪囊尾蚴

猪带绦虫的成虫寄生在人的小肠内，成熟节片随人的粪便排出体外，猪吞食了猪带绦虫的孕节或虫卵(图 17-14)，经胃肠消化液及六钩蚴本身的作用，六钩蚴从卵内逸出，在 1～2 d 内钻入肠壁后，就停留下来，开始发育，约经 10 周发育为成熟的囊尾蚴(图 17-15)。人生食或半生食了这种带活囊尾蚴的肉后，囊尾蚴进入消化道，在肠中受胆汁的刺激作用，头节翻出，用吸盘和小钩附着在肠壁上，吸取营养，生长发育。经 2～3 个月发育为成虫，随粪便排出孕节和虫卵，再按上述生活史循环(图 17-16)。

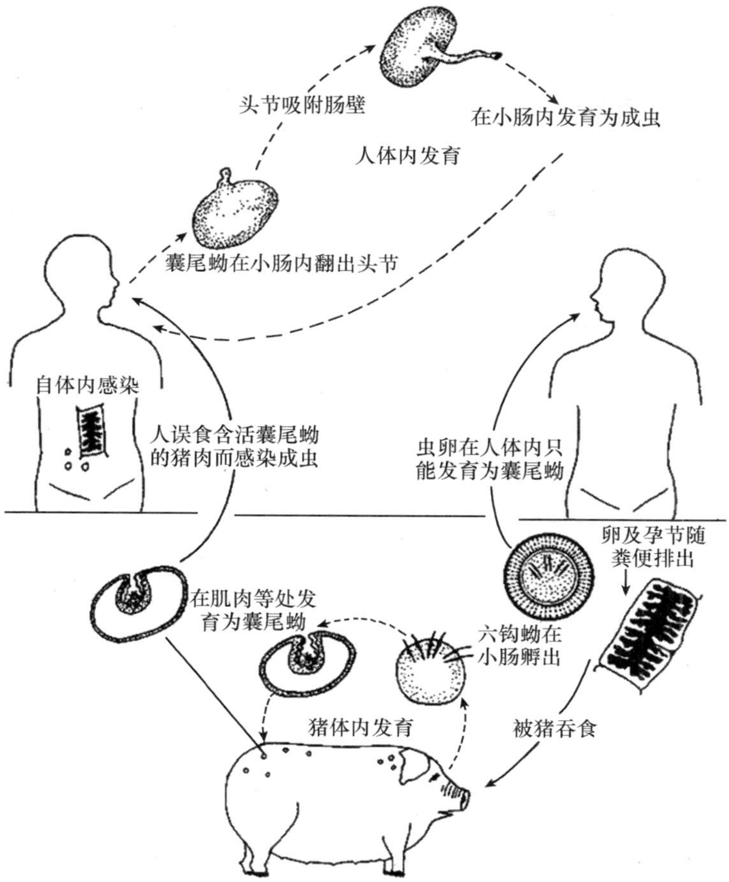

图 17-16　猪带绦虫的生活史

2. 牛囊尾蚴　牛带绦虫(图 17-17)属于圆叶目带科带属。牛带绦虫的幼虫称牛囊尾蚴，一般称为牛囊虫，也是一个透明的椭圆形囊泡，较猪囊尾蚴稍小，头节上没有顶突和钩(图 17-17)，这是与猪囊尾蚴的主要区别。其生活史与猪带绦虫相似。

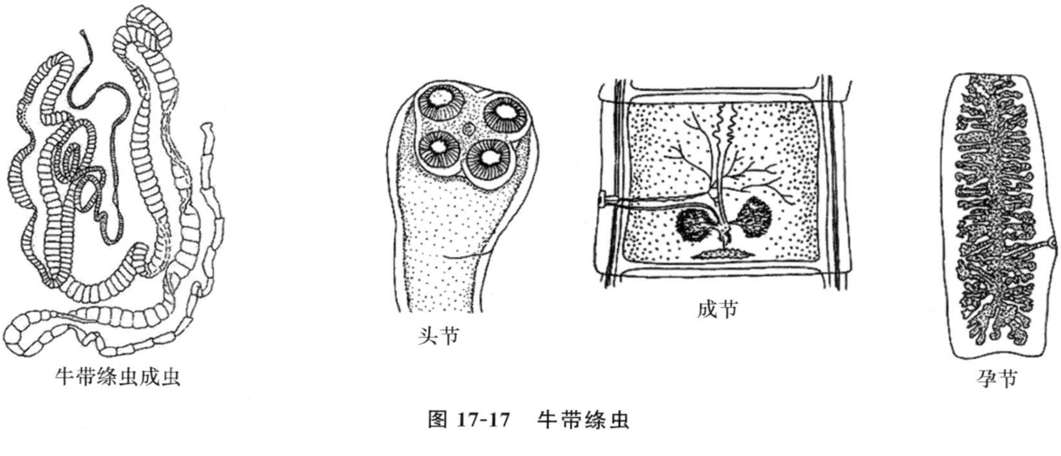

图 17-17　牛带绦虫

二、流行病学

猪囊尾蚴病在我国绝大部分省都有，但多见于华北、西北、东北、山东、河南、安徽、江苏、云南、贵州等地。猪带绦虫病以东北、华北一带较多，地方流行区仅限于云南省。

我国西藏、内蒙古、四川、贵州、广西的一些地区有食生的或未熟的牛肉的习惯，因而牛带绦虫呈地方性流行，其他各地均为散发。

三、临床症状

1. 猪囊尾蚴　患猪多不出现症状，在极强度的感染或是某个器官受损害时才可见到症状。多表现营养不良、生长受阻、贫血、水肿等。如囊尾蚴寄生于肺及喉头，则出现呼吸困难、声音嘶哑与吞咽困难等症状，寄生于眼内可使视力障碍甚至失明，寄生于脑部可产生癫痫症状，有时产生急性脑炎，甚至死亡。

2. 牛囊尾蚴　感染初期症状显著，最初几天体温可升至 40～41℃，表现虚弱，腹泻，甚至反刍停止，长时间躺卧，严重时可引起死亡，但由于囊尾蚴病诊断困难，通常误认为是其他疾病而不能引起注意。只要耐过最初 8～10 d，幼虫到达肌肉后症状即告消失。

四、诊断

生前诊断比较困难，除有时在舌肌和眼部可看见猪囊尾蚴突出外，一般在宰后检验时才能发现。生前诊断可用间接血凝试验、乳胶凝集试验、酶联免疫吸附试验、卡红试验、环状沉淀试验等，但这些方法还没有被普遍采用，实践中仍以宰后检验为主。

五、防治

因囊尾蚴对人的危害很大，预防该病显得十分重要。做到猪有圈，不放养；人有厕所，革除连茅圈。人粪便不新鲜施用，须经过堆肥发酵处理。认真进行肉品卫生检验，查出有囊尾蚴的猪肉、牛肉，应按国家现行规定处理，不准上市出售。

本病目前尚无有效的治疗方法。

实训操作 17-3　吸虫及其中间宿主形态的观察

一、实训目的和要求

通过对肝片吸虫或华枝睾吸虫的详细观察，能描述吸虫构造的共同特征，并绘制出形态构造图；通过对比的方法，能指出主要吸虫的形态构造特征；认识主要吸虫的中间宿主。

二、实训材料和器械

(1)形态构造图　吸虫构造模式图；肝片吸虫、华枝睾吸虫、歧腔吸虫、阔盘吸虫、同盘吸虫以及其他主要吸虫的形态构造图；中间宿主形态图。

(2)标本　上述吸虫以及其他主要吸虫的浸渍标本和染色标本，两种标本编成对应一致的号码；各种吸虫中间宿主的标本，如椎实螺、扁卷螺、陆地蜗牛等；严重感染肝片吸虫的动物肝脏，以及其他吸虫的病理标本。

(3)器材 多媒体投影仪、显示投影仪、显微镜、实体显微镜、放大镜、毛笔、培养皿、尺子。

三、实训内容

1. 示教 老师用投影仪带领学生观察肝片吸虫或华枝睾吸虫的图片和染色标本，描述形态和内部器官的形状和位置；再观察其他吸虫，说明各种吸虫的形态构造特点。

2. 学生分组实验 用毛笔挑出肝片吸虫或华枝睾吸虫的浸渍标本(注意不要用镊子夹取虫体，以免破坏内部结构)，置于培养皿中，在放大镜下观察其一般形态，用尺测量大小。然后取染色标本在显微镜下观察，注意观察口、腹吸盘的位置和大小，口、卵黄腺和子宫的形态和位置，生殖孔的位置等。

取各种吸虫的浸渍标本和制片标本，按上述方法观察，并找出形态构造上的特征。

取各种中间宿主，在培养皿中观察其形态特征，测量其大小。

观察病理标本，认识主要病理变化。

四、实训作业

1. 绘制肝片吸虫或华枝睾吸虫形态构造图，并标出各个器官名称。

2. 将各种标号标本所见特征填入主要吸虫鉴别表(表 17-1)，做出鉴定，并绘制该吸虫最具特征部分的简图。

表 17-1 主要吸虫鉴别表

标本号码	形态	大小	吸盘大小	肠管形态	睾丸形状位置	卵巢形态位置	卵黄腺位置	子宫形态位置	生殖孔位置	其他特征	鉴定结果

【自测训练】

1. 简述弓形虫病的临床症状和病理变化。
2. 简述日本血吸虫的发育史。
3. 简述肝片形吸虫的生活史。
4. 说明猪囊尾蚴对人的危害。

项目 18　猪的主要寄生虫病

【知识目标】

- 掌握细颈囊尾蚴病等猪的主要寄生虫病的流行病学知识；
- 掌握细颈囊尾蚴病等猪的主要寄生虫病的临床症状；
- 掌握细颈囊尾蚴病等猪的主要寄生虫病的病理变化；
- 掌握细颈囊尾蚴病等猪的主要寄生虫病的防治措施。

【能力目标】

- 会猪的主要寄生虫病：细颈囊尾蚴病、蛔虫病、毛首线虫病、疥螨和后圆线虫病的诊断方法；
- 会猪疥螨的实验室诊断方法。

任务 18-1　细颈囊尾蚴病

猪的细颈囊尾蚴病是寄生在肉食兽小肠里的泡状带绦虫的幼虫，即细颈囊尾蚴，寄生在猪体内（肺、肠系膜、网膜和浆膜等处）而引起的一种绦虫的幼虫病。

一、病原

细颈囊尾蚴俗称"水铃铛"，是一个含有透明液体的囊状物，大小不等，一般似鸡蛋大，囊壁上有一个向内嵌入的长"颈"和头节（图 18-1）。成虫是一种大型绦虫，体长 0.5～2 m 或以上（图 18-2）。

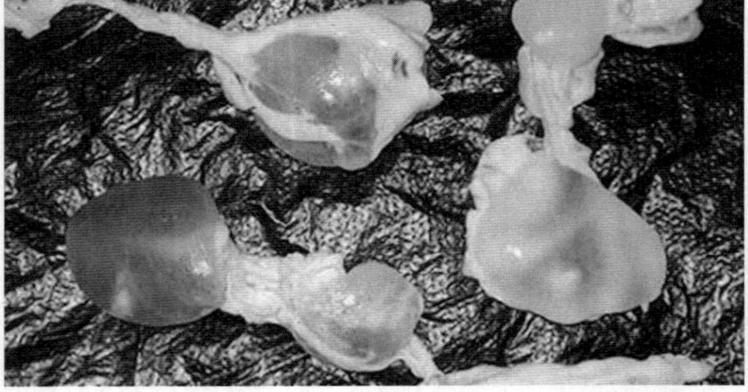

图 18-1　细颈囊尾蚴

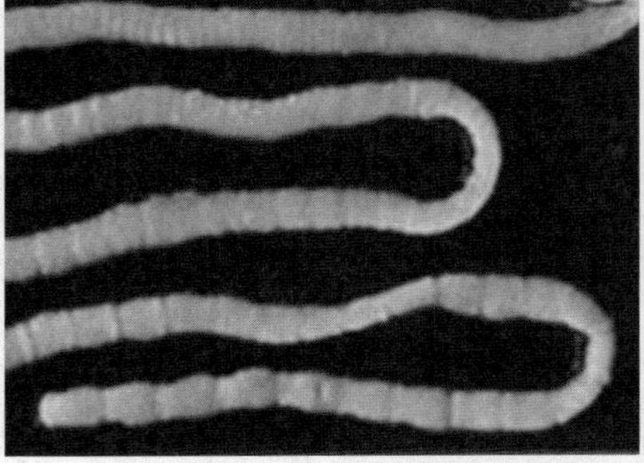

图 18-2　泡状带绦虫

二、生活史

寄生在肉食兽小肠内的成虫，其孕卵节片随粪便排到体外，节片崩解，虫卵游离并污染外界环境。当猪吞食了成虫的孕卵节片或虫卵时，虫卵在猪的消化道内孵化出六钩蚴。幼虫随血液循环移行到肝脏并穿透肝组织，在肝表面、肠系膜、网膜上寄生。

三、流行病学

本病分布极广，在我国各省（自治区、直辖市）均有报道。细颈囊尾蚴病在猪最普遍，牧区绵羊感染亦严重，小羊也可感染，牛较少。

四、临床症状

本病对仔猪的危害较严重，多呈慢性经过，但严重感染的初期由于幼虫移行，可引起急性肝炎和腹膜炎，病猪消瘦、贫血、腹痛。随着虫体到达肝表面（图 18-3）、网膜、肠系膜等处发育为成熟的细颈囊尾蚴时，则症状不明显。

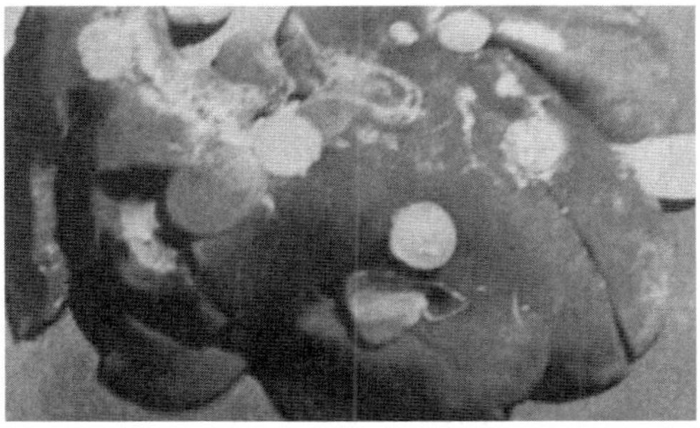
图 18-3 肝表面寄生的囊尾蚴

五、诊断

本病的生前诊断较为困难，一般系在宰后检验或尸体剖检时发现细颈囊尾蚴而确诊。现在可用血清学方法进行生前诊断。

六、防治

吡喹酮对猪细颈囊尾蚴有一定疗效，剂量为 30 mg/kg 体重，每天 3 次，连续 4 d 为一疗程。

任务 18-2 猪蛔虫病

猪蛔虫病是由蛔虫科蛔虫属的猪蛔虫寄生于猪小肠引起的一种线虫病，猪感染本病的主要特征为生长发育不良，严重的发育停滞，形成“僵猪”，甚至造成死亡。

一、病原

新鲜虫体为淡红色或淡黄色，暴露于空气后变为乳白色（图 18-4）。圆柱形，虫体中间稍粗，两端较细。雄虫长 15～25 cm，尾端向腹面弯曲，形似鱼钩。雌虫长 20～40 cm，虫体较直，尾端稍钝。头端有 3 个唇片，排列成品字形。一片背唇较大，两片腹唇较小。体表具有厚的角质层。

受精卵为短椭圆形，黄褐色，卵壳厚，由 4 层组成，内含一个圆形卵细胞（图 18-5）。未受精卵较狭长，卵壳薄，多数无蛋白质膜，内容物为很多油滴状的卵黄颗粒和空泡。

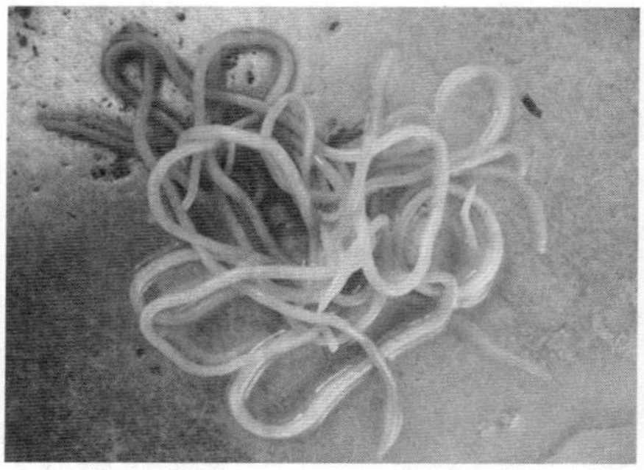

图 18-4　猪蛔虫成虫

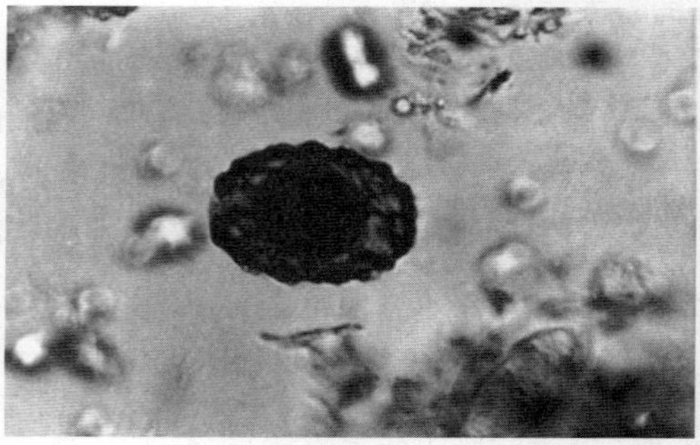

图 18-5　蛔虫虫卵

二、生活史

虫卵随粪便排出，在适宜的外界环境下需 11～12 d 发育成含有感染性幼虫的卵，这种虫卵被猪吞食后，在小肠中孵出幼虫入肠壁血管，到肝脏发育成第 3 期幼虫，再随血液移行至肺泡发育成第 4 期幼虫，再沿支气管、气管上行，后随黏液进入会厌被咽下经食道而至小肠，发育成第 5 期幼虫，最后发育成成虫，整个过程共 2～2.5 个月。成虫寿命 7～10 个月。

三、流行病学

感染源为病猪和带虫猪。母猪乳房污染虫卵，仔猪哺乳时可被感染，或仔猪采食了受虫卵污染的饲料或饮水而被感染。仔猪对本病的易感性最强，尤以 3～5 月龄的仔猪最易大量感染猪蛔虫，成猪多为带虫者，是重要的感染源。

四、临床症状

幼虫移行至肝脏时，引起发热，消化紊乱，精神沉郁，异食，贫血，发育受阻；移行至肺脏时引起蛔虫性肺炎，变为轻度湿咳，呼吸加快，严重时呼吸困难，伴发沉重而粗厉的咳嗽。病猪伏卧在地，不愿走动。成虫引起的症状主要表现为营养不良，消瘦，生长发育缓慢，被毛粗乱无光泽，严重者成为僵猪。

五、病理变化

幼虫移行到不同组织会引起不同的病变。如肝组织出血、变性和坏死，形成云雾状的蛔虫斑(图 18-6)，直径约 1 cm。蛔虫性肺炎表现为肺脏表面有大量的出血斑点。小肠卡他性炎、出血或溃疡。病程较长者，可见化脓性胆管炎，肝脏黄染或硬变等。

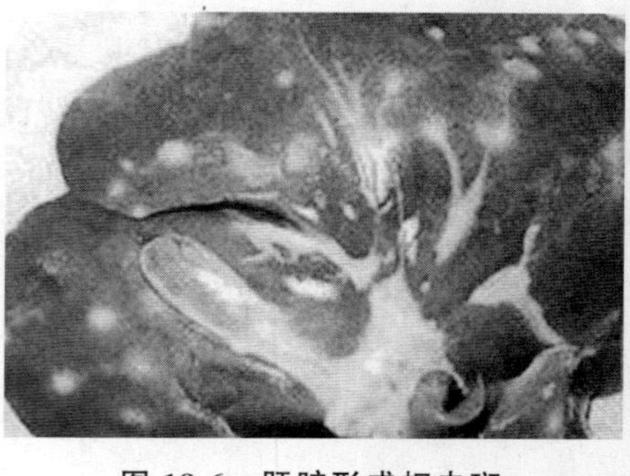

图 18-6　肝脏形成蛔虫斑

六、诊断

根据流行病学、临床症状、粪便检查和剖检等进行综合判定。粪便可用直接涂片法或饱和盐水漂浮法检查虫卵。

七、防治

1. 治疗　对于确诊病例可采取口服或注射等方法进行驱虫治疗，常用的药物有左旋咪唑、阿维菌素、伊维菌素、多拉菌素、阿苯达唑等，均有很好的治疗效果。

2. 预防　加强猪群的饲养管理，保证营养的全价，饲料、饮水和圈舍的卫生。定期驱虫，种猪：3～4 次/年；仔猪断奶后驱虫一次，间隔 4～6 周再驱虫一次。

任务 18-3　猪疥螨病

猪疥螨病俗称癞、疥癣，是由疥螨科和痒螨科的螨类寄生在猪的表皮内所引起的一种接触性传染的寄生虫病。以皮肤发痒、脱毛、发红、脓疱、结痂和龟裂等为特征。是猪最常见的体外寄生虫性皮肤病，该病分布广泛，对猪的危害极大。

一、病原

虫体很小，肉眼不易看见，大小为 0.2～0.5 mm，呈淡黄色龟状，背面隆起，腹面扁平，腹面有 4 对短粗的圆锥形肢；虫体前端有一钝圆形口器（图 18-7）。

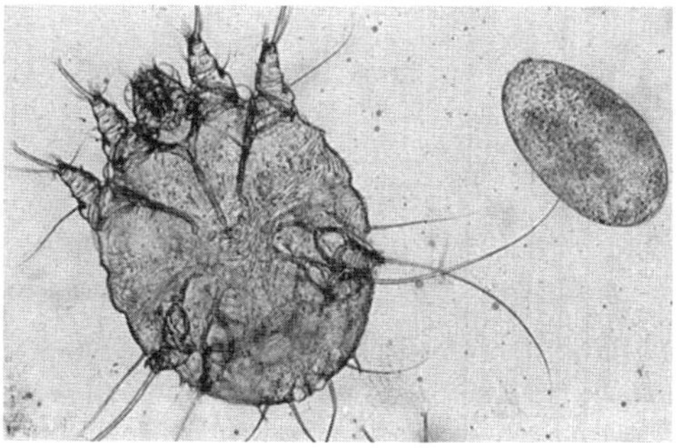

图 18-7　猪疥螨及其卵

二、生活史

疥螨一生都寄生在猪体上，并能世代相继生活在同一宿主体上。雌虫在表皮的 2/3 处的隧道内交配后产卵，1 个月后雌虫死亡。3～5 d 虫卵孵化，幼虫又进一步蜕化为若虫，并发育为成虫。全部周期需要 10～25 d。

三、流行病学

经产母猪和种公猪过度角化的耳部是猪场内螨虫的主要感染源。感染途径主要为直接接触传染，也有少数间接接触传染。幼猪有挤压成堆躺卧的习惯，这是造成该病迅速传播的重要原因。猪舍阴暗潮湿、通风不良、卫生条件差，营养不良，打架及碰撞摩擦引起的皮肤损伤等均可促进本病的发生和发展。各种年龄、性别和品种的猪均可感染该病。多发于秋、冬季和初春季节，特别是阴雨天气，该病蔓延最快。

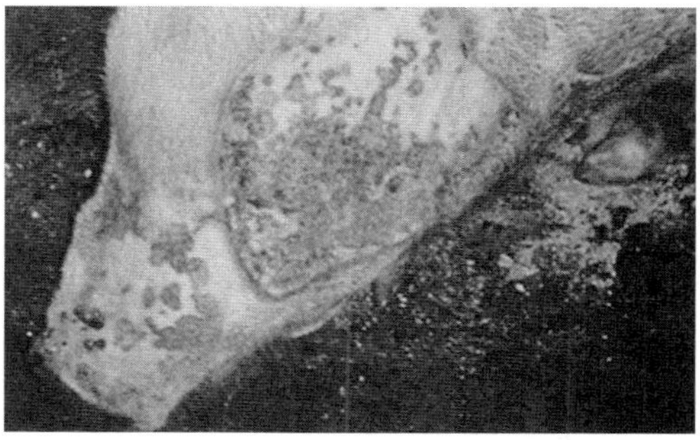

图 18-8　猪耳部等皮肤形成皱褶和龟裂

四、临床症状

发病部位从眼周、颊部和耳根开始，蔓延到背部、体侧和后肢内侧。表现为剧烈瘙痒，到处摩擦或以肢蹄搔擦患部，甚至将患部擦破出血，患部脱毛、结痂，皮肤肥厚，形成皱褶和龟裂（图 18-8），发育不良，消瘦，形成外伤、出血、血液凝固并形成痂皮。

病程长或病情严重者会出现皮肤过度角化和结缔组织增生，可见猪皮肤变厚，形成大的皮肤皱褶、龟裂，脱毛，被毛粗糙多屑。长期患病的仔猪发育不良、贫血，可导致死亡。

五、诊断

根据患猪剧烈瘙痒、脱毛、出血、结痂等临床症状可做出初步诊断。确诊需进行实验室检查，用低倍显微镜检查，发现疥螨的幼虫、若虫和虫卵即可确诊。

六、防治

1. 治疗　可口服或注射驱虫药，如阿维菌素、伊维菌素等，间隔 7 d 重复用药一次。

2. 预防　定期按计划驱虫：规模化猪场，每年在春夏、秋冬交季过程中，对猪场全场进行至少 2 次的驱虫工作，每次驱虫时间 5～7 d。母猪产前 1～2 周应用阿维菌素或伊维菌素驱虫一次。

加强对环境的驱虫，可用 1∶300 的溴氰菊酯溶液或 2%液体敌百虫稀释溶液，对猪舍地面、墙壁、屋面和周围环境、用具等彻底消毒。

实训操作 18-1　猪疥螨的实验室检查

一、实训目的和要求

掌握用于猪疥螨病诊断的皮肤病料的采集方法，明确采集病料的注意事项；掌握检查疥螨病的主要方法；掌握疥螨和痒螨的形态特征。

二、实训材料和器械

1. 形态构造图　疥螨和痒螨的形态构造图。

2. 器材　显微镜、实体显微镜、手持放大镜、平皿、试管、试管夹、手术刀、镊子、载片、盖片、温度计、带胶乳头移液管、离心机、污物缸、纱布、5%～10%氢氧化钠溶液、60%硫代硫酸钠溶液、煤油。

3. 动物皮肤病料　患螨病的猪或含螨的病料。

三、实训内容

教师讲述皮肤刮取物的采集方法和注意事项，学生按操作要求进行病料采集，同时进行患病动物的临诊检查，观察皮肤变化及全身状态。病料采集后，教师概述病料的各种检查方法并简要示教，然后学生分组进行检查操作。

1. 病料的采集　在螨的检查中，病料采集的正确与否，是检查准确性的关键。其采集部位在动物健康皮肤和病变皮肤的交界处。采集时剪去该部位的被毛，用经过火焰消毒的外科刀，使刀刃和皮肤垂直用力刮取病料，一直刮到微微出血为止。刮取的病料置于消毒的小瓶或带塞的试管中。刮取病料处用碘酒消毒。

2. 检查方法

(1)加热检查法　将病料置于培养皿中，在酒精灯上加热至 37～40℃后，将玻璃皿放于黑色衬景上，用放大镜检查，或将玻璃皿置于低倍显微镜或实体显微镜下检查，发现移动的虫体即可确诊。

(2)温水检查法　将病料浸于盛有 45～60℃温水的玻璃皿中，或将病料浸于温水后放在 37～40℃的恒温箱内 15～20 min。然后置于低倍显微镜或实体显微镜下观察，若看见虫体从痂皮中爬出，浮于水面或沉于皿底可确诊。

(3)煤油浸泡法　将病料置于载片上，滴数滴煤油，加盖另一块载片，用手搓动两片，使皮屑粉碎，然后置于低倍显微镜或实体显微镜下检查。

(4)皮屑溶解法　将病料浸入盛有 5%～10%氢氧化钠溶液的试管中，经过 1～2 min 痂皮软化溶解，弃去上层液后，用吸管吸取沉淀物，滴于载片上加盖片检查。

(5)漂浮法　在上法的基础上，在沉淀物中加入 60%硫代硫酸钠溶液，然后离心分离，最后用金属圈蘸取液面薄膜，抖落于载片上，加盖片镜检。

四、实训作业

根据实训结果，写出一份关于螨病的诊断和防治报告。

【自测训练】

1. 猪细颈囊尾蚴病的临床特点是什么？
2. 猪蛔虫病的主要病理变化有哪些？
3. 如何防治猪疥螨病？

项目 19　禽的主要寄生虫病

【知识目标】

- 掌握鸡球虫病的流行病学、临床症状、病理变化与防治措施；
- 掌握鸡住白细胞虫病的流行病学、临床症状、病理变化与防治措施；
- 掌握鸡盲肠肝炎的流行病学、临床症状、病理变化与防治措施。

【能力目标】

- 会鸡球虫病、鸡住白细胞虫病和鸡盲肠肝炎的诊断方法；
- 会鸡球虫病的实验室诊断技术。

任务 19-1　鸡球虫病

鸡球虫病是鸡常见且危害十分严重的寄生虫病，是由多种球虫寄生于鸡肠道中引起的一种原虫病。雏鸡的发病率和致死率均较高；成年鸡多为带虫者，但增重和产蛋能力降低。在集约化养鸡场经常发生，造成大批死亡，死亡率可高达 80%，病愈鸡生长严重受阻，抵抗力降低，易继发其他疾病。全世界每年因为鸡球虫病造成的损失高达数十亿美元。

一、病原

鸡球虫病是由多种球虫混合感染的结果，其中致病力最强的是寄生在盲肠的柔嫩艾美耳球虫和寄生在小肠中段的毒害艾美耳球虫。

各种球虫的发育史包括裂殖生殖、配子生殖和孢子生殖。前两阶段在鸡肠道黏膜上皮细胞内进行；后一阶段于鸡体外在适宜的温度、湿度和有氧气条件下进行，称为外生性发育。

1. 裂殖生殖　球虫卵囊壁在肌胃的机械作用下破裂，释放出孢子囊。孢子囊在十二指肠溶解，子孢子逸出迅速侵入肠黏膜上皮细胞内，经过复分裂方式形成含多个裂殖子的裂殖体，随后裂殖子从裂殖体内释放出来，又侵入新的肠上皮细胞，进行下一代裂殖生殖。

2. 配子生殖　经反复数次裂殖生殖之后，有的裂殖子成为雄性的小配子体，有的成为雌性的大配子体。而后再分别发育为大配子和小配子，小配子离开宿主细胞，进入大配子，完成受精过程。大配子受精成为合子。其表面形成一厚壁，合子即变为卵囊。

3. 孢子生殖　随家禽粪便排出的卵囊未孢子化，不具感染能力。卵囊在外界适宜环境下，细胞发生分裂，形成 8 个子孢子，即发育成孢子化卵囊，具有感染能力。

二、流行病学

1. 易感动物　柔嫩艾美耳球虫引起的急性盲肠球虫病一般暴发于 3～6 周龄的小鸡，很少见于 2 周龄以内的鸡群。堆型艾美耳球虫和巨型艾美耳球虫感染引起的慢性小肠球虫病常发生在 40～60 日龄的鸡；而毒害艾美耳球虫感染引起的急性小肠球虫病常见于 8～18 周龄的大鸡。

2. 感染来源与感染途径　鸡球虫的感染途径是摄入有活力的孢子化卵囊。

3. 流行特点　卵囊对恶劣的环境条件和消毒剂具有很强的抵抗力，但对高温、低温和干燥的抵抗力较弱。当鸡舍潮湿、拥挤、卫生条件恶劣或饲养管理不当时，最易发病，而且往往可迅速波及全群。发病时间与气温和雨量有密切关系，通常多在温暖的季节。

三、临床症状

1. 慢性型　多见于日龄较大的幼鸡（2～4 月龄）或成年鸡，临床症状不明显，只表现为轻微拉稀，粪便含水分较多，且粪中常有较多未消化的饲料颗粒。

2. 急性型　急性盲肠球虫病多见于幼鸡。病初精神沉郁，羽毛松乱，不喜活动，食欲减退，泄殖腔周围羽毛为稀粪所粘连。拉鲜红色或棕红色血粪（图 19-1），严重时拉大量血水或血凝块。发病后期，病鸡运动失调，翅膀轻瘫，食欲废绝，冠、髯及可视黏膜苍白，血便水样。急性球虫病雏鸡死亡率可达 50%以上，甚至全群死亡。

图 19-1　粪便带血

四、病理变化

1. 柔嫩艾美耳球虫　致病力最强，常使雏鸡大批死亡。主要侵害盲肠，两侧盲肠显著肿大，充满凝固新鲜暗红色的血液（图 19-2），盲肠上皮变厚或脱落。

2. 毒害艾美耳球虫　致病力仅次于柔嫩艾美耳球虫，损害小肠中段，高度肿胀。

3. 堆型艾美耳球虫　致病力中等，病变可从十二指肠的浆膜面观察到。

4. 布氏艾美耳球虫　寄生于小肠后段、直肠和盲肠近端区。

5. 巨型艾美耳球虫　主要损害小肠中段，肠管扩张，肠壁增厚。

五、诊断

生前用饱和盐水漂浮法或粪便涂片查到球虫卵囊（图 19-3），或死后取肠黏膜触片或刮取肠黏膜涂片查到裂殖体、裂殖子或配子体，均可确诊为球虫感染。

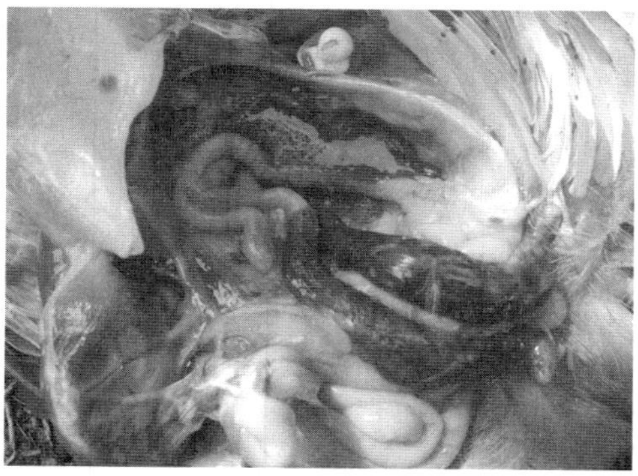

图 19-2　盲肠肿胀出血

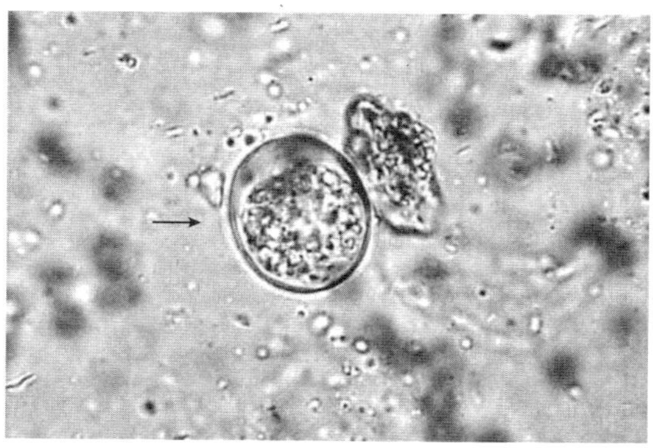

图 19-3　球虫卵囊

六、防治

1. 药物治疗　常用的治疗药物有：

(1)磺胺二甲基嘧啶　按 0.1%混入水中，连用 2 d；或按 0.05%混入饮水，连用 4 d，休药期为 10 d。

(2)氨丙啉　按 0.012%～0.024%混入饮水，连用 3 d，休药期为 5 d。

(3)百球清　2.5%溶液，按 0.002 5%混入饮水，即 1 L 水中加百球清 1 mL。

2. 药物预防　预防用的抗球虫药物有：氨丙啉、球痢灵、克球多、地克珠利、莫能菌素、拉沙洛菌素、盐霉素、马杜拉霉素、拉沙里菌素。

实训操作 19-1　鸡球虫的实验室检查

一、实训目的和要求

掌握生前诊断球虫病的粪便涂片法和漂浮法技术；进一步认识兔、鸡球虫卵囊。

二、实训材料和器械

(1)鸡、兔、牛、羊、猪球虫形态图。

(2)显微镜、粪盒、粪筛、玻璃棒、铁丝圈、镊子、塑料杯、漏斗、载片、盖片、培养皿、试管、移液管、污物桶、大手术刀、剪刀、解剖刀、剥皮刀、肠剪等。

(3)饱和盐水、50%甘油水溶液。

(4)鸡球虫病粪便材料。

三、实训内容

教师概述粪便涂片法和漂浮法后，学生分组进行操作。

1. 涂片法　在载片上滴 1 滴 50%甘油水溶液(或生理盐水、普通水)，取少量粪便与甘油水溶液混合，然后除去粪便中的粗渣，加上盖片，先用低倍镜检查，发现卵囊后，换高倍镜检查。

2. 漂浮法　先配制饱和盐水溶液，配制时先将水煮开，然后加入食盐搅拌，使之溶解，边搅拌边加食盐，直加至食盐不再溶解而生成沉淀为止，再以双层纱布或棉花过滤至另一干净的容器内，待凉后即可使用。

取粪便 5～10 g，置于 100～200 mL 烧杯中，先加入少量饱和盐水，把粪便调匀，然后加入约为粪便的 12 倍量的饱和盐水，并搅拌均匀，用纱布或 40 目的铜丝筛过滤于另一干净的烧杯内，滤液静置 30～40 min。再用铂耳或直径 0.5～1 cm 的铁丝圈蘸取此液膜，并抖落在载玻片上，进行镜检。

四、实训作业

据检查结果写出一份球虫病的诊断报告。

任务 19-2　鸡住白细胞虫病

鸡住白细胞虫病又称鸡白冠病，是由血孢子虫亚目住白细胞虫科住白细胞虫属的原虫寄生于鸡的白细胞和红细胞内而引起的血孢子虫病。

一、病原

鸡的住白细胞虫，已知有两种，即卡氏住白细胞虫和沙氏住白细胞虫(图 19-4)。

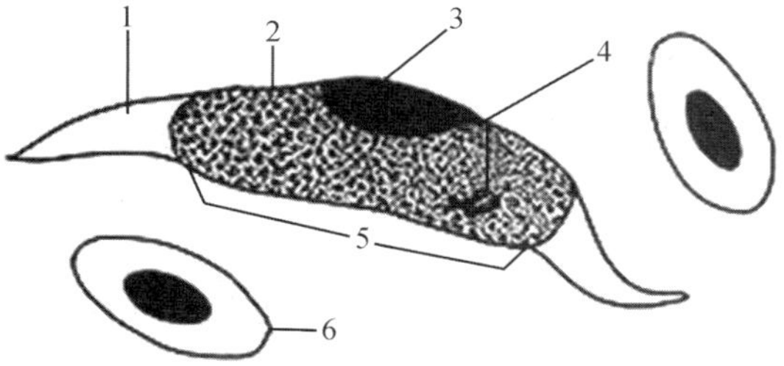

图 19-4　鸡沙氏住白细胞虫结构

1. 白细胞的原生质　2. 配子体原生质　3. 白细胞核　4. 配子体核　5. 配子体　6. 红细胞

二、流行病学

卡氏住白细胞虫的分布地区为东南亚、北美和中国等地；沙氏住白细胞虫的分布地区有东南亚、印度和中国。本病在我国南方的福建、广东相当普遍，常呈地方性流行。此病对雏鸡和仔鸡危害严重，症状明显，发病率高，能引起大批死亡。

三、临床症状

3～6 月龄鸡发病严重，症状明显。体温升高，食欲不振，精神沉郁，流口涎，下痢，粪呈绿色。贫血，鸡冠和肉髯苍白(图 19-5)。生长发育迟缓，四肢轻瘫，活动困难。严重病例因咯血、出血、呼吸困难而突然死亡。中鸡和成鸡一般死亡率不高。

四、病理变化

白冠，全身性皮下出血，肌肉有大小不等的出血点(图 19-6)；各内脏器官上有灰白色或稍带黄色的、针尖至粟粒大的、与周围组织有明显界限的白色小结节，将这些小结节挑出并制成压片，染色后可见到有许多裂殖子散出。

图 19-5　贫血，鸡冠和肉髯苍白

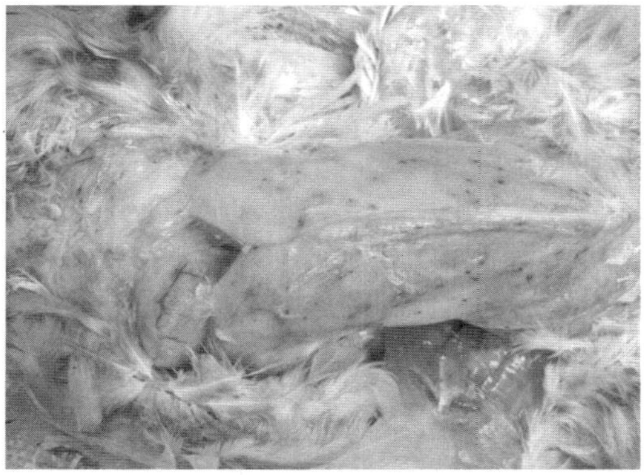

图 19-6　肌肉有大小不等的出血点

五、诊断

可根据流行特征、临床症状和病原检查进行诊断。病原诊断可用血片检查法，以消毒的针头从鸡的翅下小静脉或鸡冠采血 1 滴，涂片，用瑞氏染色或姬姆萨氏染色，在高倍镜下发现配子体即可确诊。

六、防治

消灭蠓、蚋是预防本病的重要一环，在流行季节用杀虫药喷洒禽舍及其周围，并在饲料中加磺胺喹噁啉(50 mg/kg)有预防作用。

任务 19-3　鸡盲肠肝炎

鸡盲肠肝炎又称黑头病，是由组织滴虫属的火鸡组织滴虫寄生于禽类盲肠和肝脏引起的一种原虫病。本病以肝脏坏死和盲肠溃疡为特征。多发于雏鸡和雏火鸡，成年鸡也能感染。

一、病原

本病病原是组织滴虫，为多样性虫体，大小不一。

二、流行病学

本病的传染途径主要是消化道，蚯蚓、蝇类、蟋蟀等昆虫也能机械带虫。本病发生的季节性不明显，以春、夏温暖潮湿季节发生较多。

易感性在鸡是 4～6 周龄，火鸡是 3～12 周龄。死亡率常在感染后大约第 17 天达到高峰，然后在第 4 周末下降。卫生管理条件不好，鸡群过度拥挤，鸡舍、运动场不清洁，舍内通风换气不良、光线不足，饲料质量差是诱发本病的主要因素。

三、临床症状和病理变化

本病潜伏期为 15～21 d，表现精神委顿，食欲减退，羽毛松乱无光，嗜睡，下痢，病鸡排出硫黄色粪便，有时粪便呈淡绿色，严重病例粪便中有血液。多数病鸡头部皮肤呈紫蓝色或黑色，故称为“黑头病”，如不及时治疗，1～2 周即可死亡。

盲肠发生严重的出血性炎，内含血液。盲肠肿大，干酪样的凝固栓子堵塞在肠内(图 19-7)，栓子中心是黑红色的凝固血，外包淡黄色的渗出物和坏死物。

肝脏病变很典型，整个肝脏肿大，表面有圆形或不规则的、稍有下陷的溃疡病灶(图 19-8)，溃疡病灶中间呈淡黄色或淡绿色，边缘稍隆起，大小不一，有时溃疡病灶互相连成一片，形成溃疡区，这一症状是本病的典型变化。

四、诊断

在临床上发现头部变为紫蓝色或黑色以及根据解剖发现的盲肠和肝脏的典型变化即可做出初步诊断。为了准确诊断，还要进行显微镜检查，如发现活动的原虫即可确诊。

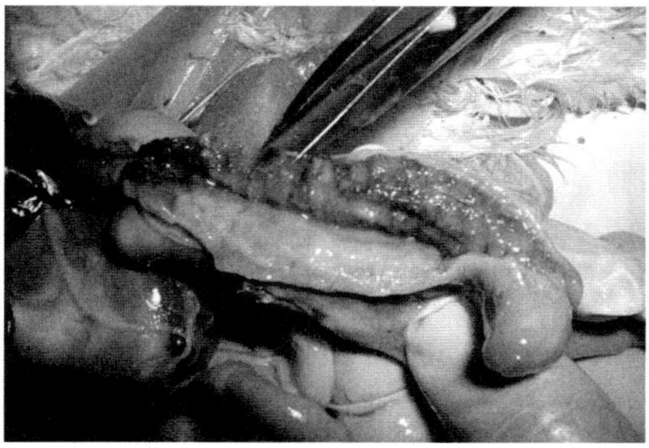

图 19-7　盲肠形成栓子

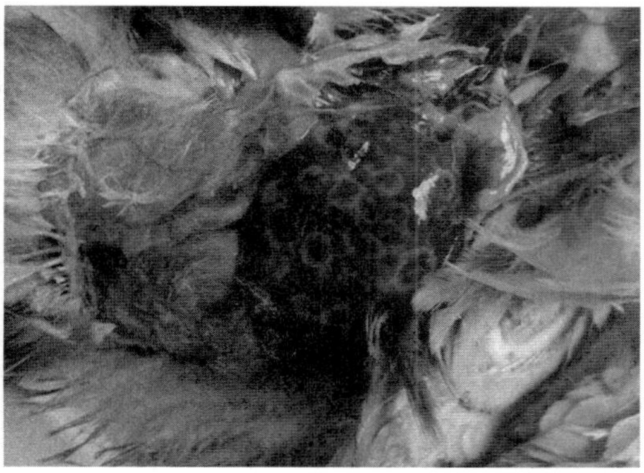

图 19-8　肝脏特征性坏死灶

五、防治

1. 预防　加强卫生消毒和饲养管理，舍内要保持清洁干燥，通风良好，有足够的光照。防止鸡群过分拥挤。注意日粮配合，饲料中要有足够的维生素，特别是维生素 A。注意驱虫，及时驱除鸡体内异刺线虫是预防本病的主要措施，每千克体重投喂丙硫苯咪唑或左旋咪唑 5～10 mg，一次喂给。

2. 治疗　二甲硝咪唑，以饲料量的 0.04% 作治疗量，连喂 2 周。灭滴灵，以饲料量的 0.02% 作治疗量，连喂 7 d。

【自测训练】

1. 简述鸡球虫病的流行病学特点和临床症状。

2. 简述鸡球虫的生活史。

3. 鸡盲肠肝炎有什么临床特点？

4. 鸡住白细胞虫病的危害有哪些？

项目 20　牛羊的主要寄生虫病

【知识目标】

- 掌握牛巴贝斯虫病的流行病学、临床症状、病理变化与防治措施；
- 掌握牛泰勒虫病的流行病学、临床症状、病理变化与防治措施；
- 掌握羊狂蝇蛆病的流行病学、临床症状、病理变化与防治措施。

【能力目标】

- 会牛巴贝斯虫病、牛泰勒虫病和羊狂蝇蛆病的诊断方法；
- 会牛血液原虫的实验室诊断技术。

任务 20-1　牛巴贝斯虫病

牛巴贝斯虫病旧称牛焦虫病，是由数种巴贝斯虫寄生于红细胞内引起的一种原虫病。

一、病原

本病的病原主要为双芽巴贝斯虫、牛巴贝斯虫和卵圆形巴贝斯虫。

1. 双芽巴贝斯虫　寄生于牛红细胞中，是一种大型的原虫，虫体的长度大于红细胞半径，其形态有梨籽形、圆形、椭圆形及不规则形等。典型的形状是成双的梨籽形，尖端以锐角相连(图 20-1)。每个虫体内有一团染色质块，虫体多位于红细胞中央。每个红细胞内虫体数目为 1～2 个，很少有 3 个以上的，细胞染虫率为 2%～15%。虫体经姬姆萨氏法染色后，胞浆呈淡蓝色，染色质呈紫红色。虫体形态随病的发展而有变化，虫体开始出现时以单个虫体为主，随后双梨籽形虫体所占比例逐渐增多。

2. 牛巴贝斯虫　是一种小型的虫体，长度小于红细胞的半径，形态有梨籽形、圆形、椭圆形、不规则形和圆点形等。典型形状为成双的梨籽形，尖端以锐角相连，位于红细胞边缘或偏中央(图 20-2)。每个虫体内含有一团染色质块。每个红细胞内有 1～3 个虫体，红细胞染虫率很低，一般不超过 1%。

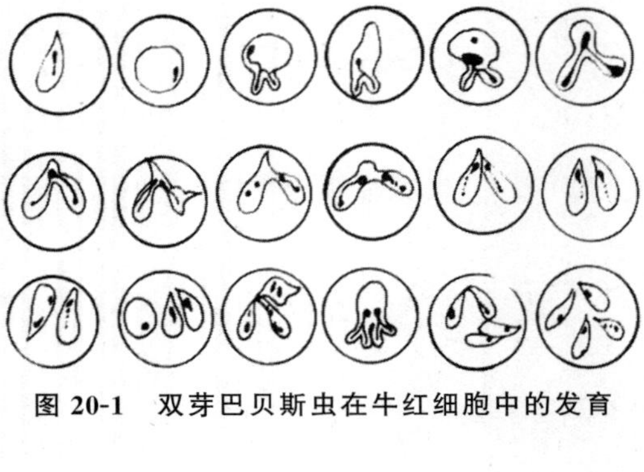

图 20-1　双芽巴贝斯虫在牛红细胞中的发育

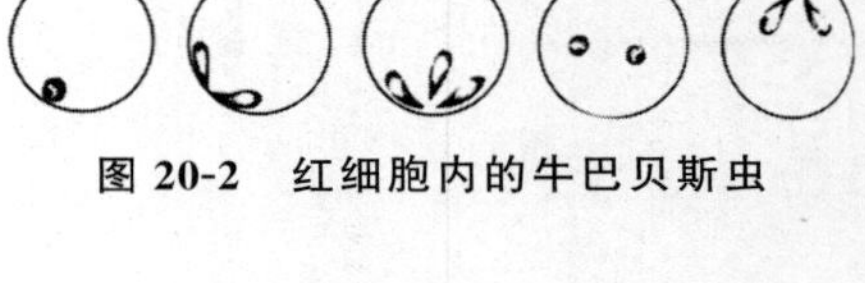

图 20-2　红细胞内的牛巴贝斯虫

3.卵圆形巴贝斯虫 是一种大型的虫体，虫体长度大于红细胞的半径，呈梨籽形、卵形、卵圆形、出芽形等。形态特征为虫体中央往往不着色形成空泡，双梨籽形虫体较宽大，位于红细胞中央，两尖端成锐角相连或不相连。

二、流行病学

硬蜱(图20-3)是本病病原体的传播者，当蜱在牛体上吸血时，寄生在红细胞内的巴贝斯虫被吸入到蜱体内进行发育繁殖，并可经过蜱的卵传递给蜱的下一代，在幼蜱的唾液腺细胞里发育到感染阶段。当幼蜱吸食健康牛血时，将巴贝斯虫接种到健康牛体内，在牛的红细胞内以“成对出芽”的方式进行繁殖并继续进行上述生活史和传播。

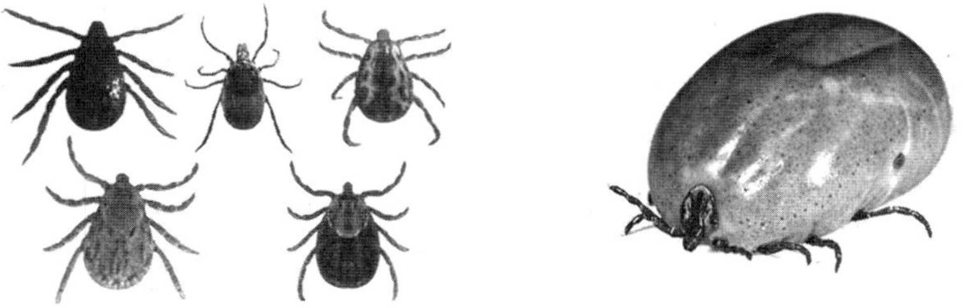

图20-3 硬蜱

本病的流行与传播媒介蜱的消长密切相关，故有一定的地区性和季节性，我国南方多在7～9月发生和流行。放牧牛群易发生，舍饲牛发病较少。在一般情况下，2岁以内的犊牛发病率高，但症状轻，死亡率低；成年牛发病率低，但症状较重，死亡率高。地方品种牛对本病有抵抗力，良种牛和外地引入牛易感性较高，症状严重，病死率高。

三、临床症状

多为急性型，体温高达40～41.5℃，呈稽留热型，精神沉郁，食欲下降，反刍停止，发病2～3 d后迅速消瘦、贫血、黄疸，排恶臭的褐色粪便及特征性的血红蛋白尿。如不治疗，病程4～8 d，死亡率高达50%～90%。

四、诊断

当在夏秋季节放牧牛群中出现稽留高热，伴有贫血、黄疸和血红蛋白尿等症状的病牛，应怀疑为本病，及时从病牛耳尖静脉采血做涂片，用姬姆萨氏或瑞氏染色法染色，镜检，若在红细胞内发现梨籽形虫体，即可确诊。

五、防治

应采取综合性防治措施。根据流行地区蜱活动规律，实施有计划、有组织的灭蜱。在流行季节，最好改为舍饲，并可肌肉注射咪唑苯脲(2 mg/kg体重)，可保护牛只不受侵袭。治疗病牛要及时，可用咪唑苯脲配成10%溶液肌肉注射(2 mg/kg体重)；三氮脒(贝尼尔、血虫净)3.5～3.8 mg/kg体重，配成5%～7%溶液深部肌肉注射；锥黄素3～4 mg/kg体重，配成1%溶液静脉注射。

任务 20-2　牛泰勒虫病

泰勒虫病是指由泰勒科泰勒属的各种原虫寄生于牛、羊和其他野生动物巨噬细胞、淋巴细胞和红细胞内所引起的疾病的总称。本病流行于我国的西北、华北和东北的一些省(自治区、直辖市),发病率高,致死率也高,危害很大。

一、病原

牛的泰勒虫共有 5 种,我国共发现 2 种,即环形泰勒虫和瑟氏泰勒虫。

1. 环形泰勒虫(图 20-4)　寄生于红细胞内的称为血液型虫体,虫体很小,形态多样,其中以圆环形和卵圆形为主。寄生于巨噬细胞内和淋巴细胞内增殖形成的多核虫体为裂殖体。裂殖体呈圆形、椭圆形或肾形。用姬姆萨氏法染色,虫体胞浆呈淡蓝色,其中包含许多红紫色颗粒状的核。裂殖体有两种类型,一种为大裂殖体,另一种为小裂殖体。

2. 瑟氏泰勒虫(图 20-5)　寄生于红细胞内的虫体,除有特别长的杆状形外,其他与环形泰勒虫相似,也具有多形性。它与环形泰勒虫的主要区别点为以杆形和梨籽形为主。随着病理变化而变化:在上升期,杆形为 60%～70%,梨籽形为 15%～20%;高峰期两者均为 35%～45%;下降期和带虫期,杆形为 35%～45%,梨籽形为 25%～40%。

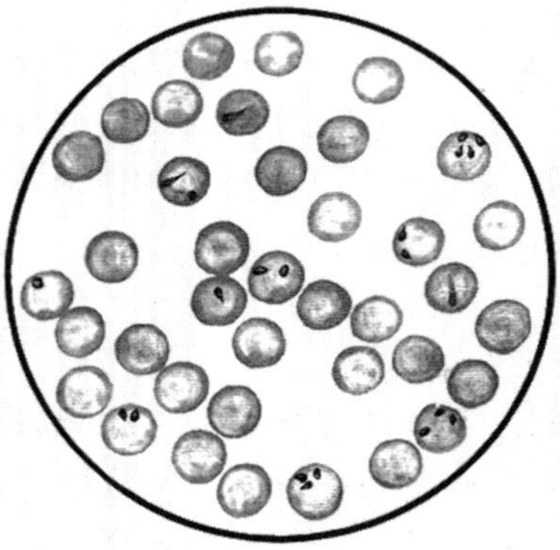

图 20-4　环形泰勒虫

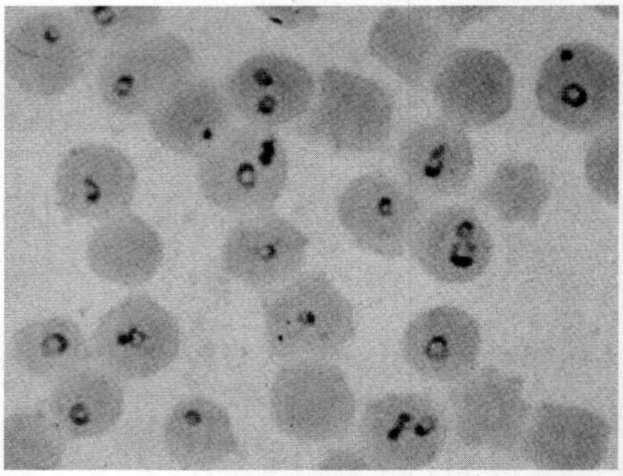

图 20-5　瑟氏泰勒虫

二、流行病学

环形泰勒虫的传播者是璃眼蜱属的蜱,我国主要为残缘璃眼蜱;瑟氏泰勒虫的传播者是血蜱属的蜱,我国主要为长角血蜱。

环形泰勒虫和瑟氏泰勒虫都不能经卵传播。环形泰勒虫的传播者璃眼蜱主要在圈内生活,因此,环形泰勒虫病主要在舍饲条件下发生,在内蒙古及西北地区,该病于 6 月份开始发生,7 月份达最高期,8 月份逐渐平息,病死率 16%～60%。在流行地区,1～3 岁牛发病高峰终止于 10 月份。

三、临床症状

环形泰勒虫病常取急性经过,大部分病牛经 3～20 d 趋于死亡。体温升高,精神沉郁,行走无力，离群落后，多卧少立。脉快而弱，心音亢进有杂音，咳嗽，流鼻涕，结膜和可视黏膜贫血、黄染及有出血点。常磨牙、流涎，排少量干而黑的粪便，常带有黏液或血丝，前胃弛缓。体表淋巴结肿大为本病的特征。瑟氏泰勒虫病基本与环形泰勒虫病相似。

四、诊断

在本病流行地区、流行季节有病牛表现为体温升高且呈稽留热、体表淋巴结明显肿大、贫血等症状时，可怀疑为本病。采耳静脉血涂片，姬姆萨氏法染色，镜检，若在红细胞内见到环形、椭圆形、逗点形、卵圆形、杆形等各种形状的泰勒虫，即可确诊。

五、防治

在本病流行地区有组织、有计划地灭蜱。

瑟氏泰勒虫病可在发病季节用药物预防（三氮脒 3 mg/kg 体重或咪唑苯脲 2 mg/kg 体重，肌肉注射）。对重危病例应进行补液、强心、输血、止血、利胆等对症治疗，提高治愈率。

任务 20-3　羊狂蝇蛆病

羊狂蝇蛆病又称羊鼻蝇蛆病或羊鼻蝇幼虫病，是由羊鼻蝇的幼虫寄生在羊的鼻腔及附近腔窦内所引起的疾病。主要危害绵羊，对山羊危害较轻。病羊表现精神不安，消瘦，甚至发生死亡。本病在西北地区危害严重，对养羊业造成的损失很大。

一、病原

羊狂蝇又名羊鼻蝇，它的一生可分为幼虫、蛹及成虫 3 个阶段。成虫在羊的体外飞翔，幼虫寄生在羊的鼻腔和附近腔窦内。

1. 成虫　比家蝇大，体长 10～12 mm，深灰黑色，全身密生短绒毛，头大，呈半球形，黄色；两复眼小，相距较远，触角球形，位于触角窝内；口器退化；胸部有 4 条断续而不明显的黑色纵纹，腹部有褐色或银白色斑点（图 20-6）。

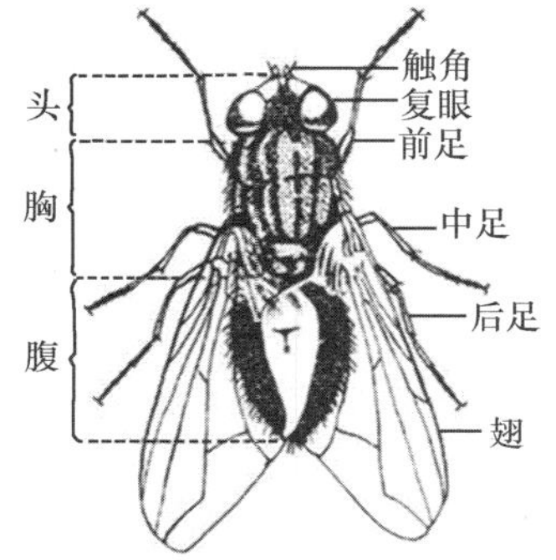

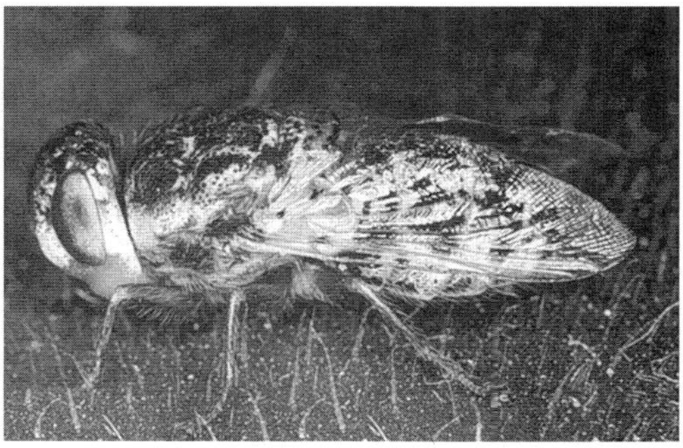

图 20-6　羊狂蝇（成虫）

2. 幼虫　为成虫所生的蛆。初生幼虫白色，长 1～2 mm，前端有 2 个黑色的口前钩，体表丛生小刺，末端的肛门分左、右两叶，后气门很小、呈管状。第二期幼虫呈椭圆形，长 20～

25 mm，体表刺不明显，后气门呈弯肾形。第三期幼虫长约 30 mm，背面弓起，各节上有深棕色的横带，腹面扁平，各节前缘有数行小刺。体前端尖，有 2 个强大的黑色口前钩；虫体后端齐平，有 2 个黑色的后气孔。

二、生活史

羊鼻蝇的发育需经幼虫、蛹、成虫 3 个阶段(图 20-7)。

图 20-7　羊鼻蝇的生活史

1. 幼虫　羊狂蝇喜在羊的鼻孔四周产幼虫，以后幼虫自动爬进鼻腔内生长发育，也可进入和鼻腔相通的各处。有些幼虫还可进入颅腔。经两次蜕化，发育为第三期幼虫。幼虫在鼻腔寄生的时间由 1～10 个月不等，寄生数亦多少不定，有的羊可以寄生达 130 多个。

2. 蛹　一般在春末夏初第三期幼虫由鼻腔深部爬出，或由羊鼻喷出，落地入土变为蛹，在土中约经 3 周到 2 个月，待完全羽化，即破蛹壳而飞出成蝇。

3. 成虫　成虫的生命很短，一般为 4～5 d，最多可活 2～3 周。成蝇出现于炎热季节，交配后雄蝇很快死去，雌蝇在有阳光的白天以急剧而突然的动作飞向羊鼻，将幼虫产在羊鼻孔内或羊鼻孔周围。一次可产 20～40 个幼虫，一生可产 500～600 个，产完后很快死亡。

三、流行病学

本病在西北地区危害严重，在内蒙古、华北及东北分布也广，对养羊业造成的损失很大。山羊较绵羊患病少，受害较轻。

四、临床症状

病羊表现的症状分为两个阶段：

1. 成虫侵袭阶段　当羊鼻蝇追逐羊只在鼻孔周围产幼虫时，使羊只扰乱不安。

2. 幼虫危害阶段　当羊鼻蝇幼虫向鼻腔内爬行时，由于其口钩的刺激作用，可使鼻腔发生炎症。在幼虫附着的地方，形成小圆凹陷及小出血点，因而表现出以下各种症状。

羊流出多量鼻液，鼻液初为浆液性，后为黏液性和脓性，有时混有血液；当大量鼻液干涸在鼻孔周围形成硬痂时，羊发生呼吸困难。病羊表现不安，打喷嚏，时常摇头，摩鼻，眼睑水肿、流泪，食欲减退，日渐消瘦。症状表现可因幼虫在鼻腔内的发育期不同而持续数月。当个别幼虫进入颅腔损伤脑膜或因鼻窦发炎而波及脑膜时，可引起神经症状，病羊表现为运动失调，旋转运动，头弯向一侧或发生麻痹；最后病羊食欲废绝，因极度衰竭而死亡。

五、诊断

病羊的生前诊断可结合流行病学情况和症状表现，虫体在浅部时容易检出，易于诊断。死后剖检在鼻腔、鼻窦或额窦内发现羊鼻蝇幼虫，即可确诊。

六、防治

1.治疗

(1)阿维菌素每千克体重0.2 mg，一次皮下注射，药效可维持20 d，疗效高，是目前治疗羊鼻蝇蛆病最理想的药物。

(2)皮下注射20%碘硝酚，剂量为每千克体重10～20 mg。

(3)静脉注射伊维菌素，剂量为每千克体重0.2 mg。

(4)在羊鼻蝇幼虫从羊鼻孔排出的季节，给地上撒以石灰，把羊头下压，让鼻端接触石灰，使羊打喷嚏，亦可喷出幼虫，然后将其消灭。

2.预防

(1)夏季　在成蝇飞翔季节，可用10%敌百虫或1%敌敌畏软膏涂在羊鼻孔周围，有驱避成蝇和杀死幼虫的作用。

(2)冬春季　注意杀死从羊鼻内喷出的幼虫，同时在春季从羊圈的墙角挖蛹，将其杀灭。

实训操作20-1　牛血液原虫的实验室检查

一、实训目的和要求

掌握血液活锥虫检查方法，血片的制作及染色技术，梨形虫集虫检查法以及泰勒虫病淋巴结穿刺及穿刺物的检查方法，进一步认识伊氏锥虫及各种梨形虫。

二、实训材料和器械

(1)伊氏锥虫形态图、各种梨形虫形态图。

(2)显微镜、载片、盖片、离心机、离心管、移液管、平皿、采血用针头、1 000 mL三角烧杯、1 000 mL三角烧瓶、染色缸、污物缸、剪毛剪、酒精棉球等。

(3)生理盐水、3.8%枸橼酸钠溶液、凡士林、姬姆萨染色液、瑞氏染色液、甲醇、磷酸盐缓冲液、2%枸橼酸钠溶液。

(4)疑似梨形虫病、伊氏锥虫病牛，预先接种伊氏锥虫的小鼠。

三、实训内容

(一)伊氏锥虫病的诊断

教师带领学生在现场进行牛的静脉采血,血放入加有3.8%枸橼酸钠溶液的三角烧瓶内(按抗凝剂的4倍量加入血液)。进行血液压滴法和锥虫集虫法的示教后,学生分组进行两种方法的操作。如用感染锥虫小鼠进行训练时,用剪子剪断鼠尾端,采取鼠尾静脉血制作压滴标本效果更好。

1.血液的采集　供压滴标本片的血液在耳尖采取。耳尖剪毛后用酒精棉球消毒,再用干棉花擦干,然后剪开耳尖皮肤,使血液流出供涂片用;供集虫检查法的血液,直接从静脉采取,按检查法的要求加入抗凝剂。

2.压滴标本检查法　取耳尖血1滴滴于载片上,加等量生理盐水后再加盖片镜检,若发现有运动性活泼虫体可确诊。检查时室温不宜过低,否则影响检查的效果。

3.锥虫集虫法　采静脉血按4∶1比例与3.8%枸橼酸钠溶液混合,于试管中静置30～60 min(或用离心机以1 500～2 000 r/min离心分离2～3 min),然后除去上层液,吸取白细胞层的沉淀物涂片、干燥、固定后,用姬姆萨染色液进行染色。

(二)梨形虫病的诊断

教师带领学生在现场进行疑似梨形虫病的牛采血。首先在耳尖采血涂制血片,然后在静脉采血按1∶1比例将静脉血放于盛有2%枸橼酸钠溶液1 000 mL的三角烧瓶内。老师讲解梨形虫病诊断的血片染色法,示教梨形虫的集虫检查法后,学生分组进行血片的姬姆萨染色法、瑞氏染色法以及梨形虫集虫检查的操作。

1.血片的涂制　涂片用的载片必须彻底洗净,表现无油脂、酸、碱等痕迹,也无灰尘和污物。玻片表面光滑、无刻纹,边缘磨平。通常把彻底洗净的玻片浸于酒精或乙醚中,临用前取出晾干。涂片采用耳静脉血,耳尖剪毛,用70%的酒精消毒,待皮肤干燥后用消毒过的针头刺出第一滴血液(因其中虫体较多),滴在载片一端距端线约1 cm处的中央。然后迅速取第二载片(其一端的角已切去),或用盖片放在血滴的内缘,使血液均匀地散布在该片与第一片接触处,将第二片在第一片上以30°～45°角,平稳地向另一端推进,推力要均匀,使血液在玻片上成一薄层,再将玻片放平晾干。

2.血片的染色　血片立即染色,以保证获得满意的结果。常用染色法有瑞氏染色法和姬姆萨染色法。

(1)瑞氏染色法　将瑞氏染色液滴于干燥的血片上,1 min后加等量的蒸馏水与染色液混合,经5 min用蒸馏水冲洗,干燥后镜检。

(2)姬姆萨染色法　血片干燥后,滴加数滴无水甲醇后2～3 min,置于稀释的姬姆萨染色液(用蒸馏水1～20倍稀释)中染色30～60 min,最后用蒸馏水冲洗后晾干,在油镜下检查。

3.集虫检查法　采静脉血液按1∶1比例与2%枸橼酸钠溶液混合,然后以500～700 r/min离心分离3～5 min,用吸管吸取上层液体移向另一离心管中,再以1 500～2 000 r/min分离15～20 min,除去上层液。吸取沉淀物涂片,干燥,甲醇固定后用姬姆萨染色液染色,或干燥后直接用瑞氏染色液染色,最后进行镜检。

4.泰勒虫病淋巴结穿刺物的检查　在肩前或股前淋巴结进行穿刺,穿刺时皮肤剪毛,酒精消毒后用右手将淋巴结推到皮肤表层，用左手固定淋巴结，再用右手将灭菌针头刺入，接上注射器后吸取穿刺物。穿刺物涂于载片上，干燥，甲醇固定后用姬姆萨染色液染色，或干燥后直接用瑞氏染色液染色，镜检发现石榴体可确诊。

四、实训作业

根据实训结果写出一份关于锥虫病或梨形虫病的诊断报告。

【自测训练】

1. 简述牛巴贝斯虫病的流行病学特点和临床症状。
2. 简述牛泰勒虫病的病理变化。
3. 简述羊狂蝇蛆病的临床特点和病理变化。

模块六　动物常见普通病防治

项目 21　常见消化系统疾病
项目 22　常见呼吸系统疾病
项目 23　常见营养代谢病

项目21　常见消化系统疾病

【知识目标】

- 掌握口炎、咽炎等消化系统疾病的病因；
- 掌握口炎、咽炎等消化系统疾病的临床症状；
- 掌握口炎、咽炎等消化系统疾病的诊断；
- 掌握口炎、咽炎等消化系统疾病的治疗。

【能力目标】

- 会口炎、咽炎、食管阻塞、前胃弛缓、瘤胃臌胀、瘤胃积食、创伤性网胃炎的诊断方法；
- 熟悉口炎、咽炎、前胃弛缓、瘤胃臌胀、创伤性网胃炎等消化系统内科疾病的处理技术。

任务21-1　口炎

口炎是口腔黏膜炎症的总称，包括腭炎、齿龈炎、舌炎、唇炎等。临床上以采食、咀嚼障碍和流涎为特征。按其炎症性质，口炎可分为多种类型，临床上以卡他性、水疱性和溃疡性较为常见。

一、病因

1.原发性口炎　主要由于口腔黏膜遭受机械性、理化性等刺激引起。常见病因有：

(1)采食粗硬、有芒刺或刚毛的饲料，或者饲料中混有尖锐异物；

(2)不正确地使用口衔、开口器或锐齿直接损伤口腔黏膜；

(3)抢食过热的饲料或灌服过热的药液；

(4)采食冰冻饲料、霉败饲料或有毒植物；

(5)不适当地口服刺激性或腐蚀性药物或长期服用汞、砷、碘制剂；

(6)采食了带有锈病菌、黑穗病菌的饲料，发芽的马铃薯；

(7)当受寒或过劳，防卫机能降低时，可因口腔内的条件病原菌，如链球菌、螺旋体等的侵害而引起口炎。

2.继发性口炎　常继发或伴发于换牙、咽炎、喉炎、唾液腺炎、急性胃卡他、肝炎、血斑病、贫血、维生素A缺乏症、佝偻病和汞、铜、铅、氟中毒等普通病，以及口蹄疫、传染性水疱性口炎、牛恶性卡他热、蓝舌病、坏死杆菌病、放线菌病等传染性疾病。

二、临床症状

各种类型的口炎，都具有采食、咀嚼缓慢甚至不敢咀嚼，拒食粗硬饲料，常吐出混有黏沫的草团；流涎，口角附着白色泡沫；口黏膜潮红、肿胀、疼痛，口温增高，呼出气带臭味等共同症状。每种类型的口炎还有其特有的临床症状。

卡他性口炎：口黏膜弥漫性或斑块状潮红，硬腭肿胀；由植物芒或刚毛所致的病例，在口腔内的不同部位形成大小不等的丘疹，其顶端呈针头大的黑点，触之坚实、敏感；舌苔为灰白色或草绿色。重剧病例，唇、齿龈、颊部、腭部黏膜肿胀甚至发生糜烂，大量流涎。

水疱性口炎：在唇部、颊部、腭部、齿龈、舌面的黏膜上有散在或密集的粟粒大至蚕豆大的透明水疱，2～4 d 后水疱破溃形成边缘不整齐的鲜红色烂斑。间或有轻微的体温升高。

溃疡性口炎：首先表现为齿龈部分肿胀，呈暗红色，易出血。1～2 d 后，病变部变为淡黄色或黄绿色糜烂性坏死。炎症常蔓延至口腔其他部位，导致溃疡、坏死甚至颌骨外露，散发出腐败臭味，流涎，混有血丝带恶臭；如因异物损伤口黏膜时，流涎并混有血液，有创伤和烂斑并形成溃疡。病重者，体温升高。

原发性口炎：精神、体温、呼吸、脉搏等全身症状不明显。

三、诊断

原发性口炎，根据咀嚼缓慢、流涎及口腔黏膜潮红、肿胀、水疱、溃疡等炎症变化，可做出诊断。但应注意与继发性口炎及其他类症相鉴别。

四、治疗

1. 治疗原则　加强护理，消除病因，净化口腔，收敛和消炎。

2. 治疗措施

(1)加强护理　应给予营养丰富、柔软而易消化的青绿饲料；对于不能采食或咀嚼的动物，应及时补糖输液，或者经胃导管给予流质食物。

(2)消除病因　摘除刺入口腔黏膜中的芒刺，剪断并锉平过长齿等。

(3)口腔局部净化收敛　可用 2%～3%硼酸溶液、1%鞣酸溶液、0.1%高锰酸钾溶液、1%～2%食盐溶液等冲洗口腔。口腔溃疡面可用 2%龙胆紫溶液、碘甘油，或 5%磺胺甘油乳剂涂布。

(4)全身用药　肌肉注射维生素 B_2(牛 100～150 mg)和维生素 C(牛 2～4 g)。重剧口炎，还应使用磺胺类药物或抗生素。

五、预防

搞好平时的饲养管理，合理调配饲料；正确服用带有刺激性或腐蚀性的药物；正确使用口衔和开口器；定期检查口腔，牙齿磨灭不整时，应及时修整。

任务 21-2　咽炎

咽炎是咽黏膜、黏膜下组织和淋巴组织的炎症，以卡他性较为常见，其特征为吞咽困难和流涎。

一、病因

1. 原发性咽炎　多因机械性、化学性或冷热刺激所引起。采食粗硬的饲料或霉败的饲料；采食过冷或过热的饲料，或者受刺激性强的药物的刺激；受寒或过劳时，机体抵抗力降低，防卫能力减弱，受到链球菌、巴氏杆菌、葡萄球菌、坏死杆菌等条件性致病菌的侵害。

2. 继发性咽炎　常继发于口炎、鼻炎、喉炎、炭疽、巴氏杆菌病、口蹄疫等疾病。

二、临床症状

由于咽部红、肿、热、痛和吞咽障碍，各种类型的咽炎患畜都具有不同程度的头颈伸展，转动不灵活，吞咽困难；因炎症刺激，唾液分泌增多而又咽下困难，故大量流涎；牛呈现哽噎运动；当炎症波及喉时，病畜咳嗽，触诊咽喉部，病畜敏感。

1. 卡他性咽炎　病情发展较缓慢，经 3～4 d 后，头颈伸展、吞咽困难等症状逐渐明显。咽部视诊，咽部的黏膜、扁桃体潮红、轻度肿胀。全身症状一般较轻。

2. 格鲁布性咽炎　颌下淋巴结肿胀，鼻液中混有灰白色伪膜；咽部视诊，扁桃体红肿，咽部黏膜表面覆盖有灰白色伪膜，将伪膜剥离后，见黏膜充血、肿胀，有的可见到溃疡。

3. 化脓性咽炎　病畜咽痛拒食，高热，精神沉郁，脉率增快，呼吸急促，鼻孔流出脓性鼻液；咽部视诊，咽部黏膜肿胀、充血，有黄白色脓点和较大的黄白色突起；扁桃体肿大、充血，并有黄白色脓点。血液检查：白细胞数增多，中性粒细胞显著增加，核左移。

重剧病例，由于炎性产物的吸收，引起恶寒战栗、体温升高，并因扁桃体高度肿胀，深部组织胶样浸润，喉口狭窄，呼吸困难，甚至发生窒息而死亡。

三、诊断

根据病畜头颈伸展、流涎、吞咽障碍等特征病理变化，可做出诊断。

四、治疗

1. 治疗原则　加强护理，抗菌消炎，清咽利喉，对症治疗。

2. 治疗措施　病初，咽喉部冷敷，重剧咽炎可行封闭疗法；后热敷，每日 3～4 次，每次 20～30 min。也可咽喉部外敷或涂抹樟脑酒精、鱼石脂软膏或止痛消炎膏等药物。

严重咽炎应使用抗生素或磺胺类药物。青霉素为首选抗生素，应与链霉素、庆大霉素等联合应用。青霉素牛 1 万～2 万 IU/kg 体重，羊 2 万～3 万 IU/kg 体重，链霉素 10～15 mg/kg 体重，肌肉注射，每天 2 次，连用 5 d。适时应用解热止痛剂。10%水杨酸钠液牛 10 mL、羊 10～20 mL，静脉注射。

加强护理，停喂粗硬饲料，给予青草、优质青干草、多汁易消化饲料。对于咽痛拒食的动物，应及时补糖输液，种畜和宠物还可静脉输给氨基酸。禁止使用胃管投食或投药。

五、预防

搞好平时的饲养管理工作，注意饲料的质量和调制；应用胃管等诊断与治疗器械时，操作应细心，避免损伤咽黏膜；搞好圈舍卫生，防止受寒、过劳；及时治疗原发病。

任务 21-3　食管阻塞

食管阻塞，俗称“草噎”，是食管被食物或异物阻塞的一种严重食管疾病。本病常见于牛，偶尔发生于羊。

一、病因

牛的原发性食管阻塞，通常发生于采食甘薯、马铃薯、甜菜、苹果、玉米穗、豆饼块、花生饼等大块饲料时，因咀嚼不充分，吞咽过急而引起阻塞。此外，还可因误咽破布、塑料薄膜、毛线球、木片、胎衣、煤块、小石子等异物而发病。继发性食管阻塞，常继发于食管狭窄、食管麻痹、食管炎等疾病。

二、临床症状

采食中突然停止采食，惊恐不安，摇头缩颈，张口伸舌，大量流涎，频繁呈现吞咽动作。

颈部食管阻塞时，外部触诊可感阻塞物；胸部食管阻塞时，在阻塞部位上方的食管内积满唾液，触诊能感到波动并引起哽噎运动。胃管探诊，当触及阻塞物时，感到阻力，不能推进。由于嗳气障碍而发生瘤胃臌胀，大块饲料或异物引起的阻塞，若经 2～3 d 不能排出，即引起食管壁组织坏死甚至穿孔。

三、诊断

根据病史和吞咽障碍等症状，结合食管外部触诊、胃管探诊可得出正确诊断。

X 线检查：在完全性阻塞或阻塞物质地致密时，阻塞部呈块状密影。

四、治疗

1. 治疗原则　解除阻塞，疏通食管，消除炎症，加强护理，预防并发症的发生。

2. 治疗措施　急则治其标，缓则治其本。当牛因食道阻塞而引起重剧瘤胃臌气时，应先进行瘤胃穿刺放气，而后再选用下列方法除去食道内阻塞物。

(1)取出阻塞物　对牛采食马铃薯、甘薯等块根块茎类饲料引起的颈部食道阻塞，可用两手从食道外部将阻塞物推向咽部，而后装上开口器，用光滑的铁丝套出阻塞物。

(2)将阻塞物推送入瘤胃　若块根块茎类饲料引起胸部食道阻塞，可用胃管先将食道中蓄积的液体导出，然后向胃管内注入 2%盐酸利多卡因溶液 30～50 mL，经 5～10 min 后，再注入液体石蜡或豆油 150～300 mL。再用胃管将阻塞物小心推入胃中，推送时每次推动 2～3 cm，将胃管适当向外拔出，再向内推送，以免阻塞物滚动导致胃管前端方向改变使食道破裂。

(3)冲洗食道　若阻塞物为饼类或粉碎的饲料，可用胃导管插入食道，先导出其中的唾液，再注入适量的温水，然后再导出。如此反复进行洗出，常可达到治疗的目的。

(4)手术疗法　若经上述方法无效，或坚硬异物引起颈部食道阻塞，则采用手术治疗。

食道疏通后应及时治疗食道炎，给予柔软的饲草，适当喂给粥状的饲料。病程较长的，应及时强心、补糖、补液，维持机体营养。

五、预防

主要是饲喂要定时定量，勿使动物过度饥饿，防止采食过急；合理调制饲料，如豆饼要泡软，块根块茎类饲料要适当切碎等。牛、羊在秋季通过种植块根块茎类饲料地段时，要快速通过，防止急促贪食块根块茎类饲料。

任务21-4　前胃弛缓

前胃弛缓是由各种病因导致前胃神经兴奋性降低，肌肉收缩力减弱，瘤胃内容物运转缓慢，微生物区系失调，产生大量发酵和腐败的物质，引起消化障碍，食欲、反刍减退，乃至全身机能紊乱的一种疾病。

一、病因

1. 原发性前胃弛缓　又称单纯性消化不良，发病原因主要是饲养管理不当。长期饲喂粉状饲料或精饲料，或突然食入过量的适口性好的饲料；食入过量不易消化的粗饲料，如麦糠、秕壳、半干的山芋藤、紫云英、豆秸等；饲喂变质或冰冻饲料；突然改变饲养方式，饲料突变，频繁更换饲养员和调换圈舍，劳役与休闲不均等；误食塑料袋、化纤布，或分娩后的母牛食入胎衣；矿物质和维生素缺乏，特别是缺钙时，血钙水平低，致使神经-体液调节机能紊乱，引起单纯性消化不良。

应激因素的影响在本病的发生上起重要作用。由于严寒、酷暑、饥饿、疲劳、分娩、断乳、离群、恐惧、感染与中毒等因素或手术、创伤、剧烈疼痛的影响，引起应激反应，而发生单纯性消化不良。

2. 继发性前胃弛缓　常继发于热性病以及多种传染病、寄生虫病和某些代谢病过程中。

二、临床症状

1. 急性型　病畜食欲减退或废绝，反刍减少、短促、无力，嗳气增多并带酸臭味；奶牛和奶山羊泌乳量下降；体温、呼吸、脉搏一般无明显异常。瘤胃蠕动音减弱，蠕动次数减少；触诊瘤胃，其内容物黏硬或呈粥状。病初粪便变化不大，随后粪便变为干硬、色暗，被覆黏液。如果伴发前胃炎或酸中毒，病情急剧恶化，呻吟，磨牙，食欲废绝，反刍停止，排棕褐色糊状恶臭粪便，精神沉郁，黏膜发绀，皮温不整，体温下降，脉率增快，呼吸困难，鼻镜干燥，眼窝凹陷。

2. 慢性型　通常由急性型前胃弛缓转变而来。病畜食欲不定，发生异嗜；反刍不规则，短促、无力或停止；嗳气减少。病情时好时坏，日渐消瘦，被毛干枯、无光泽，皮肤干燥、弹性减退；精神不振，体质虚弱。瘤胃蠕动音减弱或消失，内容物黏硬或稀软，瘤胃轻度臌胀；老牛病重时，呈现贫血与衰竭，常发生死亡。

三、诊断

1. 症状诊断　病畜食欲减退或废绝，反刍减少，嗳气增多，瘤胃蠕动微弱。

2. 剖检诊断　瘤胃胀满，黏膜潮红；瓣胃容积显著增大，瓣叶间内容物干燥。

3. 实验室诊断　瘤胃液pH下降至5.5以下；纤毛虫活力降低，数量减少至7.0万/mL左右；糖发酵能力降低。

4. 表现前胃弛缓症状的类症鉴别

（1）瘤胃积食　多因过食引起；腹部膨大，瘤胃涨满，触压坚硬。

（2）创伤性网胃炎　起卧、站立或行走时姿势异常；对网胃区触诊或叩诊，病畜表现疼痛；体温中度升高。

（3）奶牛酮病　多发于产后；乳汁、尿液、呼出气有丙酮气味。

(4)皱胃变位　常于分娩后突然发病;在左侧倒数1～3肋间叩诊,可听到典型的钢管音。

(5)瘤胃臌胀　腹部臌大,左肷凸出,叩诊呈鼓音;眼结膜潮红,呼吸困难。

(6)皱胃阻塞　右腹部皱胃区局限性膨隆,触压坚硬;左肷部结合叩诊肋骨弓进行听诊,呈现类似叩击钢管的铿锵音。

(7)瘤胃酸中毒　体温正常或偏低,具有蹄叶炎和神经症状;瘤胃液pH降至6以下。

四、治疗

1. 治疗原则　除去病因,加强护理,增强前胃机能,制止腐败发酵,改善瘤胃内环境,恢复正常微生物区系,对症治疗。

2. 治疗措施

(1)兴奋胃肠蠕动机能　可选用以下处方:

五酊合剂:番木鳖酊20 mL、豆蔻酊20 mL、龙胆酊20 mL、缬草酊20 mL、橙皮酊20 mL、常水500 mL,混合一次内服(牛),每日2次,连用2～5 d。

加味扶脾散:党参50 g、黄芪50 g、茯苓40 g、厚朴40 g、陈皮40 g、槟榔50 g、枳壳30 g、肉桂20 g、苍术30 g、白芍30 g、甘草20 g、神曲50 g,共为末,开水冲,候温灌服。凉后加入消化酶制剂适量,效果更好。

促反刍液:10%氯化钠注射液500 mL、20%安钠咖注射液10 mL、10%氯化钙注射液100 mL,混合后静脉注射,1次/d。

拟胆碱药:新斯的明0.01～0.02 g或氨甲酰胆碱1～2 mg,皮下注射。但对心脏机能不全或妊娠母牛,禁用拟胆碱类药物,防止虚脱和流产。

(2)生物接种　对病程较长、瘤胃内pH发生改变的病牛,为改善瘤胃内生物学环境,提高纤毛虫的活力,可先对病牛洗胃,使瘤胃内pH达到正常范围,再接种健康牛的瘤胃内容物。可在健康牛反刍时抢取刚反出的草团3～5个,用温生理盐水1 000～2 000 mL稀释,弃去长草,给病牛灌服。

(3)缓泻和止酵　可用硫酸镁(或硫酸钠)500 g,鱼石脂20 g,75%酒精100 mL,温水8 000～10 000 mL,混合溶解后一次胃管投服(牛)。

(4)对症治疗　当出现心脏衰弱和自体中毒时,可用25%葡萄糖注射液1 000 mL,20%安钠咖注射液20 mL,5%维生素C注射液20 mL,混合后一次静脉注射(牛),有强心、利尿、解毒作用。当瘤胃内容物pH降低,自体中毒明显时,静脉输入等渗糖盐水,配合应用5%碳酸氢钠注射液500 mL,静脉注射(牛),羊酌减。

五、护理

对前胃弛缓病牛,若瘤胃内容物较多可绝食1～2 d,以后给予易消化的富有营养的饲料,如青草、优质干草、切碎的块根饲料等,减少或停喂精料。给予充足饮水,愈后应逐渐增加精料、饲草的饲喂量,同时应适当运动。

六、预防

本病预防的关键在于加强饲养管理,合理配合日粮,不突然改变饲料,不喂霉变饲料和不洁的饮水;舍饲家畜要有适当的运动和光照;役畜不可劳役过度。

任务 21-5　瘤胃臌胀

瘤胃臌胀又称瘤胃臌气，主要是因采食了大量容易发酵的饲料，在瘤胃内微生物的作用下异常发酵，迅速产生大量气体，致使瘤胃急剧膨胀，膈与胸腔脏器受到压迫，呼吸与血液循环障碍，发生窒息现象的一种疾病。

一、病因

原发性瘤胃臌胀，主要是因采食大量容易发酵的饲草、饲料而引起。饲料突变，饲喂后立即使役或使役后马上喂饮，特别是舍饲转为放牧时，更容易导致急性瘤胃臌胀的发生。

继发性瘤胃臌胀，常继发于前胃弛缓、创伤性网胃炎、瓣胃阻塞、食管阻塞等疾病。

泡沫性臌胀，是由于采食了大量含蛋白质、皂苷、果胶等物质的豆科牧草，或者喂饲多量的谷物性饲料，如玉米粉、小麦粉等。

非泡沫性臌胀，主要是采食了幼嫩多汁的青草、品质不良的青贮饲料、霉败饲草，或者经雨、露、霜、雪侵蚀的饲料而引起。另外，继发性病因常引起非泡沫性臌胀。

二、临床症状

急性瘤胃臌胀，表现不安或呆立，回顾腹部，反刍和嗳气停止，食欲废绝。腹部迅速膨大，左肷窝明显突起，严重者高过背中线。腹壁紧张而有弹性，叩诊呈鼓音；瘤胃蠕动音初期增强，常伴发金属音，后期减弱或消失。因腹压急剧增高，病畜呼吸困难，严重时伸颈张口呼吸，呼吸数增至 60 次/min 以上；心悸、脉率增快，可达 100 次/min 以上。

病的后期，心力衰竭，静脉怒张，呼吸困难，黏膜发绀，目光恐惧，全身出汗，站立不稳，步态蹒跚，最后倒地抽搐，终因窒息和心脏麻痹而死亡。

慢性瘤胃臌胀，瘤胃中度膨胀，时长时消，常为间歇性反复发作，呈慢性消化不良症状。

三、诊断

1. 症状诊断　急性瘤胃臌胀，根据采食大量易发酵性饲料后很快发病，腹部臌大，左肷凸出，以及呼吸极度困难、血液循环障碍，确诊不难。

2. 胃管检查　插入胃管是区别泡沫性臌胀与非泡沫性臌胀的有效方法。此外，也可用瘤胃穿刺的方法进行鉴别。泡沫性臌胀，只能断断续续地从套管针内排出少量气体，针孔常被堵塞而排气困难；非泡沫性臌胀，则排气顺畅，臌胀明显减轻。

四、治疗

1. 治疗原则　加强护理，排除气体，止酵消胀，恢复瘤胃蠕动和对症治疗。

2. 治疗措施　根据病情的缓急、轻重以及病性的不同，采取相应有效的措施进行排气减压。

五、预防

加强饲养管理。禁止饲喂霉败饲料，尽量少喂堆积发酵或被雨露浸湿的青草。在饲喂易发酵的青绿饲料时，应先饲喂干草，然后再饲喂青绿饲料。由舍饲转为放牧时，最初几天要先喂一些干草后再出牧，并且还应限制放牧时间及采食量。不让牛、羊进入到沼泽地、苜蓿地暴食幼嫩多汁的豆科植物。舍饲育肥动物，在全价日粮中应该至少含有10%～15%的粗料。

任务 21-6 瘤胃积食

瘤胃积食又称急性瘤胃扩张，是反刍动物贪食大量粗纤维饲料或容易臌胀的饲料引起瘤胃扩张，瘤胃容积增大，内容物停滞和阻塞以及整个前胃机能障碍，形成脱水和毒血症的一种严重疾病。

一、病因

主要是由于贪食大量粗纤维饲料或容易臌胀的饲料，缺乏饮水，难于消化所致；过食麸皮、棉籽饼、酒糟、豆渣等也能引起瘤胃积食。误食大量塑料薄膜而造成积食的情况也有。突然改变饲养方式及饲料突变、饱食后立即使役或使役后立即饲喂等，可引起本病的发生。

各种应激因素的影响，如过度紧张、运动不足、过于肥胖，或中毒与感染等，也常引起本病的发生。本病也常常继发于前胃弛缓、瓣胃阻塞、皱胃阻塞等疾病过程中。

二、临床症状

常在饱食后数小时内发病。病畜不安，目光凝视，拱背站立，回顾腹部或后肢踢腹，间或不断起卧；食欲废绝、反刍停止、虚嚼、磨牙、时而努责，常有呻吟、流涎、嗳气，有时作呕或呕吐。病畜便秘，粪便干硬，色暗，间或发生腹泻。

腹部膨胀，左肷部充满，触诊瘤胃，病畜表现敏感，内容物坚实或黏硬，指压留痕，有的病例呈粥状；瘤胃蠕动音减弱或消失。

瘤胃内容物检查：内容物 pH 一般由中性逐渐趋向弱酸性；后期，纤毛虫数量显著减少。瘤胃内容物呈粥状，恶臭时，表明继发中毒性瘤胃炎。

重症后期，瘤胃积液，呼吸急促，脉率增快，黏膜发绀，眼窝凹陷，呈现脱水及心力衰竭症状。病畜衰弱，卧地不起，陷于昏迷状态。

三、病理变化

瘤胃极度扩张，其内含有气体和大量腐败内容物，黏膜潮红，有散在出血斑点；瓣胃叶片坏死；各实质器官瘀血。

四、诊断

根据本病的主要症状：病畜不安，食欲废绝，反刍停止，瘤胃蠕动音减弱或消失，触诊瘤胃内容物坚实，结合“过食病史”即可确诊。

五、治疗

1. 治疗原则　加强护理，促进瘤胃内容物排出，增强瘤胃蠕动机能，对症治疗。

2. 治疗措施　首先绝食1～2 d，给予清洁饮水。但如果吃了大量容易臌胀的饲料，则要限制饮水。对轻度积食的病牛，可进行瘤胃按摩，每次 20～30 min，每日 3～4 次，结合灌服酵母粉(250～500 g)或适量温水，并进行适当牵遛运动，则效果更好。对较重的病例，需内服泻剂，并配合使用止酵剂。可用硫酸钠(或硫酸镁)300～500 g、液体石蜡(或植物油)500～1 000 mL、鱼石脂 20 g、酒精 50 mL、温水 5～8 L，一次内服(牛)。

六、预防

加强饲养管理，防止突然变换饲料或过食；奶牛、奶山羊、肉牛和肉羊按日粮标准饲喂；耕牛不要劳役过度；避免外界各种不良因素的影响和刺激。

任务 21-7　创伤性网胃炎

创伤性网胃炎又称金属器具病或创伤性消化不良，是由于金属异物混杂在饲料内，被误食后进入网胃，导致网胃和腹膜损伤及炎症的一种疾病。本病主要发生于牛，间或发生于羊。

一、病因

多因饲养管理制度不完善，牛采食或舔食了散落在畜舍附近、路边或工厂周围的垃圾与草丛中的金属异物而发病；或饲料加工时对混入饲料中的金属异物检查和处理不细致，被牛误食而导致本病的发生。常见金属异物包括铁钉、碎铁丝、缝针、别针、注射针头、发卡、钢笔尖、回形针、大头钉、指甲剪、铅笔刀和碎铁片等。

二、临床症状

如果金属异物只损伤网胃黏膜，且炎症范围较小，则病牛仅表现轻度的前胃弛缓症状，瘤胃蠕动减弱，轻度臌气，网胃区敏感。

急性局限性网胃炎病例，病畜食欲减退或废绝，肘部外展，不安，拱背站立，不愿活动，起卧时极为谨慎，不愿走下坡路、跨沟或急转弯；瘤胃蠕动减弱，轻度臌气，排粪减少；网胃区触诊，病牛呈敏感反应，且发病初期表现明显。泌乳量急剧下降；体温升高，但部分病例几天后降至常温。

弥漫性网胃炎的病例，全身症状明显，体温升高至 40～41℃，脉率、呼吸数增快，食欲废绝，泌乳停止；胃肠蠕动音消失，粪便稀软而少；病畜不愿起立或走动，时常发出呻吟声，在起卧和强迫运动时更加明显。由于腹部广泛性疼痛，难以用触诊的方法检查到网胃局部的腹痛。多数病畜在 24～48 h 内进入休克状态。

三、诊断

1. 症状诊断　典型病例，通过临床症状，网胃区的叩诊与强触诊检查，金属探测器检查可做出诊断，而症状不明显的病例则需要辅以实验室检查和 X 线检查才能确诊。

2. 实验室检查　病的初期，白细胞总数升高，中性粒细胞增至 45%～70%，核左移，淋巴细胞减少至 30%～45%。

3. X 线检查　根据 X 线影像，可确定金属异物损伤网胃壁的部位和性质。

4. 金属异物探测器检查　可查明网胃内金属异物存在的情况。

四、治疗

1. 治疗原则　加强护理，摘除异物，抗菌消炎，恢复胃肠功能，对症治疗。

2. 保守疗法　对急性病例，将牛拴在栏内，牛床前部填高 25 cm，保持 10 d 不准运动，同时应用抗生素与磺胺类药物，持续治疗 3～7 d 或以上，以确保控制炎症和防止脓肿的形成。

3. 手术疗法　实施瘤胃切开术，从瘤胃将网胃内的金属异物取出。

五、预防

在本病多发地区，给牛群中所有已达 1 岁的青年牛投服磁铁笼是目前预防本病的主要手段；加强饲养管理，不在饲养区乱丢乱放各种金属异物；定期应用金属探测器检查牛群，并应用金属异物摘除器从瘤胃和网胃中摘除异物。

实训操作 21-1　常见消化系统内科疾病处理技术

一、实训目的和要求

掌握口炎、咽炎、食管梗塞、前胃弛缓、瘤胃臌胀、瘤胃积食、创伤性网胃炎的处置方法，进一步熟悉口炎等常见消化道内科疾病的治疗技术。

二、实训材料和器械

见各种内科疾病处理方法。

三、实训内容

（一）口炎

1. 器材准备　1%食盐水或 2%～3%硼酸溶液，0.1%高锰酸钾或 0.1%雷佛奴尔溶液，2%～4%硼酸溶液，1%～2%明矾或鞣酸溶液，2%甲紫溶液，1%～5%蛋白银溶液或 0.2%～0.5%硝酸银溶液，碘甘油，1%磺胺甘油乳剂，抗生素及磺胺类药物，维生素，纱布，注射器，生理盐水，酒精棉球，碘酊棉球等。

2. 处理方法

（1）除去病因，加强饲养及护理，供给质软而富有营养的饲料和清洁的饮水。

（2）口炎初期，可用弱的消毒收敛剂冲洗口腔，每天 3～4 次。

（3）炎症轻时，可用 1%食盐水或 2%～3%硼酸溶液洗涤口腔；炎症重而有口臭时，用 0.1%高锰酸钾或 0.1%雷佛奴尔溶液；唾液分泌旺盛时用 2%～4%硼酸溶液，1%～2%明矾或鞣酸溶液，或涂以 2%甲紫溶液。

（4）慢性口炎时，可涂擦 1%～5%蛋白银溶液或 0.2%～0.5%硝酸银溶液。

（5）水疱性、溃疡性和真菌性口炎时，可涂布碘甘油或 1%磺胺甘油乳剂。

（6）病情较重者，应用抗生素及磺胺类药物，并给予维生素配合治疗。

（二）咽炎

1. 器材准备　鱼石脂软膏或樟脑酒精，碘甘油或鞣酸甘油，青霉素和磺胺类药，10%水杨酸钠溶液，异种动物血清，纱布，生理盐水，注射器，酒精棉球，碘酊棉球等。

2. 处理方法

(1)病初，咽部可先冷敷，后温敷，每天3～4次，每次20～30 min。也可用鱼石脂软膏或樟脑酒精局部涂布。小动物可用碘甘油或鞣酸甘油涂布咽黏膜。

(2)抗菌消炎，可应用青霉素和磺胺类药。青霉素，大动物1万～2万IU/kg，猪、羊、犬、猫2万～4万IU/kg，每日2次，肌肉注射或静脉注射。磺胺类药如磺胺甲基嘧啶，大动物50 mg/kg，小动物15 mg/kg，每日2次，首次量加倍，连用4 d。

(3)重剧的咽炎，可用10%水杨酸钠溶液，牛、马10 mL，猪、羊、犬10～20 mL，静脉注射，或用普鲁卡因青霉素G，牛、马200～300 IU，猪、羊、犬40～80 IU，肌肉注射。

(4)牛、猪咽炎，可用异种动物血清，牛20 mL，猪5～10 mL，皮下或肌肉注射。

(三)前胃弛缓

1. 器材准备　氨甲酰胆碱，10%氯化钠液，5%氯化钙液，20%安钠咖，稀盐酸，酒精，硫酸镁或硫酸钠，鱼石脂，液体石蜡，25%葡萄糖液，5%碳酸氢钠液，生理盐水，注射器，输液器，酒精棉球，碘酊棉球等。

2. 处理方法

(1)原发性前胃弛缓，初期可绝食1～2 d，饲喂易消化的饲草料。促进瘤胃蠕动，可用氨甲酰胆碱，牛1～2 mg，羊0.25～0.5 mg；或新斯的明或毛果芸香碱，但对妊娠母牛禁用。

(2)应用促反刍液，10%氯化钠液100 mL、5%氯化钙液200 mL、20%安钠咖10 mL，静脉注射。

(3)防腐止酵，牛宜用稀盐酸15～30 mL、酒精10 mL、水500 mL，混合一次内服，每天1～2次。

(4)缓泻，可用硫酸镁或硫酸钠300～500 g、鱼石脂20 g、温水6 000～10 000 mL，混合一次内服。或用液体石蜡1 000 mL，内服，具有润肠消导作用。

(5)防止脱水与酸中毒，晚期病例，可用25%葡萄糖溶液500～1 000 mL，静脉注射，或用5%葡萄糖生理盐水1 000～2 000 mL、40%乌洛托品40 mL、20%安钠咖10～20 mL，混合静脉注射；或5%碳酸氢钠500～1 000 mL，静脉注射，防止败血症。

(四)瘤胃臌胀

1. 器材准备　表面活性药物(二甲基硅油等)、乳酸、10%鱼石脂酒精、硫酸镁(或人工盐等)、微生态制剂(如EM原露)、投药瓶、生理盐水、输液器、酒精棉球、碘酊棉球等。

2. 处理方法

(1)初期，使病畜头部抬举，适当按摩腹部，促进瘤胃气体排出。急性臌胀，及时施行瘤胃穿刺术。穿刺部位在左侧腰旁窝中央。放气时应缓慢，以防发生脑贫血。

(2)泡沫性臌胀，宜用表面活性药物，如二甲基硅油，牛2～2.5 g，羊0.5～1 g，或消胀片，牛20～60片，羊15片，水适量，内服。

(3)理气制酵，可用乳酸15～20 mL，福尔马林10～20 mL，来苏儿10～20 mL，10%鱼石脂酒精100～150 mL，任选一种加水500～1 000 mL内服。制酵可与缓泻剂同时应用。常用的泻剂有硫酸镁、人工盐、石蜡油和蓖麻油等。

(4)为改善瘤胃内菌群失调，促进消化功能，消除瘤胃臌胀，可内服EM原露。EM为微生态制剂，对瘤胃臌胀有良好的治疗效果。

(5)根据病情与体况，采用强心补液，增进疗效。当泡沫性瘤胃臌胀用药无效时，应及时采取瘤胃切开术，取出其内容物，按照外科手术要求处理，可获良好效果。

四、实训作业

撰写牛羊消化道常见内科疾病防治实训报告一份。

【自测训练】

1. 简述口炎的临床症状和发病原因。
2. 简述咽炎的发病原因和处理方法。
3. 什么原因易导致食管阻塞？该如何处置？
4. 前胃弛缓的原因和临床症状有哪些？
5. 瘤胃积食的临床症状和诊断方法有哪些？该如何处置？
6. 创伤性网胃炎的发病原因主要有哪些？如何诊断？

项目 22　常见呼吸系统疾病

【知识目标】

- 掌握感冒的病因、临床症状、诊断、治疗与预防；
- 掌握支气管炎的病因、临床症状、诊断、治疗与预防；
- 掌握支气管肺炎的病因、临床症状、诊断、治疗与预防；
- 掌握大叶性肺炎的病因、临床症状、诊断、治疗与预防；
- 掌握间质性肺气肿的病因、临床症状、诊断、治疗与预防。

【能力目标】

- 能对感冒、支气管炎、支气管肺炎、大叶性肺炎、间质性肺气肿进行诊断；
- 能对感冒、支气管炎、大叶性肺炎等呼吸系统内科疾病进行处理。

任务 22-1　感冒

感冒是因受寒冷的刺激而引起的以上呼吸道炎症为主的急性热性全身性疾病。临床上以咳嗽，流鼻液，羞明流泪，前胃弛缓为特征。

一、病因

本病的根本原因是各种因素导致的机体抵抗力下降。最常见的原因是：寒冷因素的作用；过劳或长途运输；营养不良，维生素、矿物质、微量元素缺乏；体质衰弱或长期封闭式饲养，缺乏耐寒训练。

二、临床症状

发病较急，患畜精神沉郁，食欲减退或废绝，呈现前胃弛缓症状。有的体温升高，皮温不整，多数患畜耳尖、鼻端发凉。结膜潮红，羞明流泪。咳嗽，鼻塞，病初流浆性鼻液，随后转为黏液或脓性黏液。呼吸加快，肺泡呼吸音粗厉，并发支气管炎时，则出现干性或湿性啰音，心跳加快。本病病程较短，一般经 3～5 d，全身症状逐渐好转，多取良性经过。治疗不及时特别是幼畜易继发支气管肺炎或其他疾病。

三、诊断

根据受寒病史，体温升高、皮温不整、流鼻液、流泪、咳嗽等主要症状，可以诊断。在诊断时应注意与流行性感冒进行鉴别。流行性感冒体温突然升高达 40～41℃，全身症状较重，传播迅速，有明显的流行性，往往大批发生。

四、治疗

治疗原则以解热镇痛，抗菌消炎为主，适当调整胃肠机能。

1. 解热镇痛

(1)30%安乃近注射液，牛、马 20～40 mL，猪、羊 5～10 mL，肌肉注射，1～2 次/d。

(2)复方氨基比林注射液，牛、马 20～50 mL，猪、羊 5～10 mL，肌肉注射，1～2 次/d。

(3)柴胡注射液，牛、马 20～40 mL，猪、羊 5～10 mL，肌肉注射，1～2 次/d。

2. 抗菌消炎

(1)10%磺胺嘧啶钠溶液，牛、马 100～150 mL，猪、羊 10～20 mL，加于 5%～10%葡萄糖液中，静脉注射，1～2 次/d。

(2)青霉素，牛、马 1 万～2 万 IU/kg 体重，猪、羊 2 万～3 万 IU/kg 体重，肌肉注射，2～3 次/d，连用 2～3 d。

五、预防

患畜应充分休息，多给饮水，营养不良家畜应适当增加精料，增强机体耐寒性锻炼，防止家畜突然受寒。

任务 22-2　支气管炎

支气管炎是动物支气管黏膜表层或深层的炎症，临床上以咳嗽、流鼻液和不定热型为特征。各种动物均可发生，但幼龄和老龄动物比较常见。寒冷季节或气候突变时容易发病。

一、病因

1. 感染　主要是受寒感冒，导致机体抵抗力降低。

2. 理化因素　吸入过冷的空气、粉尘、刺激性气体等均可直接刺激支气管黏膜而发病。投药或吞咽障碍时由于异物进入气管，可引起吸入性支气管炎。

3. 过敏反应　常见于吸入花粉、有机粉尘、真菌孢子等引起气管-支气管的过敏性炎症。

4. 继发性因素　在流行性感冒、牛口蹄疫、恶性卡他热、羊痘、肺丝虫等疾病过程中，常表现支气管炎的症状。喉炎、肺炎及胸膜炎等疾病时，由于炎症扩展，也可继发支气管炎。

5. 诱因　畜舍卫生条件差、通风不良、闷热潮湿以及饲料营养不平衡等。

二、临床症状

1. 急性支气管炎　病的初期有短而痛的干咳，随后变为长而无痛的湿咳。病初流浆液性鼻液，随后变为黏液性或黏液脓性鼻液，咳嗽后流出量增多。胸部听诊肺泡呼吸音增强，可听到各种啰音。支气管黏膜肿胀并分泌黏稠的渗出物时，为干性啰音；支气管内有多量稀薄的渗出物时，可听到湿性啰音。全身症状轻微，体温稍升高(0.5～1.5℃)，一般持续 2～3 d 后下降。呼吸、脉搏稍增数。

2. 细支气管炎　全身症状较重，患畜精神沉郁，食欲减少或废绝，体温升高 1～2℃，脉搏增数，呼吸高度困难，结膜呈蓝紫色，有时咳嗽。胸部听诊，肺泡呼吸音增强，可听到干性啰音及小水泡音。胸部叩诊,音响比正常清朗。继发肺气肿时,呈过清音,肺叩诊界后移。

X线检查,肺纹理增强,无病灶性阴影。

3.慢性支气管炎　病程长,病情不定,时轻时重,患畜常发干咳,尤其是在运动、采食、夜间或早晨气温较低时,咳嗽较多。气温剧变时,症状加重。胸部听诊可长期听到啰音。无并发症时,一般全身症状不明显。后期,由于支气管黏膜结缔组织增生肥厚,支气管管腔变为狭窄,则长期呼吸困难。

4.腐败性支气管炎　除具有急性支气管炎症状外,全身症状重剧,呼出气带恶臭,流污秽不洁并有腐败臭味的鼻液。

三、诊断

急性支气管炎的特点是全身症状轻,频发咳嗽,流鼻液,肺部出现干性或湿性啰音,叩诊一般无变化。慢性支气管炎的特点是病程长,长期咳嗽,常拖延数月甚至数年。听诊肺部有干性啰音,极易继发肺气肿。

四、治疗

治疗原则主要是加强护理,祛痰镇咳,消除炎症。

1.加强护理　畜舍内通风良好且温暖,供给充足的清洁饮水和优质的饲料。

2.祛痰镇咳　可口服溶解性祛痰剂,如氯化铵;若分泌物不多,但咳嗽频繁且疼痛者,可选用镇咳剂,如复方樟脑酊。

3.抗菌消炎　可选用抗生素或磺胺类药物。

五、预防

预防感冒,避免物理性或化学性刺激。

任务22-3　支气管肺炎

支气管肺炎又称为小叶性肺炎或卡他性肺炎,是病原微生物感染引起的以细支气管为中心的个别肺小叶或几个肺小叶的炎症。临床上以出现弛张热型、咳嗽、呼吸次数增多、叩诊有散在的局灶性浊音区、听诊有啰音和捻发音等为特征。各种动物均可发生,幼龄和老龄动物尤为多发。

一、病因

1.原发性病因　主要是不良因素的刺激,使机体抵抗力降低,特别是呼吸道的防御机能降低,导致呼吸道黏膜上的寄生菌或外源侵入病原微生物的大量繁殖,引起炎症过程。

2.继发性病因　支气管肺炎大多是由支气管黏膜的炎症蔓延至肺泡而发病。

二、临床症状

病初表现干而短的疼痛性咳嗽,逐渐变为湿而长的咳嗽,疼痛减轻或消失,并有分泌物被咳出。精神沉郁,食欲减退或废绝,结膜潮红或发绀,体温升高1.5～2.0℃,多呈弛张热型,脉搏高达 60～100 次/min，呼吸高达 40～100 次/min。发炎面积越大，呼吸困难越严重。可以出现呼吸性酸中毒，严重的出现肌肉抽搐、昏迷等症状。尿呈酸性，轻度脱水，有时便秘，牛、羊多站立不动，泌乳量下降。

三、诊断

根据咳嗽、弛张热型，胸部叩诊有岛屿状浊音区，胸部听诊有捻发音、啰音，肺泡呼吸音减弱或消失，血液学检查白细胞总数增多，X 线检查出现散在的局灶性阴影等，可以诊断。

但须与下列疾病鉴别。

1. 细支气管炎　呼吸极度困难，热型不定，胸部叩诊音高朗，肺泡呼吸音普遍增强并有各种啰音。

2. 纤维素性肺炎　本病呈高热稽留，病情发展迅速并有定型经过，胸部叩诊呈大片浊音区，听诊肺脏，肝变期时有较明显的支气管呼吸音，典型病例可见铁锈色鼻液。

3. 牛结核　本病发展缓慢，逐渐消瘦，鼻液检查可见结核杆菌，结核菌素试验阳性。

四、治疗

治疗原则为加强护理，抗菌消炎，解热镇痛，祛痰止咳，制止渗出和促进炎性渗出物吸收，治疗继发性前胃弛缓。

1. 抗菌消炎　可选用抗生素或磺胺类药物，有条件的可做药敏试验，以便对症用药。

2. 解热镇痛　体温过高时，可加用解热药，如复方氨基比林、安痛定等注射液。

3. 祛痰止咳　咳嗽频繁，分泌物黏稠时，可选用溶解性祛痰剂，如氯化铵 30 g，内服；剧烈频繁地咳嗽，无痰干咳时，可选用镇痛止咳剂。

4. 治疗继发性前胃弛缓，增强机体抵抗力　静脉注射促反刍液。

5. 中药治疗　用麻杏石甘汤合黄连解毒汤加味。麻黄 20 g，杏仁 30 g，石膏 100 g，甘草 3 g，黄连、黄柏、黄芩、栀子各 30 g，桑皮 30 g，瓜蒌 50 g，苦参 50 g，水煎服或研末服。

五、预防

预防感冒，避免物理性或化学性刺激。

任务 22-4　大叶性肺炎

大叶性肺炎是一种呈定型经过的肺部急性炎症，病变始于局部肺泡，并迅速波及整个或多个肺大叶。因细支气管和肺泡内充满大量纤维蛋白性渗出物，故又称为纤维素性肺炎或格鲁布性肺炎。临床上以稽留热型、铁锈色鼻液和肺部出现广泛性浊音区为特征。本病常发生于牛，羔羊也可发生。

一、病因

本病的病因，一般认为主要有传染性和非传染性两种。

1. 传染性因素　某些局限于肺脏的特殊传染病，如牛的传染性胸膜肺炎，牛、羊巴氏杆菌病及由肺炎双球菌引起的肺炎，其主要病理过程为大叶性肺炎。

2. 非传染性因素　即由变态反应所致，是一种变态反应性疾病，可因自体感染或由于受寒感冒、过度疲劳、胸部创伤、有害气体的强烈刺激等因素引起。

二、临床症状

病初，体温迅速升高到 40～41℃或以上，呈稽留热型，一般持续 6～9 d，以后迅速降至常温。脉搏加快，一般初期体温升高 1℃，脉搏增加 10～15 次/min，体温继续升高 2～3℃时，脉搏则不再增加，后期脉搏逐渐变细小而弱。呼吸迫促，呼吸频率可达 60 次/min，呈混合性呼吸困难，黏膜潮红或发绀。初期出现短而干的痛咳，溶解期则变为湿咳。病初，有浆液性、黏液性或黏液脓性鼻液，在肝变期鼻孔中流出铁锈色或黄红色鼻液。患畜精神沉郁，食欲减退或废绝，反刍停止，泌乳量降低。患畜采取站立姿势，并发出呻吟声或磨牙。

三、诊断

主要根据稽留热型，铁锈色鼻液，不同时期肺部叩诊和听诊的变化即可诊断。但须与下列疾病鉴别：

1. 胸膜炎　无定型热，初期可听到胸膜摩擦音。当有渗出液积聚时，叩诊呈水平浊音。

2. 传染性胸膜肺炎　呈纤维素性胸膜肺炎变化，有较强的传染性。

四、治疗

治疗原则主要是加强护理，消炎止咳，制止渗出，促进吸收，重症辅以强心补液。

(1)氯化铵 20 g、复方樟脑酊 40 mL。用法：一次口服。

(2)异丙嗪注射液 400 mg。用法：一次肌肉注射。

(3)12%复方磺胺-5-甲氧嘧啶注射液 100 mL。用法：一次肌肉注射，每天 2 次，连用 5 d，首次量加倍。

五、预防

预防感冒，避免物理性或化学性刺激。

任务 22-5　间质性肺气肿

间质性肺气肿是因肺泡和支气管破裂，空气进入肺叶间结缔组织并通过纵隔、气管间质窜入头颈部皮下。临床上以突然呈现呼吸困难、皮下气肿以及迅速发生窒息现象为特征。

一、病因

主要有以下几个方面。

1. 中毒　已知有黑斑病甘薯中毒、农药 1605 中毒等。

2. 与变态反应有关　如干草灰尘、霉菌孢子、寄生线虫和某些青草中的异源蛋白引起的变态反应。

3. 继发于某些传染病　如牛的流行热等。

二、临床症状

本病常突然发生，迅速出现呼吸困难，患畜张口、伸舌，惊恐，气喘，脉搏加快，体温正常。

胸部叩诊，呈过清音或鼓音。若伴有急性肺泡气肿，则患侧肺叩诊界后移。

胸部听诊，肺泡呼吸音减弱，但可听到碎裂性啰音及捻发音。在肺组织被压缩的部位，可听到支气管音。若伴发支气管炎，则可听到各种啰音。

在多数病例颈和肩部出现皮下气肿，乃至散布于全身皮下组织。本病经过急剧而迅速，病畜可经过数小时或 1～2 d 因窒息而死亡。

三、治疗

治疗原则在于消除过敏反应，制止空气进入肺间质组织，加强护理，及时对症治疗。

对极度不安、咳嗽的病畜，可应用镇静剂，如皮下注射吗啡或阿托品或内服可待因。极度呼吸困难时，可用氧气疗法。

制止过敏，可用抗组胺药物。采用扑尔敏 100 mg 或异丙嗪 500 mg 肌肉注射，每日 2～3 次，连用 3～4 d，同时肌肉注射氨茶碱 5 mg，并每天肌肉注射青霉素 100 万～200 万 IU，可取得良好效果。

当心力衰竭时，可用洋地黄制剂。

四、预防

加强饲养管理和放牧。禁喂霉败饲料和饲草。预防农药中毒和某些传染病。

实训操作 22-1　常见呼吸系统内科疾病处理技术

一、实训目的和要求

掌握感冒、支气管炎、大叶性肺炎的处置方法，进一步熟悉感冒等常见呼吸道内科疾病的治疗技术。

二、实训材料和器械

见各种内科疾病处理方法。

三、实训内容

（一）感冒

1. 器材准备　解热镇痛药（安乃近、复方氨基比林或复方奎宁注射液）、抗生素或磺胺类药物、生理盐水、输液器、注射器、酒精棉球、碘酊棉球等。

2. 处理方法

（1）役畜停役休息，喂以易消化饲料。

（2）病初应给予解热镇痛药，如安乃近、复方氨基比林或复方奎宁注射液等，马、牛 20～30 mL，猪、羊 3～10 mL，肌肉注射。或解热镇痛药与青霉素配合肌肉注射。

(3)当高热、呼吸音粗厉而带啰音,或用退热药后,体温仍不见下降时,应及时应用抗生素或磺胺类药物;如能配合静脉输液,则效果更好。必要时,可配合祛痰止咳、健胃、缓泻等对症治疗。

3. 注意事项 加强御寒保温工作,对发病因素采取积极的防范措施。

(二)支气管炎

1. 器材准备 磺胺类药物,氯化铵,酒石酸锑钾或复方甘草合剂,氯化钙或葡萄糖酸钙,碘化钾或碘化钙溶液,生理盐水,注射器,输液器,量筒,酒精棉球,碘酊棉球等。

2. 处理方法 治疗的基本原则是以消除炎症,祛痰止咳,制止渗出和促进炎性渗出物吸收为主,辅以合理护理。

(1)消炎 可用磺胺类药物,常用磺胺嘧啶(SD)或长效磺胺类,并配合增效剂(TMP),如SD-TMP 注射液,20～25 mg/kg 体重,12～24 h 一次。

(2)祛痰止咳 当痰液黏稠而不易咳出时,可用氯化铵内服,马 8～15 g,牛 10～25 g,羊 2～5 g,猪 1～2 g,每天一次。

当痰液较多,且咳嗽无力而难以排出时,可用酒石酸锑钾内服,马 0.3～2 g,牛 1～5 g,猪、羊 0.1～0.5 g,每天 1～2 次;或复方甘草合剂(棕色合剂)内服,马、牛 50～100 mL,猪、羊 10～30 mL,每天 1～2 次。

当咳嗽频繁时,可用杏仁水内服,马、牛 20～40 mL,猪、羊 5～10 mL,每天 1～2 次。

当咳嗽频繁而痰液不多时,可用咳必清内服,马、牛 0.5～1 g,猪、羊 0.05～0.1 g,每天 1～2 次。

(3)制止渗出和促进炎性渗出物吸收 可用氯化钙或葡萄糖酸钙静脉注射,以制止渗出;也可用碘化钾内服或碘化钙溶液静脉注射,以促进炎性渗出物的吸收。

(4)合理护理 保持圈舍的清洁和通风良好,注意保温,防止受寒和各种理化性、生物源性等有害因素的刺激,注意饲养管理和使役,增强家畜的体质,适当作户外活动。喂易于消化而营养丰富的饲料,给予充足清洁的饮水,以减少对呼吸道的刺激和提高机体的抗病能力。

(三)大叶性肺炎

1. 器材准备 "914"、抗生素或磺胺类药物、5%葡萄糖液、醋酸钾、利尿素、碘制剂、生理盐水、注射器、输液器、酒精棉球、碘酊棉球等。

2. 处理方法

(1)抗菌消炎:早期大量使用"914",效果甚好,"914"的用量以 0.015 g/kg 体重计算,一般马可用 2～4.5 g,最多不超过 5 g,溶于 5%葡萄糖液或等渗盐水(100～500 mL)中,缓慢静脉注入,3～5 d 一次,共用 2～3 次。

(2)控制继发感染:在使用"914"的同时,配合应用抗生素或磺胺类药物,不仅可以防止继发感染,而且可以增强消炎作用,能提高疗效。青霉素 80 万～120 万 U 和链霉素 150 万～200 万 U,肌肉注射,每天 2 次;也可用四环素 1.5 g,溶于 5%葡萄糖溶液中静脉注射,或土霉素 1.5～2 g 肌肉注射,每天 2 次;还可用 10%磺胺嘧啶钠注射液 100～200 mL,静脉注射,每天 2 次。

(3)对症治疗:心脏衰弱时,应使用强心药,一般可交替使用安钠咖和樟脑制剂;如第二心音过强或心脏高度衰弱,可用洋地黄制剂或毒毛旋花子苷 K,以增强心脏机能,提高心脏的工作效率。但在使用洋地黄类制剂的同时,禁止使用钙剂及拟肾上腺素药物。

(4)在本病肺充血期,为了减少渗出,增强机体的应激能力,可用可的松类药物以及钙剂;而在病变的溶解期,为促进渗出物的排出,可选用利尿剂如醋酸钾(马 20～30 g)、利尿素(马、牛 5～10 g,内服)等。

(5)当炎症消散缓慢时,可用碘制剂,如碘化钾 10 g,加水 2 000 mL,内服,或碘化钙静脉注射。咳嗽剧烈时,给予镇咳祛痰药。消化不良时,给予健胃助消化药。

3.注意事项

(1)治疗原则是以抗菌消炎、控制继发感染为主,辅以对症治疗和合理护理。

(2)加强护理,由于本病和传染性胸膜肺炎难于鉴别,故在尚未排除传染性因素之前,病畜必须隔离治疗。

四、实训作业

撰写牛羊呼吸道内科病的防治实训报告一份。

【自测训练】

1.简述感冒的临床症状和发病原因。

2.简述支气管炎的发病原因和处理方法。

3.什么原因易导致支气管肺炎?该如何处置?

4.大叶性肺炎的原因和临床症状有哪些?

5.间质性肺气肿的临床症状和诊断方法有哪些?该如何处置?

项目 23　常见营养代谢病

【知识目标】

- 掌握禽脂肪肝综合征的病因、临床症状、诊断、治疗与预防；
- 掌握新生仔猪低血糖症的病因、临床症状、诊断、治疗与预防；
- 掌握佝偻病的病因、临床症状、诊断、治疗与预防；
- 掌握微量元素缺乏症的病因、临床症状、诊断、治疗与预防；
- 掌握维生素缺乏症的病因、临床症状、诊断、治疗与预防。

【能力目标】

- 会禽脂肪肝综合征、新生仔猪低血糖症、佝偻病、微量元素缺乏症、维生素缺乏症的诊断方法；
- 会禽脂肪肝综合征、新生仔猪低血糖症、佝偻病、微量元素缺乏症、维生素缺乏症的治疗技术。

任务 23-1　禽脂肪肝综合征

脂肪肝综合征(FLS)是一种代谢性疾病，又称脂肪肝出血综合征(FLHS)，禽脂肪肝综合征常发于产蛋母鸡，尤其是笼养蛋鸡群，多数情况是鸡体况良好，突然死亡。死亡鸡以腹腔及皮下大量脂肪蓄积，肝被膜下有血凝块为特征，公鸡极少发生。

一、病因

鸡饲料中胆碱、肌醇、维生素 E 和维生素 B_{12} 不足，使肝脏内的脂肪积存量过高。鸡饲料中蛋白质含量偏低或必需氨基酸不足或钙含量过低，母鸡为了获得足够蛋白质、必需氨基酸或大量的钙而大量采食，摄入过量的碳水化合物转化为脂肪沉积于肝脏和体腔。饮用硬水和鸡体缺硒，鸡群缺乏运动也是诱发因素。

二、临床症状

往往突然暴发，病鸡喜卧，鸡冠、肉髯褪色乃至苍白(图 23-1)。严重的嗜睡、瘫痪，体温 41.5～42.8℃，但鸡冠、肉髯及脚变冷，可在数小时内死亡。

一般从发病到死亡 1～24 d，拥挤、驱赶、捕捉或抓提方法错误，引起强烈挣扎时可突然死亡。病鸡血液化验，血清胆固醇明显增高，达 605～1 148 mg/dL(正常：112～316 mg/dL)；血钙达 28～74 mg/dL(正常：15～26 mg/dL)；血浆雌激素增高至 1 019 μg/mL(正常：305 μg/mL)；450 日龄病鸡肾上腺皮质固醇含量均比正常鸡高。

三、病理变化

病死鸡的皮下、腹腔及肠系膜均有多量的脂肪沉积(图 23-2)。肝肿大，边缘钝圆，呈油灰色,质脆易碎,用力切时,在刀表面有脂肪滴附着(图 23-3)。肝表面有出血点,在肝被膜下或腹腔内往往有大的血凝块(图 23-4)。

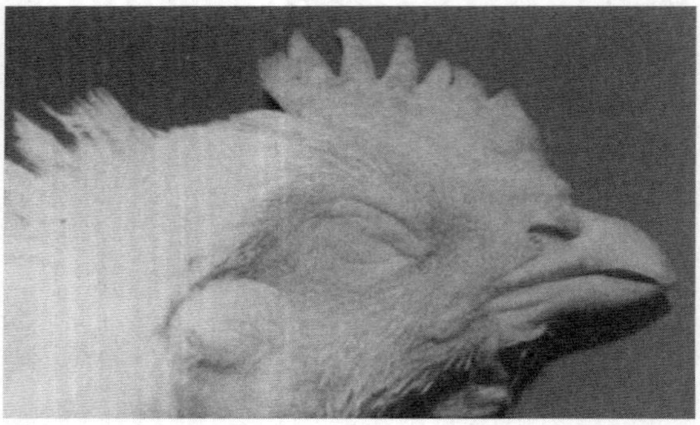
图 23-1 鸡冠、肉髯褪色乃至苍白

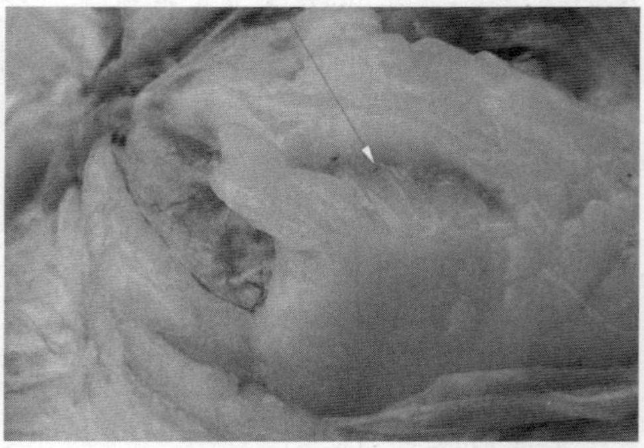
图 23-2 皮下有多量脂肪沉积

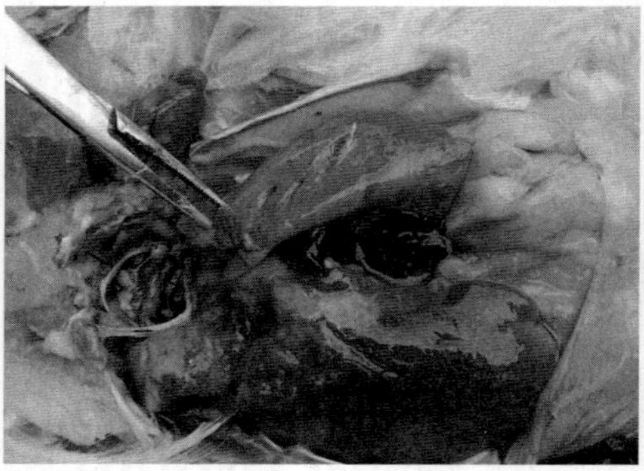
图 23-3 肝内有多量脂肪滴

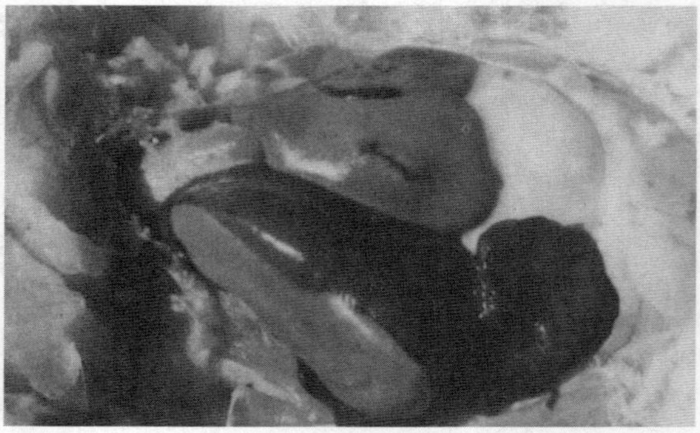
图 23-4 肝被膜下有大的血凝块

四、诊断

根据病因、发病特点、临床症状和血液化验指标,以及病理变化特征即可确诊,其特征性病变为肥胖母鸡腹腔内或肝被膜下有凝血块。

五、防治

目前对这种病还没有有效的治疗方法,主要采取以预防为主的方法。

(1)防止产前母鸡积蓄过量的体脂,日粮中应保持能量与蛋白质的平衡,尽可能不用碎粒料或颗粒料喂蛋鸡。保证日粮中有足够水平的蛋氨酸和胆碱等营养素。禁止饲喂霉败饲料。

(2)对易发病的鸡群,可在日粮中加入一定量的小麦麸和酒糟。

(3)配合饲料中添加多种维生素,按 5 g/20 kg 饲料添加饲喂(种鸡加倍)。

(4)每天 16:00～17:00 时给产蛋鸡投入颗粒状钙质添加剂,如粗贝壳片、颗粒碳酸钙、蛋壳碎片等。按 1 kg/100 只直接放在料槽内。

(5)母鸡在清晨时对蛋白质需求较大,可添加适量蚯蚓、无菌蝇蛆等。傍晚添加粗粒钙质以代替部分能量饲料,以避免母鸡过肥。

(6)产蛋期的鸡每日光照时间应在 16 h 左右，人工光照时间为 6:30～22:30。饮水最好是自来水，避免饮硬水。

(7)减少饲料的喂量或增喂苜蓿粉等纤维含量高的饲料，尤其在夏季。

(8)在日粮中添加维生素 E 和亚硒酸钠、酵母粉也可减少发病。

发生脂肪肝后，可采用以下方法减缓病情：

每吨饲料中添加硫酸铜 63 g、胆碱 55 g、维生素 B_1 23.3 mg、维生素 E 5 500 IU、*DL*-蛋氨酸 500 g。每只鸡喂服氯化胆碱 0.1～0.2 g，连续喂 10 d。将日粮中的粗蛋白水平提高 1%～2%。

任务 23-2　新生仔猪低血糖症

新生仔猪低血糖症是仔猪在出生后最初几天内因饥饿致体内贮备的糖原耗竭而引起的一种营养代谢病，又称乳猪病或憔悴猪病。本病的特征是血糖显著降低，血液非蛋白氮含量明显增多，临诊上呈现迟钝、虚弱、惊厥、昏迷等症状，最后死亡。常有 30%～70% 的同窝仔猪发病，死亡数占发病总数的 25%，或全窝死亡。

一、病因

仔猪出生后吮乳不足是发病的主要原因；仔猪患有先天性糖原不足、同种免疫性溶血性贫血、消化不良等是发病的次要原因；低温、寒冷或空气湿度过高使机体受寒是发病的诱因；仔猪患大肠杆菌病、链球菌病、传染性胃肠炎等疾病时，哺乳减少，并有糖吸收障碍，导致发病。

二、临床症状

病初精神沉郁，吮乳停止，四肢无力或卧地不起，肌肉震颤，步态不稳，体躯摇摆，运动失调，颈下、胸腹下及后肢等处浮肿。病猪尖叫，痉挛抽搐，头向后仰或扭向一侧，四肢僵直或做游泳状运动，磨牙空嚼，口吐白沫，瞳孔散大，对光反应消失，感觉机能减退，皮肤苍白，被毛蓬乱，皮温降低，后期昏迷不醒，意识丧失，很快死亡。病程不超过 36 h。

血检时血糖水平由正常的 90～130 mg/dL 下降到 5～15 mg/dL。当下降到 50 mg/dL 以下时，通常有明显的临诊症状。血液非蛋白氮通常升高。

三、病理变化

剖检时可见肝脏变化特殊，肝呈橘黄色，边缘锐利，质地脆，稍碰即破。胆囊肿大。肾呈淡土黄色，有小出血点。消化道中少奶。

四、诊断

根据流行病学、临床症状、病理变化，基本能做出诊断。

五、治疗

治疗原则，一头发病，全窝防治，早期补糖，标本兼治。

补糖：10%葡萄糖液 20～40 mL，腹腔或皮下分点注射，每隔 4 h 1 次，连用 2 d，效果良好。也可口服 20%葡萄糖液 5～10 mL，每天 3 次，连服 3 d。

胃肠弛缓、排空障碍时，可肌肉注射复合维生素 B 注射液，一次量，0.2 mL/kg 体重，每天 2 次，连用 2 d。

六、预防

加强怀孕母猪后期的饲养管理，保证在怀孕后期提供足够的营养，避免仔猪低血糖症的发生。加强对初生仔猪人工固定乳头的管理。发现无乳、少乳，可及时采取有效措施。对于仔猪过多的，要进行人工哺乳或找代乳母猪，防止仔猪低血糖症的发生。

任务 23-3 佝偻病

佝偻病是幼年动物由于维生素 D 缺乏以及钙、磷代谢障碍，致使骨组织钙化不全的骨营养不良。临床表现为异食、消化紊乱、跛行及骨骼变形。

本病多发生于仔猪、犊牛及幼禽，也见于马驹、羊羔、犬及幼年毛皮动物等。

一、病因

维生素 D(不论外源性或内源性)，在酶系统的作用下转变为 1,25-$(OH)_2D_3$(1,25-二羟胆钙化醇)以后，对机体的血钙和血磷正常水平的维持，起着主要的作用。动物阳光照射不足，饲喂缺乏维生素 D 的饲料，仔畜断乳过早，以及消化道疾病等，都可导致维生素 D 缺乏。此时，机体肠道对钙、磷的吸收减少，随粪尿排出的钙、磷量增多，致使血钙、血磷的水平降低，焦磷酸酶、成骨细胞及破骨细胞的活性降低，故使磷酸钙难以在骨间质中沉积而不能将骨基质转化为骨质，发生佝偻病。

二、临床症状

家畜病程一般缓慢，经 1～3 个月才出现明显症状。

病初表现发育迟滞，精神不振，消化不良，严重异食，喜卧而不愿意站立和运动，强行站立和运动时表现强拘、肢体软弱，心跳和呼吸增数。站立时腕关节屈曲(图 23-5)、弯腕或向外凸出(图 23-6)，顽固性的胃肠卡他。在仔猪，尚可见到嗜睡，步态蹒跚，突然卧地和短时间的痉挛等神经症状。

图 23-5　犬佝偻病

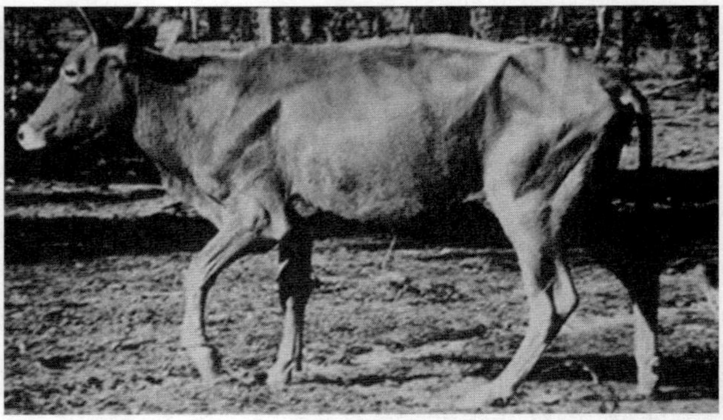

图 23-6　牛的佝偻病

进而骨骼明显变形，主要表现为管骨和扁平骨逐渐变形，关节肿胀，骨端粗厚，尤以肋骨和肋软骨的连接处明显，出现佝偻性念珠状结节。骨膨隆部初有痛感。四肢管骨由于松软而负重，故使两前肢腕关节向外侧凸出而呈内弧圈状弯曲（O 形），或两后肢跗关节内收，呈八字形叉开站立。牙齿排列不整，而易磨损。严重时，面骨、脊柱和四肢骨均发生变形。病若继续发展，可引起营养不良、贫血。

产蛋母鸡缺乏维生素 D 以后 2～3 个月开始出现症状，初产薄壳蛋和软壳蛋，进而产蛋量下降，甚至完全停产。蛋的孵化率显著下降，鸡胚常在孵化后第八、九天死亡。

三、诊断

根据动物年龄、饲养管理条件、慢性经过、临床特征可做出诊断。X 线检查有助于本病诊断。

四、治疗

给予维生素 D 制剂，调整日粮的钙、磷比例，加强饲养管理。

内服鱼肝油，肌肉注射维生素 D_3 制剂，或皮下或肌肉注射维生素 AD 注射液。亦可应用维丁胶性钙肌肉注射，每天一次，连用 10～20 d。

日粮应由多种饲料组成，特别要注意钙磷比合理，钙磷比应在（1.2～2）：1 范围内。预防给以畜禽全价日粮，补给足够的维生素 D，尤应注意钙、磷的平衡。

任务 23-4　微量元素缺乏症

一、铜缺乏症

铜缺乏症多见于放牧牛、羊，因此往往大群发生或呈地方性流行，是一种慢性地方性疾病。临床上以贫血、腹泻、运动失调及被毛褪色为特征。本病在一定地区可给畜牧业造成巨大的经济损失。

（一）病因

原发性缺铜主要是饲料或牧草中铜不足所致。牧草干物质含铜低于 3 mg/kg 就可以引起反刍动物铜缺乏。牧草或饲料铜不足的原因有两种：其一是土壤中铜不足，多见于沙质土、泥浆土，土壤含铜低于 6～15 mg/kg；其二是土壤中钼过高，颉颃铜，引起铜缺乏症。

继发性缺铜见于饲料内颉颃铜的某些元素含量过高，最明显的是牧草高钼，一般认为牧草钼在 3 mg/kg 以下是安全的。反刍动物饲料中铜钼比应为（6～10）：1，若降至 2：1 就会出现钼中毒，继发铜缺乏。此外，锌、锰、硫、硼过多，均对铜有颉颃作用。

（二）临床症状

主要是贫血、骨与关节变形、运动失调、被毛褪色等一系列变化。贫血是不同动物原发性铜缺乏症的共性，血红蛋白（Hb）可下降 50～80 g/L，红细胞下降至（2.00～4.00）$\times 10^{12}$/L。骨质代谢异常是不同动物，特别是幼畜缺铜的又一共性病理变化。主要为骨质钙化不良，骨骼变形，关节畸形。导致临床上出现四肢僵硬，关节肿大等。运动失调是牧区羔羊缺铜的典型症状，主要是胚胎时期缺铜影响了神经系统的发育。牛、羊还会出现被毛褪色、角质化生成受损。

不同动物缺铜的临床特点如下：

1. 牛　慢性缺铜除营养不良，被毛褪色外，还可表现出癫痫症状，不断哞叫，作圆圈运动，重者肌颤倒地，很快死亡。犊牛生长发育缓慢，关节变形，运动障碍，持续腹泻，排黄绿色乃至黑色水便。

2. 羊　运动障碍，羊毛弯曲度下降，变平直，黑毛褪色变为灰白毛。

3. 猪　四肢发育不良，关节不易固定，呈犬坐姿势，个别出现共济失调。

4. 马　幼驹生长受阻，四肢僵硬，关节肿大，运动障碍。

5. 鸡　长期缺铜产蛋明显下降，孵化率低，胚胎易出血死亡。

（三）诊断

根据病史、临床主要症状如贫血、运动障碍、骨质异常、毛褪色以及土壤、饲料、肝铜测定可确诊。

成年绵羊肝铜在 200 mg/kg 以上，牛肝铜在 100 mg/kg 以上是正常的。如绵羊肝铜小于 80 mg/kg，牛小于 30 mg/kg 可认为缺铜。牛毛铜大于 6 mg/kg 为正常，低于此为缺乏。

（四）防治

内服硫酸铜，牛 250～300 mg，犊牛 50～150 mg，羊 10～20 mg，猪 20～30 mg，每日一次。每服 14～21 d 要停药 7～14 d，直到症状消失。

饲料中铜的需要量，牛、羊 5～10 mg/kg，小猪 12～15 mg/kg，大猪 6～10 mg/kg，鸡 5 mg/kg。饲料铜不足上述指标时可添加到此量。

二、锌缺乏症

锌广泛存在于机体各组织，动物体内含量约为 0.003%。锌浓度最高为视网膜，次之为精液及前列腺，其他组织以骨骼、毛发较高。锌在小肠吸收率约 20%～30%，排出途径主要是粪便、尿液及皮肤。

（一）病因

土壤锌不足是引起本病的主要原因。正常土壤含锌 30～100 mg/kg，如低于 30 mg/kg，饲料锌低于 20 mg/kg 时，动物易发生缺锌症。我国北方多数地区缺锌。

饲料中钙、铁、锌等太多，通常相互颉颃，影响锌的吸收，如加大不缺锌饲料中的钙含量，可复制出典型的缺锌症模型。植酸盐过多也影响锌的吸收。

（二）临床症状

1. 生长发育受阻　动物味觉减退，进食减少，增重下降或停止。特别是快速生长的鸡、猪对锌缺乏敏感。

2. 皮肤角化不全或角化过度　猪皮肤角化不全主要见于口、眼周围以及阴囊等部位，有时皮肤发生炎症、湿疹。反刍动物除表现上述症状外，还可见脱毛、瘙痒，角的环状结构消失，牛蹄叉腐烂，蹄皮炎、蹄变形等。禽类皮肤出现鳞屑或发生皮炎。

3. 骨质发育异常　主要表现软骨细胞增生引起骨变形，骨变短、变粗，关节肿大。

4. 繁殖机能障碍　公畜睾丸萎缩，精子生成障碍，第二性征抑制；母畜不易受胎，早产、流产、死胎等。鸡产蛋率及孵化率显著降低，死亡率高。

5. 毛羽质量改变　绵羊毛丧失卷曲，且易大面积脱落，家禽羽毛蓬乱无光，换羽慢。

6. 创伤不易愈合　实验证明，缺锌动物外伤时，皮肤黏蛋白、胶原及脱氧核糖核酸合成能力下降，致使伤口愈合缓慢。

（三）诊断

猪、牛、羊血锌 800～1 200 μg/L，严重缺锌时，可下降到 400～200 μg/L 以下。饲料锌在 20～100 mg/kg 为正常，10～20 mg/kg 稍低，低于 10 mg/kg 易引起锌缺乏症。根据临床症状和饲料、血清锌水平可做出诊断。

（四）防治

硫酸锌、碳酸锌、氧化锌均可取得满意防治效果。作为治疗可根据实际缺锌程度适量应用。作为预防，可根据动物生长快慢、生产性能，适量添加。饲料锌参考值黄牛 40～80 mg/kg，肉牛 40～100 mg/kg，猪 40～80 mg/kg，羊 20～40 mg/kg，鸡 50～100 mg/kg。

三、锰缺乏症

动物体内锰约占 0.000 5%。各组织器官中，以肝、肾、骨含量较多，可达 3～12 mg/kg，组织中锰含量直接与饲料锰有关，增加饲料锰可使肝锰显著上升。血液中的锰红细胞含量高，血清含量低。母鸡在产蛋期血锰可显著增加。

（一）病因

原发性缺锰主要是区域性土壤缺锰所致。研究认为各类土壤及饲料中并不缺锰，一般牧草含锰 50～150 mg/kg，因此临床上放牧动物锰缺乏症少见。机体缺锰可能是饲料中过多的其他成分影响了锰的吸收利用，如钙、磷、铁等。已知鸡的高磷酸盐日粮可加重锰的缺乏。

（二）临床症状

本病的主要特点是骨变短、变粗，故又叫骨短粗症，以鸡最具特征。鸡表现跗关节粗大、变形，胫骨扭转、弯曲，长骨短缩变粗，以及腓肠肌腱从跗关节骨槽中滑脱（故又叫滑腱症），不能站立，行动困难（图 23-7）。蛋壳硬度下降，孵化率低，乃至鸡胚畸形。

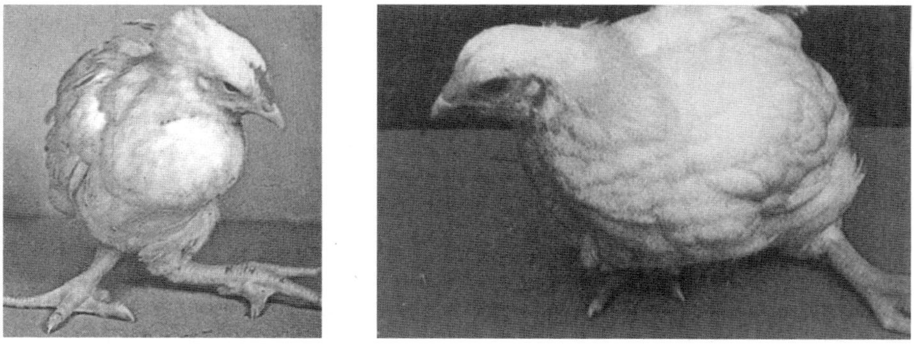

图 23-7　鸡表现跗关节粗大、变形，胫骨扭转、弯曲

猪表现腿短粗、弯曲，跗关节肿大，跛行。牛、羊四肢变形，关节肿大，运动障碍。此外，缺锰可引起繁殖机能障碍，如发情期延长，不易受精等。

（三）诊断

主要根据病史及特征性临床症状进行诊断。但要注意与缺锌引起的骨短粗相区别。必要时应进行组织器官锰的测定。原发性缺锰可测定饲料锰含量，如饲料中其他矿物质影响到锰吸收时，测定饲料锰意义不大。

（四）防治

给富锰饲料，一般青绿、块根饲料有良好作用。干饲料以小麦、大麦、糠麸为佳。防治雏鸡骨短粗病，可在 100 kg 饲料中添加硫酸锰 10～20 g，或用 1∶3 000 的高锰酸钾饮水。其他动物对锰要求不高，一般饲料中达到 20～30 mg/kg 即可满足。

四、硒缺乏症

1957 年，有人发现硒能使大鼠免于饮食性肝坏死，并指出硒是一种机体不可缺少的微量元素。以后他人进一步发现硒能预防小鸡的渗出性素质，仔猪、羔羊及犊牛的白肌病。

（一）病因

原发性硒缺乏的主要原因是饲料含硒不足，动物对硒的要求是 0.1～0.2 mg/kg 饲料，低于 0.05 mg/kg，就可出现硒缺乏症。而土壤硒低于 0.5 mg/kg 时，该土壤上种植的植物含硒量便不能满足机体的要求。

此外土壤硒能否有效被植物利用与土壤酸碱性有关，酸性土壤硒不易溶解吸收，碱性土壤硒易被植物吸收；也与其他颉颃元素有关，如硫能制约硒的吸收。饲料中的硒能否被充分利用，受铜、锌等元素的制约。维生素 E 不足也易诱发硒缺乏症的发生。

本病的发生季节主要在冬末、春季，多以 2～5 月份易发，侵害动物主要是幼畜。对于放牧动物，2～5 月份是繁殖分娩旺季，这时天气仍较冷，动物抵抗力差，对某些营养素的缺乏比较敏感。

硒缺乏在不同动物症状不完全一致，目前的病名也各有不同，主要有白肌病、渗出性素质、桑葚心等（以下以白肌病为例进行介绍）。

白肌病是一种以骨骼肌、心肌纤维以及肝脏发生变性、坏死为特征的幼畜疾病。病变部位肌肉色淡、苍白。本病易发生于羔羊、犊牛、仔猪，偶见于禽及幼驹。多发于冬春气候骤变、缺乏青绿饲料之时。发病率高，死亡率也高，往往呈地方性流行。

（二）临床症状

白肌病根据病程经过可分为急性、亚急性及慢性等类型。

急性型：动物往往不表现症状突然死亡，剖检主要是心肌营养不良，多见于羔羊、犊牛及仔猪。

亚急性型：机体衰弱，心衰，运动障碍，呼吸困难，消化不良。

慢性型：生长发育停滞，心功能不全，运动障碍，并发顽固性腹泻。

亚急性与慢性运动障碍，主要表现为幼畜不愿起立，卧地，能起立者，四肢僵硬，站立不稳，运步强拘，躯体摇摆，腰背拱起。重者可见肌颤，跛行，共济失调。心力衰竭主要表现心跳快，在外界不良因素刺激下可出现急性心衰，猝死。

羔羊：以 14～28 日龄发病为多，死亡率高，全身衰弱，行走困难，共济失调，可视黏膜苍白、黄染，有结膜炎，角膜混浊，心跳达 200 次/min 以上，呼吸达 80～100 次/min，腹泻。

犊牛：精神沉郁，喜卧地，站立不稳，共济失调，肌颤。心跳 140 次/min，呼吸 80 次/min，结膜炎，角膜混浊、软化。最后卧地不起，心衰，肺水肿，死亡。

仔猪：多发于 3～5 周龄，急性往往无明显症状死亡，突然搐搦，嚎叫，倒地而死。亚急性、慢性则运动障碍，跪地或犬坐姿势，最后衰竭死亡。

雏鸡、雏鸭：21～28 日龄发病，无力，贫血，冠苍白，眼半闭，角膜变软，行走困难，卧地不起。

（三）剖检

主要是骨骼肌变性、色淡，似煮肉样，呈灰黄色条状、片状等（图 23-8）。心扩张，心肌内外膜有黄白、灰白与肌纤维方向一致的条纹状斑。猪、鸡脑软化。

图 23-8　贫血、胸肌苍白（右为对照）

（四）诊断

本病诊断可结合缺硒历史，临床特征，饲料、组织硒含量分析，病理剖检，血液有关酶学，以及应用硒制剂取得良好效果做出诊断。

（五）治疗

治疗缺硒症，可用 0.1%亚硒酸钠，皮下或肌肉注射，羔羊、仔猪 2～4 mL，犊牛 5～10 mL。根据情况 7～14 d 重复一次。同时可配合维生素 E，犊牛 300～500 mg，羔羊、仔猪减量。鸡可用 1%亚硒酸钠滴服，2 次/d，每次 1 滴，连用 3 d。

（六）预防

近期预防，冬春注射 0.1%亚硒酸钠液，猪、羊 4～6 mL，牛、马 10～20 mL。同时应注意整体营养水平，特别是对草食动物应补充适当的精料。冬春气候骤变，寒冷应激，加上营养不良，易诱发某些缺乏症。

远期预防，应保证饲料含硒在 0.1～0.2 mg/kg，如达不到这一水平，可采取下述措施。

（1）定期给硒盐供舔食　将 20～30 mg 硒加到 1 kg 食盐中，定期舔食。

（2）饲料加硒　根据饲料含硒分析结果，将硒添加到总量达到 0.1～0.2 mg/kg 即可。

（3）瘤胃硒丸　对于放牧动物，可采取瘤胃硒丸的办法补硒。硒丸分别重 10 g（羊）、30 g（牛），有效期可维持 1 年左右。

（4）施肥与喷洒　对于高产牧场或专门从事牧草生产的草地，可用施硒肥的办法解决补硒问题。芬兰将硒盐加入肥料中，每公顷 10 g 硒，可明显提高牧草硒水平。

（5）皮下埋植　将 10～20 mg 亚硒酸钠植入牛的肩后疏松组织中，使其慢慢吸收。

（6）饮水补硒　可定期在人工饮水条件下，将所给的硒盐加入。

五、钴缺乏症

钴缺乏症是由于土壤和饲料中钴不足引起的一种临床上以食欲减退、异食癖、贫血和进行性消瘦为特征的慢性地方性疾病。

本病以放牧的反刍动物多见，羔羊对钴缺乏最敏感，其次是绵羊、犊牛、成牛。其他动物少见。在不同国家，钴缺乏症的临床特征均是进行性消瘦，因此其病名也多与这一特征有关。如澳大利亚把牛羊的钴缺乏叫地方性消瘦病，肯尼亚叫地方性动物消瘦病，苏格兰叫地方性干瘦病或营养不良症，日本叫废食病。当然也有的国家是按地方特点命名的，如海岸病、丛林病等。

(一)病因

主要是土壤钴不足，导致饲料钴缺乏。饲料含钴在 0.5～1.5 mg/kg 时，动物不会缺钴。当牧草钴低于 0.07 mg/kg 时，绵羊出现临床症状，低于 0.04 mg/kg 时，牛出现临床症状。

(二)临床症状

反刍动物缺钴为慢性过程，病程可长达数月至 2 年。动物主要表现营养不良，消瘦；被毛粗乱无光，换毛推迟；皮肤缺乏弹性，肌肉萎缩；肋骨外突，骨棱外露；生产性能如泌乳等降低。严重者，贫血、黄疸，瘤胃功能不全，粪便干硬有黏液。出现恶病质时，持久顽固腹泻。此外，缺钴的特征症状是动物食欲减退的同时，出现食欲异常，如喜欢吃被粪尿污染的褥草，啃舔泥土、饲槽及墙壁等。

(三)诊断

根据临床症状，结合土壤、饲料及组织钴含量分析，可诊断。

实验室检验可见红细胞减少，可降至 40×10^{12}/L，血红蛋白下降至 45 g/L；肝钴正常绵羊一般在 0.2 mg/kg 以上，缺钴可降至 0.07 mg/kg，牛可降至 0.06 mg/kg；乳汁维生素 B_{12}：母牛低于 4 μg/L，母羊低于 1.4 μg/L。红细胞数量检查具有重要诊断价值。

(四)治疗

用钴盐添加剂硫酸钴、氧化钴均可。成牛 30～40 mg，犊牛 10～20 mg，绵羊 2.5～5 mg，羔羊减半，可连用 30～50 d。症状严重时，配合维生素 B_{12} 治疗，羊 100～300 μg，肌肉注射，每 7 d 一次。

(五)预防

可采取以下措施，均效果良好。

(1)饲料添加钴制剂，牛 0.3～1 mg/d，绵羊 0.1 mg/d。

(2)改良低钴土壤，用硫酸钴按 1.5～1.8 kg/hm^2 施肥。

(3)瘤胃内放置钴丸，供动物缓慢吸收，效果良好。

任务 23-5　维生素缺乏症

维生素主要存在于天然食物中，机体需要量不大，但需要不断供给，如果机体长时间缺乏某种维生素，就会发生相应的缺乏症，此时可用作为药物的该维生素进行治疗。

一、维生素 A 缺乏症

维生素 A 缺乏症的临床特点是生长发育不良，视觉障碍，器官黏膜损害。本病常见于犊牛、幼禽，也可见于成牛、育肥牛、猪等。主要发生于冬春青饲料不足的季节，我国北方地区尤其是高纬度地区多发。

(一)病因

1. 饲料中缺乏维生素 A　植物中的维生素 A 主要以维生素 A 原，即胡萝卜素的形式存在。青干草、胡萝卜、黄玉米等富含维生素 A，而棉籽、亚麻籽、萝卜、干谷、马铃薯、甜菜根、米糠、麸皮等则缺乏，甚至几乎不含维生素 A。

2. 饲料贮存不当　牧草饲料在高温、潮湿环境中贮存，或被日光曝晒，或酸败、氧化等均可使维生素 A 及维生素 A 原受到破坏。

3. 机体的胃肠、肝脏功能不全　如腹泻、瘤胃角化不全或角化过度，均可使维生素 A 吸收减少；肝脏功能不全，则维生素 A 贮存代谢受到影响。

维生素 A 缺乏主要影响动物的视觉功能、骨骼生长、上皮组织的维持，严重时影响胎儿的正常生长与发育。

（二）临床症状

禽：禽类对维生素 A 缺乏很敏感，尤以幼禽与种禽明显。幼禽主要是生长发育受阻。成鸡缺维生素 A，14～35 d 出现症状，如食欲减退，生长受阻，羽毛粗乱，上下喙交错，角膜过度角化，干眼病，失明，或有黏性分泌物把上下眼睑粘到一起。

反刍动物：牛表现食欲减少，体重减轻，被毛粗乱，皮肤鳞片状；绵羊毛产量下降，视网膜退化，角膜炎，夜盲；牛在黎明与黄昏时相互碰撞，或撞墙壁等，重者失明。公牛生殖机能下降，如精子数量少，活力低，母牛发情周期紊乱，卵巢萎缩，不易受胎，即使怀孕，也易发生流产、死胎。犊牛出生后生存力弱，或瞎眼、畸形、早死等；也易发生尿道结石。

猪：主要表现皮肤干燥、角化，被毛粗乱；干眼病，重则失明；运动失调，惊厥；母猪不发情，流产，死胎，畸胎；仔猪生长发育停滞等。

（三）诊断

根据病史、临床特点可做出初诊，确诊需要作肝、血液维生素 A 及胡萝卜素测定。正常血浆维生素 A 在 100 μg/L 以上，降至 50 μg/L 可出现症状。

（四）防治

维生素 A 在油脂中易氧化，故饲料中维生素 A 随时间推移活性不断下降。添加维生素 A 最好现加现喂，猪、禽添加维生素 A，目前先进技术是将维生素 A 酯化后作微型胶囊包装，这样防止或减慢了维生素 A 的氧化速度。对北方地区的牛，应尽量在冬春补给胡萝卜以补充维生素 A。

不同动物维生素 A 要求，每千克体重每天至少 30 U，胡萝卜素 75 U，要使维生素 A 在肝脏有所贮存，量应加倍。小鸡对维生素 A 缺乏敏感，饲料至少要加到 1 200 U/kg，产蛋鸡、肉鸡加倍。牛冬春枯草期应加 10 000 U/kg。如出现症状可皮下注射维生素 A 25 000～50 000 U，或鱼肝油 5～10 mL。

二、B 族维生素缺乏症

B 族维生素属水溶性维生素，共有 9 种，它们是维生素 B_1（硫胺素）、维生素 B_2（核黄素）、维生素 B_3（泛酸）、维生素 B_4（胆碱）、维生素 B_5（烟酸或尼克酸）、维生素 B_6（吡哆醇、吡哆醛、吡哆胺）、维生素 B_{11}（叶酸）、维生素 B_{12}（钴胺素）、维生素 H（生物素）。B 族维生素由于它们的水溶性特点，在机体每天排出大量水分的同时，也带走一定量的维生素，因此 B 族维生素必须每天从日粮中获取，否则易发生缺乏症。

不过许多动物胃肠道能通过微生物的作用合成 B 族维生素，如瘤胃健全的反刍动物，基本上不存在B族维生素缺乏症。而禽、猪等动物肠道合成量不足以满足机体需要，应不断补充。青饲料、酵母、麸皮、米糠及发芽种子中B族维生素含量丰富。

(一)维生素 B_1 缺乏症

维生素 B_1 作为能量代谢的辅酶主要功能有以下几方面：促进糖与脂肪正常代谢，维持细胞呼吸；给神经组织提供能量，防止神经萎缩退化；维持心脏正常功能，防止心衰；对胃肠有保护作用，增进食欲，促进生长发育。

维生素 B_1 缺乏主要见于禽，其次是猪。

禽：维生素 B_1 对禽十分重要，虽然肠道后段能合成维生素 B_1，但因吸收不良，不足以满足其要求，必须从饲料供给，否则易发生维生素 B_1 缺乏症。雏鸡对维生素 B_1 缺乏最敏感，表现食欲不振，生长受阻；严重时多发生神经炎，头向后仰，角弓反张，呈"观星"姿势；运动障碍，痉挛，倒地瘫痪(图 23-9)。成年鸡发病缓慢，主要表现为肌肉麻痹，由趾屈肌开始逐渐向上延伸，运动困难。

图 23-9　运动障碍，痉挛，倒地瘫痪

猪：能量代谢紊乱，主要表现食欲减退或废绝、呕吐、腹泻、生长缓慢、体温低下、呼吸困难、发绀，严重时发生多发性神经炎、运动失调、痉挛等，最后心衰死亡。

猪体内能贮存供1～2个月用的维生素 B_1，故短期缺乏不会表现明显症状。

(二)维生素 B_2 缺乏症

维生素 B_2 作为各种黄酶的辅基在生物氧化过程中起传递氢原子的作用，参与糖类、蛋白质、核酸等的代谢，具有提高蛋白在体内的沉积，促进生长发育，提高饲料利用率的作用。此外，维生素 B_2 有保护皮肤、毛囊、黏膜及皮脂腺的功能。

禽与猪易发生维生素 B_2 缺乏症。

禽：最严重的是上皮组织及一些神经干的脱髓鞘，雏鸡生长缓慢，消化不良，消瘦，贫血。严重时，出现"蜷爪"麻痹症：趾向内蜷曲呈拳状，行走时飞节着地(图 23-10)，翅展开以求平衡，或两腿叉开，卧地不起。

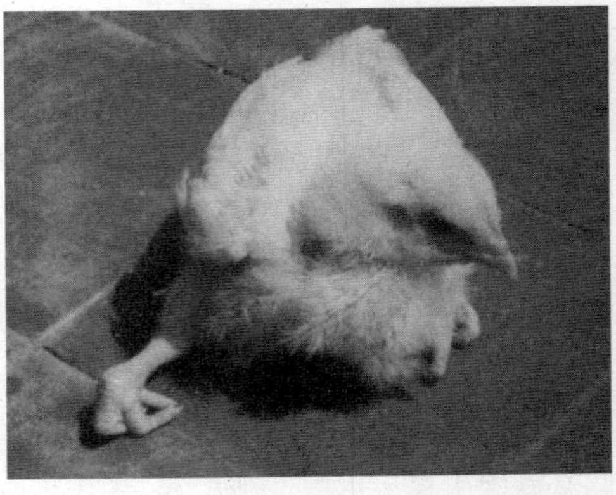

图 23-10　趾向内蜷曲呈拳状，行走时飞节着地

猪：生长缓慢，腹泻；被毛粗糙脱落，皮肤增厚，皮炎，有鳞屑、溃疡或脂类渗出物。眼睛肿胀，晶体混浊，白内障。妊娠母猪维生素 B_2 缺乏，易产死胎，无毛仔猪；公猪睾丸萎缩变性等。

(三)胆碱缺乏症

胆碱对禽至关重要(哺乳动物能自身合成足够量的胆碱)，它的作用主要在于防止脂肪肝，促进代谢。禽对胆碱的需要量与下列因素有关。

1. 日粮能量　低能量日粮喂鸡，不需额外补充胆碱，体内合成的量可满足需要。反之，集约化养殖，高能量、高脂肪日粮，胆碱需要量大，如不补充，易发生脂肪肝综合征。

2. 蛋氨酸含量　饲料中胆碱不足时，需要消耗蛋氨酸合成胆碱；反过来蛋氨酸充足，合成胆碱原料充分，胆碱就不易缺乏。

3. 叶酸与维生素 B_{12}　叶酸、维生素 B_{12} 不足时，胆碱需要量增加。

4. 日龄的大小　雏鸡合成胆碱能力远低于成年鸡，因此对胆碱缺乏敏感。

症状：鸡缺乏胆碱，易发生脂肪肝综合征，或脂肪肝肾综合征，鸡群死亡率增加。幼禽缺乏胆碱的另一明显症状是胫骨短粗症，跗骨弯曲，腿不能支负体重，跟腱从关节中滑出，又叫"滑腱症"，与缺锰症状相同。此外，生物素缺乏也易患类似病症。

防治：应及时在日粮中补加丰富的 B 族维生素。

三、维生素 C 缺乏症

在自然饲养条件下，动物一般很少发生维生素 C 缺乏症，原因是动物体内能合成机体需要量的维生素 C。维生素 C 缺乏往往是条件性的，即当机体对维生素 C 的需要量显著增加或消耗量过大时易发生，如热性传染病、寄生虫疾病等。维生素 C 缺乏主要表现黏膜自发性出血等。

此外，目前集约化养鸡，环境温度过高，机体对维生素 C 需求量增加，饲料中应适当补充，以利于生产性能的发挥及增强抗病能力。

四、维生素 E 缺乏症

维生素 E 又称生育酚，是所有具有 α-生育酚生物活性物质的总称，可分为生育酚、三烯生育酚两类，共 8 种化合物，其中以 α-生育酚生物活性最高。动物缺乏维生素 E，主要特征是肌营养不良。

（一）病因

饲料中缺乏维生素 E，如长期给不良干草、干稻草、块根，因其维生素 E 含量少；而油料种子、植物油及麦胚等含维生素 E 十分丰富。缺乏维生素 E 的另一因素是饲料中不饱和脂肪酸、矿物质等可促进维生素 E 的氧化。

维生素 E 是一种生理性抗氧化剂，它的抗氧化作用保证了细胞膜的完整性，其效果与硒的作用类似。硒的作用机制是酶使膜上产生的过氧化物及时分解而保护细胞膜的完整性，故维生素 E 是第一防线，硒是第二防线。维生素 E 的抗氧化作用，可延长红细胞的寿命。在消化道维生素 E 可提高维生素 A 的利用率。维生素 E 能保护心肌、骨骼肌，促进细胞复活，防止肝坏死、肌萎缩，有利于受胎，防止流产，提高繁殖能力等。

（二）临床症状

禽：主要表现脑软化、渗出性素质及肌营养不良等。脑软化临床上表现出共济失调等一系列神经性运动障碍症状。渗出性素质是毛细血管通透性增高造成严重水肿所致。临床表现皮下组织水肿，出血氧化溶解后外观呈蓝色。肌营养不良主要以胸肌为主。

猪：仔猪生长缓慢或停滞，母猪缺维生素 E 产下的仔猪贫血，共济失调，肌营养不良，肌肉无力，甚至四肢麻痹。生长猪肌营养不良，心衰，肝坏死，突然死亡。妊娠母猪流产，死胎。公猪生殖力下降。

牛、羊：犊牛、羔羊肌营养不良，白肌病，肌萎缩，心肌变性可致突然死亡。

（三）诊断

根据临床症状、剖检变化，结合血清酶学可做出诊断，并可用维生素 E 进行治疗性验证。

（四）防治

维生素 E 缺乏症与硒缺乏症，临床症状类似，且多数情况下，补维生素 E 与补硒都能取得满意效果，二者并用则效果更佳。具体方法可见硒缺乏症。母牛产前给生育酚 1 g/d，产后犊牛给 150 mg/d，母羊产前给 75 mg/d，羔羊给 25 mg/d。

实训操作 23-1　鸡维生素缺乏检查技术

一、实训目的和要求

掌握鸡不同维生素缺乏的症状；通过观察不同维生素缺乏病例，认知有关症状。

二、实训材料和器械

（1）手套、工作服等个人防护设施。

（2）鸡不同维生素缺乏病例等。

三、实训内容、方法步骤

（一）实训内容

（1）维生素 A 缺乏症病例观察及剖检；

（2）维生素 B_1 缺乏症病例观察及剖检；

（3）维生素 B_2 缺乏症病例观察及剖检；

（4）维生素 E 缺乏症病例观察及剖检；

（5）维生素 D_3 缺乏症病例观察及剖检。

（二）实训方法步骤

老师边讲边做对各种检查示教，然后学生分组进行操作练习。同时学生对所学内容进行表演；教师给予评价，指出学生操作不当之处。

各种维生素缺乏的症状、病理变化参见任务 23-5。

注意事项如下：

（1）临床一般检查后，根据动物疾病情况或个人习惯，按一定的顺序进行器官系统的临床检查，系统检查的重点与方法不尽相同，临床上应灵活应用。

（2）系统检查应结合临床基本检查方法、临床一般检查、实验室检查等。

四、实训作业

概括不同维生素缺乏症的临床变化及剖检变化，对结果进行分析讨论；小结体会。

参考文献

[1] 黄银云，胡新岗. 禽病防治[M]. 北京：中国农业科学技术出版社，2012.

[2] 陈溥言. 兽医传染病学[M]. 5 版. 北京：中国农业出版社，2010.

[3] 陆承平. 兽医微生物学[M]. 5 版. 北京：中国农业出版社，2013.

[4] 徐作仁. 动物疾病诊断技术[M]. 北京：北京师范大学出版社，2011.

[5] 孙洪梅. 动物疾病防治基本技术[M]. 北京：北京师范大学出版社，2011.

[6] 章红兵，丁岚峰. 兽医临床诊疗基础[M]. 北京：科学出版社，2012.

[7] 蒙明璐. 猪源牛病毒性腹泻病毒 RT-PCR 检测方法的建立及表达 BVDV 保护性抗原重组猪瘟病毒的构建[D]. 南京：南京农业大学硕士论文，2012.

[8] 廖承球，周广丰，陈俊伟. 牛流行热病毒一步法 RT-PCR 检测方法的建立[J]. 动物医学进展，2014，35(2)：55-57.

[9] 胡桂学. 兽医微生物学实验教程[M]. 2 版. 北京：中国农业大学出版社，2015.

[10] 兽医教育网：http://www.vetcn.net.

[11] 爱畜牧网：http://www.ixumu.com.

[12] 国家精品课程网：http://www.jingpinke.com.

[13] 张晓菊，马青飞. 兽医综合实训[M]. 北京：科学出版社，2013.

[14] 刘俊栋. 动物外科与产科[M]. 北京：中国农业科学技术出版社，2012.

[15] 羊建平，张君胜. 动物病原体检测技术[M]. 北京：中国农业大学出版社，2013.

附　录

附录 1　猪败血性疾病鉴别诊断

项目		猪瘟	猪肺疫	猪丹毒	链球菌病	弓形虫病
流行病学	病原体	猪瘟病毒	巴氏杆菌	猪丹毒杆菌	链球菌	弓形虫
	发病年龄	大小均易感	多发于断奶仔猪	多发于断奶仔猪	大小均易感	大小均易感
临床症状	高热	有	有	有	有	有
	皮肤充血或出血斑点	有	有	有	有	有
	咳嗽	少见	多见	少见	少见	少见
	呼吸困难	少见	多见	少见	少见	多见
	后肢麻痹	多见	多见	少见	少见	多见
	腹泻	多见	少见	多见	少见	少见
病理变化	纤维素性肺炎	少见	多见	少见	多见	少见
	肝脏坏死	少见	少见	多见	少见	多见
	脾脏梗死	多见	少见	少见	少见	少见
治疗效果	抗生素	无效	明显	明显	明显	不明显

附录 2　猪呼吸道疾病鉴别诊断

项目		传染性萎缩性鼻炎	传染性胸膜肺炎	流行性感冒	蓝耳病	副猪嗜血杆菌病	气喘病	猪肺疫
流行病学	季节性	不明显	寒冷季节多发	寒冷季节多发	寒冷季节多发	不明显	不明显	寒冷季节多发
	病死率	低	高	低	高	高	低	高
	流行速度	慢	快	快	快	慢	慢	慢
	易感性与日龄关系	仔猪多发	6～8 周龄最易感	大小均易感	大小均易感	5～8 周龄最易感	大小均易感	不明显
临床症状	咳嗽	不多见	多见	多见	多见	多见	多见	多见
	打喷嚏	多见	不多见	多见	不多见	不多见	不多见	不多见
	鼻腔变形	有	无	无	无	无	无	无
	皮肤充血发红	无	有	有	有	有	无	有
	体温	正常或略高	升高	升高	升高	升高	正常	升高
	食欲	变化不明显	下降	下降	下降	下降	变化不明显	下降
	繁殖障碍	无	无	无	有	无	无	无
	神经症状	无	无	无	有	有	无	无
病理变化	肺部病理变化	无	纤维素性胸膜肺炎	鲜牛肉状	间质性肺炎	纤维素性胸膜肺炎	对称性肉样变	纤维素性胸膜肺炎
	鼻甲骨变形	有	无	无	无	无	无	无
	呼吸道之外的其他病变	少见	少见	少见	多见	多见	少见	多见
治疗效果	抗菌药	明显	明显	不明显	不明显	明显	明显	明显

附录3　猪消化道疾病鉴别诊断

项目		仔猪黄痢	仔猪红痢	仔猪白痢	仔猪副伤寒	猪痢疾	传染性胃肠炎	流行性腹泻	伪狂犬病	猪瘟
流行病学	季节性	不明显	不明显	不明显	不明显	不明显	寒冷季节	寒冷季节	寒冷季节	不明显
	流行形式	全窝发病	全窝发病	全窝发病	病程长，流行速度慢	流行过程长，传播速度慢	传播迅速，流行期短	传播迅速，流行期短	散发或地方流行	散发或地方流行
	病死率	较高	很高	低	高	低	较高	较高	高	高
	发病年龄	1月龄以内	1月龄以内	1月龄以内	1月龄以上	1月龄以上	大小均易感	大小均易感	1月龄以内	1月龄以内
临床症状	粪便颜色	黄色	红色	白色	灰白或黄绿	黄色或灰色	黄色或灰色	黄色或灰色	黄色或灰色	黄色或灰色
	粪便性状	粥样稀薄，内含未消化凝乳块	粥样稀薄，内含组织碎片	糊状，含气泡	粥样或水样	油脂样或胶冻状软便	水样腹泻	水样腹泻	粥样或水样腹泻	粥样或水样腹泻
	呕吐	少见	少见	少见	少见	少见	多见	多见	少见	少见
	神经症状	少见	无	无	无	无	无	少见	多见	多见
病理变化	小肠炎症	多见	多见	多见	少见	少见	多见	多见	多见	多见
	大肠炎症	少见	少见	少见	多见	多见	少见	少见	少见	多见
	胃出血性炎症	无	无	无	无	无	有	无	有	有
	肾脏针尖大出血	无	无	无	无	无	无	无	有	有
	脑膜充血、出血	无	无	无	无	无	无	无	有	有
	肝脏坏死点	有	无	无	有	无	无	无	有	无
	脾脏坏死	无	无	无	无	无	无	无	有	有
	肾脏坏死点	有	无	无	无	无	无	无	无	无
治疗效果	抗生素	有效	有效	有效	有效	有效	无效	无效	无效	无效

附录4　猪繁殖障碍性疾病鉴别诊断

项目		猪瘟	伪狂犬病	细小病毒感染	蓝耳病	乙型脑炎
流行病学	季节性	不明显	寒冷季节	不明显	不明显	夏秋季
	发病日龄	大小均易感	大小均易感	初产母猪易感	大小均易感	大小均易感
临床症状	咳嗽	无	有	无	有	少见
	呼吸困难	少见	多见	无	多见	少见
	体温	升高	升高	正常	升高	升高
	食欲	下降	下降	正常	下降	下降
	皮肤充血、出血	常见	少见	少见	少见	多见
	贫血、黄疸	少见	少见	少见	少见	少见
	仔猪症状	败血症	呕吐、腹泻、神经症状	少见	咳嗽、呼吸困难、神经症状	高热、神经症状
	育肥猪症状	败血症	咳嗽、呼吸困难	少见	咳嗽、呼吸困难	高热、神经症状
	种公猪症状	败血症	少见	少见	咳嗽、呼吸困难	睾丸炎
病理变化	脾脏病理变化	梗死	少见	少见	少见	少见
	肺部病理变化	出血	少见	无	间质性肺炎	肺水肿
	黏膜、浆膜出血	少见	少见	无	少见	少见
	贫血、黄疸	少见	少见	少见	少见	少见
治疗效果	抗菌药	无效	无效	无效	无效	无效

附录 5　以贫血和黄疸症状为主的猪病鉴别诊断

项目		附红细胞体病	Ⅱ型圆环病毒病	霉菌毒素中毒	仔猪白肌病	铁缺乏症
流行病学	季节性	明显	不明显	不明显	不明显	不明显
	病死率	高	低	和中毒状态有关	高	低
	发病日龄	大小均可发病	断奶仔猪多发	大小均可发病	1～3 月龄常发	3 周龄左右常发
临床症状	高热	有	无	体温正常或偏低	体温一般正常	体温一般正常
	皮肤可视黏膜黄染	多见	多见	多见	不多见	不多见
	尿液	黄色或茶色	正常	黄色或茶色	正常	正常
	呼吸困难	明显	明显	明显	明显	明显
病理变化	肝脏	肿大	萎缩	肿大，有出血点	槟榔肝	肿大
	血液	稀薄，凝固不良	变化不明显	变化不明显	变化不明显	稀薄，凝固不良
	脾脏	肿大	萎缩	病变不明显	病变不明显	病变不明显
	肾脏	肿大，黄染	肿大，被膜下有坏死灶	苍白，坚硬	肿大，实质有出血点	病变不明显
	肺脏	水肿，表面有坏死灶	肿大，坚硬似橡皮	水肿，间质增宽	病变不明显	水肿
	胃溃疡	少见	多见	多见	少见	少见
治疗效果	抗生素	明显	不明显	不明显	不明显	不明显

附录 6　表现为神经症状的猪病鉴别诊断

项目		链球菌病	伪狂犬病	仔猪水肿病	仔猪低血糖症	产后瘫痪
流行病学	季节性	寒冷季节多发	寒冷季节多发	不明显	寒冷季节多发	不明显
	流行特点	群发传染	群发传染	散发传染	散发不传染	散发不传染
	易感性与日龄关系	大小均易感	大小均易感	仔猪多发	1 周龄以内多发	产后母猪
临床症状	咳嗽	多见	多见	不多见	不多见	不多见
	呼吸困难	多见	多见	多见	不多见	不多见
	水肿	不多见	多见	多见	多见	不多见
	体温	升高	升高	升高	降低	正常或稍高
	关节炎	有	无	无	无	无
	皮肤发绀、出血点	有	无	无	无	无
病理变化	肾脏出血点	多见	多见	不多见	多见	不多见
	肝坏死灶	无	有	无	有	无
治疗效果	抗菌药	有一定效果	不明显	明显	无效	无效

附录 7　以败血症状为主的禽病鉴别诊断

项目		禽流感	新城疫	大肠杆菌病	沙门氏菌病	禽霍乱
流行病学	病死率	可达 100%	可达 100%	因病情而异	较低	20%以上
流行病学	发病日龄	各日龄	各日龄	各日龄，2～3 周龄发病率与病死率最高	主要发生于 3 周龄以上的青年鸡和成年鸡	16 周龄以上
流行病学	流行速度	快	快	快	快	快
临床症状	腹泻	多见绿色或水样稀粪	绿色稀粪，有时混少量血液	灰白色稀便，水样黄绿色稀粪	带恶臭的水样黄绿色稀粪	黄色、灰白色或绿色的稀粪
临床症状	呼吸困难	多见	多见	多见	可见	可见
临床症状	运动障碍	多见	多见	可见	可见	可见
临床症状	神经症状	多见	多见	可见	可见	可见
临床症状	腿鳞出血	多见	少见	少见	少见	少见
临床症状	口腔、嗉囊积液	少见	多见	少见	少见	少见
临床症状	鸡冠和肉髯发绀	多见	少见	少见	少见	多见
病理变化	腺胃乳头出血	多见	多见	多见	少见	少见
病理变化	肝脏坏死灶	少见	少见	少见	多见	多见
病理变化	纤维素性肝周炎、心包炎	少见	少见	少见	少见	少见
病理变化	小肠枣核样坏死	多见	多见	少见	少见	少见
病理变化	心冠脂肪出血	多见	多见	少见	少见	多见
治疗效果	抗生素	无效	无效	因病情而异	有效	有效

附录 8　以消化道症状为主的禽病鉴别诊断

项目		球虫病	坏死性肠炎	传染性法氏囊炎	肉鸡肠毒综合征
流行病学	病死率	死亡率可高达 80%	2%～50%	多数情况下为 20%左右，呈尖峰式的死亡曲线	高
流行病学	发病日龄	3～6 周龄，成鸡也发生	2～12 周龄，3～6 月龄也偶发	3～6 周龄	各日龄
流行病学	流行速度	快	快	快	快
临床症状	腹泻	红色血便为特征	排红色乃至黑褐色煤焦油样粪便，有的粪便混有血液和肠黏膜组织	白色稀粪或蛋清样稀粪，内含细石灰渣样物，干涸后呈石灰样	多见
临床症状	呼吸困难	少见	少见	少见	可见
临床症状	神经症状	少见	少见	少见	多见
病理变化	法氏囊出血	少见	少见	多见	可见
病理变化	肌肉出血	少见	少见	多见	少见
病理变化	腺胃和肌胃交界处出血带	少见	少见	多见	少见
病理变化	肾肿，尿酸盐沉积	少见	少见	多见	少见
病理变化	肠黏膜麸皮样坏死	少见	多见	少见	多见
病理变化	肠浆膜出血点，盲肠出血、栓子	多见	少见	少见	多见
治疗效果	抗生素	抗球虫药治疗有效	有效	无效	有效

附录 9 以呼吸道症状为主的禽病鉴别诊断

项目	鸡毒支原体感染	传染性鼻炎	传染性喉气管炎	传染性支气管炎	禽曲霉菌病
病原	鸡毒支原体	鸡嗜血杆菌	疱疹病毒	冠状病毒	主要是烟曲霉菌
侵害对象	鸡和火鸡能自然感染	只有鸡能自然感染	只有鸡能自然感染	只有鸡能自然感染	鸡、鸭、鹅等均能自然感染
流行病学	主要侵害 4～8 周龄幼鸡，呈慢性经过，可经蛋传染	3～4 日龄幼雏有一定抵抗力，4 周龄以上的鸡均易感，呈急性经过	主要侵害成年鸡，传播迅速，发病率高	各种年龄的鸡均可发病，但雏鸡最严重，传播迅速，发病率高	各种禽类都可发病，但幼禽最易感，常因接触发霉饲料和垫料而感染，曲霉菌的孢子可穿过蛋壳，引起胚胎感染
主要症状	流浆液或黏性鼻液，喷嚏，咳嗽，呼吸困难，出现啰音；后期，眼睑肿胀，眼部凸出，眼球萎缩，甚至失明	鼻腔与鼻窦发炎，流鼻涕，喷嚏，脸部和肉髯水肿；眼结膜发炎，眼睑肿胀，严重者引起失明	呼吸困难，呈现头颈上伸和张口呼吸的特殊姿势，呼吸时有啰音，咳嗽，咳出血性黏液	咳嗽，喷嚏，张口呼吸，气管有啰音；鼻窦肿胀，流黏性鼻液；产蛋鸡产蛋量下降，产软壳蛋、畸形蛋或粗壳蛋	沉郁，呼吸困难，气喘，肉髯发绀，饮水增多，常有下痢，鼻和眼睛发炎
病程	1 个月以上，甚至 3～4 个月	人工感染 4～18 d	5～7 d，长的可达 1 个月	1～2 周，有的可延长到 3 周	2～7 d，慢性者可延至数周
病理变化	鼻、气管、支气管和气囊内有黏稠渗出物，气囊膜变厚和混浊，表面有结节性病灶，内含干酪样物	鼻腔和鼻窦黏膜卡他性炎，表面有大量黏液；严重时，鼻窦、眶下窦和眼结膜囊内有干酪样物	轻的，喉头和气管黏膜呈卡他性炎；重的，气管黏膜变性、出血、坏死，上面覆有纤维素性干酪样假膜，气管内有血性渗出物	鼻腔、鼻窦、气管、支气管黏膜呈卡他性炎，有浆液性或干酪样渗出物；产蛋鸡卵巢滤泡充血、出血、变形，有的腹腔内有卵黄样物	肺、气囊和胸腹腔浆膜上有针帽大至小米大的灰白色或淡黄色的霉斑结节，内含干酪样物
实验室诊断方法	分离培养支原体；或取病料接种 7 日龄鸡胚卵黄囊，5～7 d 死亡，检查死胚；活鸡检疫可用凝集试验	分离培养鸡嗜血杆菌，或取病料接种健康幼鸡，可在 1～2 d 后出现鼻炎症状	取病料接种 9～12 日龄鸡胚绒毛尿囊膜，3 d 后绒毛尿囊膜出现增生性病灶，细胞核内有包涵体	取病料接种 9～11 日龄鸡胚尿囊腔，可阻碍鸡胚发育，胚体缩小成小丸形，羊膜增厚，紧贴胚体，卵黄囊缩小，尿囊液增多	取霉斑结节，涂片检查曲霉菌菌丝，或取病料作曲霉菌分离培养
治疗	链霉素及四环素族抗生素有效	磺胺药、链霉素、土霉素、泰乐菌素有效	尚无有效药物治疗	尚无有效药物治疗	制霉菌素、硫酸铜、碘制剂有一定效果

附录 10　以肿瘤症状为主的禽病鉴别诊断

项目	鸡马立克氏病	鸡网状内皮组织增殖症	禽白血病
病原	疱疹病毒的 B 亚群	网状内皮组织增殖症病毒	禽白血病/肉瘤病毒群中的病毒
流行病学	鸡易感，火鸡、山鸡和鹌鹑等较少感染；主要通过空气传播	易感动物包括火鸡、鸭、鹅、鸡和鹌鹑等，2～6 月龄家禽发病多见；主要通过水平传播，也可经蛋垂直传播	鸡是本群所有病毒的自然宿主；通过种蛋垂直传播和水平传播
临床症状	神经型表现为"劈叉"姿态；内脏型表现为厌食、消瘦和昏迷；眼型表现为单眼或双眼视力减退或消失；皮肤型羽毛囊增大，形成淡白色小结节或瘤状物	急性网状细胞瘤、矮小综合征	鸡冠苍白、皱缩，间或发绀；腹部常增大，可触摸到肿大的肝脏
病理变化	神经型，受损神经的横纹消失，变成灰色或黄色，或增粗、水肿；内脏型主要表现内脏多种器官出现肿瘤，肿瘤多呈结节性，圆形或近似圆形	急性网状细胞瘤，病禽可见肝、脾肿大，伴有局灶性或弥散性浸润病变；矮小综合征，主要病变为生长抑制、胸腺和法氏囊萎缩、外周神经肿大、羽毛发育异常、肠炎和肝脾坏死等	肝、法氏囊和脾几乎都有眼观肿瘤，肾、肺、性腺、心脏、骨骼和肠系膜也可受害。肿瘤大小不一，可为结节性、粟粒性或弥漫性。肿瘤主要由成淋巴细胞组成
诊断	病毒分离鉴定、琼脂扩散试验	病毒分离鉴定、直接免疫荧光试验、病毒中和试验	病毒分离鉴定、血清学试验
防治	雏鸡刚出壳(24 h 内)立即免疫接种	目前尚无可用疫苗，只能采取综合防治措施	目前尚无可用疫苗，通过检测和淘汰带毒母鸡以减少感染

附录 11　常见水禽疾病鉴别诊断

项目	小鹅瘟	鸭瘟	鸭病毒性肝炎	鸭传染性浆膜炎
病原	小鹅瘟病毒	鸭瘟病毒	鸭肝炎病毒	鸭疫里氏杆菌
流行病学	病鹅及带毒鹅是本病的主要传染源；可垂直传播和水平传播；自然病例仅发生于鹅和番鸭的幼雏	不同年龄、性别和品种的鸭都有易感性，以番鸭、麻鸭易感性较高；主要是通过消化道传播	主要发生于 1～3 周龄雏鸭，以 5～10 日龄雏鸭最多见；主要通过消化道和呼吸道水平传播	1～8 周龄的鸭易感，但以 2～4 周龄的小鸭最易感；主要通过呼吸道或通过皮肤伤口感染而发病
临床症状	最急性，往往无前驱症状，一经发现即极度衰弱，或倒地乱划，不久死亡；急性，精神委顿，排出灰白色或淡黄绿色稀粪，呼吸困难，鼻流浆性分泌物；亚急性，以消瘦和拉稀为主要症状	流泪和眼睑水肿；鼻腔流出浆液性或黏液性分泌物；腹泻，部分病鸭在疾病明显时期，头和颈部可发生不同程度的肿胀，触之有波动感，俗称"大头瘟"	雏鸭初精神委顿、缩颈、行动呆滞，之后出现神经症状，呼吸困难，全身性抽搐，死前角弓反张，头向后背部扭曲，俗称"背脖病"	急性表现为倦怠，眼、鼻有分泌物，淡绿色腹泻，运动失调，濒死前出现神经症状，头颈震颤，角弓反张，不久抽搐而死；亚急性或慢性病例，表现为腿软，卧地不起，羽毛粗乱，进行性消瘦，或呼吸困难。少数病例出现脑膜炎的症状

续表

项目	小鹅瘟	鸭瘟	鸭病毒性肝炎	鸭传染性浆膜炎
病理变化	肠道有急性卡他性炎，剖开肠管，可见肠腔中充塞着淡灰色或淡黄色栓子	急性败血症变化	肝肿大，质脆，色暗或发黄，肝表面有大小不等的出血斑点	急性眼观病变是浆膜表面的纤维素性渗出物，主要在心包膜、肝脏表面以及气囊；慢性局灶性感染常见于皮肤，偶尔也出现在关节
诊断	病毒分离鉴定、琼脂扩散试验和 ELISA 试验	荧光抗体试验及用急性期或恢复期血清做血清中和试验	血清分子生物学方法、交叉中和试验	细菌的分离与鉴定、荧光抗体检查
防治	弱毒苗免疫注射；抗小鹅瘟高免血清	注射鸭瘟弱毒疫苗；发病时每只鸭肌肉注射鸭瘟高免血清	免疫注射鸭肝炎鸡胚化弱毒疫苗	免疫注射油佐剂或氢氧化铝灭活菌苗；发病时选择敏感抗菌药物，如氟苯尼考等

附录 12　常见牛羊寄生虫病鉴别诊断

病名	虫体大小	寄生部位	中间宿主	补充宿主	防治药物
肝片吸虫病	(21～41) mm×(9～14) mm	肝脏胆管	椎实螺	—	硫双二氯酚、丙硫咪唑、硝氯酚、吡喹酮等
双腔吸虫病	(6.67～8.34) mm×(1.61～2.14) mm	肝脏胆管和胆囊	陆地螺	蚂蚁	丙硫咪唑、硝氯酚、吡喹酮等
同盘吸虫病	(5～12) mm×(2～4) mm	瘤胃	淡水螺	—	硫双二氯酚、氯硝柳胺、吡喹酮等
血矛线虫病	雄 15～19 mm 雌 27～30 mm	皱胃	—	—	左旋咪唑、丙硫咪唑、噻苯唑、伊维菌素等
犊新蛔虫病	雄 15～25 cm 雌 22～30 cm	犊牛小肠	—	—	左旋咪唑、丙硫咪唑、噻苯唑、伊维菌素等
牛皮蝇蛆病	成蝇长 13～15 mm，第三期幼虫长可达 28 mm	牛背部皮下组织	—	—	敌百虫、倍硫磷等
羊鼻蝇蛆病	成蝇长 10～12 mm，第三期幼虫长约 30 mm	羊鼻腔和附近腔窦内	—	—	敌百虫、阿维菌素等

附录 13　常见内科病鉴别诊断

病名	主要病因	主要临床症状	典型病理变化	备注
口炎	各种理化因素刺激	口腔检查，敏感、疼痛，口温增高，有不洁臭味	口腔黏膜呈斑状或弥漫性充血、发红、肿胀	血液学检查无异常变化
咽炎	受寒和感冒是主要诱因	吞咽困难，头颈伸展，触诊咽部疼痛，体温升高	咽部黏膜充血、肿胀，有红斑，被覆黏液、伪膜	白细胞数增多，尤其是中性粒细胞
食道阻塞	食入块状饲料，饥饿，受惊及食道疾病继发等	停食，咽下障碍，瘤胃臌胀，触摸到阻塞物	食道壁组织发炎、肿胀、坏死，甚至穿孔	胃管探诊受阻可确诊梗塞部位
瘤胃臌气	采食大量易发酵或膨胀的饲料	左肋部显著突隆，叩诊呈鼓音、有弹性，腹痛	瘤胃过度扩张，充满大量气体及内容物	通过胃管或插入套管针，气体即可经管腔溢出而消除臌胀
瘤胃积食	摄入过多的精料或难消化的粗料	腹围增大，腹痛，触诊瘤胃内容物充满、坚实呈捏粉样	瘤胃极度扩张，充满大量内容物	直检瘤胃体积增大后移至骨盆腔入口
瓣胃阻塞	摄入大量坚韧的粗饲料	前胃弛缓，瘤胃内容物坚硬；瓣胃叩诊疼痛，粪干少、色黑，呈算盘珠状	瓣胃内容物充满、干固，容积增大；瓣叶上皮脱落、溃疡、坏死或穿孔	直肠检查空虚
瘤胃酸中毒	摄入过多富含碳水化合物的饲料	全身症状重，脱水明显；排水样或稀软粪便，触诊瘤胃稀软积液或黏硬	瘤胃内容物酸臭，充满气体或内容物，黏膜有暗色斑块或出血	瘤胃液 pH 降至 5.5～6.5 或更低，乳酸高达 50～240 mmol/L
有机磷农药中毒	误食有机磷农药	流涎、腹泻、腹痛、多汗，尿失禁，呼吸困难，眼球震颤，瞳孔变小，可视黏膜苍白，肌肉痉挛	皱胃、小肠呈弥漫性充血、出血，肺瘀血、水肿，心内膜点状出血	检测血中胆碱酯酶活性降低，胃内容物有机磷含量高可确诊
尿素中毒	饲料中尿素比例过大、混合不均或误食等	全身寒战，强直性抽搐等中枢神经症状，伴有呼吸困难、惊厥等症状	瘤胃内有氨臭味、胃黏膜发黑，皱胃及肠道有充血、出血，心内膜和心外膜有出血	血氨增高
酒糟中毒	采食储存过久或发酵酸败的酒糟	腹泻，腹痛，黄疸，血尿，皮炎，骨质疏松	胃肠黏膜充血、水肿，肺充血和水肿，肝硬化	酒糟中乙醛、乙酸和杂醇油及甲醇过多
感冒	营养不良	咳嗽、流鼻液、前胃弛缓、结膜潮红		
支气管炎	过劳、受寒和感冒	咳嗽，流鼻液，听诊肺部有干、湿啰音，不定热型	支气管黏膜发红呈斑点状、条纹状、局部性或弥漫性	X 线检查支气管阴影增粗
支气管肺炎	支气管炎蔓延、传染病继发	咳嗽，弛张热型，肺部叩诊散在浊音，听诊有捻发音和啰音	肺脏前下部，散在一个或数个孤立的、大小不一的红色或灰黄色炎灶	X 线检查肺纹理增强，有散在的小片状阴影
大叶性肺炎	有传染性、传染性因素存在	高热稽留、铁锈色鼻汁，肺部听诊的特定症状	肺切面呈充血期、肝变期和溶解吸收期等红黄白大理石样外观	X 线检查肺部有大片浓密阴影
氢氰酸中毒	采食或饲喂含有氰苷的植物或青饲料	可视黏膜呈鲜红色，呼吸困难，神经症状	血液呈鲜红色，各器官充血、出血，瘤胃内呈苦杏仁味	瘤胃液氢氰酸含量超过 10 mg/kg